유체기계용어사전

(개정판)

한국유체기계학회
유체기계용어사전 편찬위원회 편

유체기계용어사전
(개정판)

한국유체기계학회 · 유체기계용어사전 편찬위원회 편

편집위원

위원장 : 조강래(연세대학교 기계공학부 명예교수)
부위원장 : 서상호(숭실대학교 기계공학과 교수)
감수 : 김경엽(한국산업기술대학교 기계공학과 교수)

집필자

펌프 및 수차 분야(P) : 서상호(숭실대학교 기계공학과 교수)
송풍기 및 환기시스템 분야(B) : 이 찬(수원대학교 기계산업공학부 교수)
압축기 분야(C) : 김경엽(한국산업기술대학교 기계공학과 교수)
가스/스팀터빈 분야(T) : 조형희(연세대학교 기계공학부 교수)
CFD 응용 분야(N) : 이도형(한양대학교 기계공학과 교수)
유체공학 일반 분야(G) : 조강래(연세대학교 기계공학부 명예교수)
회전체 동력학 분야(D) : 이용복(한국과학기술연구원, 도시에너지연구단 센터장)
선박/해양에너지 분야(S) : 최영도(목포대학교 기계공학과 교수)
환경기계 분야(E, M) : 고성호(충남대학교 기계공학부 교수)
폐기물 플랜트 분야(A) : 정영훈(엔백(주), 북경법인 법인장)
막여과 플랜트 분야(F) : 박상진(한국기계연구원, 경영기획본부장)
원자력기기 및 열유체 분야(Nu) : 송철화(한국원자력연구원, 원자력안전연구본부장)

머리말

과학기술이 일진월보 발전하는 가운데 전문용어도 새로 생기고 기존의 용어도 그 내용이 시대에 맞게 새로워지고 있다. 광복 70년을 맞이한 우리나라는 그 동안 교육과 연구 그리고 산업의 발전을 위해 온갖 노력을 기울여 왔다.

과학기술의 진흥과 산업 활동의 효율적인 수행을 위해서는 정확한 의사 전달이 필수적이다. 이것에는 전문용어의 역할이 매우 중요하다. 그러나 우리나라와 같이 우리 고유의 언어와 문자를 가지고 있어도 선발 선진국의 영향을 심하게 받아 외래어가 많아질 수밖에 없었으며, 전문용어의 번역도 다양하게 나타났다. 우리의 경우는 또 그 동안에 영문의 한글표기법이 몇 차례 바뀌었기 때문에 같은 외래어의 한글표기도 그 영향을 받아 왔다.

전문용어사전은 지금까지 부분적으로 출판되어 왔었으나 이것마저 과학 기술자들에 의해 제대로 활용되어 있다고는 할 수 없다. 그래서 같은 용어임에도 불구하고 번역이 틀리고 한글로의 표기 또한 틀리기도 하였다. 이러한 현상은 세부전문분야일 수록 공용화된 전문용어사전조차 없으므로 사정이 더욱 심각하였다.

다행히 최근에 와서(2003년도부터) 한국학술진흥재단이 전문용어사전 편찬에 재정지원을 하기 시작하였다. 유체기계학회는 일찍부터 전문용어의 정비를 통감하여 왔었으며, 본 학회가 설립된 지 4년밖에 되지 않는 2000년1월에 용어사전편찬위원회가 설치되어 2006년에 본 개정판의 모체가 된 "유체기계용어사전"이 출판되었다.

그 후 10년이 지나 학회의 모체인 분과의 개수도 늘어났고 또한 기존 용어사전에서 발견된 미비한 점들의 보완이 필요해졌기 때문에 개정판을 발간하게 되었다.

끝으로 본 용어집을 출판함에 있어 한국유체기계학회 이사회 및 본 용어사전(개정판) 편찬위원회 위원들의 협조에 사의를 표하는 바이다.

2016. 12

편찬위원회 위원장

〈용어집 편찬 원칙〉

본 용어집에 수록된 용어의 범위는 유체기계학회의 각 분과에 관계되는 다음의 분야로 하였다.

번호	기호	분야 명
1	A	폐기물 플랜트
2	B	송풍기 및 환기시스템
3	C	압축기
4	D	회전기계 동력학
5	E, M	환경기계
6	F	막여과 플랜트
7	G	유체공학 일반
8	N	CFD 응용
9	Nu	원자력기기 및 열유체
10	P	펌프 및 수차
11	S	선박/해양에너지
12	T	가스/스팀터빈

〈한글 표기의 원칙〉

1. 한국공업규격(KS), 기계학회 용어집에서 이미 사용되고 있는 한글용어를 우선적으로 참고한다.
2. 외래의 전문용어를 우리말로 적절하게 표현할 수 있는 것은 가급적 우리말로 표기하고 부득이 한 것은 원어 발음을 한글로 표기한다.
3. 고유명사는 원어 표기를 원칙으로 하되 한글 표기하는 경우는 괄호로 원어를 표기하는 것을 원칙으로 한다.

〈단위〉

중력단위는 전 세계적으로 국제단위계(SI 단위)로 바꾸기로 되었다. 그러나 새 단위계에 대한 사용에 익숙하지 못하여 아직 제조 현장이나 일부 학문분야에서는 중력단위계가 그대로 또는 병용하여 사용되고 있다. 이와 같은 현실을 감안하여 본 용어집에서는 SI 단위를 기본으로 표시하고 지금까지의 중력단위를 병기하되 중력단위로 인해 단위표시가 변하는 양에 한하여 {}를 붙여 병기하였다. 식 표시에 있어서도 중력단위계 표시로 인해 식이 변할 때는 {}를 붙여 중력단위계의 식을 제시하였다. 중력단위계의 중심이 되는 무게의 기호는 1kg의 질량이 표준중력 g=9.80665 m/s^{2}을 받고 나타내는 힘 또는 무게로서 기호 1kgf로 표기하였다. 독자의 편의를 위해 유체기계 · 유체역학에서 주로 사용되는 SI 단위와 중력단위와의 관계를 나타내는 환산표를 부록에 첨부하였다.

〈일러두기〉

1. 용어사전의 구성

   한글표제어와 해설 및 영어 · 한글 대조표, 그리고 부도와 단위환산표로 되어 있다.

2. 영어의 배열

   한글표제어는 한글 자모(字母) 순으로, 권말의 찾아보기에서 영어 · 한글 대조표의 영어표제어는 알파벳 순으로 되어 있다.

3. 용어와 관련 분야의 제시

   용어의 사용분야에 따라 뜻이 다를 수 있으므로 용어해설의 이해를 돕기 위해 용어 다음에 용어와 관련이 있는 분야를 분야별 기호(A, B, C, …)로 붙였다.

4. 단위

   표제어 중 차원이 있는 양에 대하여는 사용되는 단위를 표시하였으며, SI 단위와 중력단위에서 차이가 있는 경우는 중력단위에 {}를 붙여서 바로 뒤에 제시하였다. 따라서 {}가 붙은 단위가 없는 양은 중력단위와 SI 단위에 차이가 없음을 의미한다.

5. 부도 및 그림

부도는 한국공업규격(KS)에서 인용된 것이며, 펌프에 대하여는 (P), 송풍기에 대하여는 (B)로 구분하여 일련번호를 붙였으며, 부도는 권말에 일괄 삽입하였다. 그림과 표는 해당 용어의 해설란에 삽입하였다.

ㄱ

가동깃, 조정깃 adjustable vane [P] 임펠러의 깃이 움직일 수 있는 구조의 깃.

가동디퓨저 movable diffuser [B] 원심송풍기, 압축기의 회전차 출구에 설치되며, 주축방향으로 디퓨저 판을 움직일 수 있게 되어있는 디퓨저. 회전차에서 나오는 기체를 디퓨저를 움직여서 교축함으로써 가스량의 제어를 한다. 터보냉동기용 압축기에 사용된다.

가동물체형 movable body type [S] 파력발전장치의 일종으로 내부에 유압장치가 있어서 물체가 움직이는 힘을 유압에너지로 변환시킴.

가동시 중심내기 hot alignment [T] 원동기가 증기터빈과 같이 정지 시와 운전 시에서 온도차가 현저히 틀리는 경우, 열팽창 때문에 정지 시와 운전 시에서 축심의 높이가 틀려진다. 따라서 중심내기에서 운전 시의 온도가 높아진 상태에서 원동기와 피동기의 축심맞추기를 하는 것을 말한다.

가동안내깃 movable guide vane [T] 가변익(adjustable pitch blade)과 같음.

가동율 availability [S] 특정기간 동안 터빈이 부품고장 및 유지보수를 위해 정상 발전을 하지 못하고 정지된 시간의 비를 말하며, 가동율=총 운전시간/총 시간으로 정의된다. 가동율은 일반적으로 1년을 기준으로 산정된다.

가동익, 가동깃 movable vane, moving blade, adjustable pitch blade [B,T] 가변익(adjustable pitch blade)과 같음.

가동익 기구 blade adjusting mechanism [C] 펌프의 깃 혹은 축류송풍기, 압축기의 정익 또는 동익 등을 운전 중에 움직이게 하는 기구. 정익을 움직일 때는 정익의 축에 설치된 암을, 케이싱의 바깥에 설치된 링크로 전체 단의 정익을 일제히 움직이게 한다. 동익을 움직이게 하는 기구는 복잡하며, 1단 또는 2단 정도에 대해 적용되며, 유압, 공기압 또는 전동기에 의해 원격조작 된다.

가동익 토크컨버터 movable vane torque convertor [P,G] 토크컨버터의 고정익 이외에 가동 익 스테이터가 추가된 형식의 것. 가동 익 스테이터의 깃 각도를 외부에서 임의로 변경할 수 있다. 이로 인해 출력축의 입력축에 대한 여러 속도비에서도 일정한 토크를 발생할 수 있게 할 수 있고, 다양한 속도비에 대한 토크컨버터의 효율을 높게 유지할 수도 있다.

가동익형 회전압축기 rotary compressor of movable vane [C] 가동날개와 편심 된 회전자로 기체를 압축하는 회전압축기.

가로세로 비, 종횡비, 아스팩트 비 aspect ratio [B,T] 익폭 b의 제곱과 날개면적

S와의 비 $A=b^2/S$. 익현길이 c가 날개 폭 방향으로 일정한 직사각형 익의 경우에는 S=bc이므로 A=b/c가 된다.

가로진동, 횡진동 transverse vibration, lateral vibration [D] 봉, 축의 축선 또는 판면에 대해 수직방향으로 흔들리는 진동. 세로진동과 대비되는 용어. 기체 및 액체에 있어서는 파동의 진행방향에 수직으로 흔들리는 진동을 뜻한다.

가변동익, 조정동익 adjustable rotor blade [B] 일련의 조작에 의해서 깃의 설치각도를 변화시킬 수 있도록 한 기구를 가진 로터의 깃.

가변면적추진노즐 variable-area propelling nozzle [T] 출구 면적을 변화시킬 수 있는 추진 노즐. 연소기 후부분의 큰 범위의 유량을 다루는 터보제트에 필요하다.

가변용량플런저펌프 variable delivery plunger pump [P] 펌프의 토출용량을 가변으로 한 플런저펌프.

가변위유압모터 variable stroke plunger motor [P,G] 회전피스톤형 유압모터의 일종이다. 이것은 유압액추에이터 중의 하나이며, 유압펌프에서 공급된 기름의 압력에너지를 기계적인 에너지로 바꾸는 장치이다. 이것에는 액시얼 형(병렬형)과 레이디얼 형(스타 : star형)이 있으며, 각각의 형식에는 또한 정변위 식과 가변위 식이 있다. 액시얼 플런저형 펌프(axial plunger motor) 참조.

가변익, 가동익 adjustable pitch blades, adjustable blades, movable vanes, moving blades [T] 프랜시스 수차 및 프로펠러 수차에서 각 안내깃의 중심을 축으로 하여 수차 운전 중에도 움직일 수 있도록 되어 있고, 물의 유입 안내와 함께 수량 조절의 역할도 겸하는 깃.

가변익, 가변깃, 조정깃 adjustable blade, adjustable vane [B,T] 축류송풍기와 압축기에서 로터 익의 설치각을, 터보형 펌프의 경우는 회전차의 깃 설치각을 운전 중 또는 정지 시에 변경할 수 있는 깃 또는 익.

가변정익 adjustable stator blade [B] 일련의 조작에 의해서 깃의 설치각도를 변화시킬 수 있도록 한 기구를 가진 스테이터의 깃.

가변피치 컨트롤 variable pitch control [P,B,G] 축류식에서 정익이나 동익의 설치각을 변경하여 기계의 특성을 조정하는 방식. 정익각의 조정은 구조상 동익의 경우보다 간단하다. 그러나 정익각의 각도조정으로 얻어지는 등효율폐곡선의 중심축의 방향이 2차 저항곡선의 방향과 거의 직각으로 나타나므로 사용면에서 불리하다. 이에 비해 동익의 경우는 저항곡선의 2차식의 형태에 가까우므로 유리하다.

가변피치로터익 variable pitch rotor blade [B,G] 축류송풍기에서 로터(회전차)의 회전주속도가 일정한 경우 로터의 익 설치각을 변경하면 축류속도와 받음각이 변하여 압력-유량 특성을 변경할 수 있다. 이와 같이 로터가 회전하고 있는 사이에 설치각을 변경할 수 있는 동익을 말한다. 이것은 보통 가변동익이라고 불린다. 이것이 또한 가변피치동익이라고도 불리는데, 그것은 비행기 프로펠러에서 프로펠러 날개의 피치를 바꿈으로써 마침 볼트의 피치변화로 볼트의 1회전당의 진행하는 거리를 변화시킬 수 있는 것과 마찬가지로 비행기 속도를 변경할 수 있는 것에서 유래한 용어라고 할 수 있다. 가변동익(adjustable rotor blade) 참조.

가상변위 virtual displacement [T] m 가상일(virtual work) 참조.

가상사고 hypothetical accident [Nu] 원자력발전소 등의 심사지침에 의한 적부성의 평가에 있어 원자로시설의 안전해석 및 안전성을 평가하기 위해 상정된 사고를 말한다.

가상속도 pseudo velocity [N] 압력방정식을 구할 때 사용되는 식이며, 다음 식으로 정의된다. 압력방정식(pressure equation) 참조.

$$< u_e > = \frac{\sum a_{nb} u_{nb} + b}{a_e}$$

가상일 virtual work [T] 역학계의 힘의 평형을 논할 때 질점 또는 강체가 주어진 구속 조건에 따라 미소 변위를 할 때의 힘이 하는 일을 말한다. 운동을 논할 때는 관성력 및 관성 우력이 하는 일도 고려되어야 한다.

가상질량 virtual mass [G] kg 물체가 유체 중에서 운동하면 주변유체가 물체와 함께 어느 정도 움직이기 때문에 마침 물체의 관성이 증가한 것처럼 나타난다. 이를 수량적으로 나타낸 것.

가속도 acceleration [D] 속도와 가속도를 관찰하는 좌표계로서 관성좌표계(XYZ)와 상대좌표계(xyz)로 구분된다. 관성좌표계는 뉴턴의 운동방정식이 성립하는 좌표계이며, 상대좌표계는 그 원점이 관성좌표계에 대하여 위치 **R**에 있고, 회전각속도가 $\boldsymbol{\omega}$로 돌고 있는 일반적인 좌표계라고 한다. 그리고 질점은 상대좌표계에 대하여 위치 **r**에 있다고 한다. 여기서 **r**, **R** 및 $\boldsymbol{\omega}$ 등 볼드체 표시는 벡터를 의미하며, 시간 t의 함수이다. 각 좌표계에서 관찰된 유체입자의 변위의 시간적 변화율은 절대속도 **C**와 상대속도 **W**가 되며, 이들 사이에는 $\mathbf{C} = \mathbf{V}_o + \mathbf{W} + \boldsymbol{\omega} \times \mathbf{R}$의 관계가 있다. 단 $\mathbf{V}_o = d\mathbf{R}/dt$이다. 가속도는 각 좌표계에서 측정된 속도를 시간(t)으로 미분한 것이며, 각 좌표계에 대한 가속도를 $\mathbf{a}_{XYZ}$, $\mathbf{a}_{xyz}$로 나타내면 $\mathbf{a}_{XYZ} = d\mathbf{C}/dt$, $\mathbf{a}_{xyz} = d\mathbf{W}/dt$와 같다. 이들 두 가속도 사이에는 다음과 같은 관계가 있다.

$$\mathbf{a}_{XYZ} = \mathbf{a}_{xyz} + d\mathbf{V}_o/dt + 2\boldsymbol{\omega} \times \mathbf{W} + \boldsymbol{\omega} \times (\boldsymbol{\omega} \times \mathbf{r}) + (d\boldsymbol{\omega}/dt) \times \mathbf{r}$$

위 식의 우변의 각 항의 가속도는 다음과 같은 효과에 관련된 가속도들이다. 1) $d\mathbf{V}_o/dt$: 관성저항에 관계하는 가속도. 2) $2\boldsymbol{\omega} \times \mathbf{W}$: 코리올리(coriolis)의 가속도. 3) $\boldsymbol{\omega} \times (\boldsymbol{\omega} \times \mathbf{r})$: 원심력에 관계하는 가속도. 4) $(d\boldsymbol{\omega}/dt) \times \mathbf{r}$: 상대좌표계의 회전각속도 $\boldsymbol{\omega}$가 시간에 대해 변화할 경우에 고려해야 하는 가속도. 펌프회전차(상대좌표계) 내의 유동해석의 경우는 $\mathbf{V}_o \fallingdotseq 0$, $d\boldsymbol{\omega}/dt \fallingdotseq 0$이라고 둘 수 있고, 유체입자에 작용하는 힘으로서

압력(차)에 의한 힘, 곡선운동에 따른 원심력 외에 상대좌표계에서의 해석에 따른 2)의 코리올리의 힘과 3)의 원심력에 관한 힘을 추가로 고려해주어야 한다.

가속도 픽업 acceleration pick-up [D] 입력가속도에 비례하는 출력(통상은 전기적인 출력)을 발생시키는 변환기.

가속도계 accelerometer [D] 가속도 픽업(accelerating pick-up)과 같음.

가속류, 증속류 accelerating flow [C] 노즐 또는 증속익렬에서 유속이 증가하는 유동.

가스, 기체 gas [T] 기체의 총칭.

가스 실 gas seal [B] 버퍼가스(buffer gas)를 사용한 축 밀봉의 방법 또는 부품. 공기 이외의 기체에 사용한 래버린스실에 병용해서 사용된다. 완충가스(buffer gas) 참조.

가스냉각로, 기체 냉각형 원자로 Gas-Cooled Reactor (GCR) [Nu] 가스를 냉각재로 사용하는 원자로의 총칭. 냉각재로는 이산화탄소, 헬륨, 질소 등이 사용된다. 영국에서는 천연우라늄을 사용한 이산화탄소 냉각의 마그녹스형 원자로인 Calder Hall로가 개발되었으며, 일본에서도 같은 형의 원자로가 도카이 1호기로 사용되고 있다.

가스누설 방지장치 gas leakage preventing device [B] 유체기계를 정지시켰을 때 기체가 축 밀봉부로부터 누설하는 것을 방지하는 장치.

가스동력, 내부동력 gas power [C,T,G] kW 송풍기, 압축기가 규정의 가수량을 압축하고 토출하는데 필요한 동력이며, 기계손실동력은 포함되지 않는다. 즉, 축동력에서 기계손실동력을 제한 동력이며, $L_g = L - L_m$. 여기서 L_g는 가스동력(kW), L은 축동력(kW), L_m은 기계손실동력(kW). 내부동력(internal power)와 같으므로 여기를 참조.

가스량 곡선 gas volume curve [B] 용적형 송풍기 및 용적형 압축기의 성능곡선 중에서 압력과 가스량(공기량)과의 관계를 표시한 곡선.

가스량, 풍량 gas volume, gas quantity, capacity [B] m^3/min, m^3/h 단위 시간에 송풍기 및 압축기에서 토출되는 기체의 양이며, 흡입상태 또는 기준상태에 있어서의 체적으로 환산된 것. 단위로는, 그 양을 흡입상태에 있어서의 체적으로 환산한 경우에는 m^3/min, m^3/h로 표시하고, 기준상태에서의 체적으로 환산한 경우에는 m^3/min(NTP), m^3/h (NTP)로 표시한다.

가스발생기 gas generator [T] 목탄, 코크스, 목재 등의 고체 연료를 불완전 연소시켜서 가스 연료를 발생시키는 장치. 발생로, 냉각기, 청정기로 구성된다.

가스버너 gas burner [T] 벤투리 또는 관 형태의 장치. 장치 내부에는 가연 가스가 흐르고 출구에서 연소가 발생한다. 공기가 가스와 관 안에서 혼합될 수 있다.

가스분리기 gas separator [B] 액체 중에 포함되어 있는 기체를 분리하는 장치.

가스분석 gas analysis [T] 일반적으로 기체 물질에 대해 실시하는 화학분석.

가스분석기 gas analyzer [T] 기체물질을 화학분석하는 기기.

가스비중 gas specific gravity [M] 기체의 상대밀도. 상대밀도 참조.

가스엔진 gas engine [T] 연료로서 석탄가스, 발생로 가스, 액화 가스(LPG), 천연 가스 등 기체연료를 사용하는 내연기관.

가스유량계 gas flowmeter [T] 배관 안을 흐르는 기체체적을 적산하여 그 값을 가리키는 계기로서, 공업용으로는 루츠형이나 오벌치차식의 회전자(回轉子)식이 일반적으로 사용된다.

가스증기복합발전소 combined gas and steam plant [T] 가스터빈으로부터 배출된 배기가스를 이용해 증기를 발생시켜 증기터빈을 작동시키는 발전소.

가스증기복합사이클 combined gas-vapour cycle [T] 가스증기복합발전소를 작동시키는데 사용되는 열역학 사이클이다. 가스터빈으로부터 나온 배기가스가 증기보일러를 작동시키는 열원으로 쓰인다.

가스추출기 vapor extractor [T] 가스의 누출 여부를 판단해주는 장치로, 압력식, 공압식 등이 있다.

가스크로마토그래프 gas chromatograph [T] 흡착, 흡수제를 이용해서 가스에 대한 흡착·흡수 능력의 차이를 조사하고, 그 차이를 이용해서 모든 성분 가스를 각 성분마다 분리하여 측정하는 계기.

가스터빈 gas turbine [T] 고온 고압의 연소가스를 팽창시켜서 터빈을 돌려 회전력을 얻는 회전식의 내연기관.

가스터빈노즐 gas-turbine nozzle [T] 터보제트기관, 로켓엔진, 또는 램제트 후미의 노즐. 일반적으로 초크됨.

가스터빈사이클 gas-turbine cycle [T] 가스터빈엔진의 이상 사이클이며 다음의 네 가지 가역적 과정으로 구성되어 있다. 압축기에서의 단열압축 과정, 연소기에서의 정압가열 과정, 터빈에서의 단열팽창 과정, 정압방열 과정.

가스터빈엔진 gas turbine engine [T] 항공기에 주로 쓰이는 터빈엔진.

가스터빈자동차 gas turbine automobile [T] 가스터빈을 엔진으로 사용한 자동차.

가스확산 gas diffusion [T] 가스의 밀도가 높은 영역에서 낮은 영역으로의 퍼짐 현상을 말한다.

가압기 pressurizer [Nu] 원자로 1차계통의 압력을 제어하는 장치로서, 원자로 노심에서 냉각재의 비등을 방지하기 위하여 포화압력 보다 높은 가압상태를 유지하는 장치.

가압수형원자로, 가압경수로 Pressurized Water Reactor (PWR) [Nu] 원자로 감속재와 냉각재로서 경수를 사용하며, 높은 압력에서 물을 끓여 발전하는 형태의 원자로. 연료로는 주로 저농축 우라늄을 사용한다.

가압연소 pressurized combustion [T] 대기압 이상의 압력 하에서 행하여지는 연소.

가역기관 reversible engine [T] 가역사이클을 이루고 있는 기관.

가역단열변화 reversible adiabatic change [T] 주위와의 열 수수 없이 이뤄지는 가역 변화. 이것은 엔트로피가 변화하지 않는 등 엔트로피 변화이다.

가역변화 reversible change [G] 계가 어느 상태변화를 하고 다시 원 상태로 되돌아 간 후에도 주변 자연계에 아무런 변화도 남기지 않는 상태변화. 엄밀히는 이상화 된 경우에만 가능하며, 이때 이용되는 준정적변화라는 과정은 가역변화를 실현하기 위해 사고 상으로만 가능한 변화과정을 말한다.

가역사이클 reversible cycle [T] 열기관 등에서 사이클을 이루는 각 부분의 상태 변화가 모두 가역변화인 사이클. 변화 도중에 비가역 부분이 있는 것을 비가역 사이클이라고 한다.

가연성 combustibility [T] 연소 할 수 있다는 뜻이며, 이는 인화점이 비교적 낮다는 뜻으로 해석된다.

가연성 inflammability [T] 비교적 낮은 온도에서 기화 또는 착화하기 쉬운 성질.

가연성가스 inflammable gas [T] 불에 잘 타는 성질을 가진 기체.

가열, 난방 heating [T] 어떤 방법으로 물체의 온도를 상승시키는 것.

가열기, 난방기 heater [T] 열을 발생하는 장치.

가열용량, 난방용량 heating capacity [T] J/K,{kcal/℃} 물체의 온도를 1도 만큼 높이는데 소요되는 열량. { } 안은 중력단위.

가열장치, 난방장치 heating apparatus [T] 실내나 공장 내 등을 난방하는 장치. 국부 난방(노, 난로 등)과 전체적 난방(전기, 증기, 온수 등)이 있다.

가용 유효흡입헤드 곡선, 가용NPSH곡선 available NPSH curve [P] 토출량과 유효흡입헤드와의 관계를 표시하는 곡선. 유효흡입헤드(NPSH) 참조.

가용에너지 available energy [T] J, {kgf · m} 1) 유효한 일로 변환될 수 있는 에너지. 2) 열을 일로 변환하는 열기관은 열원에서 받은 열의 일부를 주위에 버린다. 따라서 열원이 갖는 열 에너지는 원래 일로 변환될 수 있는 부분과 그렇지 못하는 부분으로 되어 있다고 생각할 수 있다. 전자를 가용(유효)에너지(available energy) 또는 엑셀기(exergy)라고 한다. 후자를 무효에너지(unavailable energy) 또는 아넬기(anergy)라고 한다. 유효에너지의 최대치는 카르노 사이클(Carnot'scycle)에 의해 주어진다. { } 안은 중력단위.

가용열 heat available [T] 고온 만으로는 에너지로서 이용할 수 없으므로 주변의 저온과의 온도 차로 인해 이용할 수 있는 열을 말한다.

가우스 정리 Gauss theorem [N] 면적분과 체적분 사이의 관계를 나타내는 식. 벡터 A의 장에서의 체적을 V, 그것을 에워싼 폐곡면을 S라고 할 때, S의 미소면적에 수직한 방향(밖으로 벡터 ds)으로의 A의 성분의 S에 걸친 면적분과 div A의 V에 걸친 체적적분이 같다는 정의를 Gauss 정리라 한다. 이것의 정의식은 다음과 같다.

$$\int_s \vec{A} \cdot d\vec{s} = \int_v div\,\vec{A}dV$$

가우스-자이델 방법 Gauss-Seidel method [N] 반복계산법 중에서 가장 간단한 방법이며, 풀고자 하는 변수 값들을 어떤 정해진 순서를 따라 각 격자점에서 계산한다. 이웃된 격자점의 정보를 바탕으로 자신 값을 갱신하여 수렴할 때까지 계속 반복 계산하여 최종 수렴값을 찾는 방법이다. Point Jacobi 방법과는 달리 반드시 이전 시간 단계의 격자점 정보를 사용하는 것이 아니라 같은 시간 단계에서 이미 계산된 격자점이 있다면 갱신된 값을 활용하여 자신의 값을 갱신해 나가는 방법이다.

가점성, 위점성 pseudo viscosity, artificial viscosity [N] 대류방정식의 수치해석 시 수치적 안정성을 확보하기 위해서 원래의 미분방정식에 추가되는 인공 점성 효과. 보통 중앙차분 수치 방법만으로는 불안정하여 해를 구할 수 없지만, 인공 점성 효과를 지니는 수치기법을 이용하면 계산의 안정성을 확보할 수 있다. Lax-Friedrichs 방법, 상류차분법(upwind differencing) 등이 있으며 각 기법의 인공점성효과 크기를 시간 및 공간격자크기의 차수로 정량화할 수 있다.

가중유수법 method of weighted residuals [N] 가중 유수법은 이산화 방정식을 유도하는 방법 중의 하나이다. 이에 대한 기본적인 개념을 설명하기 위하여 연산자 L을 이용하여 미분방정식을 다음과 같이 표시해 보자. $L(\phi)=0$. 또한 많은 미결정 매개 변수를 포함한 근사해 $\langle\phi\rangle$를 다음과 같이 가정하자.

$$\langle\phi\rangle = a_0 + a_1 x + a_2 x^2 + \cdots + a_m x^m.$$

여기서, a는 매개변수이다. $\langle\phi\rangle$를 미분방정식에 대입하면 다음과 같이 정의된 유수 R가 남는다.

$$R = L(\langle\phi\rangle)$$

이 유수 값을 작게하기 위하여 다음과 같은 식을 제안해 보자.

$$\int WR\,dx = 0$$

여기에서, W는 가중함수이며, 적분은 관심 있는 영역에 걸쳐서 이루어진다. 일련의 가중함수를 선택하여 매개변수를 계산하는데 필요한 만큼의 방정식을 만들 수 있다. 매개변수를 미지수로서 포함하는 이들 대수방정식을 풀면 미분방정식의 근사해가 얻어질 수 있다. 여러 가지의 가중함수를 선택함으로써 여러 가지의 방법이 얻어진다. 이 방법이 유한차분법으로 대치되기 전까지는 경계층의 해석 분야에서 널리 사용되었다.

가지관, 분기관 연결관 Y-pipe/YTpipe [A] 지하에 매설된 폐기물 이송 주관에서 분기된 가지관을 연결하는데 사용되는 배관 연결 부속으로 폐기물 이송효율을 증가시키기 위해 각도(30°)가 고정되어 있다.

가진력, 여진력 excitation force [D] N,

{kgf} 진동시험 등에서 물체에 가하는 동적인 힘. { } 안은 중력단위.

가청주파수 audio frequency [D] Hz, 1/s 보통 사람이 들을 수 있는 음파(sound wave)의 주파수로서, 가청주파수는 보통 20 Hz에서 20 kHz 사이이다.

각가속도 angular acceleration [D] rad/s^2, 1/s^2 각속도 $\boldsymbol{\omega}$의 시간에 대한 도함수 벡터(=$d\omega/dt$).

각변환기 angular transducer [D] 회전운동의 각 변위의 변화를 측정하도록 설계된 변환기.

각속도 angular velocity [T,D] rad/s 각변위 $\boldsymbol{\theta}$가 단위 시간 당 변화하는 비율. 이것은 $d\boldsymbol{\theta}/dt$로 표현될 수 있다. 이에 대해 직선 상에서의 속도를 선속도라고 한다.

각운동 angular motion [T] 각도의 변위가 있는 운동.

각운동량 angular momentum [T] kg · m^2/s,{kgf · m · s} 운동량 모멘트(moment of momentum)라고도 한다. 고정점 O에 대한 위치 벡터 r의 위치에 질량 m의 질점이 있을 때 이 질점의 운동량 P=mdr/dt이며 r과 P와의 벡터 곱 L=r×P를 O에 관한 질점의 각 운동량이라고 한다. 질점계의 각 운동량은 각 질점의 각 운동량의 벡터 합이다. { } 안은 중력단위.

각운동량 식 equation of angular momentum [G] 질량이 m인 유체입자가 그림 (1)에서와 같이 곡선경로에 따라 운동할 때 유동 중에 적당한 축(지면에 수직)을 정하면 입자의 각 운동량은 ($mV_t r$)이다. 여기서 V_t는 반경 r에 수직한 성분이며, 모멘트의 방향은 반시계방향을 플러스로 한다. 각 운동량의 법칙은 "입자의 각 운동량을 변화시키기 위해서는 dt의 시간 사이에 모멘트 T를 작용해야 한다."는 것이므로 다음 식과 같다.

$$T = \frac{d(mV_t r)}{dt} \quad \text{or} \quad Tdt = d(mV_t r)$$

정상유동 중에 폐경계면(검삼면 : control surface)으로 형성된 검사체적을 생각한 것이 그림 (2)이다. 유체의 출입은 단면 1과 단면 2에서만 있다고 한다. 검사체적에 운동량 법칙을 적용한 결과는 다음과 같다. 즉, "검사체적에 작용하는 모멘트의 총화 T는 검사면 내의 단위시간 당의 운동량의 모멘트의 변화량과 같다."는 것이다. 이를 식으로 나타내면 다음과 같다. 단, Q는 단위시간 당의 부피유량(m^3/s), ρ는 유체의 밀도(kg/m^3)이다.

$$T = Q_2 \rho_2 V_{t2} r_2 - Q_1 \rho_1 V_{t1} r_1$$

상식은 터빈이나 펌프의 해석에서 유용하게 쓰이는 식이다. 주 : 회전축에 관한 모멘트 성분은 토크라고도 한다. 이 식은 터보기계의 경우 오일러 식(Euler's equation)을 구할 때 긴요하게 이용된다. 오일러 식(Euler's equation) 참조. 그림 가-1 (1), (2) 참조.

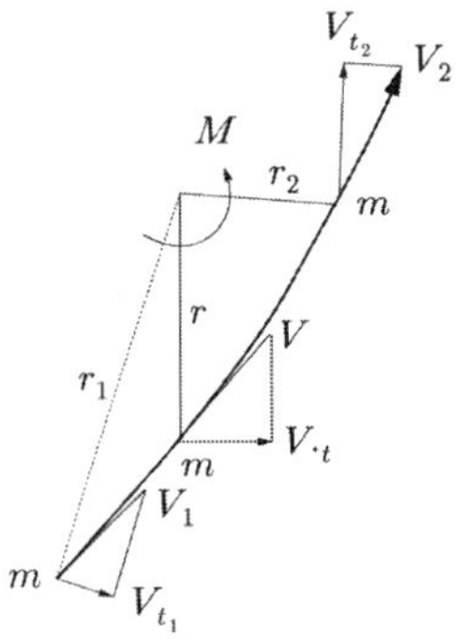

(1)

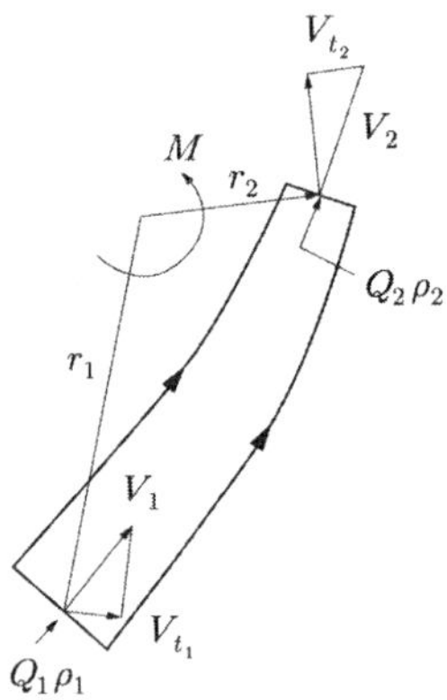

(2)

그림 가-1 (1), (2) 각운동량 식

각운동량 유량계 angular momentum flowmeter [M] 일정한 속도로 회전하는 회전차가 유체에 각운동량을 부여하고 익렬후단에 설치된 고정 터빈날개가 유체로부터 받는 토크를 측정함으로써 유체의 질량 유량을 측정하는 유량계.

각운동량의 법칙 angular momentum's law [G] 입자의 각운동량을 변화시키기 위해서는 dt 시간 사이의 운동량의 변화량 $d(mV_t r)$을 같은 시간 사이에 작용했던 모멘트 M의 Mdt 양을 같게 해야 한다는 것을 의미한다. 단 m은 질량, V_t는 회전접선속도, r은 회전반경, M은 질량 m에 작용하는 모멘트, d는 미소량을 의미한다. 각운동량식(equation of angular momentum) 참조.

각진동수 angular frequency, circular frequency [D] rad/s,1/s 정현파의 진동수 f에 2π를 곱한 것($=2\pi f$)으로, 단위는 단위시간당 라디안(rad/s)이다.

각초과계수 excess angle coefficient [G] 익수가 유한의 익렬에서는 익의 정압면과 부압면의 양면의 압력차에 의해 유동은 구부러지는데, 이 때 익의 입구각, 출구각과 유동의 유입각, 출구각은 서로 일치하지 않는다. 따라서 유입각, 유출각을 정할 때 그 만큼 익의 입구각, 출구각을 증·감시켜야 한다. 그 값을 나타내는 다음의 관계를 각초과계수라고 한다.

$$\mu = \frac{\beta_m - \beta_1}{\zeta - \gamma_1} = \frac{\beta_m - \beta_2}{\zeta - \gamma_2}$$

여기서, β_1 : 유동의 유입각, β_2 : 유동의 유출각, β_m : $(\beta_1+\beta_2)/2$, ζ : 엇갈림각, γ_1 : 익의 입구각, γ_2 : 익의 출구각. Weinig의 각초과계수, 압력면(pressure surface), 부압면(suction surface) 참조.

각프로펠러 유량계 angled propeller meter [M] 유체 내에 잠겨진 프로펠러의 회전수로부터 유량을 산정하는 방식의 유량계.

간섭계 interferometer [M] 빛의 간섭을 관측하는 장치.

간섭계수 interference factor [B] 익렬

중의 깃에 작용하는 양력과, 그 익렬의 벡터 평균속도에 대해 단독으로 놓인 같은 깃에 작용하는 양력과의 비.

간접식 열교환기 indirect-transfer-type heat exchanger [T] 열통과식 열교환기를 2개 조합하고 고온 유체와 저온 유체 사이에 중간 유체를 개재시켜 열을 이동시키는 열교환기를 말한다. 고온유체와 저온유체를 접근시킬 수 없을 때나 화합 성이 강한 유체로서 누설을 피하고 싶을 때 사용한다.

간헐난방, 단속난방 intermittent heating [T] 증기, 온수 혹은 온풍 등에 의한 열의 공급을 간헐적으로 하는 난방 방식. 실내의 온도는 열 공급의 시간과 정지하고 있는 시간의 비율에 의해 조절된다.

갈퀴형 피토관 Pitot rake [M] 유로 또는 관 안의 지름방향의 전압 또는 동압을 측정하기 위해서 복수의 피토관을 꼬챙이처럼 배열하여 일체형으로 만들어진 계측장치. 그림 가-2 참조.

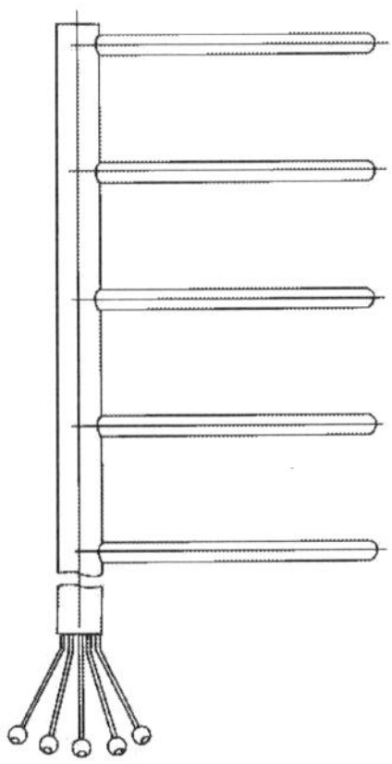

그림 가-2 갈퀴형 피토관

감도 sensibility, sensitiveness, sensitivity [T,M,D] 측정하고자 하는 양의 변화와 측정기의 지침이 가리키는 지시량의 변화와의 관계. 일정한 변화에 대하여 지침의 흔들림이 클 수록 감도가 좋다고 한다. 또 다른 표현으로는 측정기가 감지할 수 있는 최소의 양 또는 최소의 변화량을 가리킨다.

감속유동 decelerating flow [G] 유동방향으로 유속이 감소하는 유동. 또는 시간 경과에 따라 유속이 감소하는 유동. 증속유동(accelerating flow) 참조.

감속익렬 compressor cascade, decelerating cascade [G] 익렬 통과 후의 유속이 익렬 유입 전보다 감소하는 익렬. 이 경우 유체의 압력은 증대한다. 직선익렬의 경우 익 입구 각은 출구 각보다 크다. 유체가 회전하는 감속익렬을 통과할 때 유체는 익에서 일을 받는데, 이 때 속도헤드보다 압력 헤드를 보다 많이 받으므로 펌프 작용이나 압축기 작용이 나타난다. 증속익력(accelerating cascade) 참조.

감속익렬 deceleration cascade, compressor cascade [G] 익렬 통과 후의 유속이 익렬에의 유입 전보다 감소하는 익렬. 이 경우 유체의 압력은 증대한다. 직선익렬의 경우 익 입구 각은 출구 각보다 크다. 유체가 회전 감속익렬을 통과할 때 전 헤드는 증가하고 유체는 익에서 압력 일을 받으므로 펌프 작용이나 압축기 작용이 나타난다. 증속익렬(accelerating cascade)참조.

감속재 moderator [Nu] 원자로에서 중

성자의 에너지를 감소시키기 위해서 사용하는 물질이며, 경수, 중수, 흑연 등의 물질이 사용된다.

감쇠 damping [T] 진동계의 요소 또는 그 일부의 운동에 대한 저항력에 의해서 잃게 되는 에너지 소비.

감쇠계수 damping coefficient [D] 감쇠력 F_d가 진동속도 v에 비례하는 선형 감쇠력에서는 $F_d = -cv$로 표현되고, 비례상수 c를 점성감쇠계수 또는 간단히 감쇠계수라 한다.

감쇠고유진동수 damped natural frequency [D] Hz,1/s 감쇠를 고려한 선형진동계의 자유진동 진동수는

$$\omega_d = \omega_n \sqrt{1-\zeta^2}$$

로 표현된다. 여기서 ω_n은 비감쇠 고유진동수, ζ는 감쇠비이다. ζ에 대하여는 감쇠비(damping ratio) 참조.

감쇠기, 댐퍼 damper [D] 1) 충격이나 진동의 크기를 감소시키기 위해 에너지의 소산방법이 응용된 장치. 2) 송풍기에서 사용되는 댐퍼는 댐퍼제어(damper control)를 참조.

감쇠비 damping ratio, fraction of damping [D] 스프링 상수 k, 질량 m, 점성감쇠 계수 c의 1자유도계의 자유진동의 진폭은 등비급수로 감쇠한다. 이 계에서 계의 운동이 진동적으로 나타나는가 무주기 운동으로 나타나는가의 경계는 임계감쇠계수 $c_c = 2\sqrt{mk}$로 주어진다. 감쇠비 ζ는 계의 실제 점성감쇠계수 c와 임계감쇠계수 c_c와의 비로서 다음 식으로 정의된다.

$$\zeta = \frac{c}{c_c} = \frac{c}{2\sqrt{mk}}$$

감쇠에너지 damping energy [D] 진동이나 운동을 감쇠 또는 제지시키려는데 소비되는 에너지.

감쇠진동 damped vibration, damped oscillation [D] 감쇠를 고려한 진동으로, 계의 감쇠력, 탄성력 및 관성력에 의해서 발생하는 진동.

감압 decompression [T] 압력이 줄거나 줄임.

감압 슬리브 pressure reducing sleeve [P] 고압펌프에서 축봉부의 안쪽 압력을 줄이기 위해 그 안쪽에 교축 미끄럼부를 설치하는 경우, 그 부분의 주축에 끼워지는 축 슬리브 또는 고속회전의 펌프에서 발열, 달라붙기 등의 사고를 없애기 위해 비접촉형 축봉부로 하는 경우, 이 부분의 주축에 끼워지는 축 슬리브를 말한다.

감압밸브 pressure reducing valve [M] 유량이나 입구 측의 압력과 관계없이 출구측의 압력을 입구측의 압력보다 낮은 설정압력으로 조정하는 압력제어밸브. 차압 일정의 정차(定差) 감압밸브, 비율 일정의 정비(正比) 감압밸브, 출구측 압력 일정의 소위 2차압력 일정형 감압밸브 등이 있다.

감압부시 pressure reducing bushing [P] 감압 슬리브의 미끄럼 부에 마주 보이게 설치되는 고정 쪽의 부시. 감압슬리브(pressure reducing sleeve) 참조.

감압비등, 순간기화 flashing [Nu] 포화온도보다 낮은 액체의 압력이 낮아지면, 포화온도보다 낮은 상태이었지만 압력의 감소로 인해 비등이 발생한다. 이를 감압비등이라 한다.

감열, 현열 sensible heat [T] 물체의 온도를 높이기 위하여 가해지는 열량을 말하며, 융해열이나 증발열은 온도 상승을 수반하지 않는 열량이므로 잠열(rated heat)이라고 한다.

감열비, 현열비 sensible heat factor [T] 냉방 부하 중 감열부하가 전 열부하에 차지하는 비율. 감열비=(감열부하)/(감열부하+잠열부하).

감음량 noise reduction [G] 파이프 또는 닥트계에 설치된 소음기(消音器) 앞뒤에서의 소음의 감소량. 엄밀히는 관로에서 소음기 입구까지 전파되어 온 음의 에너지에 대하여 소음기 출구에서 방사되는 음의 에너지의 레벨 차로 표시되는 에너지의 감쇠량으로 표시되어야 하는데, 측정하기 어려울 때가 있으므로 그와 같은 경우 소음기 앞뒤의 파이프의 특정 단면 내의 평균 음압레벨을 측정하여 그 레벨 차로 나타내는 방법이 취해지며, 감음량이라고 불려진다. 음압레벨(sound pressure level) 참조.

강성, 강성계수 stiffness [D] 대응하는 탄성요소의 병진(또는 회전) 변위 x의 변화에 대한 힘(또는 토크) F의 변화의 비로써 $k=F/x$로 표현된다. 여기서 k를 강성계수라고 한다.

강성축 rigid shaft [B] 사용회전수가 그 축의 1차 위험속도 이하의 축.

강성회전체, 강체회전체 rigid rotor [D] 대체로 1차 굽힘 위험속도 이하(예로 1차 위험속도의 약 70% 이하)에서 운전되는 회전체에 대해 2개의 임의로 선택된 수정 면에서 평형잡기(balancing)를 수행할 때, 강성회전체는 모든 속도에서 만족하는 평형상태를 유지한다. 최대운전속도 이하의 임의의 속도에서 사용할 때와 가까운 지지조건으로 회전시켜도 불평형이 허용치(축 중심선에 관해서)를 넘지 않을 때, 회전체는 강성회전체로 고려할 수 있다.

강제공기 냉각 forced air cooling [T] 팬을 사용하여 냉각면에 공기를 강제로 보내는 냉각방식.

강제급유 베어링유닛 forced feed lubricated bearing unit [B] 윤활유를 외부로부터 강제적으로 급유하는 베어링 유닛.

강제대류열전달 forced convection heat transfer [T] 송풍기, 펌프 등에 의해 강제적으로 일으켜진 흐름으로 이뤄지는 열전달.

강제순환 forced circulation [T] 자연순환에 상대되는 용어. 유체의 순환을 원활하게 하기 위하여 펌프 등의 작용으로 강제적으로 순환시키는 것.

강제와류 forced vortex [P,G] 유동영역 전체에 일정한 와도가 분포하는 회전유동. 유선은 원을 형성하며, 유속은 반지름에 비례하여 증가하며, 압력도 반지름과 함께 현저히 증가하여 단위 중량당 액체가 갖는 기계에너지의 총합(총헤드)도 반지름 방향으로 증가. 예를 들어 수직으로 놓인 원통용기 내에 액체를 넣어 중심축 주위를 일정한 각속도로 회전시켰을 때에 생기는 유체의 회전운동이 이에 해당. 자유와류(free vortex) 참조.

강제윤활장치 forced lubricating equipment [B] 윤활유를 기름탱크에서 기름펌프 등으로 압송하여, 베어링에 급유하는 장치.

강제진동 forced vibration, forced oscillation [D] 진동계에 주기적으로 진동하는 외력이 작용하면 외력의 변동의 진동수와 완전히 같은 진동수의 진동이 계에 발상하는 경우, 이 진동을 강제진동이라 한다.

강제진동수 forced frequency [D] Hz, 1/s 강제진동을 일으키고 있는 진동의 진동수. 강제진동(forced vibration) 참조.

강제통풍 forced draught, forced draft [B] 강제통풍(forced draft)과 같음.

강제통풍, 압입통풍 forced draft, forced draught [T,B] 보일러나 노에서 연소에 필요한 통풍력을 주기 위하여 송풍기를 설치하고 공기를 불어 넣는 방식.

개거, 개방유도로 open conduit, open channel [P] 개수로(open channel)와 같음.

개도지시계 position detecting instrument [M] 밸브 등의 기기의 개도를 알기 위해서 설치된 지시기능을 가진 계기. 직선거리로 지시하는 것, 부채형의 각도로 지시하는 것 등이 있다. 눈금은 예를 들면 전폐 시를 0, 전개 시를 100이라고 하고, 중간을 적당히 분할한다.

개량 열중성자로 Advanced Thermal Reactor (ATR) [Nu] 새로운 형식의 전환로로서 핵연료의 다양성과 효율적 이용을 도모하여 경제성을 높인 원자로. 현재 각국에서 연구·개발 중에 있다.

개량형 가스냉각로 Advanced Gas Cooled Reactor(AGCR) [Nu] 흑연을 감속재로, 이산화탄소를 냉각재로 사용하는 영국의 가스냉각로를 개량한 것으로 더 높은 열효율을 얻기 위해 개발된 것. 초기 설계에서는 핵연료 피복재로 베릴륨을 사용하였으나, 이후 고온 특성이 우수한 스테인리스강을 선택하였다.

개량형 가압수형 원자로, 개량형 가압경수로 Advanced Pressurized Water Reactor (APWR) [Nu] 웨스팅하우스가 주축이 되어 기존 가압 경수로를 개량한 원자로. 연료집합체에 지르칼로이 그리드를 사용하고 노심은 반사체를 이용하며, 피동·능동 안전계통설계를 적용하여 안전성을 높인 것.

개량형 중수로 Advanced Heavy Water Reactor (AHWR) [Nu] 토륨을 핵연료로 사용하며 가압형 중수로를 개량한 인도의 차세대 원자로. 냉각재로 중수를 사용해 자연순환으로 냉각시키는 가압튜브 형태의 원자로이며, 우라늄과 플루토늄의 혼합핵연료를 사용한다.

개량형 터보프롭 advanced turboprop [C] 고아음속 항공기에 사용하는 것을 목적으로 한 추진용 터보프롭. 터보프롭엔진(turbo-propengine) 참조.

개방사이클 open cycle [T] 동작을 끝낸 작동 유체가 외부로 방출되어 버려지는 형식으로 이루어지는 사이클이며, 내연기관 등이 여기에 포함된다.

개방순환식 open-loop cycle system [S] 해양온도차발전에서 해양표면 온수를 작동유체로 직접 사용하는 방식.

개방형 임펠러, 개방형 회전차 open impeller [P] 원심펌프 및 사류펌프에서 슈라우드가 없는 임펠러. 이중 한쪽 슈라우드가 깃 바깥까지 있는 것을 "반개방형", 슈라우드가 아주 짧은 것을 "완전개방형"으로 구별하여 부를 때도 있음. 부도 P-17, 20~23 참조.

개수로, 개방유도로 open channel, open conduit [P,G] 대기에 접한 자유수면을 갖는 수로와 도수로. 이 도수로에서는 암거, 개수로의 구분을 하지 않는다. 도수 터널 내의 유동도 터널 안이 채워지지 않고 흐르고 있는 부분은 개수로가 된다.

개수로유량계 open channel flowmeter [M] 자유표면을 가진 유체의 유량을 측정하기 위한 유량계의 총칭.

개스킷 gasket [P] 배관 이음의 플랜지면, 펌프 케이싱 분할 면 등에서의 양액(揚液) 누출을 방지하는데 이용되는 것.

개인용 컴퓨터 클러스터 PC cluster [N] 여러 대의 개인용 컴퓨터를 네트워크에 연결하여 하나의 단일 컴퓨터처럼 동작하도록 제작된 컴퓨터. 즉, 병렬 컴퓨터의 일종. 클러스터는 그 사용 목적에 따라 과학 계산용 클러스터와 부하분산 클러스터로 나눠질 수 있다. 과학 계산용 클러스터는 일반 범용컴퓨터로 계산하기 어려운 대규모 연산을 계산하는데 사용되고 있다. 예를 들어 기상 예측, 핵폭발 시뮬레이션, 유체역학, 입자의 분자 역학 시뮬레이션 등의 분야에 사용된다. 또한 과학 계산용 클러스터는 두 가지 형태로 구현될 수 있다. 우선 한 방법으로서 서버 노드의 운영체제를 모두 하드디스크에 독립적으로 설치하여 각 노드가 시스템에 필요한 파일 및 라이브러리를 자체적으로 해결할 수 있도록 구성하는 방법이 있다. 또 다른 방법은 서버 노드 한 대에만 하드디스크가 존재하여 다른 노드 들은 서버 노드의 파일 시스템을 사용하는 diskless 클러스터 방법이 있다. 과학 계산용 클러스터를 사용하기 위해서는 MPI(Message Passing Interface)나 PVM(Parallel Virtual Machine)과 같은 라이브러리를 사용하여 코딩 한 프로그램을 사용해야 한다. 이러한 라이브러리를 사용하는 이유는 클러스터 내의 노드 수만큼 작업을 분할하여 네트워크를 통해 메시지를 전달함으로써 병렬처리가 가능하도록 하기 위해서이다.

개인용 컴퓨터, PC personal computer [N] 개인이 쓰는 일반적인 컴퓨터.

갭볼트, 스타팅볼트 gap bolt, starting bolt [C] 기계의 볼트 체결부의 분리를 쉽게 하기 위한 볼트. 장시간 볼트로 체결된 부분을 분리하고자 하는 경우 개스킷 등으로 밀착되어 있어서 쉽게 분리되지 않는 경우가 있다. 이와 같은 경우에 볼트를 돌리면 쉽게 분리할 수 있다.

갱내 배수펌프 mine dewatering pump [P] 갱 내에서 솟아난 물을 갱 외로 배출하는 펌프.

거칠기 roughness [T,M] ㎛ 재질 표면의 거친 상태를 나타내는 척도. 난류의 경우 거칠기가 증가하면 유동의 마찰 저항도 증가하지만, 거칠기의 상태에는 모래 알 상태의 것, 파도형의 것 등 여러 가지가 있으며, 저항 증대에 미치는 영향도 다르다.

건공기 dry air [T] 수분을 전혀 함유하지 않은 공기. 대기와 같이 수분을 함유한 공기를 습공기라고 한다.

건구온도 dry-bulb temperature [T] 건습구 온도계에서 구 주위를 적시지 않고 측정한 기온.

건구온도계 dry-bulb thermometer [T] 구 주위를 적시지 않고 측정하는 방식을 사용한 온도계.

건도(증기의), 품질 quality [T] 1) 건도 : 증기의 품질을 나타내는 기준으로 건도가 사용된다. 2) 품질 : 제품 또는 완제품으로서 규격에 알맞은 정도를 나타내는 말로, 현재는 제품의 품질뿐만 아니라 인간의 활동 및 그 결과의 질까지도 의미하게 되었다.

건면 실 dry face seal [P] 기계식 실에서 실 면을 윤활유로 윤활시키지 않는 방식의 것. 습면 실에 반하는 용어.

건습구 습도계 psychrometer [G] % 건구온도계와 습구온도계의 지시 차를 표로부터 상대습도를 구하는 습도계.

건습구 온도계 wet and dry bulb thermometer [T] 건습구 습도계(psychrometer)와 같다. 건습구 습도계에 사용되는 온도계로는 수은 또는 알코올 온도계 및 저항 온도계가 일반적으로 사용되나, 압력형 온도계 및 서모스탯(thermostat) 온도계를 사용하면 온도 측정의 정확도를 높일 수 있고, 습도의 자동 기록, 원격 측정, 자동 제어 등에도 이용할 수 있다.

건압축 dry compression [C] 건 포화증기 또는 과열증기를 압축기로 흡입 압축하는 것. 이에 의한 냉동사이클을 건 냉동사이클이라고 부른다. 현재 사용되고 있는 냉동설비는 주로 이 사이클이다.

건증기 drysteam [T] 수분을 전혀 포함하지 않은 증기.

건증기발전소 dry-steam power plant [T] 지열로 인해 지하에서 생성된 과열증기를 직접 사용하는 증기 발전소. 터빈을 지나며 응축된 수증기는 재사용을 위해 다시 지하에 주입된다.

건포화증기 dry saturated steam [T] 수분을 전혀 포함하지 않은 포화증기.

검사 inspection [T] 물품을 어떤 방법으로 시험하였을 때의 결과를 품질 판정 기준과 비교하여 개개 물품의 양·불량품의 판정을 내리거나 로트 판정 기준과 비교하여 로트의 합격·불합격의 판정을 내리는 것.

검사구멍 inspection hole(opening) [G] 기계 내부, 장비의 상태, 이송배관 상태 등을 점검하기 위해 장비 면, 또는 이송배관 상단에 두어진 구멍 또는 개구부.

검사구멍덮개 inspection hole cover [G] 검사구멍을 덮는 뚜껑.

검사체적 control volume [T,N] 유체역학에 있어서 질량, 운동량, 에너지 등의 본질적인 물리량은 좌표계 내의 고정된 임의의 닫힌 공간 내에서 보존된다. 이 성질을 문제해석에 이용하기 위하여 유체 내에 설정된 적절한 폐곡면, 즉 검사면에 적용하면, {검사면 내에서 단위시간에 생성되는 보존양}−{검사면을 통해서 단위시간에 유출하는 보존 양}={검사면 내의 단위시간당의 보전 양의 증가량}이라는 기본적인 관계식을 유도할 수 있다. 이 때 폐곡면(검사면)으로 에워싸인 영역을 검사체적이라고 한다.

검수기 water sight, flow sight [P] 플로우 사이트(flow sight)와 같음.

검유기 oil sight [P] 플로 사이트(flow sight) 참조.

검정게이지 reference gauge [T] 공작 또는 검사에서 사용되는 게이지의 치수를 보전하기 위해서 사용되는 게이지.

겉보기점도 apparent viscosity [M] Pa · s,{kgf · s/m^2} 비뉴턴유체의 구성 방정식에서 속도구배를 제외한 부분.

겉보기질량 apparent mass [D] kg, {kgf · s^2/m} 유효질량(effective mass)이라고도 하며, 단순 조화운동 동안, 가속도에 대한 힘의 복소비이다. 가속도가 중력가속도 g로 주어질 때, 가속도에 대한 힘의 비를 때로는 유효무게(effective weight) 또는 유효하중(effective load)이라 부른다. { } 안은 중력단위.

게이트 밸브 gate valve [M] 유동과 수직 방향으로 미끄러지면서 움직이는 디스크나 게이트가 유체의 통로를 여닫는 밸브. 주로 개폐기능만 요구되는 밸브에 사용되고 개도조절이 필요한 밸브에는 사용되지 않는다.

격납건물 살수계통 containment spray system [Nu] 냉각재 상실사고, 급수관 파단사고, 주증기관 파단사고 등으로 고온의 증기가 격납용기 내로 대량 방출되면 격납용기 내의 압력이 설정치 이상으로 상승하여 용기가 파손될 수 있다. 이를 막기 위해 연료 재장전 수조에서 붕산수를 취해서 격납용기 천장에서부터 살수해 내부압력을 낮추어 주는 안전계통을 말함.

격납용기 containment vessel [Nu] 원자로와 냉각계통을 수용하여 방사성물질이 시설로부터 외부로 유출되는 것을 차단하기위해 설치된 밀폐성과 내압성이 높은 용기(구조물).

격막식 유량계, 다이어프램식 유량계 diaphragm type flow meter [M] 다단 펌프, 송풍기, 압축기의 케이싱 등에 설치되며, 압력이 틀린 두 개의 공간을 격리하는 부품. 일반적으로 원판모양을 하며, 가운데에 중간 부시가 장착된 축 관통용 구멍을 갖는다. 중간 다이어프램(interstage diaphragm : 다단 펌프의 경우)과 같음.

격벽, 배플 baffle [E,T] 격벽판(baffle plate)과 같음. 유체의 유동 도중에 설치해서 유체의 흐름을 균등하게 만드는 판. 펌프에서는 정류판, 와류 방지판(whirl-stop, splitter plate)라고도 한다.

격벽판, 배플판, 저지판 baffle plate, baffle board [T] 1) 펠턴 수차 등에서

노즐로부터의 분류를 조절하기 위하여 노즐 출구에 설치되는 판. 2) 수직형 증발기 등에서, 증기 분출구에서 수분을 분리하여 증기만을 달아나게 할 목적으로 설치된 장애판. 3) 버너와 마주보는 위치에 설치된 충돌판을 말하는 것으로, 완전 연소를 돕는다.

격자 lattice [T] 1) 비균질 노에 있어서의 핵연료와 감속재의 규칙적인 배치. 2) 물질의 결정 구조에 볼 수 있는 규칙적인 배치. 3) 격자(grid)를 참조.

격자, 계통 grid [N,S] 1) 수치적 해석을 위해 계산하고자 하는 영역을 여러 개의 작은 셀로 나눈 것. 종류로는 등각격자, 직교격자, 비직교격자 등이 있다. 등각격자는 정사각형을 말하며, 직교격자는 직사각형, 비직교 격자는 곡선형태를 말한다. 2) 송배전을 위해 상호 연결되어 있는 전력케이블 네트워크.

격자, 메시 mesh [N] 수치계산을 위한 계산 도메인(domain) 내에 다수의 작은 모양의 element로 구성된 격자 시스템. 기본 형상은 삼각형, 사각형 등 여러 가지 다각형으로 존재할 수 있으며, 격자의 종류는 직교격자와 비직교 격자로 나뉠 수 있으며 격자 구성에 따라 계산의 정확성, 계산 시간이 결정된다.

격자간격 grid spacing [N] 계산 영역 내에서의 격자시스템에서 격자점 사이의 간격. 수치적 해석에서 격자의 간격을 결정하는 것은 계산의 정확한 해에 접근하기 위해 아주 중요하다. 보통 종속변수의 국부 변화 크기에 따라 격자 간격의 조밀도를 결정하게 된다.

격자생성 grid generation [N] 격자를 생성하는 방법은 격자시스템 종류에 따라 다르다. 등각격자는 고전적 방법인 복소함수의 도입과 등각사상법의 응용으로 생성하며, 직교격자와 비직교 격자의 생성방법에는 2가지가 있는데, 해석적 방법과 대수적 방법이 있다. 해석적 방법은 타원형, 쌍공형, 포물형 미분 방정식의 해를 이용하는 방법이고, 대수적 방법에는 보간, 혼합, 평활화 등의 방법이 있다.

경계밀착 좌표계 body-fitted coordinates [N] 좌표계의 하나 또는 두 개를 물체표면에 맞추어 구성하는 좌표계. 곡선(이 경우는 하나의 좌표) 또는 면(이 경우는 두 개의 좌표)을 따라 좌표계를 설정한다.

경계요소법 boundary element method [N] 경계적분 방정식을 푸는 방법이며, 경계만을 대상으로 계산함으로써 내부지점의 해를 구할 수 있다. 따라서 입력데이터가 적고 또 계산량도 FEM등에 비해 적다. 특히 무한원에 적용되는 문제, 불연속 흐름 등의 문제에 유리하고, 내부 점성흐름의 FEM해에 외부포텐셜 흐름의 FEM해를 접합하는 방법도 있다.

경계조건 boundary condition [N] 유동장을 수치해석 하기 위해서는 그 경계면에서의 특정한 유동 조건을 설정하여야 한다. 예를 들어 경계 면에서의 온도와 압력과 같은 스칼라 량 또는 속도벡터를 설정하거나 (Dirichlet boundary condition) 어떤 변수의 변화량을 0 또는 일정 값으로 지정할 수(Neumann boundary condition) 있다. 경계 조건의 종류에는 설정 위치에 따라 입구경계조건(inlet boundary condition), 출구경계조건(outlet boundary condition), 벽면경계조건(wall boundary condition) 등이 있으며 지정 변수에 따라 압력경계조건(pressure boundary condition) 및 속도경계조건(velocity boundary condition) 등으로 나눌 수 있다.

경계층 boundary layer [P,B,N] 고체 면에 접하는 유동에서는 비활조건(no slip condition)에 의해 유속이 벽면에서 0이 되고 고체 면과 멀어질수록 자유유동속도를 회복하게 되는데, 벽에서부터 자유유동속도를 가지는 위치까지의 속도구배가 있는 전단층을 경계층이라고 한다. 자유유동속도를 가지게 되는 경계점을 정확히 명시하기 어렵기 때문에, 자유유동속도의 99%를 회복하는 지점까지의 영역을 경계층이라고 한다.

경계층 두께 boundary layer thickness [G] m 경계층 내의 속도 u가 그 바깥쪽의 포텐셜 유동의 속도 U의 99%가 되는 위치를 경계층 두께 δ라 한다. 그 밖에 경계층두께의 대표치로서 다음 식들로 표시되는 배제두께 δ^*, 운동량두께 θ, 에너지두께 θ^* 등이 사용된다.

$$\delta^* = \int_0^\infty \frac{U-u}{U}dy,$$

$$\theta = \int_0^\infty \frac{u(U-u)}{U^2}dy,$$

$$\theta^* = \int_0^\infty \frac{u(U^2-u^2)}{U^2}dy$$

여기에서, y : 벽면에서 수직방향으로의 좌표.

경계층 박리 boundary layer separation [G] 그림과 같이 주류 U(x)의 감속에 따라 하류 쪽으로 향하여 압력상승 (dp/dx>0, p : 정압)이 있을 때 경계층 내의 속도분포 u는 차츰 변하여 벽면에서의 속도구배도 작아지며, 드디어 (벽면속도구배)=0, 또는 벽면 전단응력 τ_o =0이 되어, 이보다 하류에서는 (벽면속도구배)<0이 되어 역류가 발생한다. 이 현상을 박리라고 부르며, 벽면 속도구배가 0의 점을 박리점이라고 한다. 벽면의 속도구배는 $(\partial u/\partial y)_0$으로 표시된다. 그림 가-3 참조.

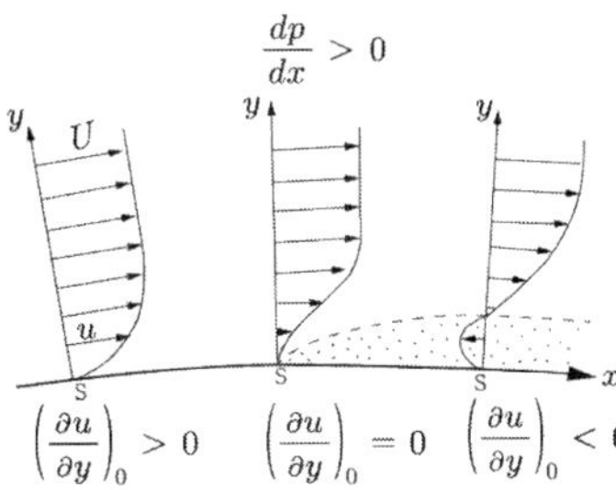

그림 가-3 경계층 박리

경계층 방정식 boundary layer equation [N] 비선형 방정식인 Navier-Stokes 방정식의 정확한 해를 구하는 것은 어렵다. 그 때문에 유체역학자 사이에서는 Navier-Stokes 방정식에 몇 가지 가정을 두어 간단한 방정식으로 근사하고자 하는 노력 들이 있었다. 특히 루드비히 프란틀(Ludwig Prandtl)에 의해 몇 가지 가정을 통해 Navier-Stokes 방정식에서 유동 방향의 점성항을 제거한 간단한 방정식으로 근사될 수 있다는 것이 밝혀졌다. 이 근사는 경계층이 천천히 성장하므로 경계층 내부의 유선들은 거의 평행하다는 관찰에 근거한 것이며, 비압축성 2차원 정상상태의 경계층에 대하여는 다음과 같은 경계층 방정식이 얻어진다.

$$\frac{\partial u}{\partial x}+\frac{\partial v}{\partial y}=0$$

$$u\frac{\partial u}{\partial x}+v\frac{\partial u}{\partial y}=\nu\frac{\partial^2 u}{\partial y^2}$$

여기에서 u, v는 x, y방향의 속도성분이며, ν는 동점성계수이다. 경계조건은 y=0에서 u=0, v=0, y=∞에서 $u=U_e$ (U_e : 주류부의 유속), ∂u/∂y=0.

경계층 제어 boundary layer control [G] 경계층의 박리는 익이나 유체기계 등의 성능을 떨어뜨리기 때문에 이것의 발생을 막거나 늦추는 장치 또는 방식. 제어방식으로서 싱크나 소스를 이용한 것, 와류발생기에 의한 것 등이 있다.

경계층 천이 boundary layer transition [G] 경계층 내의 유동상태가 변하여 층류 경계층에서 난류경계층으로 변하는 것.

경도 hardness [T] 1) 물의 경도 : 물 100 cc 가운데에 함유된 CaO의 1 mg을 1° 로 한다. 2) 광물의 경도 : 모스 경도 (Moh's hardness)로 나타낸다. 3) 물체의 기계적 성질 중 무르고 단단한 정도를 나타내는 수치. 금속재료에서는 사용하는 시험기에 따라 브리넬 경도, 비커스 경도, 로켈 경도, 쇼어 경도 등으로 불려진다.

경사마노미터 inclined micro manometer [M] 미압(微壓)을 측정하기 위해서 액주계를 각도 α만큼 기울임으로써 액주의 길이를 $1/\sin\alpha$로 확대하여 읽을 수 있도록 한 것.

경사분할형 inclined split type [P] 터보형 펌프에서 축 평행분할이고, 회전차에 끼워진 주축이 수평면에 대하여 어느 각도로 기울어져 있는 것.

경사충격파 oblique shock [T] 충격파는 일반적으로 유동방향에 대하여 어느 경사각을 갖고 있는 것이 보통이며, 이러한 충격파를 경사충격파라고 한다. 경사충격파는 수직충격파의 파면에 평행으로 유속 v를 유동장 전체에 중첩시킨 상태라고 생각하면 된다.

경사피치 diagonal pitch [T] 구성요소들이 엇갈린 배열로 배치되었을 때, 한 열의 구성요소와 짝을 이루는 다음 열의 구성요소 사이의 거리. 리벳, 압축기나 터빈 익렬 혹은 날개의 와류 발생기 등에 사용되는 용어이다.

경사형 inclined shaft type [P] 주축이 수평면에 대하여 어느 각도로 경사지게 배치되어 있는 것.

경수로 Light Water Reactor (LWR) [Nu] 경수를 감속재 및 냉각재로 사용하는 원자로이며, 가압수형(PWR)과 비등수형(BWR)이 대표적이다. 우리나라의 월성 1~4호기를 제외한 모든 원전이 해당된다.

경적, 기적 air horn [C] 압축 공기로 진동판을 진동시켜 소리를 내는 기구.

경향분석 trendanalysis [D] 진동감시 (vibration monitoring)를 하는 데 가장 중요한 작업 중의 하나로 장시간 또는 단시간에 걸쳐 기계진동의 변화를 분석하는 것.

계, 시스템 system [T] 1) 계통, 체계. 2) 제도, 방식, 조직. 유체역학에서 사용되는 시스템의 경우, 고려 대상으로 된 영역(이것을 시스템이라 함) 내의 유체입자는 어느 시간 경과 후에 시스템의 경계가 이동하고 형태가 변해도 그 안에 포함된 유체입자는 전과 같은 입자로 구성되어 있는 영역을 말한다.

계기압력 atg [M] Pa,{kgf/m^2} 계기압력(gauge pressure)과 같음. { } 안은 중력단위.

계기압력, 게이지압력 gauge pressure [P,M] atg 특정 위치와 특정 시간에서 측정된 절대압력과 대기압과의 차이. 압력계로 측정된 정압.

계기오차 instrumental error [M] 사용한 계측기의 제작상의 결점 때문에 나타나는 오차.

계기판 instrument panel, gauge panel [G] 전압계, 전류계, 전력계, 주파수계 등 전기계기, 그 밖에 압력계, 액면계, 온도계, 기타 각종 측정계기 들을 배치하여 감시하거나 관리하는 계기판.

계류고정식 mooring fixed type [S] 발전장치를 설치하는 지역의 수심이 깊을 경우에 주로 사용하는 방법으로 부유구조물을 일정 위치에 고정시키는데 적합하다.

계산분자 computational molecule [N] 미분방정식을 연립대수방정식으로 만드는 과정에서, 어느 한 격자점에서의 값은 그 격자와 인접한 격자 들의 미지수값을 포함하는 방정식으로 나타낼 수 있다. 이때 이 방정식에 사용된 격자점들을 점으로 표현하여 서로 연결하면 마치 화학에서 분자를 그린 것 같은 모양이 되는 데, 이를 계산분자라고 한다. 고차의 수치기법을 사용하면 멀리 떨어진 격자점들을 모두 포함하기 때문에 계산 분자는 커진다.

계선 mooring [S] 해양에서 선박 또는 부체가 조류에 떠다니지 않도록 닻 또는 부표에 묶어서 정박하는 것.

계통오차 systematic error [T,M] 기지의 물리적 법칙에 따른 예측 가능한 오차. 같은 원인에 의해 일어나는 이 오차는 평균치에 영향을 미친다. 즉, 서로 균형을 취하는 것 보다는 오히려 일정한 편차를 평균치에 부가하는 경향이 있다. 불확도 분야의 국제측정용어집의 정의에 따르면, 반복성 조건을 유지하면서 같은 측정량을 무한히 측정하여 얻은 모평균에서 측정량의 참값을 뺀 값으로 정의되어 있다. 계통오차는 오차에서 우연오차를 뺀 값이다.

고가 수조, 급수 탱크 elevated tank, head tank [P] 급수를 하기 위하여 일반적으로 높은 위치에 설치된 탱크.

고도응집 enhanced coagulation [E] 기존 정수처리 공정에서 소독부산물 법칙에 부합하기 위해 천연유기물의 제거율을 향상시키기 위한 목적으로 과량의 응집제를 주입하는 응집공정.

고도정수처리 advanced water treat-ment [E] 고도정수처리는 표준정수처리로는 제거가 곤란한 오염물질을 제거하여 보다 안전한 수돗물을 공급하기 위하여 추가적으로 적용되는 정수처리 공정.

고동펌프 pulsometer, pulsator [P,G] 두 개의 밀폐실에 물이나 수송물을 교대로 채워, 그들 액면 위에 증기압을 공급하여 관 속으로 압입 이송하는 방식의 펌프. 오수 등을 퍼올리는데 사용된다.

고로가스용 송풍기 blower for blast furnace [B] 질소, 일산화탄소, 수소 등이 포함된 고로가스를 송풍하기 위한 원심불러워이며, 풍압은 25 kPa(약 2500 mmAq)정도의 것까지 있다. SI단위로의 환산은 1mm Aq=9.81 Pa의 관계를 이용하면 된다.

고로용 압축기 compressor for blast furnace [C] 고로에 필요한 공기를 압축하고 노(爐) 내에 송풍하기 위한 압축기. 고로의 용량이 커짐에 따라 왕복식에서 원심식 그리고 축류식으로 이행하였다. 최근에는 증기터빈구동의 축류압축기 또는 전동기구동의 정익가변형 축류압축기가 사용되고 있다.

고무라이닝 rubber lining [B] 고무에 의한 라이닝. 주로 내마모의 목적으로 원심펌프, 팬의 케이싱, 회전차 등에 실시된다. 형상이 복잡한 것, 임의의 두께(보통 3~12mm)의 것에 라이닝 할 수 있고, 접착력도 강하지만, 온도와 회전차 주속도에 제한을 받는다.

고발열량 gross calorific value, higher calorific value [T] 총 발열량이라고도 한다. 고발열량(higher calorific value) 참조.

고발열량 higher calorific value [T] 수소 또는 수분을 함유한 연료를 연소시켰을 때 연소가스에 포함된 수증기의 응축열을 발열량에 포함시킨 것. 이를 총 발열량이라고도 한다.

고발열량 high-heat value, higher heating value [T] 총 발열량이라고도 한다. 고발열량(higher caloric value, higher calorific value)과 같음.

고분자 막 polymeric membrane [F] 중복 유기 고분자 화합물을 소재로 하는 막의 총칭. 이것은 고분자막, 합성막, 유기막이라고도 하며, 초산 셀룰로스, polysulfone, polyethylene, polypropylene, polyacrylonitrile 등을 사용하여, 상전환법, 연신법 등에 의해 만들어진다. 비교적 유연하여 성형가공이 용이하며, 중공사막, 튜블러막, 평막 등이 있다. 정밀여과, 한외(限外)여과, 나노여과, 역삼투 등으로 광범위하게 사용된다.

고사이클피로 high-cycle fatigue [T] 시편이 회전하면서 표면 요소는 인장과 압축굽힘응력의 최대 사인파적 변화를 받는다. 응력이 높은 경우는 낮은 경우보다 더 적은 사이클 내에 고장이 일어나게 되는데, 응력이 낮은 경우를 고사이클피로라고 한다.

고속동적 평형잡기 high speed dynamic balancing [D] 회전체의 동적 평형 수정작업의 일종이며, 회전체가 실제 운전되는 회전수의 진동모드와 같은 모드로 행하여지는 동적 평형잡기.

고속증식로 Fast Breeder Reactor (FBR) [Nu] 고속중성자에 의한 핵분열 연쇄

반응을 이용해서 운전하는 원자로. 핵연료로는 U-235 또는 PU-239를 농축 사용하며, 냉각재로는 나트륨 등을 사용한다. 노심에서 누설되는 중성자를 U-238에 흡수하여 연료인 핵분열성 물질을 만드는 블랭킷이 있어 전환비가 1 이상이다.

고속푸리에변환 fast Fourier transform (FFT) [D] 푸리에변환의 수치계산은 데이터 수가 많아지면 그것에 요하는 계산시간이 증대한다. FFT는 1965년에 Cooley와 Tukey에 의해 개발된 알고리즘이며, 이것에 의하면 계산시간이 대폭 단축된다. 송풍기, 압축기의 진동이나 소음의 해석에도 최근에 대폭적으로 채용되어 운전상태가 진단된다.

고수위, HWL high water level [P] 수조나 탱크 등에서 상시 도달하는 수위 중 가장 높은 수위.

고압단 high-pressure stage [T] 다단으로 된 펌프 또는 송풍기의 토출 측의 고압단.

고압배전반 high-tension switchboard [G] 고전압용 기기 및 배선으로 구성된 배전반.

고압안전주입계통 high pressure safety injection system [Nu] 비상노심냉각계통의 일부로서 소형파단(小型破斷)과 같은 사고가 일어나 원자로용기의 압력이 높을 때 작동하여, 냉각수를 원자로 노심으로 주입하는 계통이다.

고압터빈 high-pressure turbine [T] 다단 터빈을 고압 영역에서 작동하는 터빈 무리와 저압 영역에서 작동하는 터빈 무리로 구분하였을 때의 고압영역 쪽의 터빈 무리를 말한다.

고압펌프 high pressure pump [F] 원수가 역삼투막을 투과할 수 있도록 높은 투과압력을 공급해 주는 펌프. 역삼투법에서 사용되는 고압펌프의 소비동력이 매우 큼으로 선정시 신중해야 한다. 고압펌프의 형식에는 크게 터보형과 용적형 펌프가 있으며, 펌프 전후단의 배관에 안전장치가 설치되어야 한다.

고양력 장치 high-lift device, slot [G] 고양력장치 중에서 먼저 실용화 된 것이 슬롯이다. 슬롯은 큰 받음각일 때 익의 상면과 하면의 압력차로 인해 슬롯(간극)을 통과하는 흐름으로 익 상면의 경계층유동을 가속시켜 보다 큰 받음각에서까지 박리가 일어나지 않게 하기 위한 것이다. 그 밖에 고양력장치로서 뒤전 플랩(trailing-edge flap), 앞전 플랩(leading-edge flap) 등이 있다. 플랩(flap), 슬롯과 슬랫(slot and slat) 참조.

고역통과필터, 고역필터 high-pass filter [D] 어느 주어진 차단주파수 이상의 주파수를 통과시키고, 그 이하의 것은 감쇠시키는 필터.

고온가스냉각로, 고온기체냉각원자로 High-Temperature Gas-cooled Reactor (HTGR) [Nu] 열에 강한 탄소와 탄화규소로 피복된 입자(粒子) 형태의 핵연료를 사용하고, 감속재와 원자로 내 구조재는 흑연을 사용하며, 헬륨을 냉각재로 사용하는 원자로를 말한다.

고온계 pyrometer [T] 보통의 온도계 보다 훨씬 높은 온도의 측정에 사용되는 온도계. 종류에는 광고온계, 방사 고온계, 열전 고온계, 전기저항 고온계 등이 있다.

고온유펌프 **hot oil pump** [P] 석유정제 등에서 높은 온도의 기름을 이송하는 펌프.

고온측정법 **pyrometry** [T] 고온계 (pyrometer) 참조.

고위교란실험 **high level perturbation test** [M] 상류에서 심한 교란이 있을 때 터빈유량계의 정확도를 확인하는 실험으로서 저위 교란실험보다 더 심한 교란이 주어진다.

고유모드 **eigen mode, natural mode** [D] 1)진동계에 외력이 작용하지 않는 경우의 진동모드. 즉, 진동의 주기 또는 진동수가 그 계의 스프링상수와 질량에 의해 결정되는 계에 고유한 일정치를 갖는 진동을 말한다. 2) 자유롭게 진동을 할 때에 계에 의해 가정된 진동의 모드. 만약에 계에 감쇠가 없다면 고유모드는 정규모드(normal mode)와 같게 된다. 진동의 고유모드는 계의 각각의 자유도에 대해 존재한다.

고유모드 **natural mode, eigen mode** [D] 진동계에 외력이 작용하지 않을 때의 진동양식을 자유진동모드라고 하며, 이 경우를 특히 고유진동 모드라고 한다.

고유압력 **built-in pressure** [C] 왕복압축기에서 흡입구 절대전압에 고유 압력비를 곱해서 얻어지는 압력. 참고 : 배제실이 토출구로 열리기 직전의 배제실 내 압력의 이상치와 같다.

고유압력비 **built-in pressure ratio** [C] 왕복압축기에서 단열압축을 가정하여 고유 압축비로부터 산출되는 압력비.

고유압축비 **built-in compression ratio** [C] 왕복압축기에서 흡입구가 닫히는 순간의 배제실 체적과 송출구가 열리는 순간의 배제실 체적과의 비.

고유오차 **intrinsic error** [M] 표준조건하에서 측정된 계측기의 오차.

고유주기 **natural period** [D] s 계의 진동진폭이 최대로 되는 고유모드에 대응하는 자유진동 진동수 f의 역수(T=1/f). 고유진동수(natural frequency) 참조.

고유진동 **natural oscillation, natural vibration** [D,T] 자유진동(free oscillation), 고유진동(natural vibration)과 같음. 고유진동수(natural frequency) 참조.

고유진동 **natural vibration, natural oscillation** [T,D] 자유진동(free vibration)과 같음.

고유진동수 **frequency of vibration of the normal mode, natural frequency** [D] 탄성진동계에서는 그 형상, 장력, 탄성률이나 주위의 상황 등에 따라, 또 유체의 경우는 유체의 종류나 주위의 상황에 따라 정해지는 각각의 일정한 진동수(하나로 한정되지 않는다)를 가진다. 예를 들면 판을 치거나 현을 울리면 고유진동수로 진동한다. 그리고 저항(감쇠)이 작용하지 않는 진동계에 외부로부터 가해진 주기적 변동력의 진동수가 이 고유진동수와 일치하는 경우 공진을 일으킨다.

고유진동수 natural frequency [T,D] Hz,1/s 계의 진동진폭이 최대가 되는 고유모드에 대응하는 자유진동의 진동수이며, 예를 들면, 1자유도의 진동계에서 질량 m, 스프링 상수 k라고 하면, 다음 식으로 표현된다.

$$고유\ 진동수\ f=(1/2\pi)\cdot\sqrt{k/m}$$

고유치 eigenvalue [D] 정방형 행렬을 $A(A=a_{ij})$, 단위 행렬을 E라고 하면, 일반적으로 연립 1차 방정식(벡터방정식) $(A-\lambda E)X=0$이 0 이외의 해를 갖기 위한 필요충분조건은 λ가 $|A-\lambda E|=0$의 해이어야 한다. $|A-\lambda E|=0$을 A의 고유방정식이라고 부르며, 이 방정식의 근(λ의 해)를 A의 고유치라고 한다.

고정깃 fixed blade, fixed vane [P] 1) 축류형 임펠러의 깃 또는 안내깃이 고정되어 있는 구조의 깃. 2) 터빈에서 유체의 압력 에너지를 속도 에너지로 변환하는 깃.

고정깃 fixed vane, fixed blade [T] 고정 깃(fixed blade)과 같음.

고정라이너 fixed liner [P] 기기의 설치 및 조정을 용이하게 하기 위해 사용되는 라이너이며, 조정 후 베드 측면에 용접으로 고정.

고정식 파력발전 fixed type wave power generation [S] 연안에 파력발전 시설을 설치하는 방식으로써 터빈시스템이 해안가의 벽면 또는 바닥에 고정된 파력발전 방식.

고정안내깃 fixed guide vane [T] 펌프 또는 수차의 안내 날개가 고정되어 있고 유량을 조절하지 않고 물을 인도하기만 하는 것.

고조파, 고차조화성분 higher harmonics [D] 어느 신호변화 g(t)가 주기 T(s)를 갖는 주기 운동을 한다고 하면, 이 신호는 f=1/T(1/s)의 주파수를 가지며, 원진동수 ω는 $\omega=2\pi f=2\pi/T$(rad/s)를 갖는다. 이 주기운동의 제일 간단하고 기본적인 것은 조화진동 $g(t)=A\sin(\omega t+\alpha)$이다. 여기에서, A는 최대진폭, α는 초기위상이다. 이 기본파 성분에 대해 $A_n\sin(n\omega t+\alpha_n)$의 성분들을 고조파성분(高調波成分)이라 한다.

고진공 high vacuum [G] 일반적으로 1.333×10^2Pa 또는 10^{-3}Torr(mmHg abs) 이하의 압력을 말한다.

곡관, 벤드 bend [A,M] 1) 서로 어느 각도를 이루는 두 개의 관의 접속에 사용되는 곡률반경이 큰 관이음. 90°의 것을 말하는 경우가 많다. 터보형 펌프, 송풍기의 케이싱의 흡입구 또는 토출구에 케이싱의 일부로서 직결된 것을 말 할 때도 많다. 2) 폐기물 이송 곡관은 시스템의 크기에 따라 폐기물 이송 효율을 증가시키기 위한 직관 길이 및 곡률반경이 정해져 있다.

곡관, 벤드파이프 bend pipe [M] 벤드로 되어있는 파이프. 벤드(bend) 참조.

곡률 curvature [T] 원호의 반지름을 곡률 반경이라 하며, 그 역수를 곡률이라고 한다.

곡률반지름 radius of curvature [T] m 곡선의 미소한 부분을 생각하면 원호로 간주할 수 있다. 이 원호의 반지름을 곡률 반경이라 하고, 그 역수를 곡률이라 고 한다.

곡률중심 center of curvature [T] 곡선 또는 곡면을 구성하는 원의 중심.

곡선보정 curve compensation [T] 곡선에 대한 지시 값에 오차가 있다는 것을 알았을 때 올바른 측정치가 되도록 수정하는 작업을 말한다.

곡선운동 curvilinear motion [T] 물체가 운동할 때 물체에 속하는 모든 점이 어느 일정한 곡선 상을 이동하는 평면.

곡선접합 curve fitting [T] 실험에 의한 측정점 들을 다항식으로 표시되는 곡선에 의해 대표하는 것.

골링 galling [G] 미끄럼 면 사이의 윤활 부족으로 한쪽 금속 모재(母材)의 어느 작은 부분이 상대편의 면에 옮겨 붙는 것. 과대한 압력을 받고 움직이는 면 사이에서 발생한다. 윤활 작용의 국부적인 파괴로 발생한 과대 마찰열로 금속의 일부분이 용해하는 것.

골밑틈새 root clearance [T] m 치차의 이 바닥(뿌리)원에서부터 맞물고 있는 치차 측의 잇 끝원까지의 간격.

공극율 void ratio [T] 2상 혼합유체의 공극률은 체적에 관계하는 것으로서 기체의 부피를 V_V, 액체의 부피를 V_L이라 하면 공극률은 $V_V/(V_V+V_L)$이다. 보이드율(void fraction)과 같음.

공급기 feeder [B,G] 분립체 공기수송에서 수송관에 분립체를 공급하는 기기.

공기 air [G] 공기의 성분은 질소78%, 산소 21%, 아르곤 0.94%, 이산화탄소 0.03%로 구성되어 있음. 기타 주요 수치로는 분자량 : 28.964, 가스정수 : 287.06(J/kg · K), 밀도 : 1.29922(kg/m^3)(101.3kPa, 0℃에서), 비열비 : $k=c_p/c_v=1.402$이다.

공기 세척기 air washer [B] 공기를 물로 씻어 먼지 및 균 등을 제거하며 동시에 공기를 가습 및 감습하는 장치.

공기과잉률, 공기 과잉 계수 excess air ratio, excess air factor [T] 연료의 연소에 있어서 실제로 공급된 건공기의 양과 이론적으로 필요한 최소한도의 건공기의 양과의 비율.

공기기관, 공기엔진 air engine [T] 압축공기를 작동 유체로 하여 움직이는 기관. 폭발성 가스가 있는 갱 내나 화학 공장 내에서, 보안상 다른 원동기를 사용할 수 없는 곳에 이용된다.

공기냉각 익렬익 air-cooled cascade blade [T] 익일렬익의 날개를 중공으로 하여 내부의 공기가 순환함으로써 날개가 냉각되는 익.

공기냉각 휜 air cooling fin [T] 공랭(air-cooling) 참조.

공기냉각 휜, 공랭 휜 air-cooling fin [T] 공랭 기관에서는 냉각면적을 증대시켜 기관을 효과적으로 냉각시키기 위하여 실린더나 실린더 헤드 등의 냉각부분에 다수의 엷은 휜이 부착되어 있다. 실린더와 일체로 주조하거나 절삭가공으로 만들며, 고열부하 부분일수록 긴 휜이 조밀하게 붙여진다.

공기냉각로 air-cooled reactor [Nu] 공기를 최종 열침원으로 사용하는 원자로. 물을 충분이 공급 받아야하는 수냉식 응축기에 비해 설치 장소 제한에 있어서 자유롭다.

공기동력 air power [C] 가스동력(gas power) 참조.

공기량 설정판, 스로틀 판 throttle plate [B] 공기흡입구 또는 배출구에 달아서 공기의 유량을 설정하는 판.

공기량, 풍량 air capacity [B] m^3/s 단위시간에 송풍기, 압축기에서 토출되는 공기량이며, 흡입상태 또는 기준상태의 체적으로 환산하여 표시된다. 공기를 취급하는 송풍기, 압축기의 유량을 나타내는 경우에 사용된다. 또 표준상태로 나타내는 경우도 있다.

공기량, 풍량 air quantity [B] 공기량(air volume)과 같음.

공기량, 풍량 air volume, air quantity, capacity [B] m^3/s 단위 시간에 송풍기 및 압축기에서 토출되는 공기의 양이며, 흡입상태 또는 기준상태에 있어서의 체적으로 환산한 것. 단위표시로는, 그 양을 흡입상태의 체적으로 환산한 경우, m^3/min, m^3/h로 표시되며, 기준상태에서의 체적으로 환산되는 경우에는 $m^3/min(NTP)$, $m^3/h(NTP)$로 표시된다.

공기배기관, 통기관 air vent pipe [P] 펌프 시동 시에 케이싱 내의 공기를 빼는 배기관. 공기빼기 밸브(air vent value) 참조.

공기배출기, 에어이젝터 air ejector [T] 공기 또는 증기를 고속으로 노즐에서 분사시켰을 때 나타나는 저압으로 주위 유체를 흡인하는 작용이 생기는 원리를 이용한 진공펌프의 일종.

공기밸브 air valve [E] 관내의 공기배제와 흡인을 목적으로 관로의 가장 높은 장소의 상단부(요철부凸)에 설치하는 밸브.

공기베어링 air bearing, pneumatic bearing [T] 정압베어링과 동압베어링이 있으며, 정압 베어링의 경우 축과 베어링 사이에 압축 공기를 뿜어 넣어 공기압으로 축을 띄워서 하중을 지지하는 베어링. 이에 대하여 동압베어링은 스스로의 회전에 의하여 하중을 지지하는 것이며, 지지용량은 작다.

공기베어링 pneumatic bearing, air bearing [T] 보통의 윤활유 대신에 공기를 매체로 사용하는 베어링. 공기의 점도는 윤활유의 약 1/1000에 지나지 않으므로 베어링 마찰은 매우 적으며, 고속 회전에 견딜 수 있는 베어링을 쉽게 얻을 수 있다. 그러나 공기의 압축성 때문에 부하 능력이나 안정성이 떨어지므로 설계 및 운전에서 특별한 주의가 필요하다. 동압 공기 베어링과 정압 공기 베어링이 있다.

공기부력 air buoyancy [M] N,{kgf} 높이에 의한 공기의 압력 차이로 공기중의 물체가 중력과 반대 방향으로 받는 힘. { } 안은 중력단위.

공기분무 버너 air atomizing burner [T] 연료유를 분무하는데 압축공기를 사용하는 버너로서 고압 분무식, 저압 분무식, 외부 흡기식 등으로 대별된다.

공기분사 air injection [C] 디젤기관에서 연료를 압축 공기와 함께 분사하는 방식. 연료만을 분사하는 방식을 무기 분사라 한다.

공기분사, 에어블라스트 air blast [T] 강한 송풍기류를 말한다.

공기분사분무기 air blast atomizer [T] 강한 송풍기류 속에 액체를 분사시키는 장치.

공기빼기 콕 air vent cock [P] 펌프시동 시에 케이싱 속의 공기를 빼는 콕.

공기빼기밸브 air escape valve [C] 증기관, 탕수(湯水)관 등에서 그 배관에 공기가 갇히기 쉬운 장소에 설치되는 밸브. 공기빼기 밸브에는 자동식과 수동식의 두 종류가 있다.

공기빼기밸브 air vent valve [P] 펌프 시동 시에 케이싱 속의 공기를 빼는 밸브. 펌프회전차에 공기가 차 있으면 공기의 비중량이 물의 약 1/1000이므로 펌프가 낼 수 있는 압력도 같은 비율로 떨어져 양수 능력이 없어지는 것을 방지하는 밸브.

공기뽑기, 에어블리드 air bleed [T] 1) 공기를 뽑는 것. 2) 엔진에서 연료의 무화를 좋게 하기 위해 연료통로에 소량의 공기를 주입하는 것.

공기속도 air speed [A] 폐기물 이송에 필요한 공기 이송 속도, 단위는 m/s

공기수송, 공기 컨베이어 air conveyer [B,G] 수송관 내의 공기흐름에 공급기에 의해 분립체를 공급하여 관 말단에서 분립체를 분리 포집하는 수송방식.

공기시험 open loop test [B] 공기를 사용하여 송풍기 및 압축기의 성능 등을 확인하는 시험. 즉, 폐회로 시험이 아닌 시험.

공기시험 performance test with air [C] 송풍기, 압축기의 성능을 공기를 사용하여 운전하고 확인하는 시험. 보통의 성능시험은 공기시험이다. 규정된 공기를 사용하여 시험해야 하는 경우는 폐회로시험에 의해야 한다.

공기실 air chamber [T] 일반적으로 액체는 팽창이나 압축성이 적기 때문에 그 속도에 급격한 변화가 생기면 충돌이나 압력 강하가 일어난다. 이들을 방지하기 위하여 설치하는 것으로, 공기가 들어 있는 칸을 공기실이라 한다. 가장 대표적인 것으로 축압기(accumulator)라고 불리는 것이 있는 데, 이것의 한 종류에 해당한다. 에어벤드(air bend)라고도 한다.

공기실 air vessel [P] 공기실(air chamber)과 같음.

공기실 내의 압력변동률 pressure fluctuation ratio in air chamber [P,G] 왕복펌프에서 물의 토출을 연속적으로 하기 위해 공기실이 설치되는데, 이 때 공기실의 압력과 공기의 체적은 펌프 작동에 따라 변화한다. 공기실 내의 최고압력을 p_1, 최저압력을 p_2, 평균압력을 p_o, 그리고 이들 압력에서의 공기체적을 각각 Q_1, Q_2, Q_o라고 하면 공기실 내의 압력변동률은 $\delta = (p_2 - p_1)/p_o$으로 표시되며, 공기실 내의 공기가 물의 출입에 따라 등온 변화한다고 하면 위의 압력변동률은 $\delta = Q_o(Q_1 - Q_2)/(Q_1Q_2)$로 표시된다.

공기실린더 air cylinder [C] 왕복식 공기압축 실린더를 말한다.

공기실의 자유진동수 free oscillating frequency in air chamber [P,G] 왕복펌프의 토출측에 단면적 a_d, 길이 l_d의 파이프를 통해서 상부 수조에 밀도가 ρ인 액체를 압송하고 있고, 그 도중에 공기실(공기실 내의 압력변동율 참조)이 설치되어 있다. 이때의 공기실의 자유진동수 N은 다음과 같이 주어진다.

$$N = \frac{1}{2\pi}\sqrt{\frac{a_d p_o}{l_d Q_o \rho}}$$

단, p_o와 Q_o는 공기실 내의 평균압력과 평균체적이다.

공기압, 공기압공학 pneumatics [T] 공기 또는 공기력에 관한 기술 또는 공학.

공기압센서 pneumatic sensor [T] 공기압을 이용하여 물체의 유무, 위치, 상태 등을 검지하고, 신호를 보내는 감지기기의 총칭.

공기압축기 air compressor [T] 외부로부터 동력을 받아 공기를 압축하는 기계. 회전 압축기, 터보 압축기, 왕복동 압축기 등이 있다.

공기여과기 air filter [B] 공기청정기(air cleaner) 참조.

공기역학 aerodynamics [T] 유체역학의 원리를 공기에 응용하는 학문.

공기연료비, 공연비 air fuel ratio [T] 연소에 사용된 연료에 대한 공기의 중량 비율.

공기예냉기 air precooler [T] 공기조화 등에 있어서 외부에서 흡입된 공기를 실내공기와 혼합하기 이전에 냉각하는 장치.

공기예열기 air preheater [T] 보일러에 보내는 연소용 공기를 연소 가스의 폐열을 이용하여 200~250℃ 정도로 예열시키는 장치.

공기오염 air pollution [T] 공장, 발전소, 수송기관(자동차, 항공기, 기타) 등에서 배출되는 가스에 의한 대기의 오염.

공기오염제어 air-pollution control [T] 가스터빈이나 보일러로부터 나오는 배기가스를 처리하는 것. 가스나 입자화된 오염물들을 사용가능한 수준에서 대기로 내보내는 것이다. 제어장치는 습식/건식의 스크러버, 필터, 사이클론, 전기집진기를 포함한다.

공기완충밸브 air cushion valve [C,G] 왕복압축기의 흡입밸브와 토출밸브에서 자동 밸브판이 사용되는데, 밸브판은 밸브 시트와 밸브 받침사이에서 고속으로 반복운동을 한다. 이 때의 밸브 받침에서 받는 충격을 완화시키기 위해 밸브받침에 홈이 가공되고 있다. 이와 같은 밸브를 말한다.

공기원압축기 service air compressor [C] 각종 공장에서 사용되는 공기작동 공구 또는 공기 또는 공기작동 계기의 공기를 공급하기 위한 압축기로서 일반적으로 토출압력은 0.7~0.8 MPa{약 7~8 kgf/cm^2} 정도이고, 풍량에 따라 왕복식, 나사식, 원심식 등이 있다. 대용량에서는 축류압축기가 허용되는 경우도 있다.

공기의 무게 air weight [G] 온도 0℃, 압력 760 mmHg에서 0.04%의 탄산가스를 포함한 건조공기의 질량은 1.293

kg/m^3이다. 1m^3의 공기의 무게는 중력 가속도를 곱한 12.68 N이며, 중량(kgf) 단위로는 1.293 kgf이다.

공기재열기 air reheater [T] 터빈이나 압축기의 작동유체를 재가열시키는 열교환기.

공기재킷, 에어재킷 air jacket [T] 펌프, 송풍기, 압축기의 베어링 상자실 또는 왕복압축기의 실린더 등을 냉각하기 위해 그들의 바깥쪽에 설치되는 공기 통로실.

공기저장조 air reservoir [C,G] 왕복압축기의 맥동을 완화시키는 목적으로 사용되는 공기탱크. 이 탱크는 압축기에서의 토출 공기의 일시적인 저장용으로서 약간의 수요변동에 대응할 수 있고, 동시에 기름이나 응축수의 분리가 가능하다.

공기절연 air insulation [T] 공기로 절연하는 것.

공기청정기 air cleaner [B] 공기 중에 포함된 분진을 제거하여 청정하는 여과기. 이것에는 건식과 습식이 있으며, 전자는 여지, 그라스울, 다공성 비닐 등을 여과요소로 하며, 후자는 기름 망 등을 요소로 사용한다.

공기침입, 용침 infiltration [T] 소결금속의 기공을 저융점의 금속으로 채우기 위하여 저융점 금속의 용탕 속에 담그는 것.

공기컨베이어 pneumatic conveyor [B] 공기를 매체로 하는 유체 컨베이어. 압송식, 흡인식 및 이 두 가지 방식을 병용한 것 들이 있다.

공기탱크 air reservoir [C] 왕복압축기의 토출기체를 일시적으로 저장하여, 맥동을 완화시키고, 기름, 응결수 등을 압축기체로부터 분리하는 용기. 안전밸브, 압력계, 드레인 빼기, 맨홀 등이 설치된다. 그 체적 V_r은 다음식에 의해 정한다. $V_r \geq 100V/\pi$. 여기서, V : 최종 단 피스톤 한 쪽의 배제량(m^3), π : 최종 단의 압력비.

공기터빈 air turbine [T,G,S] 1) 전기모터의 불꽃을 피해야 하거나 기타 주변 환경문제 때문에 압축공기의 이용으로 동력을 발생해야 하는 경우에 사용되며, 또 가스 압력을 일정량 이하로 낮추어야 할 때 배출하는 가스로 가스(공기) 터빈을 돌려 동력으로 회수한다. 2) 압축공기를 작동기체로 동력을 이용하는 속도형 원동기(速度型原動機). 증기 터빈과 원리가 같으며 용적형(容積型) 원동기에 비해 압축공기를 대기압으로까지 완전히 팽창시킬 수 있다. 파도에 의한 해면의 승강운동을 피스톤으로 공기의 흐름을 만들어, 밀폐된 공간에서 운동하는 공기를 이용하여 터빈을 회전시켜 발전기를 구동한다.

공기터빈 구동형 air turbine driven type [B] 공기기구 등을 공기터빈으로 구동하는 형식.

공기통로, 에어덕트 air duct [T] 환기 또는 공기 조화설비에서 공기를 송급(送給)하거나 배출하기 위해 철판 또는 콘크리트로 만들어진 관로.

공기표준사이클 air-standard cycles [T] 공기표준 가정을 적용한 열역학 사이클. 이러한 사이클은 내연기관에서 일어난 유체 과정의 단순한 모델을 제공하여 실제 엔진 성능에 대한 주요 변수의 정성적인 영향을 파악하는데 사용된다. 이러한 사이클의 예로는 석유 엔진을 위한 오토사이클, 디젤사이클이 있고, 가스터빈 엔진을 위한 줄 또는 브레이턴사이클이 있다.

공기흡입구 **air intake** [A] 이송파이프 내로 공기를 흡입하기 위한 장치.

공기흡입구 연결관 **air inlet valve connection** [A] 폐기물 이송관로와 공기 흡입구와의 연결관. 공기 흡입효율을 증가시키기 위해 관경 및 곡률반경이 정해져 있다.

공기흡입밸브 **air inlet valve** [A] 공기흡입구에 설치되어서 관 속을 흐르는 기체의 유입을 조절하는 밸브.

공냉익렬익 **air cooled cascade blade** [C] 가스터빈의 터빈익렬은 고온환경 속에 놓이게 되므로 이것을 공기로 냉각하는 구조의 익렬익.

공랭 **dry cooling** [T] 엔진 혹은 발전소에서 물이 아닌 공기를 사용하는 냉각방식. 대부분의 자동차는 공랭방식으로 냉각수를 순환시키는 라디에이터를 냉각한다.

공랭, 공기냉각 **air-cooling** [T] 왕복식 압축기에서 실린더의 과열을 막기 위해 공랭 휜(fin)의 부착으로 전열면을 크게 하여 이에 공기의 흐름을 닿게 해서 냉각시키는 방식.

공랭식 **air cooled type** [B] 실린더 등의 냉각을 공기로 하는 형식. 공냉(air-cooling) 참조.

공랭식 **air cooling type** [T] 공랭(air-cooling) 참조.

공랭식 응축기 **air-cooled condenser** [Nu,T] 1) 공기를 냉매로하여 증기를 응축시키는 설비. 물이 부족하거나 내륙지방에서 주로 공랭식 응축기가 사용된다. 2) 증기터빈으로부터 나오는 배기증기를 응축하기 위해 공기를 냉매로 사용하는 열교환기, 응축수는 보일러로 되돌아간다.

공랭익렬 **air-cooled cascade** [T] 공기 냉각 익으로 구성된 익렬.

공력가열 **aerodynamic heating** [T] 고속기류 중의 물체 혹은 고속으로 운동하는 물체의 표면에 접한 경계층 내에서는 점성마찰 때문에 다량의 열이 발생하여 물체표면이 가열되는 것. 경계층(boundarylayer) 참조.

공력중심 **aerodynamic center** [B,C,T] 익에 작용하는 양력과 항력의 합력을 익에 작용하는 공기력이라 하며, 이 힘의 작용선이 익현선(chord line)과 교차하는 점을 압력중심(center of pressure : c.p.)이라고 한다. 압력중심은 받음각의 변화에 따라 달라지므로 양력의 작용점을 나타나는데 불편하다. 양력의 작용점을 앞전에서의 거리 n인 위치에 가져오게 하려면 양력에 추가해야 할 앞전에 관한 모멘트 M_n가 필요하다. n을 앞전에서 익현길이의 1/4의 위치로 하면 모멘트 M_n (즉, 피칭모멘트 계수 : coefficient of pitching moment)의 값은 양력계수 즉, 받음각의 변화와 무관해 진다. 이 위치를 공력중심(aerodynamic center)이라고 한다. 이 사실은 얇은 익이론에 의해 도출될 수 있으며, 임의의 실제 익형에 대하여도 근사적으로 확인된다. 이 성질을 이용하면 특정 익단면(익형)에 대하여 그것의 공력중심과 공력중심에서의 피칭모멘트 계수로부터 압력중심을 찾을 수 있다.

공력진동, 플러터 flutter [B] 깃에 작용하는 공기역학적인 힘에 의하여 일어나는 자려진동.

공변성분 covariant components [N] 임의 면에서의 벡터 량은 그 면에 수직인 법선 방향의 성분과 그 면 상의 접선 방향의 성분으로 표시할 수 있다. 이 때 그 면에 평행인 접선방향의 벡터성분을 공변성분이라 한다.

공액복소속도 conjugate complex velocity [G] m/s 2차원 포텐셜유동에서 복소포텐셜 W을 W(z)=ϕ+iψ라고 하면, dW/dz=u−iv로 표시된다. 단, z=x+iy, ϕ : 속도포텐셜, ψ : 유동함수, u, v : 유동의 x, y방향의 속도성분, i : 허수 단위. 위의 u−iv를 복소속도 u+iv에 대응하여 공액복소속도라고 한다. 복소속도(complex velocity) 참조.

공장시험 shoptest [P] 펌프의 성능 등을 제작공장에서 실시하는 시험.

공정간 검사 in-process inspection [T] 어떤 작업이 진행중인 과정에서 설정된 요건에 부합되는지를 확인하는 품질검사로서, 제작과정 중 기자재의 성능에 영향을 미칠 수 있는 중요한 공정을 설정하여 실시하며, 재료검사, 비파괴검사, 열처리검사, 용접검사, 부품검사, 도장 전 처리검사 등이 있다.

공주행시간 idle running time [T] 기관을 무부하 상태로 저속회전 시키는 것. 공장의 생산력이 어떤 이유로 충분히 활용되지 못하고 고정 설비의 일부가 유휴화되고 노동력이 일부 허비되는 등 작업을 못하고 있는 시간, 즉 유휴시간을 의미한다.

공진, 공명 resonance [T,D,S] 가진력의 진동수 ω가 계의 고유진동수 ω_n과 일치할 때 발생하며, 정적 변위에 대한 진동진폭의 비인 진폭비는 급격히 증가하고 감쇠가 없는 경우에는 무한대로 된다. 이러한 현상을 공진이라 하며, 기계의 설계에 있어서는 사전에 계의 고유진동수를 예측하고 가진 진동수와의 충분한 분리여유(separation margin)를 가지도록 공진회피설계를 실시하여야 한다. 표 가-1 참조.

표 가-1 공진관계

특성	변위 공진 (Displacement resonance)	속도 공진 (Velocity resonance)	감쇠 고유진동수 (Damped natural frequency)
주파수	$\frac{1}{2\pi}\sqrt{\frac{k}{m}-\frac{c^2}{2m^2}}$	$\frac{1}{2\pi}\sqrt{\frac{k}{m}}$	$\frac{1}{2\pi}\sqrt{\frac{k}{m}-\frac{c^2}{4m^2}}$
변위 진폭	$\frac{A}{c\sqrt{\frac{k}{m}-\frac{c^2}{4m^2}}}$	$\frac{A}{c\sqrt{\frac{k}{m}}}$	$\frac{A}{c\sqrt{\frac{k}{m}-\frac{3c^2}{16m^2}}}$
속도 진폭	$\frac{A}{c\sqrt{1+\frac{c^2}{4mk-2c^2}}}$	$\frac{A}{c}$	$\frac{A}{c\sqrt{1+\frac{c^2}{16mk-4c^2}}}$
가진력에 대한 변위의 위상	$\tan^{-1}\sqrt{\frac{4mk}{c^2}-2}$	$\frac{\pi}{2}$	$\tan^{-1}\sqrt{\frac{16mk}{c^2}-4}$

주) 1. 선형 1자유도계의 경우, 다음과 같은 운동 방정식으로 표현된다.

$$m\frac{d^2x}{dt^2}+x\frac{dx}{dt}+kx = A\cos\omega t$$

여기서, x는 변위, ω는 각진동수, m, c, k는 상수이다.
위 방정식의 상수 요소에서 서로 다른 공진의 특성을 표 1에 나타내었다.

2. c의 값은 임계감쇠계수 c_c에 비하여 작기 때문에, 3가지 경우에서 조금씩 다르게 된다. 속도공진의 주파수는 계의 비감쇠 고유진동수와 같다. 다른 기호들은 전기적인 공진에 이용된다.

공진곡선 resonance curve [D] 가로축을 진동수비(외력진동수/고유진동수), 세로축을 확대계수(또는 응답증폭률)로 하여, 감쇠비를 파라미터로 나타낸 곡선.

공진진동수 resonance frequency [T, D] 주기적으로 변화하는 외력의 작용을 받고 있는 진동계에서 진동체의 정상적 진폭이 극대가 될 때의 외력의 진동수. 공진진동수 ω_r은 다음 식으로 표시된다.

$$\omega_r = \omega_n \sqrt{1-2\zeta^2}$$

여기서 ω_n, ζ는 각각 고유진동수와 감쇠비이다. 공진진동수는 측정되는 변수에 따라 다를 수 있다. 예로 속도 공진은 변위 공진의 진동수와 다른 진동수에서 발생할 수 있다. 혼란이 일어날 수 있는 경우에는 공진의 유형은, 예로 속도 공진진동수 등으로 나타낼 수 있다. 감쇠비(damping ratio) 및 표 c-1 참조.

공진진폭 resonance amplitude [T,D] 주기적으로 변화하는 외력의 작용을 받고 있는 진동체가 공진 상태에 있고 외력의 진동수 변화에 대하여 극대 값이 되는 진폭. 이것에는 기계계에서 1자유도계를 가지는 공진 진동계의 공진 또는 주파수 선택성(selectivity)의 예리함(sharpness)을 나타내는 척도의 양으로서 진동계의 공진 시의 응답증폭률(공진배율)인 Q계수(quality factor)라고 불리는 것이 있으며, 다음과 같이 표현된다.

$$Q = \frac{1}{2\zeta\sqrt{1-\zeta^2}}$$

단, 감쇠비 ζ가 작은 경우에는 근사적으로 $Q = 1/(2\zeta)$로 표현되고, Q는 감쇠비의 역수의 1/2과 동일하다. 감쇠비(damping ratio) 참조.

공진형 진동발생기 resonance vibration generator [D] 공진주파수에서 가진되는 진동계를 포함한 진동발생기.

공차, 허용오차, 허용도(성능의) tolerance [P,B,T,M] 1) 기계 가공에 있어서 치수대로 정확하게 제품을 다듬질하기는 매우 어려운 일이므로 가공물의 허용 최대 치수와 최소 치수를 설정해 놓고, 그 범위 내에 들어가는 치수의 제품을 합격품으로 하고 이때 최대 치수와 최소 치수의 차이를 공차라고 한다. 2) 펌프, 송풍기, 압축기 성능의 보증치와 시험결과와의 오차의 허용 범위. 3) 법이나 설계조건, 시방 등에 의해 허용되는 기기의 오차.

공차단위 tolerance unit [T] 1) 펌프, 송풍기, 압축기의 성능의 보증 치와 시험결과와의 차의 허용범위를 단계적으로 나타내는 단위. 이를 유도(裕度)라고도 말한다. 2) 직경이 D인 원통을 원통형의 구멍에 끼워 맞추는 경우에 허용 가능한 공차를 나타내는데 사용되는 길이의 단위. ISA(ISO) 공차 방식에서는 1~500 mm의 치수에 대하여 공차 단위는 $I=0.45D^{1/3}+0.001D$(I : μm, D : mm), 치수 500~3150 mm에 대한 ISO 지정의 식은 $I=0.004D+2.1$(I : μm, D : mm)이다.

공칭 값, 협정참값 conventional true value [M] 어떤 특정 양에 부여된 값으로서 주어진 목적에 적합한 불확도를 가지는 것으로, 때로는 협약에 의하여 인정된 값.

공통베드 **base plate, common base** [P] 하나의 베이스 위에 2개 이상의 기기가 함께 설치된 것. 명확함이 필요한 경우에는 베이스 위에 놓는 기기의 명칭을 붙여서, "펌프와 기어 변속기의 공통 베이스"라고 부름.

공통베이스 **common base, base plate** [P,B] 공통베이스(base plate)와 같음.

공학적 안전설비 **engineered safety features** [Nu] 원자로시설의 파손이나 고장 등으로 인해서 다량의 방사성물질이 누출될 가능성이 있을 때 공중(public)을 보호하기 위한 설비. 이것에는 안전주입계통, 격납용기계통, 정지냉각계통, 비상급수계통 등이 포함된다.

과감쇠 **overdamping** [D] 감쇠비 ζ가 1보다 큰 감쇠로, 이 때의 응답은 진동을 하지 않고 지수적으로 감소한다. 감쇠계수(damping coefficient) 참조.

과급 **supercharging** [T] 대기압 이상의 압력으로 기관에 흡기를 공급하는 것. 출력을 증가시키는 수단으로 쓰이고 있으며, 디젤 기관에서는 널리 이용되고 있으나 최근에는 가솔린 기관에서도 쓰이게 되었다. 용적형 과급기로는 두 입식, 베인 식, 나사 식 압축기 등이, 터보형 과급기로는 개방형 회전차를 갖는 반경류 압축기가 사용된다.

과급기 **supercharger, super charger** [B,C,T] 내연기관의 흡입공기의 중량 유량을 증가시키기 위해 기관의 흡입측에 설치되는 압축기.

과급기 **turbocharger** [T] 엔진의 출력 증강과 배기 효율을 좋게 하기 위해 터보형의 터빈과 압축기(또는 송풍기)로 만들어진 과급기. 최신형 소형 터보과급기는 소형화되고 관성도 적으며, 저속 토크의 증대도 가능하게 되어 승용차용으로 손쉽게 사용할 수 있게 되었다.

과급보일러 **supercharged boiler** [T] 노의 압력을 높인 보일러로서 가스터빈의 연소기로서의 기능을 가진 것.

과냉 **undercooling** [T] 냉동기에 있어서 응축기로 액화된 냉매를 다시 냉각하여 그 포화온도 이하로 냉각시키는 것.

과냉각, 과냉 **supercooling** [T] 1) 융체(融體) 또는 고용체가 응고온도 또는 용해온도 이하로 냉각되어도 타성 때문에 액체 또는 고용체 상태를 지속하는 경우가 있다. 이것을 과냉이라고 한다. 2) 냉동기에 있어서 응축기로 액화된 냉매를 다시 냉각하여 그 포화온도 이하로 냉각하는 것을 말한다.

과냉각, 서브쿨 **subcooling** [T] 액체나 증기를 냉각해 갈 때 상변화가 일어나야 할 온도보다 낮은 온도가 되어도 상변화가 일어나지 않고 원래의 액체 또는 증기인 채로 있는 상태. 이 상태는 불안정한 상태이므로 상변화를 일으키고 안정한 상태로 옮겨지기가 쉽다. 냉동기에서는 냉매액이 응축 압력에 있어서의 포화 온도 이하로 냉각되는 것을 말한다.

과냉각비등, 서브쿨비등 **subcooled boiling** [T] 포화 온도보다 낮은 상태로 과냉각된 액체가 고온 전열면에 닿아서 끓는 현상. 이 경우 저온 안에 사출된 기포는 냉각되어 응축하고 수축 혹은 소멸한다. 따라서 전열면 부근에 많은 기포를 볼 수 있으므로 표면 끓음이라고도 한다.

과냉각액, 서브쿨액체 subcooled liquid [T] 일반적으로 포화 온도보다 낮은 온도에 있는 과냉각 상태의 액체.과냉(subcooling) 참조.

과냉액체 undercooled liquid [T] 과냉각의 상태에 있는 액체. 이 상태의 액체는 불안정하여 미소한 원인으로 고상이 생긴다.

과대유량범위 over capacity range, over discharge range [G] 최고효율점보다 많은 토출량 또는 가스량의 운전영역. 유량을 현저히 증가해 가면 일반적으로 손실이 증가하고 진동, 소음이 발생하기 쉬워진다. 펌프의 경우는 캐비테이션이 발생하기 쉬워진다.

과도비등 transient boiling [T] 열유속(heat flux)이 급격히 변화할 때의 과도현상에서의 끓음을 가리킨다. 예를 들면 연소실 연료가 갑자기 증가했을 때 열유속이 변화하여 냉각수의 끓음이 과도적으로 변동한다. 그 때의 끓음을 과도 비등이라 한다. 이에 대비되는 용어가 정상 끓음이다. 과도 비등은 천이 비등과는 다르다. 천이비등(transition boiling)과 비교.

과도상태, 천이상태 transient state [T, D] 1) 물리량이 어떤 정상상태에서 다른 정상상태로 이행할 때의 도중의 상태. 이것은 정상상태와 대비되는 용어. 전기적 물리량 및 기계적 물리량을 취급할 때 자주 쓰이는 용어이다. 2) 어느 진동의 진폭이나 진동수가 시간 t와 주기 T의 n배를 더한 시간 t+nT에 있어서 서로 변화하고 있는 상태이면서, 물리량이 정상상태에서 어떤 영향에 의해 다른 정상상태로 이행하는 도중의 상태를 말한다. 따라서 상태의 변화는 시간적으로 변화하는 것이 되고, 진폭이나 진동수 중에 어느 하나라도 변하고 있으면 과도상태가 된다.

과도응답 transient response [D] 과도진동이 발생하였을 때의 계의 응답. 과도진동(transient vibration) 참조.

과도진동 transient vibration [D] 어느 진동의 진폭이나 진동수가 시간과 주기의 배를 더한 시간에서 서로 변하는 진동으로, 진폭이나 진동수 중에 어느 하나라도 변하면 과도진동이다. 통상 감쇠자유진동에서는 진동수는 일정하지만, 진폭이 시간에 따라 변하므로 과도진동이 된다. 따라서 초기진동 시에는 감쇠자유진동과 강제진동이 합성된 상태이므로 과도진동이 되고, 자유진동부분이 감쇠되어 없어지게 되면 강제진동성분 만이 남게 되어 이후에는 정상진동이 된다.

과부하 overload [T] 기계를 안전하게 운전할 수 있는 허용 부하보다 큰 부하.

과부하시험 overload test [T] 터보형 송풍기, 압축기의 회전부분의 강도나 공작·재료의 결함의 유무를 확인하기 위해서 이들의 회전부분이 사용되는 최고 회전수 이상의 회전수에서 운전되는 시험. 일반적으로 시험 전후의 치수검사에 의해 변형의 유무의 확인이나 자분탐상(磁粉探傷)이나 컬러책에 의해 결함의 유무를 확인한다. 전동기 구동의 경우는 110%, 증기터빈 구동의 경우는 120% 부하로 5분간 시험을 하는 것이 통례로 되어있다.

과부하용량 overload capacity [T] 허용부하를 넘어서서 영구적인 손상이 그 부품·장치 등에 생길 때까지의 터빈 출력 등의 레벨.

과부하운전 overload operation [T] 펌프, 송풍기, 압축기의 운전상태에서 축동력이 규정축동력을 넘은 상태에서 운전하는 것.

과속도시험 overspeed test, spin test [B] 회전 시 회전체의 안전성을 확인하기 위하여, 규정회전 이상의 속도에서 시행하는 시험.

과속도시험 spin test, over speed test [B,C] 과속도시험(overspeed test)과 같음.

과속도시험기 spin tester [D] 회전차 등의 고속회전체의 강도를 확인하기 위해 그 회전체가 운전 시에 도달하는 것보다 높은 회전수에서 실시되는 과속도시험에 사용되는 시험장치로서, 만일 회전체가 파손하여도 위험하지 않도록 용기 속에 넣어, 또 일반적으로는 동력의 저감과 온도상승을 피하기 위해 용기 안을 진공으로 하는 진공장치가 부착되어 있다. 일반적으로 공기터빈, 고주파 전동기 등에 의해 구동된다.

과열 overheat, overheating [T] 기계를 안전하게 운전할 수 있는 허용온도보다 높은 온도로 가열되는 것.

과열 overheating, overheat [T] 과열(overheating)과 같음.

과열 superheating [T] 증기를 포화온도 이상으로 가열하는 것.

과열기 superheater [T] 보일러 안에서 발생한 증기를 그 압력을 바꾸지 않고 더욱 가열하여 열량이 높은 증기 즉, 포화온도 이상의 증기로 만드는 기기.

과열증기 superheated steam, superheated vapor [Nu,T] 습한 증기를 등압으로 가열하면 액체 분이 완전히 증발하고 건조 포화 증기가 된다. 이것을 다시 가열하면 증기의 온도는 상승하고 같은 압력의 건조 포화 증기의 온도보다 높아진다. 이 상태의 증기를 과열 증기라고 한다. 또 과열 증기의 온도와 그 압력에 상당하는 포화 온도와의 차를 특히 과열도 라고 한다. 터빈에서 과열증기를 사용하면 열효율이 높아지며, 습분이 낮아서 터빈 부품의 부식, 마찰, 파손 등이 적다.

과잉공기 excess air [T] 연료를 완전히 연소시키기 위해서는 이론상 필요한 공기량만으로는 연소시킬 수 없다. 실제로 연소에 사용한 공기량과 이론 공기량과의 차이를 과잉 공기량이라 한다.

과잉공기율 percentage of excess air [T] 연료를 완전히 연소시키기 위해서는 이론상 필요한 공기량만으로 연소시킬 수 없다. 과잉공기량이란 실제로 연소에 사용된 공기량과 이론공기량과의 차이를 말하며, 실제로 연소에 사용된 공기량과 이론상 필요한 공기량과의 비율을 과잉공기율이라고 한다.

과포화 supersaturation [T] 건조 증기를 냉각할 때 온도가 포화 온도 이하에 이르러도 응축을 일으키지 않는 일이 있다. 이러한 증기를 과포화 증기(supersaturated vapour)라고 한다. 또 액체를 가열할 때 포화 온도를 지나도 증발이 일어나지 않는 과포화액(supersaturated liquid)의 상태가 되는 일도 있다. 과포화는 이와 같이 포화 상태를 지난 준안정적인 상태이며, 용해도를 넘는 용질을 포함하는 용액의 상태 등을 의미할 수도 있다.

관 직경 레이놀즈 수 pipe diameter Reynolds number [M] 오리피스 유량계의 유량계산 등을 할 때 사용되는 무차원 수치로, 다음과 같은 레이놀즈(Reynolds) 수가 정의된다. 이 식에 사용되는 대표길이로는 배관직경 d(m)가 사용된다.

$$Re_d = Vd/\nu$$

여기서, V(m/s)는 유체 평균속도, ν (m^2/s)는 동점성계수이다.

관 직경 pipe diameter [M] 배관의 지름.

관, 파이프 pipe [A,T] 1) 액체, 가스체, 음향 등의 전송(傳送), 기타 난방, 냉방 등에 사용되는 원형 또는 다각형의 긴 중공체. 2) 폐기물 및 공기가 이송되는 통로. 이송되는 물질의 종류에 따라 그 재질의 차이가 있다. 폐기물 이송부 : 압력배관용 탄소강관. 공기 이송부 : 배관용 탄소강관

관개용 펌프 irrigation(irregating) pump [P] 관개용으로서 하천으로부터 물을 이송하는 펌프. 직접 논밭에 물을 길어 올리는 것을 "용수 펌프(irrigating pump)", 높은 곳의 관개용 저수지까지 물을 이송하는 것을 "양수 펌프(irrigation pump)"라고 할 때도 있음.

관군 nest of tubes [T] 보일러나 열교환기에 있어서 고성능의 전열특성을 단일관으로 달성하기는 어렵다. 단위 체적당의 전열 면적을 크게 하기 위해 많은 관을 평행하게 배열하여 그 속을 작동유체가 흘러 바깥쪽 유체로 하여금 이것 들을 가로지르게 하는 구성을 관군이라고 한다.

관내 오리피스(D와 D/2) 유량계 D and D/2 orifice flow meter [M] 오리피스에 의한 압력강하로서 오리피스 상·하류의 관 지름 D와 D/2의 위치에서 측정된 압력 차를 기준으로 한 오리피스 유량계.

관다발, 관군 banks of tubes [T] 열교환기에서 공간효율을 높이기 위해 관을 다발로 하여 열교환을 하는 것.

관로 pipe line [P] 자유수면을 가지지 않고, 가압 상태로 되어 있는 관.

관로망 piping network [G] 많은 관로의 구성요소 들이 조합되어 구성되는 관로계. 기본적으로는 직렬회로와 병렬회로가 있으며, 요소로는 파이프, 밸브, 유체기기 등이 있고, 그들의 유량이나 손실을 구하는 것이 주 과제가 된다.

관마찰 pipe friction [G] 파이프 유동에

서 관 벽에서는 속도가 0이 되고 유동방향과 반대방향의 전단응력이 작용한다. 이것을 관마찰이라고 한다.

관마찰계수 friction coefficient of pipe [P,B] 파이프 유동에서 나타나는 압력손실을 구하는 데 사용되는 관마찰계수는 다음 식으로 표시된다.

$$\lambda = \Delta p / \left(\frac{L}{d}\frac{\rho V^2}{2}\right), \left\{= \Delta p / \left(\frac{L}{d}\frac{\gamma V^2}{2g}\right)\right\}$$

여기서, λ : 관 마찰계수, Δp : 관내의 정상유동에 의한 압력강하(Pa){kgf/m^2}, L : 관의 길이(m), d : 관의 안지름(m). 원관 이외의 경우에는 위 식의 d 대신에 상당지름 d_e를 사용. V : 유체의 평균속도(m/s), ρ : 밀도{kg/m^3}, γ : 유체의 비중량{kgf/m^3}, g : 중력가속도(m/s^2), { } 안은 중력단위. 상당반지름(equivalent radius) 참조.

관막음 plugging [Nu] 원자로의 고온부에서 유체 속에 용해된 구조재(構造材)의 일부가 저온부에서 용해도 차이에 의해서 용출하여 도관을 막는 현상을 말함.

관성 inertia [T] 물체는 그 상태를 지속하려는 성질이 있다. 그래서 정지되어 있는 것을 움직이게 하거나 움직이고 있는 것의 속도를 더 빠르게 하거나 늦추거나 정지하려고 하여 외력을 가하게 되면 그 외력에 거역하는 힘이 생기는데 이것을 관성이라 한다.

관성력 inertia force, inertial force [T] 물체의 관성에 의한 힘을 나타낸다. 관성(inertia) 참조.

관성모멘트 moment of inertia [D] kg · m^2,{kgf · s^2 · m} 어떤 축의 둘레를 회전하고 있는 물체는 그 축의 둘레에서 회전을 지속하려고 하는데, 그 관성의 크기를 나타내는 양. { } 안은 중력단위.

관성좌표계 inertial reference system (frame) [D] 뉴턴의 제 2법칙, 즉 힘=(질량)×(가속도)의 관계식이 성립하는 좌표계.

관성효과 inertia effect [T] 물체는 그 상태를 계속 유지하려는 성질이 있으므로 정지하고 있는 것을 움직이게 하거나 움직이고 있는 것의 속도를 더 빠르게 하거나 늦추거나 멈추기 위하여 외력을 가하면 이 외력에 거역하는 힘이 생기는 효과.

관오리피스 pipe orifice [M] 관 속에 칸막이를 만들고 관과 같은 축의 방향으로 둥근 구멍을 뚫어 유체를 흐르게 한 것. 이것으로 적은 유량을 비교적 정확하게 측정할 수 있다.

관의 진원도 circularity of pipe [M] 배관 단면의 진원도. 주로 유량계의 상·하류 직관의 진원도를 말한다.

관이음 pipe joint [T] 관의 접속에 사용되는 조인트. 유니언 조인트, 플랜지 조인트, 가스관 조인트, 플라스틱 관 조인트 등이 있다.

관이음쇠, 관이음 pipe fitting [T] 배관 이음쇠 종류의 총칭. 엘보, 유니언, 티, 니플, 플러그 등이 있다.

관플랜지 pipe flange [T] 관 혹은 밸브용의 플랜지 이음.

관형 모듈 tubular(type) module [F] 원통형의 막으로 관의 내경이 3~5 mm이상의 것을 말함. 내경이 2 mm 이하의 것은 중공사막(또는 모세관 막, 중공사막)으로 불러 구별된다. 재질에는 다공질의 세라믹, 수지의 소결체, 유공 FRP 혹은 유공(有孔) 스테인리스 등이 있다. 내압식의 경우, 관경이 두꺼운 튜블러 막에서는 막 면적은 작지만, 막히기 어려운 특징이 있다. 고분자 막에서는 관경이 두꺼워지면 내압성이 감소하기 때문에 보강재로서 지지체를 사용한다.

광대역 랜덤진동 broad-band random vibration [D] 넓은 주파수 대역에 걸쳐 분포된 주파수 성분을 가지는 불규칙진동. 여기서 광(broad)이 의미하는 정의는 관련된 문제에 의존하는 상대적인 양이다. 통상 1옥타브 또는 그 이상이다.

광대역필터 wide-bandfilter [D] 넓은 대역폭의 주파수성분을 통과시키는 필터로서, 대역이 넓다는 의미는 문제에 따라 상대적으로 결정되지만, 통상 1 옥타브 이상을 의미한다.

광산용 홴 fan for mine ventilation [B,G] 광산의 갱 내부의 환기를 위해 사용되는 홴. 주로 축류 홴이 사용되지만 원심 홴도 사용된다.

광학식 변환기 optical transducer [D] 전기신호로 정보를 얻기 위해 빛을 사용하여 간접적으로 비접촉 수단으로 측정하기 위한 것. 이 변환기에 빛이 작용했을 때 그 전기적 성질이 변화하는 현상, 즉 광전(光電)현상은 대별하면 (1) 광전자 방출 (2) 광도전, (3) 광 기전력의 3개로 나뉘어지지만, 각각의 효과를 이용한 광 센서가 고안되어 사용되고 있다. 즉, (1)에 대하여는 광전관(光電管), 광전자 증배관(增倍管) 등, (2)에 대하여는 cds 계 광도전 셀 등, (3)에 대하여는 태양 전지, Se 광전지 등이 그것이다.

괴식, 이로전 침식 erosion-corrosion [G] 침식(erosion)과 같음.

괴팅겐 익형 Göttingen airfoil [G] 독일의 괴팅겐(Göttingen)연구소에서 개발된 익형. 익형의 번호에 따라 익형의 형태가 지정되며, 그들의 익성능의 실험결과가 주어지고 있다.

괴팅겐 형 피토관 Göttingen type Pitot tube [M] 전압 또는 동압을 구하는 피토관의 한 종류. 형상은 그림과 같다. 그림 가-4 참조.

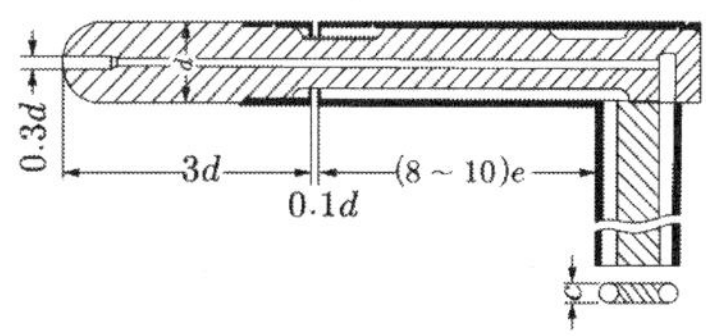

그림 가-4 Göttingen형 피토관

교반기 agitator [E] 화학 실험 및 제조 화학 공업에서 기체, 액체, 고체(입자상)상의 물체를 휘저어 섞는 기기, 장치의 총칭.

교차미분 cross derivative [N] 미지수 ϕ에 대해서 다른 두 독립 변수에 대해 편미분(예 : $\partial^2\phi/\partial x\partial y$)을 취하는 것을 교차미분이라 한다.

교차여과 방식, 십자여과 방식 cross flow filtration [F] 막 여과장치의 운전조작 방법의 하나로 막 공급수를 막면을 따라 흘려, 막을 투과하는 물이 공급수와는 직각 방향으로 흐르도록 하는 여과방식이다. 십자류 여과방식이라고 한다. 막 공급수를 막면과 평행하게 흐르게 함으로써, 막 공급수 중의 현탁물질이나 콜로이드 등이 막면에 퇴적, 부착하는 것을 제어하는 것을 목적으로 하고 있다. 여기에 대비되는 것으로서 전량(deadend)여과 방식이 있다.

교차확산 cross diffusion [N] 미지수 ϕ에 대한 확산항은 검사체적의 비직교성으로 인해 주 확산과 교차확산으로 나누어지게 된다. 이는 수학적으로 $\partial^2\phi/\partial x\partial y$ 형태의 교차미분과 관련되기 때문에 붙여진 이름이다.

교축비 constriction ratio [G] 오리피스, 노즐 등의 유량측정용 교축장치에서 교축부분과 관 단면과의 크기의 비. 이것에는 교축부의 직경과 관의 직경의 비로 나타내는 교축직경비와 그들의 면적비로 나타내는 교축면적비가 있다.

교토 의정서 Kyoto protocol [S] 지구온난화 규제 및 방지의 국제협약인 기후변화협약의 구체적 이행 방안으로, 선진국의 온실가스 감축 목표치를 규정한 의정서.

구경(口徑) aperture [P] ㎜ 직경.

구경 bore [P] ㎜ 펌프의 흡입구 또는 토출구의 지름.

구동축 drive shaft [P] 수직축 펌프의 최상부의 주축.

구동측 베어링, 안쪽 베어링 inboard bearing [P,B] 수평형 펌프 · 송풍기에서 베어링이 케이싱의 양쪽에 있는 경우에 원동기 쪽에 있는 베어링. 반구동측 베어링과 대비되는 용어. 수직형에 대하여는 이와 같은 호칭은 사용되지 않는다.

구름베어링 rolling bearing [G] 볼베어링이나 롤러베어링 등과 같이 글러가는 기구에 의해 마찰력을 경감시키는 구조의 베어링. 소형 펌프 · 송풍기에서 많이 사용된다.

구면 시이트 베어링 유닛, 구면베어링 spherical seat bearing unit [B] 베어링을 베어링 하우징에 설치하는 부분이 구면의 모양을 한 베어링 유닛.

구배 gradient [N] 수학적 정의에서 ∇를 기울기(gradient)라고 정의하고, “del” 또는 “nabla”라고 읽는다. 구배는 기울기를 말하며, 비탈진 정도로서 공학에서는 공간의 변화율을 의미한다. 구배의 정의는 다음과 같다.

$$\nabla = \mathbf{i}\partial/\partial x + \mathbf{j}\partial/\partial y + \mathbf{k}\partial/\partial z$$

구속와류 bound vortex [G] 익폭에 따라 균일한 익형을 갖는 익이 균일유동 안에 놓여있는 경우를 생각하면, 단위 익폭당의 순환 Γ는 익폭에 따라 일정하다. 이 순환은 동일한 순환의 강도 Γ를 갖는 하나의 와실(vortexfilament)로 대체될 수 있으며, 이 와실은 날개에 구속되어 있다고 생각될 수 있으므로 구속와류라고 한다. 이 와실에 대한 Helm- holtz의 정리에 의하면, 와실이 익 끝에서 끊길

수 없으므로 같은 강도의 와실이 익의 양 끝에서 연속되어 있다고 생각해야 하며, 양단의 와실을 자유와류(free vortex) 또는 후연화류(trailing vortex)라고 한다. 와선(vortex line), 와실(vortex filament) 참조. 그림 가-5 참조.

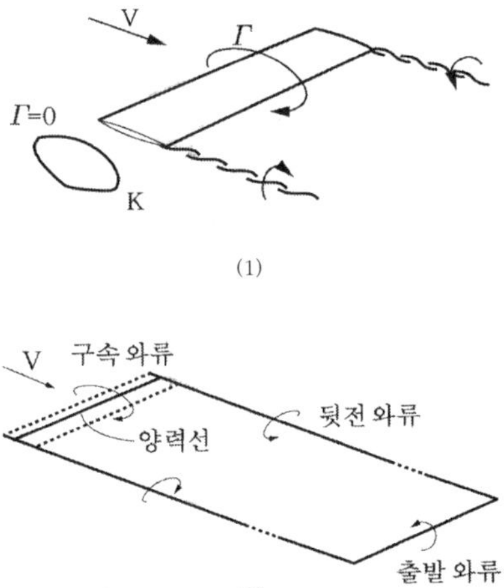

그림 가-5 구속와류

구심가속도 centripetal acceleration [C] 반경 r의 끈 끝에 질량 m의 물체를 달아 속도 $u=r\omega$(ω : 각속도)로 회전시킬 때 중심을 향하는 구심력 $mu^2/r=mr\omega^2$이 발생한다. 이 때 $u^2/r=r\omega^2$를 구심가속도라고 한다.

구심홴 radial inflow fan [B] 기체가 회전차 외주로부터 회전축에 직각으로 안쪽으로 유동하면서 승압 되는 홴.

구역 zone [A] 섹션밸브에 의해 구획된 지역의 묶음.

국가표준 national standard [M] 특정 국가에서 공식 결정에 의해 정의되고 인정된 측정 표준.

국부가열, 국부난방 local heating [T] 기계, 건물 또는 방 전체를 대상으로 하지 않고 이들의 일부만을 대상으로 한 가열 또는 난방.

국부누셀트(Nusselt)수 local Nusselt number [T] 국부적인 누셀트수(Nusselt number). 누셀트수(Nusselt number) 참조.

국부열전달 계수 local heat transfer coefficient [T] W/(m^2 · K),{kcal/(m^2 · h · ℃)} 국부적인 열전달계수. 열전달계수(heat transfer coefficient) 참조. { } 안은 중력단위.

국부홴 local fan [B] 국부적인 통풍 및 환기를 목적으로 하여 설치하는 홴.

국소격자분할 local grid refinement [N] 구배가 심한 국부 지역의 상세한 해석을 위해서는 전체격자의 세분화 대신 국부 영역에 국한한 세밀한 격자 분포가 효율적인 방법이다. 이와 같이 필요 없는 격자 분포를 최소화 하고, 구배가 심한 곳 또는 특이점 근처에서만 국부적으로 격자점을 조밀하게 분포시키는 것을 국소격자분할이라고 한다.

국제단위계 international system of unit [M] 국제적으로 통일되고 일관된 단위의 사용을 위해 국제 도량형 총회에서 채택된 단위계. 즉, SI 단위계.

국제수력학회 International Association for Hydraulic Research, IAHR [G] 수리학, 수력학, 수력기계에 관련된 국제학회이며, 매년 그들의 국제회의를 개최하고 있다.

국제수력학회 international Association for Hydraulic Research, IAHR [G] 수리학, 수력학, 수력기계 관계의 국제 학회.

국제표준 international standard [M] 국제적인 합의에 의해 정의되고 인정된 측정 표준.

국제표준화기구 ISO [G] International Standardization Oganization의 약칭.

국제표준화기구 International Standardization Organization, ISO [G] 광범위하게 국제표준규격을 제정하고 있다. KS도 가급적 ISO에 준하도록 하고 있다.

국제핵융합실험로 International Thermonuclear Experimental Reactor (ITER) [Nu] 토카막 핵융합로를 이용하여 평화적인 목적의 핵융합 에너지를 생산하기 위한 연구 개발용 핵융합실험로. 1987년부터 국제원자력기구(IAEA) 지원하에 시작되어 현재 한국, 유럽연합, 일본, 중국, 인도, 러시아, 미국이 참가하고 있으며, 프랑스 남부 카다라슈 지역에 2019년 완공을 목표로 건설중에 있다.

굽힘진동 bending vibration, flexural vibration [D] 탄성체의 굽힘의 변화로서 나타나는 탄성진동의 일종으로, 적당히 지지된 보에 하중이 작용하는 경우 보의 굽힘 강성에 의하여 복원력이 생기기 때문에 축 중심선에 직각인 방향으로 발생하는 진동으로, 가로(횡)진동이라고도 불린다.

굽힘진동 flexural vibration, bending vibration [D] 탄성진동의 일종으로서, 적당히 지지된 보에 하중이 작용하는 경우 보의 굽힘강성에 의하여 복원력이 생기기 때문에 축 중심선에 직각인 방향으로 일어나는 진동.

궁형 오리피스 segmental orifice [M] 오리피스로 유량을 측정하는 데 유체 안에 모래와 같은 이물질이 포함되어 있는 경우 오리피스 상류 쪽에 쌓이게 된다. 이를 피하기 위해 변형된 오리피스가 사용되는 데, 원판이 동심원이 아닌 궁형의 모양을 가진 오리피스를 사용하여 모래 등에 의한 막힘을 피한다. 그 밖에 여러 형태의 오리피수가 있으며, 이들을 세그먼트 오리피스라고 부른다. 물론 오리피스의 모양에 따라 유량특성곡선은 별도로 구해야 한다. 그림 가-6 참조.

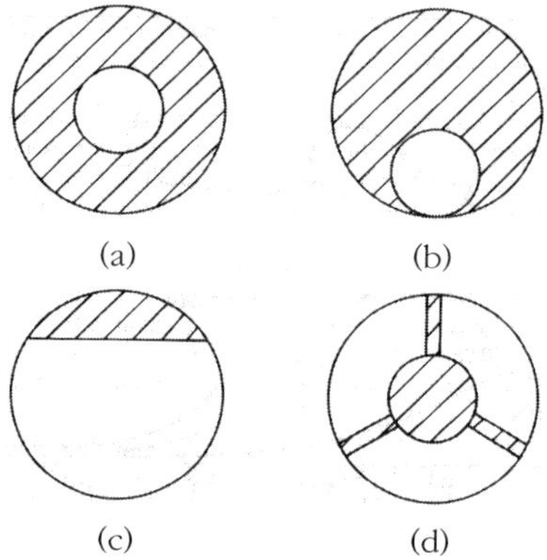

(a) concentric; (b) eccentric; (c) segmental; (d) annular

그림 가-6 세그먼트 오리피스

권선형 유도전동기 wound rotor type induction motor [G] 권선형 회전자를 사용하고 2차 측에 저항기를 접속하여 시동전류를 적게 하여 시동한다. 시동토크가 크며, 대용량 전동기에서 사용된다.

궤도선도 orbit plot [D] 2개의 교류성분(AC component) 신호들로 변환하여 베어링 안에서 축의 중심점의 실제적인 움직임을 보여주는 좌표. 데이터를 구하기 위해서는 각 베어링에 2개의 근접센서(proximity probe)를 90°각도로 설치해야 한다. 각각의 순간에 수집된 축의 좌표 값으로 축 중심의 좌표를 구한다. 구해진 궤도모양은 축이 실제로 움직이는 자취를 나타낸다.

귀환안내깃 return guide vane [B] 원심다단 블러워 · 압축기의 케이싱의 귀환유로에서, 앞 단 디퓨저에서 나온 기체를 정류하고, 다음 단의 회전차 흡입구에 유도하기 위한 안내깃.

귀환오일파이프, 배유관 return oil pipe [P,B] 윤활유의 귀환 파이프. 급유관과 대비되는 용어. 베어링 강제급유장치를 지니고 있는 펌프, 송풍기, 압축기에서 베어링 또는 기타의 윤활장소에서 기름을 되돌아오게 하는 배관.

귀환유로, 귀환통로 return channel, return passage [P,B] 다단펌프의 중간 단 유로에서 외주로부터 다음 단의 임펠러 눈으로 향하여 액체를 이끄는 부분. 부도 B-7 참조.

규정 토출량, 규정용량, 규정가스량, 규정공기량 specified capacity [P,B] m3/s 당사자 사이에 계약으로 정해진 토출량.

규정상태, 시방상태 specified condition [G] 시방서 등에서 당사자간의 계약 상에서 결정된 송풍기, 압축기 등의 흡입상태와 토출상태.

규정압력 specified pressure [B] Pa, {kgf/m^2} 당사자간의 계약상으로 결정된 압력. { } 안은 중력단위.

규정점, 시방점 specified point [P] 성능곡선도에 표시된 규정 양정과 규정 토출량과의 교점.

규정펌프양정 specified pump head [P] m^2/s^2,{m} 당사자 사이의 계약에서 정해진 규정 토출량에 있어서의 전양정. { } 안은 중력단위.

규정회전속도 specified speed [P,B] 1/s 당사자 사이에 계약으로 정해진 회전수.

균열 crack [T] 재료 속에 발생한 미세한 균열부분. 파괴는 발생 한 균열이 전파함으로써 커지며, 끝내는 남은 면적으로는 하중을 견딜 수 없게 되어 파괴한다.

균열감수성 crack sensibility [T] 균열에 대한 민감도.

균열전파속도 crack propagation rate [T] 균열이 뻗어나가는 비율.

균열진전 crack growth [T] 균열이 점점 뻗어 나가는 현상.

균열추진력 crack extension force [T] 균열이 뻗어 나갈 수 있는 힘.

균일두께 주판 equal thickness main shroud [P,B] 원심송풍기, 압축기의 두께가 일정한 주판. 테이퍼 주판과 대비되는 용어. SS강판을 사용한 경우는 주속도 약 160 m/s미만에 상응하는 응력에서 사용. 그것을 넘는 경우는 테이퍼 측판을 사용함.

균일유동 **uniform flow** [T] 흐름의 상태량, 특히 속도가 장소에 따라 변화하지 않는 흐름으로, 유선은 모든 곳에서 평행 직선 군이 된다. 유선은 평행이라도 유선과 직교 방향으로 속도 경사가 있는 흐름은 전단류라고 불린다.

균일하중, 등분포하중 **uniform load** [T] Pa,{kgf/m^2} 물체의 표면상에 고르게 분포하여 작용하는 하중. { } 안은 중력 단위.

균형바퀴, 밸런스 휠 **balance wheel** [T] 기계장치의 작동을 제어 또는 안정화 시키기 위한 바퀴. 플라이휠(flywheel) 참조.

그라스호프(Grashof)수 **Grashof number** [T] 자연 대류의 부력의 무차원수.

$$G_r = \frac{\beta \Delta T g L^3 \rho^2}{\mu^2}$$

단, β : 체적팽창계수, ΔT : 온도차, g : 중력가속도, L : 대표길이, ρ : 유체의 밀도, μ : 유체의 점성계수.

그라우팅 **grouting** [P] 기기를 설치할 때, 배관이나 기기의 직결의 여부를 확인하기 전에 베드의 고정, 방진 등의 목적으로 베드의 밑 또는 그 부근과 기초와의 사이에 모르타르(mortar)을 주입하는 것. 그림 가-7 참조.

그라우팅 펌프 **grouting pump** [P] 기초 등에 그라우팅을 할 때 물과 시멘트의 혼합물을 공급하는 증기 또는 압축공기 구동의 왕복펌프. 그라우팅(grouting) 참조.

그림 가-7 그라우팅

그래픽 사용자 인터페이스, GUI **graphic user interface** [N] 사용자가 그래픽 화면을 통해 컴퓨터와 정보를 교환하는 작업환경. 그래픽 사용자 인터페이스에서는 마우스 등을 이용하여 화면의 메뉴 중에서 하나를 선택하여 작업을 할 수 있다.

그랜드리스펌프 **stuffing-boxless pump** [P] 터보형 펌프로서 패킹박스가 없는 구조의 것. 회전 시 보조 깃에 의해 축의 관통부위에 가까운 부분의 액체에 회전 운동을 주어 원심력에 의해 유출을 막고, 정지 시는 기계적으로 축방향의 틈새를 작게 하여 누설을 방지하는 방법이 예부터 특수 액체에 사용되고 있음. 그 밖에 캔드모터를 사용하여 축봉부를 없앤 것, 케이싱의 일부를 비자성막(非磁性膜)으로 하여 양측에 자기(磁氣) 축이음을 두고 케이싱 내의 회전차를 자기력으로 구동하는 구조의 것 등이 있음.

그리스 실 **grease seal** [B] 그리스를 사용한 축 밀봉의 방법 또는 부품.

그리스펌프 **grease pump** [P] 베어링 등 그리스의 공급을 필요로 하는 곳에 그리스를 이송하는 펌프. 왕복펌프가 주로 사용된다.

그을음, 매연 soot [T] 탄소를 함유한 연료를 불완전 연소시켰을 때 생기는 흑색의 부드러운 탄소 분말.

그을음블로어 soot blower [T] 열전달 표면으로부터 재와 슬래그를 제거하기위해 사용되는 분사시스템.

극선도 polar plot, polar diagram [D] 보드선도(Bode plot)는 수평축의 회전속도에 대해 위상과 진폭을 세로 좌표로 나타내었으나, 이를 평면극좌표 상에 나타낸 그림을 극선도, 나이키스트 선도(Nyquist plot) 또는 벡터선도라 한다. 이는 위상과 진폭의 2가지 정보를 동시에 나타내므로 회전축의 진동특성을 파악하기 쉽다.

극좌표 polar coordinates [T,N] r을 정점 O로부터 점 P까지의 거리(동경), θ를 동경(動徑)이 O에서부터의 정직선(正直線 또는 半直線)과 이루는 편각이라고 하여 점 P의 위치를 (r, θ)로 나타내는 좌표. 직각좌표와의 사이에는 다음의 관계가 있다.

$$x = r\cos\theta,\ \ y = r\sin\theta,\ \ r = \sqrt{(x^2 + y^2)}$$

극초음속흐름 hypersonic flow [T] 마하수가 약 5 이상의 초음속 흐름. 그 이하의 마하수의 초음속 흐름과 구별하고 있다.

극한설계 limit design [T] 완전 소성체로 이루어지는 구조물의 목적이 주로 큰 변형을 일으키는 일없이 하중을 받치는 데에 있다면 그 설계는 극한하중을 기준으로 해석할 수 있다. 이러한 설계를 극한설계라고 한다.

극한해석 limit analysis [T] 완전 소성체로 이루어진 물체에 하중을 가하였을 때 그 일부분이 항복하는 것만으로는 물체 전체가 큰 변형을 일으키지 않는다. 그러나 하중이 증가하여 일정 한도에 이르면 물체는 끝없이 변형하기 시작하여 그 이상의 하중을 지탱할 수 없게 된다. 이러한 현상을 소성붕괴(plastic collapse), 그 때의 하중을 붕괴하중(collapse load), 극한하중(ultimate load) 혹은 항복점 하중(yield point load)이라고 말하며, 극한하중을 구하는 것을 목적으로 해석하는 것을 극한해석 또는 소성설계라고 한다.

근접센서 proximity probe [D] 센서와 회전축 사이의 거리 변화를 전압의 형태로 출력함으로써 회전축의 진동을 비접촉식으로 측정하는 센서.

근접속도계수 velocity of approach factor [M] 정지상태의 유체가 어느 압력차(압력강하)에서 나타내는 유속을 상류 쪽에서 이미 유속을 가지고 같은 압력차로 나타내는 유속과 비교해 보면 당연히 후자의 경우가 크게 나타난다. 오리피스 구멍이 커지면 상류 유속은 커지므로, 오리피스 상 · 하류에서의 같은 압력차를 기준으로 비교 해 보면 오리피스 통과유량은 많아진다. 오리피스의 크기에 따라 유량 또는 유속이 증가하는 율 E는 다음 식으로 표시될 수 있다. 이것은 근접속도계수라고 불리고 있다.

$$E = (1 - \beta^4)^{-1/2}$$

여기에서, $\beta = d/D$이고, d는 오리피스 직경, D(m)는 관 직경이다. 참고로 오리피스의 유량 Q(m^3/s)의 식은 다음과 같다.

$$Q = C_d E A_t \sqrt{\frac{2(p_1 - p_2)}{\rho}}$$

단, C_d : 송출계수. 이것은 β와 관직경 레이놀즈수 R_{eD}의 함수관계에 있으며, 실험에 의해 정해진다. A_t : 장애물 목(오리피스)의 면적($\pi d^2/4$)(m^2), $p_1 - p_2$: 오리피스 상 · 하류의 압력차(N/m^2) {kgf/m^2}, ρ : 유체의 밀도(kg/m^3) {$kgf \cdot s^2/m^4$} 이다. { } 안은 중력단위.

글랜드 래버린스 gland labyrinth seal [B] 축 밀봉부에 설치된 래버린스.

글랜드 볼트 gland bolt [P] 패킹을 죄고, 그 조임의 가감에 의하여 패킹의 조임 상태를 적정하게 하는 조정용 볼트. 이 볼트는 스터드 볼트로 되어 있고 패킹 상자의 플랜지 부분에 비틀어 박는 것도 있으나 힌지상태로 설치된 것도 있음.

글랜드 부시 gland bush, gland bushing [B,G] 터보형 송풍기, 압축기의 축 밀봉부위에 설치되는 부시이며, 그것에 래버린스가 가공되어 있는 형식의 것. 래버린스는 액체를 취급하는 경우는 누설을 막지 못하지만 공기의 경우는 가능하다. 래버린스 실(labyrinth seal) 참조.

글랜드 패킹 gland packing [P] 패킹박스에 수용되는 축봉용 패킹.

글로브 밸브 glove valve [M] 일반적으로 구술모양의 밸브 케이싱(본체)를 가지고, 입구와 출구의 중심선은 일직선 상에 있고, 유체유동은 S자형으로 되어 있는 밸브.

금속용사법, 메타리콘 Metalicon [G] 용융금속이 압축기로 분무화 된 것을 제품의 표면에 뿜어 칠하여 얇은 금속의 피복을 만드는 금속표면처리의 한 방법. 샌드블라스트로 전 처리를 해야 하나 조작이 간편하고 용착온도도 낮기 때문에 모재금속의 기계적 성질에 영향을 주지 않으므로 원심송풍기 · 압축기의 회전차의 내식용으로 아연메타리콘이 사용된다. 두께는 2~3회의 칠로 50~100 μm 정도이다. 메타리콘은 상품명이다.

금속패킹 metallic packing [C,G] 왕복압축기에서 고압가스의 누설을 막기 위해 축 주위를 감싸고 있는 금속패킹. 재질은 일반적으로 베어링 청동, 백색합금, 또는 베어링 청동 겉에 백색합금이 붙여진 것들이 사용된다.

금속한계 metallurgical limit [T] 가스터빈, 증기터빈 또는 왕복기관과 같은 기계의 매우 스트레스 받은 부분이 고장이 일어나기 전에 견딜 수 있는 최대온도.

급[선박의], 선급 class [T] 배의 경우, 배의 항해에 견딜 수 있는 정도를 기준으로 하여 선급협회가 검사결과를 증명하는 선박의 등급. 배의 보험, 매매에 있어서 국제적 기준이 되고 있다.

급기행정 admission stroke [C] 기관에서의 급기행정, 즉 급기구가 열려서 연소가스가 실린더에 유입되는 행정.

급속교반 rapid agitation [E] 응집제 주입 직후 가능한 한 빨리 교반시켜 응집제와 원수 중 미세입자의 접촉효과를 높여주기 위한 교반방법.

급속배기밸브 rapid ventilation valve [E] 공기압 실린더의 동작을 빠르게 하고 싶을 때 사용하는 밸브.

급속여과 rapid filtration [E] 입자 직경이 큰 모래층을 이용한 여과방법.

급속혼화 rapid mixing [E] 혼화지에서 응집제의 주입과 동시에 급속하게 교반을 실행하는 혼화방법.

급수 feed water [T] 보일러 등에 공급되는 물.

급수 water supply [E,P] 1) 보일러에 공급하는 물. 급수 중에 불순물이 다량 함유되어 있으면 부식이나 스케일 생성 등의 여러 가지 장애를 일으키므로 보일러의 가동에 적합한 급수공급을 해줄 필요가 있다. 2) 상수를 필요 장소에 공급하는 것.

급수가열기 feed water heater [T] 보일러에 급수하기 전에 증기 등으로 100~150℃로 예열하는 장치.

급수밸브 faucet [E] 급수관의 말단에서 사용자가 자유로이 개폐하여 필요로 하는 수량을 얻도록 하는 밸브.

급수탱크 feed water tank [P] 급수를 위한 탱크의 총칭. 압력탱크나 헤드탱크 등이 있다.

급수펌프 feed pump [P] 액체를 필요로 하는 곳에 공급하는 펌프. 특히 보일러 급수펌프를 줄여서 급수펌프라고 하는 경우가 있음.

급유펌프 feed oil pump [B] 펌프, 송풍기, 압축기에서 베어링 또는 윤활장소에 기름을 공급하기 위한 베어링 강제 급유장치를 갖는 것이 있다. 여기에 사용되는 펌프.

급축소관 pipe with sudden convergent [G] 단면적이 유동방향으로 갑자기 축소된 파이프. 단, 면적의 축소부위에 모가 나있으면 축(縮)류에 의한 손실이 발생한다. 확대관(diverging pipe) 참조.

급탄기 coal feeder [T] 화격자 위에 석탄을 보내 연소를 계속시키는 기계 장치.

급확대관 pipe with sudden enlargement [G] 유체의 유동방향으로 단면적이 갑자기 확대되어 있는 파이프. 확대된 부분에서 유동은 분류상태로 되어 하류 측의 유체와 충돌하므로 확대에 의한 손실이 발생한다.

기계손실 mechanical loss [P,B,T] kW, {PS} 베어링이나 축봉장치 등에 작용하는 기계적인 마찰저항 및 임펠러 슈라우드의 바깥쪽 면에 작용하는 유체 마찰 저항(원판 마찰 저항) 때문에 발생하는 손실. { } 안은 중력단위.

기계손실동력 mechanical loss power [P] kW,{PS} 기계손실(mechanical loss)에 의한 동력. 기계손실(mechanical loss) 참조. { } 안은 중력단위.

기계식 실, 미캐니컬 실 mechanical seal, mechanical contact seal [P,B,T] 고온, 고압 하에서 고속회전을 하는 축 부분에서의 유체 누설을 방지하는 것으로, 그림에 나타낸 바와 같이 축에 고정되어 축과 함께 회전하는 회전 링과 이와 상대하는 고정 링(시트 링) 부분의 접합부를 미끄럼 맞춤으로 하여 누설되지 않도록 하는 것. 사용하는 유체의 종류, 온도에 따라 형식이나 재질이 선택됨. 그림 다-1 참조.

기계식 실 커버, 미캐니컬 실 덮개 mechanical seal cover [P] 미캐니컬 실의 고정 고리를 지지하는 덮개. 축봉부에 설치되는 것으로 가운데에 축 관통 구멍을 갖는 원환 모양의 물체이지만 외부 냉각수의 출입구나 순환용 냉각수 입구 등의 배관 접속 구멍을 갖는 것도 있음.

기계식 직접 구동진동발생기 mechanical direct-drive vibration generator [D] 하중 또는 운전주파수에 관계없이 일정하게 유지되는 진동의 변위 진폭을 받도록 확동(確動) 링크 기구(positive linkage)에 의해 진동테이블에 힘을 가하는 진동기계.

기계식 환기 mechanical ventilation [B,G] 자연환기에 대하여 송풍기 등에 의한 기계력을 이용한 환기.

기계에너지 mechanical energy [T] J, {kgf · m} 보통 운동에너지와 위치에너지의 총칭. 역학적인 양에 의해 정해지는 에너지의 일종. { } 안은 중력단위.

기계운전시험 mechanical running test [B] 송풍기 및 압축기의 진동, 소음, 베어링온도 등의 운전 상태를 확인하는 시험.

기계임피던스 mechanical impedance [D] 작용하는 교번력을 그 점의 진동속도의 힘 방향의 성분으로 나눈 비이며, 복소량이다. 기계 임피던스 $Z_M = r_M + i(m\omega - s/\omega)$($\omega$: 각주파수, i : 복소 단위)라고 썼을 때, 그 실부 r_M은 기계저항, 허부는 기계 리액탄스라고 한다. 그리고 허수부의 ω의 계수 m을 그 계의 질량, ω^{-1}의 계수 s를 그 계의 강성(stiffness), s의 역수를 컴플라이언스(compliance)라고 한다. 비틀림 임피던스에서는 힘과 속도가 토크 T와 각속도 ω로 대체된다.

기계적 흔들림, 기계적 런아웃 mechanical runout [D] 회전축의 직각방향의 흔들림. 피 측정위치에 다이얼 인디케이터 등을 접촉시키고 축을 완회전 시켰을 때의 인디케이터의 지시값의 변화를 나타낸다.

기계효율 mechanical efficiency [P,T] % 축동력에서 기계손실 동력을 제외한 것과 축동력과의 비이며, 다음 식과 같이 표시.

$$\eta_m = \frac{L - L_m}{L} \times 100$$

여기서, η_m : 기계효율(%), L_m : 기계손실(kW), L : 펌프축 동력(kW). 그 밖에 수력효율, 체적효율 등이 있음.

기기 냉각수계통 component cooling water system [Nu] 원자력발전소의 정상 운전, 비정상 운전 및 연차 보수공사 시 각종 기기에 냉각수를 공급하여 열을 제거하는 계통을 말한다. 주요 구성 기기로는 순환펌프, 완충 탱크, 열교환기 등이 있으며 기기 냉각수펌프에 의해 연속적으로 순환되는 폐회로로 구성되어 있음.

기공 pore [T] 기공(氣孔), 작은 구멍.

기관효율 energy efficiency [T] 기관 내에서의 에너지효율.

기기냉각수 component coolant [Nu] 일반적으로 복수기의 증기 냉각이나 응축기의 냉매 냉각 등에 사용되는 물을 의미함. 원자로에서는 노심에서 핵분열 반응에 의하여 발생하는 열을 냉각하기 위하여 열교환기 등을 거쳐 폐회로를 순환하는 냉각재를 말한다.

기능시험 functional test [G] 기기의 기능을 확인하기 위한 시험. 펌프, 송풍기 등의 유체기계의 경우는 성능시험과 함께 보통 베어링 온도, 진동 등 기계기능의 이상의 유무도 함께 검사한다.

기동 언로더 starting unloader [B] 압축기의 기동 시에 부하를 경감시키기 위하여 설치된 언로더.

기동, 시동 start [G] 기기를 정지 상태에서 운전 상태로 하는 것. 터보형 펌프의 경우는 밀봉부분 또는 냉각수 소요부분에의 급수, 케이싱 내부에의 물 채우기 등을 행한 후에 주 펌프의 운전을 시작하고 토출밸브가 전개되는 정상 운전 상태에 도달하는 것이 보통이지만, 이전 과정을 포함한 것을 의미하는 경우와 주 펌프의 회전 시작하는 경우만을 의미하는 두 경우가 있다.

기동기, 시동기 starter [G] 1) 전동기에서 과대전류가 흐르지 않도록 토크를 적절한 크기로 유지하기위해 전동기 시동에서 사용되는 저항기. 상자형 전동기에서는 전(全)전압, 스타-델타, 리액터(reactor) 시동 등이 있고, 권선형 전동기에서는 2차회로의 액체저항기 또는 금속저항기 시동 등이 있다. 2) 제트엔진에서 제트엔진의 시동은 엔진에 연결된 에어터빈의 노즐출구로부터 약 3기압의 공기를 압입하여 한다. 공기원의 원심압축기와 이 압축기의 구동용의 가솔린기관 또는 터빈 및 부속품 일절을 트럭에 탑재한 것을 말한다. 전풍량을 순시에 방출할 수 있는 감도 좋은 자동 서지방지장치가 필요하다.

기동수위 starting water level [P] 자동조작에서 펌프가 기동할 때의 수위.

기동전류 starting current [G] A 기기가 시동하는데 필요한 전류. 일반적으로 전동기의 회전자가 정격 주파수, 정격 전압에서 마침 회전하려고 할 때에 1차 권선에 흐르는 전류를 의미하며, 그 최대치로 대표한다.

기동토크 starting torque [G] N · m, {kgf · m} 전동기 회전자가 정격 주파수, 정격 전압에서 마침 회전하려고 할 때 전동기 축에 발생하는 최대 토크. { } 안은 중력단위.

기동토크곡선 starting torque curve [D] 회전기계에서 정지 상태에서부터 규정회전수에 도달할 때까지의 토크곡선. 터보형 펌프에서는 그림에서 보는 바와 같이 정지마찰토크에 의해 정해지는 S점에서 회전을 시작하지만, 이것은 가속에 따라 감소하고, 이와 반대로 물에 에너지를 부여하기 위한 토크는 회전수의 제곱에 비례하여 증대한다. 원심펌프, 사류펌프와 같이 밸브를 전폐하고 시동하는 것은 회전수가 직접 규정회전수에 도달할 수 있지만, 축류펌프에서는 도중에 플랩밸브가 열리고 그림과 같이 피크 점까지 올라가지 않고 도중에서 완만한 곡선 또는 직선에 따라 규정회전수에 도달한다. 터보형 송풍기, 터보형 압축기에서도 같은 경향을 나타낸다. 그림 가-8 참조.

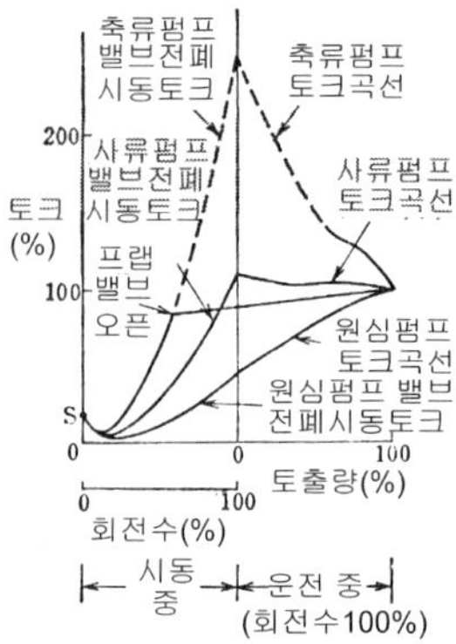

그림 가-8 기동토크곡선

기둥, 주, 컬럼 column [T] m 1) 단위무게의 유체가 갖는 에너지 {kgf · m/kgf=m}는 길이의 단위를 가지며, 이를 헤드(head) 또는 기둥이라고 부른다. SI단위계에서는 단위 질량당의 유체가 갖는 에너지로 정의되므로 단위는 ($N \cdot m/kg = m^2/s^2$)으로 되며, 기둥이란 개념은 성립하지 않는다. 2) 공작기계에서는 드릴링 머신 등의 굵은 기둥을 의미한다. { } 안은 중력단위.

기록계, 리코더 recorder [T] 기록계기에 있어서 계측 치를 기록하기 위한 기록부분(펜) 및 기록지를 장치하고 이것을 작동시켜 기록하게 하는 부분을 말한다.

기록고도계 recording altimeter [T] 고도변화를 나타내는 기록장치를 갖는 압력고도계(altigraph).

기록진동계, 진동기록계 vibrograph [D] 기계적 진동의 완전한 오실로 그래프 기록을 제공하는 계기. 한 형태로서 가동 펜 끝이 이동하는 종이 또는 필름 상에서 운동을 기록하는 것이 있다.

기록풍속계 recording air speedometer [T] 시간적으로 변화하는 풍속을 자동적으로 그래프로 기록하는 장치를 가진 풍속계.

기름긁기 링 oil scraping ring [B] 피스톤에 끼워 넣어 실린더 벽에 부착한 윤활유를 긁어내리기 위한 링.

기름끊기 flinger, oil thrower [P] 베어링 박스에서 회전축을 따라 밖으로 새어 나오는 기름을 막는 것. 축에서부터 깎아 내거나 축에 삽입한 돌기, 또는 축 주위에 판 홈. 축의 주속도가 느린 경우는 오일실 등이 사용되지만, 빠른 경우는 오일실의 사용한도를 넘으므로 기름끊기가 사용됨.

기름끊기 oil thrower, flinger [P] 기름끊기(flinger)와 같음.

기름냉각기 oil cooler [B] 베어링에서 발생한 열을 받아서 온도가 상승한 순환류를 냉각하는 것.

기름량 oil quantity [G] 오일링베어링 유닛의 경우는 베어링상자 내에 담는 기름의 양을 말하며, 강제급유 베어링의 경우는 미끄럼 면에 공급되는 양을 말한다.

기름분리기 **oil separator** [B] 기류 중에 들어있는 기름을 분리하는 장치.

기름여과기 **oil strainer** [G] 오일필터(oil filter)와 같음.

기름윤활식 **oil lubricated type** [B] 실린더 내부를 오일로 윤활하는 형식.

기름저장기 **oil reservoir** [G] 유압조작장치, 베어링 강제급유장치 등에서 기름을 저장해두는 탱크. 탱크용량은 순환유량을 기준으로 정해지며, 탱크에는 유면계, 온도계, 잔류오일 배출구, 가스배출구 등이 설치된다. 귀환오일에는 거품발생을 방지하는 배려가 필요하다.

기름펌프 **oil pump** [P] 기름을 취급하는 펌프. 기름의 종류, 요구시방에 따라 터보형 펌프, 치차펌프, 플런저펌프 등 여러 종류의 것이 사용됨. 베어링 강제 급유장치에는 치차펌프가 사용됨.

기름홈 **oil groove** [G] 미끄럼형 베어링메탈의 주축과의 미끄럼 면에 설치된 오일 윤활용의 홈. 기름은 이 홈을 통해서 미끄럼 면에 균일하게 진입하여 윤활작용을 함과 동시에 미끄럼에 의한 발생열의 제거작용을 한다. 베어링메탈(bearing metal) 참조.

기름회수기 **oil recovery unit** [B] 유냉식 회전압축기에서 토출기체 중의 기름을 분리 회수하여 순환 사용하기 위한 장치.

기밀시험 **air tightness test** [B] 소정의 압력을 걸어서 기밀성을 확인하는 시험.

기본(기초)부하, 베이스 부하 **base load** [T] kW 전력의 수요에는 시간, 날, 계절 등의 단위로 주기적 변동이 있으며 발전소는 그 수요에 순간적으로 대응하여 공급해야 한다. 그들의 변동 부하 곡선의 기저가 되는 전력 수요를 베이스 부하라 하고, 연간을 통해서 이것을 담당하여 운전하는 발전소를 베이스 부하 발전소라고 한다.

기본고유모드 **fundamental natural mode** [D] 가장 낮은 고유진동수를 가지는 계의 진동모드.

기본단위 **base unit, fundamental unit** [M] 국제단위계에서 모든 단위의 근간이 되는 가장 기본적인 단위. SI단위로는 길이(m), 질량(kg), 시간(s), 열역학온도(K), 전류(A), 물질량(mol), 광도(cd). 기본 단위를 제외한 모든 단위는 물리적인 법칙이나 정의를 이용하여 이 기본 단위로부터 유도된다.

기본단위 **fundamental unit, base unit** [M] 기본량의 단위. 즉, SI단위계에서는 m, kg, s, A, mol, cd 등이 있다.

기본량 **base quantity, fundamental quantity** [M] 국제단위계에서 기본단위를 정확하게 정해 주기 위해 정해 놓은 양.

기본량 **fundamental quantity, base quantity** [M] 이론체계를 세우기 위해 정의 없이 인위적으로 정해야 하는 양.

기본주기 **fundamental period** [D] 1) 주기함수가 어느 상태와 완전히 같은 상태를 다시 반복할 때까지에 필요한 독립변수의 최소 증가량. 2) 진동하는 계의 가장 낮은 고유진동수인 기본진동수의 역수. 어떤 모호성도 없다면, 기본

주기는 단순히 주기(period)라 부른다.

기본진동 fundamental vibration [D] 기본 진동수와 같은 진동수를 가지는 정현 양으로써, 고유진동 중에서 진동수가 가장 적은 진동.

기본진동수, 기본주파수 fundamental frequency [D] 1) 주기적인 양으로, 기본주기(period)의 역수. 2) 진동하는 계의 가장 낮은 고유진동수. 이 진동수에 대응하는 진동의 정규모드(normal mode)를 기본고유모드라 한다. 3) 주기적인 양을 조화분석하였을 때의 기본파의 진동수.

기송관, 공기수송관 pneumatic carrier tube, pneumatic pipe, pneumatic tube [T] 압축 공기를 이용한 서류 운반기. 이것은 실린더에 해당하는 긴 관속을, 피스톤에 해당하는 짐을 공기의 흐름에 실어 고속으로 수송하는 장치. 분립체를 수송하기 위해서는 공기수송관에 의한 공기수송(pneumatic conveyor)이 널리 사용되고 있다.

기압계 barometer [M] 대기압을 측정하는 계기이며, 수은주를 사용하는 것과 빈상자의 변형을 이용한 아네로이드 기압계(aneroid barometer) 등이 있다. 폴단기압계(Fortin barometer) 참조.

기압시험 pneumatic test [B] 압력용기에서 이상의 유무를 조사하기 위해 공기압 또는 그 밖에의 가스압을 걸어서 실시하는 시험.

기어 구동식 gear driven type [P,B] 원동기와 펌프, 송풍기, 압축기 등과의 사이에 기어 장치를 두어서 구동하는 방식.

기어형 geared type [S] 동력구동장치계의 한 종류로써 로터의 회전속도와 발전기의 정격회전속도를 동기화시키기 위해 고정 기어비를 갖는 기어박스가 설치되며, 가변속 운전을 위해서는 인버터/컨버터가 필요하다. 일반적으로 비동기식 발전기가 사용된다.

기어형 모터 gear motor [P,G] 모터와 감속기어장치가 하나로 조합된 것. 기어펌프와 같은 구조로서 한 쌍의 기어가 하나의 하우징 안에서 맞물려 있고, 유압에 의해 두 기어가 서로 피동 또는 구동의 역할을 하면서 회전하며, 그 한쪽 또는 양쪽의 축에서 토크를 얻을 수 있다. 출력 토크는 일정하며, 제어밸브에 의해 가역 회전이 가능하다.

기조력 tidal force [S] 달과 태양의 인력과 이에 대한 지구의 가속도운동에 의한 힘의 합성력(合成力)이 지구상의 물체에 작용하여 조석이나 조류운동을 일으키는 힘. 달과 태양의 지구에 대한 인력은 지구상의 각 지점에서 조금씩 다르며, 이것이 해수의 이동과 지구의 변형을 가져와 조석을 일으킨다.

기준, 기준기 reference [M] 공적인 교정이나 시험 및 검사에 사용되는 표준기.

기준면 datum level [T] 치수의 측정 또는 기기의 설치에서 기본이 되는 면.

기준면 reference plane [P,T] 1) 토출헤드, 흡입헤드 등을 계산할 때, 위치헤드의 기준이 되는 수평면으로서, 이것은 임펠러의 깃 입구 끝을 지나는 원의 중심점을 포함하는 수평면으로 규정(그림 r-3 참조). 다만, (a) 다단의 경우는 1단

임펠러에 대하여 위의 규정을 적용. (b) 수직축 양쪽 흡입형의 경우는 위쪽이 되는 깃 부분에 위의 규정을 적용. 2) 설계, 제작, 배치, 조립 등의 기준으로 하는 면.

기준물질, 표준물질 **reference material** [M] 장치의 교정, 측정방법의 평가 또는 어떤 물질의 물성치를 부여하기 위해 사용되도록 그 특성치가 충분히 균일하게 제작된 재료 또는 물질.

기준밀도 **reference density** [M] kg/m^3,{kgf · s^2/m^4} 기준조건에서의 밀도. { } 안은 중력단위.

기준밀도계 **reference densitometer** [M] 기준밀도를 실측할 수 있는 계측기.

기준상태 **base condition** [M] 기준상태, 기준조건(reference condition) 참조.

기준상태, NTP **normal temperature pressure, NTP** [G] 온도 0℃, 절대압력 101.3 kPa(760 mmHg)의 건조기체의 상태. 일반 기체에 대해 사용된다. 기준상태(normal condition)와 같음.

기준상태, 정상조건 **normal condition** [B] 온도 0℃, 절대압력 101.3 kPa(760 mmHg)의 건조기체의 상태.

기준선 **datum line** [T] 치수의 측정 또는 기기의 설치에서 기본이 되는 선.

기준세제곱미터 **normal cubic meter** [M] m^3 기준상태, 즉 0℃, 1 기압에서의 기체의 체적을 입방미터로 나타내는 경우에 사용하는 약호. N m^3으로 표시한다.

기준수평면높이 **ground level, GL** [M] 지평면의 기준수면으로부터의 높이를 양(+)기호로 나타낸 것.

기준압력 **reference pressure** [M] Pa, {kgf/m^2} 기준조건의 압력. { } 안은 중력단위.

기준온도 **reference temperature** [M] K,℃ 기준조건의 온도.

기준점 **reference point** [T] (1) 다른 점, 선 등의 기준으로 되는 점. 통상 이점에서부터의 거리, 방향 또는 그 양자로 위치를 나타낸다. (2) 다른 상태점의 기준이 되는 상태점. 통상 이 점의 상태를 기준으로 하여 상태량을 비율로 나타낸다.

기준조건, 기준상태, 표준상태 **reference condition, base condition** [M] 각기 다른 조건에서 측정된 결과를 동일한 조건으로 측정된 값으로 환산하여 비교할 수 있도록 미리 정해둔 조건.

기체 베어링 **gas bearing** [G] 공기베어링(air bearing)과 같음.

기체상수 **gas constant** [M] J/(kg · K), {kgf · m/(kgf · K)} 상태방정식에서 압력과 밀도, 온도 사이의 관계를 나타낼 때 사용되는 비례상수. R=pv/T. 단, R : 가스상수(J/(kg · K)){kgf · m/(kgf · K)}, p : 압력(N/m^2){kgf/m^2}, v : 비체적(m^3/kg){m^3/kgf}, T : 절대온도(K){K}. 공기의 경우 R=287J/(kg · K){29.27kgf · m/(kgf · K)}이다. { } 안은 중력단위.

기체역학 **gas dynamics** [G] 기체에 대한 운동현상을 조사하는 학문. 유체역학의 일 부문이지만 액체와 달리 특히 기체의 압축성 혹은 밀도변화의 영향을 고려하는 경우를 말한다.

기초 foundation [D] 기계를 지지하며, 강체 또는 질량과 탄성을 가진 탄성구조물로서, 특정 기준좌표에 고정 또는 지지된 계에 가진을 제공하는 운동을 수행할 수 있는 부분으로, 그 위에 베어링 지지대(pedestal)가 설치된다. 형태는 증기터빈의 격자(grid)구조나 단일 콘크리트(monolithic concrete)로부터 펌프의 압력 케이싱까지 다양하다. 통상은 강체로 간주되지만, 만약 기초의 강성계수와 감쇠계수의 크기가 베어링 지지대, 베어링 유막의 동특성 계수, 회전체의 강성 및 감쇠계수의 크기에 비해 무시할 수 없는 경우에는 회전체의 운동에 영향을 미치게 되므로 기초의 특성이 고려되어야 한다.

기초부하 loading to foundation [G] 기계나 구조물 등을 설치할 때 베드나 다리를 통해서 기초에 걸리는 하중.

기포펌프 air lift pump [P] 양수관의 하단에서 압축공기를 불어넣어 주위의 물보다 비중이 가벼운 물-공기의 혼합물을 만들어 그 비중 차에 의하여 양수하는 특수한 형식의 펌프.

기화열 heat of vaporization [G] J/kg, {kcal/kgf} 일정 압력 하에서 가열되는 액체가 비등을 시작하면 전부 기화할 때 까지는 계속 열을 공급하여도 온도는 상승하지 않는다. 이때 단위 양의 액체가 기체로 변화하는 데 필요로 하는 열량을 말한다. { } 안은 중력단위.

긴급정지 emergency shut-down [Nu] 원자로에 위험한 상태가 예상될 때, 안전보호상 필요하다고 판단되는 경우 긴급히 제어봉을 노심으로 삽입하여 핵반응을 정지시키는 것을 말함.

길들이기 운전 running-in, wear-in [D] 미끄럼 베어링의 미끄럼 면은 제작 당초는 미시적으로는 요철이 있고, 처음 운전할 때는 금속접촉을 일으키면서 미끄럼 운동을 한다. 이 때문에 마모가 발생하지만 부하가 적으면 마모도 서서히 생겨, 마모에 의해 생긴 금속분이 연마재의 작용을 하여 미끄럼 면은 초기의 운전에서 차차 좋아지고 베어링의 부하능력이 커진다. 이와 같은 목적으로 행하는 운전을 길들이기 운전이라 한다.

길이척도 length scale [N] 난류의 운동을 해석하기 위해서는 난류모델을 도입할 필요가 있다. 이를 위해 난류의 강도를 나타내는 속도 척도와 난류의 크기를 나타내는 길이 척도의 2가지로 난류운동의 특성량을 표현한다.

깃, 베인, 익 vane, blade [B,T] 1) 베인 압축기의 로터에 끼워 넣어 케이싱 내부에 접하여 운동하는 판. 2) 회전차의 날개 부분. 3) 축류송풍기, 압축기의 깃(익)과 가동 깃(익). 익(blade) 참조.

깃 각도 blade angle [T] rad,deg 각종 회전차의 깃의 각종 각도에 대한 총칭. 부도 B-3 참조.

깃 끝 blade tip [B,T] 블레이드의 선단. 가동 깃의 경우에는 바깥 둘레 선단을, 정지 깃의 경우에는 안쪽 둘레 선단을 말한다.

깃 끝 와류, 익 말단 와류 blade tip vortex [T] 무한 길이의 폭을 갖는 익에서는 익의 축에 수직한 평면 내의 유동은 모두 같으므로, 익의 부압면과 정압 면과의 압력 차는 항시 평형을 유지하고 있으나, 유한길이의 익에서는 상기의 평형이 유지되지 못하고 부압면과 정압 면과의 압력 차는 축 방향으로 변화한다. 익의 정압 면의 정압과 부압면의 부압이 만나는 익 끝에서는 가장자리를 돌아 정압 면에서 부압면으로 향하는 유동이 생긴다. 이와 같이 익 끝 후방의 유동은 하나의 분리 면을 형성하며, 후방으로 흘러감에 따라 말려들어 와류가 형성된다.

깃 높이 vane height [G] 깃 높이(blade height)와 같음.

깃 높이, 날개길이 blade height, blade length [B,T] m 깃 단면에 직각방향으로 잰 깃의 높이. 원심식의 경우는 회전차 통로 폭에 상당 함. 스팬(span)이라고도 한다.

깃 두께 blade thickness [B,T] m 익현 또는 캠버선에 수직으로 잰 두께를 말하며, 익현방향으로 변화한다. 이것의 최대 두께를 대표로 하여 깃 두께라고 한다. 일반적으로 익현 길이에 대한 백분율로 표시된다. 부도 B-3 참조.

깃 두께비 blade thickness−chord ratio [B,T] 최대 깃 두께의 익현 길이에 대한 비.

깃 두께비 chord ratio, blade thickness ratio [B] 익의 최대두께와 익현길이와의 비.

깃 라이너 blade liner [B] 원심핸의 회전차에서 깃의 마모를 방지하기 위해 설치되는 라이너. 주로 분립체, 고체를 수송하는 반지름 깃 홴이나 패들홴과 같은 평면 깃의 표면에 전면을 또는 국부적으로 용접이나 볼트로 고정하여 붙인다. 일반 강판이 사용된다. 회전차 측판 라이너(side shroud liner)와 같으며, 여기에 상세한 그림이 소개되어 있으므로 참조하기 바람. 그림 가-9 참조.

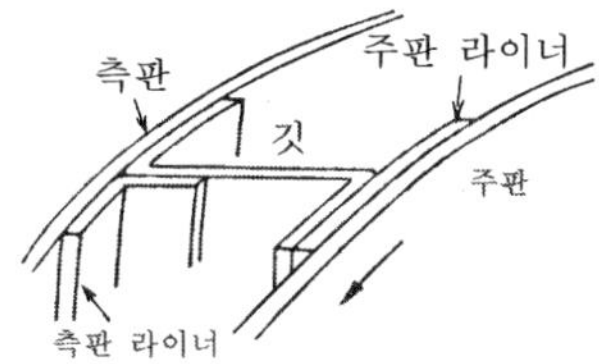

그림 가-9 깃 라이너

깃 리벳 vane rivet [B] 깃과 허브를 체결하는 리벳.

깃 배열 blade arrangement [T] 압축기, 터빈 등의 축류형에 있어서 날개의 배열방법을 말하는 것으로, 기초적인 형식으로서 1) 축방향 유입형, 2) 축방향 유출형, 3) 대칭형 등이 있다.

깃 배열 blading [B] 축 방향에 대한 깃의 배열을 뜻한 것으로, 전치(前置) 정지익형, 후치(後置) 정지익형, 대칭 속도선도 형 등이 있다.

깃 뿌리 blade root [B,T] 축류기계에서 블레이드가 허브에 설치되어 있는 부분을 의미한다.

깃 손실 blade loss [T] 증기터빈에서 증기의 흐름이 회전날개의 배열 사이를 흐르는 동안에 생기는 마찰손실.

깃 요소 blade element [B] 축류펌프나

축류송풍기의 회전차를 임의반경 r의 원통면으로 절단하여 평면으로 전개하면 평면 상에 익의 절단윤곽이 일직선 상에 나타난다. 그러나 절단원통의 반지름을 바꾸면 익의 형태는 달라질 것이지만 미소거리 dr 사이에서는 근사적으로 익의 단면형상은 같다고 볼 수 있다. 이와 같이 익의 높이방향의 서로 가까운 두 단면 사이에 채택되어 있는 미소 폭의 익 부분을 말한다.

깃 요소효율 blade element efficiency [B] 회전 깃 및 정지 깃의 익요소에 있어서 속도헤드의 감소분 중, 유효하게 압력헤드로 변환되는 비율.

깃 입구각 blade inlet angle [P,B,T] rad,deg 익 앞전에서 캠버선의 접선이 익렬선에 대한 수직선과 이루는 각. 또는 펌프, 원심 송풍기 등의 날개의 입구와 출구에서의 접선이 원주에 대해 이루는 각을 각각 날개 입구각, 날개 출구각이라 함. 부도 B-3 참조.

깃 진동수 vane frequency, blade frequency [T,D] 단위 시간에 깃이 지나가는 개수. 즉, 초 당의 로터회전수 곱하기 깃 수와 같다.

깃 출구각 blade outlet angle [B,T] rad, deg 깃 뒤 가장자리(뒷전)에서 캠버선의 접선과 익렬축에 대한 수선이 이루는 각. 또는 펌프, 원심 송풍기 등의 날개 입구와 출구에서의 접선이 원주에 대해 이루는 각을 각각 날개 입구각, 날개 출구각이라고 한다. 부도 B-3 참조.

깃 통과주파수 blade passing frequency, vane passing frequency [B,D] 송풍기, 펌프 등의 유체기계에서 유체가 임펠러를 통과할 때, 깃 전후에서의 흐름상태(압력, 유속)가 달라지며, 깃의 뒷전이 벌루트의 벌루트 혀(cut-water, tongue)부분을 통과할 때마다 유동은 간섭을 받는다. 이 때문에 유동장에 압력변동(맥동)이 발생한다. 따라서 임펠러가 1회전할 때, 깃의 수만큼 압력변동이 발생하며, 이 압력변동(맥동)의 기본주파수, 즉 깃 통과주파수 f_v는 다음과 같다.

$$f_v = ZN/60 \text{ Hz}$$

여기에서, Z는 깃 또는 블레이드 수, N은 회전수(rpm)이다.

깃 틈새 blade clearance [T] m 일반적으로 깃 끝(blade tip)과 케이싱 사이의 틈새를 의미한다.

깃 효율 blade efficiency [T] 터빈의 1단의 날개차를 통과할 때 작동유체가 실제로 한 일량과 단열열낙차에서 구한 이상적인 일량과의 비율.

꼭지점 vertex [N] 어떤 Cell 또는 Element를 구성하는 기본 구성점을 지칭한다. 따라서 무한원의 점은 vertex가 될 수 없고, 위치가 불확실한 점도 vertex가 아니다.

끝 틈새 tip clearance, top clearance [P,B,T] m 축류펌프 임펠러의 바깥 둘레, 또는 사류펌프 개방형 임펠러의 측면과 이것에 마주보는 벽과의 틈새.

끝 틈새 top clearance [T] m (1) 피스톤이 상사점에 있을 때의 실린더 헤드와 피스톤과의 틈새. (2) 끝 틈새(tip clearance)와 같음.

끼움쇠, 심 shim [P] 기기의 설치 등에서 미세한 치수조정을 위해서 삽입되는 얇은 금속판.

ㄴ

나권형 모듈 spiral wound module [F] SWRO 혹은 BWRO에 사용하는 역삼투막 모듈의 대표적인 형태이다. 평막을 주머니 형태로 성형한 것을 김말이 형태로 성형한 막 엘리먼트와 압력용기로 구성된다.

나노여과 막 nanofiltration membrane [F] NF막이라고도 한다. 재질은 유기고분자의 방향족 polyamide, polyvinylacohol, piperazine 등이며, 계면 중합법으로 제조된다. 막 구조는 비대칭이고, 세공이 있는지 없는지 명확하지 않다. 막 기능으로서는 분리, 정제, 농축, 회수, 제균 등이 있다. 막모듈은 주로 스파이럴 형이다. 1 나노미터(1nm) 전후의 크기를 가진 분자를 제거한다. 한외여과법과 역삼투법의 중간에 위치하며, 조작압력은 0.2~1.5 Mpa 정도이다. 제거 대상물질은 수백 g/mol의 분자량을 갖는 저분자 유기물질(트리할로메탄과 그의 전구물질, 농약, 취기물질, 합성세재 등), 칼슘, 마그네슘 등 경도성분 및 증발잔류물 등이다.

나비밸브 butterfly valve [P] 유동방향에 직각으로 설치된 축을 중심으로 하여 원판 형의 몸체가 회전하는 밸브.

나비에-스토크스 방정식 Navier-Stokes equation [N,G] 운동량 보존법칙(뉴턴의 운동 제2법칙)을 점성유체에 대한 편미분방정식으로 표현한 식.

나사 압축기, 스크류압축기 screw compressor [B,C] 암과 수 두 개의 나사형 로터의 회전운동에 의해 기체를 압송하는 회전 압축기.

나사실 screw seal [B] 누설방향과 반대방향으로 흐르도록 나사를 절삭한 축 또는 부시를 이용한 축 밀봉의 방법 또는 부품.

나사펌프 screw pump [P] 1) 회전축 둘레에 나사 홈을 깎고 이것에 끼워지는 원통 안에서 축을 회전시키는 펌프. 회전축으로부터의 기름 누설 방지용으로, 또는 베어링용 기름펌프로서 사용. 2) 회전축 주위에 나사 모양의 날개를 단 1~2m 정도의 저양정에 적합한 펌프.

나선각 helix angle [C] 나사 압축기 로터를 물림피치 원통면 상에서 전개하였을 때, 나사선과 축방향이 이루는 각.

나이퀴스트 주파수 Nyquist frequency [T] 1/s 샘플링주기에 의해 정해지는 상한의 주파수 이상의 성분은 샘플링된 데이터에는 포함되지 않게 된다. 이 상한의 주파수를 나이퀴스트(Nyquist) 주파수라고 한다.

나트륨-물반응, 소듐-물반응 sodium-water reaction [Nu] 액체나 고체의 나트륨과 물이 접촉하여 일어나는 화학반응을 말함. 액체나트륨을 냉각재로 사용하는 원자로에서 열교환기 전열관의 파손으로 이 반응이 일어나면 파손이 확대될 가능성이 있다.

나팔관, 벨마우스 bell mouth [P] 흡입수조 내에서 흡입관 끝에 또는 송풍기 흡입구에 설치되는 축소관.

난류 turbulence [T] 난류운동(turbulent motion) 참조.

난류 운동에너지 방정식 turbulence kinetic equation [N] 난류 계산에 있어서 현재 보편화된 Launder와 Spalding에 의한 2-방정식 모델에서의 1개의 방정식이며, 난류운동의 운동에너지 k에 대한 다음과 같은 방정식이 사용된다.

$$\frac{\partial}{\partial t}(\rho\kappa) + div(\rho u\kappa) = div(\Gamma_k grad\kappa) + G - \rho\varepsilon$$

여기서, Γ_k는 k에 대한 확산계수, G는 난류에너지 생성률, ε은 난류에너지 소산율, $G-\rho\varepsilon$은 순 생성항을 나타낸다. 변수 ε에 관한 지배 미분방정식도 이와 유사한 형태를 가진다.

난류 프란틀(Prandtl) 수 turbulent Prandtl number [N] 난류경계층에 있어서는 벽면의 극히 가까운 곳(점성저층)을 제외하고, 층류점성응력 $\mu\partial u/\partial y$ 및 분자열유속 $k\partial T/\partial y$보다도, 난류 전단응력

$$-\overline{\rho uv} \text{ 및 난류열유속 } -c_p\overline{\rho vT}$$

이 아주 크다. 여기서 u, v는 좌표 x, y방향의 속도성분, T는 절대온도, ρ는 유체밀도, μ는 분자 점성계수, μ_t는 난류 점성계수, k는 분자 열전도율, k_t는 난류 열전도율, c_p는 정압비열, 하 첨자 t는 난류에 의한 것을 의미한다. 난류 확산계수 μ_t를

$$\mu_t\frac{\partial\overline{u}}{\partial y} = -\overline{\rho uv}, \kappa_t\frac{\partial\overline{T}}{\partial y} = -c_p\overline{\rho vT}$$

로 정의하고, $P_{rt} = c_p\mu_t/k_t$를 난류 프란틀 수(turbulent Prandtl number)라고 한다. P_{rt}는 유체의 물성치가 아니고 유동상태를 표현하는 변수이므로 경계층 내에서 값이 일정하지 않다.

난류, 난류유동 turbulent flow [P] 유동이 층상으로 나뉘지 않고 뒤섞어 나타나는 현상. 레이놀즈(Reynolds) 수가 큰 경우에 해당된다. 난류운동(turbulent motion) 참조.

난류강도 turbulent intensity [T] 유체 흐름(유속 U)의 난류 정도를 나타내는 한 방법으로 시간평균속도 U_m에 대한 떨림 속도 u의 시간평균제곱근(root-mean-square) 값 u′의 상대적인 크기를 난류강도라 한다. 난류강도를 i라고 하면 $i = u'/U_m$로 정의된다. 단, $U = U_m + u$, $u' = \sqrt{u^2}$.

난류격자 turbulence grid [T] 유체가 지나 갈 때 난류를 생성 시키는 철사, 막대 또는 빗장으로 이뤄진 그물망(대부분 사각형의 개구).

난류경계층 turbulent boundary layer [G] 물체 표면의 경계층에서 벽면 상에서부터 주류에 이르는 사이에 항상 난

류부분이 존재하는 경계층. 난류경계층은 벽면에 극히 가까운 곳에서의 얇은 층류저층(層流底層), 그 바깥 측에 항상 불규칙한 난류로 되어 있는 내층, 그 보다 바깥 측에서 내층과 경계층 밖의 주류가 서로 섞여서 혼합하는 외층의 세 개 층으로 구분된다. 난류성분이 적은 주류(主流)의 평판에 따른 평행류에서는 $\mathrm{Re}=\mathrm{U}l/\nu>4\times10^6$ 에서 난류경계층으로 이행한다. 여기서 U : 주류의 속도, l : 평판의 선단으로부터의 거리, ν : 유체의 동점성계수.

난류규모, 난류척도 turbulent scale [T] 난류유동에는 크고 · 작은 규모의 난류가 포함되어 있다. 난류는 대체로 큰 규모에서 작은 규모의 난류로 이행한다. 큰 규모의 난류는 레이놀즈(Reynolds) 응력과 평균속도 구배에 의해 낮은 파수의, 즉 큰 규모의 난류가 발생하다가 작은 규모의 난류로 분열 해 가고, 점성 소산은 가속적으로 증가한다. 큰 규모의 난류는 유동의 기하학적 형상에 의존하는 성질을 가지며, 수명은 길고, 질서 있는 비등방성 성질을 가지며, 난류에너지의 태반을 포함하고 스칼러 양(열에너지와 같은 것)의 수송에 강하게 관여한다. 작은 규모의 것은 큰 규모의 것과 상반되는 성질을 지닌다.

난류동점도 eddy kinematic viscosity [G] m^2/s 난류에 의한 전단응력(레이놀즈 응력)은 2차원 평행유동의 경우 다음과 같이 표시된다.

$$-\rho\overline{u'v'}=\mu_t\frac{\partial\bar{u}}{\partial y}=A_\tau$$

여기서 u', v' : x, y방향의 속도 변동량, ρ : 밀도, $^-$: 시간평균치, A_τ : 레이놀즈 응력. μ_t : 와점성계수. 이것을 사용해서 난류동점도 ε은 다음과 같이 정의된다.

$$\varepsilon=\mu_t/\rho$$

난류모델 turbulence model [N] 난류모델은 난류 수송방정식의 의존도에 따라 (i) 0방정식 모델(또는 혼합거리 모델, 대수식 모델), (ii) 2방정식 모델(예로서 $\kappa-\varepsilon$모델), (iii) 대수응력 모델, (iv) 응력방정식 모델, (v) 격자 평균 모델(large eddy simulation), (vi) Detached eddy simulation.으로 나누어진다. 한마디로 말해서 뒤의 모델일수록 계산량은 많아지지만 보편성은 있다. (i)은 와점성계수를 대수식으로 나타내는 것이며, 차츰 변화해 가는 경계층의 계산에 사용되는 혼합거리 이론에 의한 Cebeci-Smith 모델이 유명하다. (ii)는 와도의 운동에너지와 크기에 관계하는 2개의 수송방정식을 풀어서 와점성계수를 구하는 것이고, 큰 박리를 수반하는 경계층이나 덕트, 회전차 내의 흐름의 계산에 사용되고 있다. 또 계산을 하기 쉽도록 하기 위해 벽법칙이 변용되고 있다. (iii)은 대수적 방법으로 와도의 이방성을 고려한 방법이다. (iv)는 레이놀즈 응력의 각 성분의 수송방정식을 풂으로써 흐트러짐의 이방성을 고려하는 것이고, 보편적 모델의 완성을 지향한 것이다. 이 목표는 아직 달성되지 못하고, 최근에는 많은 메뉴를 준비하고, 그 가운데서 적당한 것을 선택하는 방법이 사용되고 있다. (v)는 비정상 3차원의 나비에 스토크스방정식을 풀어, 큰 와도는 직접 계산하고, 작은 와도만을 통계적으로 처리하는 방법(subgrid scale model)이며, 충분히 세밀한 격자를 사용하면 모델에는 거의 의존하지 않게 된다. 활발히 사용되는 방법 중 하나이고 최근 (vi) Detached eddy simulation으로 발전되어 활용되고 있다. 이미 대단히 많은 유동의 해법이 개발되고 있는데, 고 레이놀즈수 유동, 충격파를 수반하는 압축성 유동, 일반적인 난류 등에 대하여는 충분한 정밀도의 해를 얻는 것은 용이하지 않으며, 금후의 발전에 기대되는 바가 크다.

난류손실 turbulence loss [T] 난류운동은 유효에너지로 변환되지 못하고 열에너지로 소산된다. 이와 같은 난류로 인한 손실을 말한다.

난류와류 turbulent vortex [G] 난류 중에 존재할 것으로 생각되는 와류. 와류의 크기는 여러 가지며, 그것에 의해 변동속도가 발생하며 내부 응력의 원인이 된다.

난류운동, 교란운동 turbulent motion [T] 유체역학에서 유체의 속도가 상승하면 유체의 분자는 일정한 와류를 형성하여 불규칙한 운동을 한다. 이 운동을 난류운동이라고 하며, 이와 같은 흐름을 난류라고 한다.

난류운동에너지 turbulent kinetic energy [N] 난류의 특성속도를 구하기 위해서 정의된 것으로서, 다음으로 정의되는 k를 난류운동에너지라고 한다.

$$k = \frac{1}{2}\overline{u_i{}'u_i{}'} = \frac{1}{2}(\overline{u'u'} + \overline{v'v'} + \overline{w'w'})$$

그리고 $\sqrt{k}$를 특성속도라고 한다.

난방보일러 heating boiler [T] 주로 난방에 사용할 목적으로 설계된 보일러. 증기 보일러, 고온수 보일러, 온수 보일러 등이 있다.

날개길이 vane length [G] 깃높이(blade height)와 같음.

날개끝시위 wing tip chord [T] 로터 등에서 허브와 익 끝에서 익현장이 일반적으로 변화한다. 이때의 익 끝부분에서의 익현장을 말한다.

날개밑동시위 wing root chord [T] 익이 부착되어 있는 곳, 즉 로터 허브에서의 익현장. 날개 끝 시위(wing tip chord) 참조.

날개배열 aerofoil blading [T] 축류기계에서 정익이나 동익의 배열방식.

내구시험 endurance test [G] 기계 또는 부품들이 필요 운전시간 동안 이상 없이 견딜 수 있는지의 여부를 확인하는 시험. 일반적으로는 사용하는 것과 동일 조건 하에서 제작된 것을 사용하여 시험하는 것이 보통이다. 또 내용에 따라서는 시험기간을 단축하기 위해 가속시험을 하는 경우도 있으나 일반적으로는 가속시험시간과 실제의 운전시간과의 관계는 분명하지 않다.

내구한도 endurance limit(fatigue limit) [G] 재료에 작용하는 반복응력의 진폭이 크면 재료의 피로가 빨리 진행하여 파괴되지만 어느 값 이하가 되면 반복응력을 작용하여도 파단하지 않으며,

S-N(응력진폭-반복회수)곡선이 평평해진다. 이 S-N곡선이 수평으로 나타나기 시작하는 점의 응력을 내구한도라고 하며, 이 때의 반복회수를 한계반복회수라고 한다. 철강재의 경우 $10^6 \sim 10^7$회의 사이에 있다.

내부 폴리트로프효율 internal polytropic efficiency [C] 송풍기, 압축기의 이론 폴리트로프 압축동력과 가스동력(내부동력)과의 비이며, 다음 식으로 표시된다. $\eta_{pi} = (L_p/L_g) \times 100$ 여기에서, η_{pi} : 내부 폴리트로프효율(%), L_p : 이론 폴리트로프 압축동력(kW)이며, 이것에 대하여는 폴리트로프 헤드(polytripic head)를 참조할 수 있다. 즉, $L_p = \rho Q H_p \{= 9.807 \times 10^3 \gamma Q H_p\}$(kW); ρ : 가스의 밀도(kg/m^3), Q : 유량(m^3/s), H_p : 폴리트로프 헤드(m^2/s^2){m}. γ : 가스의 비중량{kgf/m^3}, L_g : 가스동력(kW) $= L - L_m$, L : 축동력(kW), L_m : 기계손실동력(kW). { } 안은 중력단위.

내부감쇠 internal damping [D] 탄성체의 변형이나 고체표면 사이의 마찰 등에 의하여 히스테리시스형으로 소비되는 에너지 손실에 따르는 감쇠력.

내부냉각, 중간냉각 internal intercooling [B,T] 고압가스 압축기에 있어서는 구동동력을 감소시키고 또한 최종 단의 출구온도를 낮추기 위하여 압축가스를 냉각하는 데, 고압의 가스 다단 압축기의 냉각을 각 단의 물 재킷에 의하여 압축 프로세스 전체에서 연속적으로 하는 것.

내부누설 internal leakage [C] 기기의 내부에서 생기는 누설. 주로 펌프, 송풍기, 압축기의 케이싱 내에서 회전차 라이닝, 평형부시, 다이어프램 부시 등의 틈새에서 고압 측에서 저압 측으로 누출되는 액체, 가스 또는 그의 양을 말한다.

내부누설손실 internal leakage loss [C] 내부누설에 기인하는 손실. 내부누설(internal leakage) 참조.

내부동력, 가스동력 internal power, gas power [C,T,G] kW 기체에 부여된 전에너지. 이것은 압축기 입구, 출구에서의 기체의 전엔탈피의 차이다. 압축기 내부에서서의 유체마찰손실은 내부동력에 포함된다. 내부동력 L_i는 축동력을 L, 기계손실 동력을 L_m이라고 하면 누설손실이 없는 경우 $L_i = L - L_m$으로 표시된다. 지금 압축가스의 입구유량을 Q_1(m^3/s), 비용적을 v_1 (m^3/kg)이라 하면, 단위시간당의 질량유량은 Q_1/v_1 (kg/s)이며, 엔탈피를 i로 표시하면 압축기 내의 유체에 전달된 식간당의 전에너지, 즉 내부동력 L_i와 이를 순차적으로 변형한 결과는 다음과 같이 표시된다.

$$\begin{aligned} L_i &= \left(\frac{Q_1}{v_1}\right)(i_{t2} - i_{t1}) \ \text{(W)} \\ &= \left(\frac{Q_1}{v_1}\right)C_p(T_{t2} - T_{t1}) \\ &= \left(\frac{Q_1}{v_1}\right)\frac{k}{k-1}R(T_{t2} - T_{t1}) \\ &= \left(\frac{Q_1}{v_1}\right)\frac{k}{k-1}RT_{t1}\left\{\left(\frac{p_2}{p_1}\right)^{(n-1)/n} - 1\right\} \\ &= Q_1\frac{k}{k-1}p_1\left\{\left(\frac{p_2}{p_1}\right)^{(n-1)/n} - 1\right\} \ \text{(W)} \end{aligned}$$

단, T는 절대온도(K), p는 전압력(N/

m^2), k는 비열비, n은 폴리트로프 지수이다. 그리고 압축기 입출구의 위치는 아래첨자 1, 2로, 정체상태의 값은 아래첨자 t로 나타낸다. 여기서 공기의 가스정수는 R=287.0 J/(kg · K)이다. 위 식을 중력단위의 전압력 p_1', p_2'\{kgf/ m^2\} 및 Q'\{m^3/min)으로 나타내면 다음과 같다.

$$L_i = \frac{k}{k-1}\frac{p'_1 Q'_1}{6120}\left\{\left(\frac{p'_2}{p'_1}\right)^{\frac{n-1}{n}} - 1\right\} \text{ (kW)}$$

식의 유도는 이론단열압축동력(theoretical adiabatic power) 참조.

내부마찰 internal friction [C] 내부 유동의 불균일한 속도분포로 인해 발생하는 전단응력에 의한 마찰저항. 유동에 평행한 면 위에서 작용하는 전단응력 τ는 다음 식에 의해 표시된다.

$$\tau = \mu\frac{du}{dy} + (-\rho\overline{u'v'})$$

제 1항은 점성에 의한 전단응력, 제 2항은 레이놀즈(Reynolds) 응력. 층류의 경우는 난류성분이 없으므로 제 2항은 0, 난류의 경우는 벽면의 극히 가까운 곳을 제외하면 제 1항은 0이라고 봐도 무방하다.

내부반복계산 inner iteration [N] SIMPLE 해법의 알고리즘은 크게 나누어 2개의 루틴으로 구성된다. 즉, Navier-Stokes 방정식에서 각 방향의 속도성분을 구하는 루틴과 연속방정식에서 압력보정식을 유도해 압력 및 속도성분의 수정을 행하는 루틴이다. 이와 같은 일련의 루틴을 수렴할 때까지 계속한다. 이것을 외부 반복이라 한다. $\kappa-\varepsilon$모델에 의한 난류계산을 행하는 경우는 추가로 κ방정식을 푸는 루틴, ε방정식을 푸는 루틴이 더하여진다. 한편 각각의 루틴 내에서는 대수방정식을 풀기 위해 행렬 솔버(matrix solver)에 의한 완화를 수차례 행한다. 이것을 내부 반복이라 한다. 외부반복계산(outer iteration) 참조.

내부손실 internal loss [C] 내부손실동력(internal loss power)과 같음.

내부손실동력 internal loss power [C] 가스동력과 이론 압축동력과의 차의 동력. 규정의 가스량을 압축하고 토출하는 과정에서 발생하는 각종의 내부손실의 합계된 동력.

내부에너지 internal energy [C] 물체가 갖는 운동에너지나 위치에너지와는 관계 없이 물체의 온도, 압력에 따라 그 자체의 내부에서 갖는 에너지.

내부유동 internal flow [C] 주위가 고체벽으로 둘러싸여서 흐르는 유동. 예로서 펌프, 송풍기, 압축기의 내부 유동은 모두 내부유동이며, 날개나 구 등의 물체주위를 흐르는 유동은 외부유동이라 한다.

내부케이싱 inner casing [P,B,T] 1) 배럴형, 피트 배럴형, 풀아웃형 및 2중 케이싱형 펌프의 안쪽 케이싱의 총칭. 2) 내외 한 쌍으로 구성되는 케이싱 중에서 안쪽에 있고 주로 유체의 유동방향을 정하는 부품.

내부효율 gas efficiency, internal efficiency [G] 송풍기 · 압축기의 이론압

축동력 L_{th}와 가스동력 L_g와의 비. 즉, $\eta_i = L_{th}/L_g$. 단, $L_g = L - L_m$이며, L은 축동력, L_m은 기계손실동력. 기계손실동력에는 원판마찰손실은 포함되지 않는다. 이것은 내부효율(internal efficiency)와 같음. 이론압축동력에 대하여는 이론단열압축동력(theoretical adiabatic power) 등을 참조.

내부효율 internal efficiency [C,G] 가스를 단열압축, 등온압축, 폴리트로프 압축할 때의 이론압축동력을 L_t라고 하면, 이들과 내부동력(가스동력) L_i와의 비 (η_i), $\eta_i = (L_t/L_i) \times 100$를 내부효율이라고 함. 여기서의 내부동력 L_i는 축동력 L에서 기계손실동력 L_m을 제한 것. 즉, $L_i = L - L_m$을 의미한다. 이것은 기체가 압축기를 통과할 때 얻어지는 전 에너지의 증가와 같다. 내부동력을 가스의 상태량으로 나타낸 것은 내부동력(또는 가스동력 : internal power, gas power)을 참조하기 바람. L_t에 대하여는 압축상태에 따라 등온, 단열, 폴리트로프의 이론압축동력들이 있다. 이론단열압축동력(theoretical adiabatic power), 이론등온압축동력(theoretical isothermal power), 이론폴리트로프압축동력(theoretical polytropic power) 등을 참조, 가스동력에 대하여는 내부동력(internal power)을 참조. 주 : 내부효율은 간단하게 효율이라고도 함. 예 : 내부등온효율은 등온효율이라고 한다.

내슈펌프 Nash pump, liquid-piston pump [P] 액봉펌프(liquid pump)와 같음.

내슈형 진공펌프 Nash vacuum pump [P] 액봉펌프(liquid pump)와 같음.

내압 internal pressure [P] 압력용기 등에서 안팎으로 향하여 작용하는 유체압력. 외압과 대비되는 용어.

내압시험 pressure test [B] 압력을 받는 부분에 소정의 압력을 걸어서 내(耐)압력을 확인하는 시험. 수압을 거는 경우에는 "수압시험"이라 한다.

내열재료 heat resisting material [T] 고온에 있어서도 상당한 강도를 유지하고 부식에 견디는 재료.

내염소성 Chlorine resistance [F] 염소에 대한 막 모듈 또는 엘리먼트의 내구성을 말함. 염소는 막 면에서의 미생물 번식 방지나 약품세정에 사용되어지며, 막에 부착한 오염의 제거나 살균에 유효하지만, 강한 산화력을 가지고 있기 때문에, 막 재질에 따라서는 막 자체도 산화될 수 있다. 그러므로 염소제를 사용할 경우에는, 막이나 막 모듈의 강도 및 성능의 저하 여부에 관하여 미리 내염소성을 조사하는 것이 중요하다.

내장형 냉각기 internal cooler [B] 내부냉각(internal intercooling) 참조.

내접치차펌프 internal gear pump [C] 두 개의 치차의 맞물림이 내접으로 되어있는 치차펌프. 치차펌프(gear pump) 참조.

내측나사형 밸브 inside screw type valve [M] 밸브 봉 작동용의 나사결합부가 뚜껑보다 안쪽에 있는 형식의 밸브. 나사부가 유체와 접촉하기 때문에 오염된 유체, 부식성의 유체용에는 적합하지 않는다. 바깥 나사식 밸브(outside screw type valve)와 대비되는 용어.

내층(난류경계층의) inner layer [G] 난류경계층 내에서 점성저층보다 바깥 측의 영역에서 항시 불규칙한 난류가 존재하고 있는 범위를 의미한다. 그 바깥쪽에는 외층이 있다.

내통 inner tube, inner cylinder [T] 튜브 형 송풍기, 펌프에서의 안쪽의 튜브.

내통(케이싱의) inner cylinder, inner tube [B] 축류형 송풍기에서 케이싱 본체의 내부에 베어링이나 전동기를 두기 위하여 설치된 원통. 부도 B-5 참조.

내향반경류터빈 radial inward flow turbine [T] 작동 유체가 반지름방향으로 바깥 둘레에서 안쪽을 향하여 흘러 터빈의 날개차를 구동시키는 형식의 터빈. 터보과급기, 소형가스터빈 등에 사용된다.

냉각 cooling [T] 물체에서 인공적으로 열을 빼앗거나 또는 자연스럽게 방열시켜서 온도를 낮추는 것.

냉각계통, 냉각장치, 냉각방식 cooling system [T] 내연기관, 압축기 등의 실린더, 기타 부분을 냉각시키는 방식. 공랭, 수냉, 액랭 기타 여러 방식이 있음.

냉각깃 cooled blade [T] 터빈이나 휀의 날개가 냉각구조로 된 것.

냉각면 cooling surface [T] 가스터빈에서 고온가스와 접하는 면을 보호하기 위해 공기 또는 액체 등을 사용하여 여러 방식으로 냉각 된다. 냉각되는 면으로는 연소실, 터빈날개, 노즐 등이 있음.

냉각분사 cooling spray [T] 공기를 냉각할 때에 물을 노즐로부터 공기 속에 분사시켜, 물이 증발할 때 흡수하는 잠열을 이용하는 방식의 분사.

냉각속도 cooling rate [T] J/s,{kcal/s} 어떤 온도가 열방사, 열전도 및 대류에 의하여 방열되고 냉각되는 시간적 비율. 단위시간 당의 방열량으로 표현할 수 있다. { } 안은 중력단위.

냉각손실 cooling loss [T] 내연기관 등에서 냉각수, 냉각공기 등에 의하여 외부로 빼앗기는 열손실.

냉각수 cooling water [T] 고온부분을 냉각할 때 쓰이는 물 또는 냉매.

냉각수펌프 cooling water pump [P] 펌프의 축봉 부분이나 베어링 등을 냉각하기 위하여 냉각수를 보내는 펌프.

냉각재 coolant [T] 장치의 온도 상승을 제한하기 위해 사용되는 유체. 자동차 라디에이터를 순환하여 실린더블록을 냉각하는데 사용되는 냉각수나 가스터빈 회전익의 내부유로를 지나는 공기 등이 그 예이다.

냉각재상실사고 (LOCA) Loss Of Coolant Accident [Nu] 노심에서 발생한 열을 제거하여 열교환기 또는 증기 터빈으로 열을 전달하는 역할을 하는 원자로냉각재가 배관의 파손 등에 의하여 유출하여 노심의 냉각기능이 손상되는 사고를 말함.

냉각재유량상실사고 (LOFA) Loss Of Flow Accident [Nu] 냉각계통을 흐르는 냉각재의 유량이 저하함으로써 생기는 원자로의 사고.

냉각재킷 cooling jacket [T] 수냉기관 등에서 실린더 및 실린더 헤드의 고온 부 바깥쪽의 2중벽 공간 내에서 냉각용 물을 저장 또는 순환시키는 부분.

냉각탑 cooling tower [A,T] 냉각수를 순환시켜 재사용하기 위해 더워진 냉각수를 탑의 상부로부터 가능한 한 작은 빗줄기 모양으로 떨어뜨려, 떨어지는 도중에 탑에 설치된 송풍기에서의 강제통풍에 의해 물의 일부를 기화시킴으로써 수온을 떨어뜨리는 냉각용 탑을 말함.

냉각탑용 홴 fan for cooling tower [B, G] 냉각탑의 강제통풍용으로 사용되는 홴. 주로 축류 홴이 사용되는데, 그들 중에서도 디스크 홴이 주로 사용된다. 냉각탑(coolinhg tower), 디스크 홴(disc fan) 참조.

냉각판 cooling plate [T] 냉각부위의 면적을 넓혀 대류효과를 높이기 위한 판.

냉각효과 cooling effect [T] 냉동기에서 액상 냉매가 증발기에서 증발하면서 목적물로부터 열을 흡수하는 작용.

냉각휜 cooling fin [T] 공랭 기관에서 실린더, 실린더 헤드 등에 부착되어 있는 냉각용 지느러미 모양의 물건. 냉각 면을 크게 하여 냉각 작용을 증가시키는 역할을 한다.

냉동기용 압축기 compressor for refrigerator [C] 냉동사이클 중에서 증발기에서 기화된 냉매를 다시 압축하기 위해 사용되는 압축기. 냉장고용 등에는 회전식 또는 왕복식이, 빌딩의 공조용으로는 터보식이 사용되는 경우가 많다.

냉동기용 압축기 refrigerating compressor [C] 냉동사이클 중에서 증발기에서 기화한 냉매를 다시 압축하기 위해 사용되는 압축기. 일반적으로는 용량에 따라 회전형 압축기, 나사형 압축기, 왕복형 압축기, 터보형 압축기 등 각종의 압축기가 사용된다. 냉장고 등에는 회전 또는 왕복식이, 빌딩의 공조용에는 터보식이 주로 사용된다.

냉염 cool flame [T] 탄화수소, 에테르, 알코올, 케톤 등이 산화할 때 볼 수 있는 현상이며, 이것은 150~450℃의 저온에서 발생하여 청백색을 띠는데, 온도는 거의 상승하지 않으므로 냉염이라고 불린다.

넥 부시 neck bush, throat bushing, stuffing box bushing [P] 패킹상자의 가장 안쪽에 설치되는 칼라 부시(collar bushing). 넥 부시의 안지름 쪽은 주축 또는 축 슬리브와의 미끄럼 면으로 되어 있고, 케이싱 내부와 패킹상자 사이의 틈새를 막는 역할을 함과 동시에 패킹실의 경우는 패킹이 케이싱 안으로 빠지지 않도록 하는 스토퍼(stopper)의 역할도 한다.

넥 부시 throat bushing, stuffing box bushing(미), neck bush(구) [P] 패킹상자의 안쪽에 설치되는 부시. 넥 부시(neck bush) 참조.

노내루프 in-pile loop [Nu] 노내시험을 목적으로 연구용 원자로와 재료시험용 원자로 등의 원자로용기 속에 설치된 일종의 순환계통을 말한다. 시료나 시작품을 삽입해 실제 원자로 운전요건을 만들어 물리적, 화학적성질, 내구성 등을 시험한다.

노멀라이징 normalizing [T] 결정조직이 큰 것 또는 변형이 있는 것을 정상상태로 하기 위한 목적으로 하는 열처리. 보통강을 오스테나이트(austenite) 범위까지 가열하고 서서히 공기 속에서 방랭 한다.

노서지홴 surge-free fan [B] 특성곡선의 형상이 우측으로 내려가며, 서징영역이 없는 홴.

노심살수 core spray [Nu] 냉각재상실사고 등으로 원자로 압력이 감소하고 노심이 과열될 우려가 있을 때, 노심 상부에 있는 노즐로부터 살수하여 냉각하는 장치를 말함.

노심용융 core melt down [Nu] 원자로의 핵연료를 포함하는 노심이 과열되어 용융에 이르는 것으로서, 원자로냉각계통의 냉각 능력이 상실되어 노심의 온도가 용융점을 초과할 때 발생함.

노외시험 out-of-pile test [Nu] 방사능이 없는 상태에서 핵연료나 원자로 부품의 기계구조적 특성을 실증하기 위한 시험을 총칭함.

노이만 경계조건 Neumann boundary condition [N] 어떤 임의의 물리계의 영역에서 지배 방정식을 만족하는 무수히 많은 일반해를 구할 수 있으며, 경계에서 특정조건을 지정하면 유일한 특정해를 구할 수 있다. 경계면을 따라 변수의 기울기 값만이 주어지는 경계값 지정 방법를 노이만(Neumann) 경계조건이라 한다.

노점 dew point [A,T] 습한 공기를 냉각시켜 포화 상태가 될 때의 온도.

노점부식시험 dew point corrosion test [T] 습공기가 냉각되어 포화상태가 될 때 일어나는 부식.

노즐 nozzle [T] 1) 원추형 모양으로 생긴 것의 끝에 뚫린 작은 구멍으로부터 유체를 분출시키는 장치. 2) 가스 용접의 화구 선단 부에서 직접 화염을 분출하는 부분.

노즐목 nozzle throat [T] 수축형태 또는 수축-확대형태의 노즐의 부분으로 단면적이 가장 작은 부분.

노즐블레이드 nozzle blade [T] 반동 터빈에 있어서의 정익을 노즐이라 하며, 이것은 또 그 형상에서 노즐 날개 또는 노즐 블레이드라고 부른다.

노즐수축면적비 nozzle contraction area ratio [T] 수축노즐에서 입구 면적에 대한 스로트 면적의 비.

노즐안내깃 nozzle guide vane [T] 터빈과 압축기의 케이싱에 고정되어 있는 블레이드로서 유체의 방향을 조절하는 블레이드.

노즐크기 nozzle size [B] 원심 블로워, 원심 압축기, 회전 블로워 및 회전 압축기의 흡입구 · 토출구의 지름. 비고 : 원심 블로워, 원심 압축기, 회전 블로워 및 회전 압축기의 크기는 흡입 구경과 토출 구경의 호칭지름으로 나타낸다.

노즐형 벤투리 유량계 nozzle type Venturi meter [M] 벤투리관 입구수축관의 형태가 노즐형으로 생긴 벤투리관 유량계.

노즐혼합가스버너 nozzle-mix gas burner [T] 연소 공기와 기체연료가 확대노즐에서 혼합하고 점화되기까지 분리되어 있는 버너.

노즐효율 nozzle efficiency [T] 노즐의 입구·출구 간의 압력강하 또는 열 낙차에 의해서 생기는 노즐 출구에서의 속도 에너지와 실제로 생기는 것과의 비. 노즐속도계수의 제곱과 같다.

노치 notch [D,G] 1) 노치 또는 노치가 있는 부분을 의미하는 것이 보통이나, 수력학의 경우는 작은 위어(wier)를 의미하며, 삼각형, 사각형의 위어가 있다. 2) 전동기의 속도를 금속저항기에 의해 제어하는 경우의 각 단계를 의미한다. 이것을 확대해서 단계식 풍량제어의 일 단계를 의미하는 경우도 있다. 예를 들어 터널홴에서는 전동기 극수변환에 의한 속도변화와 대수 제어를 조합한 몇 가지의 풍량제어 단계가 있지만 이들을 노치라고 한다.

노킹 knocking [T] 내연기관의 노크현상. 설계, 구조에 유의하고 또 높은 옥탄가의 연료를 사용함으로써 방지된다.

녹 rusting [T] 철산화물 표면층의 생성으로 인한 부식.

녹조 green algae [E] 부영양화(eutrophication)된 호소나 유속이 느린 하천에서 식물성 플랑크톤인 녹조류나 남조(藍藻)류가 크게 늘어나 물빛을 녹색으로 변화시키는 현상.

논클로그 오물펌프 non-clogging sewage pump [P] 오물, 고형물 등이 혼입된 오수를 이송하는 펌프.

논클로그형 임펠러, 무폐쇄형 임펠러 non-clogging impeller, non-clogging type impeller [P] 원심펌프 및 사류펌프에서 액체 중의 고형물이 내부에서 막히지 않도록 만들어진 임펠러.

농도, 콘센트레이션 concentration [T] 혼합물 속에 들어있는 각 성분의 비율. 표시 방법에는 몇 가지가 있으나, 대표적인 것에 혼합물의 단위 체적당의 각 성분을 질량으로 표시한 질량 농도와 몰(mol) 수로 표시한 몰 농도가 있다.

농축배율 concentration rate [F] 농축수 농도와 막 공급수 농도와의 비(농축비). 그러나 통상은 막 공급량과 농축수량과의 비(체적비)를 말한다.

농축수 concentrated water(concentration) [F] 막 여과에 있어서 일차 측에 잔류하고, 막을 통과하지 않는 물질이 농축된 물. 농축수 중 계외로 배출되는 것을 블로 수(blow water)라고 부르며, 공급수측으로 순환되는 것을 순환수라고 부른다.

누설 leakage [T] 액체, 가스, 전류 등이 밖으로 새는 것.

누설손실 leakage loss [B,T] kW,{PS} 임펠러에서 액체나, 기체에 주는 동력 중, 케이싱 내에서 저압 쪽으로 새어나가는 유체와 케이스 밖으로 새어 나가는 유체에 주어진 무효동력. 누설손실동력(leakage loss power)과 같음. { } 안은 중력단위.

누설손실동력 leakage loss power [T] kW,{PS} 펌프, 송풍기, 압축기의 회전차에서 유체에 부가되는 동력 중에서 케이싱 내에서 고압 측에서 저압 측으로 새는 액체 및 케이싱 밖으로 새는 유체에 부여된 무효동력. 누설손실(leakage loss) 참조. { } 안은 중력단위.

누설시험 leakage test [T] 유체 압력이 걸리는 용기부분 등에 압력을 걸어 누설의 유무 또는 누설량을 조사하는 시험.

누설유동 leakage flow [T] 1) 동익의 팁과 케이싱 사이 터보기계에서 일어나는 작동유체의 흐름. 2) 실(seal)을 지나는 어떤 유체의 흐름. 3) 압력용기의 균열을 통한 유체의 누출.

누셀트 수 Nusselt number [T] 고체와 유체 사이의 열전달률과 유체 열전도율과의 사이의 무차원 수이며, 열전달률을 α, 열전도율을 λ, 대표길이를 l라고 하였을 때 누셀트 수 N_u는 $N_u = \alpha l / \lambda$로 정의된다.

눈금, 축척, 저울, 스케일 scale [T] (1) 척도, (2) 축척, (3) 눈금, (4) 자, (5) 공기의 유통이 불완전한 노에서 풀림(annealing)을 했을 때 생기는 산화물의 층 또는 주조 작업에서 쇳물에 생기는 기포, 가스 등의 혼합물. (6) 때, 물때, 가마 등에 눌어붙은 침전물. 보일러 내벽에 눌어붙은 것. (7) 저울=weighing apparatus. (8) 천칭=balance. 이상과 같은 여러 뜻으로 사용된다.

뉴턴 유체 Newtonian fluid [N] 뉴턴(Newton)의 점성법칙은 2차원(x,y)유동에서 y방향으로 속도구배가 있을 경우 y축에 수직한 면 안에 작용하는 전단응력 τ는 $\tau = \mu du/dy$로 표시된다. 여기서 비례계수 μ가 상수인 유체를 뉴턴유체라고 한다. 즉 속도구배와 전단력이 선형관계를 이루는 유체를 뉴턴유체라 한다.

뉴턴수, 오일러(Euler)수 Newton number [G] 오일러(Euler)수라고도 함. 오일러(Euler)수 참조.

뉴턴의 저항법칙 Newton's law of resistance [G] 정지유체 안을 일정한 속도 U(m/s)로 움직이는 물체에 작용하는 저항력 F(N){kgf}는 레이놀즈(Reynolds) 수가 큰 경우 다음 식으로 표시된다.

$$F = k\rho \ell^2 U^2$$

여기서 l : 물체의 대표길이(m), ρ : 유체의 밀도(kg/m^3){kgf · s^2/m^4}, k : 물체형상에 따라 정해지는 상수. 균일 유동 안의 물체에 작용하는 저항력도 똑같이 표시된다. 상식에서 보통 물체에 작용하는 힘은 Reynolds 수가 큰 경우, 속도의 제곱에 비례함을 알 수 있다. 이것을 뉴턴의 저항법칙이라 한다.

뉴턴의 점성법칙 Newton's law of viscosity [G] 뉴턴(Newton) 유체의 x 방향의 2차원 유동에서 y방향으로 속도구배가 있을 경우 y축에 수직한 면 안에 작용하는 전단응력 τ가 $\tau = \mu du/dy$로 표시되는 것. 여기서 μ는 점성계수, u는 x방향의 속도.

니들밸브 needle valve [M] 주로 소유량 유동의 개폐에 사용되며, 유체가 통과하는 오리피스 구멍을 침봉(針棒) 형태의 구조물이 미끄러져 내려와서 막을 수 있도록 되어 있는 구조의 밸브.

니하드 Ni-Hard [A] 내마모주철재의 일종으로 폐기물 이송의 집중으로 마모가 큰 곳에 특수곡관 재로 사용됨.

ㄷ

다경로초음파유량계 multi-path ultrasonic flow meter [M] 관내 유속 분포에 의한 오차를 최소한으로 줄이기 위해 초음파 발신기와 수신기의 쌍을 여러 개 설치하여 유량을 측정하는 초음파유량계.

다공성, 기공률 porosity [T] 공극(빈 틈새)이 있는 다공질 물질의 특성을 나타내는 양으로, 공극의 전 용량을 V_p, 물질 전체의 용적을 V로 나타낼 때 $(V_p/V)\times 100\%$로 표시된다.

다공판 punching plate [B] 판에 적은 구멍이 뚫려있는 판이며, 유동을 정류하는 데 사용된다.

다관보일러 multi-tubular boiler [T] 일반적으로는 원통 보일러에 있어서 그 전열 면적을 극도로 증대시킬 목적으로 드럼 속에 다수의 작은 지름의 관을 배치한 것. 기관차용 보일러도 다관 보일러의 일종이다.

다관형열교환기, 동체-관형열교환기 shell-and-tube heat exchanger [Nu] 다수의 전열관이 원통형의 셀(shell) 안에 설치된 구조의 열교환기.

다단 multi-stage [P,T] 터보기계의 경우 로터와 스테이터의 조합을 1단이라고 하며, 이것이 다단으로 되어있다는 뜻의 접두어. 펌프에 들어간 액체가 직렬로 2번 이상 임펠러를 통과하는 구조의 것으로서, 임펠러를 통과하는 회수에 의하여 2단, 3단, …이라고 부른다.

다단송풍기, 다단홴 multi-stage blower, multi-stage fan [B,T] 다단(multi-stage) 참조.

다단식여과법 multiple filtration [E] 같은 원수를 3중(예비여과, 중간여과, 최후여과 등) 이상으로 여과하는 방식.

다단팽창 multi-stage expansion [T] 원동기에 있어서 고압고온의 작동유체를 2개 이상의 단계로 나누어 팽창시키는 것. 이렇게 함으로써 각 단 사이에서 증기의 재가열이나 추기를 할 수 있어서 성능을 향상시킬 수 있다.

다단형 multi-stage type [C,G] 승압단위 또는 압축요소가 둘 또는 2단 이상인 형식의 것. 이때의 압축과정은 다음과 같다. 그림에서 AFC는 등온압축선, AEB는 단열압축선, AGD는 n>k의 경우의 폴리트로프 압축선이다. 그런데 왕복압축기의 경우는 피스톤 속도가 느려서 실린더의 냉각효과가 커서 이 경우의 폴리트로프 압축선은 일반적으로 등온압축선과 단열압축선 사이에 위치하며 n<k로 되지만, 원심형이나 축류형의 압축기에서는 기체가 급속히 압축되어서 냉각이 충분치 않으므로 압축기 내의 손실에 의한 열로 온도가 상승하여 n>k로 나타난다. 지금 그림에서 압력을 p_1에서 p_2까지 단열압축 하는 경우의 압축일은 면적 ABB_1A_1으로 표시되지만 실제 압축기에서는, 이를 손실을 수반하는(n>k의 경우) 2단 단열압축으로 근사하면 이때의 압축일은 면적 $(AEE_1A_1 + GB'B_1E_1)$으로 근사될 수 있다. 따라서 손실이 있는 단열압축을 단수가 무한대의 단열압축으로 가정하는 경우는 소위 폴리트로프 압축일 ADB_1A_1과 같이 나타난다. 그림 다-1 참조.

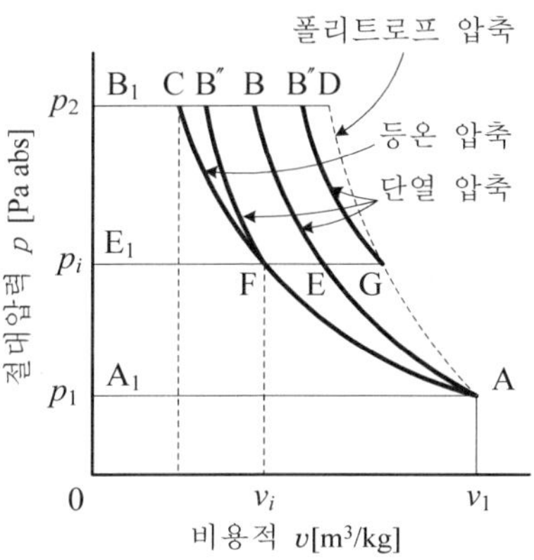

그림 다-1 다단형 (p-v선도)

다류열교환기 multipass heat exchanger [T] 고온 또는 저온 유체의 입구 및 출구 유로는 하나이지만, 중간의 여러 유로로 분산되어 열교환 면적을 넓히는 장치

다리우스 터빈 darrieus turbine [S] 수직축 터빈의 일종이며 일정한 단면의 날개를 수직회전축 상의 상하 두 점에 타원형상의 등간격으로 날개를 고정한 구조로 주로 날개가 3~4개로 이루어져 있으며, 풍향변화에 관계없이 한 방향으로 회전하는 양력형이고, 날개의 주속도가 유속의 2~3배 이상이 되며 효율이 높다.

다면평형잡기 multi-plane balancing [D] 탄성 회전체의 평형잡기는 필요에 따라 회전체 축에 따라 간격을 둔 복수의 수정 면에서 불평형질량을 수정해야 할 때가 있다. 이와 같이 두 면 이상의 수정 면에서 하는 평형잡기법을 말한다.

다상유동, 다상류 multi-phase flow [P,G] 기체, 액체 또는 고체가 혼합된 유동. 또는 용해하지 않는 두 종의 액체가 섞여 있는 유동도 해당. 이들 중 두 개의 상으로 된 것을 이상(二相)유동이라고 하고, 물 안에 석탄이나 모래가 포함되는 경우나 기포가 포함되는 경우 등 여러 가지의 경우가 있음.

다실린더펌프 multicylinder piston pump [P] 2개 이상의 실린더를 갖는 피스톤펌프. 단통(單筒)피스톤과 대비되는 용어.

다원호 베어링 multilobe bearing [B] 축과의 미끄럼부가 여러 개의 원호로 이루어진 베어링.

다이어프램, 격막 diaphragm [P,B,T] 다단 펌프, 송풍기, 압축기의 케이싱 등에 설치되며, 압력이 다른 두 개의 공간을 격리하는 부품. 일반적으로 원판모양을 하며, 가운데에 중간 부시가 장착된 축 관통용 구멍을 갖는다. 중간 다이어프램(interstage diaphragm : 다단 펌프의 경우)과 같음.

다이어프램 밸브 diaphragm valve [T] 다이어프램에 가해지는 공기압과 밸브 축의 변위는 비례하므로 공기압의 신호를 받아 밸브의 개도를 조작하는 밸브.

다이어프램 펌프 diaphragm pump [P] 왕복펌프의 피스톤작용을 다이어프램의 왕복운동으로 대체한 펌프. 다이어프램을 움직이게 하는데 기계적으로 작동시키는 것과 피스톤 또는 플런저에서 기름 등을 이용하여 움직이게 하는 것이 있음. 고농도 펄프, 산, 알칼리용액, 하수 등의 특수액을 보내는데 적합한 펌프.

다이어프램식 diaphragm type [B] 실린더 내의 다이어프램의 이동으로 액체나 기체를 압송하는 형식. 가솔린 엔진의 연료펌프 등에서 이용된다.

다익휀, 시로코휀 Sirocco fan [P] 다익휀(multiblade fan)과 같음.

다익휀, 시로코휀 multiblade fan [B] 원심휀의 일종으로 다수의 앞굽은 깃을 갖는 회전차를 가지며, 대 풍량, 저압용에 적합하며, 공기조화용의 휀 등으로 사용된다. 각 부의 치수는 비례설계 되며, V벨트 구동이 많다. 그림 다-2 참조.

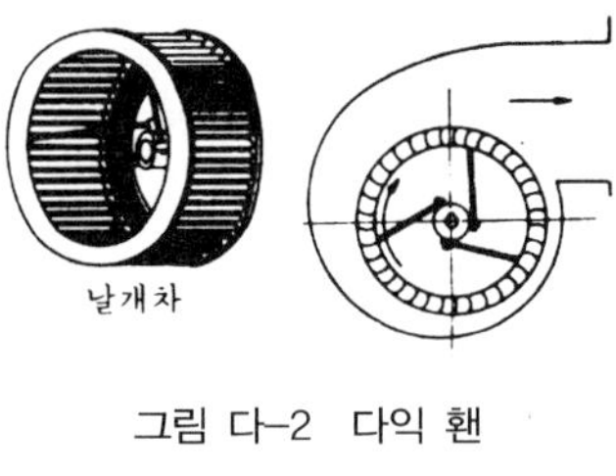

그림 다-2 다익 휀

다자유도계 multi-degree-of-freedom system [D] 어느 순간에 계의 구성을 완전하게 정의하기 위해 2개 또는 그 이상의 독립된 좌표를 필요로 하는 계.

다점평균피토관 multipoint averaging pitot tube [M] 압력의 측정구가 여러 개 있어서 평균 압력이 측정되도록 한 피토관. 그림 다-3 참조.

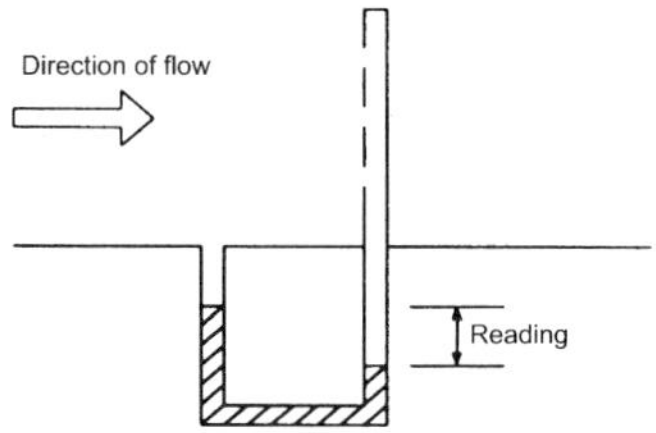

그림 다-3 다점 평균 피토관

다중격자법 multigrid method [N] 격자간격 h의 조밀한 격자망에 간격이 2h, 4h, 8h 등의 거친 격자망을 중첩한 다중격자를 이용하여 각각의 격자망에서 이완계산을 수행하는 방법. 나머지(잔차 : residual) 중의 성분 중 고주파의 것은 조밀한 격자에서, 저주파의 것은 거친 격자에서 빠르게 감쇠하므로 다중격자를 채택함으로써 모든 성분을 균등히 빨리 감쇠시킬 수 있다. 아주 강력한 수렴가속화 수치기법 중 하나이다.

다축형 multishaft type [B] 터보압축기에서 복수의 주축이 1개의 원동기에 의해 구동되는 구조의 형식.

다층여과법 multilayer filtration [E] 입도(入度)가 다른 이종(異種)의 여재(濾材)를 이용해서 구성(構成)한 여층(濾層)으로 행하는 여과방식.

다층패널필터 multi-panel filter [G] 공기 필터의 일종. 케이스의 상하에 있는 스프로킷에 의해 여러 개의 제진용 패널이 전동기에 의해 천천히 회전하며, 먼지로 더러워진 패널은 밑 케이스 안에 채워진 기름 안을 통과하는 사이에 세척되고 패널 위의 유막이 새로워지는 구조로 되어 있다. 유조 내의 기름이 먼지로 더러워지면 밖으로 끄집어내어지고 새 기름으로 교환된다. 송풍기, 압축기에서 많이 사용된다. 공기청정기(air cleaner, air filter), 여과기(filter) 참조.

단, 스테이지 stage [B,F,T] 1) 터보형의 경우, 회전하는 임펠러와 디퓨저 또는 안내 깃을 한 조(組)로 한 승압단위. 기체가 임펠러를 직렬로 지나가는 회수에 따라서 2단, 3단 …이라 부른다. 증기터빈에서는 노즐과 날개차가 한 조를 이루는 기본적인 요소가 되므로, 이와 같은 노즐과 회전차의 한 조를 단 또는 단락이라 한다. 용적형의 경우, 기체가 1회의 흡입 및 송출에 의하여 승압되는 압축요소를 말한다. 2) 병렬 운전이 가능한 다수의 막 용기(베셀, vessel) 세트 일체.

단군 stage group [B] 터보형 압축기에서 중간냉각기 및 측면 유동 또는 케이싱으로 구분되어진 한 무리의 단.

단단 single stage [P,T] 1) 일렬의 노즐과 일렬의 회전 날개로 구성된 터빈. 2) 터보형 펌프에 들어간 액체가 한번만 회전차를 통과하는 형식의 구조. 3) 터보형 송풍기, 압축기에서 소요 압력 또는 압력비를 얻는데, 한 쌍의 동익과 정익 혹은 회전차와 그 앞뒤에 필요한 정지 유로만으로 구성된 형식.

단단공기압축기 single-stage air compressor [C] 왕복운동을 하는 공기 압축기 중에서 단단으로 되어 있는 것. 토출압력 $(3\sim5)\times10^5$ Pa{약 3~5 kgf/cm^2}, 풍량 2~20 m^3/min 정도이며, 고압의 경우에는 다단 구조로 된다. 일반적으로 소형의 것은 수직형, 공랭, 수냉 형식이고, 중 · 대형이 되면 수평형, 복동형식의 것이 많다. { } 안은 중력단위.

단단공기압축기 single-stage air compressor [C] 터보형 압축기에서 압축기에 들어간 공기가 한 번만 회전차를 통과하는 구조의 것. 높은 압력이 필요할 때는 회전차를 여러 번 통과하는 다단형으로 해야한다.

단단형 single stage type [B] 승압단위 또는 압축요소(또는 작업요소)가 하나인 구조의 형식.

단독 베이스 single base [P,B] 한 개의 기기가 설치되는 베이스.

단독운전 individual operation [P,B] 펌프, 송풍기 등을 포함한 여러 개의 기기류를 각각 독립적으로 수동 조작하는 운전.

단독익 isolated aerofoil [G] 유체 중에 놓인 단 하나의 익.

단동식 single acting type [B] 피스톤의 한 쪽에서만 압송하는 형식.

단동 플런저펌프 single acting plunger pump [P] 왕복펌프로서, 단동식 플런저 피스톤의 작용에 의해 액체를 압송하는 펌프.

단류터빈 single flow turbine [T] 소 용

량 축류터빈과 같이 작동가스의 유동의 방향이 고압단에서 저압단 까지 한 방향으로 된 터빈.

단면감소율 **reduction in area** [T] 1) 축류압축기에서 기체가 압축되어 감에 따라 통로면적이 감소하는 율. 2) 인장시험에서 시험편 절단 후의 단면적의 감소량과 원래의 단면적과의 백분율.

단면곡선 **profile curve** [T] 날개 단면의 윤곽을 나타내는 곡선.

단면분할형, 분할형 **sectionally split type, sectional type** [P,B] 축 수직 분할형의 다단 펌프, 송풍기 및 압축기로서, 단마다 분할되는 구조의 형식. 부도 P-7~8 참조.

단면수축 **reduction of area, contraction of area** [T] 유체통로의 단면수축. 또는 오리피스와 같은 구멍에서 유체가 분출할 때 오리피스 구멍의 약간 하류에서 분류단면의 최소치가 나타나는데, 이를 축류라고 하며 또한 단면수축이라고도 한다.

단면수축, 교축 **contraction of area** [T] 인장 시험을 예로 들면, 시험편의 처음 단면적에서 절단 후의 최소 면적으로 수축되는 것. 단면수축률(contraction percentage) 참조.

단면수축률 **contraction percentage** [T] 인장 시험을 예로 들면, 시험편의 처음 단면적을 A로 하고 파단 후 파단부의 단면적을 A′로 한다면 (A−A′)/A 를 %로 표현한 것.

단성능 **stage performance** [B] 다단송풍기 및 다단압축기에서, 1개의 단에 대하여 말할 경우에 그 단이 가진 성능.

단속운전 **intermittent running** [D] 기계를 어느 시간 간격으로 운전과 정지를 되풀이하는 것. 예를 들면 수위 또는 압력탱크의 압력에 의해 on-off 작동하는 펌프는 이와 같은 운전을 하는 것으로 된다.

단순가스터빈사이클 **simple gas turbine cycle** [T] 압축기, 연소기, 터빈의 세 개의 주요 요소로 이루어져 있는 기본적인 가스 터빈 사이클. 이를 Brayton cycle라고도 한다.

단순조화진동 **single harmonic vibration** [D] 정현진동(sinusoidal vibration)이라고도 불리며, 독립변수의 정현 함수인 주기진동은

$$y = A\sin(\omega t + \phi)$$

이다. 여기에서, y : 단순조화진동, A : 진폭, ω : 각진동수(angular frequency), t : 독립변수, ϕ : 진동의 위상각(phase angle)이다. 단순조화진동의 최대값은 진폭 A이다. 하나 이상의 정현파의 합으로 구성되고, 각각이 기본진동수(fundamental frequency)의 배수인 진동수를 가지고 있는 조화진동은 종종 합성진동(complex vibration) 또는 복수 정현진동(multi-sinusoidal vibration)이라고도 한다. 준정현 진동(quasi-sinusoidal vibration)은 정현파의 형태를 가지지만, 진동수 및 진폭 또는 어느 한쪽이 상대적으로 느리게 변화하는 진동이다.

단압력계수 **stage pressure coefficient**

[T] 기체용 다단 압축기에 대해 사용되는 용어이며, 압력 계수 Ψ는, 회전차가 내는 유효 전압을 p, 기체의 밀도를 ρ, 기체의 비중량을 γ, 회전차 외경의 주속도를 u_2, 중력의 가속도를 g라고 하면,

$$\Psi = \frac{p}{\frac{1}{2}\rho {u_2}^2}, \left\{ = \frac{p}{\gamma \frac{{u_2}^2}{2g}} \right\}$$

로 표시되는 무차원수이다. Ψ는 회전차의 성능을 결정하는 중요한 인자로서 설계상 없어서는 안되는 계수이다.

단압력상승 stage pressure rise [T] Pa,{kgf/m²} 주로 다단 압축기에 관하여 사용되는 용어이며, 각 단당의 전압 상승을 말한다. { } 안은 중력단위.

단열, 보온 thermal insulation [T] 어떤 자리에서 열이 이동하지 않게 하는 것. 열절연 또는 단열에는 고온의 자리에서 열이 도망가는 것을 방지하는 보온과 반대로 저온의 자리에 열이 들어가는 것을 방지하는 보냉이 있다. 단열의 목적은 열손실을 적게 하여 내부의 온도를 유지하여 경제성을 높이는 데 있다.

단열가스동력, 이론단열압축동력 adiabatic power, theoretical adiabatic power [C] W,{kgf · m/s} 이론 단열압축동력(theoretical adiabatic power)과 같음. { } 안은 중력단위.

단열과정 adiabatic process [T] 일반적으로 물체가 주위와 열을 주고받지 않고 팽창하거나 압축되는 과정.

단열막냉각효율 adiabatic film cooling effectiveness [T] 주유동온도를 T_∞라 하고, 단열 표면 온도를 T_{ad}라 할 경우, 막냉각효율은 다음과 같이 표현된다. (T_c : 냉각유체온도)

$$\eta = (T_{ad} - T_\infty)/(T_C - T_\infty)$$

단열벽온도 adiabatic wall temperature [T] K,℃ 고속유동에서 단열된 표면 온도는 경계층내의 점성 소산의 결과로 나타난다. 이 표면온도를 단열벽온도라 한다.

단열변화 adiabatic change [C] 물체가 주위와 열을 주고받지 않고 팽창하거나 압축되는 것. 단열 압축인 때에는 밖으로부터 일이 주어지므로 물체의 내부에너지가 증가하고, 기체의 경우에는 온도가 상승한다. 단열 팽창인 경우에는 밖의 압력에 대항하여 일을 하므로 내부에너지가 감소하고, 기체인 때에는 온도가 내려간다. 가솔린 엔진의 압축, 팽창 과정은 순식간에 이루어지므로 단열 변화로 볼 수 있다.

단열부피지수 adiabatic volume exponent [C] 실재 기체의 가역 단열압축 과정(등 엔트로피 압축 과정)에 있어서 기체의 압력 p와 비체적 v의 관계가 다음과 같이 나타내지는 지수 n_s. 등 엔트로피 부피치수의 관용어. n_s =k/Y. 여기에서, k : 비열 비, Y : 압축함수 $= -(p/v)(\partial v/\partial p)_T$. 완전가스의 경우 Y=1이며, 따라서 $n_s = k$.

단열압축 adiabatic compression [C,T,G] 송풍기 · 압축기의 흡입상태에서 토출상태까지 가역단열적으로 압축하는 것. 완전가스의 경우 절대압력 p(N/m²)와

용적(비용적) v(m^3/kg) 사이의 관계식은 pv^k = const로 표시된다. K는 비열비이다.

단열열낙차 adiabatic heat drop [C] m^2/s^2{m} 터빈이나 기타 기관에서 작동가스가 마찰손실 없이 단열적으로 팽창할 때의 시작과 끝의 상태 간에서의 엔탈피 차. { } 안은 중력단위.

단열열량계 adiabatic calorimeter [T] 화학반응을 연구할 때 사용되는 열량계. 이 열량계는 열량의 손실이 최소한으로 억제되어 있다.

단열온도 adiabatic temperature [T] K,℃ 변화가 단열적으로 이뤄진다고 보았을 때 나타나는 온도.

단열온도 효율 adiabatic temperature efficiency [T] 송풍기, 압축기에 있어 기체가 토출 전압까지 등엔트로피적으로 압축된 경우의 전온도 상승과 실제의 전온도 상승과의 비로, 등엔트로피 온도효율(isentropic temperature efficiency)의 관용어.

단열온도지수 adiabatic temperature exponent [C] 실재 기체의 가역 단열 압축과정(등 엔트로피 압축 과정)에 있어서 기체의 압력 p와 온도 T의 관계가 다음과 같이 나타내지는 지수 m_s.등 엔트로피 온도 지수의 관용어.

$$m_s = \frac{k-1}{k}\frac{Y}{1+X}$$

여기에서, k : 비열비, X : 압축함수 $=(T/v)(\partial v/\partial T)_p - 1$, Y : 압축함수$= -(p/v)(\partial v/\partial p)_T$, p : 절대압력(Pa){kgf/m^2}, T : 절대온도(K), v : 비체적(m^3/kg){m^3/kgf}. { } 안은 중력단위.

단열재, 보온재 heat insulating materials, heat insulator [T] 열전도율이 작으므로 열의 손실이나 침입을 방지하는데 이용되는 재료. 저온용으로는 습도를 빨아들이지 않는 것, 고온용으로는 내화, 내열성의 것 등이 이용된다.

단열지수 adiabatic exponent [B,C] 실제가스의 단열압축과정에서의 상태변화를 나타내는 지수로서, 단열체적지수 n_s와 단열온도지수 m_s가 있다. 이의 관계는 다음 식으로 표시된다. pv^{n_s} = const, p^{m_s}/T = const. 여기에서, p : 절대압력(Pa){kgf/m^2}, v : 비체적(m^3/kg){m^3/kgf}, T : 절대온도(K). { } 안은 중력단위.

단열팽창 adiabatic expansion [T] 물체가 외부와의 열적으로 단열되어서 팽창하는 것.

단열헤드 adiabatic head [B,C,G] m^2/s^2{m} 등 엔트로피 헤드(isentropic head)와 같음. 기체가 가역 단열적으로 압축되는 경우에서, SI단위계에서는 단위 질량 당의 기체에 가해지는 최소 일량(가역 일량)을 의미하며, 단위는 m^2/s^{2}으로 나타난다. 중력단위의 경우는 단위 무게 당의 기체에 가해지는 최소 일량(가역적 일량)을 말하게 되며, 단위는 m로 나타난다. 1) SI단위계의 경우 : 평균유효단열압력 항의 (1)식에서 p_1, p_2에 질량단위계(SI단위계)의 단위(N/m^2)을 사용한 평균유효단열압력 p_{ead}를 입구

가스의 밀도 ρ_1(kg/m³)으로 나눈 것. 이를 H_{ad}로 표시하면 다음 식과 같다.

$$p_{ead} = \frac{k}{k-1}p_1\left\{\left(\frac{p_2}{p_1}\right)^{\frac{k-1}{k}}-1\right\}\ [N/m^2]\cdots(1)$$

$$H_{ad} = \frac{p_{ead}}{\rho_1} = \frac{k}{k-1}\frac{p_1}{\rho_1}\left\{\left(\frac{p_2}{p_1}\right)^{(k-1)/k}-1\right\}$$

$$= \frac{k}{k-1}RT_1\left\{\left(\frac{p_2}{p_1}\right)^{(k-1)/k}-1\right\}\left(\frac{m^2}{s^2}\right)\ \cdots(2)$$

단, R은 (N · m/(kg · K)단위의 가스정수이며, 공기의 경우 R_{air} =287(N · m/(kg · K)이다. 유량이 Q_1(m³/s)의 경우의 이론단열동력 L_{ad}는 다음 식과 같다.

$$L_{ad} = H_{ad}\rho_1 Q_1\quad (N\cdot m/s)\quad \cdots(3)$$

2) 중력단위의 경우 : 평균유효단열압력 항에서 압력 p_1, p_2에 중력단위 {kgf/m²}을 사용한 평균유효단열압력 p'_{ead}를 입구가스의 비중량 γ_1(kgf/m³)으로 나눈 것. 이를 H'_{ad}로 표시하면, 다음 식과 같다.

$$p'_{ead} = \frac{k}{k-1}p'_1\left\{\left(\frac{p'_2}{p'_1}\right)^{(k-1)/k}-1\right\}$$

$$\{kgf/m^2\}\quad\cdots(4)$$

$$H'_{ad} = \frac{p'_{ead}}{\gamma_1} = \frac{k}{k-1}\frac{p'_1}{\gamma_1}\left\{\left(\frac{p'_2}{p'_1}\right)^{(k-1)/k}-1\right\}$$

$$\{m\}\quad\cdots(5)$$

$$= \frac{k}{k-1}R'T_1\left\{\left(\frac{p'_2}{p'_1}\right)^{(k-1)/k}-1\right\}\{m\}\quad\cdots(6)$$

여기서 R'은 {kgf · m/(kgf · K)}단위의 가스정수이며, 공기의 경우 R'_{air} =29.27 {kgf · m/(kgf · K)}이다. 그리고 중력단위의 수두 H'_{ad}, 중량단위의 유량 G'= $\gamma_1 Q'_1$ {kgf/min}를 사용하였을 때의 압축기 동력 L_{ad}는 평균유효단열압력의 항의 식 (4)와 위의 식 (5)를 참조하면, 다음 식과 같이 주어진다. 유량 Q'_1과 Q_1과의 단위가 다름에 주의할 것.

$$L_{ad} = \frac{p'_{ead}Q'_1}{6120} = \frac{H'_{ad}G'}{6120}\quad [kw]$$

평균유효단열압력(effective adiabatic pressure) 참조.

단열효율, 내부단열효율 adiabatic (gas) efficiency, internal adiabatic gas efficiency [G] 이론단열압축동력 L_{ad}와 내부동력 L_i과의 비(η_{ad}). 즉, η_{ad} = L_{ad}/L_i. 단열변화는 등엔트로피변화이기 때문에 등엔트로피효율이라고도 함. L_{ad}와 L_i는 각각 이론단열압축동력(theoretical adiabatic power)과 내부동력(internal power)을 참조.

단온도강하 stage temperature drop [T] K,℃ 다단 터빈에 있어서 각 단마다의 온도가 내려가는 것.

단위 unit [M,G] 양을 정량적으로 정하기 위한 기준으로 사용되는 일정한 크기의 양. 차원과 단위(dimension and unit)를 참조.

단위계 system of unit [M] 특정한 1조의 기본단위 및 그에 대응하는 조립단위의 체계.

단일 stage work [C] kW,{PS} 1단에 의해 이뤄지는 에너지 수수량. 단은 로터와 스테이터의 한 쌍으로 이뤄지지만, 일의 수수는 로터에 의해서만 이뤄진다. { } 안은 중력단위.

단일 실린더 펌프 single cylinder piston pump [P] 실린더가 한 개로 된 피스톤펌프. 실린더가 복수의 것과 대비되는 용어.

단일베이스식 single-floor type [G] 터보형의 입축식 펌프에서 모타가 펌프 케이싱 위쪽에 직접 설치되는 형식. 모타 무게를 케이싱에서 받아야 하는 어려움이 있으므로 대형의 경우 2상 식으로 하여 케이싱의 구조나 강도를 완화시킨다.

단자함 terminal box [A] 전기회로의 접속점이나 분기점에 설치하는 접속용 상자.

단진자 simple pendulum [D] 중력장에서 추가 한 고정점에 질량이 무시될 수 있는 실로 연결되고 주기적인 운동을 할 수 있게 되어 있는 것. 추의 질량을 m, 실의 길이를 l, 수직방향의 아래쪽에서 측정된 실의 각변위를 θ 라고 하면, 추의 운동방정식은

$$d\theta/dt + (g/l)\sin\theta = 0$$

이 된다. 각 변위가 충분히 작을 때는

$$d\theta/dt + (g/l) = 0$$

이 되고, 이것을 풀면 θ는 $\sqrt{g/l}$ 의 각진동수를 가지는 단진동이 되는 것을 알 수 있다. θ가 클 때, 계는 비선형이 되고 여러 가지의 진동이 생긴다.

단축응력 uniaxial stress [T] 하나의 축방향으로 발생되는 응력으로 다른 두 개의 축 방향으로의 응력은 발생하지 않는다.

단층식(1상식) single floor type [P] 수직축 펌프로서, 구동부가 펌프의 케이싱 위쪽 부분에 직접 설치되는 구조. 부도 P-30 (a) 참조.

단효율 stage efficiency [T] 터보형 송풍기, 압축기의 단당의 이론적 압축일과 실제일과의 비. 회전차의 형상, 비속도, 압력비, 감속유로의 종류 등에 따라 변화한다.

달랑베르의 역설 d'Alembert paradox [G] 이상유체의 정상유동 안에 있는 물체에는 점성이 없기 때문에 그 형상에 관계 없이 저항력이 작용하지 않음이 증명된다. 이것은 이상유체의 유동의 이론결과 중에서 실제와 맞지 않는 최대의 결점이며, 이를 달랑베르(d'Alembert)라고 한다. 이 결점은 경계층을 고려함으로써 보완될 수 있게 되었다.

달시-봐이스바흐의 식 Darcy-Weisbach's equation [G] 원관 내의 정상유동에서 발생하는 마찰에 의한 길이 l(m) 사이의 압력강하 Δp(Pa){kgf/m^2}는 달시-봐이스바흐(Darcy-Weisbach)의 식이라고 불리는 다음 식에 의해 표시된다.

$$\Delta p/\rho = \lambda(l/d)(v^2/2)$$
$$\{\Delta p/\gamma = \lambda(l/d)(v^2/(2g))\}$$

여기에서, d : 원관 안 지름(m), λ : 관마찰계수, ρ : 유체의 밀도{kg/m^3}, v : 원관 내의 평균속도(m/s), γ : 유체의 비중량{kgf/m^3}, g : 중력가속도(m/s^2).

{ } 안은 중력단위.

달톤의 법칙 **Dalton's law** [G] 이상 기체의 혼합물에서 각 성분의 기체가 서로 간섭하지 않고 그 용기 내에 단독으로 채워져 있을 때와 똑같은 거동을 한다는 학설.

담수 **freshwater** [S] 낮은 농도의 용존광물(dissolved mineral)을 함유하고 비나 녹은 눈으로부터 얻어진 자연수(natural water)를 말한다. 해수(seawater)에 비하여 담수의 화학적 구성물의 변화가 매우 많지만, 주요 용해물질의 농도비는 안정적이다.

당량(일, 열의), 등가 **equivalent** [T] 두 개의 현상을 비교할 때 쓰이는 말.

대각 분할형 **diagonally split type, oblique split type** [P] 축 평행분할형의 펌프로서 분할면이 수평면에 대해 어느 각도로 기울어 있는 것.

대각 지배 행렬 **diagonal dominant matrix** [N] 행렬의 대각성분 절대 값이 그 행의 대각성분을 제외한 나머지 성분의 절대 값의 합보다 클 때 이 행렬을 대각 지배 행렬이라 한다. 연립대수방정식의 계수행렬이 대각 지배행렬이 되면 이 연립방정식의 해를 반복계산으로 구할 때 수렴된 해를 구하기 위한 충분조건이 된다.

대각선 초음파 유량계 **diagonal beam ultrasonic flowmeter** [M] 초음파식 유속계에는 전파시간 역수 차 방식과 도플러(Doppler) 방식이 있다. 전자에는 액체용과 기체용이 있으며, 후자에는 액체용 만이 있다. 전파시간 역수 차 방식의 측정범위는 열선으로는 측정이 어려운 0～±10 m/s, 정확도는 ±2 %이다. 초음파 송수신 기기는 접액형이며, 유동방향에 대해 직각으로 좌우에 설치되는 것이 보통이나, 설치거리가 작을 때는 대각선 방향으로 경사 치게 설치된다. 액체 속에 고형물이나 기포가 포함되어 있으면 측정이 곤란하다.

대기 **atmosphere, atmospheric air** [G] 지구표면을 둘러싸고 있는 자연상태의 공기. 표준공기(standard air), 표준대기(standard atmosphere) 참조.

대기 **atmospheric air, atmosphere** [G] 대기(atmosphere)를 참조.

대기 증기방출밸브 **Atmospheric Steam Discharge Valve (ASDV)** [Nu] 복수기 증기방출 밸브가 고장일 경우, 소규모의 과도상태나 냉각을 목적으로 증기드럼 압력을 조절하며 증기발생기의 증기 출구 쪽에 위치하는 제어밸브.

대기시간 **stand-by time** [A] s 중앙 집하장의 장비들이 정지 상태에서 시스템 운전 상태로 전환되는데 소요되는 시간.

대기시간 **waiting period** [A] s 폐기물 투입을 위해 투입구에 접근한 사람이 기다리는 최대시간. 해당 투입구 배출밸브 가동시간.

대기압 **atmospheric pressure** [M] Pa, {kgf/m^2} 대기의 절대정압. 1 표준대기압(atm)=101325 Pa≒0.1013 MPa. { } 안은 중력단위.

대기압 **barometric pressure** [M] Pa, {kgf/m^2} 대기압은 고도에 따라 변하

며, 온도를 일정하다고 가정하면 해면 상 10m 상승할 때마다 약 1.2 mbar 낮아진다. 보통 수은주의 높이 또는 hPa(mbar과 같음)의 단위로 표시된다. 표준대기압으로는 760 mmHg 또는 1013 hPa(mbar){1.0332 kgf/cm^2abs}가 사용된다. { } 안은 중력단위.

대류 convection [T,N] 유체 속에 온도 차가 생기면 밀도의 차로 인한 부력이 발생하여 순환 운동이 일어난다. 이 운동에 의해 열이 이동하는 현상을 말한다.

대류 convection current [T] 대류(convection)와 같음.

대류가열면 convection heating surface [T] 보일러 및 기타의 열교환기에서 열을 전하는 면. 이 전열면은 열교환기의 용량을 결정하는 주요한 요소이다.

대류과열기 convection superheater [T] 대류전열에 의해 가열되는 과열기를 말한다.

대류방열기, 컨벡터 convector [T] 열이 주로 대류에 의해서 방산되는 구조의 방열기.

대류형 보일러 convection boiler [T] 주로 연소 가스와의 접촉에 의해서 열을 받는 보일러.

대상시험 bench test [T] 작업대 상에서의 시험을 의미한다. 예를 들어 엔진 단체를 동력계에 연결하여 기관 성능 시험 또는 배기 성능 시험을 하는 것을 말한다.

대수감쇠율 logarithmic decrement [D] 선형 1자유도계의 감쇠자유진동에서 동일한 부호의 임의의 인접한 극대치의 비에 대한 자연대수. 단일 주파수로 진동하면서 감소하는 신호와 같이 어느 2개의 연속적인 최대진폭 x_i, x_{i+1}의 비에 대한 자연 대수를 취한

$$\delta = \ln\frac{x_i}{x_{i+1}} = \frac{2\pi\zeta}{\sqrt{1-\zeta^2}}$$

로 정의된다. 대수감쇠율은 실험적으로 계의 감쇠계수를 결정할 때에 이용된다. 보다 정확하게 대수감쇠율을 구하고 싶은 경우에는 실험적으로 얻어진 진동곡선에서 n주기만큼 경과한 2개의 진폭비에 의해 다음과 같이 표시된다.

$$\delta = \frac{1}{n}\sum_{n=1}^{n} \ln\frac{x_i}{x_{i+n}}$$

감쇠비 ζ의 값이 작은 경우에는 감쇠비와 근사적으로 $\delta \fallingdotseq 2\pi\zeta$의 관계가 있다.

대수방정식 algebraic equation [N] 미분이나 적분항이 없는 방정식. $a_0x^n + a_1x^{n-1} \cdots + a_{n-1}x + a_n = 0$의 형태의 대수(代數) 방정식을 n차 대수방정식이라고 한다. 함수 f(x)의 근을 직접적으로 구하기 힘든 경우, 원 함수 f(x)를 대수적인 변형(덧셈, 뺄셈, 곱셈, 나눗셈 · 거듭제곱근풀이)을 통해 $a_0x^n + a_1x^{n-1} \cdots + a_{n-1}x + a_n = 0$의 형태의 대수방정식을 만들고 수치해석을 통해 이 방정식의 해를 구할수 있다.

대수유속분포 logarithmic velocity distribution [G] 관 내의 난류 속도분포

를 대수함수를 이용하여 표시하는 것이며, 다음 식으로 표시된다.

(1) 벽면이 매끄러운 경우 :

$$\frac{u}{u^*} = 5.75\log_{10}\frac{u^* y}{\nu} + 5.5$$

(2) 벽면이 거칠한 경우 :

$$\frac{u}{u^*} = 5.75\log_{10}\frac{y}{\varepsilon} + 8.5$$

여기서, u : 유속(m/s), u* : 마찰속도(m/s)= $\sqrt{\tau_o/\rho}$ (τ_o : 벽면상의 전단응력(N/m^2){kgf/m^2}, ρ : 밀도(kg/m^3){kgf · s^2/m^4}, y : 벽면에서 반지름 방향으로의 거리(m), ε : 벽면에 붙인 모래 입자의 평균지름(m), ν : 동점도(m^2/s}. 레이놀즈(Reynolds) 수의 넓은 범위에서 실제와 잘 일치한다. { } 안은 중력단위.

대수응력 모델, ASM algebraic stress model [N] 난류를 수치해석하기 위한 난류모델중의 하나인 레이놀즈응력 모델(Reynolds Stress Model)은 각각의 레이놀즈 응력 성분에 대한 수송방정식을 해석하여야 하므로 계산 시간이 많이 소요되는 단점이 있다. 이를 개선하기 위하여 레이놀즈응력을 수송방정식 형태가 아닌 대수방정식으로 표현하여 해석하는 난류모델링방법이다.

대역스펙트럼 band-spectrum [D] 스펙트럼 분석을 하는 데 가로축을 주파수 대역으로 취한 것. 주파수대역에는 1옥타브대역, 1/3옥타브대역이 있다. 스펙트럼(spectrum) 참조.

대역제거필터 band-elimination filter [D] 설정된 주파수(차단주파수) 대역 사이의 신호성분을 제거하고, 그 이외의 신호성분(주파수성분)을 통과시키는 필터로서, 이를 대역저지필터 또는 노치(notch)필터라고도 한다.

대역통과필터 band-pass filter [D] 설정된 특정 주파수(차단주파수) 대역 사이의 신호성분(주파수성분)만을 통과시키는 필터로서, 관심 있는 특정 주파수 대역을 배타적으로 선택함으로써 신호 들의 간섭이나 잡음 등을 감소시킬 수 있다.

대역폭 bandwidth [D] 주파수 밴드에서 가장 높은 주파수와 가장 낮은 주파수의 차이다. 주기적인 신호를 스펙트럼 분석하는 경우의 필터의 적절한 대역폭으로서 인접한 주파수성분이 분리될 수 있어야 한다. 이에 대한 대역폭은 다음과 같이 주어진다.

$$B_{max} = \Delta f, \; B_{min} = \Delta f/2$$

여기서, Δf는 주파수분해능이고, B는 −3dB 점에서의 필터의 대역폭이다. 실제 입력신호는 무한시간에 대해 취급하는 일은 없고, 유한시간에 대해 처리된다. 이 경우 스펙트럼분석에서 얻어지는 주파수분해능은 처리되는 신호의 길이 T에 반비례한다. 어느 시간구간의 정현파를 스펙트럼 분석하면, 도달 가능한 주파수분해능은 근사적으로

$$\Delta f(Hz) = 1/T \;\; (s)$$

로 나타내질 수 있다. T는 신호의 지속시간이다. 두 필터가 동일한 백색잡음

(white noise)의 입력신호를 받을 때의 특정 필터로서 같은 파워를 전달하고 통과대역(pass band) 내에서 평탄한 응답을 가지는 이상적인 필터의 대역폭이다. 유효대역폭은 백색잡음 가진에 대한 필터의 평균제곱응답을 가진 스펙트럼밀도(excitation spectral density)와 최대 전송(transmission)의 제곱의 곱으로 나눈 것에 의해 측정될 수 있다.

대와동 모사, LES large eddy simulation [N] 유동해석에서 대용량, 초고속의 컴퓨터를 필요로 하는 DNS의 단점을 보완하고자 1970년대에서부터 제안되어 현재 활발히 연구가 진행되고 있는 수치해석 방법이다. LES기법에서는 대부분의 난류 에너지를 운반하는 큰 스케일의 와도(Large Eddy)는 직접 계산하고, 작은 스케일의 와도는 난류모형(subgrid scale model)으로 처리한다. 따라서 LES에서는 DNS보다 훨씬 적은 격자 수의 격자 점을 사용하게 되며, 상당히 경제적으로 난류유동을 계산할 수 있다. 난류모형을 사용하더라도 공간에서의 작은 에디 들에 국한된 것이기 때문에 모든 스케일의 에디를 모델링 하는 기존의 Reynolds averaging 기법보다 모형의 영향을 극소화 할 수 있다. 또한 유동의 비정상성은 그대로 보존할 수 있어 난류유동의 평균 유동장 뿐만 아니라 순간 유동장도 계산할 수 있다. 따라서 유동의 비정상성이 매우 중요한 역할을 하는 분야, 예를 들어 연소(com- bustion)나 유동제어(flow control)분야에서의 난류유동 수치모사에 많이 사용된다.

대응상태 corresponding states [T] 두 개 이상의 물질이 같은 환산 압력, 같은 환산 온도, 같은 환산 용적으로 되어 있을 때의 상태.

대칭 경계조건 symmetry boundary condition [N] 대칭경계에서의 조건은 크게 두 가지로 정의될 수 있다. 첫째로 경계를 가로지르는 유동은 없으며, 두 번째로 어떤 질량 플럭스도 경계를 가로지를 수 없다. 그리하여 모든 물성치의 값들은 해석 범위의 내외에서 동일하다.

대칭, 대칭도 symmetry [T] 좌우 균형을 의미한다.

대칭깃배열 symmetrical blading [T] 축류 압축기나 터빈의 날개 배열의 한 방식으로서, 50% 반동형이라고도 하는 가장 일반적으로 사용되는 형식. 대칭깃이라고 하는 이유는 입구, 출구의 속도 삼각형이 대칭으로 되어 있기 때문이며, 이 형식에 의하여 단 당 가장 높은 헤드를 발생시킬 수 있고, 주어진 압축비에 대해 축류 압축기의 전면면적 및 단수를 최소로 할 수 있고 효율도 좋다.

대칭익형 symmetrical profile [G] 깃의 앞전과 뒷전을 연결한 익현을 기준으로 깃의 상면과 하면이 대칭으로 되어있는 익형. 임의의 익형은 대칭익형의 형태(두께분포)와 평균선(캠버)으로 분리하여 해석된다. 보통의 익형의 경우 대칭익형 주위의 압력분포와 평균선에 따른 압력분포와의 합으로 구성된다.

대칭축 symmetry axis [T] 축대칭 물체를 만들어주는 가상의 선. 물체의 밀도가 일정하다면 무게중심은 대칭축 위에 존재한다.

대향류 counter-flow [T] 주 유동방향과 역행하는 방향의 유동.

대향류열교환기 counter flow heat exchanger [T] 고온의 주 유동과 저온의 역방향 유동으로 인해 열교환하는 방식의 열교환기.

대향류형 연소기 counter flow combustor [T] 공기의 흐름과 반대 방향으로 연료를 분사하는 가스터빈용 연소기.

대향평형식 balanced opposed type [B] 복수의 실린더가 크랭크 축을 중심으로 양쪽에 배열하여 피스톤을 포함한 왕복 관성력을 평형 시킨 형식.

댐퍼제어 damper control [B] 송풍기의 토출 측 또는 흡입 측의 댐퍼에 의해 압력 또는 가스량을 제어하는 것.

더브테일 그루브 dovetail groove [P] 화이트메탈이 용착된 베어링 메탈에서 화이트 메탈이 받침쇠(back metal)로부터 벗겨지는 것을 방지하기 위해 받침쇠 쪽에 비둘기 꼬리 모양으로 가공되는 몇 개의 홈.

더블류(W) 형 W type [B] 실린더가 크랭크축에 대하여 W형으로 배열된 형식.

더블릿 doublet [G] 포텐셜 유동에서 같은 강도의 소스와 싱크의 거리 s를 0으로 접근시키고, 반대로 소스, 싱크의 강도 Q를 무한대로 한 것. 단, 거리 s를 0으로 접근시킬 때 Q · s=const.로 유지한다.

더운서지 down surge [G] 1) 송수관 내의 유량이 급격히 감소함으로써 관로 도중에 설치된 조압수조의 수위가 이를 보충하기 위해 급격히 하강하는 현상. 예를 들어 정전 등으로 펌프가 갑자기 정지하면 토출관이 저압으로 되기 때문에 토출관에 설치된 조압수조로부터 관로 안으로 물이 유입하게 되어 관 내의 압력의 이상저하를 막게 되는데, 이와 같은 경우에 생기는 조압수조 내의 수위의 하강현상. 2) 송수관로의 유량의 급격한 변화로 인한 관 내의 압력하강 현상. 서지(surge) 참조.

덕트붙이 홴 ducted fan [G] 덕트와 프로펠러가 조합된 것. 덕트는 프로펠러 선단 반지름 방향으로의 유동을 막으며, 따라서 선단 영역에서의 유동을 거의 2차원 유동으로 하며 또한 축방향의 유입과 유출의 속도를 제어한다. 이것을 추력장치로 이용하는 경우 덕트가 없는 프로펠러보다 큰 추력을 낼 수 있다. 그림 다-4 참조.

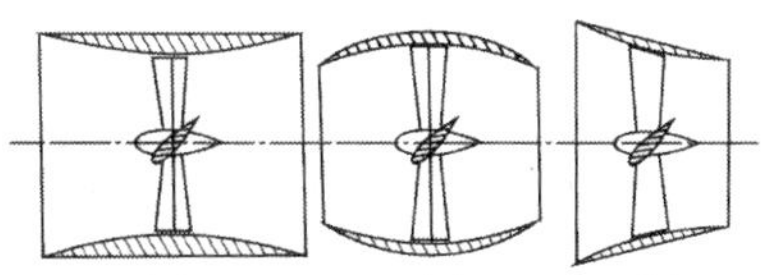

그림 다-4 덕트 붙이 홴

덕트손실 duct loss [T] Pa,{kgf/m²} 관로계에서 발생하는 손실. 송풍기, 압축기 등의 본체 내에서 발생하는 손실과 구별하여 나타내는 손실. 보통 압력손실로서 Pa 또는 mmAq가 사용되는 경우가 많다. 단, 1 mmAq={1 kgf/m²}=9.817Pa. { } 안은 중력단위.

덕트형 ducted type [S] 로터단면으로 유

입되는 조류속도를 증속시키기 위한 목적으로 덕트 구조물을 이용하는 방식. 상대적으로 작은 직경을 갖는 로터 블레이드를 이용하여 높은 출력과 효율을 얻을 수 있으며, 한 방향 및 양방향 덕트로 구분된다.

데니슨형 베인펌프 Denison vane type pump [P] 베인을 캠 링에 접촉시키는 데 스프링의 힘을 이용한 베인펌프의 형식. 토출압력이 베인을 누르고 있는 것이 아니기 때문에 접촉압력이 낮으며, 고유압펌프로 사용.

데마그형 압축기 Demag type compressor [C] 2축 4단형 등온압축기로서 그림 d-1에 나타내는 것과 같이 전동기로 구동되는 큰 치차에 2개의 작은 치차가 물고, 각각의 작은 치차의 양 측의 베어링 바깥쪽에 원심회전차가 작은 치차 축 끝에 편지지형으로 설치되어 있다. 각 단의 회전차에는 각각 독립된 벌루트 케이싱이 설치되며, 또 벌루트 케이싱을 나온 공기는 압축기 본체 밑에 설치된 중간냉각기를 지나면서 냉각된 후 다음 단에 유도된다. 토출압력은 500~1000 kPa (약 5~10 kgf/cm^2)정도로, 공기원 압축기, 공기분리장치용 압축기로서 사용된다. 그림 다-5 참조.

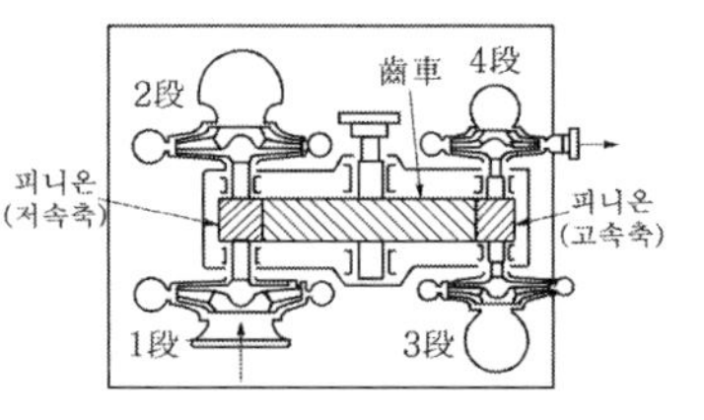

그림 다-5 Demag형 압축기

데시벨 decibel, dB [D] dB 벨(bel)은 대수의 밑 수가 10일 때의 레벨의 단위이고, 데시(deci)는 10분의 1을 나타내는 접두어이다. 두 개의 파워를 비교하는 데 사용되며, 어느 하나의 기준 파워 W_o와 다른 파워 W와의 차는 $10\log_{10}(W/W_o)$ 데시벨(dB)라고 한다. 또 소리의 강도는 음압의 제곱에 비례한다. 따라서 기준 음압 p_o와 p의 두 개의 차는 다음 식과 같다.

$$20\log_{10}(p/p_o)\ \text{[dB]}$$

데이터처리 data processing [D] 데이터의 조작 또는 조작의 조합을 말하며, 데이터가 관측 또는 수록되고 소거될 때까지의 동안에 데이터에 일어나는 모든 사항이 포함된다.

도관 conduit [T] 도수로라고도 한다.

도수로 headrace, conduit [G] 물을 필요한 목적지까지 보내기 위한 구조물. 암거와 개수로가 있다. 펌프의 토출 측은 일반적으로 암거 구조로 하는 경우가 많다.

도수로, 수로 driving channel, headrace, conduit [P] 물을 필요한 목적지까지 보내기 위한 구조물 또는 수로.

도시가스압축기 compressor for pumping city gas [C] 도시가스를 가정에 압송하기 위한 압축기. 일반적으로 다단 원심압축기가 사용된다.

도시단열효율 indicated adiabatic efficiency [C,G] 왕복압축기에서 이론단열압축동력 L_{ad}와 도시동력 L_{in}과의 비(L_{ad}/L_{in}). 도시동력은 피스톤이 기

체에 부여한 동력이며, 도시단열효율은 도시동력 중 몇 %가 단열이론동력에 해당하는가를 나타내는 것이다. 이론단열압축동력(theoretical adiabatic power)과 도시동력(indicated power) 참조.

도시동력 indicated power [B,G] kW, {HP} 인디케이터 선도로부터 산정되는 압축동력. 이것은 피프톤이 기체에 부여한 동력을 나타낸다. { } 안은 중력단위.

도시등온효율 indicated isothermal efficiency [G] 이론등온동력 L_{is}와 인디케이터 선도로부터 얻어지는 도시동력 L_{in}와의 비(L_{is}/L_{in}). 도시동력은 피스톤이 기체에 부여한 동력이며, 도시등온효율은 도시동력 중 몇 %가 등온이론동력에 해당하는가를 나타내는 것이다. 이론등온압축동력(theoretical isothermal power)과 도시동력(indicated power) 참조.

도플러 유량계 Doppler flowmeter [M] 초음파 유량계의 일종으로, 파이프유량측정에서 파이프에 부착된 발신기기 A에서 발신된 음파는 가운데에 설치된 산란 물에 부딪친 후 산란되어서 반대편에 설치된 집음기 B에 도달한다. 이때 도플러 원리에 의해 주파수는 변하며, 주파수 차 $f_A - f_B$가 유량에 비례함을 이용한 유량계.

독립변수 independent variables [N] 해석학에서 사용되는 용어로 변수 x의 함수 y가 y=f(x)의 꼴로 주어질 때 x를 독립변수, y를 종속변수라 한다. 즉, 다른 값에 의존하지 않는 독립된 변수를 말한다.

독일공업규격 Deutche Industries Normen, DIN [G] 독일 공업규격. 독일 규격위원회가 발행하는 독일의 규격.

동기기어 timing gear [B] 회전 송풍기 및 회전 압축기의 2개의 로터가 접촉하지 않도록 서로 정확한 관계위상각을 유지하면서 회전시키는 기어.

동기속도 synchronous speed [D] 동기전동기의 회전수 또는 유도전동기의 회전수의 지표가 되는 값이며, 다음 식으로 주어진다. n=f/(P/2), 여기서 f : 전원 주파수(Hz), P : 전동기의 극수.

동기식발전기 synchronous generator [S] 로터의 회전속도와 자기장의 회전속도가 같은 형태의 발전기로써 이를 평균해류가 일정한 장소에 설치할 경우 일정 전압 및 주파수의 유지가 용이하며, 상용전원 정전시에도 단독 발전이 가능하다. 회전기 본체 및 제어장치가 복잡하여 발전기 자체의 가격이 고가이고, 상용전원 변동에 의한 발전기의 과전류 소손 방지용 자동 역률조정 장치를 설치해야 한다.

동기진동 synchronous vibration [D] 축 회전속도 또는 이의 정수 배로 발생하는 진동으로, 동기 휘돌림 진동은 회전체의 회전속도와 휘돌림 속도가 같을 때 발생한다.

동력 power [T] J/s,{kgf · m/s} 1) 원동력이란 뜻. 인력, 수력, 화력, 전력, 원자력, 풍력 등 여러 가지 산업의 에너지원이 되는 힘. 2) 공률(工率), 일률이라고도 하며, 단위시간에 이루어지는 일의 비율을 나타내는 양. 단위는(N · m/s) {kgf · m/s}. 기계공학에서는 SI 단위로 kW가 사용되며, 아직 마력(PS)도 사용되고 있다. 1{PS}=0.736 kW, 1{PS}=75{kgf · m/s}. { } 안은 중력단위.

동력계 dynamometer [M] 원동기의 출력을 측정하는 것이며, 고체마찰을 이용한 흡수동력계, 액체마찰을 이용한 흡수동력계(수동력계), 전기동력계 등이 있다. 단, 전기동력계 중에는 원동동력계이면서 동력의 발생장치를 겸비한 것이 있고, 펌프 등의 성능시험에 있어서 원동기로서 작동시킴과 동시에 축 토크의 측정을 할 수 있다는 점, 회전수를 바꿀 수 있다는 점 등에서 편리하다. 또 완전특성의 측정에는 전 범위의 측정에 사용할 수 있다는 이점이 있다.

동력계수 power coefficient [P] 펌프, 송풍기, 압축기의 축동력을 나타내는 무차원 수이며, 일반적으로 다음 식으로 표시되는 계수.

$$\lambda = L/\left(\frac{\rho}{2} A_2 u_2{}^2\right), \left\{= L/\left(\frac{\gamma}{2g} A_2 u_2{}^3\right)\right\}$$

여기서, λ : 축동력계수, L : 축동력(N · m/s)(kgf · m/s}, ρ : 유체의 밀도(kg/m^3). A_2 : 원심식의 경우는 회전차 출구면적(m^2), 축류식의 경우는 날개의 환상 유로면적(m^2), u_2 : 깃 최대지름의 주속도(m/s), γ : 유체의 비중량{kgf/m^3}, g : 중력가속도(m/s^2), { } 안은 중력단위.

동력사이클 power cycle [T] 유효 일이 유체에 의해 행해지는 동안, 작동유체에 의해 높은 온도에서 열을 받고 낮은 온도에서 제거되는 열역학적 사이클.

동력인출장치 PTO(Power Take-Off) [S] 해양에서 발생하는 움직임을 전기로 변환하는 장치이며, 수력터빈, 공력터빈, 유압펌프 등이 해당한다.

동력장치 power unit [T] 랜킹사이클을 실례로 하여 동력장치의 구성을 나타내면, 보일러, 과열기, 터빈 복수기 냉각수 펌프, 복수 펌프, 보일러 급수펌프 및 터빈에서 동력을 뽑아내는 발전기 등으로 구성된 것을 의미한다.

동력전달계 power train [S] 동력을 전달하는 일련의 기구를 말하고, 로터 블레이드의 회전력을 발전기까지 전달하는 직렬연결구조로 구성된다.

동력터빈 power turbine [T] 가스 터빈에서는 압축기 구동용 터빈과 동력을 발생시키는 터빈으로 분류하는 경우가 있다. 이 때 후자를 동력(출력) 터빈이라고 한다.

동력회수기 gas expander, gas recovery turbine [T] 잉여가스 또는 폐가스로 터빈을 구동하여 동력을 회수하는 장치. 석유플랜트, 초산 플랜트 등에서 터보압축기에 모터와는 별도로 직결된 터빈을 잉여가스로 구동하여 동력을 회수한다. 많은 것이 단단 터빈으로 되어 있고, 디젤엔진의 과급기도 이에 해당한다. 압축기의 부하변동이 크거나 또는 장시간 동안 소량의 가스량으로 운전하는 경우에는 서징을 방지하기 위해서 서징한계 이상의 가스량에서 압축기를 운전시키고 잉여의 가스량으로 동력을 회수하는 경우도 있다.

동력회수기 gas recovery turbine [T]

gas expander와 같음.

동력회수기 gas recovery turbine, gas expander [T] 동력회수기(gas expander) 참조.

동수력학 hydrodynamics [G] 수력학은 정수역학과 동수역학으로 대별될 수 있으며, 그 중 유동하는 유체의 운동을 조사하는 역학을 의미한다.

동심 concentric [T] 중심(中心)을 같이 하는 것.

동심성, 동심도 concentricity [T] 동심의 정도.

동압 dynamic pressure [P,B] Pa,{kgf/m^2} 비압축성 유체유동의 경우는 속도헤드에 대응하는 압력이며, 다음 식으로 표시. 압축성 유체의 경우는 전압에서 정압을 뺀 것으로 정해짐.

$$q = \frac{1}{2}\rho V^2$$

여기서, q : 동압(Pa){kgf/m^2}, ρ : 유체의 밀도(kg/m^3){kgf · s^2/m^4}, V : 유속(m/s). { } 안은 중력단위.

동압베어링 hydrodynamic bearing [G] 축의 회전에 따른 유체역학적 압력을 이용한 기체베어링. 정압베어링과 대비되는 용어. 공기의 점도가 작기 때문에 정압베어링에 비해 부하능력이 작으며, 작은 지름에 대해 사용된다. 높은 공작정밀도가 요구된다. 시동 · 정지 시의 금속접촉을 피하기 위해 기체에 의한 정압의 양력효과를 함께 이용한다. 공기베어링(air bearing) 참조.

동온도 dynamic temperature [B] K,℃ 전온도와 정온도와의 차. 전온도는 정체점에서 측정되는 온도. 정온도는 유체와 함께 이동하면서 측정되는 온도.

동익 rotor blade, rotor vane [B] 축류압축기에서 허브에 고정시켜 회전하는 것.

동익 rotor vane, rotor blade [C] 동익(rotor blade)과 같음.

동익제어 rotor blade control [B] 축류팬이나 축류압축기에서 요구되는 가스량-압력의 범위를 만족시키기 위한 제어방법. 운전 중에 동익의 설치각을 일제히 변경함으로써 동익렬에서의 유동의 전향각을 바꾸어 작동점을 만족시키는 방법.

동익제어형 rotor blade control type [B] 축류송풍기 또는 축류압축기에서 가변 동익의 구조의 형식. 동익제어(rotor blade control) 참조.

동적 강성, 동강성 dynamic stiffness [D] 동적 탄성상수(dynamic elastic constant) 또는 동적 스프링상수(dynamic spring constant)로도 불리며, 동적 조건하에서 변위의 변화에 대한 힘의 변화의 비로써, 단순조화운동을 하는 동안, 변위에 대한 힘의 복소비이다. 동적 강성은 변형량(진폭 및 스펙트럼 또는 이들 중 하나), 변형률, 온도 또는 다른 조건들에 종속될 수 있다. 다음 식

$$m\ddot{x} + c\dot{x} + kx = F$$

에 의해 나타내어지는 선형 병진 1자유도계의 동적 강성은 다음 식과 같다.

$$k_e = \frac{F_o}{X_o} = k - m\omega_o^{\,2} + i\omega_o c$$

여기서 ω_0는 비감쇠 고유진동수, 외력은 $F = F_0 e^{i\omega t}$, 변위는 $x = x_0 e^{i\omega t}$이다. $(\dot{})$는 시간미분을 나타낸다.

동적 평형시험기 dynamic balancing machine [D] 동적평형잡기를 수행하는 기계. 동적 평형잡기(dynamic balancing) 참조.

동적 평형잡기 dynamic balancing [D] 회전체의 불평형 질량분포 때문에 회전에 의해 발생하는 진동을 어느 한도 내에 억제하기 위해 실시하는 작업이며, 평형시험기 또는 실제 기계 속에 조립된 상태에서 회전체를 운전하여, 베어링에 발생하는 회전과 동기한 진동수의 힘을 검출하여 회전체의 2면 이상의 수정 면에서 질량분포를 조정하는 방법.

동적 흡진기, 동흡진기 dynamic vibration absorber, dynamic vibration reducer [D] 기본진동계(primary system)에 작용하는 힘에 대해 보조진동계(auxiliary system)에 의해 가해지는 힘이 반대 위상으로 움직이도록 조정(tuned)하고, 보조진동계를 공진 상태로 만들어 에너지를 전달시킴으로써 요구되는 진동수 영역 내에서 기본진동계의 진동을 감소시키는 장치. 동적 흡진기는 감쇠 또는 비감쇠 계에 이용될 수 있으며, 감쇠만이 주된 목적은 아니다. 동적 댐퍼(dynamic damper)라고도 한다.

동점성계수 coefficient of kinematic viscosity, dynamic viscosity coefficient [M,G] m^2/s 유체에 고유한 물리량이며, 점성계수 μ를 그 유체의 밀도 ρ로 나눈 것. 즉, $\nu = \mu/\rho$. 단, ν: 동점성계수(m^2/s), ρ: 유체의 밀도(kg/m^3){$kgf \cdot s^2/m^4$}, μ: 점성계수($N \cdot s/m^2$){$kgf \cdot s/m^2$}. 그것의 단위로서 1×10^{-4} m^2/s를 1 스토크스(St)라고 한다.

동점성계수 kinematic coefficient of viscosity, kinematic viscosity [T] m^2/s 동점성계수(kinematic viscosity)와 같음.

동조필터 tuneable filter [D] 연속적으로 주파수대역을 통과시켜서 주파수분석을 하기 위한 필터. 대역통과필터(band pass filter)라고도 한다.

동질량측정법 dynamic weighing method [M] 탱크에 유체가 수집되는 사이에 질량 측정과 시간 측정이 이루어지는 질량측정법.

동특성 dynamic characteristics [D] 시간 경과와 함께 계의 현상이 변화할 때의 특성. 특히 안전성, 과도특성 등에 관련해서 논의된다. 유체에 관련해서는 관내 유동의 동특성이 중요하다.

동하중 dynamic load [D] 동적으로 작용하는 하중을 말하며 다음과 같이 구분되고 있다. 즉, 반복 변동하는 경우를 반복하중(repeated load), 방향도 바뀌는 것을 교번하중(alternate load), 동하중 중 시간적으로 변동이 큰 경우, 즉 가속도가 큰 하중을 충격하중(impact load), 충격하중이 반복하여 작용하는 경우를 반복충격하중(repeated impact load)이라 한다.

되풀이하중 cyclic load [T] 재료의 피로시험 등에서 반복적으로 가해지는 하중.

두잎로터 two lobe rotor [B] 로터의 피치원통의 바깥쪽에 2개의 돌출부분을 갖는 두 잎 송풍기 또는 두 잎 압축기의 로터. 부도 B-10 참조.

두잎압축기 two lobe rotary compressor [B] 두 개의 두 잎 로터의 회전 운동으로 기체를 압송하는 회전압축기. 세 잎 로터의 경우는 세 잎 압축기(three lobe rotary compressor)라 한다.

둘레이음, 원주이음 circumferential seam [T] 원주방향으로 용접됨으로써 나타난 이음매.

뒤틀림, 트위스트 twist [B] 각 익소의 익현 사이의 상대적인 각도 관계.

뒷굽음 깃, 후향 깃 backward curved vane, backward vane [B] 임펠러의 깃 출구가 회전방향과 반대쪽으로 기울어져 있는 것.

뒷전, 후연 trailing edge [B] 기체가 날개 주위를 흐를 때 날개의 뒤 부분. 부도 B-3 참조.

드라발터빈 de Laval turbine [T] 하나 또는 그 이상의 노즐 하류에 위치하는 하나의 단을 갖는 충동증기터빈.

드라이 아웃, 고갈 dryout [Nu] 증기건도가 약 0.5 이상으로 흐르게 되면 전열면에는 액막 또는 분무액적이 생성되고 이를 통해 냉각액이 공급되는데 열유속이 증가하게 되면 증열에 대한 액체공급이 계속되지 않고 액막이 끊어져 전열면이 건조해지는 현상을 말한다.

드랙토크 drag torque [G] 유체커플링에서 출력축의 회전속도가 0일 때 나타나는 토크. 이 상태를 실속상태라고 말하며, 토크는 최대가 된다.

드럼형 로터 drum type rotor [B] 축류압축기에서 동익을 고정한 회전차(로터) 부분이 중공원통 형으로 된 허브. 부도 B-8 참조.

드레서형 관이음 dresser coupling [G] 관이음 본체의 양단에 기밀 부를 가지며, 쐐기 형의 링 모양의 패킹을 양측의 누루개 링으로 밀어 넣음으로써 기밀성을 유지하는 관이음. 관의 휨과 신축을 흡수할 수 있다. 그림 다-6 참조.

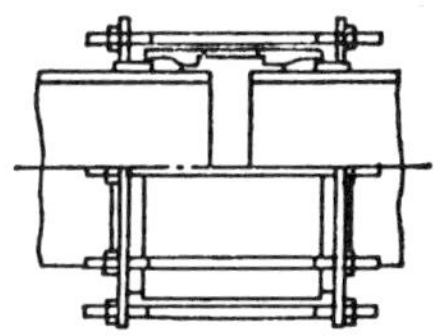

그림 다-6 드레서형 관이음

드레인 밸브 drain valve [T] 펌프 속의 잔류 액체 또는 배관 등에서의 응결수를 배출하는 밸브.

드레인 분리기 drain separator [B] 기체 중에 함유된 액체 및 응축액체를 기체로부터 분리하기 위한 장치.

드레인 배수 drainage sump [P] 펌프장 등에서 배출되는 배수를 모아서 밖으로 배수하는 것.

등가계 equivalent system [D] 해석의 목적을 위해 다른 계로 대용할 수 있는 계로서, 등가강성, 등가감쇠, 병진계와 등가인 비틀림계, 기계계와 등가인 전기계, 그리고 음향계 등이 있다.

등가시험회전수 equivalent test speed [B] rpm 송풍기 및 압축기의 성능시험을 규정흡입상태에서 할 수 없는 경우에, 그 유체적 성능시험 결과를 규정상태의 기체의 성능 값으로 환산할 수 있도록 정하여진 시험회전수.

등각사상 comformal transformation (comformal mapping) [G] 두 개의 복소면 $z=x+iy$, $\zeta=\xi+i\eta$에서 하나의 해석함수 $z=g(\zeta)$에 의해 ζ 평면을 z 평면으로 사상할 때 ζ 면의 각 점에서의 미소 삼각형은 z 면의 해당 점에서 $|g'(\zeta)|$배로 확대 또는 축소되고, 동시에 $\arg|g'(\zeta)|$만큼 회전된 미소삼각형으로 된다. 따라서 ζ 평면상의 임의의 미소 도형은 z 면 상의 상사한 미소도형으로 사상된다. 이와 같은 사상을 등각사상이라 한다. 단, ζ 면의 유한한 크기의 도형에 대하여 보면 두 면사이의 도형 형태는 달라진다. 단, 문장 중의 식에서 $g'(\zeta)$는 z의 ζ에 관한 미분 $dz/d\zeta$를 나타내며, i는 허수의 기호이다.

등각사상법 method of conformal mapping, method of conformal transformation [G] 즈우코우스키 익형(Joukowski aerofoil) 참조.

등감도곡선, 등청감곡선 equal loudness contour [G] 같은 음압이라도 주파수가 다르면 감각적인 음압의 크기는 달라질 수 있다. 순음을 대상으로 주파수와 음압 레벨 및 음의 크기와 레벨의 관계를 구한 것으로 Fletcher-Munson의 곡선과 Robinson-Dadson의 곡선이 있다. 이것을 등감도곡선 또는 청감곡선이라고 한다. 그림 다-7 참조.

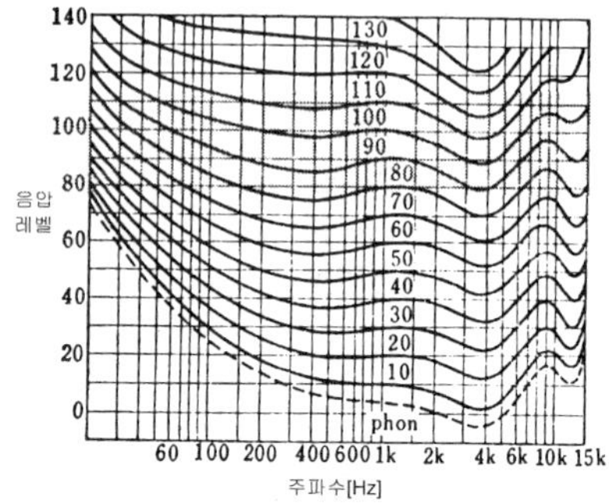

그림 다-7 등감도 곡선

등맞대기형 back to back type [B] 다단 원심 압축기에서 임펠러가 직렬로 등을 맞댄 구조의 형식.

등방성 isotropy [D,G] 1) 방향에 따라 물질의 물리적 성질이 달라지지 않는 것. 기체나 보통 액체는 모두 등방성이다. 2) 회전체의 수직방향과 수평방향에서의 지지강성(support stiffness)이 동일한 경우로, 이 때의 회전체는 원형 궤도를 따라 휘돌림 운동을 하게 된다. 그러나 일반적으로는 수평방향의 강성이 수직방향보다 낮고, 따라서 이방성의 지지특성을 가지며, 이 때에는 타원 휘돌림 운동을 하게 된다.

등방성난류 isotropic turbulence [G] 통계적으로 보고 난류의 상태가 공간적으로 모든 방향에 대해 같은 난류의 현상.

등압변화 isobaric change [T] 물체의 상태량 중에서 압력을 일정하게 유지하면서 다른 양, 예컨대 온도, 체적 등을 변화시키는 것.

등압선 isobaric line [T] 등압선(isobar)과 같음.

등압선, 등압 isobar [T] 물체의 상태량 중에서 압력을 일정하게 유지하면서 다른 양, 예컨대 온도 · 체적 간의 관계를 나타내는 곡선.

등엔트로피 (가스)동력 isentropic power [B,G] kW 이론단열압축동력(theoretical adiabatic power)과 같음.

등엔트로피 계수 isentropic coefficient [M] 유체가 가역 단열과정을 거칠 때 밀도 변화에 대한 압력 변화의 정도를 나타내는 지수.

등엔트로피 내부효율 isentropic gas efficiency [B,G] 단열변화는 등엔트로피 변화이므로 이론단열 압축효율과 같음. 단열효율 또는 내부단열효율(adiabatic(gas) efficiency, internal adiabatic gas efficiency) 참조

등엔트로피 변화 isentropic change [T] 엔트로피 일정의 조건하에서의 변화. 가역인 단열 변화는 등 엔트로피 변화라고 한다. 등엔트로피 변화에서는 외부 일은 내부 에너지의 변화와 같다. 이상적인 팽창기, 압축기는 모두 등엔트로피 변화이다.

등엔트로피 압축 isentropic compression, reversible adiabatic compression [B,T] 기체가 외부와의 열전달 또는 복사 등에 의한 가열이나 냉각도 없고 또 화학 변화나 상변화에 의한 발열이나 흡열도 없이 압축되는 과정을 단열압축(adiabatic compression)이라고 하며, 여기에 마찰도 없는 이상적인 압축을 등엔트로피 압축 또는 가역 단열압축(reversible adiabatic compression)이라고 한다. 즉, 송풍기 및 압축기의 흡입상태에서 토출상태까지 가역단열적으로 압축하는 과정을 의미한다. 완전가스로는 $p\upsilon^{\kappa}$ =일정 또는 $p^{(k-1)/k}/T$=일정. 실제 가스로는 $p\upsilon^{n}$ =일정 또는 p^{m}/T=일정으로 표시되는 압축과정이다. 여기서, p : 절대압력(Pa) {kgf/m^2}, υ : 비체적(m^3/kg){m^3/kgf}, T : 절대온도(K), κ : 비열비, n : 등엔트로피(단열) 체적지수, m : 등엔트로피(단열) 온도지수.

등엔트로피 온도효율 isentropic temperature efficiency [B,G] 단열온도효율이라고도 한다. 지금 T_1을 흡입 전 온도, T_{2th}를 단열압축의 경우의 이론 토출 전온도, T_2를 실제 토출 전온도라고 하면 이들은 각각 다음과 같이 표시된다.

$$T_{2th} = T_1\left(\frac{p_2}{p_1}\right)^{\frac{(k-1)}{k}}, \quad T_2 = T_1\left(\frac{p_2}{p_1}\right)^{\frac{(n-1)}{n}}$$

따라서 다음 식으로 표시되는 η_{ad}를 등엔트로피 온도효율 또는 단열온도효율(adiabatic thermal efficiency)이라고 부른다.

$$\eta_{ad} = \frac{T_{2th} - T_1}{T_2 - T_1}$$

등엔트로피 지수 isentropic exponent [B,T] 실제 가스의 등엔트로피(단열) 압축과정에서 상태변화를 나타내는 지수. 참고 : 압력과 비체적의 관계를 표시하는 “등엔트로피(단열) 체적지수 n”

와 압력과 온도의 관계를 표시하는 "등엔트로피(단열) 온도지수 m"가 있다. 즉, $p\upsilon^n$ =일정, p^m/T=일정. 또한, n 및 m은 다음 식에 의해 구한다.

$$n = \frac{k}{Y}, \quad m = \frac{k-1}{k}\frac{Y}{1+X}$$

여기서 p : 절대압력(Pa){kgf/m²}, υ : 비체적(m³/kg){m³/kgf}, T : 절대온도(K), κ : 비열비, X, Y : 각각 다음 식으로 표시되는 압축함수이다. { } 안은 중력단위.

$$X = \frac{T}{\nu}\left(\frac{\partial\nu}{\partial T}\right)_P - 1, \quad Y = -\frac{P}{\nu}\left(\frac{\partial\nu}{\partial P}\right)_T$$

등엔트로피 헤드 isentropic head [B] m^2/s^2,{m} 단열헤드(adiabatic head)와 같음. 이를 참조.

등엔트로피 효율 isentropic efficiency [B] 단열효율(adiabatic (gas) efficiency, internal adiabatic gas efficiency)과 같음.

등온 압축기 isothermal compressor [B] 압축과정이 되도록 등온압축에 가깝도록 각 단에 냉각장치를 둔 원심 압축기 또는 사류 압축기.

등온(가스)동력 isothermal power [G] 이론등온압축동력(theoretical isothermal power)과 같음.

등온내부효율 internal isothermal efficiency [B,C,G] 송풍기 압축기의 이론등온압축동력 L_{is}과 내부동력(가스동력) L_i과의 비(η_{is}). 이는 간단하게 등온효율이고도 함. L_{is}는 이론등온압축동력의 항의 식 (3)과 같고, L_i는 내부동력의 항에서 소개된 식과 같으며, 이들을 이용하면 등온내부효율은 다음 식과 같다.

$$\eta_{is} = \frac{L_{is}}{L_i} = \frac{\log_e(p_2/p_1)}{\frac{k}{k-1}\left\{\left(\frac{p_2}{p_1}\right)^{(n-1)/n} - 1\right\}}$$

내부동력(internal power), 내부효율(internal efficiency), 이론등온압축동력(theoretical isothermal power) 참조.

등온변화 isothermal change [T] 온도를 일정하게 유지한 상태 변화.

등온사이클 constant temperature cycle [T] 가스터빈 엔진의 에릭슨 사이클(Ericsson cycle)을 의미한다. 가스터빈 엔진의 기초사이클은 브레이턴 사이클(Brayton cycle)과 에릭슨 사이클이며, 전자는 실용적인 개방식 가스터빈 엔진에 대한 것이고, 후자는 밀폐식 사이클에 대한 것이다. 브레이턴 사이클은 그림 c-10(a)와 같으며, 2-3의 등압과정에서 열공급 되고, 3-4의 등엔트로피 과정에서 터빈은 일을 한다. 에릭슨 사이클은 그림(b)와 같고, 이것은 브레이턴 사이클의 단열압축 1-2와 단열팽창 3-4가 각각 등온압축 1-2와 등온팽창 3-4로 바뀐 것이다. 등온압축과 등온팽창은 무한용량과 무한 수의 열교환기에 의해 이뤄져야 한다. 에릭슨 사이클은 밀폐식이므로 4-1의 열의 배출과정의 열을 무한용량의 재생기(열교환기)에서 1-2의 압축과정으로 압축된 공기에 다시 과정 2-3에서 공급하여 회수할 수 있다. 이 때의 이론 열효율 η_{th}는 다음과 같다. $\eta_{th} = (Q_{3-4} - Q_{1-2})/Q_{3-4} = (T_4 \nabla S_{3-4} - T_1 \varDelta S_{1-2}) / (T_4 \varDelta S_{3-4})$. 여기서, $\varDelta S_{3-4} = \varDelta S_{1-2}$이므로 $\eta_{th} = (T_4 - T_1)/T_4 = 1 - T_4/T_1$. 위의 식은 재생기와 열교환기를 갖는 에릭슨 사이클의 열효율이 같은 온도범위에서 작동하는 카르노(Carnot)사이클과 동등함을 알 수 있다. 그림 다-8 참조.

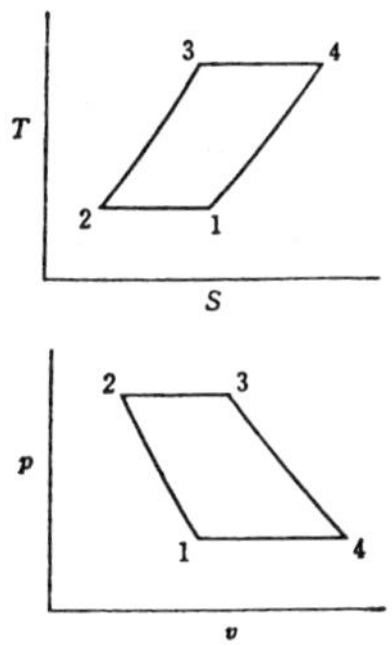

그림 다-8 Ericsson 사이클

등온선 constant temperature line [T] 상태도 상에 그은 온도가 일정한 선. T-s 선도 상에서는 가로축에 평행인 선이 이에 해당한다.

등온선 isotherm [T] 온도를 일정하게 유지하면서 다른 상태 량과의 관계를 나타내는 곡선.

등온선 isothermal line [T] 상태도 상에 그은 온도가 일정한 선. T-s 선도 상에서는 가로축에 평행인 선이 이에 해당한다.

등온압축 isothermal compression [B,T] 송풍기 및 압축기의 흡입상태에서 토출상태까지 온도가 일정하게 되도록 냉각하면서 실시하는 압축과정.

등온팽창 isothermal expansion [T] 가스의 온도가 일정한 상태에서의 팽창과정.

등온헤드 isothermal head [B,G] m 평균유효등온압력 항에서 절대전압 p_1, p_2가 중력단위의 절대압력 p'_1, p'_2 {kgf/m²}으로 표시된 것으로 구성된 평균유효등온압력 p'_{eis}를 입구 가스의 비중량 γ_1 {kgf/m³}으로 나눈 것. 이를 H'_{is}로 표시하면 다음 식과 같다.

$$p'_{eis} = p'_1 \log_e\left(\frac{p'_2}{p'_1}\right) \ \{kgf/m^2\} \quad \cdots(1)$$

$$H'_{is} = \frac{p'_{eis}}{\gamma_1} = \frac{p'_1}{\gamma_1}\log_e\left(\frac{p'_2}{p'_1}\right) \ [m] \quad \cdots(2)$$

$$= R'T_1 \log_e\left(\frac{p'_2}{p'_1}\right) \ [m] \quad \cdots(3)$$

단, 여기서 가스정수 R'의 단위는 {kgf · m/(kgf · K)}이다. 이때의 공기의 가스정수 R'_{air}는 $R'_{air} = 29.27$ {kgf · m/(kgf · K)}이다. 다음에 SI단위계의 등온헤드는 SI단위로 표시된 평균유효압력 p_{eis}를 입구가스의 밀도 ρ_1으로 나눈 것이며, 이를 H_{is}로 나타내면 다음 식과 같다.

$$p_{eis} = p_1 \log_e\left(\frac{p_2}{p_1}\right) \ (N/m^2) \quad \cdots(4)$$

$$H_{is} = \frac{p_{eis}}{\rho_1} = \frac{p_1}{\rho_1}\log_e\left(\frac{p_2}{p_1}\right) \ (m^2/s^2) \quad \cdots(5)$$

$$= RT_1 \log_e\left(\frac{p_2}{p_1}\right) \ (m^2/s^2) \quad \cdots(6)$$

단, 상식의 가스정수 R의 단위는 (N · m/(kg · K))이며, 공기의 경우는 R_{air} = 287(N · m/(kg · K))이고, 압력과 밀도의 단위는 각각 (N/m^2), (kg/m^3)이다. 다음에 중력단위의 헤드 H'_{is}, 중력단의 유량 $G' = \gamma_1 Q'_1$ {kgf/min}를 사용했을 때의 이론등온압축의 압축기 동력 L_{is}는 평균유효등온압력 항에서의 식 (4)와 위의 식 (2)를 참조하면 다음과 같이 주어진다.

$$L_{is} = \frac{p'_{eis} Q'_1}{6120} = \frac{H'_{is} G'}{6120} \quad [\text{kW}]$$

평균유효등온압력 참조.

등온효율 isothermal efficiency [B,G] 이론등온동력 L_{is}와 내부동력(가스동력) L_i와의 비를 등온효율 η_{is}라고 한다. 지금 압축가스의 초기의 흡입풍량을 Q_1(m^3/s), 비체적을 v_1(m^3/kg), 절대전압을 p_1(N/m^2), 등온압축 후의 비체적과 절대전압을 각각 v_2, p_2라고 하였을 때 등온효율 η_{is}는 다음 식과 같다.

$$\eta_{is} = \frac{L_{is}}{L_i} = \frac{\log_e\left(\frac{p_2}{p_1}\right)}{\frac{k}{k-1}\left\{\left(\frac{p_2}{p_1}\right)^{(n-1)/n} - 1\right\}}$$

단, k는 가스의 비열비(단열 지수), n은 폴리트로프 지수이다. 내부동력 L_i는 축 동력을 L, 기계손실동력을 L_m이라고 하면 누설손실이 없는 경우 $L_i = L - L_m$이다. 기계손실에는 원판마찰손실은 포함되지 않는다. 이론등온동력(theoretical isothermal power), 내부동력(internal power) 참조.

등와도선 equi-vorticity line [G] 와도의 크기가 일정한 점을 이어서 얻어지는 선. 2차원 유동에서의 유동면이나 축대칭유동에서의 자오면 상에서 등와도선을 제시하는 경우가 많다.

등유 kerosene [T] 가스터빈 연료로 사용되는 46,400 kJ/kg의 고발열량을 갖는 가벼운 석유 증류물.

등적공(等積孔) equivalent orifice [B] 홴에서 관용되는 풍압 상당치의 하나이며, 홴의 규정풍량을 얇은 날의 오리피스 판(유량계수 0.6)에서 홴의 정압에 의해 토출시키는데 필요한 오리피스면적이며, 다음 식에 의해 표시된다.

$$0.00628Q\sqrt{\frac{p}{\gamma}} \ (\text{m}^2)$$

여기에서, Q : 풍량(m^3/min), p : 정압(mmAq), γ : 가스의 단위체적 당의 중량{kgf/m^3}. 광산용 홴에서 사용된다.

등적변화, 정적변화 isochoric change, isovolumetric change [T] 체적을 일정하게 유지한 상태변화.

등포텐셜선 equipotential line [G] 이상유체의 2차원 유동에서 임의의 순간 t에서의 속도포텐셜 ϕ(x, y, t)=const의 곡선을 말한다. 속도성분 u, v와 속도포텐셜 ϕ의 관계는 다음과 같다.

$$u = \partial\phi/\partial x, \ v = \partial\phi/\partial y$$

등효율곡선 iso-efficiency curve [P,B,T] 펌프, 송풍기, 압축기 등의 회전수,

임펠러 바깥지름 또는 깃 설치각 등을 변경하였을 때 얻어지는 몇 개의 양정 곡선 또는 압력곡선 상에서 이들 기계의 효율이 같은 점을 연결한 곡선.

디리클레 경계조건 Dirichlet boundary condition [N] 경계면에서의 함수 값이 $f(x_1)=a$와 같이 특정한 값으로 주어지는 경계조건. 경계조건(boundary condition) 참조.

디스크구조터빈단 disc-construction turbine stage [T] 정지깃이 디스크형 다이어프램에 의해 지지되고 동익이 축에 직접적으로 부착되어 있거나 회전디스크에 의해 지지되는 충동터빈단.

디스크용접형 로터 welded disc type rotor [G] 축류압축기에서 동익을 설치하는 부분이 원판으로 구성된 허브이며, 그 외주를 서로 용접해서 구성된 허브. 동익을 2~3단 부착한 디스크 형 로터의 외주를 용접으로 연결하여 드램 형 로터와 같이 한 것. 이것은 고로용 압축기에서 사용된다. 디스크형 로터(disc type rotor) 참조.

디스크필터 disc filter [B] 물과 부유 · 혼탁 하는 섬유, 기타의 물질을 회전하는 디스크에 의해 분리하는 필터. 하수, 요업, 제지공업 등에서 사용되며, 설치면적이 적고, 여과면적이 크다는 것과 취급이 용이하다는 이점이 있다. 스테인리스 재질의 철망에 여과 포가 부착된 두 장 한 쌍의 디스크가 케이스 안에서 0.3~0.4 rpm로 회전하고, 디스크 내부는 진공으로 되어 있다. 수분은 디스크 필터 안에 빨려 들어가며, 분리된 물질은 필터 표면에 쌓인다. 디스크는 한 축에 10~20장이 설치된다. 진공원으로 왕복형 진공펌프가 사용된다.

디스크형 로터 disc type rotor [B] 축류 압축기에서 로터깃을 고정하는 부분이 원판으로 구성되어 있는 허브. 부도 B-8 참조.

디스크형 로터 disc type rotor [C,G] 축류압축기에서 동익을 고정하는 부분이 원판으로 되어 있고, 그 바깥 둘레에 동익을 끼우는 홈이 가공된 것. 솔리드 형 로터(solid type rotor), 드럼 형 로터(drum type rotor)에 비하면 응력과 중량을 경감시킬 수 있으나 기계가공에 시간이 걸리므로 별로 사용되지 않는다. 부도 B-8 참조. 솔리드 형 로터(solid type rotor), 드럼 형 로터(drum type rotor) 참조.

디스크형 용적유량계(용적식 유량계) disc type positive displacement flow meter [E] 일정 용적의 계량실을 가지며, 여기에 측정 유체를 유입시키고 통과되는 체적을 측정하는 형식의 유량계.

디스크홴 disc fan [B] 축류홴의 일종이며, 회전차(날개차)는 전동기 축에 직접 설치되며, 안내 깃이 없는 홴, 냉각탑용 홴, 천정홴 등이 이에 해당한다. 프로펠러홴이라고도 부른다.

디스턴스 링, 스페이서 distance ring [G] 부품들 사이의 간격을 조절하기 위한 링 상의 짧은 링(피이스).
디스턴스 피이스(distance piece) 참조.

디스턴스 피이스, 스페이서 distance

piece [B] 부품 상호간의 축방향 위치를 정하기 위하여 축에 끼우는 슬리브.

디퓨저 diffuser [P,B,T] 1) 펌프, 송풍기, 압축기 등의 터보기계에서 주로 케이싱에 설치되며, 또 그 자체로 케이싱의 일부를 형성하고, 유체를 소정의 방향으로 안내하기 위해 또는 속도수두의 일부를 압력수두로 바꾸기 위한 부품. 일반적으로 임펠러의 토출 측에 설치되지만 이것을 주로 펌프의 경우는 안내깃, 송풍기, 압축기의 경우는 디퓨저 라고 한다. 2) 상기의 목적에 맞게 마련된 부품 중의 깃 부분.

디퓨저베인 diffuser vane [B] 디퓨저에 설치된 정지깃. 디퓨저 기능을 가진 깃.

디퓨저벽면 diffuser wall [B] 케이싱의 일부로서 임펠러 출구 쪽의 디퓨저를 구성하는 링 모양의 판.

디퓨저펌프 diffuser pump [P] 원심펌프로서 임펠러의 토출측에 안내깃형의 디퓨저를 가지는 것. 그 바깥쪽에 벌루트가 있어도 이와 같이 부름.터빈펌프(turbine pump)라고도 부름. 부도 B-7, 9, 23, 24, 26 참조.

디퓨저형 케이싱 diffuser casing [B] 터보형 회전차의 토출측에 안내깃이 붙은 디퓨저를 갖는 케이싱의 총칭. 디퓨저의 바깥에 다시 벌루트를 형성하는 것이나 다단 형으로서 디퓨저에서 직접 귀환유로로 유도되는 것 등이 있다. 수평형 원심펌프의 경우, 이것은 터빈펌프라고 불려지며, 널리 사용되었었으나 오늘 날에는 벌루트형(안내깃이 없는 형식) 케이싱 쪽이 일반적이다. 수조 내형 수직 축 펌프의 경우 통체형이 바람직 하기 때문에 오늘 날에도 디퓨저형 케이싱이 널리 사용되고 있다. 또 다단 송풍기, 압축기에서도 널리 채용되고 있다.

디퓨저형 케이싱 diffuser type casing [P] 임펠러의 토출 측에 안내깃 형의 디퓨저를 가지는 케이싱. 디퓨저의 바깥쪽에 벌루트를 가지는 케이싱도 포함된다.

디퓨저효율 diffuser efficiency [B] 디퓨저 내에서 운동에너지가 압력에너지로 변환되는 비율이며, 다음 식으로 표시된다.

$$\eta_D = \frac{c_p T_{s2}\left(\left(\frac{p_{s3}}{p_{s2}}\right)^{\frac{k-1}{k}} - 1\right)}{\frac{{v_2}^2 - {v_3}^2}{2}} \left\{= \frac{c_p T_{s2}\left(\left(\frac{p_{s3}}{p_{s2}}\right)^{\frac{k-1}{k}} - 1\right)}{\frac{{v_2}^2 - {v_3}^2}{2g}}\right\}$$

$$\cong \frac{\frac{p_{s3} - p_{s2}}{\rho_2}}{\frac{{v_2}^2 - {v_3}^{2\prime}}{2}} \left\{= \frac{\frac{p_{s3} - p_{s2}}{\gamma_2}}{\frac{{v_2}^2 - {v_3}^2}{2g}}\right\}$$

여기에서 η_D : 디퓨저 효율, c_p : 정압비열(J/(kg · K)){kcal/(kgf · ℃)}, T_{s2} : 디퓨저 입구 정온도(K), κ : 비열비, p_{s2} : 디퓨저 입구 절대정압(N/m^2){kgf/m^2}, p_{s3} : 디퓨저 출구 절대정압(N/m^2){kgf/m^2}, v_2 : 디퓨저 입구에서 기체의

절대속도(m/s), v_3 : 디퓨저 출구에서 기체의 절대속도(m/s), ρ : 유체의 밀도(kg/m^3), γ_2 : 디퓨저 입구에서 기체의 비중량{kgf/m^3}, g : 중력 가속도(m/s^2). { } 안은 중력단위.

디플렉터, 차단 링 deflector [P] 주축을 따라 흐르는 물(액체)을 차단시키고, 또 이 물이 베어링 부분에 들어오는 것을 막기 위하여 주축에 부착되는 칼라.

ㄹ

라발노즐 Laval nozzle [G] 중앙이 가늘어진 초음속 노즐.

라이너 liner [T] 2개의 부재 관계를 일정하게 유지하고 그 조정을 용이하게 하기 위하여 넣어 두는 얇은 끼움 쇠. 예를 들면, 베어링의 갭과 본체 사이에 끼우는 베어링 끼움 쇠나 실린더 본체와 피스톤 사이에 끼우는 실린더 라이너 등을 말한다.

라이너 링 casing(wear) ring [C] 유체기계 내의 공간에서 고압 부와 저압 부를 구분하기 위해 회전하는 밀폐회전차와 정지하는 케이싱과의 사이에 틈이 좁은 수축부위가 필요하다. 교축부위에서 회전차 혹은 회전차 링의 미끄럼 부와 마주 보게 하여 케이싱에 부착되는 링을 라이너 링이라고 부른다. 마찬가지로 같은 목적으로 수차의 러너에 마주보게 하여 부착되는 링을 커버 라이너(wearing ring)라고 부른다.

라이너 마모 링, 케이싱 링 casing wearing ring, casing ring [P] 임펠러 또는 임펠러 링의 미끄럼 부분에 마주 보이게 케이싱에 설치되는 링. 회전부와 고정부사이의 틈새가 커지면 이 링만 교체하면 됨.

라이너링, 마모 링 wear ring, wearing ring, casing ring [C] 라이너링(casing ring)과 같음.

라이너메탈 liner metal [P] 강판제 바닥금속(받침쇠)에 화이트메탈을 라이닝한 베어링 메탈. 교환이 용이하므로 터보형 압축기, 왕복압축기에 사용될 수가 있다. 화이트메탈의 두께는 0.5~1mm정도로 얇다.

라이닝 lining [P] 마모를 줄이고 또 고온을 피하기 위해 본체의 뒷면에 다른 물질을 피복하는 것.

라이더 링 rider ring [B] 피스톤에 고정되어서, 피스톤의 중량을 지지하면서 실린더 내면을 미끄러지는 링.

라인펌프 line pump [E] 흡입구와 배출구가 일직선상에 있는 원심 펌프로서, 배관의 도중에 설치하여 사용한다.

라토형 홴 Rateau type fan [B] 원심홴의 일종이며, 앞굽은 깃을 가지며, 프랑스인 라토(Rateau)가 창안한 것. 광산용 홴으로 사용되었으나 1920년 이후는 거의 제작되어 있지 않다.

라토터빈 Rateau turbine [T] 증기압이 일련의 노즐/로터단을 빠져 나가면서 계속해서 감소되는 충동증기터빈. 노즐은 단을 분리하는 다이어프램에 의해 행해진다.

라프라스의 미분방정식 Laplace differential equation [G] 속도포텐셜 ϕ가 존재하는 유동에는 와도가 없다. 이와 같은 유동을 포텐셜유동이라 하며,

직각좌표계의 속도가 u, v로 표시되는 2차원 비압축성의 이상유체의 연속식, $\partial u/\partial x + \partial v/\partial y = 0$을 속도포텐셜 ϕ로 표시하면 $\partial^2\phi/\partial x^2 + \partial^2\phi/\partial y^2 = 0$과 같이 표시된다. 이 방정식을 말한다. 이 방정식을 여러 형태의 물체 주위의 유동에 대하여 그 경계조건을 적용하여 풀면 그 물체 주위의 포텐셜유동이 얻어진다.

래깅, 방음래깅 lagging [G] 배관, 닥트에서 소음이 공중에 방사되는 것을 막는 방법이며, 이들에는 아스베스트 혹은 암석섬유 등을 뿜어 칠한 위를 얇은 금속판으로 말은 것을 사용하는 것이 보통이다. 금속판은 차음을 위한 것이며, 이것과 배관이 음향적으로 결합하지 않도록 아스베스트 등을 사이에 넣는다.

래미네이터 laminator [T] 여러 층의 얇은 판을 접착시켜 두꺼운 판재를 만드는 장치. 주로 프레스를 많이 사용하는데, 접착하고자 하는 얇은 판재들을 각각 표면처리를 적절히 하여 접착이 잘 되도록 한 다음(스스로 접착이 되기도 하고 따로 접착제를 사용하기도 한다) 가열 판 사이에 넣고 열과 압력을 동시에 가하여 접착시킨다.

래버린스 labyrinth [B] 다수의 휜이 배치된 휜 사이를 기체가 통과함으로써 기체는 축소 확대하여 압력이 떨어져 누설이 감소하는 기구.

래버린스식(형) labyrinth type [B] 피스톤의 누설방지작용을 피스톤 래버린스로 하는 형식.

래버린스실 labyrinth seal [B,T] 회전축에 대한 기체의 실 장치는 대부분이 래버린스 식이다. 외부에 누설하는 기체는 그림 1-1과 같이 여러 번 좁은 틈을 지나 그 때마다 압력 강하를 받는다. 모든 틈에서의 압력 강하의 합이 내외의 압력차와 일치하도록 누설 량이 정해진다. 래버린스는 화이트 메탈, 황동 핀, 니켈 핀 등으로 끝이 뾰족하게 되어 있어 설사 축과 접촉해서 그 부분이 녹아도 축에 큰 손상을 미치지 않게 배려되어 있다. 래버린스의 틈 면적을 A, 틈의 단수를 Z라고 하면 누설 량은 $A/\sqrt{Z}$에 비례한다. 그림 라-1 참조.

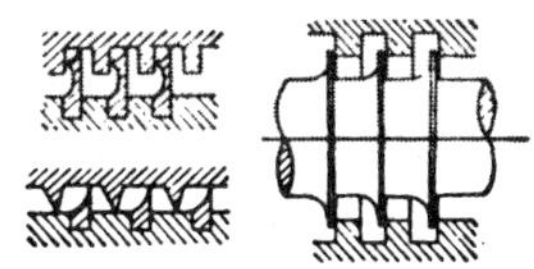

그림 라-1 래버린스 실

래버린스패킹 labyrinth packing [T] 케이싱과 회전축 사이의 틈새에서 기체가 누설하는 것을 방지하는데 사용되는 래버린스 형 패킹. 래버린스실(labyrinth seal) 참조.

래신형 가변토출펌프 Racine variable delivery pump [P] 베인펌프로서 캠링을 편심 이동할 수 있도록 하고, 토출량을 가변으로 한 베인펌프의 형식.

랙스 등가정리 Lax equivalence theorem [N] Lax의 등가정리는 “선형문제에서 수렴성(convergence)의 필요충분조건은 수치방법의 일관성(consistency)과 안정성(stability)의 확보이다” 라고 정의한다. 많은 CFD 문제가 비선형 지배방정식으로 주어지기 때문에 제한적으로 사용된다.

랜턴 링 lantern ring, seal cage [P,B] 펌프의 그랜드 패킹 중간에 끼우는 둥근 고리에 구멍이 뚫린 모양의 것으로서, 압력수 연결관으로부터 압력수를 빨아들여 축 주위 전체로부터 물을 뿜어 미끄럼 면을 축축하게 적셔줌으로써 고체 접촉을 방지하고 또한 냉각작용도 한다.

램제트 ram-jet [T] 제트 엔진의 일종이며, 초음속 비행에서 작동이 가능하다. 압축기를 사용하지 않는 제트(jet)로, 연소에 필요한 공기를 엔진의 전진 운동에 의해 베르누이의 정리를 응용, 고속으로 흡입하여 단순한 실린더 내에서 압축하고 연료를 분사, 점화, 연소시켜 추진력을 얻는 방식. 램제트의 특징은 주요부에 회전 등의 가동부가 없기 때문에 경량이며 구조도 간단하여 제작비가 싸다.

램제트엔진 ram-jet engine [T] 램 압으로 압축된 공기 중에 연료를 분사하여 연소시켜 연소 가스를 직접 분출하는 제트 기관. 램제트(ram-jet) 참조.

랭킨사이클 Rankine cycle [T] 2개의 등압변화 선과 2개의 단열변화 선으로 이루어진 열 사이클. 기력 발전소에 있어서의 기본적인 사이클의 하나이다.

랭킹와류 Rankine vortex [G] 강제와류와 자유와류가 조합된 와류. 조합와류(combined vortex) 참조.

랭킹-휴고니오 방정식 Rankine-Hugoniot equation [G] 수직충격파의 상류와 하류의 상태량 사이에 다음의 관계식이 성립한다.

$$\frac{\rho_2}{\rho_1} = \frac{\left(\frac{k+1}{k-1}, \frac{p_2}{p_1}+1\right)}{\left(\frac{p_2}{p_1}+\frac{k+1}{k_1}\right)} = \frac{u_1}{u_2}$$

$$\frac{T_2}{T_1} = \frac{\frac{p_2}{p_1}\left(\frac{p_2}{p_1}+\frac{k+1}{k-1}\right)}{\frac{k+1}{k-1}\cdot\frac{p_2}{p_1}+1} = \frac{\frac{p_2}{p_1}+\frac{k+1}{k-1}}{\frac{k+1}{k-1}+\frac{p_1}{p_2}}$$

여기에서, ρ : 밀도(kg/m^3){kgf · s^2/m^4}, p : 압력(N/m^2){kgf/m^2}, T : 절대온도(K), u : 유속(m/s), k : 비열비, 아래 첨자 1 : 충격파 상류, 아래 첨자 2 : 충격파 하류. 이 관계를 랭킹-휴고니오(Rankine-Hugoniot) 방정식이라고 한다. { } 안은 중력단위.

러너, 탕도 runner [T] 1) 수차의 동익(회전차). 2) 플라스틱 주형에 녹은 중합체가 주입되는 유로.

레드우드점도 Redwood viscosity [M] s 기름의 동점도를 나타내는 실용단위. 레드우드(Redwood) 점도계의 하부세관으로부터 피 측정유체 50cc가 유출하는 데 소요되는 시간을 초(秒)로 잰 것.

레벨링 leveling [M] 1) 기계를 설치하는 경우의 수평 내기. 2) 소지(素地)의 극히 작은 요철이나 흠집을 전기 도금으로 평활하게 만드는 것. 3) 완곡한 판을 교정 롤(roll) 사이에 넣어 편평하게 만드는 가공법.

레벨링블록 leveling block [M] 기계를 설치할 때 수평을 내기 쉽게 하기 위하여 기초와 기계밑면 사이에 넣는 블록.

레벨스위치, 수위스위치 level switch [P] 수위가 설정된 값과 일치하였을 때 작동하는 스위치.

레이놀즈 응력 Reynolds stress [G] Pa 유동에 관한 운동량식(나비에-스톡스방정식, Navier-Stokes equation 참조)에서 식 중의 변수, 즉 속도성분 등을 시간평균치와 변동성분의 합으로 나타내고 식 전체를 시간평균하면, 변수량의 시간평균치에 관한 운동량식의 형태와 같은 식에 추가하여 변동속도성분(u′, v′, w′)에 관한 항이 나타난다. 이들을 속도성분의 시간평균치에 대한 층류응력(Newtom's viscosity law)의 식에 포함시켜 이들의 항을 변동속도성분 때문에 나타난 추가 응력이라고 해석되고 있다. 예를 들어 추가응력의 x방향 성분으로는 다음의 항들이 추가로 나타난다.

$$-\rho\overline{u'^2},\ -\rho\overline{u'v'},\ -\rho\overline{u'w'}$$

이 항들은 실은 운동량 식의 가속도의 대류항에서 유래한 것이므로 응력은 아니지만 응력의 수학적 효과를 가진 것으로 해석하고 이들을 난류응력 또는 레이놀즈응력이라고 부르고 있다.

레이놀즈 수 Reynolds number [P,B,T,M] 유체에 작용하는 관성력과 점성력의 비로서 다음 식으로 표시된다.

$$Re = VL/\nu$$

여기서, Re : 레이놀즈 수, V : 유체유동장의 특성속도(m/s), L : 물체의 특성길이(파이프의 경우는 지름)(m), ν : 유체의 동점성계수(동점도)(m^2/s).

레이놀즈 응력모델, RSM Reynolds stress model [N] 난류에 의해 발생하는 레이놀즈 응력을 난류점성계수와 같은 것을 가정하지 않고 직접 수송방정식으로부터 구하는 방법. 이 모델은 전술한 $\kappa-\varepsilon$모델 등에서 문제가 발생하는 비등방성 난류, 즉 선회류 곡률이 강한 유동, 회전장에서의 유동, 부력이 있는 유동 등에서 사용된다.

레이놀즈상사 Reynolds analogy [T] 난류경계층에서의 대류열전달이 발생할 때, 열 및 운동량전달의 와동 확산계수는 같다라는 가정을 의미한다. 즉, 난류프란틀수는 1과 같다.

레이디얼블로워, 원심블로워 radial blower [B] 원심블로워와 같은 뜻으로 사용된다. 지름방향의 깃을 가진 원심블로워.

레이디얼 플런저펌프 radial plunger pump [P] 실린더 블록(또는 실린더 로터라고도 함)의 바깥 둘레에 중심을 향하여 방사상으로 플런저를 달고, 이것을 회전축 중심에 대하여 편심이 되도록 하여 슬라이드 링 속에서 회전을 시켜 상대적인 플런저의 운동에 의해 흡입 및 토출을 하는 펌프. 21～25 MPa {약 210～250 kgf/cm^2}의 유압펌프. 레이디얼 피스톤펌프(radial piston pump)의 원리와 같음.

레이디얼 피스톤펌프 radial piston pump [P] 회전 피스톤펌프이며, 복수의 피스톤이 펌프 구동축에 방사상으로 배치되어 피스톤이 반지름 방향으로 왕복 운동하는 형식.

레이저-도플러 유속계 laser-doppler anemometer [M] 유체 내에 심어진 미립자에 레이저를 쏘아 주고 이 미립자에서 산란되는 레이저 빛이 도플러 현상을 일으키는 것을 이용하여 유속을 측정하는 유량계. 그림 라-2 참조.

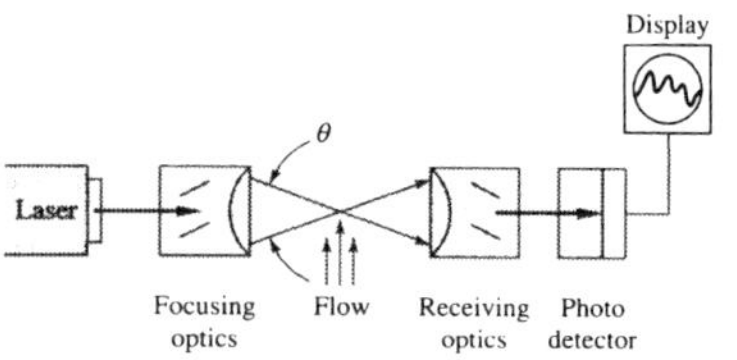

그림 라-2 레이저-도플러 유속계

레이저드릴링 laser drilling [T] 레이저를 이용하여 구멍을 뚫는 것.

레이저유속계 laser velocimeter [M] 레이저-도플러 유속계(laser-doppler anemometer)와 같음.

레이저풍속계 laser anemometer [M] 레이저-도플러 유속계(laser-doppler anemometer)와 같음.

레일리 선 Rayleigh line [G] 가열 또는 냉각되는 관 내의 유동의 두 단면 사이에서 단위 중량 당의 유체에 공급되는 열량 q는 다음과 같다. $q=c_p\Delta T_o$. 여기서 c_p : 정압비열, ΔT_o : 전온도의 차. 또 관의 단면적이 일정하고, 마찰손실이 없는 경우의 운동량의 법칙은 $p+(1/2)\rho w^2=\text{const}$, 연속식은 $\rho w=\text{const}$로 표시된다. 여기서 p : 유체의 정압, w : 유체의 속도, ρ : 유체의 밀도. 이들의 관계로부터 어느 w에 대하여 p, ρ가 구해지고, 엔탈피 I(또는 온도 T), 엔트로피 S가 구해진다. 이것을 엔트로피 선도에 그리면 그림 라-3과 같이 되며, 이것을 레일리(Rayleigh)선이라고 한다. 같은 엔트로피 선도 상에 화노(Fanno)선을 함께 그리면 그 교차점에서의 엔탈피, 엔트로피의 값으로부터 충격파의 상태가 결정된다. 그림 라-3 참조.

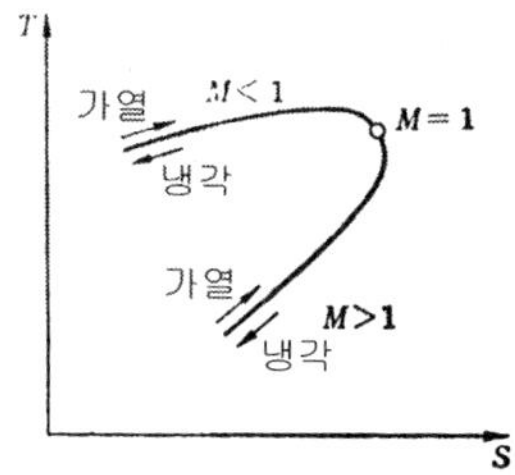

그림 라-3 레일리 선

레일리 수 Rayleigh number [N] 자연대류의 연구에 사용되는 무차원수이며, Rayleigh number의 정의는 $R_a=\rho c_p \beta g \Delta T S^3/(\alpha\nu)$로 나타낼 수 있으며, 이것은 그라스호프(Grashof) 수와 프란틀(Prandtl) 수의 곱과 같다. 여기에서, β : 체적 열팽창계수, g : 중력가속도, ΔT : 상하 면의 온도차, S : 유체층의 두께, ρ : 유체의 밀도, c_p : 정압비열, α : 온도전도율(단, $\alpha/(\rho c_p)$: 온도점성률), ν : 동점성 계수이며, $R_a>1700$에서 규칙적인 와동이 나타나고, 5×10^4에서 불규칙한 난류로 되며, 10^6에서 완전한 난류에 의한 대류를 이룬다.

레지스터 register [G] 댐퍼 또는 풍량 조절장치를 갖는 송풍기 입구부의 격자상의 커버.

로브로터 틈새 lobe clearance [B] m 서로 맞물리고 있는 두 로터의 프로필 사이의 틈새.

로브로터리 블로워 lobe rotary blower [B] 두 개의 누에고치 모양의 두 잎 로터의 회전운동으로 기체를 압송하는 회전 블로워. 세 잎 로터의 경우에는 세 잎 블로워(three lobe rotary blower)라고 한다.

로브펌프 lobular pump [P] 치차펌프와 유사한 회전펌프이지만 치차 대신에 매수가 2, 3, 4 정도로 적은 개수의 특수 형상의 치형 로터를 갖는 펌프.

로빈손 풍속계 Robinson anemometer [M] 4개의 반구형 컵이수직축 주위에 축대칭으로 부착되어 컵의 앞면과 뒷면에 작용하는 항력의 차로 회전하는 구조로 되어있다. 이 풍차의 회전속도는 풍속에 비례하며, 저속에서 고속까지 넓은 범위에서 사용이 가능하다.

로크웰경도 Rockwell hardness [T] 다이아몬드 콘(cone) 또는 강구에 압력을 가함으로써 시료에 자국을 내어, 그 깊이로 표시되는 경도. 일반적으로 브리넬 경도 시험기에 비하여 엷은 재료의 경우에도 측정할 수 있는 이점이 있다.

로타리 피더 rotary feeder [B,G] 그림과 같이 몇 개의 날개를 가진 로타를 케이싱 안에서 회전시켜 분립체를 위로부터 수송관 안으로 일정량씩 공급하는 기계. 그림 라-4 참조.

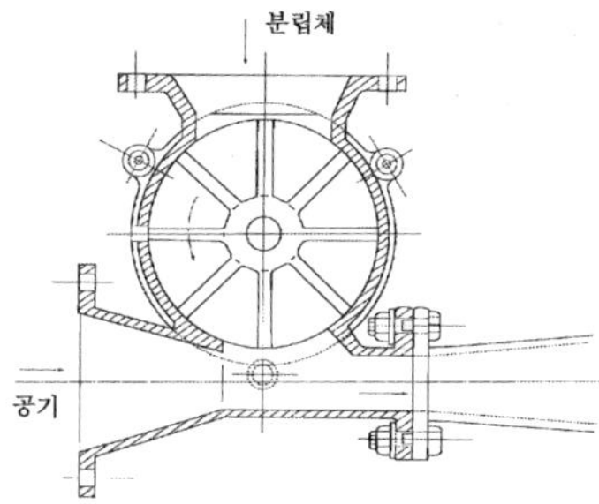

그림 라-4 로타리 피더

로탈피 rothalpy [G] m^2/s^2 터보기계에서 동익과 유체 사이의 에너지 교환을 생각할 때, 전 엔탈피를 i_o, 절대속도를 c, 상대속도를 w, 동익의 주속도를 u라고 하면, 다음으로 주어지는 식을 로탈피라고 한다.

$$r_o = i_o + \frac{1}{2}(w^2 - c^2 - u^2)$$

이 값은 회전차 입구와 출구 사이에서의 유선에 따라 일정하다. 이 용어는 rotational stagnation enthalpy의 약자임.

로터 길이비 length diameter ratio of rotor [B] 로터의 축 방향 길이와 최대 바깥 지름과의 비.

로터(1), 회전자(2), 회전체(3) rotor [B,T,D] (1) 회전체라고도 한다. 원심송풍기, 압축기의 회전차를 주축에 설치하여 일체로 한 것. 축류압축기에서는 동익을 설치하는 허브를 말한다. 회전 블로워, 압축기에서는 기체를 밀어내는 작용을 하는 회전 부분을 말한다. (2) 전동기에서는 회전하는 부분을 의미하며, 우리 말로는 회전자(回轉子)라고 부른다. 이에 대하여 정지하고 있는 부분은 고정자(固定子)라고 한다. (3) 저널이 베어링으로 지지되어 있는 회전하는 물체로서 지지베어링에 삽입된 축과 원판의 조립물 또는 단지 질량을 갖는 축을 의미하며, 이것은 또한 강성회전체(rigid rotor)와 탄성회전체(flexible rotor)로 분류된다. 여기서 저널이란 회전체의 하중을 베어링지지대로 전달하는 축 표면의 특정부분을 말한다. 회전체란 용어는 종종 저널이 없는 원판형상의 질량(예로, flywheel)에도 사용되는 일이 있다. 그러나 이 정의에 의하면, 이와 같은 원판형상의 질량은 평형잡기(balancing)의 목적에 대해서는 저널을 갖는 축 상에 놓여졌을 때 비로소 회전체가 된다.

로터리밸브 rotary valve, spherical valve [M] 회전밸브와 같음.

로터리 플런저펌프 rotary plunger pump [P] 액시얼 플런저펌프의 실린더 및 플런저가 펌프 구동축 둘레를 회전하는 형식.

로터리형 유량계 rotary type flow meter [M] 고정되어 있는 고정 틀과 회전하는 회전자 사이에 유체가 끼어 들어가 회전자와 함께 유체가 돌면서 출구에서 빠져나가도록 고안된 장치로, 회전자의 회전수로 유량이 결정되도록 되어 있는 용적식 유량계. 그림 라-5 참조.

그림 라-5 로터리형 유량계

로터미터 rotameter [T,M] 데이퍼가 위로 벌어진 유리관 속에 부자(浮子)를 넣고 이것을 관로에 수직으로 세워 부자(鐵心)가 움직인 위치(높이)로부터 유량을 측정하는 계기. 비교적 유량이 적은 부식성 가스나 액체의 유량측정에 사용된다. 그림 라-6 참조.

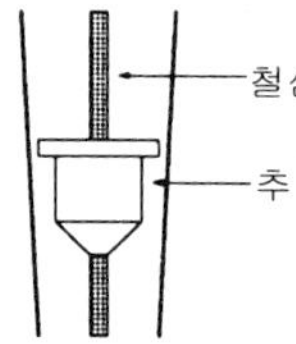

그림 라-6 로터미터

로터틈새 rotor clearance [B,T] m 두 잎 송풍기나 나사 압축기에서 로터와 케이싱 사이의 반지름 틈새.

로터형상 rotor profile [B] 용적형 회전 블로워 · 압축기의 로터를 축에 직각인 면으로 절단하였을 때의 모양.

로테이팅스크린, 회전식스크린 rotating screen [A] 분리기에서 공기 토출부 쪽으로 날아 들어가는 폐기물을 스크린이 설치된 원통을 회전시켜 기계식으로 연속제거 하는 장비. 원심분리기 상단, 공기토출부에 설치된다.

로토밸브 Roto valve [M] 일반적으로는 콘밸브(cone valve)라고 불려진다. 회전밸브의 일종. 로토(Roto)밸브는 밸브의 상품명. 본질적으로는 콕(cock)과 비슷하며, 전개시키기 위해서는 상부의 리프트 너트에 의하여 밸브체를 약간 위로 들어올려 90° 회전시킨다. 전개가 되면 다시 밸브시트에 닿기까지 내린다. 전개 시에는 송수관과 동일 단면의 유로가 되므로 마찰손실이 없고, 누설도 없다. 또 밸브의 회전각이 15° 이상인 경우에는 밸브면적이 밸브의 각도에 비례하므로 수량조절이 용이하다. 조작방법은 수동식, 전동식, 수압 · 유압 · 기압 등의 압력식이 있다.

롤러게이트 roller gate [M] 물 밀봉 고무가 부착된 수문의 양쪽에 몇 개의 롤러를 설치하여 수문 받침 미끄럼 면을 상하 이동하는 구조의 게이트. 조작수심이 깊어도 비교적 동력은 적으며, 원활하게 개폐할 수 있다.

루버 louver [B,T] 공기의 흡입구 또는 배출구에 설치되며, 공기량과 풍향을 조절하기 위한 쇠창살 식으로 된 것.

루스플랜지 loose flange [G] 파이프에 고정되지 않고 자유롭게 움직일 수 있는 플랜지. 현지에서 배관공사를 실시할 때 고정 플랜지의 경우 파이프의 길이를 조정할 수 없으므로 반드시 루스플랜지를 설치할 필요가 있다. 이 루즈플랜지를 상대방 플랜지에 볼트로 고정한 후 루스플랜지와 파이프를 용접한다.

루츠미터 Roots meter [M] 기체유동에 의한 2엽로터의 회전을 응용한 가스유량계.

루츠블로워 Roots blower [B] 두 입 로터를 2축평행으로 조합하고, 서로 역전시켜 기체를 압송하는 회전블로워. 로터와 케이싱에 의해 가두어진 기체는 토출 측에 통하게 되면 역류해 오는 토출 측의 기체에 의해 압축되어 다음에 이어지는 로터의 회전에 의해 송출된다. 두 입 블로워(two lobe blower)라고도 한다.

루츠압축기 Roots compressor [T] 두 개의 회전자가 맞물면서 회전하여 용적배제효과를 내는 압축기. 루츠블로워(Roots blower) 참조.

루트 root [T] (1) 제곱근. (2) 용접의 단면에서 용착 금속의 밑바닥과 모재와의 교차점. (3) 나사의 골 밑바닥. (4) 기어의 이 뿌리.

리미트스위치 limit switch [A] 기계장치 등의 동작한계, 폐기물의 저장한계 등의 한계 위치에 달하면 접점이 전환되는 스위치. 주로 한계치에 대한 안전장치용으로 사용된다.

리브, 배면깃 rib [T] 1) 리브 : 판 또는 두께가 얇은 부분을 보강하기 위하여 덧붙이는 뼈대. 2) 배면 깃 : 원심회전차의 축 추력을 줄이기 위해 회전차 뒷면에 부착하는 리브형의 깃. 형상에는 원호형과 방사상의 것이 있다. 배면 깃(back blade)과 같음.

리브붙이관 ribbed tube [T] 열전달을 촉진시키기 위해 관 바깥쪽에 리브가 붙여지거나 관 내면에 나선 홈이 있는 관.

리사주선도, 궤도선도 Lissajous plot, orbit plot [D] 회전기계의 굽힘진동은 휘돌림(whirling)운동을 하므로, 수직방향과 수평방향 진동의 합성으로 나타내게 되며, 이를 리사주선도 또는 궤도선도라 한다. 이는 동일 면내에서 서로 90°어긋난 2개의 신호파형의 합성파형으로 나타내어지며, 회전주파수의 리사주는 정상 시에는 둥근 원이나 타원으로 된다. 리사주는 축 표면까지의 거리가 그리는 궤적이지만, 이것은 축 중심의 궤적으로 된다. 진동수의 비율이 간단한 정수 비로 표시되는 2개의 단 진동을 서로 직각방향으로 각각 나타낸 정상상태의 도형(圖形)으로, 단순진동의 위상각의 차이에 따라 리사주선도는 달라진다. 이 선도는 축 변위를 측정하는 2개의 근접센서를 서로 직각방향으로 설치하여 취득한 신호를 이용하여 2채널 오실로스코프로 나타낼 수 있다.

리쇼름 압축기 Lysholm compressor [C] 나사압축기와 같음. 나사압축기(screw compressor) 참조.

리시버, 수신기 receiver [A] 에미터에서 발광한 빛을 수신하는 부분.

광센서=에미터+리시버

리액턴스 소음기 reactive muffler [G] 단면적 변화형, 팽창형, 공맹형 또는 그들의 조합으로 형성되는 소음기. 주로 임피던스의 미스매칭에 의해 음의 전파를 방지하는 소음기. 유동저항이 작은 소음기로서 널리 사용되고 있다.

리오페틱유체 rheopectic liquid [M] 일정온도, 일정변형속도 하에서 시간경과에 따라 점성 또는 전단응력이 증가하는 유체. 벤트니이트졸이 이에 해당한다.

리차드슨 수 Richardson number [N] 부력과 관성력에 대한 상사법칙을 나타내는 무차원 수이며, 난류 모델에서 사용되는 난류 리차드슨 수(turbulence Richardson number)는 일반적으로 다음과 같이 정의된다.

$$R_i = 2U/(R\partial U/\partial y)$$

여기에서, R은 유동의 곡률반경을, U는 유속, y는 유속 U에 수직한 좌표를 나타낸다.

린넨 linen [A] 호텔의 타월, 냅킨, 시트, 담요, 유니폼, 병원의 환자복, 시트, 가운 등의 면류나 화학직물류.

린넨 수집기 linen collector [A] 이송파이프를 통해 수집된 린넨을 공기와 분리시켜 수집하는 장치. 린넨(linen) 참조.

릴리프밸브 relief valve [P] 주로 액체의 이상 압력상승을 막기 위하여 사용되며, 상류 쪽 액체의 압력이 소정의 값 이상이 되면, 그 압력의 상승에 따라 자동적으로 열리는 기능을 가진 밸브.

림 rim [B,T] 벨트풀리, 플라이휠, 핸들 바퀴, 기어 등의 외주를 이루는 환상의 링 부분을 가리키며, 자전거, 자동차의 바퀴 등에서는 이곳에 타이어를 끼운다.

립패킹 lip packing [G] 입술처럼 생긴 패킹으로서 이것을 금속면에 충분히 밀착시켜, 볼록 부분의 압착력에 의해 밀봉하는 것. 그림 라-7 참조.

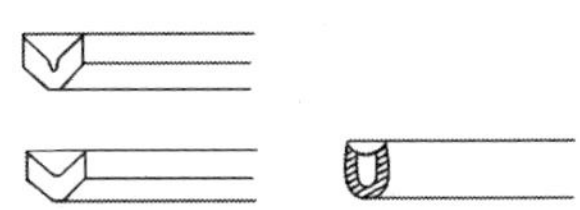

V패킹　　U패킹

그림 라-7 립패킹

링밸브 ring valve [M] 왕복압축기의 실린더 흡입밸브, 실린더 토출밸브의 밸브 판이 링 상태로 되어 있는 밸브. 판밸브(plate valve)와 같음.

ㅁ

마그너스효과 Magnus effect [G] 균일 유동 안에 놓인 원통이 회전하고 있는 경우는 균일유동에 직각 방향으로의 힘이 작용한다. 이 현상을 말한다. 회전시키면서 던진 볼이 휘는 것도 이 작용에 의한 것이다.

마노미터 manometer [T] 유자관(U-tube)과 같음.

마력 horsepower [T] HP 약자는 HP. 중력 단위계에서의 작업률(作業率) 또는 공률(工率)의 실용단위. 1초에 대하여 75 kgf · m의 비율로 행하여지는 작업률을 미터마력이라고 하며, 0.755 kW에 상당한다. 이 밖에 1초간에 550 ft-lbf의 비율로 행하여지는 작업률을 표시하는 영국마력(英馬力)도 있다. 우리나라에서는 이것을 0.746 kW로 하고 있다. 인간은 약 1/10 마력 정도의 작업률을 낼 수 있다. SI 단위계에서는 kW를 사용한다.

마멸시험, 마모시험 wear test [T] 시험재료에 일정 시간 일정한 부하를 걸어 재료의 중량 변화를 측정한다거나 반사율이나, 표면 다듬질의 변화를 비교한다거나, 치수의 변화를 측정하여 재료의 마모에 저항하는 성질이나 마모에 영향을 주는 조건 등을 살피는 시험. 마모에는 대별하여 미끄럼 마모, 구름 마모, 충격 마모가 있으므로 마모 시험법도 대별하면 이 3종류가 된다.

마모방지판 wearing plate [A] 폐기물과 직접 접촉하는 장비의 내표면의 마모, 부식율이 높은 곳을 보호하기 위해 덧대는 방지판.

마이크로가스터빈 micro gas turbine [T] 마이크로연소기를 기반으로 하는 소형 가스터빈.

마이크로열교환기 micro heat exchanger [T] 100마이크로미터 반경의 소형채널을 가진 열교환기.

마이크로히트파이프, 마이크로전열관 micro heat pipe [T] 모세관작용을 이용하여 작동유체를 응축기에서 증발기로 이동시키는 작은 규격의 전열관(heat pipe).

마중물, 프라이밍 priming [P] 시동 전에 펌프 및 흡입관 내를 물로 채우는 것.

마중물콕, 프라이밍콕 priming cock [P] 프라이밍을 하기 위한 물 주입 콕. 마중물(priming) 참조.

마찰감쇠기 friction damper [D] 스너버(snubber)라고도 불리며, 고체마찰(쿨롱마찰)을 이용한 간단한 구조의 감쇠기(damper)이지만, 고체마찰을 이용하므로 계획 제동력을 엄밀히 제어할 수 없다. 철도차량의 현가장치나 구조물용으로 이용된다. 마찰감쇠기만의 사용은 적고, 스프링과 일체로 사용된다. 겹판스프링도 성능 면에서는 스프링과 마찰감쇠기가 일체로 된 것과 구조적으로 같다. 마찰감쇠기의 특징은 구조가 비교적 간단하고, 취급이 용이하지만, 오일감쇠기에 비해 감쇠력이 불안정하여 신뢰성이 낮고, 고주파수진동의 절연효과가 나쁘며, 공진을 피할 수 없는 큰 단점이 있다. 따라서 오일감쇠기에 비해 중량, 가격 면에서 이점이 없고 단점이 많아 거의 사용되지 않고 있다. 단, 차량용에 겹판스프링을 사용하는 것은 현가장치와 차축상자의 안내장치를 겸한다는 특징의 편리함이 뛰어나기 때문으로, 감쇠특성은 양호하지 못하다.

마찰속도 friction velocity [G] m/s 벽면에 따르는 유동에서 벽면 상의 전단응력을 τ_0(N/m^2){(kgf/m^2}, 유체의 밀도를 ρ(kg/m^3){kgf · s^2/m^4}라고 하면, 마찰속도 u*는 $u^*=(\tau_0/\rho)^{1/2}$이며, 속도의 차원(m/s)을 갖는다. 이를 마찰속도라고 한다. 마찰속도로 표시되는 동압 $\rho u^{*2}/2$는 벽면전단응력의 반인 $\tau_0/2$에 해당한다. { } 안은 중력단위.

마찰손실헤드 friction head [P] m 유체가 고체 표면과의 마찰에 의하여 잃은 에너지를 헤드로 표시한 것.

마찰저항 friction drag, friction registance [G] 유동 중의 물체표면에 작용하는 마찰저항(frictional drag). 이에 대하여는 거칠기(roughness) 참조. 물체가 유체유동에서 받는 저항에는 그 밖에 압력분포로부터 받는 압력저항(pressure drag)이 있다. 이들 두 저항을 합친 것이 물체가 받는 전 저항(total drag)이 된다.

마하각 Mach angle [T] rad,deg 마하수 M이 1보다 크면 그림과 같이 마하파가 미치는 범위는 다음의 반 정각 $\mu=\sin^{-1}(1/M)$의 원추 내에 한정된다. 이 각을 말한다. 그림 마-1 참조.

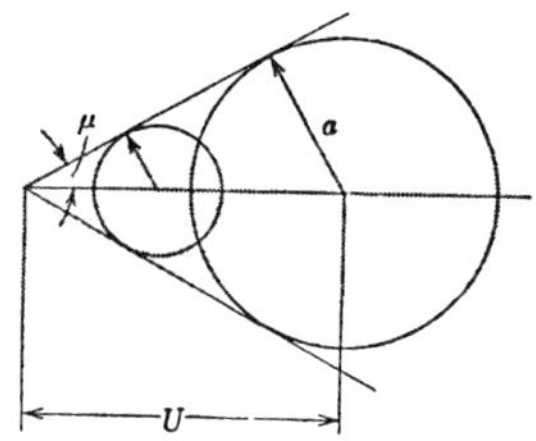

그림 마-1 마하각

마하수 Mach number [B,T] 물체의 속도를 v, 음속을 a라 할 때 v/a를 마하수라 하며, 이를 M으로 표시한다. 유체유동을 압축성의 관점에서 분류할 때는 마하수가 기준이 된다. 마하수에 따라 유동을 분류하면 다음과 같다.

$M<0.3$: 아음속 비압축성유동
$0.3\leq M<1$: 아음속 압축성유동
M=1전후 : 천이음속유동
$1<M<5$: 초음속유동
$M\geq 5$: 극 초음속유동

막 모듈 membrane module [E,F] 엘리먼트를 하우징에 장전(裝塡)하여 일체화된 것. 하우징에는 엘리먼트가 1개만 장전된 경우도 있지만, 통상은 복수체의 엘리먼트가 장전된다. 일반의 막 모듈에서는 하우징에서 엘리먼트를 자유롭게 빼내거나 유입할 수 있도록 되어 있지만, 그 중에는 일부 중공사형 모듈처럼, 일체화되어 분리할 수 없는 형식의 것도 있다. 정수처리공정에 쓰이는 모듈로 중공사막(中空絲膜), 평막, 관상(管狀)막과 나권형(螺卷形)막 등이 있다.

막 오염 fouling [F] 막 공급수 중의 용질이 막에 의해 저지됨에 따라 막의 막힘이나 부착층의 형성을 초래하는 현상. 막 오염으로 막의 여과기능은 저하된다. 오염의 원인물질로서는 탁질, 스케일, 규토(slica), 금속산화물, 유기물, 미생물 등이 있다. 오염대책으로서는 전처리와 세정이 있다.

막, 박막 membrane [T] 얇은 층상(層狀)의 조직으로서 인접하는 공간을 격리하거나 공간 내의 안 쪽에 붙여지거나 또는 인접하는 구조를 이어 주기도 한다.

막분리법 membrane separation method [E] 물속의 콜로이드 · 유기물 · 이온 같은 용존물질을 반투과성 분리막을 이용하여 여과함으로써 분리 제거하는 방법.

막상응결 film condensation [T] 고체면상에서 증기가 응축할 때 응축된 액이 박막상을 형성하고, 통상 중력이나 다른 외력의 작용으로 흘러내리는 응축형태. 이 현상에 의한 열전달은 거의 전도저항의 역수이며, 액막의 두께는 증기 유속에 의해 기액계면에 작용하는 전단력이나 액막에 작용하는 체적력에 의해 정해진다.

막여과 시스템 membrane system [F] 막 엘리먼트, 펌프, 파이프 및 다른 장치 요소를 갖춘 시스템으로 유입수를 처리하여 생산수를 만드는 막공정을 주요기반으로 한 시스템. UF 시스템, MF 시스템, RO 시스템 등이 포함된다.

막여과(법) membrane filtration [E,F] 정밀여과막, 한외여과막 혹은 나노 여과막 등을 사용하여, 원수중의 불순물질을 분리 제거하여 맑은 여과수를 얻는 정수방법. 간단히 막여과라고도 말한다.

막여과속도 membrane filtration speed [E] LMH[L/m^2−hr] 단위시간, 단위막 면적당의 막 여과수량.

막차압 trans−membrane pressure [E,F] 막의 평균조작 압력과 생산수측의 압력차를 말한다. 유효압력(effective pressure)이라고도 한다.

만수 감지기 priming detector [P] 프라이밍이 완료된 것을 감지하는 기기. 마중물(priming) 참조.

만수시험 priming test [P] 펌프시동 전의 케이싱 내의 만수 조작이 예정대로 옳게 이루어져 시동에 지장이 없다는 것을 사전에 확인하기 위한 시험.

말굽와류 horse−shoe vortex [G] 날개를 구속와류로 본 와선(와류)과 익 끝단에서 방출되는 익 끝단와류로 구성되는 와류의 시스템. 익의 출발 시에 익 뒷전 전체에서 발생한 출발와류는 정상상태에 들어갔을 때는 무한 후방에 있게 되는데, 이것과 말굽와류는 닫친 와류를 형성하며 헬름홀츠의 법칙을 만족한다.

망사창 wind screen [G] 옥외의 송풍기 장치에서와 같이, 바람이 있는 곳에서 소음을 측정할 때 바람으로 인해 마이크로폰에서 소음이 발생하여 측정에 지장을 주는 경우가 있다. 바람의 영향을 제거하기 위해 마이크로폰에 씌우는 스크린이 그것이다.

매개변수 parameter [N] 일정한 조건하에서는 불변이나 여러 가지 조건이 변하면 다른 값을 취하는 이중적 성격을 가진 변수.

매니폴드, 다기관(多岐管) manifold [T] 연락관을 집합 또는 분기하기 위한 배관. 베어링에의 윤활유의 급유관, 되돌아가는 배출관 또는 드레인 관, 계장(計裝)용 공기관 등의 비교적 작은 지름의 파이프에서 사용되며, 다기관 헤더라고도 불린다.

맥동 pulsation [T] 사람의 맥박처럼 주기적으로 일정하게 작동하는 움직임.

맥동연소 pulsating combustion [T] 연소실 내에서 연소가 주기적인 압력변동을 할 때, 불안정한 연소상태가 되는 연소.

맥동효과 pulsation effect [T] 체적효과에 미치는 동적 효과로서, 내연기관 등의 흡기밸브가 닫힌 다음 흡기관 내에 남는 맥동 파를 생각하여 양의 파가 다음 흡기에 동조하는 경우는 체적 효율이 증가하고 음의 파가 동조할 때는 체적 효율이 감소하는 효과를 맥동 효과라고 한다.

맨홀 manhole [A,G] 1) 기계 내부를 점검하는 경우 또는 조립·분해할 때 작업자가 출입하기 위한 구멍. 대형 휀의 케이싱, 탱크 등에 설치되며, 맨홀커버가 부착된다. 2) 노면(路面)에서 지하에 매설된 이송관로의 청소나 점검을 위해 유지관리자가 출입하기 위해 만들어진 구조물.

맨홀커버 manhole cover [G] 맨홀에 설치되는 덮개. 맨홀의 사용빈도에 따라 개폐가 용이한 구조로 한다.

먼지, 매진, 더스트 dust [T] 먼지, 분진.

멀티 사이크론 multicyclone [B,G] 미세한 입자를 포함한 기류에서 입자를 포집하는 경우 직경이 큰 1차 사이크론에서 대부분의 입자를 포집한 후, 직경이 작은 소형의 2차 사이크론에서 나머지 미세입자를 포집한다. 그런데 사이크론 직경이 1500 mm 이상이 되면 사이크론 내부 기류의 선회각속도가 떨어지므로 입자원심력이 작아져 포집효율이 떨어진다. 그러므로 풍량이 충분히 큰 경우에는 덕트를 분기시켜 몇 개의 작은 직경의 사이크론에서 미세입자를 포집한다. 이와 같은 형식의 사이크론을 말한다.

메인밸브 main valve [A] 분리기 후단, 송풍기 전단의 공기 이송관에 설치되는 일종의 차단밸브.

멱승방법 power-law scheme [N] 대류와 확산을 이산화 방정식으로 만드는 과정에서 부적절한 관계식을 보완하는 방법으로서, 엄밀해 곡선의 수치적 근사 보다 좀 더 나은 근사는 멱승도식(멱승방법)이며, 지수함수적인 거동을 잘 나타내 주는 특징이 있다. a_E의 멱승 도식에 의한 표현은 다음과 같이 쓸 수 있다. 단, P_e는 Peclet 수, a는 영향계수, D는 확산항 계수이다.

1. $P_e < -10$ 인 경우 $a_E/D_E = -P_e$

2. $-10 \le P_e < 0$ 인 경우
$a_E/D_E = (1+0.1P_e)^5 - P_e$
3. $0 \le P_e < 10$ 인 경우
$a_E/D_E = (!+0.1P_e)^5$
4. $P_e > 10$ 인 경우 $a_E/D_E = 0$

면적식 유량계 variable area flow meter [M] 유체가 통과하는 단면적이 변하게 되어 있는 형식이며, 유량의 크기에 따라 연직으로 움직이는 추가 있어서 이 추의 위치로부터 유량을 측정하는 유량계. 그림 마-2 참조.

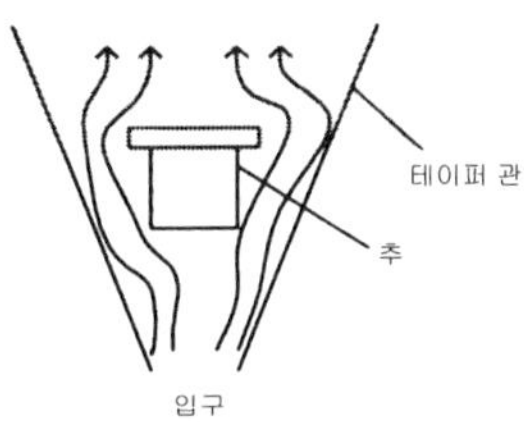

그림 마-2 면적식 유량계

면적유량계 float type area flow meter [M] 수직으로 세운 확대각이 작은 원추관(위 방향으로 면적이 큼) 속에 플로트를 넣어, 그 위치로 유량이 측정되도록 되어있는 유량계. 비교적 작은 유량의 경우에 한하여 사용된다. 부자식(浮子式) 유량계라고도 말한다.

면적평균 반지름 area mean radius [B, T] m 환원 형의 유로 면적을 이등분하는 반지름이며, 다음 식으로 주어진다.

$$r_m = \sqrt{(r_o{}^2 + r_h{}^2)/2}$$

여기에서, r_m : 면적 평균 반지름(m), r_0 : 유로 외주 반지름(m), r_h : 유로 내주 반지름(m).

명판 name plate [P] 유체기계의 주요 시방 내용과 제작연월일 및 제작회사의 이름이 명기된 명판.

모니터 펌프, 채탄 펌프 monitor pump [P] 수력 채탄용 모니터에 압력수를 보내는 고압펌프. 모니터는 노즐과 그것을 설치 고정하는 구조물을 의미한다.

모드 mode [D] 진동을 하는 계에서, 진동 모드는 어떤 특정 진동수에서 모든 질점(particles)의 운동이 단순 조화운동(선형계에서)이나 감쇠 형태(decay pattern)에 상응하는 계에 의해서 가정된 절(node)이나 배(antinode)의 특성 형태를 가리킨다. 다 자유도계에서는 2개 또는 그 이상의 많은 모드들이 동시에 존재할 수 있다.

모드해석 modal analysis [D] 수학적인 동적 모델을 구성하기 위해, 충분한 모든 모드 파라미터(모드주파수, 모드감쇠, 모드형상)들을 결정해 가는 과정이다. 모드해석은 시험이나 해석적인 기법을 통하여 다음 사항이 이루어진다. 1) 응답해석을 각 모드마다 수행하고, 그 응답파형을 더하여 계 전체의 응답파형을 구하는 것. 2) 각 모드마다의 최대응답 값을 구하고, 적당한 가산방법에 의해 계 전체의 최대응답 추정치를 구하는 것. 다 자유도계 또는 연속체의 응답을 구하는 방법으로, 그 고유모드가 서로 독립인 것으로 취급될 수 있는 계에 적용된다.

모드형상 mode shape [D] 기계계의 주어진 진동모드의 모드형상은 계의 평균치로부터 계의 중립면(또는 중립축) 위치의 최대변화에 의해서 주어진다. 통상 한 특정 점에서 특정 처짐의 크기로 정규화되어 진다. 평균치(mean value)는 단지 주어진 진동 모드의 평균값이다.

모래펌프, 샌드펌프 sand pump [P] 토사를 포함한 물을 이송하는 내마모 재료로 된 펌프.

모사, 시뮬레이션 simulation [T] 모방하는 대상에는 자연 현상, 경제 현상, 전쟁 등 여러 가지가 있지만 공통점은 실체에 의한 실험이 불가능하거나 위험을 수반하고 현저하게 많은 비용이 드는 경우에 시뮬레이션이 실시된다.

모세관현상 capillarity [G] 액체 안에 가는 관을 세우면 표면장력의 작용에 의해 세관 내의 액면은 상승 또는 하강하는 현상.

모이노 펌프 Moyno pump [P,G] 나선형의 로터가 회전함으로써 축방향으로 기름을 압송하는 나사펌프의 한 종류.

모터 motor [G] 모터에는 직류모터와 교류모터가 있다. 직류모터는 정류자를 가지며, 타려식(他勵式), 분권식, 직권식, 복권식 등이 있으며, 교류모터에는 정류자는 없고 유도(단상, 삼상) 게이지형, 권선형, 동기형, 교류정류자형 등이 있다. 펌프 시험용으로는 직류식이 사용되지만, 산업용으로는 삼상교류유도전동기 중에서도 게이지형과 권선형이 많이 쓰인다.

모터 대 motor pedestal [G] 모터를 얹는 대. 그림 마-3 참조.

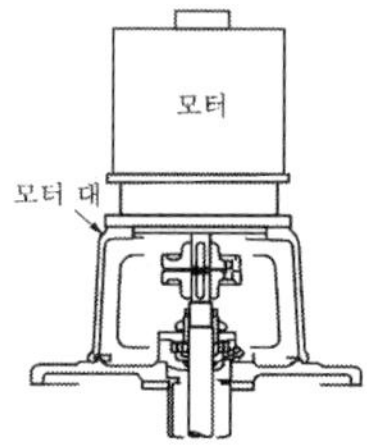

그림 마-3 모터 대

모터 반대쪽 베어링, 바깥쪽 베어링 outboard bearing [P,B] 베어링이 펌프 케이싱의 양쪽에 있는 경우, 원동기와 반대쪽에 있는 베어링. 수직형 펌프에 대하여는 이와 같은 호칭은 사용하지 않음.

모형시험 model test [P] 실물 펌프의 성능을 추정하기 위하여 모형을 사용하여 실시하는 시험. 대형 펌프나 개발용일 때 모델펌프를 제작하여 행하는 시험.

목(벌루트의) throat [P] 1) 벌루트로부터 토출구에 이르는 사이의 관 모양 유로의 입구 부분. 2) 초음속 유동의 경우는 음속을 발생시키기 위한 축소확대 노즐에서 단면적이 제일 작은 부분.

목압력 throat pressure [T] Pa,{kgf/m^2} 유체의 통로가 좁게 수축되어 있는 경우 그 부분의 압력. 이 부분에서는 유체의 에너지가 속도로 변환되고 압력이 저하한다. 벤투리 미터는 이것을 응용한 유량계이다. 초음속노즐의 목 부분에서의 압력. { } 안은 중력단위.

목탄, 숯 charcoal [T] 목재를 건류함으로써 생기는 탄질물. 백탄(경탄)과 흑탄(연탄)이 있다.

몰 mol, mole [B,G] 물질량의 단위로서

물질의 분자량과 같은 숫자에 그램 단위를 붙인 양(숫자)의 질량.

몰리에르 선도 Mollier chart, Mollier diagram [T] 엔탈피를 세로축으로, 엔트로피를 가로축으로 하여 증기의 상태(압력, 비용적, 온도, 건조도 등)를 나타낸 선도.

몽테카를로법 Monte Carlo method [T] 확률의 문제로 다룰 수 있는 경우에 필요한 수치를 무작위로 실험적으로 구하는 방법. 통계적인 살포도가 실제에 있어서 어떠한 영향을 미치는가를 검토하기 위하여 사용된다.

뫄노 펌프 Moineau pump [P] 암나사의 내면을 수나사의 로터가 유성운동 하면서 돌며 암나사의 내변을 쓸면서 송액하는 펌프의 형식. 상품명임.

무게중심 centre of gravity [D] 물체가 일정한 중력장에 놓여있을 때, 물체의 모든 방위(orientation)에 대해 계를 구성하는 각 질점들 무게의 합력(resultant)이 통과하는 점. 중력장이 일정할 때 무게중심은 질량중심과 일치한다.

무기 막 inorganic membrane [F] 무기물을 소재로 한 막의 총칭으로, 세라믹막, carbon 막, glass 막 등이 있다.

무구속속도 runaway speed [P] 1/s 펌프 입력 차단 시에 펌프는 역방향 회전상태로 될 수 있고, 이 역방향 유동영역에 있어서의 펌프의 최대 회전속도.

무디선도 Moody diagram, Moody chart [G] 시판용 새 파이프의 마찰계수가 제시된 선도.

무방류 zero liquid discharge (ZLD) [F] 역삼투막 공정의 농축수를 관리하는 방법 대안으로 농축수를 액체상에서 고체상으로 바꾸는 방법. 농축수를 공공수역으로 배출하지 않는 방법으로써 증발, 건조 등의 방법을 통해 농축수에 포함된 염을 결정화 시킨다.

무부하운전 no-load running [T] 전동기, 기관 등의 공전(空轉)상태.

무양력각 zero lift angle [B] rad,deg 양력이 0인 상태에서의 받음각.

무유식 oil free type [B] 실린더 내부를 오일 또는 물 등으로 윤활을 하지 않는 형식.

무유식 압축기 oil free compressor [C, G] 압축기 실린더와 피스톤 사이의 기밀을 확보하기 위해 보통 피스톤에 주철제 피스톤링을 끼워, 이것이 실린더와 접촉하게 하고, 그 사이를 기름으로 윤활시키는 방법을 택한다. 그러나 압축공기에 기름의 혼입을 피해야 하는 경우는 피스톤링으로서 카본제나 테플론제의 것을 사용하여 기름에 의한 윤활을 피한다.

무익펌프 bladeless pump [P] 임펠러가 하나의 유로를 형성하여 흡입구에서 유입된 고형물이 내부에서 막히거나 쌓이는 일이 없는 구조로 되어 있는 펌프.

무주기운동 aperiodic motion [D] 주기적인 운동이 아닌 운동으로, 진동현상이 나타나지 않으며, 이를 비주기운동이라 한다. 일 예로, 계의 감쇠비(damping ratio) ζ가 $\zeta > 1$인 과감쇠(overdamping)의 경우에 발생한다. 감쇠비(damping ratio) 참조.

무차원 매개변수, 무차원수 dimensionless parameter, non-dimensional parameter [T] 모든 물리량에는 차원이 있으나 차원해석을 통해서 차원의 구애를 받지 않는 무차원 양이 도출된다. 이들 중에 매개변수가 무차원화 된 것이 무차원 매개변수라고 한다. 유체기계의 특성을 무차원 특성량으로 표시함으로써 상사형 기계의 특성을 보편성 있게 제시할 수 있다.

무차원비속도 dimensionless specific speed [G] 무차원이 되도록 표시된 비속도. 이것은 다음 식으로 표시된다.

$$\pi = nQ^{1/2}/(H)^{3/4},\ \pi = \{nQ^{1/2}/(gH')^{3/4}\}$$

여기서, π : 무차원 비속도. n : 단위 시간 당의 회전수(rad/s), Q : 단위 시간 당의 토출량(m^3/s), H : 단위 질량 당의 에너지(m^2/s^2), H' : 헤드{m}, g : 자유낙하의 가속도(m/s^2). { } 안은 중력단위. 종래의 비속도 n_s는 다음과 같이 표시된다.

$$n_s = nQ^{1/2}/H'^{3/4}$$

이때의 비속도 n_s는 무차원이 아니므로 가각의 양에 사용된 단위를 나열 표시한다. 단, H'은 단위 중량당의 에너지 즉, 헤드이며, 단위는 {m}이다.

무차원수 dimensionless number [T] 자연 현상을 나타내는 인자 들이 관계식을 일반적(일반 식)으로 표시하기 위하여 차원 해석이나 기초 식의 무차원화 등을 실시하게 되는데, 그 때 얻어지는 차원을 갖지 않는 파라미터 또는 물리량.

무차원수 dimensionless number, non-dimensional number [T] 자연 현상을 나타내는 인자를 일반적인 양으로 표시하기 위하여 차원해석, 기초식의 무차원화 등을 하게 되는데, 이 때 얻어지는 차원이 없는 물리량.

무충돌유량 shockless capacity [P] 터보기계 내부에서 임펠러나 안내깃 혹은 벌루트 혀 부분에 가장 적은 손실로 유입하는 유동상태로 되어 있을 때의 토출량. 이 때의 회전차나 안내깃 등의 유입속도의 방향은 그들의 입구각과 거의 일치함. 보통 터보기계의 최고효율점보다 약간 큰 토출량에서 나타남.

무하중, 무부하 no-load [T] 하중(load) 참조.

무한익렬 infinite cascade [T] 익 수를 무한이라고 하고, 각 익에서 유체 사이에 작용하는 작용력이 같다고 한 익렬. 이와 같은 익렬은 이론적으로 해석하기가 비교적 용이하다.

무향실 anechoic room(chamber) [G] 외부소음의 영향을 받지 않도록 하고, 벽면을 완전흡음에 가까운 상태로 된 방이며, 자유음장(自由音場)과 등가하며, 각종기기, 기계 등의 음향실험에 사용된다. 방음 실(sound insulated room) 참조.

물고기펌프, 어펌프 fish pump [P] 물고기를 물과 함께 보낼 수 있는 펌프. 무익펌프를 사용. 냉각수 등의 취수구에 물고기가 흡입되는 것을 막기 위해 스크린 앞에 집어장치를 설치하여 여기에 모인 물고기를 물고기펌프로 원래의 물로 되돌리는 용도로 사용.

물리 세정 physical cleaning [F] 약품을 사용하지 않고 물리적인 방법으로 행하는 막의 세정. 이것에는 역압세정, 스크러빙, 플러싱, 해면 볼(sponge ball) 세정, 혹은 난류 촉진제를 사용한 수력학적 방법에 의한 세정, 초음파 세정 등이 있다. 막면에 오염물질 부착량이 다량이 아닌 시기에 물리세정을 행하기 때문에, 세정빈도는 높은 것이 일반적이다. 물리세정으로 씻기지 않는 경우에는 약품세정을 행한다.

물리량 physical quantity [M] 일정한 물리학의 체계 하에서는 차원이 확정되며, 정해진 단위의 배수로 표시할 수 있는 양.

물맞이 깔때기 priming funnel, funnel [P] 프라이밍을 하기 위한 물 주입용 깔때기. 마중물(priming) 참조.

물맞이 깔때기, 프라이밍 깔때기 funnel [P] 펌프의 물맞이를 하기 위한 주수용 깔때기. 보통 소형펌프에서는 물맞이 콕과 함께 케이싱의 최상부에 설치된다.

물맞이 밸브, 프라이밍밸브 priming valve [P] 프라이밍을 하기 위한 물 주입 밸브. 마중물(priming) 참조.

물분사펌프 water jet pump [P] 물을 노즐에서 고속으로 분출시켜서 노즐에서 발생하는 저압을 이용해서 양수하는 펌프. 구조는 간단하지만 효율은 나쁘다. 고형물을 포함하는 물의 수송, 벌루트 펌프와 조합된 우물물의 양수, 수력발전소에서 고압수가 있는 곳에서의 배수, 원자로 내의 물 순환용 등에 사용된다.

물윤활식 water lubricated type [B] 실린더 내부를 물로 윤활하는 형식.

물질상수 material constant [G] 물질의 종류에 따라 정해지는 물질 고유의 상수. 물리적인 성질을 표시할 때 사용된다. 예를 들어 뉴턴 유체의 점성계수, 다이러턴트(Dilatant) 유체의 유동저항을 나타내는 전단응력 표시에서 사용되는 비례상수나 지수 등이 해당한다.

물질전달, 물질이동 mass transfer [T] 유동하고 있는 물질과 벽면 간에서 행하여지는 상이한 물질과의 교환을 말한다. 이에는 확산 및 흐름에 의한 물질의 수송이 수반한다. 이 상태는 열전달에 열전도와 유동에 의한 에너지 수송이 관계하고 있는 것과 비슷하다. 예로서 가습과 제습은 열이동과 물질이동이 동시에 이루어지는 현상이다.

미국규격협회, ANSI American National Standards Institute, ANSI [G] 미국의 표준규격을 제정하는 기관. "엔시"라고도 부름. 1969년까지는 ASA이었다.

미국기계학회, ASME The American Society of Mechanical Engineers [G] 미국기계학회. 기계관련 규격을 광범위하게 제정하고 있다.

미국석유협회 American Petroleum Institute, API [G] 석유정제 등에 사용되는 기기 류의 표준시방서를 발행하는 기관. 이 기관에서 발행되는 시방서는 기기의 거래에서 생산자와 사용자 사이에서 세계적으로 널리 채용되고 있다.

미국수도협회 American Water Works Association, AWWA [G] 미국 수도 협회.

미국수력협회, HIS Hydraulic Institute Standards, HIS [G] 미국의 펌프회사들로 구성되고 있는 협회. 즉, 미국수력협회가 제정한 펌프 규격이 있으며, 용어, 성능시험법, 흡입수조의 표준, 소음 측정방법 등을 제정하고 있다.

미국재료시험협회 American Society for Testing and Material, ASTM [G] 공업재료 및 그들의 재료시험방법의 규격을 제정하는 기관.

미국철강협회 American Iron and Steel Institute(AISI) [G] 철강재료의 규격을 제정하는 미국의 기관.

미국표준협회 American Standards Association, ASA [G] ASA는1918년에 설립되었으나 1969년에 American National Standards Institute(ANSI)로 개조되었다.

미국항공국, NACA National Advisory Committee for Aeronautics [G] 미국의 항공국을 의미하며, 현재의 NASA (National Aeronautics and Space Administration)의 전신이다.

미끄러짐, 슬라이드 slide, slip [P] (1) 삼상유도전동기의 미끄럼. 토크를 발생하기 위해서 발생하는 동기속도 이하로 되는 속도. 부하가 가해지면 미끄럼은 증가하고 회전수는 떨어지며, 무부하에서는 거의 미끄럼은 없음. 미끄럼을 s라고 하면, $s=(n-n')/n$. 여기서 n : 동기속도, n′ : 실제 회전수. (2) 접촉면의 각각의 표면속도의 방향과 크기의 양쪽 또는 어느 쪽 하나가 다른 운동.

미끄럼 베어링 radial bearing [B] 축을 면으로 지지하고, 그 면과 축이 미끄럼 운동을 하는 베어링. 보통 반지름 방향의 하중을 받는 베어링을 말한다. 미끄럼베어링(sliding bearing)과 같음.

미끄럼 베인 압축기 movable vane compressor, sliding vane compressor [C,B] 미끄럼베인압축기(sliding vane compressor)와 같음.

미끄럼 베인 압축기 sliding vane compressor, movable vane compressor [B] 로터 속에 방사상으로 삽입된 많은 판이 편심 된 케이싱 내벽에 접하면서 출입함으로써 기체를 압송하는 회전압축기.

미끄럼 속도 sliding velocity [G] 1) 두 개 물체의 접촉면에 평행한 속도의 차. 2) 터보기계의 회전차의 출구에서 나타나는 깃 수 무한대일 때와 유한수일 때의 원주방향 속도성분의 차. 3) 3상유도전동기에서 동기속도와 로터 회전속도의 차. 미끄럼 계수(slip factor) 참조.

미끄럼 회전수 sliding revolution number [B,G] 루츠송풍기에서 토출밸브가 닫힌 상태에서 소정의 압력 비를 유지하는데 필요한 회전수.

미끄럼, 슬라이딩 sliding [P] 미끄러짐(slide)과 같음.

미끄럼, 슬립 slip [B] 깃 출구에 있어서의 절대속도에서 깃 수가 유한한 경우의 원주방향성분(c_{uth})과, 깃 수가 무한한 경우의 원주방향성분($c_{uth\infty}$)과의 사이에 차이를 일으키는 현상. 미끄럼계수(slip factor) 참조.

미끄럼계수 slip factor [P,B] 다음 식으로 표시되는 계수.

$$\mu = c_{uth}/c_{uth\infty}$$

여기서, c_{uth} : 날개 수가 유한한 경우의 임펠러 출구에 있어서의 절대속도의 원주방향성분, $c_{uth\infty}$: 날개 수가 무한하다고 가정한 경우의 임펠러의 출구에 있어서의 절대속도의 원주방향성분.

미끄럼베어링 sliding bearing [T] 축을 면으로 지지하고, 그 면과 축이 미끄럼 운동을 하는 형식의 베어링. 볼베어링과 대비되는 용어. 지름 방향의 하중을 받는 레이디얼 베어링과 축방향의 스러스트를 받는 스러스트 베어링이 있으나, 보통은 전자의 베어링을 의미한다. 미끄럼 면에는 베어링 메탈이 붙여져 있다.

미립화, 무화 atomization [T] 액체를 미립자화 하는 것으로 기름버너를 이용하여 기름을 무화 하는 것.

미분기 pulverizer, pulverizing mill [T] 지름 약 1 cm에서 0.5 cm 정도의 크기의 원료를 200메시 정도(지름 0.07 mm)의 분말로 빻는 분쇄기. 튜브 밀, 볼 밀, 롤 제분기 등이 있다.

미분기 pulverizing mill, pulverizer [T] 미분기(pulverizer)와 같음.

미분방정식 differential equation(s) [N] 미분(differentials)이나 도함수(derivatives)를 포함하는 방정식을 미분방정식이라고 한다. 주어진 미분 방정식이 각 도함수에 관한 다항식으로 표현하였을 때 최고 계(最高階)의 도함수의 차수가 그 미분 방정식의 차수(次數)가 된다.

미분연료 pulverized fuel [T] 가연성 물질은 미세화되면 인화성이 높아진다. 미분연료에는 석탄 외의 것도 미분연료가 될 수 있다. 미분탄(pulverized coal) 참조.

미분탄 dust coal [T] 작게 분쇄된 석탄. 100메시 이하의 크기의 석탄으로 정의되기도 한다.

미분탄 pulverized coal [T] 석탄을 분쇄기에 넣어서 분쇄한 것.

미분탄공급기 pulverized coal feeder [T] 미분탄 공급기용으로 사용할 수 있는 형식은 용도에 따라 여러 형식의 것이 있다. 예로서 분사공급기(injection feeder)는 분류에 의한 저압발생과 그에 따른 흡인력과 디퓨저 부에서의 압력회복을 수송에 필요한 압력에너지로 이용한 공급기이며, 로터리 공급기(rotary feeder)는 로터의 회전으로 인해 강제공급 되는 공급기, 킨용펌프(Kinyon pump)는 스크루 컨베이어(screw conveyor)와 압축공기를 이용한 공급기 등이 있다. 기타 분체를 탱크 안에서 유동화 시켜서 대량 공급하는 형식의 것들이 있다.

미분탄연소장치 pulverized coal firing equipment [T] 미분탄을 공기 중에 부유시켜서 연소시키는 장치.

미세 액적 분리기 mist separator [B] 기류 중에 들어 있는 미세한 물방울 입자를 분리하는 장치.

미압계 micro manometer [M] 미약한 압력이나 압력차를 읽을 수 있는 액주계이며, 자톡미압계(Chattock tilting gauge), 미니미터, 배수(排水)형 게이지(이를 침종(沈鐘)식 압력계라고도 한다)(Bell type manometer) 등, 액주계의 원리를 이용하며, 또한 고 정밀도로 읽을 수 있도록 고안된 압력계.

미익(항공기의) tail unit [T] 항공기의 전체 후미(수평, 수직 날개 등), 즉 꼬리날개 부분을 말한다.

미임계 subcritical [Nu] 연쇄 핵반응에서 실효증배율이 1 미만으로 임계에 도달하지 않은 상태를 말함. 이 경우 중성자 수는 세대가 지날수록 감소한다.

미첼 스러스트베어링 Michell thrust bearing [G] 스러스트 베어링의 일종. 영국 Michell사의 개발에 의한 스러스트 베어링의 구조이기 때문에 이 이름이 붙여졌다. 축에 고정 또는 축과 일체로 만들어진 스러스트 칼라 디스크에 마주 대하여 배빗메탈이 피복된 몇 개의 부채 형의 스러스트 패드가 배열되어서 베어링상자 안에 수용되어 있으며, 패드 배면은 베어링 상자에 고정된 스러스트 하중 지지용 볼트에 의해 지지되어 있거나 또는 패드가 피벗 식으로 되어 있다. 각 패드의 미끄럼 면은 이 지지볼트에 의해 동일 평면을 구성하도록 조정되며, 스러스트하중은 균일하게 지지된다.

미터계수 meter factor [M] 유량계에서 측정 량을 얻기 위해 출력 값에 곱해지는 수치.

민감도계수 sensitivity coefficient [M] 입력 매개변수 변화에 따라 결과가 변할 때, 결과 변화량과 입력 매개변수의 변화량의 비. 입력 매개변수를 x, 결과를 R이라고 할 때 민감도계수 θ는 다음과 같이 표시된다.

$$\theta = \frac{\Delta \mathrm{R}}{\Delta \mathrm{x}}$$

상대민감도계수는 다음과 같이 표시된다.

$$\theta = \frac{\Delta \mathrm{R}/\mathrm{R}}{\Delta \mathrm{x}/\mathrm{x}}$$

밀도 density [T] kg/m^3,$\{kgf \cdot s^2 \cdot m^4\}$ 물질의 단위체적 당의 질량. { } 안은 중력단위.

밀물, 창조 flood tide [S] 간조에서 만조까지 바닷물이 밀려들어오는 것, 즉 해수면이 올라가는 현상. 달과 태양의 인력과 지구의 원심력에 의해 일어나는 현상이며, 달과 태양이 지구와 일직선상에 놓이면 끌어당기는 힘이 가장 커져 달 쪽을 향한 바닷물이 부풀어 오르게 되어 밀물(만조)이 되며, 또한 지구 반대편에서는 지구가 태양 둘레를 돌 때의 원심력에 의해 바닷물이 부풀어 올라 만조가 된다.

밀크펌프 milk pump [P] 우유를 이송하는데 사용되는 펌프. 회전차, 케이싱 등에 스테인리스강 또는 내열유리 등을 사용한 벌루트펌프가 사용되는 경우가 많음.

밀폐급수 closed feed water [T] 증기터빈은 Rankine cycle에 의해 작동되며, 이 사이클은 작동유체가 같은 상태를 되풀이 하기 때문에 밀폐사이클이라 불린다(개방식 사이클도 있다). 보일러에서 공급된 고온고압의 증기는 증기터빈에서 팽창을 끝내고 복수기에서 냉각수에 의해 냉각 및 액화된다. 액화된 복수는 복수펌프에 의해 보일러 급수펌프에 보내져 고압으로 가압되어서 다시 보일러에 보내진다. 이와 같은 밀폐사이클에서 보일러에 공급되는 것을 밀폐급수라고 한다.

밀폐급수가열기 closed feed water heater [T] 밀폐급수(closed feed water)의 가열장치.

밀폐모터펌프, 캔드모터 펌프 canned motor pump [G,Nu] 고정자(固定子, stator)의 안쪽에 밀폐용 캔을 가지는 전동기에 의하여 구동되는 펌프. 캔의 안쪽은 펌프 내부와 연결되어 있고, 패킹 부분이 없으므로 액체의 누설이 없음. 회전자의 바깥쪽에도 캔을 두어서 회전자의 부식을 방지한 것도 있음.

밀폐사이클 closed cycle [T] 개방 사이클의 반대. 동작 유체를 몇 번이라도 반복해서 사용하는 사이클. 같은 물질을 몇 번이고 반복해서 사용하는 사이클을 말한다.

밀폐형 hermetric type [C] 특수한 기체를 취급하는 압축기에서 기체가 약간이라도 기계 밖으로 누출되어서는 안되는 경우 압축기와 구동용 모터나 증속기가 모두 하나의 케이싱 안에 수납되어 완전히 밀폐된 형식을 말한다. 냉동기용 압축기 등에 많이 채용된다.

밀폐형 압축기 hermetric type compressor [C] 밀폐형으로 된 압축기. 밀폐형(hermetric type) 참조.

밀폐형 임펠러, 밀폐형 회전차 closed impeller [P,B] 원심 펌프 및 사류 펌프에서 슈라우드가 있는 임펠러. 부도 P-1~16 참조.

ㅂ

바깥지름 external diameter [T] m 사류회전차와 같은 경우 바깥지름에는 바깥쪽 지름과 안쪽 지름이 있게 되고, 그 중간지름은 중간 또는 평균지름이라는 명칭으로 구분해서 부른다.

바람막이 wind shield [G] 송풍기 · 압축기의 케이싱 축밀봉부에서 누설되는 공기를 막는 판. 축밀봉부에 래버린스를 사용하는 경우는 여기서 누설된 공기가 직접 베어링에 부딪쳐 베어링 상자의 패킹 누르개로부터의 기름 누설을 유발시키거나 압축열로 고열로 된 공기가 베어링 안에 들어가 베어링을 과열시킴으로, 이것을 막기 위해 축, 베어링 상자 또는 케이싱에 설치되는 판.

바이패스, 바이패스 관로 bypass, bypass line [A,P,T] 1) 주관에서 갈라져 다시 주관으로 연결되는 관. 2) 집하장 내 분리기 전, 후단의 파이프.

바이패스밸브 bypass valve [B] 바이패스관에 설치하여 유체를 바이패스 시키기는 밸브.

바이패스제어 bypass control [B] 펌프, 송풍기 및 압축기의 토출 측으로부터 흡입 측에 설치된 바이패스관의 바이패스 밸브의 조작에 의해 압력 또는 유량을 제어하는 것.

박리, 분리 separation [P,T] 물체 표면 근처의 유동이 물체를 따라 흐르지 못하고 물체 표면에서 떨어져 탈락하는 현상. 물체 표면의 압력구배가 역압력 구배일 때 발생하며, 박리가 발생하면 항력이 현저하게 증대한다.

박리기포 separation bubble [G] 익에 대한 유동에서 받음각이 증대하면 익 상면 유동의 역압력 구배 증대로 인해 익 앞전에 박리기포가 발생하여 하류쪽으로 이동한다. 어느 받음각(15°~20°)에 도달하면 유동은 익 상면에서 완전히 이탈하여 소위 실속이란 현상을 나타낸다. 이렇게 되면 양력은 현저히 감소하고, 반면에 항력은 급속히 증대한다.

박리면 surface of separation [G] 평면 또는 곡면에 따르는 유동이 박리하는 경우 주류와 역류영역(또는 사수역)을 구분하는 유동면이 박리선에서 나타나기 시작하여 유동장 안에 존재하게 된다. 이와 같은 면을 의미한다. 박리선(line of separation) 참조

박리선 line of separation [G] 유동방향으로 압력이 상승하는 경우 벽면에 따른 유동의 박리는 벽면 상의 어느 곡선에 따라 발생한다. 이와 같은 박리점을 연결해서 얻어지는 선을 박리선이라고 한다. 예를 들어 폭 방향으로 일정한 속도분포를 갖는 평판에 따른 유동이 있고 유동방향으로만 압력상승이 일어나

는 경우의 박리선은 유동에 수직한 평판 상의 직선으로 나타난다.

박스형 피스톤 box type piston [C] 왕복 압축기의 피스톤에서 중량경감을 위해서 중공 형으로 한 피스톤. 그림 바-1 참조.

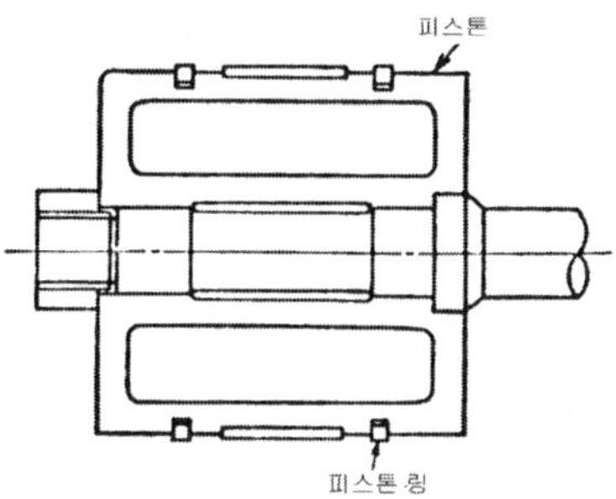

그림 바-1 박스형 피스톤

박층가정 thin-layer approximation [N] 레이놀즈 수(Reynolds number)가 큰 경우, 전단층은 매우 얇다고 가정할 수 있다. 따라서 다음과 같이 속도는 유동방향 속도 u가 폭 방향 속도 v보다 크고(u⟩v), 속도 변화율은 유동방향 변화율 $\partial u/\partial x$, $\partial v/\partial x$가 폭 방향 변화율 $\partial u/\partial y$, $\partial v/\partial y$보다 작다. 즉, $\partial u/\partial x \ll \partial u/\partial y$, $\partial v/\partial x \ll \partial v/\partial y$라고 가정하는 것을 말한다.

반 벌루트형 케이싱 semi-volute type casing [P] 원심펌프에서 회전차의 토출측에 직접 벌루트를 갖는 케이싱의 일종이지만, 이 벌루트가 감기기 시작하는 부분에서부터 어느 범위까지의 단면 형상은 일정하고, 그 후부터는 확대되어 가는 구조로 되어 있는 것. 준설펌프 등 고형물을 포함하는 양액을 취급하는 펌프에서 회전차 선단과 벌루트 혀와의 간격을 넓게 하고, 이 사이에 고형물이 끼이는 일이나 혀 부분의 마모를 막기 위한 구조. 펌프효율은 일반 벌루트형 케이싱을 갖는 것보다 못함.

반개방형 임펠러 semi-open type impeller [P] 개방형 임펠러(open type impeller) 참조.

반경류 반동터빈 radial-flow reaction turbine [T] 반경류 터빈(radial flow turbine)에서 증기가 날개 사이를 통과하는 중에도 팽창시켜 그 반동으로 회전력을 발생하는 터빈.

반경류 압축기, 레이디얼 압축기 radial compressor [C,G] 원심압축기(centrifugal compressor)와 같음.

반경류 터빈 radial flow turbine [T] 증기 또는 가스 등의 작동 유체가 회전축과 직각을 이루는 평면 내에서 반지름 방향으로 흘러 날개차를 회전시키는 형식의 터빈. 안쪽에서 바깥쪽으로 방사상으로 흐르는 것과 바깥 둘레에서 안쪽으로 유입하는 것의 두 형식이 있으며, 전자는 융스트롬(Ljungstrom) 터빈이 유명하며, 후자는 소형 가스 터빈, 배기 터빈 등으로 일반적으로 널리 사용되고 있다.

반경류 펌프 radial flow pump [P] 터보형 펌프의 일종이며, 회전차에서 토출되는 유동이 주로 주축에 수직한 면 안에 있는 펌프. 비속도가 100~600 (m^3/min, m, rpm) 정도의 범위에서 설계되는 경우가 많다. 넓은 의미에서 사류펌프, 축류펌프까지 포함해서 원심펌프라고 할 때도 있다.

반경류회전차, 원심회전차, 레이디얼임펠러 radial impeller [T] 원심력을 이용하여 양수 또는 송풍 작업을 하는 임펠러(회전차).

반공진 antiresonance [D] 강제진동 하는 계에서 가진주파수의 미소한 변화에 의해서도 이 점에서의 응답이 증가할 때의 계의 상태 또는 현상.

반공진주파수 antiresonance frequency [D] Hz,1/s 반공진이 발생하는 주파수로서, 반공진주파수는 측정되는 변수의 성질에 따라 다를 수 있다. 예로, 속도 반공진은 변위 공진과는 다른 주파수에서 발생할 수 있다. 이와 같이 변수에 따라 다를 경우에는 속도 반공진주파수처럼 변수를 표기하여 나타낸다.

반동단 reaction stage [T] 증기 터빈에서 노즐과 로터 깃의 양쪽에서 증기의 압력 강하가 이루어지는 단(stage).

반동도 degree of reaction [B,T] % 1) 깃에 있어서의 정압상승과 단 전체의 전압상승과의 비. 2) 증기 터빈의 1단에 있어서의 단열 열낙차에 대한 회전 날개 안에서의 단열 열낙차의 비율.

반동도 reaction degree [G] % 터보기계의 회전차에 의한 정압 상승과 단 전체의 전압상승과의 비.

반동수차 reaction water turbine [T] 물의 속도와 압력의 에너지가 함께 이용되는 것으로, 프랜시스 수차, 프로펠러 수차 등이 있다.

반동터빈 reaction turbine [T] 증기 터빈에서 증기를 로터 깃 사이에서 팽창시켜 그 반동으로 로터를 회전시키는 터빈.

반력 reaction force [T] N,{kgf} 외력을 받는 물체가 한 지지 점에서 지지되어 균형을 이룬 상태에 있을 때 지지 점이 물체를 반대 쪽으로 되 미는 힘. 그 힘은 지지점에 작용하는 힘의 크기와 같으며 방향은 반대이다. { } 안은 중력단위.

반밀폐사이클 가스터빈 semi-closed cycle gas turbine [T] 작동유체의 전체가 재사용되지 않는 가스터빈.

반변성분 contravariant component [N] 임의 면에서의 벡터 량은 그 면에 수직인 법선 방향의 성분과 그 면상의 접선방향의 성분으로 표시할 수 있다. 이 때 그 면에 수직인 법선방향의 벡터 성분을 반변성분이라 한다.

반복 액유동 alternating flow [P] 맥동적으로 변동하는 액체유동에 의해 동력을 전달하는 것. 유압관로의 압력유에 의한 동력전달이 이에 해당한다.

반복계산 iterations [N] 반복법은, 단번에 직접 해를 구하는 직접법대신, 주어진 방정식을 해결할 수 있는 동일한 이산화 수식을 반복적으로 적용, 계산 값을 계속 갱신시켜, 최종 수렴값으로 접근시키는 방법이다. 일반적으로 반복횟수가 크지 않고 계산비용이 아주 적어 직접법보다 경제적인 방법으로 평가된다. 전산유체역학 문제에서는 많은 경우에 직접법이 큰 오차를 유발하거나 효율성이 떨어지게 되므로 간접법이 많이 활용된다.

반복계산의 발산 divergence of iterations [N] 반복법으로 수치계산시 중간 해들이 안정적으로 수렴하지 못하고 양(+)의 무한대 또는 음(−)의 무한대로 발산하거나 무한 진동하는 경우를 말한다.

반복계산의 수렴 convergence of iterations [N] 반복계산 방법 이용 시 현재 계산된 결과의 값을 다음 스텝의 계산에 이용하게 되는데, 이 둘의 상대적 차이가 시간 진행에 따라 점점 줄어들어 어떤 일정값보다 충분히 안정적으로 작아지면 수렴되었다고 판단한다.

반복변동하중 repeated fluctuating load [T] 반복되는 하중의 방향은 일정하나 하중의 크기가 변동하는 하중.

반복성 repeatability [M] 같은 측정 조건에서 같은 측정량을 연속적으로 측정하여 얻은 결과들 사이의 일치하는 정도. 이러한 조건을 반복성 조건이라 하며 반복성 조건은 같은 측정 절차, 같은 관측자, 같은 조건 하에서 사용된 같은 측정기기, 같은 장소, 짧은 시간 내의 반복 등을 의미한다. 반복성은 결과의 분산 특성을 이용하여 정량적으로 표현할 수 있다.

반복응력 repeated stress, repetitive stress [T] 반복하여 작용하는 하중에 의해 재료의 내부에 생기는 응력.

반복하중 repeated load [T] 동하중의 일종. 하중의 방향은 일정하나 일정한 크기의 진폭을 되풀이하는 하중.

반분류 half jet [G] 반무한의 정지유체 중에 반무한 폭의 분출구에서 유체를 분출시켰을 경우의 2차원 유동.

반사 reflection [T] 파동이 하나의 매질 속을 진행해서 다른 매질과의 경계면에 달했을 때, 진행 방향이 바뀌어 다시 원래의 매질 속을 진행하는 현상.

반사율 reflectivity [T] 반사 후의 파의 세기 혹은 입자수의, 반사 전의 파의 세기 혹은 입자 수에 대한 비율. 열방사에 관해서 말하면 반사파의 에너지와 입사파의 에너지의 비이다. 반사율은 파장, 반사각의 함수이며, 전 파장에 걸쳐서 적분한 것을 전 반사율이라고 한다.

반사음 reflected sound [G] 소음원이 실내에 있을 때, 또는 야외에서도 근처에 반사물이 있을 때, 반사음은 암소음과 같은 오차를 유발한다. 이와 같은 경우에는 반사벽을 철거하거나 흡음재료 등으로 반사율을 낮추어야 한다. 반사음의 영향의 유무는 측정 점과 반사벽 부근에서의 음압레벨과의 차가 10 dB 이상 있으면 그 영향은 없다고 할 수 있다.

반시계방향 counter-clockwise [B,T] 시계바늘의 회전 방향과 반대의 방향을 의미하며, 펌프의 경우 임펠러의 회전 방향이 구동 축에서 보아 왼쪽 방향으로 회전하는 것.

반오일프리식 semi-oil free type [B] 실린더와 피스톤 사이의 윤활은 하지 않으나, 피스톤 로드패킹에 대해서는 오일윤활을 하는 형식.

반응대 reaction zone [T] 반응이 진행하고 있는 장소를 일반적으로 반응대라고 부르며, 이 용어를 층류 예혼합 화염에 쓰는 경우에는 화염에서 예열되는 영역과 연소가스의 영역을 제외한, 즉 발열 반응이 진행되고 있는 영역을 의미한다. 반응대는 다시 연쇄 반응을 주로 하는 1차 연소 영역과 중간 생성물의 재결합 반응을 주로 하는 재결합 반응 영역으로 나누어진다.

반응속도 reaction rate [T] mol/(m^3 · s) 화학반응에 있어서 반응물질의 하나에 착안한 단위 시간, 단위 체적당의 몰(mol) 수의 감소량 또는 생성물의 하나에 착안한 그 몰(mol)의 증가량을 반응속도라고 한다.

반작용, 반응, 반동 reaction [T] 힘은 항상 두 물체의 상호 작용에 의해 나타나므로 한쪽이 다른 쪽에 미치는 힘을 작용이라고 생각하면, 반대로 다른 쪽이 이것에 미치는 힘을 반작용이라고 한다.

반전축류 홴, 엇회전 홴 contrarotating axial fan [B] 임펠러가 동심 축 상에서 서로 반대 방향으로 회전하는 2단 축류홴.

반절 antinode, loop [D] 복(腹, loop)이라고 하며, 파동장의 어떤 특성을 나타내는 양의 진폭이 극대치로 되는 정상파에서의 하나의 점, 선 또는 면이다. 반절의 성질을 명확히 하고 싶을 때는 적당한 수식어를 사용하며, 예로 변위의 반절, 속도의 반절 또는 압력의 반절 등이라고 한다.

반지름 radius [T] m 반경이라고도 한다. 약자는 R 또는 r. 복수는 radii.

반지름깃 홴 radial bladed fan, radial fan [B] 원심홴의 일종이며, 회전차 출구에서의 깃의 설치각이 90°, 즉 방사상(지름방향 깃)의 것. 기체 중에 먼지가 많이 포함된 경우 또는 고형물을 수송하는 경우 등에서 사용되며, 내마모성 구조로 하고, 회전차, 케이싱에는 교환이 용이한 라이너가 부착되어 있다. 시멘트 로터리 킬른 등에 많이 쓰인다.

반지름방향 깃 radial vane [B,T] 회전차의 중심에서 바깥 방향으로 방사상으로 달린 날개.

반지름방향 속도 radial velocity [T] m/s 원심식 송풍기나 펌프, 또는 프랜시스 수차와 같은 유체 기계에 대하여 흔히 사용되는 용어로서 유체가 회전차 등을 흐를 때의 반지름 방향의 성분.

반지름방향 추력 radial thrust [P] N, {kgf} 펌프의 운전 상태에 대응하여 생기는 벌루트 내 압력분포의 불균일로 인하여 주축에 작용하는 반지름방향의 힘. 벌루트 내의 압력분포는 설계점에서 대략 균일하며, 설계점에서 벗어날수록 비균일성이 심해짐. 반지름방향 힘(radial force)과 같음. { } 안은 중력단위.

반지름방향 틈새 radial clearance [C, T] m 축류 압축기 · 터빈 등의 각종 회전기계에서 회전날개의 선단과 케이싱 간의 좁은 틈새.

반지름방향 힘 radial force [T] N,{kgf} 터보기계에서 발생하는 반지름 방향의 추력. 반경류 또는 사류형의 회전차가 탈 설계 점에서 운전되면 회전차 주위에 불균일 압력 분포가 발생하여 반지름 방향의 힘, 즉 반지름방향 추력이 크게 발생한다. 반지름방향 추력(radial thrust)과 같음. { } 안은 중력단위.

반투막 semipermeable membrane [F] 용매는 통과하지만 용질은 통과하지 않는 막. 단, 용질의 저지율은, 그 분자량과 막의 특성에 따라 다르다. 물을 통과하고 식염 등의 저분자 물질은 통과하지 않는 반투막을 역삼투 막, 물과 저분자 물질은 통과하고 콜로이드나 단백질 등의 고분자 물질은 통과하지 않는 반투막을 한외(限外)여과막이라 한다.

반횡류식 환기 semi-traverse ventilation [B] 터널환기로서 종류식 환기와 횡류식 환기의 절중방식이며, 송기 또는 배기의 어느 한 쪽의 덕트만을 가지며, 차도 공간을 다른 쪽의 덕트로 이용하는 방식. 덕트의 사용형태에 따라 송기덕트형과 배기덕트형이 있다. 일방적으로 송기덕트형이 많이 쓰인다. 그림 바-2 참조.

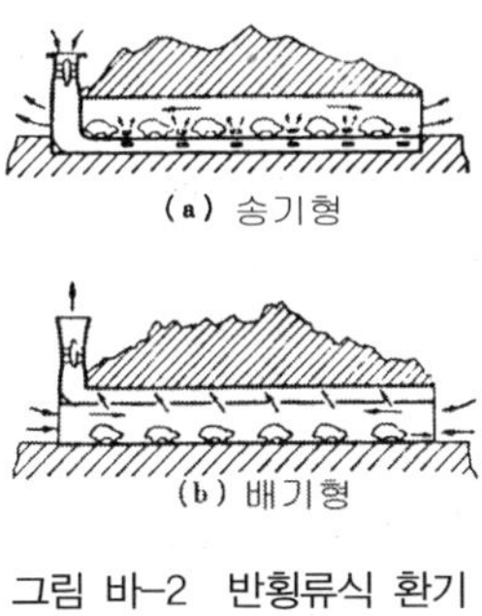

(a) 송기형

(b) 배기형

그림 바-2 반횡류식 환기

받음각, 영각 angle of attack, attack angle [T] rad,deg(°) 유체가 흐르는 방향이 날개의 앞전과 뒷전을 연결한 익현(익현선)과 이루는 각.

받침대식 베어링 유닛 pedestal type bearing unit [G] 베어링을 지지하는 받침 대(유닛). bearing stand라고도 함.

발사대 launcher [T] 로켓의 발사대.

발산 divergence [T] 1) 벡터장 V={X(x, y, z), Y(x, y, z), Z(x, y, z)}에 대하여, 스칼라

$$\frac{\partial X}{\partial x}+\frac{\partial Y}{\partial y}+\frac{\partial Z}{\partial z}$$

를 div V로 나타내고, 이를 V의 발산이라고 부른다. 벡터장 V가 유체의 속도분포를 나타내는 경우 div V는 단위시간에 단위체적에서 용출하는 유체(새로이 발생하는 유체)의 용적을 나타낸다. 2) 수렴하지 않는다는 뜻. 극한에서 무한대가 되는 경우, 음의 무한대가 되는 경우, 진동하는 경우 등이 있다. 가우스(Gauss)정리 참조.

발생기, 발전기 generator [T,S] 전력을 발생하는 회전기. 동력구동장치의 형식에 따라 영구자석형 또는 유도발전기가 사용된다. 직류 발전기, 동기 발전기, 유도 발전기로 대별되며, 그 종류는 다양하다.

발열량 heating value [T] 일정량의 연료가 완전 연소했을 때 발생하는 열량. 영문으로 calorific power라고도 한다.

발전용 원자로 power reactor [Nu] 주로 전기생산을 목적으로, 연구개발을 거쳐 실용단계까지 도달하였다고 생각되는 원자로를 말함.

발전전동기 generator-motor [T] 발전기와 전동기를 겸용한 것으로 펌프수차

등에서 사용된다. 펌프수차(reversible pump-turbine) 참조.

방사고온계 radiation pyrometer [T] 고온체로부터의 열방사를 열전대에 쬐어 이 때 발생하는 기전력의 온도를 측정하는 고온계. 600~4,000℃의 고온을 측정할 수 있다.

방사상 유동, 반경방향 유동 radial flow [P] 반지름 방향의 외향유동. 소스의 유동이나 두 평행 평판 사이의 선회가 없는 외향유동 등이 해당한다.

방사선추적자 radioactive tracer [M] 방사선 동위 원소를 추적자로 사용하여 방사선의 양을 측정함으로써 그 위치를 추적할 수 있다.

방사성열 radiative heat [Nu] 방사에너지의 유입 또는 유출에 의해 가열되어 전달되는 열을 말함.

방사열차단판 radiation shield [B] 케이싱에서의 방사열로 베어링이 과열되는 것을 막기 위해 설치되는 판.

방사율 emissivity [T] 실제 물체가 방사하는 복사에너지와 동일 온도의 흑체가 방사하는 복사에너지의 비.

방수로 outlet conduit [G] 호수의 수위 조절을 위해 필요 없는 여분의 물을 하천이나 바다에 방수하기 위한 수로.

방수제 waterproof agent [E] 수밀성을 증가시키기 위해 사용하는 혼합제로, 시멘트 방수제, 콘크리트 방수제.

방열기, 라디에이터 radiator [T] 1) 일반적으로 열을 방산시키는 장치의 총칭. 2) 자동차 엔진 앞에 장치된 냉각기.

방열손실 radiation loss [T] 기계나 장치의 표면에서부터 열방사 때문에 빼앗기는 열손실.

방열판 cooling wheel, heat slinger [B] 축으로의 전도열을 외기에 방열시키기 위해 축에 부착한 판.

방열판 heat slinger [C] 축으로부터의 전도열을 외부로 발산시키기 위해 축에 부착되는 판. 고온기체를 취급하는 송풍기, 압축기 등에서 축을 전달하는 열 때문에 베어링의 온도가 높아지는 염려가 있는 경우 축에 설치하여 열의 전달을 방지하는 판.

방음벽 barrier wall [G] 옥외에서 소음의 전파를 막기 위해 설치되는 벽. 음파는 장애물 주위를 회절해서 전파하지만 장애물이 파장보다 충분히 크면 상당한 감쇠효과를 기대할 수 있다.

방음실 sound insulated room [G] 외부소음이 들어오거나 내부음이 밖으로 새나가지 않도록 차음효과가 높은 벽으로 구성된 방. 무향실(anechoic room) 참조.

방음커버 noise insulation cover [G] 펌프·송풍기·압축기의 본체에서 발생하는 유체소음이나 기계소음이 주위에 전파하는 것을 막기 위해 사용되는 커버.

방진고무 vibration absorbing rubber [D] 기계 지지부분에 삽입함으로써 계의 고유진동수를 낮추어 운전상태에서의 진동진폭을 작게 하거나 기계의 진동이 지지 부를 통해서 바닥에 전달되거나 바닥의 진동이 기계에 전달되는 것을 방지하기 위해서 사용되는 고무.

방진베드 vibration insulting bed [D] 기계진동을 차단하는 목적으로 사용되는 베드이며, 진동원을 줄이고, 진동 전달을 막으며, 진동계의 고유진동수를 바꾸는 등의 방법으로 진동을 줄이는 데 사용된다. 진동절연재로는 고무, 스프링 등이 사용된다.

방진스프링 vibration spring, vibration insulting spring [D] 기계의 진동을 줄이고, 진동전달을 막으며, 진동의 공진을 피하는 등의 목적으로 사용되는 진동절연재로서, 금속스프링, 공기스프링 등이 일반적으로 사용된다.

방진패드 vibration absorbing pad [D] 방진고무(vibration absorbing rubber)와 같음.

방출 shedding [T] 유동 안의 물체표면에서 Kármán vortex와 같은 와류가 발생하여 하류로 방출되는 현상.

방향선택밸브 position selector valve [P,G] 유동의 방향을 바꾸어 주는 밸브. 외부접속 수, 스풀 위치의 수, 밸브 내에서 형성되는 통로의 수 등으로 분류된다.

방향제어밸브 directional control valve [P,G] 유동방향을 제어하는 밸브. 구조상으로는 볼이나 피스톤을 시트에 억누르거나 떼어 놓기를 하는 포핏 형(poppet type), 스풀을 축 주위를 회전하는 회전 스풀형(rotary spool type), 슬리브 안에서 스풀이 축방향으로 움직이는 직선스풀형(slide spool type) 등이 있다. 밸브의 기능별로는 체크밸브(check valve), 감속밸브(deceleration valve), 방향선택밸브(position selector valve) 등이 있다.

배관 pipe arrangement [T] 관을 배치하는 공사. 배관에는 밸브나 콕 등이 부착되는 경우가 많다. 배관을 그림으로 나타낸 것을 배관도라 한다.

배관 서포트 pipe support [A] 배관의 자체하중 및 온도변화, 진동 등으로 인한 자극을 줄이고, 배관 중량을 지지, 고정하기 위해 설치되는 장치.

배기 draw off [B] 공기를 토출하는 것, 또는 토출된 공기.

배기 exhaust air [T] 증기기관, 내연기관, 증기터빈, 가스터빈 등에서 팽창을 끝내고 배출되는 증기 또는 가스.

배기가스 exhaust gas [T] 증기기관, 내연기관, 증기터빈, 가스터빈 등에서 팽창을 끝내고 배출되는 증기 또는 가스. 배기(exhaust air)와 같음.

배기관 air release pipe [P] 펌프 시동 시에 진공펌프 등으로 펌프 내의 공기를 빼내는 관.

배기디퓨저 exhaust diffuser [T] 터빈, 압축기 등의 터보기계의 출구에 위치한 디퓨저이다. 마지막 단에서 운동에너지를 일부 회복하여 압력을 낮추고 전체 효율을 증가시키기 위해 사용된다.

배기머플러, 배기소음기 exhaust silencer [T] 배기 시의 유체소음을 줄이기 위한 장치.

배기밸브 air release valve [P] 배기관에 설치되어 펌프 시동 시에 진공펌프로 공기를 토출하는 밸브.

배기속도 exhaust speed [B,G] 송풍기,

압축기의 토출 측의 기체의 속도. 진공 펌프의 경우는 단위시간당 제거되는 기체체적을 의미하므로 흡입압력에 따라 변한다.

배기손실 exhaust loss [T] 다단식 복수 터빈의 최종 단의 동익 출구에서 배기 출구, 즉 복수기 입구까지의 사이에 나타나는 손실을 말하며, 이것에는 다음과 같은 손실들이 있다. 1) 최종 단의 잔류속도손실, 2) 배기실 내의 배기증기의 유동에 대한 배기실의 손실(진공도와 유출속도의 관계 등을 고려해야 함), 3) 동익의 출구환상면적이 정해져 있기 때문에 어느 한도 이상의 유출속도에 대하여 발생하는 환상면적의 제한에 따른 손실(최종 단의 압력비와 환상면적과의 관계 등을 고려해야 함), 4) 한도 이하의 적은 유량에 대한 동익출구에서의 되감기에 의한 턴업(turnup) 손실(유출증기의 재순환 현상).

배기송풍기, 배풍기 exhaust blower [T] 증기터빈 등의 복수기에 찬 공기를 배출하기 위하여 사용되는 공기펌프의 총칭.

배기열회수 exhaust heat recovery [T] 터빈출구에서 나온 고온의 배기가스로부터 폐열을 회수하는 것.

배기원추 exhaust cone [T] 터보제트 엔진에서 터빈 출구에 설치되는 원뿔 혹은 돔 모양의 부품. 배기가스의 특성과 원뿔과 배기 덕트 사이의 공간에 의해 출구유속이 결정된다.

배기재순환, EGR exhaust gas recirculation, EGR [T] 배기가스를 재순환하여 연소시키는 과정.

배기전자밸브 solenoid valve for air releasing [P] 펌프 배기관 중에 설치되어, 펌프 프라이밍 시에 열려서 기체를 배기하는 전자 밸브.

배기정지깃 exhaust stator blades [T] 배기가스에서 잔류 와류를 없애기 위해 설계되어 축류압축기 또는 터빈의 마지막 단의 하류에 위치한 스테이터.

배기터빈 exhaust turbine [T] 과급기에서, 내연기관의 배기가스에 의해 작동되는 레이디얼터빈.

배럴커버 barrel cover [P] 배럴형의 외부 케이싱의 한쪽 끝에 설치되는 커버. 매우 높은 고압의 토출압력을 받기 때문에 살 두께가 두꺼운 원판형의 커버로서 가운데에 축 구멍이 있는 형상으로 되어 있다. 그림 바-3 참조.

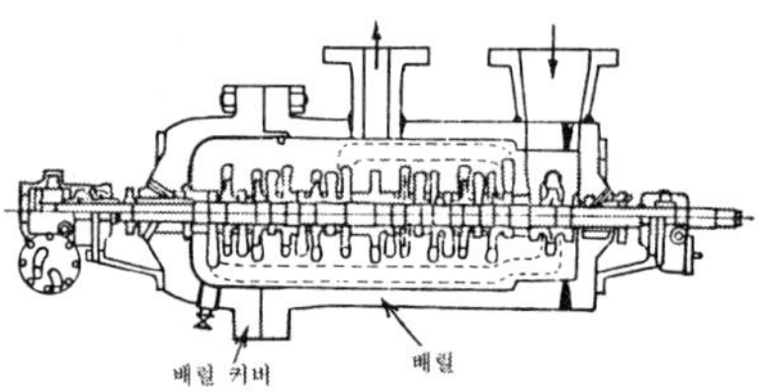

그림 바-3 배럴커버

배럴형 barrel type, double casing type [P,B] 원심 압축기나 고압 다단 펌프 등에서 안전을 위해 내부 케이싱의 바깥쪽에 다시 토출압력을 지지하는 원통 모양의 외부 케이싱을 가진 구조의 형식. 배럴의 원래의 뜻은 통이라는 뜻이다. 배럴 커버의 그림 참조.

배면 깃 back blade, back vane [P] 한

쪽 흡입 원심펌프의 회전차에서 주판의 유로와 반대측면에 설치된 깃. 이것은 축방향 추력을 완화시키기 위한 것으로 배면깃(backside ribs)이라고도 함.

배분 댐퍼 dividing damper [B] 분기된 덕트에 풍량을 안배하여 공급하기 위한 댐퍼. 주로 자동차 터널의 환기장치에서 교통량에 따라 상·하 차선의 배기 또는 송기를 하는데 사용된다. 터널 내의 화재 시와 같은 긴급 시에도 사용될 수 있다.

배수 drain [T] 기계의 부품이나 용기 등의 안에 고인 물. 증기기관이나 증기를 사용하는 기계장치 내에서 증기가 응결해서 생긴 물.

배수 도랑 drainage gutter [P] 1) 펌프장 등에서 냉각수나 축봉부에서의 누설수 등의 배수를 배수 저장탱크까지 유도하기 위한 홈. 2) 우수나 하수배수를 하도수까지 안내하는 홈.

배수 콕 drain cock [P] 펌프 안의 잔류액체나 용기 내의 배수를 빼기 위한 콕.

배수 피트 sump pit [P] 드레인 등을 모아서 배수하기 위한 피트.

배수곡선 back water curve [G] 개수로의 도중에 위어가 있거나 바닥 형상에 변화가 있으면 수면의 기울기도 변하며, 유동상태가 변한다. 그림에서와 같이 $h > h_0 > h_c$일 때 유동 단면 상에서의 수면의 곡선을 배수곡선이라고 한다. 여기서 h : 수심(m), h_0 : 수심의 변화가 나타나기 전의 수심(m), h_c : 한계수심(m). 한계수심(criticaldepth) 참조. 그림 바-4 참조.

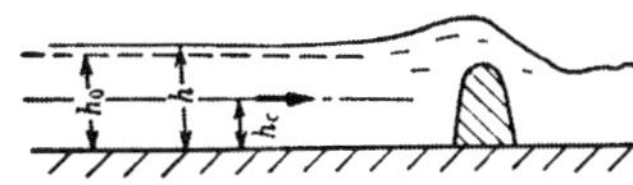

그림 바-4 배수곡선

배수관 drain tube [T] 응결수 등을 배출하기 위한 관.

배수량 drainage discharge [P,G] 어느 유수단면을 단위시간에 통과하는 배수량. 펌프 등으로 배수하는 경우는 그 펌프의 토출량이 배수량이 된다.

배수탑 water tower [E] 급수 구역 가까이에 배수지를 설치하기 적당한 높이의 지역을 얻을 수 없을 때, 배수량이나 배수 펌프의 수압 등을 조정하기 위해서 지상 높이를 구축하여 저수하는 탑.

배수펌프 drainage pump, drainage sump pump [P] 펌프장 내 또는 피트 내의 물을 빼내는 펌프. 큰 비 때문에 논밭이 물에 잠기는 것을 방지하기 위하여 비교적 작은 하천에서 큰 하천이나 바다 등으로 배수하는 목적의 펌프이며, 저양정이고 대유량의 펌프가 사용됨.

배수펌프, 서비스펌프 distributing pump, service pump [P] 정수를 수요자가 필요로 하는 곳까지 보내는 펌프.

배수함수 back water function [G] 배수곡선을 나타내는 식에서 사용되는 함수이며, $r = h/h_0$(h : 수심(m), h_0 : 수심이 변화하기 전의 수심(m))의 함수로 표시되는 다음 식을 Bresse의 배수함수라고 한다.

$$\Psi=\int_0^r \frac{dr}{r^3-1}$$
$$=-\frac{1}{6}\ln\frac{r^3+r+1}{(r-1)^3}+\frac{1}{\sqrt{3}}\cot^{-1}\frac{2r-1}{\sqrt{3}}$$

배압 back pressure [T] Pa,{kgf/m²} 유압, 공기압, 증기압 등 회로의 배기 측 또는 압력 작용면의 반대 측면, 즉 배후에 작용하는 압력. 배압을 얻기 위한 목적으로 사용되는 압력 제어 밸브를 카운터 밸런스 밸브(counter balance valve)라 한다. { } 안은 중력단위.

배압밸브 back pressure valve [M] 상류 쪽 배관 내 압력을 일정한 값으로 유지시켜 주기 위한 압력 조절 밸브.

배압추기터빈 back pressure extraction turbine [T] 터빈 중 적당한 단에서부터 증기의 일부를 추출하여 작업용으로 이용하는 형식의 터빈을 추기터빈(extraction turbine)이라 하며, 최종 단의 증기를 작업용으로 추출하는 경우가 이에 해당한다.

배압터빈 back pressure turbine [T] 공장에서 동력과 함께 작업용 저압 증기의 용도가 있는 경우에 증기를 대기압 이상의 압력으로 배출하는 터빈.

배열 array [S] 해양에서의 대규모 발전단지(farm)에서 후류영향을 최소화하고 발전량을 극대화하기 위한 터빈의 최적배치를 의미한다.

배전반 switch board [G] 배전(配電) 및 배전제어에 필요한 계기, 개폐기, 안전장치 등을 수직 또는 수평판 위에 배치하여 운전제어를 하기 위한 것.

배제두께 displacement thickness [G] m 유동에 접한 물체표면에는 유속이 느린 경계층이 발생하여, 이로 인해 경계층 밖의 유동이 밖으로 밀려나는 정도를 말함. 상세한 것은 경계층두께(boundary layer thickness)를 참조. 통로유동의 경우 그만큼 좁아진다. 층류경계층의 경우의 배제두께 δ*는 경계층두께 δ의 1/3 정도, 난류경계층의 경우는 1/8 정도가 된다. 경계층(boundary layer), 경계층두께(boundary layer thickness)를 참조.

배제량 displacement quantity [B] 배제(displacement)를 참조.

배제체적, 배기체적, 배수체적 displacement volume [B,T] m³ 1) 용적형 압축기에서 배제실의 최대 체적과 최소 체적과의 차이며, 1회의 배제동작에 의하여 흡입되는 기체체적의 이상치. 두 잎 압축기 및 나사 압축기에서의 최소 체적은 0으로 한다. 2) 용적형 압축기 또는 내연기관에서 피스톤 하사점에서 상사점까지 이동하는 동안에 배출되는 용적. 다 실린더 기관에서 각 실린더의 배기량의 합계를 총 배기량이라 한다.

배출밸브 연결관 DV connection [A] 배출밸브와 이송배관을 연결하는 연결관. 배출밸브의 형식 및 관경등에 의해 결정된다. (DV=discharge valve)

배출손실 leaving loss [T] 축류터빈의 마지막 단 출구의 작동유체의 운동에너지.

배출증기 exhaust steam [T] 증기기관, 증기터빈 등에서 팽창을 끝내고 배출되는 증기.

배풍구 blast area [B] m^2 송풍기에서 자주 사용되는 풍압상당 값의 하나이며, 송풍기 정압에 상당하는 풍속으로 규정 풍량을 토출하는 데 필요한 면적으로서 다음 식으로 표시된다.

$$0.00377Q/\sqrt{p/\gamma}\ (m^2)$$

여기에서, Q : 풍량(m^3/min), p : 정압(mmAq), γ : 가스의 비중량{kgf/m^3}. 광산용 팬에서 사용된다.

배풍기(B), 배기장치(T), 흡입송풍기(A) exhauster [A,B,T] 1) 배풍기 : 배풍을 위해 사용되는 송풍기, 배기장치 : 증기 터빈의 복수기 등에 괴어있는 공기를 배출시키는 공기펌프의 총칭. 배풍기(exhaust blower) 참조. 2) 송풍기는 날개차에 의한 유체 유동을 일으켜 폐기물을 이송시키는 장비. 축류형 송풍기, 반경류형 송풍기, 혼합류형 송풍기로 나뉜다. 폐기물 플랜트 분야에서는 공기를 배출하는 의미보다는 공기의 압력차를 이용하는 "흡입송풍기"가 가장 적합한 용어로 사용되고 있다.

백래시 backlash [P] 한 쌍의 치차가 물린 상태에서 나타나는 치면(齒面)사이의 간극.

백색잡음 white noise [D] 연속 스펙트럼을 갖는 잡음. 어느 주파수 범위에서는 단위 주파수 대역(1 Hz)에 포함되는 성분의 강도가 주파수에 관계없이 일정한 음을 의미한다.

백 풀 아웃형 back pull-out type, with-drawable type [P] 수평축 한쪽 흡입 원심 펌프로서, 베어링 쪽에 케이싱 커버를 갖고, 흡입관, 토출관을 떼지 않고서 회전 부를 베어링 상자 채로 떼어낼 수 있는 구조.

백 필터 bag filter [A,B,G] 여과 집진장치의 일종으로 면, 양모(羊毛), 유리섬유, 합성섬유 등을 이용하여 자루 형태로 제작된 필터의 일종이다. 주로 이송 공기 내 분진 및 먼지를 제거하기위해 사용된다.

밸러스트 펌프 ballast pump [P] 선박의 화물량에 대응하여 선내 수조의 해수량을 조절하여 적절한 흘수를 유지하도록 하는 펌프.

밸브 valve [T] 관 안을 흐르는 기체 또는 액체의 유입, 유출 및 이를 조절하는 장치 또는 부품들의 총칭.

밸브누르개 valve retainer, valve guard [C] 밸브받이(valve guard)와 같음.

밸브니들 valve needle [M] 밸브에서 니들을 이동시켜 유수를 조절 또는 차단하는 것.

밸브디스크 valve disc [M] 밸브에서 회전 또는 슬라이드로 유수를 차단하는 부분.

밸브리프트 valve lift [B] 밸브가 열리는 높이.

밸브받이, 밸브누르개 valve guard, valve retainer [B] 왕복압축기에서 밸브가 열려있을 때 밸브 판이 닿는 부분.

밸브본체, 밸브플러그 valve plug [M] 밸브에서 회전 또는 슬라이드로 인해 유수를 조절 또는 차단하는 것.

밸브스프링 valve spring [B] 밸브를 폐쇄시키기 위한 스프링.

밸브시이트 valve seat [B] 밸브가 닫혀 있을 때에 밸브 플레이트가 닿는 부품.

밸브플레이트 valve plate [B] 밸브의 개폐를 담당하는 판 모양의 부품.

버킷 bucket [T] 1) 펠턴터빈과 같은 충동 수차의 러너 주변에 부착되는 중앙이 잘린 컵 모양의 베인. 2) 터빈 또는 압축기의 로터깃.

번아웃 burnout [T] 끓음 현상에서 열유속을 증가시켜 가면 전열 면의 온도는 상승하나 그 온도가 전열 면 재료의 융점 이상이 되면 전열 면의 파단, 소손이 생긴다. 이것을 물리적인 번아웃이라고 한다.

번아웃 열유속 burnout heat flux [Nu] 핵연료 번아웃(burnout)이 생길 때의 국소 열유속. 이와 같은 현상이 나타나면 열전달면에 증기막이 생겨 열전달율이 낮아져 온도가 급격히 증가하며 전열면 파괴 및 방사성 물질 누출의 우려가 있다.

벌루트 volute [P,B,T] 1) 원심형 터보기계의 회전차 토출 측의 소용돌이꼴 형태로 된 케이싱 부분. 이 부분에서 회전차로부터 토출된 유체를 모아 토출구 또는 다단의 경우 2단째의 회전차 흡입구로 유도한다. 2) 넓은 의미에서 소용돌이 형으로 된 케이싱 부분. 흡입유로라도 소용돌이 형으로 되어 있으면 흡입 벌루트라고 부른다.

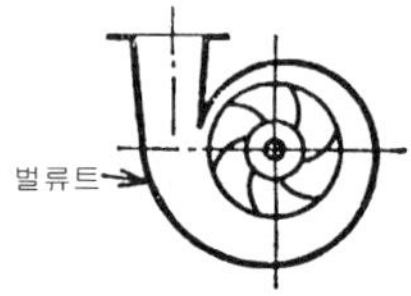

그림 바-5 벌루트

벌루트 케이싱, 와류실 volute casing, volute housing, scroll [B,T] 임펠러의 토출 측에 직접 벌루트를 갖는 소용돌이꼴의 케이싱. 부도 P-3 참조. 스파이럴 케이싱(spiral casing)이라고도 말한다. 벌루트(volute) 참조.

벌루트 혀 cut water, volute tongue [P] 벌루트가 시작하는 부분. 이 부분은 토출구로 유도되는 유로의 분기부분이며, 혀와 같은 모양을 갖음. 이것의 형상과 위치는 성능에 큰 영향을 미치며, 특히 홴의 경우 소음에 큰 영향을 미침.

벌루트 혀 tongue, cut water [P] 벌루트가 시작하는 부분. 벌루트 혀(volute tongue)라고도 부름.

벌루트 혀 volute tongue, cut water [P] 벌루트가 시작하는 부분. 벌루트 혀와 회전차 사이의 간격은 소음과 진동 발생에 큰 영향을 미침.

벌루트 케이싱 scroll, volute housing, volute casing [B] 벌루트 케이싱(volute casing)과 같음.

벌루트펌프 volute pump [P,T] 회전차와 벌루트형 케이싱으로 구성되어 있으며, 실양정 30m 정도까지에 사용. 토출압력이 높을 때는 2중 벌루트 케이싱을 사용하며, 2중 벌루트 펌프(double volute pump)라고 함. 터보형 펌프 중에서 가장 널리 사용되고 있음. 부도 P-1~7, 10~15, 27 참조.

벌루트형 사류펌프 volute type mixed flow pump [P] 사류 펌프로서 임펠러의 토출 쪽에 직접 벌루트형 케이싱을 가지는 것. 부도 P-22 참조.

벌루트형 케이싱 volute type casing [P, T] 임펠러의 토출 쪽에 벌루트가 있는 케이싱. 벌루트 케이싱(volute casing)과 동일함. 벌루트(volute) 참조.

벌브터빈 bulb hydro turbine [S] 축류터빈의 한 종류로써, 주로 조류제방(tidal barrage)용 발전장치로 적용된다. 벌브 터빈은 카플란 터빈에서 파생된 형식이며, 수중에 위치한 방수처리된 벌브 내부에 발전기 및 동력계통이 설치되어 있다.

벌크유량계 bulk meter [M] 배관 망 내에서 여러 곳으로 분기되는 배관에 달린 유량계들의 총합과 비교하면서 그 상태를 항시 감시할 수 있는 위치에 설치된 유량계 .

범프 bump [D] 시험을 위해 몇 번이고 반복되는 급격하지 않은 충격.

법선 normal [T] 법선이란 뜻 외에 정규 또는 정상이란 뜻도 있다.

베드 플레이트 bed plate [P] 기기의 기초로부터 분리 또는 재조립을 용이하게 하기 위해 콘크리트 내에 묻히는 금속판. 한 장의 판 위에 모든 다리 또는 브래킷이 놓여지는 경우도 있음. 비교적 얇은 판을 소울 플레이트(sole-plate)라고 부름. 소울 플레이트(sole-plate) 참조.

베르누이 방정식 Bernoulli's equation [G] 비압축성 이상유체의 정상유동에서 하나의 유선 상의 단위중량 당{SI 단위계 : 단위질량 당}의 유체가 갖는 기계적 에너지(헤드)의 합이 일정함을 나타낸 수력학적 기초식이며, 다음 식과 같이 표현된다.

$$\frac{v^2}{2}+\frac{p}{\rho}+gz$$
$$= const, \left\{\frac{v^2}{2g}+\frac{p}{\gamma}+z = const\right\}$$

여기서, v : 유속(m/s), p : 압력(N/m²){kgf/m²}, ρ : 유체의 밀도{kg/m³}, z : 기준 수면에서 측정된 높이(m), γ : 비중량{kgf/m³}, g : 자유낙하의 가속도(m/s²). { } 안은 중력단위. 위 식에서 const를 베르누이 정수라고 하며, 유선이 다르면 베르누이 정수도 달라진다. 비회전유동의 경우는 모든 유선의 베르누이정수는 동일하다.

베어링 bearing [G] 회전 운동이나 직선 운동을 하는 축을 지지하는 역할을 하는 것. 크게 미끄럼 베어링과 구름베어링으로 나뉜다.

베어링 강제급유장치 console [G] 베어링에 대한 강제급유장치. 이를 콘솔이라고도 부름.

베어링 너트 bearing nut [B] 구름 베어링을 축에 고정하기 위한 너트. 부도 B-4 참조.

베어링 메탈 bearing metal [P] 미끄럼형의 저널베어링이나 플레인 스러스트 베어링의 축 또는 스러스트 디스크를 지지하는 부품. 대개는 미끄럼 부분에 배빗메탈(babbit metal) 등의 윤활성이 높은 재료가 붙여져 사용되지만, 베어링메탈 전체가 윤활성이 좋은 재료로 만들어져 있는 경우도 있고, 윤활유를 주입하여 하중을 지지. 그 형상에 따라 진원, 2원호, 3원호, 압력 댐, 틸팅패드 등으로 나눔.

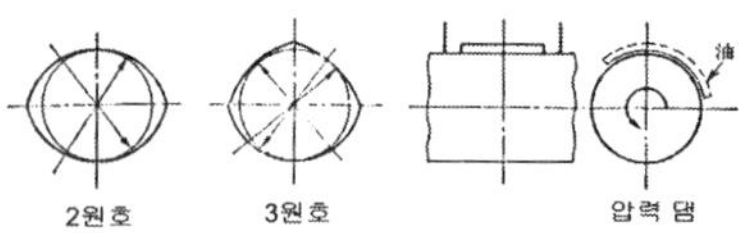

그림 바-6 베어링 메탈

베어링 메탈 갭 bearing metal gap [P] m 베어링과 저널(축 부분)사이의 틈새. 베어링 틈새(bearing clearance) 참조.

베어링 베드 bearing base [G] 베어링이나 베어링 프레임을 그 위에 설치하여 기초에 고정하는 받침대.

베어링 상자 글랜드, 베어링 하우징 글랜드 bearing housing gland [B] 베어링 하우징의 축의 관통 부에서 기름의 누설을 방지하기 위해 설치하는 부시.

베어링 상자, 베어링 하우징 bearing housing [B] 베어링을 설치하고 또한 윤활제를 넣는 부분을 가진 상자. 부도 B-4, B-5 참조.

베어링 슬리브 bearing sleeve [P] 주축의 수중 베어링(저널 베어링) 미끄럼 부분에 끼워지는 축 슬리브. 이는 주축의 마모를 방지하고 마모부분의 교체를 용이하게 한 것.

베어링 압력 bearing pressure [P] Pa, {kgf/m^2} 베어링 면에 작용하는 압력. 베어링 설계에서 베어링에 작용하는 하중의 척도가 되는 것. 베어링 면의 압력 분포는 균일하지 않지만 베어링에 작용하는 하중을 베어링 투영면적으로 나눈 값으로 나타냄. 베어링의 구조, 재료, 작동조건 등에 따라 대략적인 허용치가 정해져 있음. { } 안은 중력단위.

베어링 온도 bearing temperature [B] K,℃ 베어링의 온도. 특히 온도계가 설치되어 있지 않은 경우는 베어링 박스 표면의 온도를 말한다.

베어링 지지대 bearing support, bearing spider [P] 베어링을 지지하는 부품. 베어링 지지대(bearing spider)와 같음.

베어링 지지대, 수중베어링 스파이더 bearing spider [P] 수직축 펌프에서 수중 베어링을 지지하는 리브 부분.

베어링 커버 bearing hood [P,B,C] 옥외형 송풍기와 압축기에서 베어링에 빗물이 침입하는 것을 막기 위해 설치되는 커버.

베어링 틈새 bearing clearance [T] 구름베어링의 경우 베어링의 내·외륜과 전동체(轉動體)와의 사이에 생기는 틈새. 한편 저널 베어링의 경우는 베어링과 저널축 부와의 틈 량.

베어링 프레임 bearing frame [P,B] 베어링을 지지하는 프레임. 대형 횡축 펌프와 송풍기에서 스탠드형(stand type; 케이싱과 별개로 밑부분에 설치면을 갖는 것) 베어링 구조의 케이싱과 베어링의 설치면(공통베드)으로부터의 축심 높이를 맞추기 위한 목적으로 사용.

베어링유닛 **bearing unit** [B] 베어링, 베어링 하우징 및 그 부속품 일체에 대한 총칭.

베어링유닛 베이스 **bearing unit base** [B] 베어링 유닛이 설치되는 베이스. 부도 B-5 참조.

베이스 **base** [P,B] 기기를 그 위에 올려놓고, 기초에 고정하는 받침의 총칭. 부도 B-4 참조.

베이스 홴 **base fan** [B] 제철소에서 선재 또는 박판을 코일 채로 아닐링 노 내의 바닥에 설치하여 아닐링 하는 데, 이때 가스를 순환시키기 위해 사용되는 홴. 노 내부의 온도가 700~900℃의 고온이 되기 때문에 임펠러는 내열강이며, 개방형 임펠러로 하고, 반지름 깃을 가지며, 직립형이고 노밖에 있는 전동기에 의해 구동된다.

베인 라이너 **vane liner, blade liner, wear strip** [B] 깃의 마멸을 방지하기 위하여 설치한 라이너.

베인디퓨저, 베인붙이디퓨저 **vaned diffuser** [B,T] 원심 송풍기, 압축기의 회전차 출구 측에 설치되어지는 안내 깃이 붙은 디퓨저. 안내 깃이 설치되면, 제한적으로 효율은 높아지지만 설계 점 이외에서는 오히려 안내 깃이 유동을 방해하므로 안내 깃이 없는 경우보다 효율이 떨어진다. 디퓨저의 지름 방향의 길이는 짧아지지만 먼지나 탈 등이 붙으면 청소하기가 어렵고 제작에 수공이 많이 들어가기 때문에 일반적으로는 깃이 없는 디퓨저가 사용된다. 깃을 가동익으로 하여 풍량제어나 서지를 방지할 수 있게 한 것이 있다.

베인리스디퓨저, 깃 없는 디퓨저 **vaneless diffuser** [B,T] 원심 송풍기, 압축기의 회전차 출구 측에 설치되는 깃 없는 디퓨저. 설계점에서는 깃이 있는 디퓨저보다 효율은 좋지 않으나 넓은 범위에서 효율이 양호하다. 깃이 없는 디퓨저는 깃이 있는 디퓨저보다 반경방향의 길이는 길어지지만 먼지나 탈 등이 달라붙는 일이 없으며, 제작도 용이하므로 널리 사용되고 있다.

베인볼트 **vane bolt** [B] 베인과 허브를 체결하는 볼트.

베인압축기 **vane compressor** [C] 케이싱 내에 편심 해서 삽입된 로터에서 축방향으로 패인 여러 줄의 홈 속에 가동날개가 삽입된 형식의 것으로, 가동 날개형 압축기라고도 불린다.

베인축류홴 **vane-axial fan** [B] 케이싱을 가지고 안내 깃(vane)이 있는 축류홴.

베인펌프 **vane pump** [P] 작동원리 및 구조는 베인 압축기(vane compressor)와 같음.

베인풍속계 **vane anemometer** [M] 개개의 날개 형상이 터빈날개 형상으로 이루어진 풍속계.

베인형 모터 **vane motor** [P,G] 베인펌프와 구조는 거의 같지만 베인을 스프링과 같은 것으로 항시 캠 링에 접촉하도록 하고 유압에 의해 구동되는 모터. 출력 토크는 변동이 없으며, 역회전이 가능한 무단변속기로서 사용된다. 토크 효율은 85~95%, 총 효율은 75~90%.

베인압축기(vane compressor) 참조.

벡터 vector [T] 크기와 방향에 의해 정해지는 양. 보통 이것을 표시(表示)하는데 크기 및 방향을 표시하는 선분(線分)을 긋고 그 방향에 화살표를 붙인다. 변위(變位), 속도, 가속도, 힘, 운동량, 각운동량(角運動量) 등은 모두 벡터의 성질을 지닌 양이다. 이에 대하여 단지 크기만을 가지는 것을 스칼라(scalar)라고 한다.

벡터3각형 vector triangle [T] 터보형 펌프, 송풍기, 압축기의 절대속도, 상대속도 및 주속도의 관계를 나타내는 벡터선도이며, 깃 입구의 것과 출구의 것이 있음. 속도선도(velocity diagram) 참조.

벡터평균속도 vector mean velocity [B] m/s 속도 삼각형에서 유입 속도와 유출속도의 벡터 평균으로 얻어지는 속도.

벤투리관 Venturi tube [T] 직관의 도중 유로를 좁혀 그 큰 지름 부와 작은 지름부의 압력차를 측정하여 유량을 측정하는 관. 벤투리노즐(Venturi nozzle)과 벤투리미터(Venturi meter) 참조.

벤투리관 유량계 Venturi tube flow meter [M] 축소관, 목 부위를 형성하는 짧은 직관 그리고 확대관의 3개 관이 연속적으로 이어져 있는 형태의 벤투리로 구성되어 있는 유량계. 유체가 이 벤투리를 통과하면서 나타나는 차압을 측정하여 유량을 산정한다. 그림 바-7 참조.

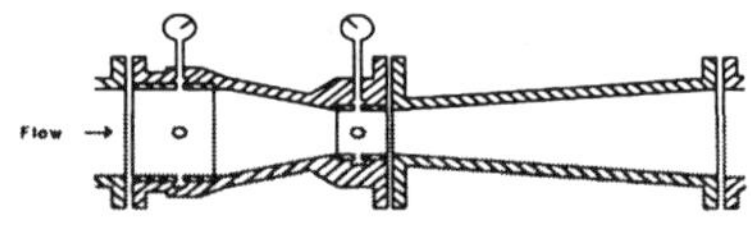

그림 바-7 벤투리관 유량계

벤투리노즐 Venturi nozzle [M] 노즐과 벤투리의 조합형이며, 상류 쪽은 벤투리유량계와 같이 긴 축소관 형태가 아니고 길이가 짧은 노즐형태로, 하류 쪽은 벤투리와 같은 확대각이 작은 확대부분으로 되어 있다. 유량측정기능과 압력손실 면에서는 벤투리관과 거의 같다.

벤투리미터 Venturimeter [T] 베르누이 정리를 응용하여 관속의 유량을 측정하는 계기. 벤투리관 유량계(Venturi tube flow meter)와 같음.

벨로우즈 bellows [P] 주름상자.

벨로우즈 펌프 bellows pump [P] 벨로우즈의 신축에 의한 체적변화를 이용한 용적형 펌프.

벨로우즈형 신축관 bellows type expansion pipe [E] 열팽창이나 축방향의 변형에 대비하여 미리 주름 형태로 관을 가공하여 신축, 굴곡을 흡수할 수 있도록 만든 관.

벨트 구동식, 벨트걸이식 belt driven type [P,B] 펌프, 송풍기 및 압축기가 원동기에 의해 벨트로 구동되는 형식.

벨트보호대, 벨트가이드 belt guard [B] 위해 예방 또는 방수를 위하여 커플링 주위에 설치되는 커버.

벨트풀리 belt pulley [B] 벨트로 구동하기 위해 벨트를 걸기 위한 풀리. 벨트에는 평벨트와 V벨트가 있으나, 최근에는 평벨트는 거의 사용되지 않는다.

벽면경계조건 wall boundary condition [N] 점성유동의 경우 고체벽(rigid impermeable wall)에서는 벽면에 수직한 방향으로의 관통질량유량은 0으로 가정하여, 벽면에 수평, 수직 방향의 속도성분 모두가 0이 되는 점착조건(no-slip condition)을 사용한다. 만일투과성벽면(permeable wall)을 가정하게 되면 수직속도 성분은 0이 아닌 다른 값을 지정할 수 있다. 비점성유동의 경우 미끄럼 경계조건(slip boundary condition)을 적용하여 벽면의 접선 방향의 속도 성분이 0이 아니라고 지정한다. 보통 벽면 위쪽의 유동 속도에 외삽법을 적용하여 미끄러짐 속도를 구한다.

벽면전단응력 wall shear stress [N] 벽 경계면에서는 미끄러짐(slip)이 없으며, 1차원 점성유동에 대한 전단응력은 다음과 같이 주어진다.

$$\tau_{yx} = \mu du/dy$$

운동하는 유체 속에 있는 정지한 고체표면에서 유체 속도는 0이다(no-slip condition). 벽면에서의 속도가 0이기 때문에 벽면 근처에서의 속도기울기(velocity gradient)가 급격해지고 따라서 벽면 전단력이 증가한다. 전체 유체는 운동하고 있으므로 속도 구배와 그로 인한 전단응력이 존재하게 되며, 이 전단응력 들은 유체운동에 저항으로 작용한다.

벽법칙 law of the wall [N] 벽법칙은 벽면근처의 난류유동의 평균속도가 벽면으로부터의 거리의 로그값에 비례하여 증가한다는 로그 법칙과 벽면에 아주 가까운 거리 ($y+ <5$)에서는 속도가 거리에 선형적으로 변한다는 점성저층 법칙에 따라 결정된다는 내용이다. 수치 해석 시 벽면 수직방향의 속도구배를 고려하여, 유동 방향의 격자 간격에 비해 수직 방향 격자 간격은 아주 작게 되므로 무수히 많은 격자점을 분포시켜야만 점성저층과 로그법칙 영역을 계산할 수 있다. 최근 수치해석에서는 점성저층의 해석을 위해 점성저층 내에 보통 열개 내외의 격자점을 분포시켜 유동을 계산한다.

벽함수 wall function [N] 벽면 근처에서는 점성의 영향이 매우 크고 유동은 벽을 따라가는 방향과 거의 일치하므로 1차원 쿠에트 유동(Couette flow)을 가정할 수 있다. 물론, 국소적으로 압력의 변화가 심하거나 박리(separation),재부착영역(reattachment zone)이 존재하는 유동에 대해서는 이 가정은 옳지 않지만 전체 유동을 고려하면 비교적 만족할 만한 것으로 받아들여진다. 벽면 근처에서는 무차원 속도분포로 알려진 벽함수(wall function) ① 층류저층(laminar sublayer) : $u^+ = y^+$, $y^+ < 11.63$ ② 충분히 발달한 난류층(fully turbulent layer) : $u^+ = (1/\kappa)\ln(Ey^+)$, $y^+ > 11.63$의 형태로 가정된다(Launder and Spalding, 1972). 여기서 κ는 von Kármán 상수로 $\kappa=0.4187$을 사용하고, E는 적분상수(integration constant)로 벽면의 거칠기에 의존한다. 매끈한 벽면에 대해서 E=9.0이 사용된다. 또한 y^+와 u^+는 마찰속도(friction velocity) u^*에 의해 다음 식과 같이 무차원화 된 것이며, y는 벽면에서의 수직거리, ν는 동점성계수, u는 벽면에 평행한 유속, ρ는 유체의 밀도, τ_w는 벽면에서의 전단력을 나타낸다.

$$y^+ = \frac{u^* y}{\nu},\ u^+ = \frac{u}{u^*},\ u^* = \sqrt{\frac{\tau_w}{\rho}}$$

변곡점, 반곡점 point of inflection [T] 곡선에서 곡률반경이 양에서 음 또는 음에서 양으로 변화하는, 즉 곡률반경이 0으로 되어있는 점.

변동 fluctuation [T] 변화. 특히 일련의 관측에서 연속된 값의 사이를 움직이는 변화. 데이터 점을 통과하는 매끈한 곡선으로부터의 변동.

변동하중 fluctuating load [T] 시간적으로 크기가 불규칙적으로 변화하는 하중.

변동계수, 변이계수 coefficient of variation [T] 자료 x_i의 평균치 $\bar{x}$와 표준편차 σ를 다음과 같이 나타내면,

$$\bar{x} = \frac{1}{N}\sum_{i=1}^{N} x_i,\ \sigma = \left[\frac{1}{N}\sum_{i=1}^{N} (x_i - \bar{x})^2\right]^{1/2}$$

$\sigma/\bar{x}$를 자료 x_i의 변동계수 또는 변이계수라고 한다. 이것은 평균치가 틀린 각종의 변량의 흩어짐을 비교하는데 사용된다. 표준편차 σ는 분산 σ^2의 평방근 중 양(+)의 것을 말하며, 자료의 흩어짐을 나타낸다.

변동하중 variable load [T] 하중이 시간에 따라 변동하는 하중. 위치에 따라 하중이 변화하는 것은 분포하중(distributed load)이라고 한다.

변분법 variation method, calculus of variation [N] 1) 일반적으로 범함수의 극치문제를 논하는 수학의 한 분야. 수학문제 뿐만 아니라 역학상의 문제와도 관련하여 함수의 극치문제의 일반화로서 발전한 것. 2) 변분학에서 다루는 전형적인 문제는 실수 값을 취하는 범함수, 특히 몇 개의 독립변수와 그것을 변수로 한 변함수 및 어떤 계수까지의 도함수로 이루어지는 기지의 식을 피적분함수로 하는 적분으로 표시되는 범함수, 즉 F(⋯)를 주어진 함수로 하여 다음의 형태를 가지는 것. 여기서 J는 범함수, (′)은 미분을 의미한다.

$$J[u] = \int_a^b F(x, u(x), u'(x), \cdots u^{(m)}(x))dx$$

$$J[uv] = \iint_E F(x, y, u(x,y), u_x, u_y, \cdots, v(x,y), v_x, v_y, \cdots)dxdy$$

변압운전 variable pressure operation [T] 전력 수요의 변동에 따라 증기 원동소의 열효율을 되도록 높게 유지하기 위하여 증기 압력을 변화시켜서 운전하는 방법. 이 운전 방법에 의해 대용량 유닛의 야간 및 주말의 저 부하에 따른 열효율의 저하를 개선할 수 있다. 예를 들면 증기 압력을 감소시켜 운전할 경우 1) 열역학적으로는 랭킨 사이클에 의한 열손실은 증대한다. 2) 터빈은 가감 밸브 노즐을 전개 상태로 되기까지 주증기압을 내리면 터빈의 내부 효율은

상승하지만, 3) 과열증기, 재열증기의 온도가 상승한다. 4) 발전소 내 동력이 저하하는 등의 득실이 있고 종합적으로 고려하여 실시된다.

변위, 배기(량), 배수(량), 배제(량) displacement [T,D] m,m^3/s 1) 물체가 운동했을 때의 위치 변화. 위치변화에는 기준좌표계(reference frame)에 대한 물체 또는 질점의 위치변화를 특정 지우는 벡터 양으로 표시되는데, 일반적으로 변위벡터는 회전벡터(rotation vector), 병진벡터(translation vector) 또는 이들 두 가지가 포함된 벡터로 표현된다. 2) 용적형 압축기의 경우는 (배제용적)×(단위 시간 당의 배제회수)로부터 계산되는 이론적 가스(배기, 배수, 배제)량.

변위선도 displacement diagram [T] 캠의 회전각과 종절(從節)의 변위와의 관계를 나타낸 곡선.

변위픽업 displacement pick-up [D] 입력 변위에 비례하는 출력(일반적으로 전기적인 출력)을 발생하는 변환기.

변전소 substation [S] 발전소에서 생산한 전력을 송전선로나 배전선로를 통하여 수요자에게 보내는 과정에서 전압이나 전류의 성질을 바꾸기 위하여 설치하는 시설이다. 대규모 해양에너지발전단지에서는 해상변전소의 설치가 필요하다.

변태점 측정기 critical point tester [T] 금속의 변태점, 즉 상(相)의 변화가 일어나는 온도를 지시하는 장치.

변형 deformation [T] 대상 물체가 이상 강체가 아닌 한 그것에 외력이 작용하면 물체 내부에는 응력의 발생과 동시에 물체의 구성 요소 간에 상대적인 변위가 생겨, 그 형상이나 치수가 변화하게 되는데, 이것을 변형이라 한다.

변환기, 트랜스듀서 transducer [D] 입력에너지의 특성이 출력에 나타나는 방법으로서, 한 계로부터 에너지를 받고, 동일하거나 다른 종류의 계에 에너지를 공급하도록 설계된 장치가 있으며, 진동측정에서는 기계적인 운동을 전기적인 신호로 변환하는 장치를 말한다. 이것은 픽업(pick-up) 또는 프로브(probe)라고도 불린다. 변환기는 기계적인 운동을 전기적인 신호로 변환하는 센서(sensor)부, 이것을 증폭하는 부분, 그리고 이들을 결합하는 부분 등으로 구성된 것을 말한다. 또한 센서의 피 측정물체와의 접촉상태에 따라 접촉형과 비접촉형으로 구분된다.

병렬 계산 parallel computation [N] 다수의 CPU를 병렬로 배치하여 동시 계산방법을 통해 고속화 하는 방법. 즉, 벡터 계산을 위한 파이프라인을 다중화 시키는 방법 및 수 개에서 수십 개의 CPU를 병렬화 하고 컴파일러가 자동적으로 병렬이 가능한 부분을 분리시키는 방법 등이 널리 사용되고 있다.

병렬 운전 parallel running, parallel operation [P] 2대 이상의 펌프 또는 송풍기, 압축기의 물이나 공기를 1개의 관로에 합류하도록 토출하는 운전.

병렬증기터빈시스템 cross-compound steam-turbine system [T] 일반적

인 터빈과 달리 터빈을 다축으로 배열하고 각각의 축마다 발전기가 연결되는 터빈.

병렬처리 parallel processing [N] 다중처리 시스템에서 하나 또는 그 이상의 운영체제가 여러 개의 프로세스를 관리하며 동시에 수행하는 시스템으로, 프로세스를 여러(혹은 하나의) 프로세서에 분산시켜 동시에 수행함으로써 빠른 시간 내에 원하는 답을 구하는 작업. 병렬처리 시스템의 발전단계는 다음과 같다. 1단계 : 단일 프로세서 컴퓨터에 병렬기법 도입 -RISC(reduced instruction set computers). 2단계 : 운영체제를 단일 컴퓨터의 운영에서 벗어나 복수의 연산소자 및 네트워크까지도 운영. 알고리즘 기술 발달. 3단계 : 병렬화를 묵시적으로 나타내는 새로운 언어의 개발 요구. 4단계 : 사용자와 같은 레벨에서 통신할 수 있도록 높은 레벨의 사용자 인터페이스 제공.

병렬축형 parallel shaft type [B,C] 터보 압축기에서 1개의 원동기의 축에 대하여 복수의 주축이 병렬로 배치된 형식.

병렬터빈 cross compound turbine [T] 가스 터빈의 성능 향상을 위한 한 형식으로서, 고압 압축기를 저압 터빈으로, 저압 압축기를 고압 터빈으로 구동하는 방식의 복합 가스터빈을 말한다.

병렬펌프 double pumps [P] 대소 2개의 일정 토출형의 베인펌프를 같은 축에 겹쳐서 배치한 펌프.

보강제, 브레이싱 bracing [D] 판과 판의 간격이 일정한 구조물의 강도를 보강하기 위해 부착하는 판 또는 관.

보데선도 Bode plot [D] 회전수를 변화시켰을 때의 회전체의 진동상태를 나타내는 방법의 하나로서 널리 사용되는 선도로서, 회전수(각주파수 ω의 상용대수 $\log_{10}\omega$)를 가로축으로 하여 진동진폭(또는 게인(gain)의 dB치)와 위상지연(또는 위상차)을 한 쌍으로 하여 세로축으로 나타내는 선도이다. 주파수 응답을 보데선도로 도시하면 편리하다. 여기서 Y_0/X_0의 dB치는 $20\log_{10}Y_0/X_0$이다.

보수, 정비 maintenance [T] 기계설비 등의 기능의 유지, 보전, 정비 등을 말한다.

보스 boss [C] 허브(hub)와 같음.

보스비 boss ratio [C] 허브 비(hub ratio)와 같음.

보안장치 safety device [T] 펌프, 송풍기, 압축기를 안전하게 운전하기 위해서 장비되는 경보 및 정지장치. 대상으로서 베어링 온도상승, 유압 · 유량저하, 헤드탱크의 유면저하, 냉각수량의 저하, 진동증대, 과부하 등이며, 인터로크로는 유압, 냉각수량, 헤드탱크 유면, 전동기 시동기, 터닝 장치, 조임장치, 각종 밸브 등이 이용된다. 인터로크(interlock) 참조.

보어홀펌프 deep well turbine pump [P] 심정펌프(deep well pump)로서 터빈펌프(turbine pump)가 사용된 것. 터빈펌프(turbine pump) 참조.

보염기 flame stabilizer [T] 플레임 홀더(flame holder)와 같음.

보염판 flame stabilizing baffle [T] 고속기류 속에서 연소시킬 때 연료 분사 밸브의 상류층에 설치되는 화염 보호판. 플레임 홀더(flame holder) 참조.

보울(중간보울, 토출보울) bowl [P] 토출보울(discharge bowl)과 중간보울(stage bowl 또는 pump bowl)로 구분되며, 토출보울의 경우는 수직축 펌프에서의 안내깃 붙이 디퓨저를 갖는 토출케이싱을 말함. 수직축 사류 및 축류펌프의 디퓨저로서 사용되지만 피트형 고양정 원심펌프에서도 사용되며, 귀환유로 부분도 일체구조로 제작되는 경우가 많음.

보울효율 bowl efficiency [P] % 수직축 디퓨저형 펌프로 토출하고, 케이싱을 토출보울 뿐이라고 보았을 때의 펌프효율. 이것은 토출엘보나 양수관 내의 손실헤드가 없다고 했을 때의 펌프효율임.

보이드, 공극, 공동 void [T] 진공. 빈 곳.

보이드율 void fraction [T] 일반적으로 기액 2상류, 고기 2상류에 있어서의 기체의 용적 비율을 말하지만, 주목하고 있는 점 혹은 면에 있어서의 기체의 존재 비율을 말하기도 한다. 보이드 율은 기액 2상류, 고기 2상류 연구의 기초가 되는 것으로, 압력 손실, 열전달에 크게 영향을 미친다.

보일러 boiler [T] 다양한 형태의 열원(화석연료, 핵분열 등)으로부터 열을 공급받아 일정한 압력의 물을 건조 포화 증기로 만드는 열교환기를 말한다.

보일러 급수 펌프 boiler feed pump [P] 보일러에 물을 공급하는 펌프.

보일러순환펌프 boiler circulation pump [P] 보일러 수를 순환시키는 데 사용되는 펌프.

보일러용량 boiler capacity [T] kg/h 보일러가 증기를 발생시키는 속도.

보일러햰 boiler fan [B] 보일러의 연소, 냉각에 필요한 공기를 통기하는 데 사용되는 햰이며, 압입송풍기와 유인송풍기가 있다. 최근에는 압입송풍기 만을 사용하는 것이 많다. 약 75 MW를 경계로 하여 중 · 소형플랜트에서는 뒷굽은 깃 햰이, 대형에서는 축류햰이 사용된다.

보일러효율 boiler efficiency [T] 보일러에서 배출되는 증기의 엔탈피 유량을 연료의 질량유량과 질량당 발생에너지의 곱으로 나눈 값.

보일-샤를 법칙 law of Boyle-Charles [G] 질량 m(kg) {kgf · s^2/m}의 완전가스의 절대온도 T(K), 절대압력 p(N/m^2) {kgf/m^2}, 체적 V(m^3)와의 사이에 다음의 관계식이 성립한다.

$$pV=mRT$$

여기서, R : 가스상수(m^2/(s^2 · K)). 이 관계를 보일-샤를의 법칙 또는 기체의 법칙이라고 한다. { } 안은 중력단위.

보일의 법칙 Boyle's law [G] 와전가스의 온도가 일정할 때 절대압력 p와 체적 v사이에 pv=const 라는 관계가 성립하는 관계식을 말함.

보전도 maintainability [T] 고장 난 시스템이 규정된 조건 하에서 정비가 이루어져 규정된 운전 정지 시간 내에 운전이 가능한 상태로 회복되는 확률을 말한다.

보정검사, 교정검사 calibration [M] 대상 계측기에서 측정되는 측정치와 기준이 되는 계측기에서 측정되는 측정치를 비교하는 일체의 행위.

보정곡선, 교정곡선 calibration curve [M] 교정을 위한 실험 결과를 이용하여 오차를 보정해 주기 위해 적절한 방법으로 구해진 이들 실험 결과에 가장 가까운 곡선.

보정전결과 uncorrected result [M] 계통오차를 보정하기 전의 측정 결과.

보정후 결과 corrected result [M] 계통오차를 보정한 후의 측정결과. 계통오차(systematic error) 참조.

보조공기조 supplementary air reservoir [T] 공기 브레이크 장치용의 공기 저장의 하나로, 제어 밸브의 작용을 더욱 완전하게 하기 위하여 3동 밸브의 기본적용 이외에 계단 완화작용, 상용 브레이크 후의 보조공기 저장소 또는 비상 브레이크 시의 실린더 압력을 높이기 위하여 설치한 대형의 공기저장소.

보조급수 auxiliary feedwater [Nu] 가압경수로에서 외부전원 상실 등으로 주급수를 사용할 수 없을 때 2차계통 순수탱크로부터 증기발생기로 공급하여 잔열을 제거하는 급수.

보조급수펌프 auxiliary feedwater pump [Nu] 보조급수 계통에서 냉각수를 증기발생기로 공급하는 펌프. 이 펌프는 터빈 구동 펌프, 전기 모터 구동 펌프 등으로 구성되어 있다.

보조기기, 보조설비계통 Balance Of Plant (BOP) [Nu] 원자력발전소에서 증기를 이용하는 모든 설비로서, 1차 계통과 공유되는 증기발생기를 제외한 터빈, 발전기 등 2차 계통에 포함된 모든 기기를 의미한다.

보조단위 supplementary unit [M] 국제단위계에서 조립 단위를 조립할 때의 편의를 위해 사용되는 무차원 양의 단위이며, 현재 정해져 있는 보조 단위로는 평면각의 라디안과 입체각의 스테라디안이 있다.

보조동력장치 auxiliary power unit (APU) [T] 주 추진동력장치 이외에 보조기기 등을 구동하기 위한 동력장치.

보조수조(진공펌프용의) tank(for vacuum pump) [P] 진공을 유지하기 위한 용기.

보조펌프 auxiliary pump [P] 주기(主機)의 운전에 필요한 물, 기름 등의 공급에 사용되는 펌프. 펌프의 경우는 패킹 밀봉 수, 베어링 등의 냉각수를 보내는 물 펌프, 윤활유를 보내는 오일펌프 등이 보조펌프가 된다.

보조홴 auxiliary fan [M] 광산의 갱도의 일부에 저항이 큰 분기로가 있는 경우에, 그 부분의 풍량을 늘리기 위해 보조적으로 사용되는 홴을 말하는 경우가 많다. 국부선풍기도 그 중의 하나이다. 원심홴, 축류홴이 사용된다.

보증성능곡선 guaranteed performance curve [G] 기계의 제작자가 어느 조건하에서의 기계성능을 사용자에게 보장하는 성능곡선.

보증압력 proof pressure [T] 펌프 등의

제품에 대해 결함, 변형, 기타 기능상의 이상을 발생하지 않음을 보증할 수 있는 최대 압력의 크기.

보증효율 guaranteed efficiency [P] % 제작자가 보증하는 효율.

보충수 make-up water [Nu] 냉각재상실사고시 냉각재 계통의 보유수량을 확보하기 위하여 공급되는 물로 사용된다.

보호 그물망 protective net [A] 송풍기 바지관(송풍기 토출구와 흡입구 연결관)과 송풍기 공기인입구 사이에 설치되어 송풍기로 이물질이 유입되는 것을 방지하는 철재 그물망.

보호관 shaft enclosing tube [P] 수직축 펌프에서 현수관과 양수관 내의 축이나 수중 베어링을 주위로부터 보호하고, 그 베어링의 윤활을 시키기 위하여 축을 둘러싼 고정관.

복동식 double acting (type) [B,C] 피스톤의 양쪽에서 압송하는 형식. 피스톤의 양측에서 교대로 증기나 가스의 압력이 작용하여 일을 하는 경우를 말한다.

복동압축기 double acting compressor [C,T] 왕복압축기의 피스톤 양측에서 교대로 기체를 흡입하여 압축하는 압축기.

복류터빈 double-flow turbine [T] 작동유체가 케이싱의 중앙에 반경 방향으로 들어가고 양쪽 축 방향의 바깥쪽으로 흐르는 터빈. 양쪽에서 발생된 추력이 서로를 상쇄한다는 이점을 갖는다.

복사 radiation [T] 물체로부터 방출되는 복사 에너지와 이것을 운반하는 파동을 통틀어 복사라고 한다.

복사열 radiant heat [T] J,{kcal} 고온체로부터 전자파(가시광선, 자외선, x선, γ 선 등)로 방사되는 열에너지. { } 안은 중력단위.

복사열전달 radiant heat transfer [T] 고온체로부터 방사열이 파동에 의해 전달되는 것.

복사전열면 radiation heating surface [T] 벽, 바닥 등에 관을 매설하고 관 안에 온수, 증기 등을 흐르게 한 다음 이를 가열하여 그 복사열에 의하여 난방 하는 방법에서의 가열된 표면.

복소가진 complex excitation [D] 실수부분과 허수부분을 가지는 가진으로서, 복소가진과 복소응답이라는 개념은 역사적으로 계산을 단순화하기 위해서 사용되었다. 실제 가진과 실제응답은 복소가진과 복소응답의 실수부분을 나타낸다. 만약 계가 선형이라면, 중첩이 적용되므로 이 개념은 타당하다. 이 용어는 복소진동에 의한 가진 또는 복소파형의 진동과 혼동하지 않아야 한다.

복소변위 complex displacement [D] m 복소진폭(complex amplitude) 참조.

복소속도 complex velocity [G] m/s 포텐셜유동에서 x, y면에서의 각 방향의 속도성분을 u, v 그리고 복소 기호를 i 라고 하였을 때 w=u+iv로 표시한 것을 복소속도라고 한다. 등각사상법에 의한 유동해석 등에서 사용된다.

복소속도포텐셜 complex velocity potential [G] 비압축성 2차원의 비회전

유동에서는 속도포텐셜 ϕ와 유동함수 Ψ가 존재하며, 이들은 다음의 Cauchy-Rieman의 미분방정식을 만족한다.

$$\frac{\partial \phi}{\partial x} = \frac{\partial \Psi}{\partial y}, \quad \frac{\partial \phi}{\partial y} = \frac{\partial \Psi}{\partial x}$$

ϕ 와 Ψ 로 구성되는 새함수 W를 다음과 같이 나타내고,

$$W = \phi(x, y) + i\Psi(x, y)$$

또 복소수 z=x+iy의 어떤 정칙함수(正則函數, regular function) f(x)를 택하여

$$W = f(z)$$

라고 두면, z면(복소수면) 상의 어떤 유체우동을 나타내는 속도포텐셜과 유동함수가 얻어진다. 이와 같이 얻어진 W를 복소속도포테셜이라 한다. 속도포텐셜(velocity potential), 유동함수(stream function) 참조.

복소응답 complex response [D] 실수와 허수 부분을 가지는 복소 가진에 대한 선형계의 응답

복소진폭 complex amplitude [D] ⅿ 좌표축 x, y의 원점 O를 중심으로 회전벡터 P가 회전하면 벡터 끝의 P점의 x, y의 좌표는 허수 i를 도입함으로써 $z = x + iy = Ae^{i\alpha}e^{i\omega t}$로 표시될 수 있다. 이 때 z를 복소변위라고 하며, $Ae^{i\alpha}$를 복소진폭이라고 한다. 위 식에서 α는 x축과 이루는 초기각도, ω는 각속도, t는 시간, A는 회전벡터의 절대치 또는 최대변위이다.

복소푸리에계수 complex Fourier coefficient [D] 주기 T를 갖는 주기함수 f(t)가 있으면, 함수 f(t)의 푸리에급수는 다음과 같이 표시된다.

$$f(t) = \frac{a_o}{2} + \sum_{n=1}^{\infty} \left(a_n \cos\frac{2\pi nt}{T} + b_n \sin\frac{2\pi nt}{T}\right)$$

여기에서, 지금 cos, sin을 다음과 같이 표시하고

$$\cos\frac{2\pi nt}{T} = \frac{e^{i2\pi nt/T} + e^{-i2\pi nt/T}}{2}$$
$$\sin\frac{2\pi nt}{T} = \frac{e^{i2\pi nt/T} - e^{-i2\pi nt/T}}{2i}$$

$a_n - ib_n = 2c_n$라고 두고, 또한 $2\omega = 2\pi/T$라고 두면, 다음과 같이 sin의 급수와 cos의 급수는 하나의 복소수 형태로 표시될 수 있다.

$$f(t) = \sum_{n=-\infty}^{\infty} c_n e^{in\omega t}$$

위의 식을 복소푸리에급수라고 하며, 복소푸리에 급수계수 C_n은 다음과 같이 표시된다.

$$C_n = \frac{1}{T}\int_{-T/2}^{T/2} f(t)e^{in\omega t}dt$$

복속도단 velocity compound stage [T] 1열의 노즐을 가지며, 거기서 한 번의 팽창으로 얻어지는 고속 기류의 운동에너지를 하나의 로터 디스크에 설치된 몇 줄의 동익에서 여러 번으로 나누어 흡수되는 방식을 속도 복식이라 하고,

이 팽창 과정의 노즐과 동익, 또는 정익과 동익의 1조를 복속도단이라고 한다.

복속도증기터빈 velocity-compounded steam turbine [T] 속도감소가 발생하는 로터/스테이터단으로 증기가 진입하기 전에 있는 한개의 노즐링(nozzle ring)으로 모든 압력강하가 이루어지는 충동터빈.

복수기, 응축기 steam condenser [Nu, T,S] 응축기의 일종이며, 수증기를 냉각시켜 물로 되돌리는 장치. 복수기는 밀폐된 용기로 되어 있으며, 공급되는 냉각수에 의해 흘러들어오는 증기의 증발열을 빼앗아 증기를 물로 환원시키는 작용을 한다. 증기 기관, 증기 터빈에 있어서 배출된 증기를 물로 냉각해서 복수하는(원래의 물로 복귀시키는) 장치를 말한다. 원전의 경우, 회수된 복수는 PWR과 고속로에서는 증기발생기의 2차측으로, BWR에서는 원자로로 되돌아 감.

복수냉각기 condensing water cooler [T] 복수실에서 배기의 응축을 촉진시키기 위해 마련된 냉각기.

복수저장탱크 condensate storage tank [Nu] 증기 터빈의 배기로 부터 복수기에서 전환된 물을 회수하여 저장하거나, 주 복수기에 위치한 온수조의 수위에 따라 유입되는 보충수 혹은 잉여 복수를 저장하는 탱크.

복수추기터빈, 추기복수터빈 condensing extraction turbine [T] 추기터빈이란 터빈 중 적당한 압력 단에서부터 증기의 일부를 추출하여 작업용으로 사용하는 형식의 터빈을 말하며, 이 형식의 터빈의 출구 측에 복수기를 설치하여 배기를 복수시킴으로써 배압을 대기압 이하로 하여 열낙차를 크게 하고 열효율을 높인 터빈을 복수추기터빈이라고 말한다. 복수터빈(condensing turbine) 참조.

복수케이싱형 multicasing type [B] 터보압축기에서 복수의 케이싱을 갖는 형식.

복수터빈 condensing turbine [T] 터빈의 배출증기를 복수기에서 복수시켜 고진공을 얻고, 증기를 터빈 내에서 충분히 저압까지 팽창시키는 형식의 터빈. 복수추기터빈(condensing extraction turbine) 참조.

복식공기압축기 compound air compressor [C] 2단으로 압축하여 높은 압축비를 낼 수 있는 방식의 공기 압축기.

복식노즐 duplex nozzle [T] 가스터빈의 연료 분사용의 일종인 와류 분사노즐.

복식버너 duplex burner [T] 복식분무기(duplex atomizer)와 같음.

복식분무기 duplex atomizer [T] 가스터빈용 연료분사밸브의 한 형식으로, 2단으로 분사하는 밸브.

복식압축기 compound compressor [C] 압축비가 높은 경우에 냉매를 2단으로 나누어서 압축하는데 쓰이는 압축기. 1대의 다기통 압축기의 기통을 저압 측과 고압측의 둘로 나누어서 사용한다.

복식연소사이클 dual combustion cycle [T] 오토사이클과 디젤사이클의 혼합인 고속디젤엔진에 대한 공기표준사이클.

사바데사이클(Sabathe cycle)이라고도 한다.

복식인젝터 duplex injector [T] 고압 급수를 할 수 있도록 2개의 분사기를 직렬로 배열한 것.

복식펌프 duplex pump [P] 증기기관에 의해 직접 구동되는 피스톤펌프로서 증기기관의 실린더와 펌프의 실린더가 각각 두 쌍이 있는 것을 말하는데, 한 쌍의 것에 비해 운전이 원활하게 이뤄지므로 보다 많이 사용되고 있음.

복합격자 composite grid [N] 키메라 격자(Chimera grid)와 같음.

복합사이클 combined cycle [T] 열기관의 효율을 높이기 위해 고온원과 저온원 사이에서 둘 이상의 복합(또는 합성)된 사이클을 동작시킨 사이클.

복합열전달 conjugate heat transfer [N] 열전달을 고려해야 하는 유동장 내부에 고체가 존재할 때, 열전달은 유체와 고체 사이의 대류와 전도를 복합적으로 고려해야 한다. 이러한 문제를 복합 열전달 문제라 하며 연속 방정식, 운동량 방정식, 에너지 방정식 외에 고체면 에서의 열전도에 관한 다음의 식을 추가로 고려해 주어야 한다.

$$\frac{\partial(\rho e)}{\partial t} = \frac{\partial}{\partial x_i}\left(\kappa\frac{\partial T}{\partial x_i}\right) + S_e$$

이때, ρ : 유체밀도, e : 엔탈피, κ : 열전도율, T : 절대온도, x_i : 공간좌표, S_e : 생성항으로서 체적열 발생률. 위 식은 고체와 액체 경계면 사이의 에너지 플럭스의 연속성을 만족시켜야 한다.

복합터빈 compound turbine [T] 터빈의 차실이 고압 차실과 저압 차실의 두 개의 차실로 구성된 터빈. 터빈 내 고압의 가스는 고압 차실에서 팽창하고 저압 차실에서 팽창한 후 배출된다. 복합터빈의 장점은 두 개의 차실 중 하나의 차실을 줄일 수 있다는 것이다.

복합펌프 combination pump [P] 2대의 베인펌프를 일축((一軸) 형으로 배치하여 1대의 모터로 구동하는 방식의 펌프. 동일 용량의 베인펌프 2대를 일축형으로 연결한 2압 펌프, 다른 용량의 펌프 2대를 일축형으로 연결한 펌프 등이 있다.

본 카르만 상수 von Kármán constant [N] 난류경계층의 시간평균 속도분포에서 나타나는 상수 중의 하나이며, 다음과 같이 표시되는 대수중복층의 속도분포에서 나타난다.

$$u^+ = (1/\kappa)\ln y^+ + B$$

단, $u^+ = u/u^*$, $u^* = (\tau_w/\rho)^{1/2}$, $y^+ = yu^*/\nu$이며, κ=카르만 상수=0.41, B=상수=5.0. 여기서 u : 벽에 따른 시간평균속도, u^* : 마찰속도, τ_w : 벽에서의 전단응력, ρ : 유체밀도, y : 벽으로부터의 수직거리, y^+ : 무차원 거리, ν : 유체의 동점성계수.

볼록 convex [T] 볼록한 형상을 의미함. 오목하게 되어있는 경우는 concave라고 한다.

볼밸브 ball valve [M] 밸브 몸체가 구형이며, 밸브 안을 회전하여 통로를 개폐하는 콕과 유사한 밸브.

볼츠만의 식 Boltzmann equation [G] 기체분자운동론의 기초식. 희박기체의 운동을 통계학적으로 취급할 때 중요한 분자속도 분포함수를 결정하는 식.

봉쇄, 블록케이지 blockage [G] 봉쇄계수(blockage factor) 참조.

봉쇄계수 blockage factor [B] 유로의 벽면에 발달하는 경계층의 배제효과로 인하여 유로의 유효단면적이 감소하는 정도를 나타내는 계수이며, 유효 유로 단면적과 기하학적 단면적과의 비로 표시된다.

봉수 sealing water [P] 패킹상자(스터핑 박스)에서 축을 따라서 내부로부터 유체가 흘러나오는 것을 방지하기 위하여, 또는 외기의 침입을 방지하기 위하여 외부로부터 패킹상자 속의 랜턴 링(lantern ring)에 주입하는 물. 랜턴링(lantern ring) 참조.

봉수링, 랜턴 링 seal cage, lantern ring [P] 주로 수봉을 위해서 설치되는 랜턴 링. 랜턴 링(lantern ring)과 같음.

부가손실 additive loss [C] 파이프 내의 고체-기체 또는 고체-액체의 2상유동에서 전압손실 dp는 다음과 같이 표시될 수 있다. $\Delta p = \Delta p_f + \Delta p_z$. 여기서, Δp_f는 기체 혹은 액체가 단독으로 흐를 때의 손실, Δp_z는 고체흡입에 의해 증대된 손실을 나타내는 것이며, 이를 부가손실이라고 한다. 2상류(two phase flow) 참조.

부가오차 complementary error [M] 영향 양의 값이 표준 조건의 값과 다르기 때문에 생기는 오차.

부력 buoyancy force [M] N,{kgf} 액체나 기체에 잠긴 물질이 물체의 높이에 의한 액체나 기체의 압력 차에 의해 중력과 반대방향으로 받는 힘. { } 안은 중력단위.

부력보정 buoyancy correction [M] 액체유량을 질량측정법에 의해 측정하고자 할 때 수집된 액체의 질량을 측정하면서 공기에 의한 부력을 보정해 주는 것.

부력작용선 axis of floatation [G] 정지상태에서 수면에 떠있는 물체의 부력중심과 물체의 중심을 이운 연직선.

부력중심 center of buoyancy [G] 수면위에 뜬(또는 잠긴) 물체에 작용하는 부력의 작용점.

부분, 세그멘트, 활꼴 segment [T] (1) 부분, 마디. (2) 활 모양, 부채꼴, 원호형. (3) 부채꼴 기어.

부분부하 partial load [B,T] 터빈, 수차, 송풍기 등의 원동기에 가해지는 부하가 그 원동기의 정규 부하보다 작은 경우의 부하.

부분오차 partial error [M] 여러 개의 양을 측정하고 이 양들을 조합하여 계산함으로써 측정되는 측정치에서, 그것을 구성하는 개개의 양의 값 혹은 계산식의 오차 등에 의해 발생하는 오차.

부분포물선형 유동 partially parabolic flows [N] 어떤 실제 상황에서 하나의 우세한 유동 방향이 존재하지만, 단면(斷面) 내의 방향의 압력변화를 무시할 수 없는 경우가 있다. 따라서 포물선 형 절차에서와 같이 압력을 분리하는 것은 이러한 유동에 대해서는 적절하지 못하다. 즉, 해는 상류 끝에서 하류 끝으로 전진하면서 구할 수는 있지만, 압력을 통해서 하류의 효과가 상류로 전달되고 있는 것이다. 이러한 상황을 부분 포물선 형이라고 한다. 상당히 휘어진 덕트, 단면 방향의 제트, 급격히 변하는 단면을 가진 덕트, 회전하는 유로 등의 경우가 부분 포물선형 유동의 예이다. 부분 포물선형 계산 절차에서, 압력 이외의 다른 변수들은 계산이 진행되어 나가는 방향에 위치한 한 곳, 두 곳 정도에서의 값이 저장되지만 압력장은 계산 영역 전체의 값이 저장된다. 압력장이 주어진 경우 전진 계산 절차가 완전 포물선형 유동 상황에서와 같이 적용되지만, 압력장이 주어지지 않은 경우에는 개선된 압력장이 압력 수정방정식이나 압력 방정식으로부터 얻어질 수 있다. 수렴해가 얻어지기까지에는 많은 전진 절차의 반복이 필요하다.

부상분리법 dissolved air floatation [E] 액체와 기체 또는 액체와 액체의 계면에 있어서의 접착 현상을 응용한 분리법.

부시 bush, bushing [P] 패킹 부위에서 축의 고정측에 삽입하는 원통모양의 부품.

부시베어링 bush bearing [P] 지름방향의 하중을 받는 미끄럼 베어링의 한 종류. 원통 모양의 부시를 베어링상자에 삽입한 것으로 소동력, 작은 지름의 저회전용에 사용. 오일리스 베어링이라고 불리는 것은 부시베어링이다.

부식 corrosion [P,T] 금속이 그 표면에서 화학적 또는 전기화학적 작용이나 해수로 인해 변질되어 가는 현상.

부식률 corrosion rate [T] 금속이 그 표면에서 화학적 또는 전기 화학적 작용이나 해수로 인해 변질되어 가는 속도.

부씨네스크 근사 Boussinesq approximation [N] 부씨네스크 근사는 보통 자연대류, 중력에 의한 water wave, 난류의 에디 점성 모델 등 다양한 제목에 대해 각기 다른 내용으로 모델링하는 방법임. 본 용어사전에서는 자연대류문제에서의 부씨 근사만을 다루고 있음. 온도 차가 존재하는 유동은 기본적으로 압축성 유동으로 해석되어야 한다. 하지만 유속이 매우 작고 밀도는 중력에 의해서만 변화하는 자연대류 문제로 가정할 수 있을 때, 밀도 변화는 다음과 같이 표현될 수 있다.

$$\rho = \rho_\infty [1 - \beta(T - T_\infty) + \cdots]$$

여기서, β는 체적팽창계수(volume expansion coefficient)로 일정압력에서 온도에 대한 밀도의 변화 정도를 나타낸다. 위 식을 운동량 방정식에 적용함으로써 비압축성 유체로 가정될 수 있고, 이 식이 적용된 격자를 부씨네스크(Boussinesq) 근사 셀이라고 한다.

부압 negative pressure [T] Pa,{kgf/m^2} 대기압 이하에서 절대 압력 0까지의 압력. { } 안은 중력단위.

부압면, 흡입면 suction side [T] 부압면(suction surface)의 뜻이면, 익의 부압면을 의미하며, 흡입면이면 양수 장치에서 흡수하는 수조 내의 액면을 의미한다.

부압면, 흡입면 suction surface [B,T] 1) 부압면(suction surface)은 정상유동 상태에서 익면에 작용하는 압력에서 압력이 다른 쪽에 비해 낮은 쪽의 익면. 이 면을 배면이고도 한다. 2) 양수장치에서의 흡입면은 보통 흡입 측의 액면을 의미한다. 부도 B-3 참조.

부유식 floating type [S] 바닷물의 부력을 이용하여 해상 또는 해중에 뜬 상태로 계류하여 사용하는 구조 방식.

부유식 파력발전 floating wave power generation [S] 수심이 깊은 해상에 파력발전 시설을 설치하는 방식으로써 터빈시스템이 수면에 떠있는 구조이며 터빈시스템 내부에서 공기의 상하 흐름을 이용하여 터빈을 회전시키는 파력발전 방식.

부재시간 unattended time [A] 장비의 고장이나 알 수 없는 이유로 사용되지 않고 무동작 상태에 놓여 있는 시간, 고장시간도 포함.

부적합, 미스매칭 mis-matching [G] 매칭이 잘 유지되어 있지 않는 상태. 예를 들면 다단 터보압축기에서 각 단의 회전차가 설계조건의 압축비와 다른 압축비에서 작동하는 것을 말하며, 설계의 부적당, 흡입상태의 변화, 회전수의 변화 등에 의해서 일어나는 부적합성을 미스매칭이라고 한다. 등가시험 회전수로 성능시험을 하거나 폐회로에 의해 성능시험을 하는 것도 미스매칭을 막기 위한 것이다.

부족감쇠 underdamping [D] 감쇠자유진동에서의 진폭은 시간에 따라 감소한다. 이와 같은 감쇠를 부족감쇠라고 하며, 과감쇠 및 임계감쇠와 대비되는 용어이다. 예를 들면, 운동방정식이

$$m\ddot{x}+c\dot{x}+kx=0$$

으로 표시되는 1자유도계에서는

$$c<2\sqrt{km}$$

의 상태의 감쇠를 말한다. 따라서 감쇠비 $\zeta(=c/(2\sqrt{\kappa m}))$가 1보다 작은 감쇠로, 이때의 응답은 감쇠고유진동수로 진동하면서 그 최대진폭은 지수적으로 감소한다. 감쇠비(damping ratio) 참조.

부착충격파 attached shock [G] 주류의 마하수가 1이상의 유동 안에 놓인 익의 앞전이 예리한 모양으로 되어있는 경우 앞전 전방에 처음 나타난 충격파는 마하수의 증대에 따라 어느 값에서 익의 앞전에 부착한다. 이와 같은 충격파를 말한다.

부피, 체적 volume [T] m^3 용적, 용량.

부피측정법 volumetric method [M] 일정한 압력이 유지되도록 고안된 탱크에 유체를 수집하여 수집된 유체의 체적과 수집시간으로부터 유량을 알아내는 방법.

부하 loading [T] 1) 기계나 구조물이 외부로부터 받는 힘. 정적인 힘을 정하중이라고 하고, 정적인 힘 이외의 동적인 힘을 동하중이라 한다. 2) 에너지(출력)를 소비하는 기계설비, 또는 그 기계설

비가 소비하는 동력(일률)의 크기를 부하(負荷)라고 한다.

부하곡선 load curve [E] 하루 또는 1개월, 1년 중 시간단위의 전력변화를 곡선으로 나타낸 것으로, 부하율이 높으면 곡선의 변화가 적고, 부하율이 낮으면 곡선의 변화가 커지는 것이다.

부하변동비율, 턴다운 turndown [B] 규정 가스 량에서부터 규정헤드에서의 서징한계 가스 량까지의 가스 량 변화(차이)의 규정 가스량에 대한 비율. 이것은 다음 식으로 표시된다.

$$S_{td} = (1 - Q_{td}/Q) \times 100(\%)$$

여기에서, S_{td} : 부하변동 비율, Q_{td} : 규정헤드에서의 서징한계 가스량, Q : 규정가스량.

부하용량 loading capacity [T] 부하의 크기. 부하(loading)의 2)를 참조.

부하율 load factor [E] % 전기설비에 있어서 어느 기간 중에 평균전력을 그 기간 중의 최대전력으로 나눈 것으로서, 수전설비, 배전설비 등의 이용 상황 등을 쉽게 알아볼 수 있으며, 부하율의 공식은(기간중의 평균전력/기간중의 최대전력)×100으로 계산.

분급, 선급[선박의] classification [T] 1) 분급(分級) : 분말 집합체를 어느 범위 내의 입도의 크기에 따라 몇 가지 등급으로 나누는 것. 2) 선급 : 선급(class) 참조.

분급기, 분리기 classifier [T] 물 또는 공기 등의 유체 중에서 입자에 작용하는 중력에 의한 침강 속도 차 또는 입자에 작용하는 원심력 차에 의해 분급(分級)하는 기계. 건식 분급기, 습식 분급기가 있다.

분기관 branch pipe [P] 분기관 중의 한 가지이며, 하나의 관로가 두 개의 관로로 갈라진 관.

분류식 환기 jet stream ventilation [B] 세로방향 유동식 환기의 일종이며, 터널 갱구 또는 터널 내부의 몇 곳에 송풍기를 설치하여, 이것에 의해 발생한 분류(噴流)를 자연 또는 교통환기력을 조장시키는 방향으로 송풍 시키도록 한 환기방식. 따라서 자연풍향이 계절적으로 확실히 정해져 있거나 교통방향이 일 방향으로 된 터널의 경우에 적합하다.

분리막 separation membrane [F] 입경 5~10μm 정도의 비교적 큰 물질에서 분자의 크기가 수 Å의 나트륨이온까지 분리하기위해 사용되는 막의 총칭. 이것에는 분리경이 큰 것부터 순서대로 정밀여과 막, 한외여과 막, 나노여과 막, 역삼투 막 등이 있다.

분리계수 separation factor [T] 분리 과정에서 다 성분으로 이루어진 혼합체의 성분이 어느 정도 분리 또는 농축되었는가를 나타내는 지수.

분리기 separator [B,G] 공기수송에서 수송입자를 분리하는 기기. 이들에게는 사이클론분리기, 침강탱크, 백필터 등이 있다.

분리기, 세퍼레이터 separator [T] 분리 또는 격리하는 기기 또는 장치 등을 의미한다. 1) 분리기 : 기체 속에 포함되어 있는 고형 분을 분리하는 장치. 2) 세퍼

레이터 : 보지기(保支器)라고도 한다. 볼 베어링, 구름 베어링의 볼 및 롤(roll)의 보지기(=cage).

분말활성탄 powdered activated carbon [E] 다공질이며, 흡착성이 강한 탄소질의 탄.

분무 mist [T] 기체 속에 액체 미립자가 함유되어 있는 상태.

분무 spray [T] 기체상(氣體相)에 액체가 작은 입자 형태로 부유하고 있는 상태.

분무기 atomizer [T] 액체를 무상상태로 하여 공기 안으로 분출, 분산시키는 장치.

분무기 mist blower [T] 액체를 무상(霧狀)으로 해서 공기 속으로 분출, 분산시키는 장치

분무노즐 spraying nozzle [T] 액체를 작은 구멍으로부터 분출, 비산시켜 미립자화 하는 구조의 노즐.

분무윤활 mist lubrication [T] 축 상자 안에 압축 공기로 무화 된 기름을 뿜어 넣어 윤활면을 윤활하는 방법. 고속 경하중의 베어링에 적합하다.

분배관 distributing water pipe, distributing pipe [T] 각 부분에 필요한 유체를 적절히 분배하기 위한 관을 말한다.

분배기 distributor [T] 내연기관 등에서 점화 코일에 발생한 고전압을 점화 순서에 따라 점화 플러그에 배전하는 기기. 단속기, 점화시기 조정장치, 배전부 등으로 구성된다.

분사 injection [T] 고압의 기체 속에 액체를 주입하는 것. 인젝터(injector)는 이 원리를 응용하여 보일러에 급수한다. 인젝터(injector) 참조.

분사노즐 injection nozzle [T] 디젤기관 등에 있어서 실린더 속에 연료를 미세한 무상상태로 만들어 분사하는 노즐.

분사밸브 injection valve [M] 가스분석기나 엔진 등에서 시료나 연료를 주입하는 라인에 설치하여 사용되는 데, 시간, 순서 등을 조절할 수 있도록 고안된 장치.

분사송풍기 jet blower [T] 공기 이젝터를 말하며, 원리 구조 모두가 이젝터(ejector)와 같다. 흡입 측 압력이 대기압 이하이고, 토출 측 압력이 대기압보다 다소 높은 것이 저압 공기 이젝터이고, 송풍기로서 사용되며, 광산의 환기 등에 이용된다.

분사펌프 injection pump [M] 노즐을 통해 액체를 분사할 때, 노즐에 유체를 밀어 주기 위해 사용하는 펌프.

분산 variance [M] 어느 자료 $x_1, x_2, \cdots x_n$에 대해

$$\sigma^2 = \frac{1}{N}\sum_{i=1}^{N}(x_i - x_m)^2,\ x_m = \frac{1}{N}\sum_{i=1}^{N} x_i$$

를 분산이라고 한다. x_m은 x_i의 평균치이다. 분산 σ^2은 자료의 흩어짐의 정도를 나타낸다. 즉, σ^2이 작으면 자료는 평균치 x_m의 주위에 모여 있고, σ^2가 크면 자료는 평균치에서 먼 곳에 있는 것이 많아진다. 특히 $\sigma^2 = 0$일 때는 자료는 모두 평균치에 집중하고 있고, 흩어짐은 없다.

분산, 흐트러짐 dispersion [M] 같은 물

성을 여러 번 잴 때 측정치가 같은 값으로 나오지 않고 여러 값으로 흐트러지는 것. 이 흐트러지는 정도를 정량적으로 표시하는데 가장 널리 사용되는 것이 표준 편차이다.

분산계수 coefficient of variance [T] σ^2를 분산이라고 하면 $\sigma^2/\bar{x}^2$을 분산계수라고 한다. 단, σ는 표준편차, σ와 $\bar{x}$의 정의 식은 변동계수(coefficient of variation)를 참조하기 바란다. 분산은 자료의 평균치 부근의 흩어짐을 나타낸다.

분수조화공진응답, 분수조화응답 subharmonic resonance response, subharmonic response [D] 가진 주기의 정수 분의 1의 주기를 가지는 주파수에서 몇몇의 공진 특성이 나타나는 기계 계의 응답.

분수조화응답 subharmonic response [D] 분수조화공진응답(subharmonic resonance response)과 같음.

분수조화진동 subharmonic vibration [D] 회전체의 분수조화 휘돌림 진동이며, 동력학적으로 강체인 회전체가 외부로부터 가압되는 유막베어링에 설치되어서 불안정진동을 일으키는 것으로, 휘돌림 진동수가 $0.25\omega \sim 0.45\omega$의 범위로 회전속도 ω의 반 이하라는 사실을 제외하면, 1/2진동수 휘돌림과 유사하다.

분수조화파 subharmonic [T] 조화운동, 조화해석, 조화공진 등의 주기적인 변화에서 분수차의 원진동수로 변화하는 파.

분수조화파 공진 subharmonic resonance [T,D] 비선형 스프링 특성을 가진 진동계의 진동 질량에 $q \sin \omega t$의 주기적 외력이 작용할 때, 이 질량이 $\omega/2$, $\omega/3$,…. ω/n 등과 같은 분수 차(次)의 원진동수로 진동하는 경우가 있으며, 이 진동을 n차 분수조화진동 또는 분수조파진동이라고 한다. 그리고 ω의 어떤 값에 있어서는 이들 분수 차 진동이 공진현상을 나타내는 경우가 있으며, 이 공진 현상을 가리켜 분수조화공진 또는 분수조파공진이라고 한다.

분압 partial pressure [T] Pa,{kgf/m²} 혼합 기체를 만드는 각 성분 기체가 단독으로 원래의 혼합 기체와 같은 체적을 차지하고, 온도도 동일한 경우에 나타나는 압력. 각 성분이 완전 기체인 경우에는 「혼합 기체의 압력(=전압)은 각 성분의 분압의 합과 같다」는 도올튼의 법칙(Dalton's law)의 이론이 성립한다. { } 안은 중력단위.

분자 molecule [T] 화학 물질의 최소 단위로, 그 이상 분할되면 그 물질로서의 성질을 상실하게 되어 다른 것으로 되어버린다.

분자량 molecular weight [T] 탄소 원자의 질량을 표준으로 하고, 이것을 12로 하여 다른 분자의 양을 나타낸 수.

분진필터 dust filter [A] 송풍기 후단, 탈취설비 전단에 설치되어 이송공기 내에 함유된 분진을 제거하는 설비.

분진필터 공기 흡입밸브 dust filter air inlet valve [A] 린넨 시스템(병원, 호텔시스템)에서 공기의 방향을 변화시켜

주는 흡입팬 장치. 공기의 방향을 변화 시킴으로써 필터를 청소한다.

분진필터 청소장치 dust filter cleaning device [A] 분진필터를 청소하기 위한 장치로 공기압 방식이 가장 보편적으로 사용된다.

분출, 블로오프 blow off [T] 보일러수의 농도조절 또는 보수를 위해 보일러수의 일부 또는 전부를 분출시키는 것. 분출관(blow-offpipe) 참조.

분출관 blow-off pipe [B] 서지 방지 등을 위하여(작동점을 큰 유량 쪽으로 이동시키기 위해) 토출구 측으로부터 밖으로 기체를 방출하는 파이프.

분출냉각 transpiration cooling [T] 높은 온도에 노출된 표면을 냉각하는 것이다. 가스터빈 블레이드 또는 연소기 내부와 같은 곳에 냉각 가스 또는 유체를 구멍을 통해 분사하여 표면을 보호하는 것이다.

분탄 fine coal [T] 보통 1" 각의 쇠망 체에서 떨어지는 미세한 석탄.

분탄 slackcoal [T] 보통 1" 각의 쇠망 체에서 떨어지는 미세한 석탄.

분탄기, 미분탄기 coal mill [T] 지름 약 1cm에서 0.5cm 정도 크기의 원료를 200메시 정도(지름 0.07 mm)의 분말로 빻는 분쇄기. 튜브 밀, 볼 밀, 롤 제분기 등이 있다.

분포계 distributed system [D] 연속계(continuous system)로도 불리며, 무한 수의 가능한 독립된 구성을 가지는 계. 계의 구성을 특정 지우기 위해 단지 유한 수의 좌표를 필요로 하는 이산(집중) 파라미터 계와는 대조적이며, 연속계의 구성은 연속 공간변수(spatial variable) 또는 변수의 함수로 특정 지운다.

분할 링 split ring [P] 임펠러 등을 주축에 고정하기 위한 2개로 분할된 링.

분할방법 splitting method [N] 차분법에서는 일반적으로 원활하게 변화하는 규칙적인 격자가 이용되며, 유한체적법에서는 원활함이 조금 부족하긴 하나 간단히 형성할 수 있는 격자가 이용되고, 또 유한요소법의 경우는 사용하는 요소로 분할이 자유롭게 이루어진다. 차분법에서는 사용하는 격자에 따라 미분방정식의 형태와 경계조건의 취급이 변화하며, 이와 함께 프로그래밍의 방법, 입력 데이터의 수, 필요한 컴퓨터의 기억용량, CPU시간, 또한 해의 정확도, 안정성, 수렴성에까지 커다란 영향을 받는다. 최근에는 경계에 맞추어 형성되는 곡선좌표격자가 일반화되고 있다.

분할베이스 split base [P] 공통 베이스의 일종. 대형이 되므로, 제작 상 또는 수송상의 필요성 때문에 2개 이상으로 분할된 베이스.

분할벽 separating wall [P] 한 개의 흡입수조에서 2대 이상의 펌프로 흡입하는 경우 유동에 의해 펌프 사이의 간섭이 없게 각 흡입구 사이에 유동방향으로 정류되도록 설치하는 벽. 특히 대형 펌프설비에서는 이와 같은 구조가 필요함. 그림 바-8 참조.

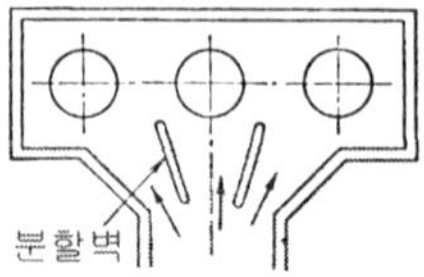

그림 바-8 분할벽

분해능, 해상도 resolution [T,M] 계측기가 지시하는 가장 가까운 두 값 사이의 차를 의미하며, 이때 이 두 값은 모두 충분히 의미있는 값이어야 한다. 디스플레이가 디지털로 나타내어지는 경우에는 유효 숫자의 마지막 자릿수 값이 변하는 값에 해당한다.

분해능주파수 resolution frequency [D] 측정장치 또는 측정방법에서 인접하는 2개의 입력신호에 대해 출력신호에서 입력의 차이를 구별하기 위해 필요한 입력 값의 차의 최소한계 주파수.

불규칙신호 random signal [D] 진동수나 진폭이 불규칙적으로 변동하는 신호로서, 수학적으로는 확률과정(stochastic process)으로 분류되며, 통계적으로 취급한다.

불규칙진동 random vibration [D] 어느 주어진 순간에 정확하게 예측할 수 없는 크기를 가진 진동으로, 불규칙진동의 크기는 주어진 영역 내에 있을 확률은 확률분포함수(probability distribution function)에 의해 설명될 수 있다. 불규칙진동에는 진동수가 넓은 범위에 존재하는 광대역 불규칙진동과, 좁은 범위에서 존재하는 협대역 불규칙진동으로 구별된다. 통상 회전기계에서는 구름요소베어링이나 기어 등에서 발생하는 진동, 펌프 등의 유체 중에 포함되는 기포의 발생과 소멸에 의한 진동 등은 불규칙진동이다.

불규칙형상 irregular geometry [N] 유동특성에 따라 격자 사이의 크기를 동일하지 않게 만든 형상. 유동장이 복잡한 영역에서는 격자를 조밀하게 형성하고, 유동장이 간단한 영역에서는 격자를 성기게 만듦으로써 보다 정확하고 효율적인 수치해석을 할 수 있게 할 수 있는 격자형상이다.

불균일 mistuning [T] 블레이드 진동과 응력의 증가로 인해 발생하는 가스터빈 로터의 작고 임의의 블레이드 간 차이.

불꽃심 flame core [T] 가스 용접에서 가스 불꽃 속의 화구 바로 앞쪽에 생기는 백광의 원뿔형 부분.

불꽃추적법 spark tracing method [G] 유동가시화의 한 수법. 관찰하고자 하는 공기 유동을 사이에 두고 전극을 설치하여 여기에 전압을 걸어 방전을 일으키면 유동을 가로지르는 공기는 선 형태로 이온화되어 유동과 함께 이동하는 공기의 선이 관찰된다. 일정한 시간 간격으로 방전을 반복해 주면 유동방향으로 유동으로 인해 변형된 이온화 공기의 일련의 선의 무리가 얻어지며, 이 간격으로부터 유동장의 속도분포도 구할 수 있다.

불안정(성) instability [T,D] 1) 균형 상태에 있는 물체에 미소한 외력이 작용했을 때 균형이 쉽게 깨어지는 경우, 이 균형은 불안정한 균형이라고 한다. 터보형 펌프, 송풍기, 압축기의 성능특성을 논할 때 사용될 때가 많다. 2) 회전체의 휘돌림 궤도반경이 어떤 부차적인 힘에 의해 제약을 받을 때까지 제한 없이 시간과 함께 증가하는 상태를 말하며, 베어링, 축 히스테리시스, 기초, 토크 또는 속도 등의 변동에 의해 발생한다. 불안정은 시간이 지나면 무한히 증가하거나, 또는 새로운 감쇠에 의해 감소한다.

불안정영역 unstable region [P] 펌프의 운전상태가 불안정해지는 운전범위. 캐비테이션 발생영역, 송풍기 · 압축기의 경우는 실속영역 등이 해당.

불안정평형 unstable equilibrium [T] 평형상태에 있는 물체가 미소변위(선형 혹은 각변위)에 대하여 복원되지 않고, 다른 안정 상태로 전복(顚覆)하였을 때의 상태.

불연속유동 discontinuous flow [G] 무딘 형상의 물체 후방의 유동은 자유유선에 위해 주류 부와 사수역으로 구분된다. 분류(噴流)에 대하여도 분류부분과 그 바깥쪽에 대해 똑같이 생각할 수 있으며, 이와 같은 자유유선을 경계로 하여 유동상태가 급변하는 유동을 말한다.

불완전연소 incomplete combustion [T] 연료 속의 C, H 등이 완전히 산화되지 않은 연소상태. 연소산물 가운데에 일산화탄소와 같은 가연 혼합물이 함유되어 있는 경우의 연소를 말한다.

불점화, 불발, 실화 misfire [T] 무엇인가 결함이 있어서 불완전 점화가 되어 폭발하지 않는 것. 원인으로는 압축이 불완전할 때, 혼합 기체가 지나치게 진하거나 묽을 때, 점화 장치가 고장일 때 등에 일어나기 쉽다.

불평형, 불균형 unbalance [T,D] 강체가 한 개의 고정축인 x축 주위를 일정한 각속도 ω로 회전하고 있을 때, 강체의 각 질량요소에 작용하는 관성력은 회전장(回轉場) 안에서 보았을 때 강체 내에 정적으로 분포하는 원심력이다. 이들의 원심력의 강체중심(剛體重心) G에 대한 합력 F_G와 합모멘트 M_G는 그림 바-9에서 보는 바와 같이 질량요소 dm의 회전축과 중력면(G를 포함하고 회전축에 수직한 평면) 내에서의 거리 벡터를 각각 r, s라고 하면, 다음과 같이 표시된다. $F_G = \omega^2 \int r dm$, $M_G = \omega^2 \int s x r dm$. 회전체가 베어링에 아무런 동적반력을 미치지 않고 회전하기 위해서는 $F_G = 0$, $M_G = 0$이어야 한다. 전자는 정적 평형조건, 후자는 동적조건이라고 한다. 이들이 0이 아닌 경우는 불평형력이 발생하므로 $F_G{}^* = \int r dm$을 불평형(또는 $\omega^2 \int r dm$을 불평형하중), $M_G{}^* = \int s x r dm$을 우력불평형(또는 $\omega^2 \int s x r dm$을 우력불평형하중)이라고 한다. 그림 바-9 참조.

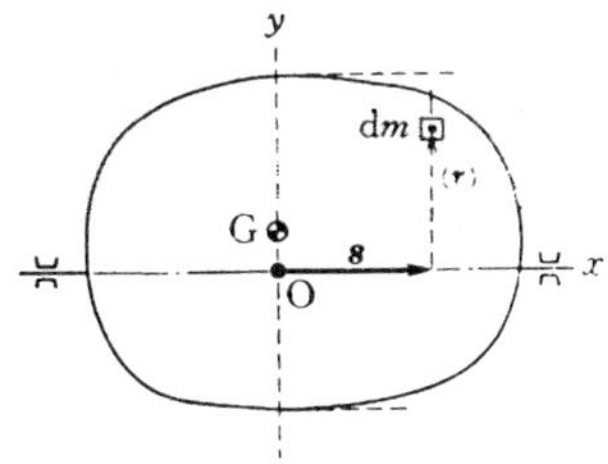

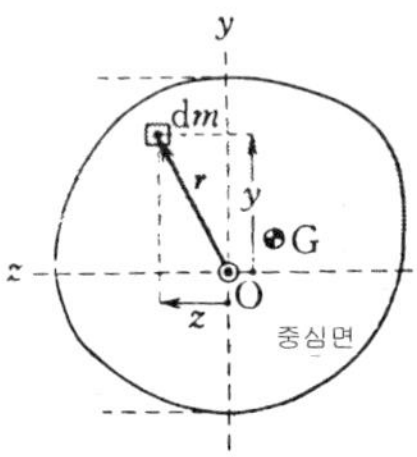

그림 바-9 불평형

불평형력 unbalanced force [D] 불평형(unbalance) 참조.

불평형진동 unbalance vibration [D] 회전체의 정상상태 평형위치에 대한 회전수 동기의 불평형력에 의한 휘돌림 진동.

불평형진동응답 unbalance vibration response [D] 계의 회전불평형에 의한 동적인 힘. 즉, 불평형력에 의해 발생하는 주어진 회전속도에서의 최대 휘돌림 진폭.

불평형질량 unbalance mass [D] kg, {kgf · s^2/m} 불평형질량이 특정의 반경위치에 존재한다고 생각하여, 이것과 구심가속도의 곱이 불평형력과 같게 되는 질량. { } 안은 중력단위.

불평형질량형 진동발생기 unbalance mass vibration generator [D] 회전 또는 왕복 불평형 질량들에 의해 발생하는 진동으로 가진력을 발생하는 진동발생기.

불평형하중 unbalanced load [T] 로터의 편심된 질량을 말하는 것이며, 이것에는 로터 전체에 대해 말하는 경우, 미소한 두께를 갖는 로터의 임의 단면에 대하여 말할 경우, 특정의 로터 단면상에 대하여 말하는 경우 등이 있다. 불평형(unbalance) 참조.

불확실성, 불확도 uncertainty [B,M] 1) 측정결과의 불확실한 정도. 참고로, 1개의 측정치 또는 그 산출치는 참값에 대한 1개의 추정치이다. 그 참값에 대하여 어느 정도 불확실성이 있는지의 정도를 표시하는 것이 불확실성인데, ISO의 송풍기 및 압축기의 성능시험 규격에서는 이것을 통계적으로 95% 신뢰 구간을 사용하여 표시한다. 통상은 오차한계를 사용하여 표시한다. 2) 측정결과에 관련하여, 측정량을 합리적으로 추정한 값의 분산 특성을 나타내는 파라미터. 표준편차(또는 그의 배수) 또는 명시된 신뢰구간의 반 너비 등이 될 수 있다. 불확도는 일반적으로 여러 성분으로 구성되어 있으며, 크게 두 부류로 나뉠 수 있다. 한 부류는 여러 번 측정한 결과의 통계적인 분포로부터 값이 결정되는 것으로 실험 표준편차로 나타낼 수 있고, 다른 부류는 마찬가지로 표준편차로 나타낼 수 있지만, 경험이나 다른 정보에 근거하여 가정한 확률분포로부터 그 값이 결정되는 것이다. 측정 결과는 측정량의 값에 대한 최선의 추정치라 할 수 있으며, 여러 가지 원인으로부터 오는 다양한 불확도 성분이 모두 분산의 원인이 되는데, 사용된 표준기와 표준물질, 보정 등에 관련된 성분처럼 계통효과에서 기인하는 성분도 포함된다.

불활성기체 inert gas [T] 아르곤, 헬륨과 같이 보통 상태에서는 다른 원소와 거의 화합하지 않는 가스.

붕괴열 decay heat [Nu] 방사성 물질의 붕괴가 일어날 때에 발생되는 열을 말함. 원자로에는 운전을 정지하여도 핵분열생성물에서 붕괴열이 방출된다.

붕소주입탱크, 붕산주입탱크 boron injection tank [Nu] 원자로의 1차 냉각계통에 연결되어 있으며, 안전주입신호 발생시 고농도 붕산용액을 원자로에 주입할 목적으로 설치된 탱크.

붙임식 베드 separate base with connecting flange [B] 기기의 측면에 설치하는 베이스.

브래킷형 베어링유닛 bracket type bearing unit [B] 설치 면이 측면에 있는 베어링 유닛. 베어링을 펌프, 송풍기, 압축기의 케이싱에 직접 브래킷으로 설치한다. 인로(引路)에 의해 중심 맞추기가 쉬워지므로 조립이 편리하다. 또 열팽창의 영향을 받지 않는 이점이 있다.

브러시 brush [G] 저항체나 전도체의 표면에 접촉하고 미끄러지면서 전기를 받아들이는 부품. 전동기의 회전자에 전기를 공급하거나 발전기에서 발생하는 전력을 전기자(電機子)에서 끌어내는데 사용된다. 금속, 금속흑연, 흑연, 탄소 등이 사용된다. 슬립링(slipring) 참조.

브레이드 패킹 braided packing [P] 끈 형태로 따서 만들어진 패킹.

브레이크바 break bar [A] 시스템 보호용 설비의 일종으로 옥내시스템 저류조(貯溜漕) 상단부에 설치되어 저장밸브의 손상 및 폐기물 압축으로 인한 막힘 현상을 방지한다.

브레이턴 사이클 Brayton cycle [T] 압축, 팽창은 단열 변화이며 수열과 방열이 정압 하에서 이루어지는 가스 터빈의 기본 사이클. 그림 바-10 (a) 참조.

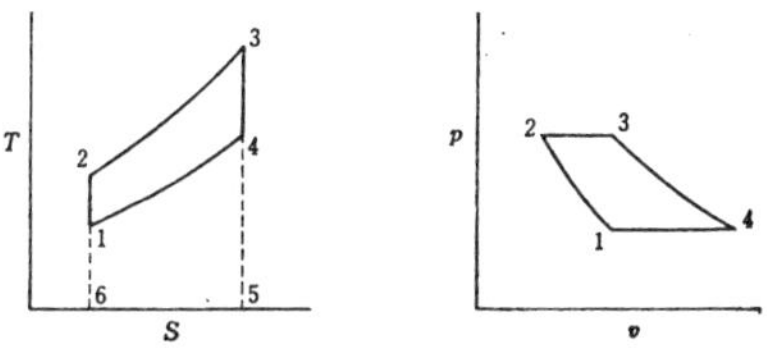

그림 바-10 (a) Brayton사이클

블라인드 플랜지 blind flange [B] 블랭크 플랜지(blank flange)와 같음.

블래더 bladder [B] 용기 내에 설치된 탄성격막이며, 유체 압력을 전달한다.

블랭크 플랜지 blank flange, blind flange [B] 관의 끝을 폐쇄하기 위해 사용되는 구멍 없는 플랜지.

블로바이 blow-bye [T] 연소가스가 피스톤(피스톤 링)과 실린더의 틈새 또는 밸브 등을 통해서 이상 유출하는 현상.

블로잉 blowing [T] 기체가 다공성 표면을 통해 유동으로 분사되는 과정이다. 이를 통해 표면 마찰과 열전달을 감소시킨다. 터빈깃 냉각 등에 사용된다.

블로잉 엔진 blowing engine [C] 용광로 등에 사용되는 다량의 저압 공기를 압축 송풍하는 공기 압축기와 직결된 동력기관.

블로잉 파이프 blowing pipe [C] 증기 또는 공기를 사용해서 주 배관의 청소를 하기 위한 가설배관.

블록구조 격자 block-structured grid [N] 복잡한 계산영역을 몇 개의 영역으로 나누어, 각 영역별로 구조격자(structured grid)로 만들어진 계산격자 시스템을 말한다. 내부 경계 면에서 각 영역의 격자는 서로 겹칠 수도 있고(overlapping grid) 독립적일 수도 있다.

비가역 irreversible [T] 어떤 변화과정에서 유체마찰 등이 있어서 내부적으로 비가역변화가 일어나는 과정.

비가역단열변화 irreversible adiabatic change [G] 외부와의 사이에 열교환이 없는 상태에서 일어나는 비가역변화. 예를 들어 실제 기체가 관 내 등을 고속으로 유동하는 경우 외부와는 단열(열교환이 없음)되어 있지 만 유체마찰이나 와류 등이 발생하여 내부적으로 비가역변화가 일어나는 경우를 의미한다.

비가역사이클 irreversible cycle [T] 사이클을 이루는 각 부분의 상태변화에서 비가역 부분이 있는 사이클.

비감쇠고유진동수 undamped natural frequency [D] Hz,1/s 감쇠를 무시하고, 단지 계의 탄성력과 관성력만에 의해 발생하는 자유진동의 진동수로서, 통상은 간단히 고유진동수라 한다. 선형1자유도계의 운동방정식은 다음과 같이 표시된다.

$$m\frac{d^2x}{dt^2} + c\frac{dx}{dt} + kx = A\cos\omega t$$

여기에서, x : 변위, ω : 각진동수, m, c, κ : 상수. 이 경우의 비감쇠 고유진동수는 $(1/(2\pi))\sqrt{(\kappa/m)}$ Hz이다.

비감쇠진동 undamped vibration [D] 감쇠를 무시하고, 단지 계의 탄성력과 관성력만에 의해 발생하는 진동.

비균일류 nonuniform flow [T] 유체의 속도 등의 분포가 균일하지 않는 유동.

비누막 유량계 soap film burette [M] 투명 유리관 안에 기체가 통과하게 되어 있고, 여기를 통과할 때 형성되는 비누막으로 유체의 속도를 측정할 수 있도록 고안된 장치.

비뉴턴유체 non-Newtonian fluid, non-Newtonian liquid [N, G] 뉴턴의 점성법칙을 만족하면서 흐르는 유체를 뉴턴유체(Newtonian fluid)라 한다. 그러나 모든 유체가 뉴턴의 응력-변형 관계를 따르는 것은 아니다. 케첩과 같은 유체는 shear-thinning의 성질을 갖는다. 즉, 저항계수는 변형률이 커짐에 따라 감소한다. 또 옥수수 전분과 물의 혼합물은 shear-thickening의 성질을 갖는다. 어떤 유체 들은 소성이라 불리는 성질을 갖는다. 이들 유체는 어떤 유한한 양의 응력이 작용하기 전까지는 흐르지 않는다. 뉴턴의 관계식을 따르지 않는 이러한 유체들을 비뉴턴 유체(non-Newtonian fluid)라 한다.

비동기식발전기 asynchronous generator [S] 유도발전기(induction generator)와 같은 의미이며, 현재 사용되는 전원(power source)에 일치하는 교류(alternating current)를 생산하기 때문에 신재생에너지에 적용되기 유리함. 동기식 발전기에 비해 구조가 간단하고 취급이 용이하다.

비동기진동 non-synchronous vibration

[D] 축 회전속도 또는 이의 정수 배의 진동수와 다른 진동수로 변동하는 진동.

비등 boiling [T] 고체와 액체의 계면에서 표면이 액체가 증기로 바뀌는 포화온도 이상으로 유지될 때 액체-고체 계면에서 발생하는 과정이다. 2가지 주된 분류로 나뉘는데 풀비등과 대류비등으로 나눌 수 있다.

비등수형원자로, 비등경수로 boiling water reactor [Nu] 경수로의 한 종류로서 가압경수로 다음으로 많이 이용되는 원자로. 이 원자로는 원자 노심 내에서 발생한 증기를 직접 터빈으로 보내 전력을 생산하므로 가압경수로와는 다르게 증기발생기와 같은 추가적인 열교환기를 거치지 않기 때문에 열효율 측면에서 유리하다.

비례토출량펌프, 비례펌프 proportional pump, proportioning pump [P] 제어용량 펌프라고도 하며, 토출량을 자유롭게 세밀히 바꿀 수 있다. 일반적으로 측정정밀도는 ±1% 정도이고, 용량은 (3 cc~5 m^3)/min. 토출압력은 3500 $\times 10^5$ Pa(약 3500 kgf/cm^2) 정도까지 있으며, 일반 화학공정, 석유정제,기타 광범위하게 이용되고 있다. 주로 흡입밸브, 토출밸브를 2중으로 한 플런저 펌프가 사용됨.

비상노심냉각계통 Emergency Core Cooling System(ECCS) [Nu] 원자로에서 원자로냉각계통의 배관이 파손되는 등으로 원자로냉각재가 급격히 방출되는 경우, 냉각재를 신속히 주입하여 노심을 냉각하는 안전계통을 말함. 노심에서 발생하는 붕괴열과 축적된 열을 제거하여 연료의 용융을 방지한다.

비상디젤발전기 emergency diesel generator [Nu] 원자로 운전중 소내 전력이 상실되는 사고를 대비하여 원자력발전소 부지 내에 설치한 발전기. 전력공급 정지 직후 작동하여 안전상 중요한 계통, 기기 등으로 비상용 모선을 거쳐 전력을 공급함으로써 원자로를 안전하게 정지하는데 필요한 전력을 공급한다.

비선형감쇠 non-lineardamping [D] 계의 운동이 상수계수를 가지는 선형미분, 적분 혹은 미적분방정식에 의해서 특징지을 수 없는 계의 에너지 손실과 관련된 현상이다. 특히 감쇠력이 속도 dx/dt의 1 이외의 멱승(예, $(dx/dt)^2$, $(dx/dt)^3$ 등)에 비례하는 경우의 감쇠를 비선형점성감쇠라 한다.

비선형성 nonlinearity [N] 이산화 방정식은 선형 대수방정식이며, 선형 대수방정식 들에 대한 해법을 이용하여 이들의 연립방정식을 풀게 된다. 그러나 이러한 이산화방정식도 비선형적인 경우를 접하게 된다. 예로서 열전도 문제에서 전도계수 k가 온도 T에 종속되거나, 또는 생성항 S가 T의 비선형함수일 경우에 이산화방정식의 계수는 T에 종속되게 된다. 이 경우 반복 계산에 의하여 문제를 풀어야 하며, 그 과정은 다음과 같은 단계를 거친다. 1) 모든 격자점에서 온도 값 T를 예측 또는 추정한다. 2) 이 예측된 T 값으로부터 이산화 방정식의 잠정적 계수 값을 계산한다. 3) 새로운 T값을 얻기 위하여 명목상 선형인 대수방정식을 푼다. 4) 이들 T값을 좀더 개선된 추정 값으로 변경하여 단계 2로 돌아가며, 이 과정을 되풀이함으로써 T값의 변화가 거의 없을 때 까지 계속한다.

비선형스프링 non-linearspring [D] 스프링의 복원력 F(x)가 Hook의 법칙에 따라 진동 변위 x에 정비례하지 않고, 변위의 2승이나 3승 등에 비례하는 항을 포함할 때, 이 스프링을 비선형 특성을 가지는 비선형 스프링이라 한다. 예,

$$F(x) = k_0 x + kx^3,\ F(x) = k_0 x - kx^3$$

비선형진동 non-linear oscillation, non-linear vibration [D] 진동계에서 발생하는 관성력, 감쇠력 및 복원력의 항이 선형성(linearity)을 갖지 못하고 이 중 하나의 항이라도 비선형함수로 표현될 때, 이 진동계는 비선형진동을 발생한다. 진동문제에서 질량이 일정, 복원력과 감쇠력은 각각 변위 및 속도에 비례한다고 하여 취급하면, 이 계의 운동은 상수계수의 선형미분방정식에 의해 지배된다. 그러나 복원력이나 감쇠력이 변위나 속도 그리고 이에 추가하여 시간 등의 복잡한(선형적 이외의) 함수로 되어 있으면 이 계는 비선형미분방정식에 의해 지배된다.

비소음 specific sound level [B] dB 송풍기의 가스량 및 전압의 차이를 보정하여 홴의 종류 만으로 정해지는 고유소음치이며, 다음 식으로 표시된다.

$$L_s = L - 10\log_{10}(Qp_T{}^2),$$
$$\{L'_s = L' - 10\log_{10}(Qp'_T{}^2)\}$$

여기에서, L_s : 비소음(dB), L'_s : 중력단위계의 L_s, L : 송풍기 소음, Q : 가스량(m^3/min), p_T : 송풍기 전압(Pa), p'_T : 중력단위계의 p_T {kgf/m^2}. Q의 단위에 m^3/s를 사용할 때가 있으나, 이 때는 비소음 값에 차이가 나므로 주의가 필요하다. 1 Pa는 0.10197{kgf/m^2}의 관계가 있다. { } 안은 중력단위.

비속도 specific speed [P,B] 펌프, 송풍기 및 압축기의 공기역학적 상사법칙으로부터 유도된 수치이며, 다음 식으로 표시. 1) 펌프의 경우,

$$n_s = nQ^{1/2}/H^{3/4}\{n_s' = nQ^{1/2}/H'^{3/4}\}$$

여기서, n_s : 비속도(무차원), n_s' : 중력단위계에서의 비속도(차원이 있음), n : 회전속도(1/s){rpm, rps}, Q : 토출량(양쪽 흡입 임펠러의 경우는 토출량의 반을 취함)(m^3/s){m^3/s 또는 m^3/min}, H : 펌프 전에너지의 단위질량당의 값이며, 단위는 m^2/s^2이다. n_s'은 중력단위계의 비속도이며, 여기서 사용되는 H′은 단위중량 당의 전에너지, 즉 전양정(전 헤드)이며, 단위는 {m}이다. H와 H′ 사이의 관계는 H=gH′이며, g는 중력가속도, 단위는 (m/s^2)이다. 중력단위의 비속도 n_s'은 단위를 가지며, 관례상 n_s' 값을 산출할 때 사용되었던 단위를 괄호()안에 나열 하여 그 뒤에 명시함. 예(m, m^3/min, rpm). 비속도는 보통 최고효율점의 성능에 대하여

구해지고, 상사형의 펌프에 있어서는 원칙적으로는 크기, 회전수에 관계없이 동일함. 따라서, 비속도는 펌프 분류의 지표료 사용됨. 2) 송풍기, 압축기의 경우는 다음 식으로 나타낸다.

$$n_s = nQ^{1/2}/H_{ad}^{3/4}\{n_s' = nQ^{1/2}/H'_{ad}{}^{3/4}\}$$

여기서, n_s : 비속도(무차원), n_s' : 중력단위계에서의 비속도(차원이 있음), n : 회전속도(1/s){rpm,rps}, Q : 흡입상태로 환산된 가스량(m^3/s){m^3/min}, Had : 단(段)의 단열압축시의 단위질량당의 에너지($= p_{ead}/\rho$, p_{ead} : 평균유효단열압력(N/m^2), ρ : 흡입기체의 밀도(kg/m^3))이며, 단위는 (m^2/s^2)이다. n_s'은 중력단위계의 비속도이며, 여기서 사용되는 H'_{ad}은 단위중량 당의 단열압축에너지, 즉 단열헤드($= p'_{ead}/\gamma$, p'_{ead} : 평균유효단열압력(kgf/m^2), γ : 흡입기체의 비중량(kgf/m^3))이며, 단위는 {m}이다. H_{ad}와 H'_{ad} 사이의 관계는 물의 경우와 마찬가지로 $H_{ad} = gH'_{ad}$이며, g는 중력가속도, 단위는 (m/s^2)이다. 중력단위의 비속도 n_s'은 단위를 가지며, 관례상 n_s' 값을 산출할 때 사용되었던 단위를 괄호()안에 나열하여 그 뒤에 명시함. 예 (m, m^3/min, rpm). 평균유효단열압력(mean effective adiabatic pressure), 단열헤드(adiabatic head) 참조. { } 안은 중력단위.

비습도 specific humidity [T] 습공기의 절대 습도 X와 그 온도의 포화 공기의 절대 습도 X_s와의 비율 X/X_s. 이를 포화도라고도 한다. 이것은 상대습도와는 다르나 일정한 함수관계가 존재한다.

비압축성 incompressibility [T] 유체에 있어서 물과 같이 압축되지 않는 성질(엄밀히는 물에도 압축성이 있음).

비압축성 유체 incompressible fluid [T] 압력이 변하더라도 밀도는 변하지 않는 유체. 물이나 기름 등을 실용상 압축되지 않는 유체라고 볼 수 있다.

비압축성기체 incompressible gas [B] 흐름의 장의 밀도의 변화가 작기 때문에 밀도가 일정한 것으로 단순화된 기체. 마하수 M가 $M<0.3$인 경우 비압축성기체로 취급될 수 있다.

비압축성의 가스 동력 incompressible gas power [B,G] kW 송풍기 등에서와 같이 기체의 압축성을 고려하지 않아도 될 정도의 작은 압력비 즉, 1.03 이하의 경우의 전압이론가스동력 L_t [W]와 정압이론가스동력 L_s[W]는 다음과 같이 표시된다.

$$L_t = Q_1\{(p_{s2} - p_{s1}) + (p_{d2} - p_{d1})\},$$
$$L_s = Q_1\{(p_{s2} - p_{s1}) - p_{d1}\}$$

단, Q는 유량(m^3/s), p는 압력(N/m^2)이며, 첨자 1과 2는 송풍기 입구와 출구쪽의 상태를, s와 d는 정압과 동압을 의미한다. 압력에 중력단위의 압력 p'{kgf/m^2}, 유량에 Q'(m^3/min)을 사용했을 때의 전압이론가스동력 L_t(kW), 정압이론가스동력 L_s(kW)는 다음과 같다.

$$L_t = \frac{Q'_1 p'_t}{6120}$$

$$= \frac{Q'_1}{6120}\{(p'_{s2} - p'_{s1}) + (p'_{d2} - p'_{d1})\}\ [kW]$$

$$L_s = \frac{Q'_1 p'_s}{6120}$$

$$= \frac{Q'_1}{6120}\{(p'_{s2} - p'_{s1}) - p'_{d1}\}\ [kW]$$

이론단열동력 참조.

비어사발 법칙 Biot-Savart law [G] 그림 b-6에서와 같이 강도가 Γ 인 직선와류가 z축 상에 있는 경우 그것에 의해 야기되는 공간 중의 임의의 점 P에서의 속도는 다음 식으로 표시된다.

$$dw = (\Gamma \sin\beta / 4\pi r^2) ds$$

여기서 r : z축 상의 점 A와 P와의 거리, β : r과 z축 사이의 각도, ds : 와류의 미소부분. β=90°의 무한으로 긴 와류의 경우에 야기되는 속도는

$$w = \Gamma / (2\pi r_0)$$

여기서 r_0 : 점 P에서 z축까지의 거리. 그림 바-11 참조.

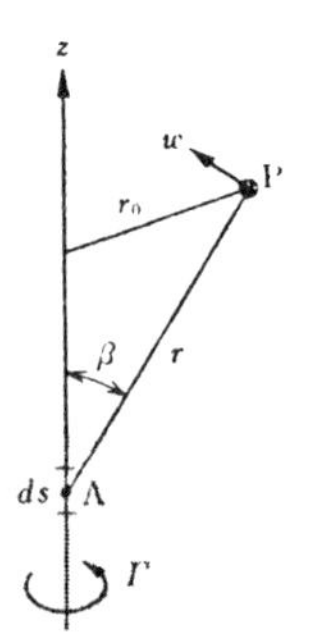

그림 바-11 Biot-Savart 법칙

비에너지 specific energy [P] J/kg=m^2/s^2,{kcal/kgf, kgf · m/kgf=m} 단위질량 당 에너지. 중력단위로는 유체의 단위중량 당 에너지. 헤드{m}도 비에너지라고 부를 수 있다. { } 안은 중력단위.

비엔탈피 specific enthalpy [T] J/kg, {kcal/kgf} 단위 질량당의 엔탈피라고도 함. 중력단위로는 유체의 단위 중량당의 엔탈피. 엔탈피는 양을 표시하는 변수이지만, 비엔탈피는 상태량을 나타내는 변수가 되며, 간단하게 엔탈피라고 부르기도 한다. 엔탈피는 내부에너지 u와 일 pv와의 합으로 표시되는 전에너지를 의미한다. 즉, $i = u + pv\{i' = u' + Ap'v'\}$. 여기에서, i : 엔탈피(J/kg), i′ : 중력단위의 i{kcal/kgf}, p : 압력(N/m^2), p′ : 중력단위의 p{kgf/m^2}, v : 비체적(m^3/kg), v′ : 중력단위의 v{m^3/kgf}, u : 내부에너지(J/kg), u′ : 중력단위의 u{kcal/kgf}, A : 열의 일 당량{(1/427)kcal/(kgf · m)}. 엔탈피(enthalpy) 참조. { } 안은 중력단위.

비엔트로피 specific entropy [T] J/(kg · K),{kcal/(kgf · deg)} 단위 질량당의 엔트로피. 중력단위로는 유체의 단위 중량당의 엔트로피. 엔트로피는 양을 표시하는 변수지만, 비엔트로피는 상태량을 나타내는 변수가 되다. 엔트로피(entropy) 참조. { } 안은 중력단위.

비연성모드 uncoupled modes [T,D] 어느 하나의 모드에서 다른 모드로 에너지가 전달되지 않으므로, 다른 모드들과 동시에, 그리고 독립적으로 계 내에

존재할 수 있는 진동의 모드.

비열 specific heat [T] J/(kg · K),{kcal/(kgf · ℃)} 단위 질량(중량)의 물체의 온도를 1 K{℃}높이는데 요하는 열량. 정압비열 c_p와 정적비열 c_v가 있으며, 기체의 경우는 c_v보다 현저하게 크다. { } 안은 중력단위.

비열비 heat-capacity rate [T] W/K 질량 유량 $\dot{m}$인 덕트 내의 유체 유동에 있어서 질량 유량 $\dot{m}$과 정압 비열용량 C_p의 곱.

비열비 rate of specific heat [T] 비열비(specific heat ratio)와 같음.

비열비 specific heat ratio [G] 정압비열과 정적비열의 비. 이것은 다음 식으로 표시된다. $k = c_p/c_v$. 여기서 k : 비열비, c_p : 정압비열(J/(kg · K)){kcal/(kgf · ℃)}, c_v : 정적비열(J/(kg · K)){kcal/(kgf · ℃)}. { } 안은 중력단위.

비오트수 Biot number [T] 열전달 계산을 위한 무차원수

$$Bi = \frac{hL}{k}$$

h=열전달 계수 또는 대류 열전달 계수, L=물체의 체적에서 물체의 표면적을 나눈 길이, k=물체의 열 전도도. 대류 열전달이 일어나는 물체의 표면과 내부에서 온도 변화의 비율을 알 수 있다. 열저항 측면에서의 비오트수는 물체 내의 전도열저항과 대류열저항의 비를 나타낸다.

비일출력 specific work output [T] kW · h/kg 가스터빈에서 발생하는 단위 질량당 축일을 말한다.

비점성흐름 inviscid flow [T] 모든 유체에는 크고 작은 차이는 있으나 점성이 있다. 그러나 유동해석을 용이하게 하기 위해서 점성에 의한 마찰손실을 생략할 수 있도록 가상적으로 점성이 없다고 가정된 유체(비점성유체 : inviscid fluid)의 유동을 말한다. 이를 이상 유체 유동이라고도 한다.

비접촉변환기 non-contacting transducer [D] 진동하는 물체에 직접 변환기를 접촉하지 않고, 피측정물에 근접한 위치에 변환기를 비접촉식으로 설치하여 상대변위를 측정하는 방법으로, 근접식 변환기(proximity transducer, proximeter)라고도 불리며, 와전류식(eddy current type)의 변위계가 널리 사용되고 있다.

비정렬격자 unstructured grid [N] 각 격자의 순서를 일관된 방법으로 정할 수 없는 격자 시스템을 지칭한다. 따라서 각 element들이 어떤 격자점을 가지고 구성되는지의 정보가 있는 Connectivity 정보 리스트가 필요하다. 보통 삼각형, 사면체 또는 복잡한 기하학적 형태를 가지고 있다. 임의의 해석 영역경계에 잘 맞도록 격자 구성이 가능하다.

비정상유동 unsteady flow [P,T] 어떤 장소에서의 유동 변수(압력, 속도, 밀도) 등이 시간적으로 변화하는 유동.

비정상유동의 베르누이방정식 Bernoulli's equation for unsteady flow [G] 마찰이 없는 비정상유동의 유선에 따른 운동량 식은 다음과 같이 도출된다.

$$\frac{\partial V}{\partial t}ds + \frac{dp}{\rho} + VdV + gdz = 0$$

단, V는 유속, t는 시간, s는 유선에 따른 길이, ρ는 유체의 밀도, p는 압력, g는 중력가속도, z는 수직 높이이다. 위 식은 미분형태로 표시된 것이며, 이를 유선상의 점 1, 2 사이에서 적분한 식으로 나타내면 다음과 같다.

$$\int_1^2 \frac{\partial V}{\partial t}ds + \int_1^2 \frac{dp}{\rho} + \frac{1}{2}(V_2{}^2 - V_1{}^2) + g(z_2 - z_1) = 0$$

위 식이 비정상유동의 베르누이 방정식이다. 정상. 비압축성 유동의 경우는 제 1항은 없어지고 제 2항은 $(p_2 - p_1)/\rho$으로 된다. 위 식은 (m^2/s^2)의 단위를 가진 단위 질량당의 에너지 식이며, 이를 (m) 단위를 가진 헤드로 표시할 때는 양변을 중력 $g(=9.8\ m/s^2)$로 나누면 된다. 베르누이 방정식 참조.

비정상진동 non-stationary vibration [D] 정상적(stationary)이지 않은 불규칙 진동(random vibration)으로, 어느 주어진 시간의 순간적 진동의 크기를 정확하게 예측할 수 없는 진동. 불규칙 진동의 크기가 주어진 영역 내에 있을 확률은 확률분포함수(probability distribution function)에 의해 설명할 수 있다.

비중 specific gravity [T] 물질의 단위 용적의 무게와 어떤 표준 물질의 같은 단위 용적의 무게와의 비. 보통, 표준 물질로는 4℃의 물을 기준으로 하며, 이의 비중을 1로 한다.

비중계 hydrometer [M] 비중을 측정하는 계기. 특히 액체의 비중을 간편하게 측정하는 데 부칭(浮秤)이 사용된다. 이것을 측정하려고 하는 액에 띄우고 액면과 일치한 부칭의 눈금으로부터 비중을 읽을 수 있게 되어 있다.

비중량 specific weight [G] (N/m³){kgf/m³} 단위 부피당의 무게. 과거에 사용되었던 중력단위에서는 질량 1kg이 지구상에서 받는 힘(무게)를 1 kgf로 표시하여 이를 중량킬로그램이나 킬로그램중 등으로 불렀다. 이 단위의 경우는 {kgf/m³}으로 표시된다. SI 단위에서는 (N/m³)의 단위를 사용한다. 이들 두 단위계 사이의 관계는 다음과 같다.

$$1\frac{kgf}{m^3} = 9.81\frac{N}{m^3}$$

물의 비중량 γ는 중력단위계의 경우 $\gamma=1000$ {kgf/m³}이며, SI 단위의 경우는 다음과 같다. 단, ρ(kg/m³)는 물의 밀도, g는 중력가속도 9.81 m/s²이다.

$$\gamma = \rho g = 1000\frac{kg}{m^3} \times 9.81\frac{m}{s^3} = 9.81 \times 10^2\frac{N}{m^3}$$

비체적 specific volume [T] m³/kg, {m³/kgf} 단위 질량(중력단위로는 단위 중량)의 물질이 차지하는 용적. { } 안은 중력단위.

비추력 specific thrust [T] 1) 제트 엔진에 있어서의 공기유량 1kg/s 당의 발생 추력을 공기 비추력이라고 한다. 2) 제트 엔진에 있어서의 단위연료유량 당의 발생 추력을 연료 비추력 또는 간단히 줄여서 비추력이라고 한다. 이 역수가 연료 소비율이다.

비출력 specific power [T] 가스 터빈에서 단위 공기 유량(1 kg) 당의 출력.

비커스식 펌프 Vickers pump [P] 베인 펌프로서 2엽의 캠 링을 가지며, 압력분포를 축대칭으로 함으로써 베어링 부하를 균형시킨 것이며, Vikers Co.에서 발명된 형식. 고압의 유압펌프에 이용.

비트펌프 beet pump [P] 제당용 사탕무우를 이송하는 펌프이며, 논클로그 형식.

비틀림 torsion [T] 봉에 토크가 작용하면 토크를 받은 봉은 비틀린다. 이와 같은 작용을 비틀림이라고 한다.

비틀림강성 torsional rigidity, torsional stiffness [D] N · m/rad,{kgf · m/deg} 임의 형상 단면의 부재가 비틀림 모멘트 T를 받을 경우, 그 단위 길이의 비틀림 각 θ는 일반적으로 $\theta = T/(C_0G) = T/C$의 형태로 표시된다. 이때의 $C_0G = C$는 축의 비틀림 강성이라고 한다. 여기서 C_0는 단면의 비틀림 계수, G는 횡탄성 계수이다(원형 단면의 경우 C_0는 축심에 대한 단면 2차 극모멘트 I_p). 또 얇은 형재(形材)에 대해서는 그 단면형을 몇 개의 장방형 단면 $S_n t_n$으로 분할하여 생각하고, 그들의 비틀림 강성의 합으로서 다음의 근사식이 사용된다.

$$C_0 = \sum \frac{1}{3} t_n{}^3 S_n$$

더욱이 일반적인 임의 단면 봉의 비틀림의 경우는 원형 축이나 중공축과 달리 횡단면은 축선 주위를 강체적으로 회전함과 동시에 축방향의 변위도 생기기 때문에 처음에 평면이었던 횡단면은 곡면이 된다. 이것을 단면의 비틀림이라고 한다. { } 안은 중력단위.

비틀림진동 torsional vibration [D] 탄성체의 비틀림의 변화로 나타나는 진동. 예를 들면 수직으로 매단 탄성 봉의 상단을 고정하고 하단에 원판을 부착하고 원판에 모멘트를 부가한다. 모멘트를 제거하면 원판은 탄성 봉의 비틀림에 의한 복원 모멘트에 의해 원주 방향으로 진동을 일으킨다. 이 종류의 진동을 비틀림 진동이라고 한다. 디젤 발전기의 축계나 기어연결 축계에서의 비틀림 진동 등이 많이 알려져 있다.

비틀림진동감쇠기 torsional damper, torsion damper [D] 자동차의 내연기관, 선박의 추진축계 등에 사용되는 댐퍼. 비틀림 진동을 억제한다.

비회전유동 irrotational flow [T] 유체가 전체적으로 곡선 운동 또는 회전 운동을 하더라도 그 작은 일부분이 자전 운동을 하지 않는 흐름. 와도 ω가 $\omega = \mathrm{rot}V = 0$인 유동이며, 여기서 V는 유동장 벡터를 나타낸다.

빅토릭형 관이음 victoulic joint [G] 플랙시블 관이음(flexible pipe joint)의 일종.

빗물펌프, 빗물 배수펌프 storm sewage pump [P] 주로 빗물을 하천과 바다로 배수하는 펌프.

빙엄유체 Bingham liquid [G] 비뉴턴유체의 일종. 소성유체(plastic liquid) 참조.

ㅅ

사(4)각위어 rectangular weir [M] 유량 측정용의 위어로서, 위어판에 만들어진 유출용의 노치가 한 변을 수평으로 한 사각형의 것. 이것은 삼각위어와 전폭 위어의 중간 정도의 유량의 측정에 사용되는 경우가 많다.

사각형 베인펌프 square vane type pump [P] 펌프 전체를 사각형으로 제작한 것이며, 주로 차량용으로 사용되는 베인펌프의 형식.

사다리꼴단면수로 trapezoidal channel [G] 개수로의 단면 형상에서 위 폭이 넓고 바닥 폭이 좁은 사다리꼴 모양의 수로.

사(4)로 밸브 four-way valve [M] 한 개의 유입구, 두 개의 유출구, 한 개의 배출구를 가진 밸브로, 3로 밸브 두 개를 직렬로 연결한 것과 같은 기능을 갖는다.

사류(射流) jet flow [G] 개수로 내의 유동의 수면에서 수로 바닥까지의 깊이가 얕고 평균유속이 임계속도보다 빠른 유동. 예를 들어 장방형의 개수로의 경우, 수심이 속도헤드의 대략 두 배보다 작은 유동이 해당한다. 사류는 일반적으로 불안정하며, 장애물이 있으면 급격히 수심이 증대하여 수력도약을 일으킨다. 또 파도의 진행속도(임계속도와 같음)가 유속보다 느리기 때문에 하류에서 일어난 현상의 영향은 상류에 까지 전달되지 않는다. 정상류(ordinary flow : 正常流) 참조.

사류디퓨저 mixed flow diffuser [C,G] 사류홴, 사류압축기 등의 회전차 축구쪽에 설치되는 디퓨져. 이 디퓨저에는 회전차 출구에서 유동방향으로 두 개의 원추면으로 구성된 것(그림 참조)과 원심식과 같이 디퓨저유로를 반경방향으로 설치한 벌루트실 형의 것이 있다. 그림 사-1 참조.

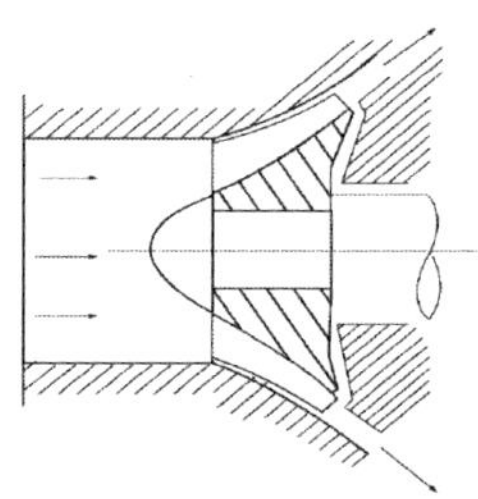

그림 사-1 사류디퓨저

사류송풍기 mixed flow blower [B] 기체가 임펠러의 축 방향에 대해서 어떤 경사를 갖고 흘러나가는 송풍기.

사류압축기 mixed flow compressor [B] 기체가 임펠러의 축 방향과 어떤 경사를 가지고 흘러나가는 압축기.

사류압축기 oblique flow compressor [C] 혼류(mixed flow)압축기와 같은 뜻

이나 사류의 경우에는 자오면 내에서 유선방향이 곡선이 아니고 축에 대해 직선적으로 기울어져 있는 경우만을 뜻할 때도 있다. 참고로 혼류형은 자오면 내에서는 축방향과 반경방향의 두 유동 성분을 가지고 있고, 출구에서는 반경방향 성분만으로 되어 있는 것을 말한다.

사류터빈 oblique flow turbine [C] 가스의 흐름 방향이 축에 대하여 기울어져 있는 터빈. 일반 내향 반경류터빈도 엄밀히 말하면 흐름의 방향이 반지름 방향만이 아니므로 사류 또는 혼류 터빈이라고 할 수 있다.

사류펌프 mixed flow pump [P] 임펠러로부터 토출되는 흐름이 원심펌프와 축류펌프 사이에 있는 펌프. 일반적으로 임펠러의 토출 측에 안내깃을 갖는 디퓨저가 있음. 부도 P-16, 17, 20, 21 참조.

사류홴 mixed flow fan [B] 기체가 임펠러를 축 방향과 어떤 경사를 갖고 흘러 나가는 홴.

사리, 대조 spring tide [S] 조수 간만의 차이가 가장 클 때. 해수면의 높이의 차가 최대일 때.

사보니우스 터빈 savonius turbine [S] 두 개의 반 원호상의 판이 파도형태로 수직축에 대칭으로 설치된 수직축 터빈이며, 전(全) 방향의 흐름에 대해 항상 한쪽 방향으로만 회전하며, 기동토크가 매우 크고 저속의 흐름에서도 회전한다.

사분원에지 오리피스 quadrant-edged orifice [M] 오리피스 판에서 입구 단면 형상이 4분원 형태인 오리피스. 그림 사-2 참조.

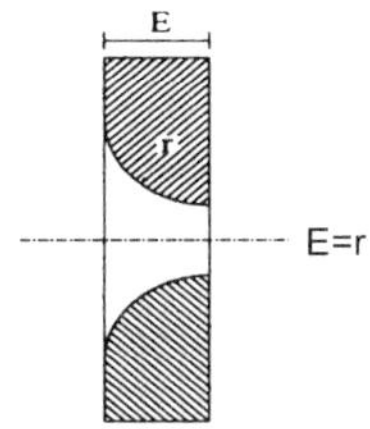

그림 사-2 사분원 에지 오리피스

사(斜)상류해법 skew upwind schemes [N] 상류해법(upwind scheme)은 격자축 방향의 상류의 격자 값을 사용하여 차분하지만, 사상류해법은 유동방향(streamline)의 상류에 있는 격자의 값을 사용하여 차분한다.

사수역 dead region, dead water region [G] 무딘 형상의 물체에 유동이 부딪치면 유동은 물체 표면에서 박리하여 후방에 와류를 동반 한 후류가 생긴다. 그 내부의 유동은 복잡한 비정상유동을 하고 있지만 그 부분의 유속의 시간 평균치의 값은 대단히 작다고 볼 수 있으므로, 여기서의 유속을 이상화하여 0이라고 가정하여, 이 후류부분을 사수역(死水域)이라 한다. 이 때 나타나는 주류와 사수역의 경계선을 자유유선이라 한다.

사용유량범위 working flow range [M] 주어진 불확도를 보장하면서 측정할 수 있는 유량범위.

사용최고온도 working highest temperature [M] K, ℃ 주어진 불확도를 보장하면서 측정이 가능한 계측기 구조물 혹은 센서 접촉 부위의 대기나 유체의 최고온도.

사용최대압력 working highest pressure [M] Pa,{kgf/m^2} 주어진 불확도를 보장하면서 측정이 가능한 계측기 구조물 혹은 센서 접촉 부위 유체의 최대압력. { } 안은 중력단위.

사용최저온도 working lowest temperature [M] K,℃ 주어진 불확도를 보장하면서 측정이 가능한 계측기 구조물 혹은 센서 접촉 부위의 대기나 유체의 최저온도.

사용하중 working load [T] N,{kgf} 하중을 받는 부분이나 물품이 사용 시에 받을 것으로 예정되어 있는 크기의 하중. { } 안은 중력단위.

사워오일 sour oil [C] 가스용 터보압축기의 오일필름실에서 가스 측으로 배출되는 기름은, 가스와 접촉해서 오염하는 가능성이 있으므로, 이 기름을 사워오일이라고 부르며, 대기 측에 배출되는 기름(sweat oil라고 함)과 구별된다.

사이드 커버형 side cover type [P] 축수직 분할형의 단단 펌프로서, 케이싱의 한쪽 면을 커버로 한 구조. 부도 P-1, 2, 5, 13, 14, 15 참조.

사이드사이드형 side side type [P] 다단 펌프, 송풍기, 압축기의 케이싱의 흡입구와 토출구의 방향을 나타내는 형식의 명칭. 축수평으로 흡입, 토출하는 형식을 의미함.

사이드스트림 side stream [B] 압축기의 중간 단에서 취급하는 기체의 일부를 외부로 꺼내거나 또는 흡입시키는 것.

사이드커버 side cover [B] 회전 압축기에서 케이싱 측판을 형성하는 커버.

사이드톱형 side top type [P] 다단 펌프, 송풍기, 압축기의 케이싱 흡입구와 토출구의 방향을 나타내는 형식 명칭의 하나. 축방향으로 흡입하고, 수직상방향으로 토출하는 형식.

사이랜트 홴 silent fan [B] 운전 시에 발생하는 소음을 극력 작게 되도록 설계 제작된 홴. 회전차 토출구에 디퓨저를 설치하여 회전차 측판, 흡입 콘의 형상 등을 기체유동에 대하여 이상적인 것으로 하고, 케이싱의 판을 두껍게 하는 등에 의해 방음장치 없이 소음을 작게 한다.

사이클 cycle [T] Hz,1/s 기체변화의 동일 위상의 1순환을 1사이클 또는 1주파라고 한다.

사이클로이드 로터 cycloid rotor [C] 회전블로워 및 회전압축기의 로터에서 로터 단면형상이 사이클로이드 곡선으로 형성되어 있는 것.

사이클론, 분리기 cyclone separator [P] 원통 내의 회전류를 이용하여 유체에 혼입된 먼지나 입자에 원심력을 발생시켜 유체 중의 입자나 이물질을 분리, 제거하는 기구. 사이클론 집진기. 단순히 사이클론이라고도 함. 그림 사-3 참조.

사이클론, 원심분리기 cyclone [A,T] 사이클론 분리기(cyclone separator)와 같음.

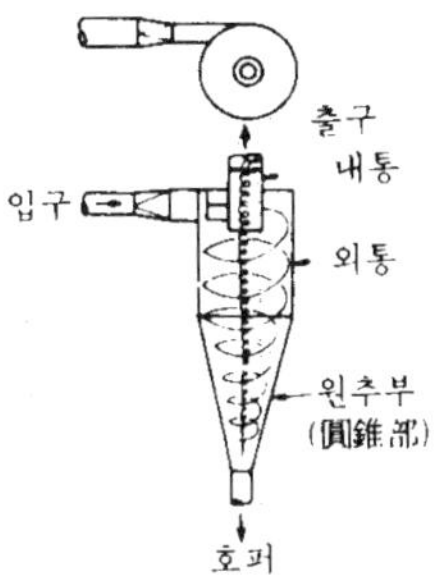

그림 사-3 사이클론 집진기

사이클론의 포집효율 cyclone separator efficiency [B,G] 사이클론의 직경이 작을수록 작은 입자까지 포집할 수 있다. 분립체의 "입도-누적중량분포"로부터 포집한계입자에 대응하는 누적중량비[%]를 구하면 입자별 포집효율을 구할 수 있다. 미세한 입자를 포함하는 경우는 직경이 작은 소형의 2차 사이클론에서 포집해야만 나머지 입자를 포집할 수 있다.

사이클효율 cycle efficiency [T] 열기관의 기본 사이클의 열효율. 일반적으로 이론 열효율을 말한다.

사이펀 siphon, syphon [G] 내부가 유체로 채워진 역 U자 형의 관로에서 최고점에서의 압력이 대기압 이하로 되어 있는 것. 역사이펀 참조.

사이펀 syphon, siphon [P,G] 사이펀(siphon)과 같음.

사인곡선 기어펌프 sine curve gear pump [G] 치형이 사인(정현)곡선으로 형성된 기어펌프. 한 쌍의 치차의 접촉이 늘 1점이기 때문에 폐입(閉込)현상이 일어나지 않는다.

사카드식 환기 Saccado type ventilation [B] 송풍기를 터널 공간 밖에 두어 분류를 차도공간에 불어넣는 일종의 분류식 환기.

산기식 diffused aeration air blower system [E] 폭기탱크의 아래부에 산기판(散氣板) 혹은 산기관(散氣管)을 설치하는 폭기방식

산기장치 air diffuser [E] 미세한 기포를 수중에 분출시키는 장치.

산화 oxidation [T] 산소와 화합하는 반응을 말하는데, 산소의 화합이 없더라도 금속의 원자가(原子價)가 증가하는 변화나 어떤 화학 변화로 전자(電子)가 제거되는 것도 산화라 한다.

산화물 oxide [T] 산소와 다른 원소와의 화합물.

산화분위기 oxidizing atmosphere [T] 산화(oxidation)의 분위기. 일반적으로 산소가 풍부하고 주변온도가 높을 수록 산화분위기는 좋다고 할 수 있다. 산화(oxidation) 참조.

산화화염 oxidizing flame [T] 산화를 일으키고 있는 화염.

삼각날개, 델타윙 delta wing [T] 초음속 비행기의 익에서 평면형상이 삼각형으로 된 것. 이 익은 초음속 시에 바람직한 공력특성을 나타내며, 구조적으로도 두께 비가 작은 익 단면을 사용할 수 있고 또한 익 동체 결합부위를 길게 택할 수 있는 등의 이점이 있다.

삼각위어 triangular weir [M] 꼭지각을 아래로 한 이등변 삼각형의 노치(notch)를 가진 둑. 중 이하의 유량측정에 적합

하다. 그림 사-4 참조.

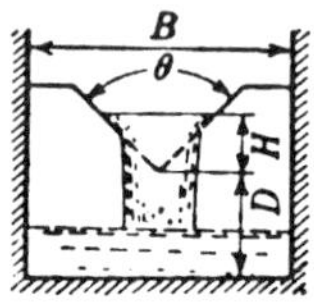

그림 사-4 삼각 위어

삼(3)련크랭크펌프 three throw crank pump [P] 왕복펌프로서 1개의 실린더로는 토출량의 변동이 크므로 3개의 실린더를 조합하여 토출량의 변동을 작게 한 형식의 펌프.

삼분지일(1/3) 옥타브필터 one-third-octave filter [D] 소음과 같은 신호의 주파수분석을 하는데, 보통 1옥타브 대역 필터가 사용되지만, 보다 상세한 주파수 특성을 알고 싶을 때는 1/3 옥타브 대역분석기가 사용된다. 중심주파수는 1 옥타브 폭의 각 폭을 다시 1/3 옥타브씩으로 분할한다. 옥타브 대역 필터(octave-bandwidth filter) 참조.

삼(3)중대각행렬해법 tridiagonal matrix algorithm, TDMA [N] 연립 1차 대수방정식에서 그 계수행렬(매트릭스)이 3중대각으로 되어 있는 3항 방정식을 효율적으로 빠르게 계산할 수 있는 수치해석 방법이다. 일반적으로 선순법이나 Gauss-Seidel 반복법과 조합해서 2차원 문제나 비선형 문제의 반복법으로 널리 이용된다. 3중대각행렬을 다음과 같이 정의한다.

$$a_i T_i = b_i T_{i+1} + c_i T_{i-1} + d_i$$

행렬로 표현하면

$$\begin{bmatrix} a_1 & -b_1 & & & & \\ -c_2 & a_2 & -b_2 & & 0 & \\ & \ddots & \ddots & \ddots & & \\ & & \ddots & \ddots & \ddots & \\ & 0 & & -c_{N-1} & a_{N-1} & -b_{N-1} \\ & & & & -c_N & a_N \end{bmatrix} \begin{bmatrix} T_1 \\ T_2 \\ \vdots \\ \vdots \\ T_{N-1} \\ T_N \end{bmatrix} = \begin{bmatrix} d_1 \\ d_2 \\ \vdots \\ \vdots \\ d_{N-1} \\ d_N \end{bmatrix}$$

제 1단계로서 3중대각을 2중대각으로 하기 위해 전진대입을 행한다. 제 2단계로 후퇴대입을 행한다.

삼(3)중점 triple point [T] 하나의 성분으로 이루어지는 상태도에서 기체 · 액체 · 고체의 3상이 공존하는 점.

삼(3)차원깃 three dimensional vane [G] 3차원 곡면을 갖는 깃. n_s가 큰 원심펌프 및 축류 · 사류의 펌프 · 송풍기 · 압축기의 회전차에 사용된다. n_s가 작은 원심펌프의 경우에도 효율향상을 시도하는 경우에는 3차원 깃이 사용된다.

삼(3)차원유동 three-dimensional flow [P,T] 유동변수가 3차원 공간의 좌표값에 좌우되는 유동. 유선은 3차원 곡선이 된다.

삼출냉각 effusion cooling [T] 가스터빈의 날개냉각법의 하나. 소결 합금과 같은 다공질의 재료로 날개를 만들고, 냉각공기를 그 내부로부터 배어나올 수 있도록 불어 내어 냉각시키는 방법.

삼투압 osmotic pressure [E,F,S] 용매는 통하지만 용질은 통과하지 않는 반투막을 끼워서 희석용액과 농후용액과를 접촉시키면, 용매는 막을 통과해서 농후 용액 측으로 이동하여, 이 부분만큼 용매는 통과하지만 용질은 통과하지 않는 반투막을 사이에 두고 희석용액과 고농도 용액을 접촉시키면, 용매는 막을 통과하여 고농도 용액 쪽으로 이동하여 체적이 증가한다. 이때, 체적증가가 일어나지 않도록 하기 위해 고농도측에 작용하는 압력을 삼투압이라 한다.

삽입유량계 **insertion flow meter** [M] 유량계의 센서 부위가 유체 내에 잠기는 유량계 종류의 총칭. 주로 배관에 분기관을 내어 여기에 삽입할 수 있는 유량계 종류들을 의미한다.

상 **image** [G] 소스, 싱크 등으로 구성된 조합물 S의 포텐셜 유동에서 면 C를 경계벽으로 하기 위해서는 C에 관해 S의 반대 측에 소스, 싱크 등의 조합 S'를 두어야 한다. 이때의 S'을 경계벽 C에 관한 S의 상이라고 한다. 예를 들어 x축을 포함하는 2차원 평면 위의 어느 거리에 어느 강도의 소스가 있다고 하면, x축을 경계(고체)면으로 하기 위해서는 x축 면의 반대 위치에 같은 거리만큼 떨어진 곳에 같은 강도의 소스를 두어야 한다. 이 소스를 상이라 한다.

상관계수 **coefficient of correlation, correlation coefficient** [T] 두 종류의 계측량 x_i, y_i가 있고, 이들 양 사이에 있는 상관의 정도를 나타내는 계수. 상관계수 r은 다음 식으로 표시된다.

$$r = \frac{\frac{1}{N}\sum_{i=1}^{N}(x_i - \bar{x})(y_i - \bar{y})}{\sigma \cdot \sigma'}$$

여기에서, $\bar{x}$, $\bar{y}$는 각각 x_i, y_i의 평균치이며, σ와 σ'은 각각 x_i와 y_i의 표준편차이다. 양(+)의 상관관계가 있을 때는 $r>0$이며, 음(−)의 상관관계가 있을 때는 $r<0$이다. 또 무상관의 경우는 $r=0$이다. 상관계수 r은 항상 $-1 \le r \le 1$에 있다.

상관분석 **correlation analysis** [T] 두 가지 변수량, 예를 들어 사람의 키와 체중, 또는 제품의 가격과 생산량 등의 두 가지 변수량 사이에는 상관관계가 있다. 두 변수량 사이의 관계가 상관 표나 상관계수 등으로 분석되는 것을 의미한다.

상당관길이 **equivalent pipe length** [P, B] m 직관에 해당하는 관 길이

상당구배 **virtual slope** [G] 수력구배(hydraulic gradient)와 같음.

상당반지름 **equivalent radius** [T] m 임의의 단면 형상을 갖는 관내 유동의 마찰저항에 의한 손실헤드에 대하여 같은 평균유속으로서 같은 손실헤드를 발생하는 것으로 볼 수 있는 원형 반지름. 이 반지름은 수력반지름의 두 배에 해당한다. 수력반지름은 비 원형 유로의 길이방향의 대표 위치에서의 단면적을 젖은 테 길이로 나눠서 구한다. 길이방향으로 주기적인 단면적 변화가 있는 경우에는 단위 길이당의 유로체적을 단위길이당의 젖은 테 면적으로 나눠서 유로체적 상당수력 반지름으로 한다.

상당점성감쇠 **equivalent viscous damping** [D] 진동해석의 목적을 위해 가정된 선형점성감쇠의 값으로, 일반적으로

1사이클 당 실제의 감쇠저항에 의한 에너지 소비와 가정된 선형점성감쇠에 의한 것과 같게 되도록 한 것을 등가점성감쇠라고 한다.

상당지름, 등가직경 equivalent diameter [P,T] m 원 이외의 단면을 갖는 관로에서 단면 크기를 표시하는 척도로 사용되며, 다음 식으로 표시된다.

$$d_e = 4A/L$$

여기서, d_e : 상당지름(m), A : 단면적(m^2), L : 접수주위의 길이(m).

상당하중, 등가하중 equivalent load [T] 구름 베어링을 기계에 장착하여 실제로 사용되었을 때의 베어링 수명과 같은 수명을 주는 내구 시험용 하중.

상대도수 relative frequency [T] 전체 현상의 수시 또는 모집단의 개체의 수시와 어느 형의 현상의 출현 수 또는 어느 계급에 속하는 모집단의 개체 수와의 비.

상대밀도 relative density [M] 기준압력과 기준온도에서 해당 물질의 밀도와 기준 물질의 밀도와의 비율. 해당 물질이 액체나 고체인 경우의 기준물질은 4°C, 101.325 kPa의 순수한 물이고, 해당 물질이 기체인 경우의 기준 물질은 기준압력과 기준온도에서의 표준공기이다.

상대변위 relative displacement [D] m 점 A 및 점 B의 정점(定点) O로부터의 위치 벡터를 r_A, r_B라고 할 때 $r_A - r_B$를 A의 B에 대한 상대변위라고 한다.

상대속도 relative velocity [P,B,T,D] 상대 변위의 시간에 대한 변화율. 즉, 회전차와 함께 회전하는 상대좌표계에서 본 깃에 대한 상대적인 속도. 두 점 사이의 상대속도는 두 점의 상대속도 사이의 벡터 차. 회전차 입구와 출구에서의 속도를 상대입구속도(relative inlet velocity), 상대출구속도(relative outlet velocity)라고 하며, 이들의 상대속도벡터에서 회전차입구와 출구의 주속도를 벡터적으로 더한 것이 각각의 절대입구속도와 절대출구속도가 됨.

상대습도 relative humidity [T] % 공기 속의 수증기의 분압과 그 온도의 포화 수증기압과의 비. 습도(humidity) 참조.

상대압력 맥동 relative pressure pulsation [B] N/m^2,{kgf/m^2} 평균 절대 압력에 기준한 압력변동의 rms 값. { } 안은 중력단위.

상대오차 relative error [M] 측정의 오차를 측정량의 참값으로 나눈 값. 참값은 구할 수 없으므로, 실제로는 협정 참값이 사용된다.

상대운동 relative motion [T] m/s 운동하는 2개 이상의 물체가 있을 때 1개의 물체에서 본 다른 쪽의 물체의 운동.

상류법, 상류도식 upwind scheme [N] 미분항의 차분화할 때 유동 방향을 고려하여 상류에 있는 격자점을 이용 차분화하는 수치 방법이다. 중앙차분식보다 물리적으로 타당하므로 안정성, 정확성 등의 면에서 많은 장점을 제공하여 준다. Courant et al.(1952)에 의해 처음으로 시도되었다. 보통 상류법 하면, 압축성 유동 수치해석에 있어서 중앙차분법 계열 기법과 비교하여, Godunov 부터 시작되어 다양한 수치방법으로 발전하여 대세를 이룬 학파를 지칭한다.

상류식 침전지 continuous flow settling basin [E] 원수중의 부유물을 완만한 속도로 흘려 침전시키는 못.

상반전 터빈 counter rotating turbine [S] 두 개의 로터가 동일한 동력전달계에 설치되어있으며 블레이드가 서로 반대방향으로 회전하는 형식의 터빈으로써 출력 및 효율 향상을 위해 적용되는 방식이다.

상변화 change of phase, phase change [T] 물질을 그 응집 상태(분자의 배열 상태)에 의해 분류한 것을 상(相)이라 하고 기체, 액체의 상태에 대응하는 기상, 액상 외에 물질에 따라서는 고체의 상태에 몇 가지 고상이 있다. 물질이 어느 상에서 다른 상으로 바뀌는 것을 상변화라고 한다.

상부수직토출 top vertical discharge [B] 원심 홴에서 송출방향이 상부 수직 방향인 형식. 송출방향에 각도가 있는 경우에는, 상부수직에서 회전방향으로 몇 도라 한다. 부도 B-1 참조.

상부수평토출 top horizontal discharge [B] 원심 홴에서 송출방향이 상부 수평 방향인 형식. 토출방향에 각도가 있는 경우에는, 상부 수평에서 회전방향으로 몇 도라고 한다. 부도 B-1 참조.

상부축 upper shaft [P,G] 수직축 펌프에서 모터가 높은 위치에 설치되어 있을 때 그들 사이를 중간축으로 연결하게 되는데, 그것이 여러 개의 중간축으로 구성되어 있을 때 그 중에서 제일 위에 위치하는 축을 말한다.

상부케이싱 upper half casing, upper half housing [B] 수평 분할형인 송풍기 및 압축기 케이싱의 위쪽의 반.

상사법칙 dynamic similarity [G] 상사법칙(similarity law)과 같음.

상사법칙 similarity law [G] 실물과 모형 실험에서 유동상태가 상사가 되기 위한 법칙. 유동이 상사가 되기 위해서는 기하학적 벽면형상이 상사이어야 하며, 유동상태가 상사가 되기 위해서는 유동에 대한 역학적 상사가 이루어져야 한다. 그를 위해서는 유동이 물체에 미치는 변수들의 관계를 차원해석에 의해 구하고, 이것으로 얻어지는 실물과 모형에 대한 무차원 변수들을 모두 일치시켜야 한다. 그러나 사실상 그것은 불가능한 일이므로 제일 영향이 큰 무차원변수, 예를 들어 레이놀즈수나 마하수 등과 같은 무차원수의 하나 또는 드물게는 두 개를 맞추도록 한다. 점성의 영향을 맞추기 위해 레이놀즈수를 일치시키고 있는데, 이것을 레이놀즈 상사칙이라고 한다.

상수도 water supply [E] 상수를 공급하기 위한 공공용 설비로, 취수(取水), 도수(導水), 정수(淨水), 송수(送水), 배수(配水), 급수 등의 시설 전체의 총칭.

상수원 water supply source [E] 식용, 공업용 등에 제공하기 위하여 취수시설을 설치한 지역의 하천, 호소, 지하수 등을 말함.

상용부하, 상용하중, 수직하중 normal load [T] N,{kgf} 1) 설계상태의 정규부하. 2) 물체 내의 한 단면에 대하여 수직으로 작용하는 하중. { } 안은 중력 단위.

상자형 유도모터 cage motor, cage type induction motor [G] 다상유도 전동기의 일종. 다람쥐 상자와 닮은 모양을 한 권선을 가진 회전자를 사용하고 있다. 소형의 것에 많이 사용된다. 전동기 참조.

상자형 유도모터 cage type induction motor, cage motor [G] 상자형 유도 모터(cage motor)와 같음.

상태 state [T] 계의 상태량에 의해서 규정되는 어느 순간의 계의 상황을 상태라고 한다.

상태량 quantity of state [T] 물체의 상태를 나타내는 여러 가지 양. 내부 에너지, 엔탈피, 엔트로피 등을 말한다.

상태량, 성질 property [T] 계의 상태를 규정하는 물리량으로, 그 상태에 이르는 경로에는 의존하지 않는다. 압력, 온도, 용적, 내부 에너지, 엔트로피, 엔탈피 등은 모두 상태량이며, 순수 물질의 닫힌 계에서는 이들은 독립적으로는 변화하지 않고 2개의 독립한 상태량의 값이 정해지면 다른 값도 정해진다.

상태방정식 equation of state [T] 물체의 상태는 각 순간에 있어서 임의의 두 상태량에 따라 결정된다. pv=RT. 여기서 R은 가스상수이다.

상태방정식 phase equation [M] 기체의 온도, 압력, 밀도 사이의 관계식.

상하분할형, 축평행 분할형 axially split type [P] 케이싱을 축 평면에서 분할한 구조. 일반적으로 수평면에서 분할하는 경우가 많으나, 일부는 분할 면이 수직면 혹은 수평면에 대해 어느 정도 각도를 갖는 것도 있음. 부도 P-4, P-10 참조.

상향류 여과 up flow filtration [E] 일반적인 여과 장치와는 반대로 원수를 밑에서 위로 유동시켜 여과하여 여과수를 위쪽에서 채수하는 방식.

상향류식침전지 upflow sedimentation basin [E] 못(池)의 중앙의 밑으로부터 물이 유입하여 수직으로 상승하여 못의 주위에 설치된 집수거(集水渠)에 월류(越流)하는 형(形)의 침전지.

상향여과 filtering-up [E] 여과되지 않은 물이 즉 침전수가 하류로부터 들어와 위로 향하여 흐르는 형식의 여과.

상향이완, 과이완 over relaxation [N] 대수방정식의 반복 해를 얻는 과정에서나 또는 비선형성을 다루기 위해 도입된 전반적인 반복 계산법에서, 반복과 반복 사이에 종속 변수 값의 변화를 느리게 하거나 빠르게 하는 것이 필요한 경우가 있다. 이 때 변수들의 변화를 가속시킬 경우를 상향이완이라 한다. 상향이완은 종종 Gauss-Seidel 방법과 함께 사용되며, 이 경우의 방법은 연속 상향이완이라 한다.

상호공분산 cross-covariance [T] 공분산 분석이란, 미리 제어되어 있는 인자 이외에 측정값에 영향을 주리라고 생각되는 다른 인자의 측정값을 동시에 측정해 두고 측정값에서 그 영향을 제거하여 요인 효과의 검정, 추정을 하는 방법이며, 상호공분산이란 이와 같은 방법으로 여러 변수에 대한 분석이다.

상호상관 유량계 cross correlation flowmeter [M] 유체 중에는 속도의 요동, 밀도의 요동 등 여러 요동량이 있다. 이들 요동은 유체가 흘러감에 따라 점차 변화해 가지만, 짧은 유동거리에서는 요동상태는 대략 그대로 유지된다. 그래서 두 점 사이의 요동의 형태를 관찰하고 어느 정도의 시간 τ_o 후에 같은 형태의 요동이 지나고 있는지를 측정하면 두 점 사이의 거리를 τ_o로 나눔으로써 속도를 구할 수 있다. 이 τ_o를 구하는데 상관연산이 사용된다.

상호상관계수 cross-correlation coefficient [D] 상호상관함수(cross-correlation function)와 같음.

상호상관함수 cross-correlation [T] 상관을 취하는 함수가 서로 다른 경우의 상관 함수.

상호상관함수 cross-correlation function [D] 두 개의 샘플신호 g(k)와 f(k)에 대해 시간차 τ를 파라미터로 하면, 상호상관함수 $\phi_{gf}(\tau)$는 다음과 같이 정의된다.

$$\phi_{gf}(\tau) = \sum_{k=0}^{n-1} g(k)\,f(k-\tau)$$

상호스펙트럼 cross-spectrum [D] 두 개의 시간함수의 공분산의 동상 분(同相分)과 이상 분(異相分)을 실수부와 허수부로 하는 복소 스펙트럼.

새들 saddle [T] 테이블, 절삭 공구 대, 또는 이송변환기구 등과 베드 등의 사이에 위치하여 안내면을 따라 이동하는 역할을 하는 부분.

샘플링간격 sampling interval [D] s 두 샘플 사이의 시간 간격. 샘플링(sampling)의 설명 (2)를 참조.

샘플링검사 sampling inspection [T] 한 로트(lot)의 물품 가운데에서 발췌한 시료를 조사하고 그 결과를 판정 기준과 비교하여 그 로트의 합격 여부를 결정하는 검사.

샘플링오차 sampling errors [T] 표본조사를 할 때 표본의 크기를 크게 하면 상식적으로 생각해도 정밀한 조사를 할 수 있을 것이다. 그러나 표본의 크기를 크게 하면 그 만큼 조사비용이 증대한다. 따라서 현실적으로는 어느 한정된 조사비용의 범위 내에서 표본조사에 의한 오차(표본오차)를 최소로 하여야 한다. 그러기 위해서는 조사비용과 표본오차 때문에 입게 되는 손실액의 합을 최소로 하도록 표본추출방법을 설계하면 된다. 이와 같이 표본추출방법을 설계하는 것을 표본오차의 관리라고 한다.

샘플링제어 sampling control [T] 시료채취(sampling)의 (1)의 방법을 이용하여 제어하는 것.

샘플링주파수 sampling frequency [D] Hz,1/s 1초 내에 취득된 샘플 수.

생물학적산소요구량 biochemical oxygen demand [E] ppm 물의 오염을 확인하

는 한 지표로 통상 BOD라고 부른다. 어떤 물속의 미생물이 산소가 존재하는 상태에서 유기물을 분해, 안정시키는데 요구되는 산소량.

생물학적오염도(생물학적오염지표) biological index pollution [E] 물 속에 생존하는 생물에 의하여 수질을 판정하는 방법.

생성항 source term [N] 일반 미분방정식은 보통 비정상항, 대류항, 확산항, 생성항을 포함할 수 있으며, 시간과 공간의 미적분을 전혀 포함하지 않는 항을 생성항 S라고 한다. 일반형 미분방정식 형태는 다음과 같다.

$$\underbrace{\partial(\rho\phi)/\partial t}_{\text{비정상항}}+\underbrace{\mathrm{div}(\rho u\phi)}_{\text{대류항}}=\underbrace{\mathrm{div}(\Gamma\,\mathrm{grad}\,\phi)}_{\text{확산항}}+\underbrace{S}_{\text{생성항}}$$

생성항의 선형화 linearization of source term [N] 생성항 S가 변수 T의 비선형 함수일 때, $S=S_c+S_pT_p$와 같이 변수 T에 대한 1차식으로 변형하는 것을 말한다. T에 종속될 수 있는 S_c와 S_p는 반복계산마다 새로운 T 값으로부터 다시 계산되어야 하므로 생성항 S의 선형화는 S~T 관계를 잘 나타낸 것이어야 하며 S_p가 양수로 되어서는 안된다는 기본법칙을 반드시 준수해야 한다. 1. 음수 S_p 조건을 위반하지 않도록 주의해야 한다. 2. S_p를 0으로 두고, $S_c=S$로 두는 것은 항상 가능하다. 그러나 이것은 바람직하지 않을 수도 있다. 큰 음수 값 S_p의 효과는 하향이완과 매우 비슷하며 수렴에 도움이 된다. 3. 어떤 때에는 생성항이 크기 때문에 생성항만이 산화방정식을 지배하는 극단적인 경우를 생각하는 것이 필요하다. 4. 때때로 생성항이 지배적인 상황은 T_p가 적당한 제한범위 내에 존재하도록 선형화시키는데 이용할 수 있다. 5. 보통 경계점에 만의 기지의 값을 줄 수 있다.

서모스탯 thermostat [T] 전열(電熱)은 온도 조절이 자유롭고 일정 온도를 유지할 수 있는 능력을 가지고 있으며, 이러한 성질을 이용하여 온도를 일정한 값으로 유지하는 장치. 금속의 열팽창을 이용한 바이메탈(bimetal)과 기체의 팽창을 이용한 벨로즈 형이 있다.

서미스터 thermister [A] 소자의 온도상승에 따라 저항이 크게 변화하는 특성을 가진 저항체의 일종으로 과전류 보호용 등에 사용되는 온도 센서.

서비스펌프 service pump [P] 정수를 수요자가 필요로 하는 곳까지 배수하는 펌프.

서지 surge [T] 유동계통 내에서의 유체 압력의 과도적인 변동. 정전 시 또는 토출 측 밸브를 닫혔을 때 터보형 펌프의 토출 측 역지밸브의 상류 측에 서지가 일어난다. 또 긴 흡입관에서 일어나는 경우도 있다. 진동과 소음을 수반 할 수 있다. 이를 방지하기 위해 조압수조를 설치한다.

서지방지 제어 anti-surge control [B] 서지를 방지하는 제어.

서지선, 서지한계선 surge line, surging line [T] 터보형 송풍기, 압축기의 회전수, 깃 설치 각 등을 변경했을 때, 또는 터보형 펌프 등의 회전수를 변경했을 때의 서지 한계를 연결한 선. 서지한계선의 좌측(저유량 쪽)의 영역은 불안정 영역이다.

서지압, 서지 압력 surge pressure [P, T] Pa,{kgf/m^2} 배관계통 내에 있어서 과도적으로 상승한 압력의 최대치. { } 안은 중력단위.

서지장치 surge device [T] 파력에너지 변환 장치. 파도가 해안가의 좁은 형태의 유로를 따라 흐르면 파고가 높아진다. 높아진 파고는 수조로 흘러들어가 수차를 작동하는데 사용된다.

서징, 맥동현상 surging [P,B,T] 1) 터보형 펌프, 송풍기, 압축기와 배관을 포함한 계가 특히 주기적인 부하변동을 주지 않았는데도 일종의 자려진동을 발생하여 주기적으로 압력이나 유량이 변동하는 현상. 서징이 발생하면 배관 등에 심한 진동이 일어날 수 있음. 2) 코일 스프링이 고진동수 영역에서 스프링 자체의 고유 진동을 유발하여 채터링을 일으키는 것.

서징방지장치 surging preventing device [B] 서징을 방지하기 위하여 설치한 장치.

서징선 surging line [G] 서징한계(surging limit)와 같음.

서징한계 surging limit [B,T] 1) 터보형 펌프의 양정곡선 상에서 서지를 발생하는 한계점. 토출량에 대한 양정 등으로 제시된다. 2) 터보형 송풍기, 압축기의 압력곡선 상에서 회전수, 설치각 등을 변화시켜 서징한계를 구한 것을 "서징한계선"이라고 한다. 가스량에 대한 토출압력 또는 압력비 등으로 나타내어진다.

석면브레이드패킹 braided asbestos packing [C] 석면을 끈 형태로 엮은 패킹.

석유펌프 petroleum pump [P] 석유를 취급하는 펌프. 석유 이송용과 정제용의 두 종류로 나뉘며, 벌루트펌프가 많이 사용됨.

석탄, 탄 coal [T] 태고의 식물이 지하에 매몰되어 천연의 탄화 작용을 받은 화석 연료.

석탄가스 coal gas [T] 가스 연료의 일종. 석탄을 고온 건류(1,000℃ 이상)해서 얻어지는 가스를 정제한 것. 도시가스와 코크스 노 가스로 구별되며, 발열량은 $(18\sim22)\times10^6$ J/kg{4,500~5,200 kcal/kgf}. 용도로는 가정용, 공업용 연료 등이 있다. SI 단위로의 환산은 1 kcal=4186 N·m≡J을 이용하면 된다.

석탄수송펌프 coal conveying pump [P] 갱 내의 석탄을 물에 혼입시켜 갱 외로 보내는 펌프.

선단속도 tip speed [T] m/s 펌프, 터빈, 송풍기 등의 회전 기계가 회전하고 있을 때의 깃 외주의 속도.

선도 diagram [T] 세로 좌표축과 가로 좌표축을 기준으로 해서 그 위에 압력과 용적과의 관계 또는 밸브의 운동 등을 나타낸 그림. 다이어그램이라고도 한다.

선도효율 diagram efficiency [T] 전단열 열낙차로부터 내부손실을 뺀 내부일의 전단열 열낙차에 대한 비율. 도시

효율(indicated efficient)이라고도 함.

$$\eta = \frac{rate\ of\ doing\ work\ per\ unit\ mass\ of\ working\ fluid}{energy\ supplied\ to\ unit\ mass\ of\ working\ fluid}$$

선미기관 aft engine [T] 항공기 후미에 설치되는 엔진.

선속도 linear velocity [T] m/s 속도(velocity)와 같은 뜻. 각속도에 대하여 구별할 때 쓰인다.

선순법 line-by-line method [N] 선택된 격자선 위의 격자점 들에 대한 이산화방정식을 고려하면 이들 식은 이웃해 있는 격자선을 따른 2개의 이웃 격자점들의 값을 포함하고 있다. 이들 값이 그들의 가장 최근의 값들로 대치된다며, 선택된 격자선의 격자점들에 관한 방정식들은 1차원 방정식처럼 될 것이고, TDMA에 의하여 풀릴 수 있다. 이 과정이 y방향의 모든 격자선 들에 대해 행해질 것이며, 비슷한 방법으로 x방향에 대해서 행해질 수도 있다. 1) 선순법의 수렴은 빠르다. 왜냐하면 격자선에 격자점이 얼마나 많이 놓여있든지 간에 선의 양 끝에 있는 경계 조건 정보가 단번에 영역 내부로 침투될 수 있기 때문이다. 2) TDMA 방법이 적용되는 방향을 바꾸면 모든 경계들로부터의 정보를 신속히 내부로 전달하는 것이 가능하다. 3) 간혹 기하학적 형상이나 다른 성질들이 y방향 계수의 크기를 x방향 계수보다 크게 만들 수도 있다. 4) TDMA 방법에서는 이송방향 외에도 때에 따라서는 진행방향의 선택도 중요하다.

선정도표 performance coverage [B] 기계의 대표 값, 예를 들어 비속도 n_s와 같은 것을 기준으로 하여 효율이 적절한 기계의 형식 또는 크기를 선정할 수 있게 만들어진 표.

선정도표 selection chart [B] 선정도표(performance coverage)와 같음.

선축, 라인샤프트 line shaft [D] 전동축의 일종. 주축과 중간축 사이에 있는 축. 운전계통이 긴 경우에 사용된다.

선팽창 linear expansion [T] 선 방향으로의 팽창을 의미하며, 온도 1℃ 만큼 높였을 때의 신장과 0℃에서의 길이 l_o과의 비를 선팽창 계수라고 한다. 또는 온도를 Δt만큼 바꾸었을 때의 길이의 변화량을 Δl 라고 할 때 $\alpha = \Delta l / (\Delta t \cdot l_o)$로 나타낼 수 있다. 특히 α의 값이 온도에 따라 변하지 않을 경우는 $l = l_o(1+\alpha t)$. 단, l는 t℃에서의 길이를 나타낸다.

선형보간 linear interpolation [N] 어떤 점에서의 값을 인접한 점들에 주어져 있는 값으로부터 구할 때, 바로 인접한 양쪽 두 점의 값을 사용하여 선형적으로 보간하는 것.

선형상류법, 선형풍상차분법 linear up-wind scheme [N] 선형상류법은 쌍곡선형 미분방정식을 풀때 사용하는 수치 이산화 방법이다. 이 방법은 유동장에서 정보가 진행하는 방향에 맞추어 차분 스텐실을 조절하는 것으로써 중앙차분방법에 비해 실제 물리적인 현상을 잘 반영하는 방법으로 알려져 있다. 특히 충격파와 같은 유동장내의 비선형성이 강한 경우 적절한 인공 점성항의 도입을 쉽게 유도할 수 있다. 이에 비해 중앙차분방법은 복잡하고 여러 항으로 구성된 인공점성을 조절하며 사용하여야 한다. 최근 대부분의 고속 유동장 해석 프로그램은 상류법 방법을 사용한다.

선형점성감쇠 linear viscous damping [D] 점성감쇠력이 속도에 비례하는 경우의 감쇠력.

선형진동 linear vibration [D] 질량은 일정하며, 복원력 및 감쇠력은 각각 변위 및 속도에 비례하는 진동을 하는 경우는 상수계수의 선형미분방정식으로 취급될 수 있고, 해석적인 해가 구해질 수 있다. 이 경우를 선형진동이라 하며, 복원력과 감쇠력이 변위, 속도 및 시간을 포함한 복잡한 함수로 되어 있는 경우는 비선형 미분방정식으로 나타나므로 이를 비선형 진동계라 한다.

선회, 터닝 turning [B,T] (1) 펌프, 송풍기, 압축기에서 보수를 위하여 또는 회전차 등에 퇴적물이 부착하기 쉬운 성분이 포함된 유체를 취급하는 경우나 고온 유체를 취급하는 경우 등에서 운전 전후에 이상이 없는 것을 확인하기 위하여 실시되는 저속회전. (2) 열기관에서 기동 전 또는 정지 후에 로터 등 온도의 급변으로 인한 변형 발생을 방지하기 위하여 저속으로 회전시키는 것.

선회각 turning angle [T] 터빈 베인 및 블레이드를 유체가 지날 때 베인 및 블레이드 표면을 따라 유체의 방향이 바뀌게 되는데 이 때 바뀌는 유체의 각도를 말한다.

선회실속 propagating stall, rotating stall [B] 선회실속(rotating stall)과 같음.

선회실속 rotating stall, propagating stall [B,T] 터보형의 송풍기 · 압축기에 있어서 회전차(또는 로터) 깃의 유동의 일부가 실속 하여 이 실속 영역(stall cell)이 일정한 속도로 원주방향으로 이동하는 현상. 이것은 진동, 소음의 원인이 된다.

설계기준사고 Design Basis Accident (DBA) [Nu] 발전소의 각 운전 조건에서 해당하는 안전기능을 보장하기 위하여 설계시 고려되는 사고를 말함. 과도상태, 기기 고장 및 운전원 실수, 자연재해 등 발전소에서 발생 가능한 초기 사건을 포함한다.

설계양정 design head [P] m 펌프를 설계할 때에 설정하는 전양정.

설계유량 design capacity [P] m^3/s 펌프를 설계할 때에 설정하는 토출량.

설계점 design point [P,B] 성능곡선도에 표시된 설계압력과 설계유량과의 교점.

설계조건 design condition [M] 기계, 기기, 장치 등의 설계 시에 만족해야 할 조건.

설비배수펌프 sump pump for plant drainage [P] 빌딩, 공장 등의 설비 내에서의 배수를 외부로 배출하는데 사용되는 펌프. 보통은 1단의 수직축 벌루트펌프가 사용되며, 배수피트 내의 수위에 따라 온-오프로 작동시키는 것이 많음.

설치 조정라이너 adjusting liner for

installation [P] 펌프, 송풍기, 압축기 등을 설치할 때 베드와 기초면 사이에 끼우고 높이와 수평 등을 조정하는 라이너. 평면라이너와 테이퍼라이너가 있다.

설치각(날개의) setting angle [B] rad, deg 익현과 익렬축이 이루는 각. 엇갈림 각의 여각. 부도 B-3 참조.

설치영향 installation effect [M] 계측기의 설치 조건에 따라 계측기의 성능과 기능에 주는 영향.

섬 therm [T] 열과 에너지의 영국 단위(British unit), 이는 10^5 Btu와 같은 값을 가진다.

섭씨눈금 Celsius scale, Centigrade scale [T] ℃ 섭씨 온도계의 눈금. 빙점을 0℃로 하고, 비점을 100℃로 하여 이 사이를 백 등분한 온도 눈금.

섭씨눈금 Centigrade(Celsius) scale [T] ℃ 섭씨눈금(Celsius scale)과 같음.

성능 performance [B,T] 송풍기 및 압축기를 운전할 때 얻어지는 토출량, 압력, 회전수, 축동력, 효율 등의 값 및 그들 상호간의 관계.

성능 pump performance [P] 펌프를 운전하였을 때 얻어지는 회전속도, 전양정, 토출량, 축동력, 효율 등의 값과 그 상호 관계.

성능계수 coefficient of performance [T] 냉동 사이클에서 피 냉각물로부터 증발기에 흡수되는 열량(냉각 열량)과 사이클에서 소비되는 동력의 비.

성능곡선 performance curve [P,B,T] 성능을 그래프 상에 나타낸 곡선. 터보형 펌프에서는 회전속도, 전양정, 토출량, 축동력, 효율 등 그리고 수차 및 펌프 수차에서는 출력, 유량, 회전수, 효율 등, 또 송풍기 및 압축기에서는 유량, 압력, 회전수, 축동력, 효율 등의 상호 관계를 나타낸 곡선.

성능곡선도 performance curve sheet [G] 성능곡선(performance curve) 참조.

성능시험 performance test [P,B,T] 유체기계의 운전성능을 구하는 시험. 구체적으로는 회전수, 유량, 헤드, 축동력 등을 측정하여 이들의 상호관계를 나타내는 곡선을 구하는 시험.

성능저하, 열화 degradation [T] 기계의 성능이 마모나 부식에 의해 자연적으로 성능이 저하하는 것.

성능환산 conversion of performance [G] 터보형 펌프의 성능시험을 규정상태에서 할 수 없는 경우에 시험된 상태에서 규정상태로 환산하는 것. 예를 들어 회전수를 규정회전수보다 낮추어 성능시험을 하는 경우 또는 축소모형을 사용하여 모형시험을 하는 경우 등에서는 성능환산이 필요함. 환산정도가 적은 경우에는 펌프효율의 변화는 무시할 수 있다고 하고 상사법칙에 의해 환산될 수 있지만, 모형시험과 같은 경우에는 효율환산과 함께 성능환산을 해야 함. 터보형 송풍기·압축기의 경우에도 펌프의 경우와 마찬가지로 환산이 필요함. 그러나 공기 이외의 기체를 취급하는 것으로서 그 비중이 크게 다르거나 압축비가 큰 기계의 경우에는, 이것을 공기로 성능시험을 하는가 폐회로에서 하는 가에 따라 그 성능환산의 복잡성은 크게 달라지며, 펌프와 같은 모형시험 법은 확립되어 있지 않음.

세(3)방향밸브 three way directional control valve [M] 압유와 귀환유를 한 개의 실린더 구멍에 교대로 공급할 수 있는 방향제어밸브.

세관유량계 capillary flow meter [M] 직경이 충분히 작은 튜브를 여러 개 다발로 묶어 배관 내부에 삽입함으로써 이 작은 튜브들을 통과하는 유체들을 모두 층류가 되게 하여 유량을 측정하도록 되어 있는 유량계. 유량계 전후의 차압을 측정하면 일반적인 배관 내 층류 유동의 압력손실 식으로부터 유량을 구할 수 있다.

세관점도계 capillary viscometer [M] 일정한 체적을 갖는 용기 내의 액체가 정해진 형상의 튜브를 통해 모두 빠져나갈 때까지 걸리는 시간을 측정하여 점도를 측정하는 점도계.

세라펌프 cera pump [B,G] 프럭소(fluxo) 참조.

세로드럼 보일러 longitudinal drum boiler [T] 드럼형 보일러는 동력용의 보일러로 쓰이는 수관식 보일러와 대비되는 용어이며, 드럼식은 증기에 의한 가열용으로 주로 쓰인다. 형상은 둥근형으로 되어 있고, 세로형으로 되어있는 것을 말한다.

세로진동, 종진동 longitudinal vibration [D] 봉의 축선방향의 소밀파 진동.

세로환기 longitudinal ventilation [B] 터널의 긴 세로방향으로 환기류를 통과시키는 방법이며, 분류(噴流)식과 입갱(立坑)식이 있다. 배기가스의 농도분포가 기류의 상류 측에서 하류 측으로 향하여 직선적으로 증가하므로 긴 터널에는 적합하지 않으며, 1000 m 이하의 터널에서 사용된다.

세이볼트 유니버설 초 S.U.S., Saybolt universal second [M] 세이볼트 유니버설 초(Saybolt universal second)와 같음.

세이볼트 유니버설 초, S.U.S., S.S.U. Saybolt universal second, S.U.S., S.S.U. [M] 미국에서 널리 사용되고 있는 공업 점도계. 용기의 가는 구멍에서 60cc의 시험액을 유출시키는 데 걸리는 초(秒)수로 점도의 정도를 나타낸다. 절대점도계로 측정된 동점도(스토크스 : St)와 일정한 관계가 있다.

세이볼트 점도 Saybolt viscosity [M] 세이볼트 초를 S, API 비중을 API로 나타낼 때 이들 사이의 관계식은 다음과 같다. 세이볼트 유니버설 초(Saybolt universal second) 참조.

$$S = \frac{140}{130 + API}$$

세이볼트 점도계 Saybolt viscometer [M] 세이볼트 유니버설 초(Saybolt universal second)와 같음.

세잎로터 three lobe rotor [B] 로터의 피치원통의 바깥쪽에 3개의 돌출부분을 갖는 세 잎 송풍기 및 세 잎 압축기의 로터. 부도 B-10 참조.

세정 cleaning(washing) [F] 막이나 장치가 유기물이나 무기물에 의해 오염되어 막 여과기능이 저하한 경우, 막의 성능을 회복시키기 위한 수단. 이를 위한 세정방법에는 역세수 세정, 역압 공기 세정, 스크라빙, 볼 세정 등의 물리적 방법이나, 산, 알칼리 등에 의한 부착물의 용해, 분해 등의 화학적 방법이 있지만, 막 모듈의 형식에 따라 세정방법은 다르다. 특히, 약품세정의 경우에는, 막 재질의 내약품성에 주의할 필요가 있다.

세차운동 precession [D] 팽이의 대칭축 둘레를 회전하는 데 대칭축은 전각운동량(全角運動量)의 벡터와 일정한 경각(傾角)을 이루면서 그 주위를 균일하게 회전하는 운동. 즉, 회전체의 회전축의 방향이 바뀌는 운동.

세탄펌프 coal washing pump [P] 갱내에서 캐낸 석탄을 세척하는 물을 공급하는 펌프. 물이 강한 산성인 경우가 많으며, 펌프 재질은 내산성의 것을 사용해야 함.

섹션밸브 section valve [A] 폐기물 자동 집하시설의 배관망을 구성할 때 효율적인 폐기물 수거 및 유지관리를 위해 수거지역을 구획화하는 밸브 장치.

센터키 centering key [B] 송풍기 및 압축기의 주축 중심이 열팽창 등으로 이동하지 않도록 규제하는 쇠붙이.

셀 cell [N] 격자점을 꼭지점으로 갖는 다면체(2차원에서는 다변형)의 작은 공간. 유한체적법은 셀을 하나의 작은 검사체적으로 지정하고 수치해석을 진행한다.

셋업형 set-up type [S] 방파제 전면에 소파공(消波工)을 설치하여 해면의 평균수위 상승을 유도하여 수위차로 인한 해수흐름을 이용하는 파력발전 방식.

셔우드수 Sherwood number [T] 물질전달의 정도를 결정하는 무차원 수로, 대류물질전달과 확산물질전달의 비. 열전달의 누셀트(Nusselt)수와 유사성을 갖는다.

$$S_h = k_T L/D$$

단, k_T는 물질전달계수, L은 대표길이, D는 확산계수이다.

셰일가스 shale gas [T] 셰일에서 축출된 천연가스로 일반적으로 수압파쇄기술을 이용하여 셰일에 균열을 발생시켜 축출한다.

소결블로워 sintering blower [B] 소결로의 기체를 유인하기 위해서 사용되는 블로워이며, 취급하는 기체에는 더스트가 많이 포함하고, 고온이므로 블러워 회전차에는 텅스텐 카바이트 등의 경질 금속이 라이닝 되어 있다. 제철소의 철광석 소결로로는 양쪽 흡입 원심블로워가 사용되며, 이 원심블로워는 강판제 케이싱으로 된 초대형의 것이다.

소금물펌프, 브라인 펌프 brine pump [P] 소금물을 이송하는 펌프. 소금물은 온도 저하에 따라 점도가 증가하므로 이로 인한 펌프성능의 저하를 고려해야 함.

소급성, 추정성 traceability [M] 모든 측정기를 국가 표준으로 각 단계별로 체계를 세워 측정결과의 신뢰성, 통일성을 유지하려는 것.

소기블로워 scavenging blower [B] 2사이클 기관의 소기(掃氣)작용을 돕기 위한 송풍기. 소기펌프(scavenging pump)라고도 부른다.

소닉노즐 sonic nozzle [M] 임계유동을 발생시킬 수 있는 기하적 구조를 갖는 장치. 그림 사-5 참조.

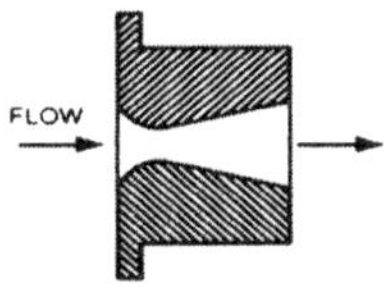

그림 사-5 소닉 노즐

소닉노즐뱅크 sonic nozzle bank [M] 소닉 노즐 여러 개를 병렬로 연결하고 정밀유량측정에 필요한 여타 계측기가 모두 장착되어 있어서 유량계를 교정할 때 기준기로서 활용할 수 있도록 제작된 장치. 소닉노즐패키지(sonic nozzle package)와 같음. 그림 사-6 참조.

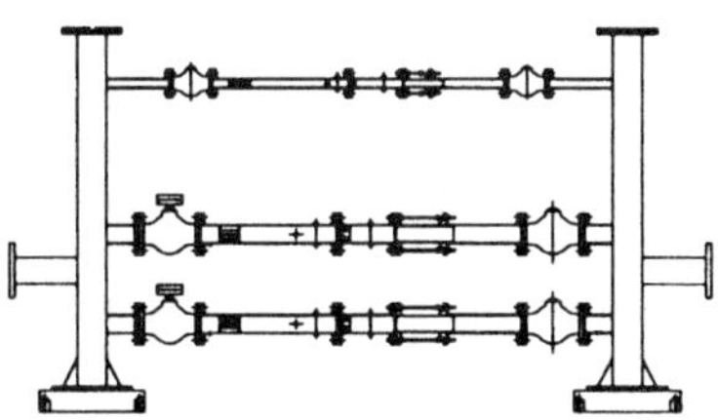

그림 사-6 소닉 노즐 뱅크

소닉노즐패키지 sonic nozzle package [M] 배관 내부에 소닉노즐이 삽입되어 있고, 이 노즐에 의한 유량측정이 가능하도록 필요한 계측기들이 모두 장착되어 있는 장치. 소닉노즐뱅크(sonic nozzle bank)와 같음. 그림 사-7 참조.

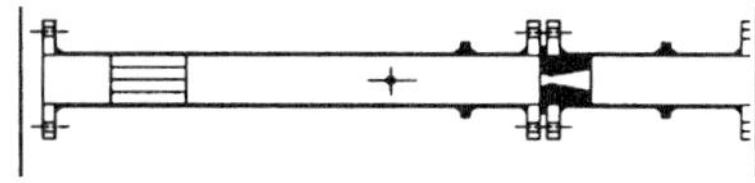

그림 사-7 소닉노즐 패키지

소리, 음 sound [D] 1) 음향진동(acoustic oscillation)에 의해 가진된 청력(hearing)의 감각(sensation). 2) 청력의 감각을 가진 할 수 있는 성질(character)의 음향진동. 3) 내력(internal force)이 작용하는 매질(medium)내의 압력, 응력, 질점속도 등의 진동.

소멸캐비테이션계수 desinent cavitation number [P] 일단 발생한 캐비테이션에 대하여, 흡입압력이 상승하여 캐비테이션이 소멸할 때의 캐비테이션 계수.

소방수 펌프, 소화펌프 fire pump, fire water pump [P] 화학공장이나 건축물 등의 화재에 대하여 사용되는 펌프.

소산률 dissipation rate [N] 난류운동에너지가 점성에 의해 열로 소산되어가는 변화율을 말하며, 다음 식과 같다.

$$\varepsilon = \nu \overline{\frac{\partial u_i'}{\partial x_k}\frac{\partial u_i'}{\partial x_k}}$$

여기에서, ε : 소산률, u_i : x_i방향의 속도성분, ν : 동점성계수, $\bar{\ }$: 시간평균. $\kappa-\varepsilon$ 난류모델에서, κ방정식의 마지막 항에 나타나며, ε방정식은 Navier-Stokes방정식으로부터 유도될 수 있다.

소산함수 dissipation function [G] 점성유체 유동에서 단위 체적의 유체가 단위시간에 운동 에너지가 점성에 의해 열로 변환되는 비율이며, 다음 식과 같다.

$$\phi = \mu\left[2\left\{\left(\frac{\partial u}{\partial x}\right)^2 + \left(\frac{\partial v}{\partial y}\right)^2 + \left(\frac{\partial w}{\partial z}\right)^2\right\} + \left(\frac{\partial v}{\partial x} + \frac{\partial u}{\partial y}\right)^2 + \left(\frac{\partial v}{\partial z} + \frac{\partial w}{\partial y}\right)^2 + \left(\frac{\partial w}{\partial x} + \frac{\partial u}{\partial z}\right)^2\right] - \frac{2}{3}\mu\left(\frac{\partial u}{\partial x} + \frac{\partial v}{\partial y} + \frac{\partial w}{\partial z}\right)^2$$

여기서, ϕ : 소산함수, u, v, w : x, y, z방향의 속도성분, μ : 유체의 점성계수. 비압축성 유체의 경우는 우변의 마지막 항은 0으로 된다. 비압축성 기체(incompressible gas) 참조.

소성변형 plastic deformation [T] 변형이 회복되지 않고 소성적으로 남아 있는 변형.

소성유체 plastic liquid [G] 비뉴턴유체의 일종이며, 유체 내부에 작용하는 전단응력이 다음 식으로 표시되는 것.

$$\tau = \tau_0 + \mu(du/dy)$$

여기서, 유동에 수직한 방향의 속도구배가 du/dy(1/s), 유동면에 평행으로 작용하는 전단응력이 τ(N/m^2){(kgf/m^2}이며, 이 τ가 어느 값 τ_0(N/m^2){kgf/m^2}에 도달할 때까지는 유동하지 않고, $\tau > \tau_0$에서 비로소 유동을 시작한다. 일반적으로 μ(N · s/m^2){kgf · s/m^2}는 τ의 함수이지만, 특히 μ=const라고 볼 수 있는 것을 빙엄(Bingham)유체라고 한다. { } 안은 중력단위.

소성점도 plastic viscosity [G] Pa · s, {kgf · s/m^2} 빙엄(Bingham) 유체의 유동의 전단응력 τ(N/m^2){kgf/m^2}를 나타내는 다음 식 중에서 유동에 수직한 방향의 속도구배 du/dy(1/s)의 계수 μ_b(Pa · s){kgf · s/m^2}를 의미하며, 유체의 상태에 따라 정해지는 일정치를 갖는다. { } 안은 중력단위.

$$\tau = \tau_0 + \mu_b(du/dy)$$

소성히스테리시스 plastic hysteresis [T] 바우싱거 효과(Bauschinger's effect)라고도 함. 이것은 그림 사-7과 같이 인장 응력을 가하여 O-A-B로 부하를 가하였다가 B-C로 부하를 제거하면 C점에 이르러 O-C의 소성 비틀림이 남는다.

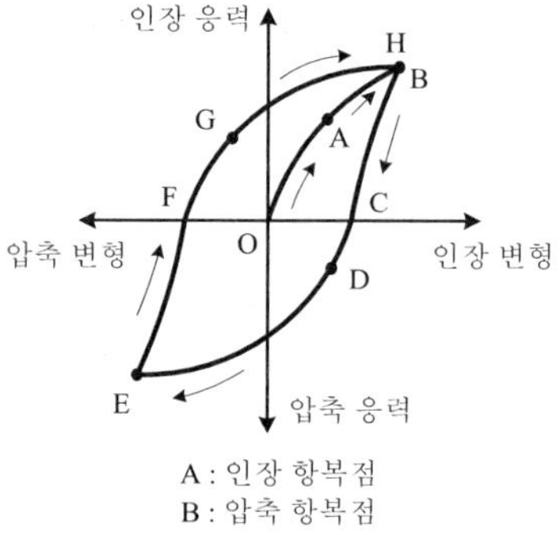

그림 사-7 소성히스테리시스

다음에는 이에 반대방향의 압축응력을 가하면 먼저 C-D로 탄성적으로 압축변형이 된 다음 D-E의 소성변형으로 된다. 여기서도 A점과 D점의 응력의 절대치를 비교하면 D점 쪽이 A점보다 훨씬 작다. 이와 같이 한 번 소성변형을 일으킨 재료는 앞서 가해진 응력과 반대방향의 응력에 대해서 항복점이 저하하는 현상을 말한다. 그림 사-7 참조.

소스 source [G] 포텐셜 유동에서 한 점에서 유체가 분출할 때의 방사상 유동. 비압축성 2차원 포텐셜유동에서는 단위 시간 당의 토출량 Q(>0)의 소스가 원점에 있을 때의 복소포텐셜 W은 다음 식으로 주어진다.

$$W = (Q/2\pi)\ln z$$

여기서, $z = x + iy$(i : 허수 단위). 비압축성 3차원 포텐셜유동의 경우의 같은 소스에 의한 속도포텐셜 ϕ는 다음과 같다.

$$\phi = -Q/(4\pi r)$$

여기서, r : 소스 점에서 유동장의 임의의 점까지의 거리.

소음 noise [T] 불규칙한 파동으로 이루어지며, 불쾌한 느낌을 주는 소리. 또는 통신, 라디오 등의 청취를 방해하는 소리.

소음 undesired sound [G] 소음(noise)과 같음.

소음계 sound level meter [D] 소음계에는 A, B, C의 세 가지 특성이 있는데, 소음은 A 특성으로 측정하도록 규정되어 있다. 그것은 4 kHz에서 감도의 피크를 갖고 음압레벨과 일치하는 A 특성의 소음레벨이 사람의 청각신경을 자극하는 감각의 크기에 어느 정도 잘 어울리도록 되어있기 때문이다. C 특성은 가청 주파수 내에서 거의 음압레벨과 일치하는 평평한 감도특성을 가지며, 이것으로 측정된 값은, 가청음의 주파수 범위의 소음의 음압레벨과 거의 일치한다. B 특성은 A 특성과 B 특성의 중간 형태의 감도특성을 가지지만 거의 사용되지 않는다. 그러나 어느 소음을 3개 특성으로 소음레벨을 측정하면 그들의 레벨 비교로부터 역으로 그 음의 주파수성분을 추정할 수 있다. 소음측정기에는 많은 종류가 있고 엄밀히는 서로 다르지만 각 소음계는 마이크로폰, 신호처리부 및 지시부로 구성된다.

소음규제법 noise reduction law [G] 특정 공장에 대한 소음은 법률로 규제되어있다. 이 규제기준은 구분된 구역마다 주간, 아침, 저녁, 야간과 같이 장소, 시간에 따른 소음레벨이 규정되어 있다.

소음기 muffler [G] 보통 급 · 배기관 도중에 설치되며, 기체의 유동에는 지장을 주지 않고 이곳에 전파된 소음을 가급적 통과시키지 않도록 만들어진 것. 또 기체 대신에 물의 유동에 대하여도 같은 효과를 낼 수 있는 것도 있다. 원리적으로는 (1) 공동형, (2) 공명기형, (3) 흡음재형 및 (4) 이들의 조합형 등으로 구분된다. 소음기(silencer) 참조. 그림 사-8 참조.

소음기 silencer [T] 소음기(muffler)와 같음.

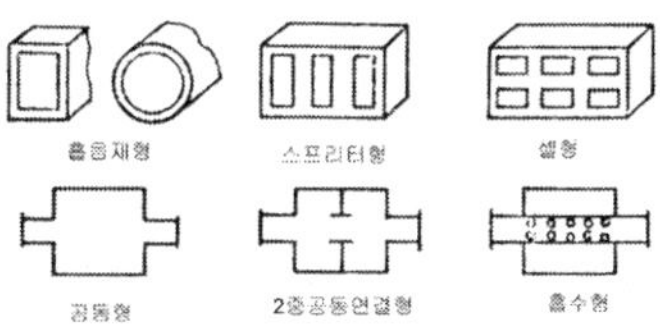

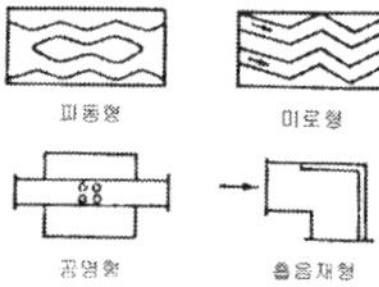

그림 사-8 소음기

소음수준 noise level [B,T] dB 지시소음계에서 청감보정 된 회로(A, B, C. 단, C는 보정이 없는 것)로 측정된 음압레벨. 청감보정회로 A로 측정된 경우 단위는 dB(A) 또는 폰(phon)(A)로 표시한다. 송풍기의 경우 송풍기의 흡입 측으로부터 발생하는 소음을 측정한다. KS B 6311(송풍기의 시험 및 검사 방법)의 위치에서 구한 값(A 스케일)으로 표시한다.

소음수준 sound level [B,G] dB 지시소음계의 청감보정특성에 의해 측정된 음압레벨. 소음레벨(noise level)과 같음.

소음시험 noise measuring test [G] 기기의 소음을 조사하기 위한 시험.

소음평가곡선, NC 곡선 NC curves [G] 소음평가를 위해 주파수마다의 허용치를 나타낸 곡선. 미국에서 제안된 것이며, NC 곡선이라고도 한다.

소음평가곡선, NC곡선 noise criteria curves, NC curves [G] NC curves (소음평가곡선)와 같음.

소인, 스위프 sweep [D,P,C] 진동발생기의 작동에 사용되는 용어로서, 보통은 진동수 같은 독립변수 값의 영역을 통하여 연속적으로 이동하는 과정(process). 회전차 내의 상대유동의 방향이 날개(익) 축에 대하여 수직이 아닌 경우 스위프를 갖는 날개(익)라고 함. 이 때 회전차 허브에서 익 선단을 향하여 상대유동의 방향으로 익 축이 전진하고 있는 것을 전진형(sweep forward), 후퇴하고 있는 것을 후퇴형(sweep backward)이라고 함.

소인율 sweep rate [D] 소인속도라고도 하며, 보통은 진동수 같은 독립변수의 변화율. 예로, df/dt. 여기에서 f는 진동수이고 t는 시간이다. 보통 일정 소인속도(uniform sweep rate, linear sweep rate)와 대수 진동수 소인속도(logarithmic frequency sweep rate)가 사용된다. 일정 소인속도는 소인에서 독립변수(일반적으로 주파수)의 변화율이 일정할 때의 소인속도, 즉 df/dt=const이다. 대수 진동수 소인속도는 단위 진동수 당의 주파수 변화율이 일정할 때의 소인속도, 즉 (df/f)/dt=const이다. 대수 소인속도의 경우는 어느 2개의 고정된 비율의 진동수 사이에서 소인을 위한 시간은 일정하다. 대수 소인속도는 분(分) 당의 옥타브로 표현하는 것이 권장된다.

소파공 wave dissipator works [S] 파도의 에너지를 약하게 만드는 구조물의 한 부분, 또는 그것을 목적으로 하는 공법. 해안을 보호하기 위한 구조물 앞의 물을 잔잔하게 유지하기 위하여 구조물 속에 유수부(遊水部)를 설치한다.

소프트식 동적평형시험기 soft type dynamic balancing machine [D] 동적 평형시험기에서 회전체를 지지하는 베어링부의 강성을 약하게 하여 1차의 고유진동수를 넘은 회전수에서 운전하는 것.

소화펌프, 소방수펌프 fire water pump, fire pump [P] 소방수 펌프(fire pump)와 같음.

속도 velocity [A,T,D] m/s 1) 변위 s의 시간도함수 벡터(=ds/dt)로서, 일반적으로 속도는 회전벡터, 병진벡터 또는 이들 모두로 표현될 수 있다. 속도가 주어진 경우에 이것이 지정된 주 기준좌표와 틀린 좌표에서 측정된다면, 이 속도는 상대속도를 나타낸다. 두 점 사이의 상대속도는 두 점의 속도 벡터의 차로 표시된다. 2) 폐기물 자동집하시설에서는 폐기물 이송공기의 빠르기를 나타낸다.

속도/전압 변환기 velocity/voltage transducer [A] 공기속도 조절시스템에 설치되어 공기 압력을 전압으로 변환하는 장치.

속도결함법칙 velocity defect law [G] 원관 내의 속도분포의 표시방법 중의 하나이며, 다음 식으로 표시된다.

$$\frac{v_{max} - v}{v^*} = 5.75 \log_{10} \frac{r_2}{y}$$

여기에서, v : 유속(m/s), v_{max} : 최대속도(m/s), v* : 마찰속도(m/s). 단, τ를 전단응력, ρ를 밀도라고 하면, $v^* = \sqrt{\tau/\rho}$. r_2 : 관의 반지름(m), y : 벽에서 반지름 방향으로 잰 거리(m). 점성저층이 있는 y=0의 근방을 제외하면, 벽면의 거칠기에 관계없이 Reynolds 수의 넓은 범위에서 실제와 잘 일치한다. 상식은 최대속도와의 차이의 형태로 유속분포가 표시되어 있으므로 이 이름이 붙여졌다.

속도계 tachometer [M] 고속도로 회전하는 물체의 회전수를 측정하는 데 사용되는 기계. 순간순간의 속도를 지시한다. 일반적으로 매분 단위로 표시하는 경우가 많다.

속도계수 coefficient of velocity [T] 실제 유속과 이론상의 유속과의 비.

속도곡선 velocity curve [T] 진동 속도의 주파수 성분의 크기를 세로축에, 주파수를 가로축에 취하여 그린 곡선.

속도구배, 속도기울기 velocity gradient [T] 1/s 유동방향에 수직한 방향에서의 속도의 변화율. 속도구배는 유체의 점성력과 관계한다.

속도벡터 velocity vector [G] 속도는 크기뿐만 아니라 방향도 있으므로 벡터로 표시된다. 속도를 나타내는 벡터를 속도벡터라고 한다. 속도벡터를 V(m/s)라고 하면, V=iu+jv+kw. 여기서, u, v, w : x, y, z방향의 속도성분(m/s), i, j, k : x, y, z방향의 단위벡터.

속도변환기 velocity transducer [D] 속도픽업(velocity pick-up)과 같음.

속도분포, 유속분포 velocity distribution [M] 특정 단면 내에서의 속도 크기의 분포.

속도비 velocity ratio [T] 터빈의 회전날개의 주속도와 유입 절대속도와의 비율. 이 값은 터빈 효율을 지배하는 중요한 값으로, 각 터빈 형식마다 최적 속도비가 있다.

속도삼각형, 속도 선도 velocity triangle, velocity diagram [P,B,T] 터빈, 펌프 등에서 절대속도, 상대속도 및 원주속도와의 관계를 표시하는 벡터선도(부도 B-2). 이 속도삼각형에는 입구의 것과 출구의 것이 있다.

속도상수 speed constant [P] 임펠러 출구 원주속도와 펌프 전양정 사이의 관계를 나타내는 상수.

속도선도 velocity diagram [T] 터빈, 펌프 등에서 회전차의 입구와 출구에 있어서의 속도 성분의 기하학적 관계를 나타내는 선도.

속도수정 방정식 velocity-correction equation [N] 이산화된 연속방정식과 운동량 방정식의 조합을 통한 simple algorithm에서 정확한 속도를 구하기 위해서 추정치에 대한 보정량을 나타내는 방정식.

속도제어 speed control [G] 일반적으로는 회전수를 제어하는 것. 유체기계 등의 원동기로 널리 사용되고 있는 유도전동기의 광범위한 변속을 위해서 다음과 같은 방법이 사용된다. (1) 저항, (2) 주파수 변환, (3) 극수 변환, (4) 가포화(可飽和) 리액터(reactor), (5) 2차여자.

속도조정기, 원심조속기 speed governor, centrifugal governor [G] 회전체의 회전수를 일정 표준치로 유지하도록 자동제어하는 기구의 일종. 회전체에 설치된 두 개 또는 그 이상의 추가 원심력에 의해 바깥 쪽으로 벌리려고 하는 성질을 이용하여 회전수의 변화를 기계적 변위로 변환하여 검출하는 것인데, 증기터빈, 수차 등에서 사용된다.

속도척도 velocity scale [N] 난류 운동을 표현함에 있어 난류의 강도를 나타내는데 사용되는 특성량. 난류의 크기(length scale) 참조.

속도포텐셜 velocity potential [T,G] 유동장에서의 속도벡터 V가 어느 상태함수 ϕ(위치만으로 정해지는 스캘러 함수이며, 시간이 포함될 수도 있음)의 기울기 벡터에 의해 정해질 때 이 ϕ를 속도포텐셜이라 한다. 즉, 다음과 같다.

$$V = \text{grad}\phi$$

또는 x, y, z방향의 속도성분이

$$u = \partial\phi/\partial x,\ v = \partial\phi/\partial y,\ w = \partial\phi/\partial z$$

으로 주어지는 이상기체 유동이고 와도가 존재하지 않을 때는 속도포텐셜 ϕ가 존재한다.

속도픽업 velocity pick-up [D] 입력속도를 입력속도에 비례하는 출력(통상은 전기적인 출력)으로 변환하는 변환기.

속도헤드 velocity head [P,G] m^2/s^2, {m} 단위 질량의 유체가 갖는 운동에너지는 $v^2/2(m^2/s^2)$로 표시됨. 중력단위계에서는 단위무게 당의 운동에너지로 정의되므로 $v^2/2g${m}로 표시됨. 여기서 v : 유속(m/s), g : 중력가속도(m/s^2). { } 안은 중력단위.

손 sone [G] 소리의 감각적인 강도의 단위. 음의 감각적인 강도가 2배, 3배로 되었을 때 이 값도 2배, 3배가 되도록 실험적으로 정한 것. 손은 음의 레벨 40폰의 음의 크기를 1손이라고 하며, 정상적인 청력을 가진 사람이 1손(40폰)의 n배의 강도로 느끼는 음의 강도를 n손이라고 함. 이와 별도로 소리의 크기를 나타내는 것으로 폰(phon)이 있다. 폰(phon) 참조.

손실계수 loss coefficient [G] 유체가 어느 속도로 유동하는 경우에 발생하는 손실을 나타내는 계수이며, 손실헤드와 대표속도로 표시되는 속도헤드와의 비로 표시된다. 일반적으로 다음 식으로 표시된다.

$$\zeta = \Delta H/(V^2/2),\ \{= \Delta H/(V^2/(2g)\}$$

여기서, ζ : 손실계수, ΔH : 손실헤드(m^2/s^2){m}, V : 대표유속(m/s), g : 자유낙하의 가속도(m/s^2). 관로계에 있어서는 형상변화에 의한 손실, 파이프 마찰에 의한 손실, 분기 · 합류 등의 손실이 있으며, 이들의 손실계수는 각각에 대해 다르므로 개개에 대한 손실계수를 사용하여 손실헤드를 계산한다. { } 안은 중력단위.

손실인자 loss factor [T] 손실을 일으키는 원인.

손실헤드, 손실수두 loss head, loss of head [P,T] m^2/s^2,{m} 관로나 개수로 등에서 마찰로 인한 손실 에너지를 헤드로 표시한 것이며, 중력단위에서의 손실수두는 수주의 높이로 나타남. { } 안은 중력단위.

솔 플레이트 sole plate, pump floor pad [P,B] 기계의 다리를 지지하기 위해 콘크리트에 묻혀지는 금속판. 다리 하나 하나에 개별적으로 설치되는 경우도 있으나, 한 장의 판 위에 모든 다리 혹은 브래킷이 올라가는 경우도 있음. 후자의 경우는 베드와 같은 것으로 되므로 베드와 솔 플레이트 사이의 구분이 명확해지지 않게 되지만 판이 비교적 얇은 경우에는 솔 플레이트라고 부름. sole plate(미), pump floor pad[s](구). 베드플레이트(bed plate) 참조.

솔리드형 로터 solid type rotor [B] 축류압축기에서 회전 깃을 고정한 부분이 중실 원주(圓柱)형으로 된 허브. 제작이 간단하고 바깥 지름이 700 mm정도의 소형에서 사용되며, 대형이 되면 무거워지므로 사용되지 않는다. 허브 외주에는 동익을 설치하는 홈이 가공되어 있다.

송기, 공기공급 air supply [C] 공기를 보내는 것. 또는 송기 된 공기. 급기라고도 한다.

송출구, 공급구 supply opening [B] 파이프로부터 실내 또는 대기로 유출시키는 유출구.

송풍기, 블로워 blower [B,C] 날개 차 또는 로터의 회전 운동에 의해서 기체를 압송하고, 그 압력비가 1.1 이상 2.0 미만 또는 10 kPa{약 100 kgf/m^2}~0.1 MPa{약 1 kgf/cm^2} 범위의 토출압력의 송풍기를 말한다.

송풍기입구 fan inlet [B] 송풍기의 흡입구.

송풍기출구 fan outlet [B] 송풍기의 토출구.

송풍중지, 블로다운 blow-down [T] 1) 피스톤 엔진에서 배기밸브가 열려 배출하는 것. 2) 피스톤 엔진의 배기계에 설치된 터빈이 가스의 운동 에너지를 받는 것을 의미하며, 이를 블로다운 터빈이라 한다.

쐐기 wedge [P] 기계를 설치할 때 수평 또는 수직을 유지하도록 기초 볼트 부근의 기초와 베드의 밑면과의 사이에 삽입하는 양면에 구배가 있는 쐐기형 금속판.

수갱(竪坑)식 환기 shaft ventilation system [B] 종류(縱流)식 환기의 일종이며, 터널의 도중에 수갱을 설치하여, 수갱에 의한 자연통풍을 이용한 환기방식. 또 이 자연통풍을 조장하기 위해 송풍기 또는 배풍기를 설치하여 환기하는 경우가 많다.

수거요청 collection request [A] 투입구에 일정레벨 이상의 폐기물이 찼을 때, 중앙 집하장으로 수거를 요청하는 것.

수격 water hammer [P] 배관계에 있어서 유량을 급격히 변화시켰을 때 이에 동반하여 일어나는 심한 과도적 압력 변동.

수격시험 water hammer test [P] 펌프를 포함한 관로계의 수격 작용 및 이에 대한 장치의 기능을 확인하는 시험.

수격펌프 hydraulic ram [P] 비교적 낮은 낙차의 물을 긴 파이프를 통해서 유동시키면서 수격작용을 일으켜서 물의 일부를 원래의 높이보다 높은 곳으로 자동적으로 올리는 양수장치. 그림 사-9에 나타나 있는 장치에서 높은 곳에 있는 수원의 물은 관 끝의 방출밸브를 통해서 대기중에 방출되지만, 방출밸브에서의 유속이 증가하면 방출밸브는 자동적으로 폐쇄되고 관내에 수격이 발생. 압력의 강하파(降下波)가 오면 양수관측의 밸브는 닫히고 방출밸브는 열리고 처음의 상태로 되돌아 가고, 위의 작용을 반복함으로써 양수작용이 이루어짐. 그림 사-9 참조.

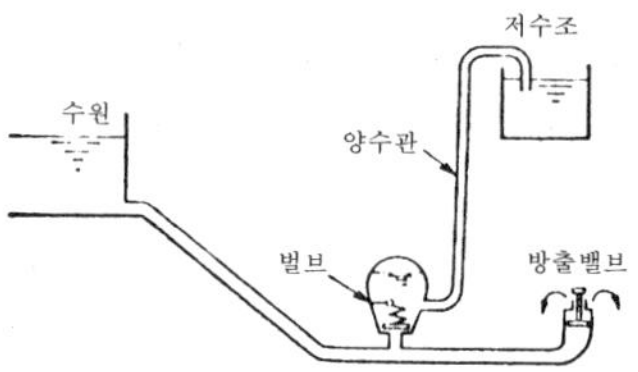

그림 사-9 수격펌프

수격현상의 탄성이론 theory of elasticity in water hammering [P,G] 수격현상 해석에는 물의 탄성을 고려한 탄성이론과 탄성을 고려하지 않는 강체이론이 있다. 탄성이론의 경우 압력파의 전파속도 a(m/s)는 다음 식에 의해 구해진다.

$$a = \sqrt{\frac{1}{\rho\left(\frac{1}{K} + \frac{D}{Ed}\right)}}$$

단, ρ는 물의 밀도(kg/m^3), K는 물의 체적탄성계수(N/m^2), D는 관로의 직경(m), E는 관 재료의 탄성계수(N/m^2), d는 관의 살 두께[m]이다.

수냉식 water cooled type [B] 실린더 등의 냉각을 물로 하는 형식.

수냉식 베어링유닛 water cooled bearing unit [B] 베어링 하우징 또는 베어링에 수냉용의 공간을 가진 베어링 유닛.

수동력 pump output, pump output power, water power [P] kW,{PS} 펌프에 의해 단위시간 당 액체에 공급

되는 유효 에너지이며, 다음 식으로 표시. $L_w = \rho QH \times 10^{-3} \{\gamma QH/75\}$. 여기서, L_w : 수동력(kW){PS}, γ : 액체의 비중량{kgf/m^3}, ρ : 유체의 밀도(kg/m^3), Q : 토출량(m^3/ s), H : 전양정(m^2/s^2){m}. { } 안은 중력단위.

수동밸브 hand operated valve, hand valve [M] 수동에 의해 조작되는 밸브. 전동기나 유압으로 조작되는 밸브에 대응한 용어.

수동운전방식 manual operative method [P] 수동 조작에 의한 운전 방식.

수동제어 manual control [T] 계측기의 지시에 따라 사람이 조작 조절하는 것. 보조적으로 동력을 사용하는 경우도 있다.

수동조작, 수동운전 manual operation [P,T] 인력에 의하여 기기를 직접적으로 또는 간접적으로 움직이게 하는 조작.

수동펌프 hand pump, manual pump [P] 전동기에 의하지 않는 수동의 피스톤 펌프. 가정용 우물 등에 사용. 압출펌프(force pump) 참조.

수동회전 rotation by hands [B] 펌프, 송풍기 등을 운전하기 전에 회전 부에 이상한 접촉이 없는 지를 확인하기 위해 회전 부를 손으로 회전시키는 것.

수력 hydraulic power [T] 물의 낙하 또는 압력에 의해서 생기는 힘. 이 수력은 공업적으로 이용되고, 또 수력발전에 응용된다. 수동력(water power) 참조.

수력구배 hydraulic gradient [G] 관로에서 기준수면으로부터 측정된 관의 중심의 높이를 z(m), 중력단위의 압력헤드를 p/γ {m}라고 하면, 이들의 합 $(p/\gamma)+z$의 유동방향의 수평길이 x(m)에 대한 변화율을 수력구배라고 말하며, 다음과 같이 표시된다. 여기서 p : 압력{kgf/m^2}, γ : 비중량{kgf/m^3}. { } 안은 중력단위.

$$\frac{d}{dx}\left(\frac{p}{\gamma}+z\right)$$

수력구배선 hydraulic grade line [G] 관내의 유체가 갖는 압력헤드와 위치헤드의 합을 관로에 따라 나타낸 선. 물이 흐를 때 관로 위의 각 위치에 유리관을 수직으로 세웠을 때 얻어지는 수주의 표면을 이은 선에 해당한다. 압력수두가 음으로 되는 곳에서는 수력구배선의 위치는 관로 중심보다 밑으로 나타난다. 수력구배선과 수평방향이 이루는 각을 θ라고 하면, 구배 $\tan\theta$를 수(물)구배 또는 상당구배라고 한다. 그림 사-10 참조.

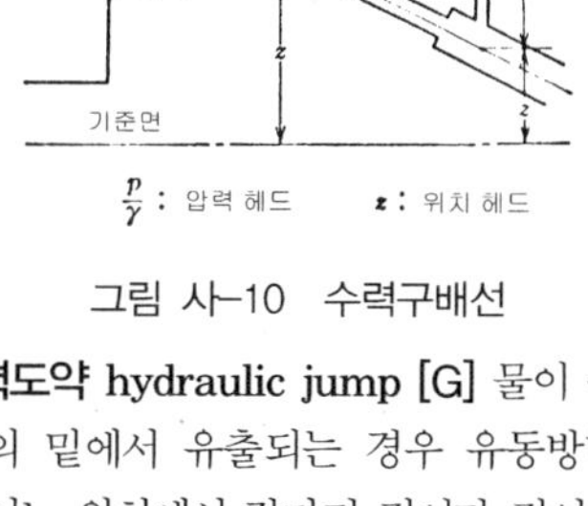

그림 사-10 수력구배선

수력도약 hydraulic jump [G] 물이 수문의 밑에서 유출되는 경우 유동방향의 어느 위치에서 갑자기 깊이가 깊어지고 조용한 흐름으로 바뀌는 경우가 있다.

이와 같은 현상을 말한다(그림 참조). 장방형 개수로의 경우, 유속 $V > \sqrt{gh}$ 일 때에 발생하며, $V_c = \sqrt{gh}$ 를 임계속도라고 한다. 이 값은 수심이 h일 때의 파도의 진행속도에 상당한다. 그림 사-11 참조.

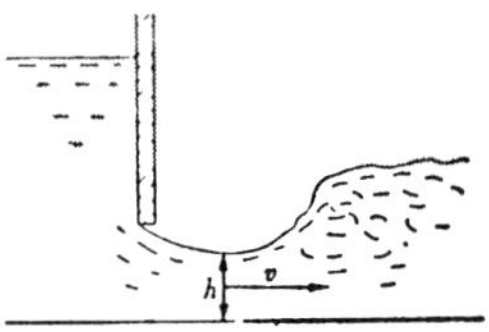

그림 사-11 수력도약

수력반지름 hydraulic radius [T] m 관로 또는 수로 내의 유동에서 벽면마찰에 의한 손실수두를 구할 때에 사용되는 것이며, 관 또는 수로에 직각인 단면상에서의 유동의 단면적 A, 유체와 접하는 벽면의 길이를 s라고 하면, 수력반지름은 $r_h = A/s$. 직경 d인 원관 안을 유체가 차서 유동할 때는 $r_h = d/4$. 두 변의 길이가 a, b인 사각형 관 안을 유체가 차서 유동할 때는 $r_h = ab/[2(a+b)]$. $4r_h$ 를 등가 직경이라고 한다.

수력컨베이어, 물 컨베이어 hydraulic conveyor [P,G] 수력을 이용해서 고형물을 수송하는 장치. 고형물로는 모래, 석탄, 미분탄, 철광석 등 다양하다. 이들의 고형물은 물과의 혼합액으로서 관로를 통해서 수송된다.

수력평균깊이 hydraulic mean depth [G] m 수력반지름이라고도 함. 수력반지름(hydraulic radius) 참조.

수력학 hydraulics [G] 유체의 흐름을 취급하는 학문(유체역학) 중에서 주로 한 개의 유선으로 전체를 대표하여 비교적 간단한 해석으로 유동을 조사하려고 하는 영역. 이론의 불충분한 점은 실험으로 정해지는 여러 계수들을 도입하여 보완한다. 예를 들어 관로에서의 손실의 추정, 유량측정 등에 유용하며, 실제로 널리 이용되고 있다. 예부터 발달하고 있으며, 물을 주 대상으로 하였으므로 수력학이라고 부르고 있지만, 물 이외의 유체에 대하여도 똑같이 취급할 수 있다.

수력학적 매끈함 hydraulic smoothness [P,G] 어느 거칠기를 갖는 면에 작용하는 유체마찰저항이 기하학적으로 완전히 매끈한 면에 작용하는 마찰저항과 같을 경우 그 면은 수력학적으로 매끈하다고 함. 난류의 경우, 벽면에 아주 얇은 점성저층이 생김. 벽면 요철이 이 점성저층의 내부에 있으면 수력학적으로 매끈하다고 볼 수 있음.

수력효율 hydraulic efficiency [P] % 전양정 H와 이론양정 H_{th} 와의 비로서, 다음 식으로 표시되며, 이것은 펌프로부터 토출되는 액체에 임펠러가 전달한 동력과 이론동력과의 비와 같음.

$$\eta_h = \frac{H}{H_{th}} \times 100 = \frac{P_w}{(P - P_m)\eta_v} \times 10^4$$

$$= \frac{\eta}{\eta_m \eta_v} \times 10^4$$

여기서, η_h : 수력효율(%), P_w : 수동력(kW), P : 펌프 축동력(kW), P_m : 기계손실 동력(kW), η : 펌프효율(%), η_v : 체적효율(%), η_m : 기계효율(%).

수렴오차 convergence error [N] 반복 계산을 통해 구한 해와 엄밀 해의 상대적 오차.

수렴조건 convergence criteria [N] 반복 계산 방법으로 수치해석을 진행하였을 때, 반복계산의 해가 주어진 조건을 만족시키면 추가적인 계산이 필요없는 충분히 안정화된 해에 도달하게 된다. 이때 충분한 수렴 보장 조건을 수렴 조건이라 한다.

수로터 male rotor [B] 이 및 이 홈의 대부분이 로터의 피치원통의 바깥쪽에 있으며, 치면이 볼록 모양인 나사 압축기의 로터. 부도 B-9 참조.

수류터빈 water flow turbine [S] 파력발전에서 파도의 하강운동 또는 좌우왕복운동에 대해서 그 흐름을 이용하여 회전력을 얻는 터빈.

수문 water gate [M] 용수의 취입(取入), 배수(排水), 홍수의 방어, 배의 운항 등 때문에 제방을 가로 질러 설치되는 구조물. 일반적으로 수문의 앞뒤는 개수로로 되어 있다.

수문, 게이트 gate [G] 수로의 물을 멈추게 하거나 유량을 조절하기 위해서 사용되는 공작물. 큰 지름의 저양정 펌프의 경우 그 앞뒤의 관로는 콘크리트 암거로 되어 있고, 단면형상도 장방형의 것이 많다는 점과, 또 펌프 앞뒤에 필요한 밸브가 약 2000 mm 이상의 지름이 되는 경우 가격이나 편이성이란 점에서 유리하다는 등의 이유로 수문형식이 많이 쓰인다. 구조적으로는 로라 게이트, 슬루스게이트, 스톱러그게이트 등의 형식의 것이 있다.

수봉(水封) water sealing, water seal [P,B] 축봉부의 케이싱 안쪽의 압력이 대기압보다 낮은 경우, 이 부분을 통해서 외기의 침입을 방지하기 위해 축봉(軸封)부에 주수하는 것.

수봉밸브 water seal valve [M] 물의 헤드를 이용해서 기체를 차단하는 밸브. 가스파이프를 U자형으로 하여 그 부분에 물을 넣어 기체를 차단하는 밸브. 기체를 완전히 차단할 수가 있고, 구조가 간단하므로 정압 1m Aq이하의 제철소의 고로가스 등의 가스파이프에 사용된다.

수봉압축기 water ring compressor [B] 수봉액에 물을 사용한 액봉압축기.

수분, 습기 moisture [T] 공기 속에 포함된 수증기.

수분리기 demister [T] 그물코(網目)를 여러 겹 포갠 것으로, 여기에 증기를 통하여 증기 중의 수분을 제거하는 장치.

수분사 water injection [B] 냉각, 세정을 위해 송풍기, 압축기 내에 물을 분사하는 것.

수선, 수직 perpendicular [T] 수직(vertical)과 같음.

수세식 세정장치 waster scrubber [A] 세정 집진 장치의 일종으로 분진, 먼지를 포함한 이송공기에 물을 분사하여 분진, 먼지 및 수요성 오염 물질을 제거하는 장치.

수세장치 spray washer [B] 부착된 먼지를 물로 씻어내는 장치. 주로 더스트를 포함하는 기체를 취급하는 홴에서 회전차 또는 케이싱에 부착한 더스트를 물로 씻어내는 장치를 말하며, 회전차를 저속으로 회전시키거나 또는 정지 중에 회전차의 흡입 측과 출구 측에 설치된 스프레이 노즐에서 물을 분사하여 더스트를 씻어낸다.

수심 water depth [S] 수면에서 바닥까지 바닥에 연직 방향으로 측정한 물의 깊이. 기본수준면 아래 물의 깊이는 (−)수심으로, 기본수준면 위의 물의 깊이는 (+)수심으로 표기한다.

수압 hydraulic pressure [T] Pa,{kgf/m²} 물의 밀도와 중력가속도 및 수면으로부터의 깊이의 상승적(相乘積)으로 표시되며, 중력단위의 경우는 단위 체적 당의 물의 중량(비중량)과 수면으로부터의 깊이와의 곱으로 표시된다. 즉, $p=\rho gh\{=\gamma h\}$. 단, p : 수압(Pa) {kgf/m²}, ρ : 밀도{kg/m³}, g : 중력 가속도(m/s²), h : 깊이(m), γ : 비중량{kgf/m³}. { } 안은 중력단위.

수압관 penstock [P,G] 수력발전용의 물은 취수구에서 도수로를 통해서 상수조(또는 조압수조)에 들어가며, 여기서부터 펠턴 수차의 노즐 위치까지 연결된 도수관을 말함. 수압관에는 높이 차에 해당하는 높은 압력이 작용하므로 이와 같은 이름이 붙여졌다.

수압면형 pressure type [S] 파도 안의 수압변동을 받아들여 공기나 물의 흐름으로 변환한 후 2차 변환장치를 운전하는 파력발전 방식.

수압시험 hydrostatic test [P] 액압을 받는 부분에 소정의 수압을 걸어서, 이상 유무를 확인하는 시험.

수위 water level [P] 기준 수평면으로부터 수면까지의 높이.

수위계 water gauge, water level gauge [P] 수위의 기준 수면에서의 높이를 측정하는 계기. 기준 수면으로는 해수면, 펌프장 부근의 지표면 또는 양수표(量水標)의 영점 등이 이용된다.

수은압력계, 수은액주계 mercury manometer [T] 수은주(mercury gauge)와 같음.

수은온도계 mercury thermometer [T] 수은의 열팽창을 이용한 보통 온도계.

수은주 mercury gauge [M] 액주계의 액주로서 수은을 사용한 것. 수은의 비중이 물의 13.6배이므로 비교적 높은 압력의 측정에 편리하다. 대기압은 일반적으로 절대진공에 대한 수은주로 표시된다. 즉, 760 mmHg=1.0332 kgf/cm² abs=1.01325×10⁵ Pa.

수은펌프 mercury pump [P,G] 수은을 취급하는 펌프. 수은의 비중이 크고, 취급량이 적다는 점에 유의해야 하며, 상온의 동점성계수가 청수보다 작기 때문에 펌프 성능이 좋다.

수정, 보정 correction [T,M] 계통오차를 보상하기 위하여 보정 전 측정결과에 더하는 값. 보정 값은 추정된 오차에 음부호를 붙인 것과 같다. 계통오차는 완전하게 알 수 없으므로, 그에 대한 보상도 완전할 수 없다. 계통오차(systematic error) 참조.

수정계수 correction factor [T] 오리피스 판이나 벤투리 관 등의 교축에 의한 유량 측정에서 기체의 압축성의 영향을 수정하기 위한 계수. 유량을 구하는 식에 곱해진다.

수정면 correction plane, balancing plane [T] 수정평면이라고도 한다. 로터에 있어서 불균형의 수정이 이루어지는 면을 말한다.

수정면 거리 distance between correction planes [G] m 회전체의 균형 잡기 작업에는 1면 균형잡기법, 2면 균형잡기법, 다면 균형잡기법 등이 있는데, 이들의 면 사이의 거리. 수정 면(correction plane) 참조.

수정속도 referred speed, corrected speed [B] 1/s 흡입절대온도 T(K)에서의 회전속도 n(rpm)을 다음 식에 의해 기준절대온도 T_o(K)로 환산한 회전속도.

$$n_{cor} = n\sqrt{\frac{T_o}{T}}$$

여기에서, n_{cor} : 수정회전속도(rpm).

수정중량유량 corrected weight flow [B] N/s,{kgf/s} 흡입 절대온도 T(K), 흡입 절대전압 p(Pa){kgf/m^2}에 있어서의 중량유량 G(N/s){kgf/s}를 다음 식으로 환산한 유량.

$$G_{cor} = G\sqrt{\frac{T}{T_o}\cdot\frac{p_o}{p}}$$

여기에서, G_{cor} : 수정중량유량(N/s){kgf/s}, T_o : 기준절대온도(K), p_o : 기준절대전압(Pa){kgf/m^2}. { } 안은 중력단위.

수정축동력 corrected power [B] kW,{HP} 흡입 절대온도 T(K), 흡입 절대전압 p(N/m^2){kgf/m^2}에 있어서의 축동력 L(kW){HP}이 다음 식으로 환산된 동력.

$$L_{cor} = L\sqrt{T_o/T}\,(p_o/p)$$

여기에서, L_{cor} : 수정축동력(kW){HP}, T_o : 기준절대온도{K}, p_o : 기준절대전압(Pa){kgf/m^2}. 수정출력(corrected output)과 같음. { } 안은 중력단위.

수정출력 corrected output [T] 수정축동력(corrected power)과 같음.

수정회전속도 corrected speed, referred speed [B] 1/s 흡입절대온도T(K)에 있어서의 회전수 N(rpm)을 다음 식으로 환산한 회전수.

$$N_{cor} = N\sqrt{\frac{T_o}{T}}$$

여기에서, N_{cor} : 수정회전수(rpm), T_o : 기준절대온도(K).

수조내형 wet pit type [P] 수직축 펌프로서, 펌프 몸체를 흡입 수조 내 액체 속에 설치하는 구조.

수조시험 tank testing [S] 실규모 터빈 및 구조물에 대한 축소모형을 이용하여 해양에너지발전장치 및 구조물의 수력학적 특성을 검증하기위하여 실험실 규모로 시험하는 것.

수조외형, 건수조형 dry pit type [P] 수직축 펌프로서, 펌프 몸체를 흡입 수조 바깥쪽의 드라이피트에 설치하여 관로로 펌프 흡입구와 수조를 연결한 형식.

수주 water column [T] m 유체의 정압, 동압 또는 총압을 물의 높이(head)로 나타내는 경우와 같이 유리관을 수직으로 장치했을 때 그 안으로 차오르는 물의 기둥을 말한다. 이는 중력단위계의 수두에 해당한다. 수주 1 mm는 압력 9.80 Pa{1 kgf/m^2}과 같다. 게이지 압력 p인 유체압을 비중량 γ인 물의 액주계로 계측하여 수주의 높이가 h였다고 하면, $h = p/\gamma$의 관계식이 성립한다. 압력은 보통 mmAq 또는 Pa로 표시한다. { } 안은 중력단위.

수주분리 water column separation [P] 펌프가 동력을 잃었을 때, 그 후의 관로에 상태에 따라서 그 일부에 심한 부압이 발생하고 관 속의 수주가 분리하는 현상이 일어날 수 있다. 이 분리된 수주는 그 후 재결합하는 데, 이 때 급격한 압력 상승이 발생.

수준기레벨, 수준 level [D] 1) 지리학적 수평. 2) 동일한 종류의 기준(reference) 량과의 비에 대한 대수(logarithm)값. 대수의 밑 수 또는 저수(base), 기준양, 레벨의 종류가 특정 지워진다. 레벨의 종류의 예로는 일반적으로 전력레벨, 음압레벨, 전압제곱레벨 등이 있다. 국제규격에서 정의된 것과 같이 레벨은 기준비(reference ratio)의 대수단위로 측정된다. 레벨의 정의는 다음과 같이 기호로 표현된다.

$$L = \log_r (q/q_0) \ \mathrm{dB}$$

여기서, L은 고려되는 종류에 의해 결정되는 종류의 레벨, r은 기준 비의 대수의 밑 수, q는 고려되는 양, q_0는 동일한 종류의 기준 양이다.

수중모터펌프 submersible motor pump [P] 펌프 전체를 전동기와 함께 액체 속에 잠겨서 사용하는 펌프. 여기에 사용되는 전동기로는 내부가 수봉, 유봉 또는 가스봉입으로 밀봉된 것들이 있음. 부도 P-26, 27 참조.

수중베어링 submerged bearing [P] 액체에 직접 둘러싸여 있는 베어링으로서, 주로 그 액체로 윤활되고 있는 것.

수중익형(1), 수중익선(2) hydrofoil [S] 1) 수력터빈의 로터 블레이드에서 동력을 발생시키기 위한 양력(揚力)을 담당하는 중요한 부분. 로터의 성능은 블레이드 수중익형의 특성에 의해서 좌우된다. 2) 선체하부에 몇 개의 주중익이 부착되어 있어서 항주(航走) 때 이 날개의 양력에 의해 선체의 중량을 지지하고, 선체를 완전히 수면 위로 들어 올려 고속으로 항진하는 배.

수직관 riser tube [T] 승수관(riser)의 (1)과 같음.

수직보일러 vertical boiler [T] 둥근 보일러를 수직으로 세운 것과 같은 모양의 보일러. 공장용 소형 보일러, 공사용 이동 보일러, 또는 일시적인 동력용 보일러로 사용하기에 적합하다.

수직분할형 vertically split type [P,B] 축 평행분할형의 터보펌프, 송풍기 및 터보압축기에서 분할면이 수직으로 되어있는 것.

수직축 터빈 vertical axis turbine [S]

터빈의 회전축과 해류의 방향이 수직인 조류터빈.

수직축형 vertical shaft type [T] 터보기계의 주축이 수직으로 배치된 것.

수직축형 vertical, vertical type, vertical shaft type [P,T] 수직형, 직립형이라는 뜻. 주축이 수직으로 배치되어 있는 것. 부도 P-14, 15, 20～27 참조.

수직충격파 normal shock wave [G] 충격파면이 균일유동에 수직으로 나타나는 경우, 즉 충격파각이 90°의 충격파를 수직충격파라고 한다. 의사충격파(pseudo-shock wave), 경사충격파(oblique shock wave) 참조.

수직형 vertical type [B] 주축 또는 실린더가 수직으로 배치된 송풍기, 압축기 등의 설치형식.

수질관리 water quality control [E] 정수처리과정의 각 단계에 있어서 수질을 측정하고, 그 값과 기준치 또는 목표치와 비교하는 것으로써 기준치 또는 목표치에 적합한가를 확인하고, 수질 데이터를 정리, 해석하여 정수처리를 행하는데 필요한 수질을 판단하는 행위.

수질기준 water quality standards [E] 물의 물리 · 화학 · 세균학적인 기준으로 일반적으로 상수도의 음료수 수질기준을 뜻한다. 그러나 이외에도 수질환경보전법의 환경기준에 명시된 수질과 폐수의 배출허용기준이 있다.

수질시험 water quality test [E] 물의 성질이나 성분 등을 살피는 시험. 음료수, 공업 용수 등에서는 이용 목적에 적합한지, 배수 처리에서는 처리수의 배수 기준에 적합한지를 판정하기 위해서 한다.

수질오염 water quality pollution [E] 자연수역(自然水域)의 수질이 폐물질(廢物質)의 유입 때문에 오염되는 일.

수집기 collector [A] 쓰레기를 수집하는 설비로 수거 폐기물 종류에 따라 그 종류가 결정되어진다.

수차 water turbine [T] 물이 갖는 에너지를 유용한 기계 에너지로 바꾸는 회전 기계. 근대 수차는 주로 수력 발전용으로 사용되고 있으며, 여기에는 고낙차용으로 펠톤수차(Pelton wheel), 대수량용으로 프랜시스 수차(Francis turbine), 사류 수차, 프로펠러 수차 등이 있다.

수차유량, 터빈유량 turbine discharging [T] kg/s,{m^3/s or kgf/s} 수차 또는 증기 터빈을 통과하는 유량. { } 안은 중력단위.

수차효율, 터빈효율 turbine efficiency [T] 터빈에서 작업 유체가 실제로 한 일과, 등엔트로피 팽창으로 작업 유체가 할 수 있는 일과의 비율.

수처리 water treatment [E] 물의 불순물질이나 유해 물질을 제거하고, pH의 조정 등을 통해 목표로 하는 수질로 만드는 조작을 말하며, 상수, 하수, 보일러수, 공장 폐수 등의 처리하는 공정.

수축, 축류 contraction [P,T] 유체가 오리피스(orifice) 등을 통과하여 분류가 될 때 오리피스 등의 개구부 면적보다 분류의 단면적이 좁아지는 현상.

수축계수 coefficient of contraction

[P,T] 오리피스를 통한 유동에서 그 흐름의 단면은 오리피스 구멍의 크기보다 어느 정도 줄어드는데, 그 줄어드는 비율을 말함. $C_c = A_c/A_o$로 정의함. 식에서 C_c : 수축계수, A_c : 분류의 최소 단면적(m^2), A_o : 오리피스 등의 개구부 면적(m^2).

수축균열 contraction crack [T] 주조된 금속을 냉각하는 과정에서 발생하는 균열.

수축노즐 convergent nozzle [T] 단면이 유동방향으로 가늘어지는 노즐. 노즐 출입구의 압력 차가 그다지 크지 않을 때에 사용된다.

수축률 percentage of contraction [T] 수축률(contraction percentage) 참조.

수축유동 convergent flow [P,T] 유로의 단면적이 유동 방향으로 감소하는 유동.

수축파이프 converging pipe [G] 유체의 유동방향으로 단면적이 점차적으로 감소하는 유로의 관. 축소유동이기 때문에 수축에 따른 손실은 비교적 적으나, 관벽의 마찰손실이 주가 된다. 확대 관(diverging pipe) 참조.

수축확대노즐 convergent-divergent nozzle [T] 유동통로가 좁아졌다가 다시 확대되는 노즐. 노즐 도중에 목(throat)이 있게 되는데, 초음속유동의 경우 목에서 음속이 된다.

수치해석방법 numerical method [N] 다양한 수학문제를 컴퓨터를 사용하여 해결할 수 있도록, 간단한 대수식의 형태로 계산할 수 있도록 만들어 놓은 해석 방법. 보통 전 유동장을 커버하는 하나의 미적분 방정식을 계산하는 대신 유동장을 잘게 나누어 각 영역(셀, 격자점)에서 이산화 대수 방정식을 국부적으로 계산하여 문제를 해결한다. 행렬, 행렬식 값 계산, 연립방정식의 해법 등에는 Gauss법을 사용하며, 보간법으로는 선형보간법, Lagrange 보간법, Newton의 보간법 등이 있다. 적분법에는 사다리꼴의 방법, Simpson의 방법 등이 있다.

수치확산 numerical diffusion [N] 수치해석 방법에서 수렴의 안정성을 위해 도입하게 되는 점성효과를 수치확산 또는 인공점성(artificial viscosity)이라고 한다. 차분화된 방정식에서 보면 보통 일반 점성항과 마찬가지로 2차미분 형태의 항이 추가되게 된다.

수평(수평축)형 horizontal type, horizontal shaft type [P,B] 주축 또는 실린더가 수평으로 배치되어 있는 기계의 형식. 부도 P-1~13, 부도 B-16~19 참조.

수평분할형 horizontally split type [P,B] 수평형의 터보 송풍기 및 터보 압축기에서, 주축을 지나는 평면으로 케이싱을 분할하는 구조의 형식. 부도 P-4, 10 참조.

수평축 터빈 horizontal axis turbine [S] 터빈의 회전축과 해류의 방향이 수평인 조류터빈.

순간연소 instantaneous combustion [T] 10^{-6}초 단위의 짧은 시간 동안 연소가 연속적으로 일어나는 상태.

순간중심 virtual center [T] 기구를 구성하는 2개의 링크(link)의 상호 운동이 구속 운동이면, 직접 짝을 이루고 있지 않는 경우에도 각 순간순간에 있어서, 그 운동은 각각 어떤 점을 중심으로 한 회전 운동으로 간주할 수 있다. 이와 같은 회전 중심을 순간 중심이라고 하며, 이 순간 중심이 시간의 흐름과 더불어 이동하면서 그리는 궤적을 순간 중심 궤적이라고 한다.

순간치, 순시치 instantaneous value [D] 주어진 순간에서의 변동하는 물리량의 값.

순차검정 sequential test [T] 모집단으로부터의 표본을 추출하기 전에 표본수를 정하지 않고 관측 값을 얻을 때마다 더 관측을 계속하는가 또는 관측을 끝내고 가설의 채택 또는 기각을 결정하는 검정 방법.

순환 circulation [P,B] m^2/s 유체 중에 폐곡선을 생각하여 이 곡선 상의 각 점에 있어서의 속도의 접선방향 성분을 이 곡선에 따라 선적분한 값. 익이론에서 양력 평가 등에 이용된다.

순환경계조건 cyclic boundary condition [N] 터보기계 내부의 유동과 같이 일정한 형상이 반복되는 구조의 유동을 계산하는 경우에 전체 영역을 해석하지 않고 반복되는 하나의 영역만을 해석할 때 반복되는 경계에 주는 경계조건이며, 주기경계조건이라고도 한다. 이 조건이 주어지면, 계산 도중 한쪽 경계 면의 값과 다른 쪽 경계 면의 값을 같게 지정하며, 경계 면에서 바깥쪽으로 인접한 격자의 값이 필요할 때 다른 쪽 경계면 안쪽의 값을 사용하게 된다.

순환기 circulator [B] 기체를 순환시킬 목적으로 설치되는 송풍기 및 압축기.

순환수 circulating water [T] 증기터빈의 복수기를 냉각하기 위한 냉각수. 대유량을 필요로 하기 때문에 대구경의 수직축 펌프, 특히 사류펌프가 사용된다.

순환수펌프 circulating water pump [P] 응축기에 냉각수(주로 해수)를 보내는 펌프로서, 대형 수직축 펌프가 많음. 순환수(circulating water) 참조.

슈라우드 미끄럼부 wearing part of impeller skirt [P] 케이싱 링에 마주 보이는 슈라우드의 미끄럼부.

슈라우드, 보호판 shroud [P,T] 원심형 또는 사류형의 펌프, 송풍기, 압축기의 회전차를 형성하는 측벽 중에서 깃으로 지지되어 있는 쪽의 벽. 다른 쪽의 벽은 주판이라고 함.

슈라우드 깃 shrouded blade [P] 원심 펌프의 회전차 중에서 앞 · 뒤에 슈라우드가 달린 형식의 깃. 이에 대하여 슈라우드가 없는 것을 개방 깃이라고 하며, 높은 점도액 또는 혼탁 물을 함유한 유체를 다루는 경우에 사용된다.

슈라우드링 shroud ring [T] 증기 터빈에서 터빈 동익의 선단에 원주 방향으로 달린 띠 모양의 판으로, 다수의 동익을 결합함으로써 동익의 진동 방지 및 반지름 방향으로의 증기의 유출 방지를 꾀한 것.

슈리렌법 Schlieren method [M] 그림 사-12의 S의 슬릿에서 나온 빛(단색광)은 오목거울 M_1 에서 반사되어서 평행광선이 되어 유동 W 안을 가로질러 다시 오목거울 M_2에서 모아지고 상을 렌즈 또는 오목거울에서 스크린 또는 감광막 P에 닿도록 한다. 이 경우 밀도변화가 있는 곳이 있으면 빛은 굴절하므로 K의 나이프에지(knife edge)로 빛의 일부를 가리면 스크린 상에 밀도의 변화가 나타난다. 그림 사-12 참조.

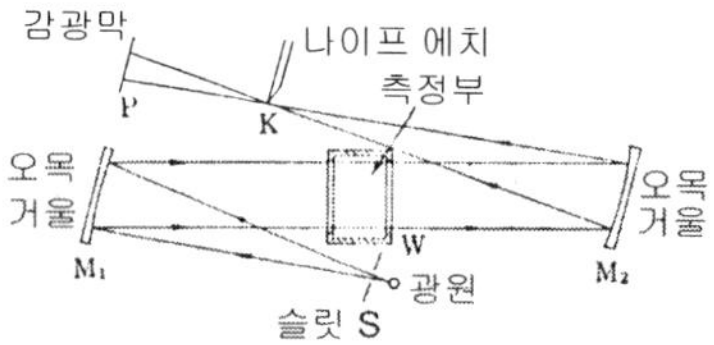

그림 사-12 슈리렌법

슈미트 수 Schmidt number [N] 슈미트 수는 질량확산도 대비 모멘텀의 확산도의 비로 정의되는 무차원 변수이다. 슈미트(Schmidt) 수는 기체나 액체 모두 마찬가지로 임계점 근방을 제외하고는 압력과 관계없이 주로 온도에 의해 변화하는데, 기체일 경우에는 그 변화폭은 아주 미소하다.

$$S_c = \mu/(\rho D)$$

여기서, S_c =슈미트(Schmidt) 수, μ = 유체의 점성계수(kg/(m · s)), ρ =밀도 (kg/m^3), D=물질분자의 확산상수(m^2/s).

슈퍼캐비테이션 super cavitation [P,G] 캐비테이션이 현저하게 발달하여 공동이 발생한 것. 적당한 익형(슈퍼캐비테이션 익형)을 사용하면 이와 같은 상태가 되어도 익 성능은 별로 떨어지지 않고, 진동, 소음도 별로 발생하지 않음.

슈퍼캐비테이션 익형 super cavitation hydrofoil [G] 주로 날개 압력면의 정압에 의해 양력을 발생시키는 익형. 캐비테이션이 발생하고 있지 않을 때의 익 성능은 좋지 않으나 캐비테이션 계수가 저하하여 슈퍼캐비테이션 상태가 되면, 통상적인 익형보다 우수한 익 성능을 나타낸다.

슈퍼컴퓨터 super computer [N] 일기예보나 회로설계, 암호문 처리, 유전자 분석과 같이 많은 양의 연산이 요구되는 분야에서 사용되어 왔다. 슈퍼컴퓨터는 1970년대 다중 파이프라이닝(pipelining) 기능과 벡터처리 기능을 갖춘 상업용 슈퍼컴퓨터가 등장한 이래로 발전을 계속해왔다. 특히 최근에는 다수의 고성능 마이크로프로세서를 수백 개에서 수십만 개 연결하여 다중처리를 함으로써 성능을 높이는 MPP(massively parallel processor) 형태의 슈퍼컴퓨터가 개발되고 있다. 슈퍼컴퓨터는 공유메모리(shared memory) 구조, 분산메모리(distributed memory) 구조, 배열(array) 구조로 나누어진다. 공유메모리 구조를 가지는 슈퍼컴퓨터로는 크레이리서치의 크레이 시리즈와 후지쓰[富士通]의 VP 2400/40, NEC의 SX-3 등이 있는데, 모두 병렬처리 및 파이프라이닝 개념을 사용하여 설계되었다. 분산메모리 구조를 가지는 슈퍼컴퓨터로는 nCube 3, iPSC/860, AP 1000, NCR 3700, 파라곤(Paragon) XP/S, CM-5 등이 있으며 수백 개에서 수십만 개에 이르는 노드들로 구성되어 있다. 배열구조를 가지는 슈퍼컴퓨터로는 1972년 일리악(ILLIAC) IV를 효시로, CF-11, CM-2, Mas Par MP-2 등이 있으며, 최근 상업적으로 주목을 받고 있다. 한편 물리적으로 분산되어 있는 메모리를 하나의 공유메모리처럼 사용하려는 움직임이 크레이리서치 T3D와 KSR1, 테라컴퓨터(Tera Computer) 등에 있다.

스냅링 snap ring [G] 부품의 움직임을 방지하기 위해 축 또는 구멍에 가공된 홈에 끼워서 축에 설치되는 링. 고정 링이라고도 부를 수 있으며, 휀의 회전차, 구름베어링을 축의 소정의 위치에 고정하기 위해 축의 너트 대신에 사용될 수도 있다.

스너버 snubber [D] 변위가 지정된 값보다 크게 나타날 때마다 탄성계의 강성을 증가시켜주는 데 사용되는 장치로, 마찰흡진기의 의미로도 널리 사용되고 있다. 통상은 변위가 돌발적이고 큰 양으로 특정 양보다 크게 나타날 때마다 기계 계의 상대변위를 구속하기 위해 계의 탄성요소의 강성을 증가시켜주는 장치이다.

스러스트 디스크 thrust disc [P] 스러스트 칼러(thrust collar)와 같음.

스러스트베어링 thrust bearing, hydrodynamic thrust bearing [B,T] 축을 따라서 가해지는 하중을 받는 베어링. 수직형에는 피벗 베어링, 풋스텝(footstep) 베어링이 있고, 수평형에는 칼라 베어링이 있다. 또 특수한 것으로는 미첼 스러스트 베어링(Michell thrust bearing)이 있다.

스러스트베어링 케이스 thrust casing, thrust bearing case [B] 스러스트 베어링을 설치하는 케이스.

스러스트저널 thrust journal [T] 축추력을 받을 수 있는 저널베어링. 세로 저널 또는 풋스텝 베어링(footstep bearing)이라고도 한다. 그림 사-13 참조.

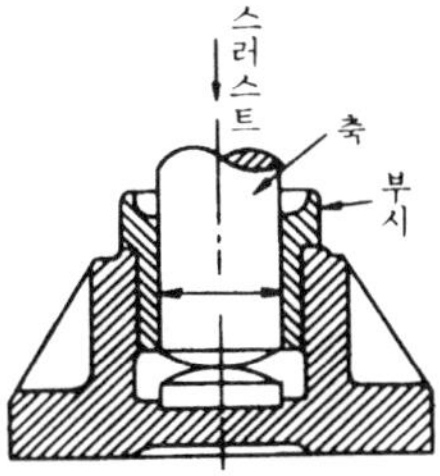

그림 사-13 스러스트 저널

스러스트측 베어링 thrust side bearing [P] 축방향의 스러스트만을 받는 쪽의 베어링.

스러스트칼러 thrust collar [B] 스러스트 하중을 받기 위해 축에 붙여지는 칼러.

스러스트패드 thrust pad [B] 스러스트 하중을 받는 부채꼴의 작은 조각.

스러스트하중 thrust load [T] N.{kgf} 회전축에 부착된 베어링 등에 대하여 그 축선 방향으로 작용하는 하중. { } 안은 중력단위.

스로틀노즐, 교축노즐 throttle nozzle [T] 감압을 하기 위해 사용되는 노즐.

스리브 커플링 sleeve type shaft coupling [G] 원통상(狀)의 고정 축이음. 원통구멍의 양쪽에서 2개의 주축을 삽입하여 체결하는 형식의 것. 원통이 중심면에서 상하로 분할되는 형식의 것으로 체결되는 것도 있다.

스카다, 감시 제어 및 데이터 수집 시스템 SCADA(Supervisory Control And Data Acquisition) [A] 스카다는 일반적인 산업 제어 시스템을 산업공정, 기반시설, 설비를 바탕으로 작업공정을 감시하고 제어하는 컴퓨터 시스템이다.

스카럽 scallop [G] 원심압축기의 회전차에서 주판 또는 측판의 바깥 둘레의 깃과 깃 사이를 부채형으로 깎아내는 것(그림 사-14). 주판 또는 측판의 끝의 깃과 깃 사이는 진동응력이 가장 높은 부분이므로 이 부분을 부채형으로 깎아내면 성능에는 영향이 없고 강도상 안전한 주판과 측판으로 할 수 있다. 또 회전차의 불균형이 많은 경우에는 이 부분을 스카럽 할 수 있다. 그림 사-14 참조.

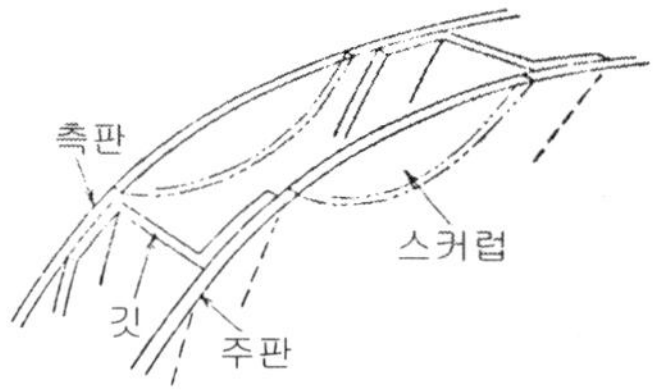

그림 사-14 스카럽

스카버러 조건 Scarborough criterion [N] 선형문제를 반복계산에 의해 해를 구할 때 수렴에 관한 충분 조건을 의미하며 다음과 같이 정의된다.

$$\frac{\sum_{nb}|a_{nb}|}{|a_p|}$$

≤1 : 모든 방정식에 대해서.

<1 : 적어도 한 개의 방정식

에 대해서. 단, a_{nb} : 이산화 방정식의 인접계수, a_p : 계수행렬의 대각 성분.

스컴 scum [E] 물처리시 수면 위에 생기는 부유물.

스케일 scale [F] 역삼투 법에 의한 해수 담수화 등에서, 수중에 용해하고 있는 칼슘, 마그네슘 등이 탄산칼슘, 수산화 마그네슘, 황산 마그네슘 등으로 되어 막면이나 기기의 내벽 등에 석출하여, 강하게 부착한다. 이들의 고형상의 석출물을 스케일이라 말한다. 스케일의 석출은 역삼투 막과 같이 칼슘, 마그네슘의 저지율이 높은 막에서 생기기 쉽지만, 막의 공급수를 약산성으로 조정함으로써 방지할 수 있다. 부착한 스케일의 제거에는, 막을 산화시키지 않을 정도의 낮은 농도의 희염산(希鹽酸), 구연산 등으로 세정한다. 역삼투법 등에 있어서 실리카에 의한 스케일은 약품세정에 의해서도 제거되기 어려우므로, 실리카 농도가 용해도를 초과하지 않도록, 막에 의한 농축 배율을 제어하는 것이 필요하다.

스케일 방지제 antiscalant [F] 역삼투막 표면에 발생할 수 있는 무기물 스케일을 억제하고자 역삼투막 유입수에 주입하는 화학물질.

스케일제거 펌프, 디스케일링 펌프 descaling pump [P] 제철소에서 제조 중인 강재 표면의 스케일을 제거시키기 위한 고압 펌프.

스퀴즈 패킹 squeeze packing [P] O링,

각(角)링과 같이 변형 여유를 주어서 사용하는 성형 패킹의 총칭.

스크램, 긴급정지 scram [Nu] 원자로의 긴급정지를 뜻하며, 원자로 트립(trip)이라고도 한다. 원자로 운전조건이 한계값을 초과하게 되면, 모든 제어봉을 신속히 노심내로 삽입하여 미임계 상태로 만드는 것을 말함.

스크램제트 scramjet [T] 초음속 유동에서 연소가 일어나는 램제트.

스크레이퍼 scraper [E] 건설공사에서 토사를 굴삭(掘削)하고 운반하는데 사용되는 기계.

스크롤압축기 scroll compressor [C] 2개의 소용돌이 모양의 부품(스크롤)을 조합시켜 고정 스크롤과 가동 스크롤이 상대적인 운동에 의해 압축하는 압축기.

스크류로터, 나선형 로터 screw rotor [B] 축 방향으로 비틀림 각을 갖는 회전 송풍기 및 회전 압축기의 로터.

스크류컨베이어 screw conveyor [A] U자 또는 O자형의 케이싱 내에서 나선의 스크류를 회전시켜 이송물을 밀어내는 컨베이어.

스크류피더, 스크류공급기 screw feeder [A] 회전하는 스크류 끝단에 설치되는 공급장치.

스크린 screen [P] 물 속의 대형 부유물이 펌프 속에 유입하는 것을 방지하기 위하여 흡입 수조나 침사지의 상류 쪽에 설치되는 격자 모양의 설비.

스키드 skid [F] 다수의 막 용기(베셀, vessel)을 지지하는 틀. 랙(rack)라고도 한다.

스타-델타 시동 star-delta starting [G] 전동기를 감(減)전압에 의해 시동하는 하나의 방법이며, 처음은 1차권선을 스타결선상태에서 시동하고 거의 전속도가 된 다음에 삼각결선으로 접속하는 시동방법.

스타팅볼트, 갭볼트 starting bolt [P] 갭볼트(gap bolt)와 같음.

스탠드형 베어링유닛 stand type bearing unit [B] 수직 형으로서 아래 부분에 설치면을 가진 베어링 유닛.

스탠턴수 Stanton number [T] 열전달률의 무차원수의 하나로, 열전달과 유체가 운반하는 열용량과의 비를 나타낸다. 즉, $S_t = N_u / (R_e P_r) = ah / (\lambda \cdot u)$. 단, N_u : Nusselt 수, R_e : Reynolds 수, P_r : Prandtl 수이며, a : 온도전도율(m^2/h), h : 열전달률($W/(m^2 \cdot K)$){$kcal/(m^2 \cdot h \cdot deg)$}, λ : 열전도율($W/(m \cdot K)$){$kcal/(m \cdot h \cdot deg)$}, u : 속도(m/h)이다. { } 안은 중력단위.

스테디레스트, 센터레스트 steady rest [C] 센터레스트(center rest)와 같음.

스테이(임펠러의) stay [B] 임펠러를 보강하기 위한 지지주.

스테이터 stator [T] 1) 로터에 대한 상대적 용어. 즉, 유동방향을 바꾸기 위한 정지익렬. 2) 전동기, 발전기 등에서 고정되어 있는 부분. 즉, 권선을 지지하는 철심과 철심을 부착하는 프레임으로 이루어진 것.

스톡스 Stokes [G] 1) 영국의 학자(1819~1903). 특히 점성유체의 운동방정식과 와도와 순환의 관계를 나타내는 Stokes의 정리는 유명하다. 2) 동점도 ν의 단위이며, cm^2/s로 표시된 것. 이것을 S_t의 기호로 나타낸다. SI 단위계에서는 m^2/s로 나타내어지므로 $1S_t = 10^{-4}\ m^2/s$의 관계가 있다.

스토스의 공식 Stokes' formular [G] 구를 항력 D에 대항하여 작은 일정한 속도 U로 운동시키는 데 필요한 단위 시간 당의 일 DU는 점성에 의한 유체 내의 에너지 소산과 같다고 생각하여 항력 D(N) {kgf}는 다음과 같이 나타낼 수 있다. $D = 6\pi\mu aU$. 여기에서, a : 구의 반지름(m), μ : 점성계수(N · s/m²){kgf · s/m²}, U : 구의 속도(m/s). { } 안은 중력단위.

스토스의 저항법칙 Stokes' law of resistance [G] 정지유체 안을 일정한 속도 U(m/s)로 움직이는 물체(대표 치수 l(m))에 작용하는 항력 F(N){kgf}는 Reynolds 수가 극히 작은 경우 다음 식으로 나타낼 수 있다. $F = k\mu lU$. 여기에서, μ : 점도(N · s/m²){kgf · s/m²}, k : 물체형상에 따라 정해지는 상수. 상식으로부터 물체에 작용하는 힘은, Reynolds 수가 극히 작은($R_e \to 0$) 경우 속도에 비례함을 알 수 있다. 이것을 Stokes의 저항법칙이라고 한다.

스토스의 정리 Stokes' theorem [G] 유동 중에서 생각한 임의의 폐곡선 C 주위의 순환은 C를 둘레로 갖는 임의의 곡면상에서 와도의 법선방향 성분을 면적적분 한 것과 같다. 이것을 Stokes 정리라고 한다.

스톱로그 stop-log [P] 개수로의 양쪽 벽에 가공된 깊이 방향의 홈에 각재를 끼워서 물의 흐름을 막는 장치 또는 그와 같은 차단용 각재.

스트레이너 엘리멘트 strainer element [B] 여과기 내의 구성요소. 여과기(strainer) 참조.

스트로보스코프 stroboscope, strobo light [D] 스트로보스코프는 일정한 주기로 간헐적으로 광 펄스를 발생시키는 장치로서 광 펄스의 발생주파수를 변화시킬 수 있으며, 이를 스트로보스코프의 눈금으로부터 읽을 수 있다. 회전 또는 진동하는 물체 위의 한 점을 스트로보스코프를 이용하여 관찰해 보면, 그 점은 광 펄스의 주파수가 회전(또는 진동)하는 물체의 진동수와 일치할 때 정지해 있는 것처럼 보이게 된다. 스트로보스코프의 주요 이점은 접촉 없이 회전(진동)체의 진동수를 측정할 수 있다는 점이다. 눈으로 관찰해야 하기 때문에 스트로보스코프로 측정할 수 있는 가장 낮은 주파수는 대략 15 Hz정도 이다.

스트로우홀 수 Strouhal number [N] 유동 현상의 발현 주기를 무차원화 시킨 무차원 변수. 속도 U의 유동 안에 놓여진 지름 D의 원주(또는 유동에 수직인 치수 L의 물체)의 뒤쪽에 발생하는 카르만(Kárman) 와열에 의해 원주 주위의 순환이 변화하고, 원주는 주기적인 양력을 받는다. 지금 양력변동의 주파수(와동 쌍의 단위시간당의 발생 수)를 $n(Hz) = 1/t_0$라고 하면, n은 U/D에 비례하고, 그 비례상수인 무차원 수 $S_t =$

nD/U(=(L/(t_0U))는 스트로우홀 수라고 불려진다.

스트리퍼 stripper [E] 석유 공업에서 비교적 중질의 제품 중에서 경질분을 없애기 위해서 쓰이는 일종의 증류탑.

스트립퍼 펌프 stripper pump [P] 유조선의 기름을 양륙할 때, 원심펌프로 양륙할 수 없는 잔유를 양륙하는 데 사용되는 왕복펌프.

스트링테스트, 편성시험 string test, train test [D] 터보압축기와 원동기를 모두 실제로 운전하는 것과 같은 형태로 배치 · 연결한 상태에서 운전하고, 기계적으로 문제가 없는 지를 확인하는 시험.

스페이서 spacer [G] 디스턴스 피이스(distance piece)와 같음.

스펙트럴방법 spectral method [N] 미분 방정식의 해를 Fourier series(sinusoidal functions)와 같은 basis 함수들의 합으로 으로 표현할 수 있다는 가정하에서 시작하며, 미분 방정식을 만족하는 각 series 함수의 계수를 찾아 해를 완성하는 방법이다. 보통 아주 높은 정확도의 해를 구할 수 있으나 복잡한 형상에서는 정확도가 떨어질 수 있다. 불연속선에서는 차수를 올릴수록 오히려 부정확해지는 Gibbs 현상을 유발하기도 한다. 모든 스케일의 와동운동을 해석하는 직접수치계산(DNS)에 활용되기도 한다.

스펙트럼 spectrum [D] 주파수 또는 파장(wavelength)의 함수로 물리량을 나타내는 것으로, 예로 프리즘 등으로 빛의 색을 분해할 때 얻어지는 파장분포를 말한다. 또한 시간신호 x(t)의 푸리에변환 X(ωt)(ω : 원진동수)를 푸리에 스펙트럼이라 부르고, 수학적으로 확장하면, 정방행렬 A에 대해 그 고유치의 집합을 스펙트럼이라 한다. 고유치(eigen value) 참조.

스펙트럼분석 spectral analysis [D] 진동소음의 주파수분석을 하고 스펙트럼 레벨과 주파수 사이의 관계를 조사하는 것.

스펙트럼분석 spectrum analysis, spectral analysis [D] 신호가 가지고 있는 에너지를 여러 주파수대역(frequency band)으로 분리하여 주파수영역별로 신호를 분석하는 것. 신호에너지를 주파수대역으로 분리시키기 위하여 필터를 이용한다. 실시간 주파수분석에서의 진동신호는 모든 주파수대에 걸쳐서 연속적으로 분석되어진다. 이때 연산에 소요되는 시간이 신호자료를 수집하는 시간보다 오래 걸리면 실시간 해석이 불가능해진다. 실시간 분석기를 이용하면 기계의 작동상태의 변동에 따른 소음이나 진동의 스펙트럼의 변화가 동일 시간에 관측되므로, 기계의 상태점검에 실시간 분석이 용이해 진다. 실시간 분석방법으로는 디지털필터링방법과 고속푸리에변환(FFT) 방법의 두 종류가 있다. 디지털필터링방법은 일정백분율대역폭(constant percent width) 분석에 적합하고, FFT방법은 일정대역폭(constant bandwidth) 분석에 적합하다.

스펙트럼선도 spectrum plot [D] 주기운동은 푸리에급수에 의해 sine 및 cosine의 무한 항으로 표시될 수 있다. 만일

x(t)가 주기 τ의 주기함수라 하면, 그의 Fourier 급수는 다음과 같다.

$$x(t) = \frac{a_0}{2} + a_1 \cos \omega t + a_2 \cos 2\omega t + \cdots + b_1 \sin \omega t + b_2 \sin 2\omega t + \cdots$$

$$= \frac{a_0}{2} + \sum_{n=1}^{\infty} (a_n \cos n\omega t + b_n \sin n\omega t)$$

위 식의 조화함수 $a_n \cos n\omega t$ $b_n \sin n\omega t$를 주기함수 x(t)의 n차 조화성분(harmonics)이라고 불려진다. n차 조화는 주기 τ/n를 갖는다. 이들 조화성분은 주파수 $n\omega$에 대한 크기 a_n, b_n를 나타내는 선도에서 수직선으로 도시될 수 있다. 이 그림을 진동수스펙트럼 또는 스펙트럼선도(spectral diagram)라 한다.

스펜서형 블로워 Spencer type blower [B] 미국 스펜서(Spencer)사가 개발한 분할형(sectional type) 원심블로워이며, 2~5단의 알루미늄 제 회전차가 모터의 축 끝에 오버행으로 설치되어 있다. 케이싱은 강판제로 되어있다. 주로 증기터빈의 그랜드에서 증기를 유인하는데 사용된다. 또 진공청소기에서도 사용되고 있다.

스풀 spool [T] 1) 호이스트의 회전하는 드럼. 2) 원통형 슬라이드밸브의 움직이는 부분. 3) 선과 줄, 체인의 고리와 결합된 실린더. 4) 가스터빈에서 단일 축에 연결된 압축기와 터빈.

스프링 spring [D] 탄성계수 및 비례한도가 큰 재료로 특수한 형태와 구조로 만들어진 기계부품. 큰 탄성변형에 수반하여, 에너지의 흡수 혹은 축적이나 방출을 반복할 수 있다. 용도로는 진동이나 충격의 완화용, 압력제한용, 운동제한용, 힘의 축적용, 에너지 축적용 등에 사용된다. 스프링의 재료로는 스프링강, 피아노선, 인청동 등의 금속 외에 천연고무와 합판 고무 또는 공기 등의 기체 혹은 기름 등이 사용된다. 스프링에는 사용목적에 따라 여러 가지가 있지만, 형태에 의해 구별하면, 코일스프링, 판스프링, 스파이럴스프링, 죽순스프링, 토션바, 접시스프링, 공기스프링 등이 있다. 또 하중의 작용방법에 따라 인장용, 압축용, 비틀림용 등이 있다.

스프링상수 spring constant [D] N/m, {kgf/m} 스프링의 강성을 나타내는 특성치. 스프링을 단위 길이만큼 늘리는(또는 줄이는)데 필요한 힘이며, 훅의 법칙(Hook's law)에 따르는 범위 내에서 적용된다. 단위는 (N/mm){kgf/mm}로 사용되는 경우가 많다. { } 안은 중력단위.

스프링클러펌프 sprinkler pump [P] 스프링클러 소화장치, 즉 빌딩 등에서 화재 시에 천정의 스프링클러 노즐에서 물을 뿌리고 소화하는 장치이며, 이 장치에 압력을 공급하기 위해서 사용되는 펌프. 1단 또는 다단의 원심펌프가 사용되며, 화재 시에 자동 시동하는 설비를 갖추고 있는 것이 보통. 또 농지 관개용으로 사용되는 스프링클러 펌프도 있음.

스플라인곡선 spline curve [N] 스플라인은 polynomial pieces가 연결되는 구간에서 높은 차수의 정확도를 지니는 구분적 polynomial 수치 함수이다. 보통 보간법에 사용되며 Runge 현상과 같은 불안정성을 피하고 높은 차수의 polynomial을 활용하게 된다. 이 방법에는 3차 스플라인, 지수 스플라인 등이 있다.

스핀시간시험 spin time test [M] 터빈 유량계의 점검을 위해 실시하는 시험으로 터빈날개를 특정 속도로 회전시킨 후 정지할 때까지의 시간을 측정하고 공장에서 실시되었던 동일 실험 결과와 비교하는 시험.

슬라이드밸브 slide valve [A,B] 차단밸브의 일종으로 평면 또는 원통형의 밸브체와 밸브자리 사이에 미끄럼이 가능하고 이로써 개폐작용을 하는 형식의 밸브. 밸브체가 축방향으로 미끄러지는 밸브를 스플(spool)밸브, 밸브체가 축심에 대하여 회전미끄럼 하는 것을 회전(rotary)밸브라고 한다. 판밸브(plate valve), 피스톤밸브(piston valve)도 슬라이드 밸브의 일종이다.

슬라이드 베이스 slide base [P] 축과 직각방향으로 이동할 수 있는 전동기대. 원심홴을 V벨트로 구동하는 경우 슬라이드 베이스 위에서 전동기를 이동시켜서 홴과 전동기와의 양 축의 거리를 조절함으로써 V벨트의 장력을 조정한다.

슬라임 slime [E] 관의 내면, 저수탱크 내면 등에 침적한 생물에 의해 생기는 물같은 점액성 물질.

슬러그 slug [A] m^3 지하에 배설된 배관을 통해 이송되어지는 폐기물의 양.

슬러리 slurry [E] 미세한 고체 입자가 액체 중에 현탁되어 있는 유동성 있는 진흙 상태의 혼합물.

슬러리 펌프 slurry pump [P] 고체의 입도(粒度)가 작고, 또한 고체농도가 높은 진흙 형태의 슬러리를 이송하는 펌프.

슬러지 sludge [E] 하수처리 또는 정수(淨水)과정에서 생긴 침전물.

슬러지펌프 sludge pump [P] 슬러지 등을 이송하는 펌프.

슬롯와 슬랫 slot and slat [G] 슬롯은 좁고 긴 홈이라는 뜻인데, 항공기에서는 날개의 받음각이 커졌을 때 앞전부근에 나타나는 유동박리를 방지하기 위해서 개발된 고양력장치의 명칭이다. 그림에서와 같이 평상시 날개의 일부분으로 되어있었던 슬랫이 필요시 앞부분의 분리로 슬롯을 형성하여 큰 받음각을 받아들일 수 있게 한다. 그림 사-15 참조.

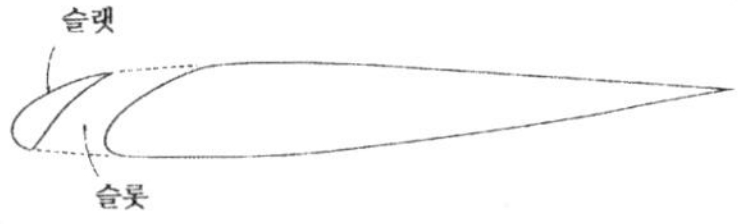

그림 사-15 슬롯과 슬랫

슬루스게이트, 수문 sluice gate [P] 침사지, 흡입 수조 등의 입구 또는 큰 펌프 설비에 있어서의 펌프 흡입관 입구에 설치되는 상하 이동의 개폐식 수문 또는 밸브(sluce valve).

슬리브 sleeve [B] 축 슬리브(shaft sleeve) 참조.

슬리브 너트 sleeve nut [P,B] 축 슬리브를 주축에 고정하기 위한 너트.

슬립링 slip ring [G] 회전체와 회전체 바깥을 전기적으로 접속하여 전기적 신호를 전달하기 위해 회전체에 설치된 전도체 링이며, 집전 링이라고도 불려지며, 브러시와 함께 조합해서 사용된다. 전동기에서 사용되고, 그 밖에 회전체의 응력을 스트레인게이지에 의해 측정하는 경우 등에서 사용된다.

습공기 humid air [T] 수증기를 함유한 공기. 대기 속에는 항상 수증기가 포함되어 있기 때문에 습공기이다.

습공기 wet air, moist air [G] 수증기를 포함한 공기. 습공기(moist air)와 같음.

습구온도 wet bulb temperature [T] K, ℃ 온도계의 감온부를 물에 적신 헝겊으로 감은 습구 온도계로 측정한 온도. 감온부에 닿는 공기의 유속이 약 5 m/s 이상인 경우, 이 온도는 공기의 단열 포화 온도를 나타내는 것으로 보아도 무방하다.

습도 humidity [T] $1m^3$의 공기 속에 포함되어 있는 수증기를 질량 g(gram)으로 표시한 것이 절대 습도이고, 그 습도에서의 포화수증기의 질량 (g)과의 비율을 백분율로 표현한 것이 상대 습도이다. 상대 습도는 공기의 습한 정도를 나타내는 것으로 단순히 습도라고도 한다.

습도계 hygrometer [M] 습도를 측정하는 장치. 건습구 습도계, 노점습도계, 모발습도계 등이 있다.

습공기 moist air [T] 수증기를 포함한 공기.

습도제어 humidity control [T] 공기를 필요한 습도로 조정하는 것. 공기를 노점 온도 이하로 낮추는 감습, 흡수제에 의한 감습, 물 또는 수증기의 분무에 의한 가습 등의 방법이 있다. 공기조화에서는 통상 상대습도를 조절하며, 저습 공기 공급장치에서는 노점온도를 조절한다.

습분분리재열기 Moisture Separator－Reheater (MSR) [Nu] 고압터빈의 배기 증기 속에 포함된 습분을 제거하고 과열증기로 만들어 저압터빈으로 방출하는 장치. 열효율을 향상시키고 저압터빈 부품의 침식, 부식을 방지한다.

습식 wet type [M] 기기나 장치에서 센서들이 유체와 직접 접촉하는 방식의 총칭.

습식 가스미터 wet gas meter [M] 유체를 일정한 공간 안으로 밀어 넣으면 이 공간이 회전하면서 공간 내에 갇힌 유체가 출구로 빠져나가게 되어 있어 회전축의 회전수로 유량을 산정할 수 있는 유량계로, 공간 내부 하부에는 물 혹은 다른 종류의 액체가 있어서 공간 내에 갇힌 유체의 기밀을 보장해 준다. 그림 사-16 참조.

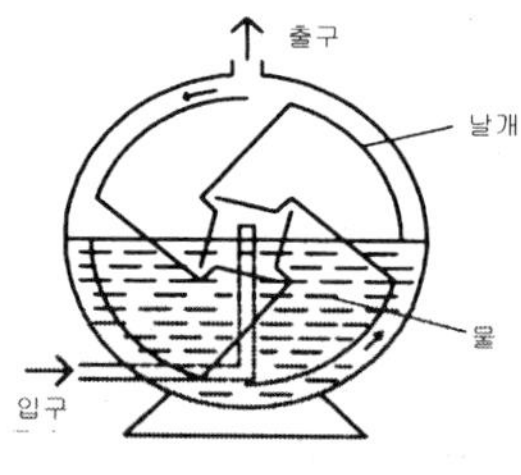

그림 사-16 습식 가스미터

습식 실 wet face seal [P] 기계식 실에서 실 면을 윤활유로 윤활하는 방식의 것. 건면 실(dry face seal)과 대비되는 용어이며, 일반적으로 습식 실이 사용된다.

습증기 wet steam [T] 포화수를 함유하고 있는 포화 증기.

습증기발전소 flash-steam power plant [T] 약 180℃ 이상의 온도에서 지열원으로부터 고압의 브라인(brine)이 공급되는 증기발전소.

승수관, 라이저 riser [T] 1) 급수, 급탕, 증기, 기타 배관에서 옥상까지 통하는 세로 관을 말한다. 단, 배수, 통기용 세로 배관은 수직 통이라 한다. 2) 주형의 탕구(湯口)나 압탕(押湯)과 함께 설치하는 구멍. 주형 내에 쇳물을 완전히 고루 흐르게 하여 가스를 배출하는 역할도 한다.

승압, 부스터 압력 boost pressure [P] Pa,{kgf/m^2} 대기압 이상의 흡입 압력. 펌프에서 흡입 측이 저압이 되면 캐비테이션을 일으키므로 이를 피하기 위해 유지되는 압력. { } 안은 중력단위.

승압기 booster [C,G] 왕복압축기라는 것은 왕복펌프와 마찬가지로 공기 또는 가스를 압축하여 흡입압력보다 높은 토출압력으로 압축하는 기계인데, 흡입압력이 이미 대기압보다 높아지고 있고, 이것을 보다 높은압력으로 올리는 경우는 이것을 구별하여 승압기라고 부르기도 한다.

승압펌프, 부스터펌프 booster pump [F,Nu,P] 1) 시스템이 구동될 수 있는 압력으로 유체 압력을 가압시켜 주는 펌프. 2) 송수관의 중간에 설치하여 송수압을 증대시키는 것 등을 목적으로 한 가압용 펌프. 3) 앞쪽에 설치된 펌프의 유효흡입수두를 높이기 위한 목적으로 사용하는 가압용 펌프. 원자로 주 급수계통에서는 탈기기 저장탱크에서 급수를 흡입하여 주 급수펌프로 급수한다.

승화 sublimation [T] 고체에서 액체를 거치지 않고 직접 기체로 바뀌는 상 변화. 장뇌(樟腦), 2산화탄소 등은 상온 상압에서 승화한다.

승화열, 승화잠열 latent heat of sublimation [T] 잠열의 일종으로 온도상승을 수반하지 않고, 고체에서 기체로 직접 기화하는데 공급되는 열량.

시간이력 time history [D] 시간의 경과에 따라 변동하는 외력에 대해 계의 응답을 시간의 경과에 따라 변동하는 여러 양으로 구한 것.

시간조절 매개변수 time control parameter [A] s 시스템 운전시간 계산에 사용되는 변수. T0 : 첫 번째 배출밸브 지연 설정 시간, T1 : 배출밸브가 열리는 시간, T2 : 배출밸브 간 작동 사이의 간격 등… Tn : 시스템 운전 매개체에 따라 별도 정의 가능.

시간지체 time lag [T] 시간적 지체를 말한다. 예컨대, 측정량에 변화가 일어나도 계기의 요소들의 관성, 인덕턴스, 저항 등으로 올바른 값을 지시하기까지는 다소의 시간이 소요된다. 이 시간적 지체를 말한다. 지체(delay)와 같음.

시간진행법 time marching method [N] 시간 진행에 따라 유동장의 해를 계산하는 방법을 지칭한다. 압축성 유동 방정식 해석의 경우 Global time stepping 또는 implicit scheme 등을 이용하면 각 진행 시간 단계에서 정확한 유동장의 해를 구할 수 있다. 최종 정상

상태의 해만을 구하는 것이 목적일 경우 Local time stepping, Characteristic time stepping 등을 이용, 중간 transient 해는 정확하지 않을지라도 최종 정상상태의 정확한 해를 보다 빠르게 구할 수 있다. 시간진행법을 이용하지 않고 직접 정상상태를 계산하려고 하면 해의 쌍곡선형, 타원형 등의 각기 다른 특성에 따라 수치 방법이 달라져야 하므로 영역별 복합형 문제를 풀기가 어려워진다. 따라서 손쉽고 일관성 있게 계산이 가능한 시간진행법이 압축성유동 해석의 주류라 할 수 있다. 비 압축성 방정식 해석의 경우에도 시간 진행법의 적용이 가능하다. 비압축성 방정식의 경우, 밀도가 변하지 않으므로 연속방정식에서 시간미분항이 사라지게 되어 원칙적으로는 시간진행법이 불가능하다. 하지만 최근 artificial compressibility, preconditioning, pseudo-time-stepping 등의 방법을 이용한 시간진행법의 적용이 가능하다. 이는 비압축성영역에서도 압력기반 해석 기법 대신 밀도기반 해석 수치기법의 사용이 가능하다고 볼 수 있다.

시간척도 time scale [N] 유동의 특성을 나타내는 기준 시간. 시간 척도가 긴 유동은 시간에 대해 천천히 변하는 유동이며, 시간 척도가 짧은 것은 아주 급격히 변하는 유동이다.

시간파형 time waveform [D] 신호파형을 시간의 함수로 취급한 것.

시간평균 방정식 time-averaged equation [N] 난류 유동의 주된 관심은 각 시간에서의 정확한 유동장 정보가 아니라 일정 시간구간에 대한 시간평균화된 거동이다. 따라서 Navier-Stokes 방정식과 같은 비정상 일반 유동 지배방정식을 일정 시간구간에 대해 시간평균화를 취하여 새로운 시간평균방정식을 만들어 사용할 수 있다. 이 때 원래의 방정식과는 형태가 다른 새로운 항 (예 : Reynolds Stress)들이 추가되게 되며 이 항의 해석 방법에 따라 다양한 난류 해석 수치방법이 있게 된다.

시계방향 clockwise [B,T] 시곗바늘이 움직이는 방향과 같은 방향을 의미하며, 펌프 등의 경우 임펠러의 회전방향이 구동축에서 보아 오른쪽 방향으로 돌아가는 것.

시동시험 starting test [G] 펌프의 시동이 이상 없이 이뤄질 수 있음을 확인하는 시험. 여기서 말하는 시동이라는 것은 보통 시동에 필요한 전 과정을 의미한다.

시료, 샘플 sample [T] 검사 또는 시험에 제공되는 것으로, 원료 또는 재료와 동일한 재질을 가진 것의 일부분.

시료채취, 샘플링 sampling [T,D] 1) 조사대상이 되는 집단 중에서 그 집단의 성질이나 상태를 알기 위해 그 중 몇 개를 발췌하는 행위. 2) 연속파형을 수평축(시간축)상의 이산점(distinct point)에 대한 값으로 대표시키는 조작을 샘플링(표본화)이라 하고, 샘플 값의 계열이 원 파형에 포함되는 정보를 모두 가지도록 샘플 간격을 규정하는 정리를 샘플링 정리라 한다. 이 정리에는 시간

함수 x(t)가 진동수 ω_c 이상의 성분을 가지지 않을 때, x(t)는 π/ω_c보다 작은 일정시간 간격으로 샘플링 되는 값으로 완전히 결정된다는 시간영역의 정리와, $-T<t<T$ 사이 이외에서 x(t)가 0이면, 그 푸리에 변환 X(ω)는 π/T보다 작은 일정 각주파수 간격의 대표 점에서 정확히 결정된다는 주파수영역의 정리가 있다.

시스템 신뢰도 system reliability [A] 시스템의 신뢰도는 정해진 기간 중 시스템의 고장 없이 발생 폐기물을 처리하는 능력.

시스템설계 system design [T] 각개의 하위시스템(sub-system)을 조합하여 복잡한 공학 제품을 설계하는 것을 말한다. 하위시스템의 세부설계는 고려하지 않으면 전체 시스템에서의 역할만을 고려한다. 예를 들어 모터, 변속장치, 볼나사를 조립하여 직선운동을 하는 제품을 만들 때, 각 부품의 세부 설계는 고려하지 않고 각 부품의 역할과 서로간의 관계를 고려하여 세 개의 하위시스템을 조합하여 전체 시스템을 설계한다.

시약 reagent [E] 화학 분석 또는 화학적인 각종 시험, 검사, 시료의 조제 등에 사용되는 화학 물질.

시운전 commissioning [A] 투입시설, 관로시설, 집하시설의 모든 공사가 완료된 후 상업운전이 시행되기 전에 일정기간 설비를 부하운전 상태에서 시험운전 하는 것으로 시운전을 통해 시스템 효율이 증명된다.

시차밸브 timed valve [C] 왕복압축기의 흡입밸브개방식 언로더의 변형이며, 압축행정의 일부만을 개방하고 흡입밸브의 폐쇄시기를 늦추어 용량조절을 하는 언로더.

시추 boring [E] 지각 내부의 여러 지식을 얻기 위하여, 또는 석유 · 천연가스 · 온천 · 지하수 등을 채취하기 위해 지각 속에 구멍을 뚫는 일.

시퀀스 체크밸브 sequence and check valve [P,G] 시퀀스밸브에 체크밸브를 병렬로 삽입함으로써 시퀀스밸브로서의 작동 외에 2차측에서 1차측으로 역류할 수 있도록 한 것.

시퀀스밸브 sequence valve [P,T,G] 2개 이상의 분기 회로를 가지는 회로 안에서 유동방향을 회로의 압력에 의하여 제어하는 밸브.

시퀀스제어 sequential control, sequence control [T] 미리 정해진 순서에 따라서 제어의 각 단계를 순차적으로 진행해 나가는 제어.

시크소트로픽유체 thixotropic liquid [M] 온도 일정 하에서 유체를 일정한 변형률($d\theta/dt$=const, θ : 변형각, t : 시간), 즉 일정한 속도구배(du/dy=const, u : 유동방향 속도, y : u에 직각방향의 좌표)로 유동하였을 때 점성 또는 전단응력이 시간경과와 함께 감소하는 성질을 갖는 유체.

시편(시험편) specimen [E] 압축 시험 · 휨 시험 · 인장 시험 등의 강도 시험, 크리프 시험, 기타 역학적 시험을 하기 위하여 만든 일정한 형상 치수의 재료.

시험도관, 시험덕트 testing duct [B] 송

풍기 및 압축기의 성능을 측정하기 위한 관로.

시험압력 test pressure [T] Pa,{kgf/m^2} 관, 용기 등, 압력을 받는 부품의 압력 시험에서 지정(규정)된 압력. { } 안은 중력단위.

시험액체 testing liquid [P] 성능시험, 운전시험 등을 할 때에 사용하는 액체.

시험편 test piece [T] 재료의 강도나 기계적 성질을 측정하기 위하여 재료와 동일한 소재로 만든 시험용의 작은 조각. KS에서는 1~12호 시험편까지의 12종이 규정되어 있고, 각각 형상, 치수, 용도가 정해져 있다.

시험하중 test load [T] 재료의 기계적 성질을 조사하는 각종 재료시험 또는 기계 부품 및 구조물의 강도 시험에 있어서, 피계측물에 가해지는 지정된 크기의 하중.

시험회전수 rotating speed for test [G] rad/s,1/s 성능시험을 할 때의 회전수. 이 회전수는 취급 기체의 비중량이나 제작공장의 수전설비의 관계로 반드시 규정회전수와 같다고 할 수 없다. 실제로 사용하는 단위는 주로 rpm, rps이다.

시험회전수 speed of revolution for test [G] 등가시험회전수(equivalent test speed) 참조.

신뢰구간, 신뢰도구간 confidence interval [B] 신뢰한계에 좁혀진 구간. 참고로, 예를 들면 95% 신뢰한계에 좁혀진 구간을 95% 신뢰구간이라고 한다.

신뢰도 confidence level [M] 시스템 오차가 없을 때의 참값이 지정된 신뢰한계 범위 내에 있을 확률.

신뢰성 reliability [M] 계측기 또는 계측기를 구성하는 일부 요소가 규정된 조건하에서 규정된 기능과 성능을 유지하는 시간적 안정성을 표시하는 성질 또는 정도.

신뢰한계 confidence limits [B,T,M] 모수(母數) θ에 대하여, 측정치에서 정해지는 위와 아래의 한계가 $T_L(x_1, x_2, \cdots, x_n)$, $T_U(x_1, x_2, \cdots, x_n)$이며, 이들이 참의 θ를 끼는(포함하는) 확률(신뢰율)이, 예를 들어 95 %(또는 그 이상)임이 보장되는 그러한 한계. 참고 : 측정치를 사용하여 구한 모수 θ의 추정치는 반드시 θ와 일치한다고는 할 수 없다. 예를 들어 그 추정치에 ±2×(표준편차)의 폭을 작게 하면, θ가 그 구간 내에 포함되는 확률(신뢰율이라고 함)이 95 %라는 표현을 한다. 이 때의 구간의 위와 아래의 한계를 95 % 신뢰한계라고 한다.

신축관 expansion pipe [E] 신축이음(expansion joint)과 같음. 온도변화에 의한 신축 팽창에 대한 유동(遊動)을 흡수할 수 있도록 관로상에 설치하는 관.

신축이음 expansion joint [P] 온도변화에 의해 관의 팽창, 수축을 조절하기 위한 관이음. 온도변화가 없어도 긴 배관의 경우는 반드시 있어야 함. 유체의 조건에 따라 (1) 미끄럼형(글랜드 형), (2) 파도형(벨로스 형) : 이 형식은 비교적 짧기 때문에 송풍기, 압축기에서 널리 사용. (3) 벤드형 : 지름이 작은 파이프용으로 사용되며, 장소를 차지하지 않으며, 저항이 적고 장해물을 피하여 쉽게 배관할 수 있음. (1), (2)는 지주(支柱)를 설치하여 관의 신축을 제한할 필요가 있음.

신호분석, 신호해석 signal analysis [D] 알려진 가진조건에서 계의 응답을 결정하고, 이를 편리한 형태로 제시하는 것. 종종 시간영역에서 구한 계의 응답은 유용한 정보를 충분히 제공하지 못한다. 반면에, 주파수영역에서의 응답은 에너지가 집중되어 있는 주파수를 알 수 있게 해준다. 계의 각 성분들의 동적 특성은 보통 알려져 있으므로, 주파수 응답에서 나타난 특정 주파수 성분을 계의 구성요소와 쉽게 관련지을 수 있다.

신호처리 signal processing [D] 설비로부터 발생하는 다양한 진동은 진동 변환기에 의해 전기적인 신호로 변환되고, 이 전기적 신호가 수치화, 화상화되는 것. 설비의 간이진단에는 특히 수치화된 진동의 크기가 널리 이용되며, 이것에는 어느 시간 내에서의 평균적인 값을 나타내는 오버올(overall)값, 어느 시간 내에서 최대치를 나타내는 피크값(peak value), 오버올 값과 피크 값의 비인 파고율(crest factor) 등이 있다.

실 seal [T] 내부로부터의 누설, 외부로부터의 침입을 방지하기 위한 장치. 운동부의 실은 패킹, 고정부의 실은 개스킷이라고 한다.

실드, 차폐 shield [T] 가리개, 차폐물, 방어물 등을 의미한다.

실리카겔(젤) silica gel [A] 일종의 제습제로서 수분을 흡수하는 성질이 있어 탈수, 건조에 사용되는 재료.

실린더 끝틈새용적 tip clearance volume [C,G] 왕복압축의 피스톤이 상사점에 올라와 있을 때도 실린더와 피스톤 사이에는 충돌을 피하기 위한 약간의 틈새가 있고, 밸브의 위치에도 틈새가 있다. 이들의 틈새를 합친 것.

실린더 냉각휜 cylinder cooling fin [T] 공랭식 기관에서 실린더를 냉각시킬 목적으로 붙인 얇은 날개.

실린더 라이너 cylinder liner [B] 실린더에서 피스톤을 미끄럼 운동시키는 부분에 끼워 넣는 원통형의 부품.

실린더, 원주, 원통 cylinder [B,T] 피스톤이 왕복운동을 할 수 있는 원통형의 내면을 구성하는 부분 또는 이를 포함한 부품.

실린더재킷 cylinder jacket [B] 실린더 바깥에서 냉각수를 순환시키는 공간 또는 그 외벽.

실린더커버 cylinder cover [B] 실린더의 끝부분에 고정되어, 실린더 내면을 밀폐하는 부품.

실링 sealing [T] 내부로부터의 누설이나 외부로부터의 침입을 방지하는 조치.

실링 관 sealing pipe [P] 수봉용의 액체를 주입하는 관.

실링 링, 실 링 sealing ring, seal ring [P] 주축이 베어링에서 외부로 관통하는 부분에 설치되며, 윤활유나 물의 외부로의 누설과 이물질의 내부로의 침입을 방지하기 위한 링.

실링 부분 sealing part [P] 실링이 이루어지는 부위.

실링 전자밸브 solenoid valve for sealing [P] 외부로부터 수봉하는 방식의 경우에 봉수관 도중에 설치되는 전자밸브.

실링박스 sealing box [P,T] 펌프 케이싱은 여러 개로 분할하여 제작되는데, 이를 조립할 때에 접합면에서의 누설 방지를 위하여 보통 패킹을 사용한다. 또한 펌프축이 케이싱을 관통하는 곳에서는 축과 케이싱 사이에 작은 틈새를 가지고 회전운동을 하는데, 이 틈새로부터의 누설을 방지하는 데에도 반드시 축봉(軸封, sealing, packing)부가 사용된다. 전자는 상대운동이 없는 두 개의 부품 사이에 끼우는 것으로 시트 축봉(sheet packing)이라 하며, 후자는 상대운동이 있는 두 개의 부품 사이에 사용되는 것으로 글랜드 축봉(gland packing)이라 한다. 대체로 패킹은 펌프를 구성하는 중요한 요소임에도 불구하고 자칫 경시되기 쉽다. 그것은 축봉이 보통 금속재료가 아니고 소모품으로 간주되어, 손상되면 교체하기만 하면 된다는 생각이 있기 때문이다. 펌프의 압력이 낮고 청수 이외의 액체를 취급하지 않았던 시대는 글랜드 축봉은 목면으로, 시트 축봉은 종이로 충분하였다. 그러나 요새는 축봉의 재질구조, 장비 외에 여러 가지가 (기계식 실과 같은 것이) 요구되기 때문에 이에 대한 충분한 지식이 필요하고, 깊은 관심을 갖지 않으면 안된다. 패킹(축봉 부)은 한 마디로 말하면 접합면이나 활동부의 기밀을 유지하고, 액체의 누설을 방지하기 위하여 사용되는 재료 혹은 장치이고, 이것이 불완전하면 다음과 같은 결과를 초래한다. 액체의 누설 혹은 공기의 유입은 펌프효율을 저하시키며, 동력손실을 초래한다. 액체의 누설은, 이것이 화학공장에 있어서의 양액과 같이 고가인 것 혹은 부식성이 강한 것이라면 액체 자체의 손실도 중요하고, 주위의 것을 손상하게 된다. 패킹은 베어링과 함께 실제 운전에 있어서 그 취급에 가장 주의를 해야 하는 것 중의 하나이고, 패킹의 선정과 운전 중의 취급이 펌프의 신뢰성을 크게 좌우한다.

실밀도 real density [M] kg/m^3,{$kgf \cdot s^2/m^4$} 유체의 실제 온도 및 압력 조건 하에서의 밀도. { } 안은 중력단위.

실밀도계, 비중계 densitometer [M] 1) 액체, 기체, 고체의 밀도 혹은 비중을 측정하는 기기. 2) 용액의 비중을 미소량까지 직접 읽을 수 있는 U자관 압력계 형의 장치. 3) 투과 광 혹은 반사광의 강도를 측정하여 광학농도를 측정하는 기기. 사진 농도를 측정하는데 사용된다.

실부하시험 actual loading test [P] 펌프의 실 부하운전에 있어서 이상한 진동, 소음 또는 베어링의 온도 상승 등이 없고, 연속해서 운전에 견딜 수 있는지를 확인하는 시험.

실속 stall [P,B,T] 영각이 커지면서 익면상의 박리가 커져서 양력이 급격히 떨어지는 현상. 참고로, 실속이 일어나면 양력계수는 감소하고 항력계수는 증가.

또는 토크 컨버터(torque converter)에서 입력축이 회전하고 출력축이 정지하는 상태도 실속이라고 함.

실속셀 stall cell [G] 터보형 송풍기, 압축기 등에서 풍량이 감소하면 익의 일부가 실속을 일으키고 일렬 사이에 유동박리가 존재하게 되는데, 그 실속영역을 의미한다. 셀의 개수는 원주방향으로 1개 또는 그 이상 있을 수 있다.

실속제어 stall control [S] 에어포일 받음각이 일정 각도 이상으로 증가할 경우 흡입면을 통과하는 작동유체의 박리현상에 의해 공력성능이 급격히 감소되는 현상을 이용하는 제어방식이며, 특정 유속 이상의 조건에서 해양에너지발전장치의 출력을 안정적으로 수동제어하는데 이용되고 있다.

실속플러터 stall flutter [G] 유동에 요란이 없어도 유속이 어느 한계치(프러터 속도)를 넘으면 익이 유동에서 에너지를 받아 자려진동을 일으켜 그것이 발산하는 현상. 단독 익이 순 굽힘진동하는 경우 공력감쇠력은 $dC_L/d\alpha$(C_L : 정적 양력계수, α : 받음 각)에 비례하지만 실속점을 넘으면 $dC_L/d\alpha < 0$으로 되고, 공력감쇠력은 음으로 되어 익은 자려진동 한다. 이것을 실속 플러터라고 한다.

실양정 actual pump head [P] m 펌프 장치에 있어서의 토출액면과 흡입액면 사이의 총 헤드의 차. "실제 높이"에 토출액면과 흡입액면과의 압력 헤드 차를 더한 것.

실온 room temperature [T] ℃,K 실내의 대기 온도. 일반적으로 인간이 쾌적하게 지낼 수 있는 온도로, 보통 15~25 ℃ 전후이다.

실재기체 real gas [B] 완전 기체의 조건을 만족하지 않는 기체. 따라서 실재 가스의 경우 완전기체의 상태식을 압축계수를 사용해서 수정하고, 그의 상태변화에도 압축함수가 도입된다. 참고로, 임계점 근방의 기체는 실재 기체로 취급되는 경우가 많다.

실제효율 actual efficiency [T] 이론 상의 효율에 대해 실제로 얻을 수 있는 효율.

실증플랜트 demonstration plant [E] 일반적으로 실제설비와 동일한 표준적인 운전조건에서 운전가능한 상당규모의 장치.

실탱크 seal tank [B] 물 또는 기름의 헤드를 이용하여 기체가 새는 것을 차단하기 위한 탱크. 주로 송풍기 · 압축기의 축봉부에 일정압력의 물 또는 기름을 주입하는데 사용된다.

실홈 seal groove [T] 작동 유체의 유출을 방지하기 위해 회전축과 고정자 사이에 만들어 놓은 홈.

실효값 R.M.S. value, root mean square value [D] 시간신호의 레벨을 제곱하고 더한 후, 이것을 가산시간 T로 나눈 것을 제곱평균치(mean square value)라 하고, 이 값의 제곱근을 실효치 또는 r.m.s.치 χ_{rms}라 한다.

$$\chi_{rms} = \sqrt{\frac{1}{T}\int_0^T x(t)^2 dt}$$

$x(t) = a \cdot \sin e\omega t$의 정현파 진동에 대한

실효치는

$$\chi_{rms} = \frac{a}{\sqrt{2}} = 0.707a$$

의 관계가 있다.

심정용 수중모터펌프 submersible motor deep well pump [P,G] 우물 안에 설치하여 지하수를 퍼 올리는 펌프. 보어홀펌프(bore hole pump)와 달리 모터는 수중모터로 하여 모터와 함께 우물 안에 설치하는 형식의 심정용 펌프를 말함.

심정펌프, 보어홀펌프 bore hole pump [P] 원동기가 지상에 있는 깊은 우물용 흡상 펌프로서, 빌딩의 냉방용이나 지하수 취수 등의 목적에 사용.

심정펌프, 보어홀펌프 deep well pump, bore hole pump [P] 유효 NPSH 이상이 되는 깊은 우물에서 사용되는 펌프이며, 캐비테이션이 문제가 되지 않도록 펌프 자체가 다단형으로 우물 속에 있거나 물 속에 잠겨 있음.

심플 알고리즘 SIMPLE algorithm [N] Navier-Storkes 방정식을 풀기 위한 널리 쓰이는 수치방법 중 하나로 Semi-Implicit Method for Pressure Linked Equations의 약자로 불리운다. SIMPLE 해법에서는 정상해를 구하기 위해 시간진행을 무한대로 취하고 비정상 항을 생략하고, 그 무한대 시각에서 암시법으로 속도장과 압력장을 구하도록 정식화 되어 있다. 그러나 압력보정식은 어느 항을 생략한 근사방법에 의해 도출된 것이기 때문에 "반암시적(또는 半陰的)" 해법이라는 이름이 붙여져 있다. 생략하는 항의 취급방법에 따라 근사 정확도를 향상시키는 해법도 가능하며, SIMPLER, SIMPLEC 등의 개선된 방법들도 있다. 이들 SIMPLE계 해법의 특징은 정상해를 구할 때 다른 방법에 비해 최소의 계산시간으로 구할 수 있다는 것이다. 또한 통상 이 방법에서의 이산화는 유한체적법으로 행해지기 때문에 물리량의 보존법칙이 만족되고 있다는 것도 특징 중의 하나이다.

심플러 알고리즘 SIMPLER algorithm [N] SIMPLER 알고리즘은 SIMPLE 알고리즘을 개선한 방법으로서, SIMPLER 알고리즘에서는 압력보정방정식을 대신해 압력의 이산화된 방정식으로부터 이산화된 연속방정식을 유도함으로써 중간 압력장을 보정할 필요 없이 직접 얻을 수 있다. 그러나 속도는 여전히 SIMPLE 알고리즘의 속도 보정을 통해 얻게 된다. 이산화된 모멘텀 방정식을 다음과 같이 재배열한다.

$$u_{i,J} = \frac{\sum a_{nb}u_{nb} + b_{i,J}}{a_{i,J}} + \frac{A_{i,J}}{a_{i,J}}(p_{I-1,J} - p_{I,J})$$

$$\rightarrow u_{i,J} = \hat{u}_{i,J} + d_{i,J}(p_{I-1,J} - p_{I,J})$$

$$v_{I,j} = \frac{\sum a_{nb}v_{nb} + b_{I,j}}{a_{I,j}} + \frac{A_{I,j}}{a_{I,j}}(p_{I-1,J} - p_{I,J})$$

$$\rightarrow v_{I,j} = \hat{v}_{I,j} + d_{I,j}(p_{I,J-1} - p_{I,J})$$

단, u, v : x, y방향의 속도, a : 영향계수, b : 주어지는 값, A : 압력차가 작용하는 면적, p : 압력. d : A/a. 심플알고리즘 (SIMPLE algorithm) 참조.

심플렉 알고리즘 SIMPLEC algorithm [N] SIMPLE 알고리즘에서는 속도보정식에서 인접한 셀에서의 속도보정의 영향은 미미하다고 가정하여 생략하였으나, SIMPLEC 알고리즘에서는 인접한 셀에서의 속도 보정 영향을 일부 고려하여 근사 정확도를 향상시킨 해법으로, van Doormal과 Raithby가 1984년에 창안한 알고리즘으로 SIMPLE-Consistent algorithm의 약칭이다. SIMPLE 계열의 알고리즘에서 속도보정식을 다음과 같이 표현할 때,

$$u'_{i,j} = d_{i,j}(p'_{i-1,j} - p'_{i,j})$$

SIMPLE 알고리즘에서는 $d_{i,j} = A_{i,j}/a_{i,j}$가 되며, SIMPLEC 알고리즘에서는 $d_{i,j} = A_{i,j}/(a_{i,j} - \Sigma a_{nb})$가 된다. 여기서, u′은 속도보정량, a는 운동량방정식을 대수방정식으로 표현할 때의 계수이며, nb는 이웃하는 Cellindex 그리고, A는 압력차가 작용하는 면적이며, p′은 압력보정량이다.

싱크(흡입) sink(suction) [G] 포텐셜 유동에서 유체가 한 점으로 흡입될 때 발생하는 유동이며, 반경방향의 유동이 발생한다. 비압축성 2차원 포텐셜유동의 경우, 단위 시간에 흡입되는 유량Q (<0)의 싱크가 있을 때의 복소포텐셜은 다음 식과 같다.

$$W = (Q/2\pi)\ln z, \quad z = x + iy$$

비압축성 3차원유동의 경우는 같은 흡입량에 대한 속도포텐셜 ϕ는 다음과 같다.

$$\phi = -Q/(4\pi r)$$

단, r : 싱크점에서 유동장의 임의의 점까지의 거리.

싱킹펌프 sinking pump [P] 광산에서 수갱을 파고 내려갈 때, 갱 바닥에서 용출하는 물을 배출하기 위해 와이어 로프로 펌프를 걸어 내리면서 운전하고, 수위의 저하에 따라 펌프를 아래로 이동시킬 수 있는 구조의 것.

쌍곡선형 방정식 hyperbolic equations [N] 쌍곡선형 방정식은 일방향성 거동을 가지고 있으며 특성곡선이라 불리는 특별한 선을 따라 값이 불변하는 변수(Riemann Invariant)가 존재하는 방정식을 말한다. 고려하고 있는 점에 대해 의존영역과 그 점의 영향영역이 그 곳을 통과하는 특성곡선으로 둘러싸인 3각형영역으로 주어진다. 타원형 방정식과 같이 모든 영역의 상호 영향성을 고려하지는 않는다. 독립변수를 적절히 조합함으로써, 주어지는 특성곡선 상에서의 편미분방정식이 상미분방정식형태의 특성곡선 방정식(characteristic equation)으로 되며, 선형방정식에서는 해를 쉽게 구할 수 있다. 파동방정식이나 압축성 유체의 운동량방정식이 이러한 유형으로 분류될 수 있다.

쌍플랜지 companion flange [G] 펌프, 송풍기, 압축기의 케이싱 플랜지나 관의 말단에서 다른 플랜지와 접속하기 위한 상대 플랜지.

썰물 ebb tide [S] 만조에서 간조까지 바

닷물이 빠지는 것. 태양과 지구와 달이 직각을 이룰 때는 바닷물이 줄어들게 되어 썰물(간조)이 된다.

쓰레기 refuse [A] waste 참조.

쓰레기 trash [A] 고형물 쓰레기나 주방용 쓰레기. waste 참조

씨에프엘 조건 CFL condition [N] CFL (Courant-Friedrichs-Lewy) 조건은 비정상 유동에서 현시법(explicit scheme)을 사용하여 계산하는 경우, 계산의 안정성을 위하여 공간 격자간격 δx와 시간 진행 간격 δt 사이에 만족하여야 하는 조건이다. CFL 수는 wave 속도 u일 때 다음과 같이 정의되며 항시 1보다 작거나 같아야 한다. 즉 한번의 시간진행시 wave가 하나의 격자 간격을 넘어서는 안된다는 의미이다.

$$\text{CFL 수} = u\delta t/\delta x \leq 1.$$

ㅇ

아네로이드 기압계 aneroid barometer [M] 내부가 진공으로 된 빈 실이 기압변화에 따라 변형하는 것을 이용하며, 그 변형이 기어장치 등에 의해 확대되어 지침에 의해 눈금판에 지시되는 형식의 압력계.

아래 케이싱, 하부 케이싱 casing-lower half [P] 수평 분할형 펌프 케이싱의 하부.

아르키메데스의 나선 Archimedes spiral [P,B] 평면 상에서 그 끝점 O를 갖는 반직선(l)이 O의 둘레를 등속도로 회전할 때 l 위를 O점으로부터 등속으로 멀어지는 점 P의 궤적을 의미한다. 원점 O를 극으로 하고, x축을 시발선으로 하는 극좌표계에 관해서 $r = a\theta$(a는 양의 상수, θ는 축 x로부터의 각도(rad)) 라는 방정식으로 주어진다. 그림 아-1 참조.

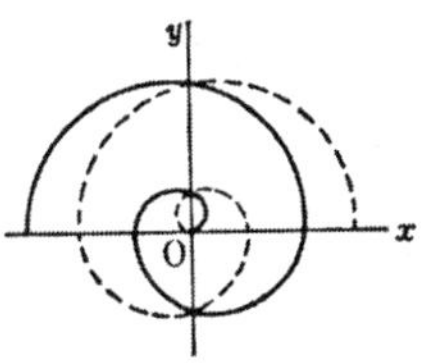

그림 아-1 아르키메데스의 나선

아보가드로 법칙 Avogadro's Law [C] 아보가드로의 법칙에 의해 기체의 종류와 관계없이 표준상태에서 1mol의 기체에 포함되는 분자의 수는 일정하며, 그 수는 6.02252×10^{23}이다.

아음속 subsonic velocity [T] 마하수 M가 M<1인 속도. 단, M=v/a, v는 유속, a는 유동상태에서의 음속.

아음속노즐 subsonic nozzle [G] 노즐 내의 유동이 어느 곳에서나 아음속이고, 최대속도가 목 부(면적 최소의 단면 위치)에서 나타나는 노즐.

아음속유동 subsonic flow [T] 마하수가 1보다 작은 기류를 말하는데, 일반적으로는 기체의 압축성 효과를 무시할 수 있는 마하수 M=0.3 정도 이하의 흐름은 유체의 밀도를 일정하다고 가정하는 비압축 유동으로 간주하고, 압축성의 효과를 무시할 수 없는 마하수 M=0.3 정도 이상이고 임계 마하수(M=1) 이하의 흐름을 아음속 유동이라고 한다.

아이(I)형 그루브 square groove [T] 접합되는 부재들로 홈을 0~1 mm 간격으로 띄우고 용접하는 용접 홈.

아이들러 idler [T] 공회전하는 바퀴(풀리). 마찰차에서 원동차와 종동차 중간에 넣는 바퀴.

아이에스에이(ISA)노즐 ISA nozzle [M] 노즐의 상류 측 측면에(노즐 입구에서 중심축에 수직으로) 평평한 부분이 있는 노즐. 그림 아-2 참조.

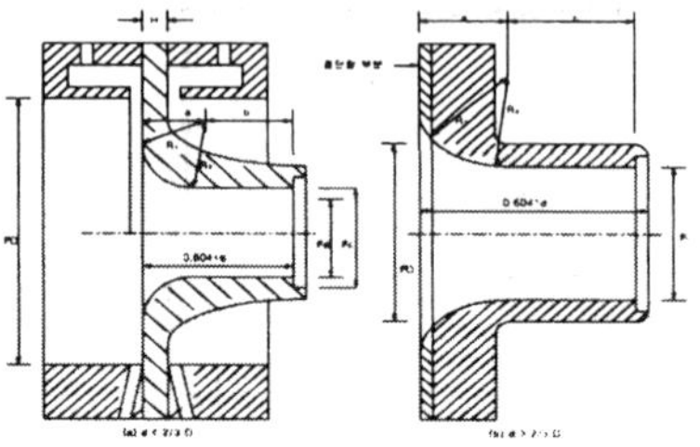

그림 아-2 ISA 노즐

아임계압 보일러 subcritical-pressure boiler [T] 주 증기압이 임계압(물의 경우 225.6 ata) 이하이면서, 이 압력에 가까운 압력에서 운전되는 보일러를 아임계압 보일러라고 부르고, 초임계압 보일러와 구별하고 있다. 보일러는 주 증기압에 따라 다음과 같이 분류된다. 150기압까지를 고압, 150기압에서 임계압 까지를 아임계압, 250~350기압 정도까지를 초임계압, 그 이상을 초고압이라 부르고, 각각에 대하여 고압 보일러, 아임계압 보일러, 초임계압 보일러, 초고압 보일러라고 부른다.

아임계유동 sub-critical flow [T] 1. 프루드(Froude) 수가 1보다 작은 개수로 유동. 프루드수(Froude number) 참조. 2. 관성파가 상류로 전파될 수 있도록 만들어주는 선회류. 3. Re, Ta, Ra와 같은 무차원 수가 유동이 불안정한 상태가 되도록 하는 특정한 값보다 낮은 점성류.

악취필터 deo filter [A] 배기가스에서 악취를 제거하는 필터.

안내깃 guide blade [T] 안내 깃(guide vane)과 같음.

안내깃 guide vanes, guide blades, diffusion vanes [B,P,T] 수차, 펌프, 송풍기의 회전차에 유입되는 유체나 회전차에서 유출되는 유체에 적당한 방향과 속도를 주거나 속도를 압력으로 바꾸기 위해 이용되는 유선형의 날개. 부도 B-5 참조.

안내볼트 guide bolt [P] 터보형 펌프, 송풍기, 압축기의 수평 분할형 케이싱에서 상부 케이싱을 안내하기 위한 볼트. 개방이나 조립 시에 상부 케이싱이 회전차에 부딪쳐서 손상을 입지 않도록 안내 역할을 하는 것이며, 하부 케이싱에 너트로 체결하여 고정시킴. 볼트의 길이는 회전차의 반지름만큼의 길이가 필요.

안내케이싱, 중간케이싱 stage bowl(미), pump bowl(구), bowl [P] 수직축 다단 사류 펌프 또는 수직축 다단 축류 펌프의 안내 깃을 가지는 중간 케이싱. 토출보울(discharge bowl) 참조.

안내통로 guide passage [T] 수차의 회전차에 유입되는 유체나 펌프 회전차에서 유출되는 유체를 적당한 방향으로 안내하는 통로.

안전 릴레이 밸브 safety relay valve [T] 안전을 위해 중개역할을 하는 밸브이며, 예를 들어 차량의 안전을 위해 차량 제동지령을 내면 이것이 소용량의 압축공기에 전달되어서, 이 지령공기압의 변화를 중개하여 브레이크 실린더 등에 대용량의 압축공기가 공급되게 하는 밸브.

안전 릴리프 밸브 safety relief valve [T] 시스템의 내부 압력이 설정압력보다 높아지면 안전을 위해 시스템 내부의 유체를 배출하여 그 이상 압력이 높아지지 않도록 하는 밸브.

안전계통 safety system [Nu] 원자로의 안전에 관련된 계통으로서, 원자로 정지장치 및 비상 노심냉각계통이 안전계통에 해당되며, 압력용기 역할을 하는 격납계통도 안전계통에 포함된다.

안전밸브 safety valve [P,T] 주로 증기 또는 가스를 내보내는 기기의 안전 확보를 위하여 설치되는 밸브. 상류 쪽의 압력이 소정의 값 이상이 되면 자동적이며, 순간적으로 작동하는 기능을 가짐.

안전밸브 security valve [A] safety valve를 참조.

안전율, 안전계수 safety factor [T] 소재의 파괴 하중과 허용 하중과의 비 또는 파괴강도와 허용 응력과의 비. 기계 또는 구조물의 안전을 기하기 위해 각 부재에 생기는 응력이 탄성 한도 이내로 유지되어야 한다. 이 안전한 범위에서의 최대 응력을 허용 응력이라 하고, 허용응력은 일반적으로 파괴 강도에 대해 정하중일 경우에는 1/(3～4)배, 동하중일 경우는 1/(5～10)배로 잡아야 한다.

안전제어 safety control [T] 직장에서의 노동 재해나 공장 주변에의 공해에 대하여 그 재해 방지 대책을 세워 안전을 확보하기 위한 기획과 그 실시.

안전주입계통 safety injection system [Nu] 원자력발전소에서 냉각재 상실사고 시 1차냉각계통에 냉각재를 공급하여 노심에서 발생된 열을 제거하는 시스템.

안전주입펌프 safety injection pump [Nu] 원자력발전소에서 냉각재 상실 사고 시 원자로의 건전성을 유지하기 위하여 원자로에 냉각수를 공급하는데 사용되는 펌프.

안전차단밸브 safety shut-off valve [T] 긴급 시에 급속히 그 통로를 닫기 위한 차단밸브.

안전피로수명 safe fatigue life [T] 특정한 피로도나 내부결함에 대해 안전한 수명 기간.

안전하중 safe load [T] 기계나 구조물, 기타 일반 물품에 있어서 그 기능이나 형상 및 품질을 해치지 않고 작용시킬 수 있다고 생각되는 범위 내의 하중. 따라서 안전 하중의 상한은 허용 하중이라고도 하며, 이것은 당연히 그 물품에 손상을 주는 하중보다는 작으며, 적당한 안전율이 고려된 결과이다.

안전해석 safety analysis [T] 발전소, 화학 플랜트 등의 대형 시설이 안전 기준에 비추어 타당한가를 판단하는 것. 원자로 시설에서는 통상 운전 시와 이상사태 시(사고시라고 한다.)의 원자로의 거동을 해석한다.

안정도 stability factor [T] 안정도는 실제 가해진 힘과 반응한 힘의 수학적 조합이다. 여기서 가장 중요한 지표는 S_{12}이다. S_{12}란 반응 힘이 가해지는 힘으로 돌아가는 힘을 말하는 것으로써, 결국 feedback을 나타내는 지표이다. 따라서 결국 feedback의 양이 많으면 그 회로는 불안정할 수 있다. 그래서 분모의 feedback S_{12}가 클수록 K값은 작아지고 feedback에 의해 loop gain이 발생하는 그 기준이 바로 K=1인 점이다. 여기서, K>1이면 그 회로는 무조건안정(unconditionally stable)하고, 만약 K<1이면 조건부 안정(conditionally stable)하다.

$$K=\frac{1-|S_{11}|^2-|S_{22}|^2+|\Delta|^2}{2|S_{12}S_{21}|}$$

$$\Delta=S_{11}S_{22}-S_{12}S_{21}$$

안정성, 복원성(부양체의) stability [B, T,M,D] 1) 정지 또는 일정한 범위 안에서 운동하고 있는 물체에 미소한 변위를 주었을 때 그 물체가 원래의 정지 또는 운동 상태로 되돌아가는 경우 복원성이 있다고 한다. 예를 들어 거친 파도에 배가 기울면서도 침몰하지 않는 것도 이와 같은 복원성을 가지고 있기 때문이다. 2) 송풍기, 압축기의 경우 규정회전수에서의 압력곡선 상에서 규정 가스량에서부터 서징한계 가스량까지의 가스량 변화의 비율. 이것을 다음 식으로 표시한다.

$$S=(1-Q_s/Q_o)\times 100(\%)$$

여기에서, S : 안정성, Q_s : 서징한계 가스량, Q_o : 규정가스량. 3) 계측기가 그 고유 특성과 기능을 그대로 유지하는 능력. 4) 모든 시간 t>0에 대해 응답함수 x(t)가 조건 |x(t)|<M을 만족하는 유한한 수 M이 존재하면, 해 x(t)는 안정(stable)하다고 한다. 만일 이 조건이 만족되지 않으면, 응답 x(t)는 불안정(unstable)하게 된다. 만약 응답 x(t)가 안정하고 t가 증가함에 따라 x(t)가 0으로 접근한다면, 해 x(t)는 점근안정(asymptotically stable)이라고 한다. 비감쇠 스프링 질량계는 질량 m과 스프링 상수 k가 양(+)의 수이면 안정하고, M이 바로 응답 $x(t)=A\sin(\omega_n t+\psi)$의 진폭 A가 된다. 즉, M=A이다. 감쇠계수가 c인 감쇠계에서는 m, c, k가 모두 양의 수이면, 점근적으로 안정하다. 즉, t가 증가함에 따라

$$x(t)=A\exp(-\zeta\omega_n t)\sin(-\zeta\omega_n t+\psi)$$

가 0으로 접근한다.

안정연소한계 stable combustion limit [T] 어떤 연소실에서 주어진 공기질량 유량에서 연소가 안정적으로 이루어지는 공기/연료비에 한계치가 있다. 즉, 너무 연료가 많아도(rich limit) 너무 연료가 적어도(weak limit) 연소가 안정적으로 이뤄지지 않는다. 공기 유량에 대하여 rich limit 곡선과 weak limit 곡선이 그려지게 되는데, 두 곡선이 만나는 점 이상의 공기유량에서는 연소는 완전히 불가능해 진다. 불안정연소에서는 불완전연소가 이뤄질 뿐만 아니라 공기역학적 진동이 발생하여 연소실의 수명이 짧아지고 터빈날개가 진동한다.

안정평형 stable equilibrium [T] 어느 평형상태에 있는 물체 또는 계가 안정성을 나타낼 때 이 평형상태를 안정평형 또는 안정균형이라고 한다.

알코올 온도계 alcohol thermometer [M] 알코올의 열팽창을 이용하여 온도를 측정하는 온도계. 알코올은 수은에

비해 응고점이 낮으므로 저온(−110℃ 정도까지)의 측정에 사용되는 경우가 많다.

암거, 도수관 closed conduit [P] 주로 땅속에 매설된 관 또는 밀폐용 뚜껑이 있는 수로. 수로 내의 유동에서 자유수면을 가지는 경우와 가지지 않는 경우가 있다.

암로터 female rotor [B] 이 및 이 홈의 대부분이 로터의 피치원통의 안쪽에 있으며, 치면이 오목모양으로된 나사 압축기의 로터. 부도 B-9 참조.

암모니아 합성용 압축기 ammonia synthesis compressor [C] 암모니아 합성플랜트에 사용되는 압축기로서 공기압축기, 천연가스압축기, 합성가스압축기, 순환가스압축기, 암모니아냉동기 등이 있다. 공기압축기는 대기를 약 3.5~4.0 MPa{약 35~40 kgf/cm^2}까지 압축하고, 천연가스압축기는 토출압력 약 4 MPa{약 40 kgf/cm^2}, 합성가스압축기는 2.5 MPa{약 25 kgf/cm^2}정도의 수소와 질소의 혼합가스를 15~30 MPa{약 150~300 kgf/cm^2}까지 압축하고, 순환가스압축기는, 이 합성가스의 미 반응가스를 순환시키는데 사용하고, 암모니아냉동기는 합성된 암모니아를 액화하여 계 밖으로 추출하는데 사용된다. 원심압축기, 왕복압축기가 많이 사용된다. 중력단위와 SI단위와의 정학한 환산은 1 kgf/cm^2=0.981×10^5 N/m^2 (≡Pa)을 이용하면 된다.

암소음 back ground noise, ground noise [D,G] 어느 음을 대상 음으로 생각하여, 그 음이 없을 때의 그 장소에서의 소음을 대상 음에 대한 암소음이라 한다. 예를 들면, 팬이 정지하고 있을 때의 그 장소에서의 소음을 말한다.

암시법 implicit scheme [N] 수치계산의 해법에는 현시법(explicit scheme)과 암시법(implicit scheme) 그리고 이 두 가지 해법을 섞은 Crank-Nicholson scheme으로 구분된다. 이중 현시법은 주어진 상태, 즉 이미 알고 있는 상태에서의 값을 이용하여 다음 단계의 한 지점의 미지값을 한 번에 계산하는 방법이며, 암시법은 다음 단계에서 다수의 지점이 포함된 격자 stencil을 만들고, 즉 다수의 미지수 값이 포함된 하나의 대수식을 이용하여 해를 구하는 방법이다. 다수의 이산화 방정식을 동시에 풀어야 값을 구할 수 있으며 계산양이 많은 대신 무조건적인 안정성을 지니고 있다.

암카 American Moving Machine and Conditioning Association, AMCA [B] 미국의 송풍기업계의 단체이며, 송풍기의 시험방법의 규격 등을 제정하고 있다.

압력 pressure [P,T] Pa,{kgf/m^2} 유체중의 어떤 점에 있어서 단위 면적에 수직으로 작용하는 힘. { } 안은 중력단위.

압력 용기 pressure vessel [F,Nu] 1) 대기압을 견디는 용기, 또는 압력을 발생하는 유체를 내부에 포함하는 용기 또는 외압을 받는 용기를 압력용기라고 한다. 막 여과 분야에서는 막 모듈의 하우징을 지칭함. 하우징은 사용 압력 등에 맞는 재질 구조로 해야 한다. 2) 원자로 용기와 냉각계통 등을 수용하는 밀폐된 용기를 말하며, 원자력발전소에서는 1차 냉각재에 포함된 방사성 물질이 외부환경으로 방출되는 것을 방지함.

압력강하 pressure drop [F,T] 1) 유동이 외부로부터 저항을 받거나 외부에 일을 함으로써 압력강하가 나타난다. 손실이 없어도 유동으로 인해 나타나는 압력강하도 있다. 2) 막여과 공정에 있어서 압력용기의 유입수측 압력과 농축수측 압력의 차이. 유체의 유로, 유벽면, 막오염물질 등과 유체의 마찰에 의해 생기는 압력저하이다.

압력경계조건 pressure boundary condition [N] 경계에서 압력을 경계조건으로 주는 것.

압력계 pressure gauge [P,T] 유체의 압력을 측정하는 계기의 총칭. 특히 진공계나 연성계와 대비하여 사용하는 경우에는 양의 게이지 압력을 측정하는 계기를 의미함.

압력계수 pressure coefficient [P,B] 1) 송풍기 및 압축기 등의 압력을 나타내는 무차원 수이며, 2) 또 유동장에 있어서 유동장 내의 압력과 기준 압력과의 차를 유동의 대표 속도로 표시되는 동압으로 나누어서 무차원화한 값.

압력곡선 pressure curve [B] 터보 송풍기 및 터보 압축기의 성능 곡선 중에서, 가스량(공기량)과 압력 사이의 관계를 나타낸 곡선.

압력구배 pressure gradient [P,G] 어느 방향에 대한 압력변화의 값. 유동방향의 거리 dx에서의 압력변화를 dp라고 하면, 유동방향의 압력구배는 dp/dx로 주어진다. dp/dx>0의 경우 역압력구배, dp/dx<0는 순압력구배라 한다.

압력댐식 베어링 pressure dam-type-bearing [B] 수평형 터보기계에서 베어링의 위쪽 부분의 내면에 기름 홈을 갖고, 이 홈에 생기는 압력으로 축을 누르는 작용을 하는 미끄럼 베어링. 고속, 경하중의 경우 축의 휘돌림을 억제하는데 효과적이다. 다원호 베어링보다 가공이 용이하며, 보다 효과적이므로 터보압축기에서 많이 쓰인다.

압력맥동 pressure pulsation [T] 압력이 율동적으로 변동하는 것. 터보기계에서 유한 수의 깃의 회전에 의해 유동이 발생하는 경우 압력맥동이 필수적으로 발생한다.

압력면 pressure surface [T] 정(양)압력면이라고도 하며, 깃이 정상적인 양력을 발생하고 있을 때에 높은 압력이 나타나는 쪽의 깃의 면. 부도 B-3 참조.

압력방정식 pressure equation [N] 압력장을 얻기 위한 방정식. 압력보정식이라고도 한다. 이 식은 다음과 같이 유도된다. 운동량방정식은 다음 식과 같이 나타낼 수 있다.

$$u_e = \frac{\sum a_{nb} u_{nb} + b}{a_e} + d_e(p_P - p_E)$$

여기서, u : 속도, a : 영향계수, $d_e = A_e/a_e$이며, A : 면적, p : 압력이다. 지금 가상속도 $\langle u_e \rangle$를 다음과 같이 정의하자.

$$<u_e> = \frac{\sum a_{nb}u_{nb}+b}{a_e}$$

위 식을 살펴보면 $\langle u_e \rangle$는 인접 속도 u_{nb}로 구성되며, 압력은 포함되지 않음을 알 수 있다. 원식을 다시 쓰면

$$<u_e> = <u_e> + d_e(p_P - p_E)$$

마찬가지로 다음과 같은 식을 쓸 수 있다.

$$v_n = <v_n> + d_n(p_P - p_N)$$
$$w_t = <w_t> + d_t(p_P - p_T)$$

새로운 속도-압력 관계를 사용한다면 다음과 같은 압력 방정식을 얻을 수 있다.

$$a_p p_p = a_E p_E + a_w P_w + a_n P_n + a_s P_s + a_r P_r + a_B P_B + b$$

압력범위 pressure range [M] 계측기가 사용되는 압력의 범위.

압력분포 pressure distribution [T] 유로 혹은 물체 표면에 따라, 또는 유동을 가로 질어서의 압력의 분포상태.

압력비 pressure ratio [T] 1) 토출 압력과 입구 압력과의 절대압의 비율 또는 정압비. 전압(全壓)비로 말하는 경우도 있다. 2) 가스 터빈에 있어서의 압축기 입구, 출구의 절대압의 비율. 이것은 가스 터빈 성능에 큰 영향을 미친다.

압력–속도 분리 pressure–velocity decoupling [N] 질량 보존의 방정식에서 변수들의 값들이, 즉 속도 값이나 스칼라 값들이 검사체적 중심에서 정의되어 있다면 u_E와 u_W는 다른 변수인 u_P, u_E, u_W 등으로부터 보간하게 된다. 균일한 크기의 체적에 대해서 $u_E = 0.5(u_P + u_E)$, $u_W = 0.5(u_W + u_P)$의 평균값을 사용한다면 $u_E - u_W = 0$을 얻는다. 그런데 이 식은 검사체적 P점에 대한 질량보존을 나타내고 있지만 정작 P점에서의 속도 u_P는 빠져있으며, 이와 같은 상황을 decoupling이라고 한다. velocity decoupling이 발생하면 파상속도 장이 나타나도 질량보존이 만족되는 것처럼 보이게 된다. 즉, velocity decoupling이 발생하는 배경은 속도성분이 검사체적 중심에서 정의되거나 또는 검사체적 면에서의 속도를 보간 하면 velocity decoupling이 일어난다. 이것을 해결하기 위해서는 속도성분 위치가 체적중심이 아니라 체적면으로 옮겨서 문제를 해결하는 엇갈림 격자법 또는 속도를 산술적인 평균으로 구하는 것이 아니라 운동량방정식으로부터 구해오는 운동량보간 방법을 이용한다.

압력손실 pressure loss [M] Pa,{kgf/m^2} 유체가 지나갈 때 마찰, 장애물 또는 유로의 변화에 의해 생기는 압력 강하량. { } 안은 중력단위.

압력손실계수 pressure loss coefficient [T,G] 압력손실을 무차원화 하여 나타낸 것이며, 다음 식으로 표시됨.

$$\zeta = \frac{\Delta p}{\frac{1}{2}\rho V^2}, \left\{ = \frac{\Delta p'/\gamma}{\frac{v^2}{2g}} \right\}$$

여기서, ζ : 압력손실계수, Δp : 해당

두 점 사이의 전압 차, 즉 압력손실 (N/m^2), $\Delta p'$: 중력단위로 표시된 Δp {kgf/m^2}, ρ : 유체밀도(kg/m^3), V : 유속(m/s), γ : 유체의 비중량{kgf/m^3}, g : 중력가속도 9.8(m/s^2) { } 안은 중력단위. 압력계수(pressure coefficient) 참조.

압력수정 방정식 pressure-correction equation [N] SIMPLE 알고리즘에서 예측된 압력장으로부터 운동량 방정식을 사용하여 속도장을 구할 수 있지만, 이 속도장은 동시에 연속방정식을 만족시키지 못하게 되므로, 이 속도장을 이용하여 예측한 압력에 대한 보정성분을 구하는 방정식을 압력보정방정식 이라고 한다. 이 압력 보정성분을 이용하여 압력장과 속도장을 수정해 주게 된다.

압력수조 hydropneumatic tank [E] 밀폐 탱크 내에 기체와 물을 압입하여 기체의 압축성에 의해서 수압을 유지하는 수조.

압력스위치 pressure switch [P] 유체압력이 설정치에 도달했을 때 작동하는 스위치.

압력여과 pressure filtering [E] 급속여과기의 일종으로서 여과탱크를 밀폐하고, 원수에 압력을 가하여 여과하는 여과.

압력전송기 pressure transmitter [M] 압력과 연관된 신호를 감지하여 이 신호를 변형하여 전송할 수 있도록 제작된 기기.

압력조절밸브 pressure control valve [B] 송풍기 및 압축기의 작동압력을 조절하기 위한 밸브.

압력조정기 pressure regulator [M] 압력을 설정된 값으로 조절하기 위해 후단의 압력을 감지하고 이를 설정된 값과 비교하여 밸브의 개도를 조절해 주는 기능을 가진 밸브.

압력탱크 pressure tank [P] 압력탱크(pressure water tank)와 같음.

압력탱크 pressure water tank, pressure tank [P] 펌프 토출관에 연결된 밀폐 탱크에서 탱크 상부의 공기탱크에 의하여 액체를 가압 상태로 저장하며, 펌프 정지 중에는 이 탱크로부터 급수가 가능하도록 한 것.

압력파 pressure wave [G] 정지 또는 유동 중의 유체 안에서 압력변화가 가해지거나 유속이 변화하였을 때 이들 변화가 일어난 곳에서 유체의 밀도변화가 발생하여 이것이 주변에(또는 상 · 하류 쪽에) 전파하는 성질의 파를 압력파라고 한다.

압력항력 pressure drag [G] N,{kgf} 유동 안에 놓인 어느 물체 또는 정지유체 안을 운동하는 물체에서, 물체표면 상의 압력분포에 의한 힘의 합력의 유동방향 성분을 압력항력 또는 압력저항이라고 한다. 무딘 형상의 물체의 경우 경계층의 박리 때문에 유체저항은 거의가 압력저항에 의해 나타난다. 압력저항과 마찰저항의 합, 즉 전체 저항은 형상저항이라고 하며, 무딘 물체의 경우 보통 마찰저항의 비율이 작기 때문에 좁은 의미에서 압력저항을 형상저항이라고 부르기도 한다. { } 안은 중력단위.

압력헤드 pressure head [P,G] m^2/s^2, {m} 단위 질량 당 또는 중량 당 압력에너지.

압력회복률 pressure recovery factor [G] 디퓨저에서의 압력상승을 나타내는 무차원수이며, 다음 식으로 정의됨.

$$c_p = (p_2 - p_1)/(\frac{\rho}{2}U_1^2)$$

여기서, p_1, p_2 : 디퓨저 입구, 출구의 정압(N/m^2){kgf/m^2}, ρ : 밀도(kg/m^3){$kgf \cdot s^2/m^4$}, U_1 : 입구의 평균유속(m/s). C_p의 값은 디퓨저의 확대각, 디퓨저의 길이 등에 따라 달라진다. { } 안은 중력단위.

압송식 공기컨베이어 pneumatic conveyor of pressure type [B] 분립체의 공급기 상류 쪽에 압축기가 있고, 수송 목적지에 있는 사이클론(cyclone)과 같은 분리기에서 피 수송입자와 수송용 공기가 분리되어, 분리된 입자는 저장탱크에 낙하 저장되도록 되어있는 형식의 공기수송.

압유탱크 pressure oil tank [P,B] 밀폐탱크에서 그 상부의 공기압력에 의하여 기름을 가압 상태로 유지하여 필요에 따라 급유하는 목적의 것. 베어링 강제급유장치, 밸브나 펌프의 가동 익 기구의 동력원으로 사용됨.

압입송풍기, 강제송입송풍기 positive blower [T] 강제 환기에 사용되는 저풍압의 공기압축용 송풍기. 원심 팬의 다익홴(multiblade fan)과 플레이트 홴(plate fan)의 두 종류가 있다.

압입송풍기, 강제통풍 홴 forced draft fan(FDF) [B] 시스템 내의 연료를 연소시키는데 필요한 공기를 압입하는 데 사용하는 송풍기.

압입압력 charge pressure, boost pressure [P] Pa,{kgf/m^2} 관로계에서 저압 측에 유체를 주입시켜 관로압을 유지하는 압력. 펌프에서는 특히, 흡입측이 저압이 되면 캐비테이션을 일으키므로 이를 피하기 위해 유지하는 압력. { } 안은 중력단위.

압전식, 피에조식 piezoelectric [T] 수정(水晶)이나 그 밖의 결정체에 가하는 압력이 변화하면 미소한 전하(電荷)가 발생한다. 이 현상에 의해 나타나는 전압을 압전기(壓電氣)라고 한다. 전화 수화기, 발진기의 주파수제어 등에 이용된다.

압축가스 compressed gas [C] 액화되지 않을 정도로 상온에서 압축된 기체.

압축강도 compressive strength [C] N/m^2,{kgf/m^2} 재료가 파괴되지 않을 정도로 걸 수 있는 최대의 압축응력. 금속 재료만이 아니라 주물사 시험 등에도 이용된다. { } 안은 중력단위.

압축계수 compressibility factor [B,C,T,M] 실재 가스의 상태 식은 이상기체의 상태식 pv=RT의 우변에 수정계수 z를 붙여서 다음과 같이 나타낸다. 즉, pv=zRT. 이때의 z를 의미한다. 여기에서, p : 절대압력(N/m^2){kgf/m^2}, v : 비체적(m^3/kg){m^3/kgf}, R : 기체상수(J/(kg · K)){kgf · m/(kgf · K)}, T : 절대온도(K). 단, { } 안은 중력단위.

압축공기 compressed air [T] 압축기에

서 고압으로 압축된 공기. 용도는 매우 다양하며, 원동기, 공기브레이크, 공기해머, 전철 차량의 폐문장치 등에 쓰인다.

압축공기 제습장치 compressed air dryer [A] 공압구동 장비의 동작 불량 및 동결을 방지하기 위해 공기압축기에 의해 생성된 압축공기를 제습하는 장치.

압축공기기계 compressed air machine [C] 압축공기를 사용하여 기계적 일을 하는 기계. 압축공기기관, 공기해머, 공기리벳, 공기드릴 등이 있다.

압축공기기계 compressed air machine [C] 압축기에 의해 압축된 공기를 공기 탱크에 저장하여 이 저장된 압축공기를 원동력으로 하는 기계.

압축공기기관 compressed air engine [C] 압축공기 기계의 일종. 압축기에 의해서 압축되고 공기 저장조 내에 비축된 압축 공기를 원동력으로 하는 기관.

압축공기기관차 compressed air locomotive [C] 갱 내에서 메탄 등 폭발성 가스가 분출하는 장소에서는 봄베에 채운 압축공기를 동력원으로 하는 압축공기 기관차가 사용된다. 일반적으로 궤간 610 mm, 무게 4～12 t, 속도 10～30 km/h.

압축공기에너지저장 compressed-air energy storage [T] 전력요구가 낮은 시기에 100 bar 이상으로 압축된 공기를 폐광 등의 지하공동에 저장하는 과정. 전기수요가 높아지면 가스터빈 작동에 저장된 공기를 사용하여 상당한 수준으로 연료 소모를 줄일 수 있다.

압축기 compactor [A] 집하장으로 이송된 폐기물을 컨테이너에 저장하기 위하여 폐기물을 압축하는 설비. 폐기물 압축을 통한 부피 감소로 컨테이너의 폐기물 저장율을 증가 시킬 수 있다.

압축기 compressor [B,C,T] 회전차나 로터의 회전운동 또는 피스톤의 왕복운동에 의해서 기체를 압축하고, 압축 후의 압력이 압축 전의 기체압력의 2배 이상, 또는 압축 후의 토출압력이 약 1×10^5 Pa(약 1 kgf/cm^2) 이상인 기계. { } 안은 중력단위.

압축기 고정깃 compressor stator blade [T] 압축기 로터에서 부가된 접선속도 성분을 축 방향으로 돌려 압력에너지로 변환시키는 안내 깃. 다단 압축기의 경우는 유동이 다음 단의 로터에 적절하게 유입될 수 있도록 안내하는 고정 깃.

압축기 디스크 compressor disc [T] 압축기 로터에서 익이 설치되어 있는 원판모양의 회전부분. 회전익과 디스크 자체의 회전응력에 견딜 수 있게 단면 형상과 치수가 설계되어야 한다.

압축기 압력비 compressor pressure ratio [T] 압축기 토출의 절대전압과 흡입 절대전압과의 비 또는 토출 절대정압과 흡입 절대정압과의 비. 보통 송풍기, 압축기의 토출구와 흡입구에서의 값을 취한다. 정압비(static pressure ratio), 전압비(total pressure ratio) 참조.

압축기 회전차깃 compressor rotor blade [T] 터보형 압축기에서 유체에 압축에너지를 전달하는 깃. 유체에 압축에너지를 전달하기 위해 유동유체에 접선속도성분을 부여한다.

압축기블리드 compressor bleed [T] 설계속도보다 낮은 회전수로 구동하는 축류 압축기가 초킹 되는 것을 막기 위해 마지막 단 앞에서 공기를 제거하는 것.

압축냉동기 compression refrigerating machine [C] 냉매를 기계적으로 압축, 승압시키고 이것을 냉각해서 응축시키는 기계. 대부분의 냉동기는 거의가 압축식이다.

압축변형도계, 수축계 compressometer [C] 수축을 측정하는데 사용되는 측정기구. 신장계(extensometer)는 수축계로서도 사용할 수 있다.

압축변형률 compressive strain [C] 재료에 압축하중을 가했을 때의 수축량을 원래의 길이로 나눈 값.

압축부시 compression bushing [C] 구멍의 내면에 끼워 넣는 얇은 원통모양을 한 것을 부시라 하고, 관과 관을 접속하는데 관 외주에 사용되는 압축 슬리브를 고정시키는 볼트 모양의 부품을 압축 부시라고 한다.

압축비 compression ratio [B] 압축전의 기체의 비체적 v_1 (m^3/kg){m^3/kgf}과 압축후의 비체적 v_2와의 비 v_1/v_2. 압력비(pressure ratio)와 구별되어야 한다. { } 안은 중력단위.

압축산소 compressed oxygen [C,T] 공기를 액화하고 정류에 의해 산소를 질소로부터 분리시켜 봄베(보통 150기압)에 채운 것. 용접 등에 이용된다.

압축성, 압축률 compressibility [B,C,T,M] m^2/N,{m^2/kgf} 1) 압축성 : 유체가 그의 압력의 크기에 따라 체적이나 밀도가 변하는 성질. 압축성의 정도는 음속 a의 크기로 나타낼 수 있으며, 일반적으로 마하수가 0.3보다 작을 때는 압축성을 무시할 수 있다. 2) 압축률 : 압축성의 크고 작음은 압축률에 의해 표시된다. 단위질량의 유체의 체적 v를 dv만큼 변화시키는데 필요한 압력변화를 dp(N/m^2){kgf/m^2}라고 하였을 때,

$$\beta = 1/K = (1/\rho)(d\rho/dp)$$

로 표시되는 양 β(m^2/N){m^2/kgf}를 말한다. 여기서 K : 체적 탄성 계수(N/m^2){kgf/m^2}, ρ : 밀도(kg/m^3){$kgf \cdot m^{-4} \cdot s^2$}를 나타낸다. { } 안은 중력단위.

압축성유체 compressible fluid [C,T] 압축성이 있는 유체. 기체유동의 경우 보통 마하수가 0.3 이상의 경우에 압축성 유체로 취급된다.

압축성형 compression molding [C] 플라스틱 성형의 일종. 성형재료를 금형의 캐비티(공간)에 넣고(주입하여) 압력과 열을 가해서 자동 또는 수동의 프레스로 성형하는 방법.

압축수 compressed water [C,T] 일반적으로 액체가 그 온도에 대응하는 포화압력보다 높은 압력상태에 있을 때 액체는 압축액이라고 불린다. 압축수는 그 한 예이다.

압축슬리브 compression sleeve [C] 축등의 외주에 끼워 넣어 축과 축(혹은 관과 관)을 잇는 가늘고 긴 통 모양의 부품.

압축시험 compression test [C] 재료에 압축하중을 가함으로써 생기는 변형이나 저항을 구하기 위하여 실시하는 시험.

압축실 compression space [C] 내연기관에서 피스톤이 상사 점에 이르렀을 때 실린더 머리 위에 남겨진 부분.

압축압력 compression pressure [T] Pa,{kgf/m^2} 압력에서 물질을 압축하는 쪽으로 작용하는 압력. 이와 대비되는 용어로 인장 압력이 있다. { } 안은 중력단위.

압축액 compressed liquid [T] 일반적으로 액체가 그 온도에 대응하는 포화압력보다 높은 압력상태에 있을 때의 액체.

압축유동 compression flow [G] 관내유동에서 속도가 감소하였을 때 압력, 밀도, 온도가 증가하는 경우의 유동.

압축점화 compression ignition [C] 압축 행정에 있어서 공기를 연속적으로 수 10기압으로 압축하면 온도가 수 100℃ 높아진다. 거기에 연료(중유나 경유)를 분사시켜 점화하는 방법을 말한다. 이 방식의 내연기관을 압축점화 기관이라 한다.

압축침전 compression of sediment [E] 농도가 높은 입자들의 침전으로 위 입자의 중량에 의해 아래 입자가 압축을 받게 되고 여분의 물을 위로 배출시켜 농축이 일어나는 침전.

압축콕 compression cock [C] 일반적인 물마개는 거의 이 방식의 것으로 핸들을 돌려 개폐한다. 일반 물마개는 패킹이 달린 마개를 핸들 회전으로 물 구멍 위에서 막는 형식으로 되어있다.

압축파 compression wave, compressional wave [C] 탄성체의 압축 혹은 인장 응력의 변화가 파동형태로 전파하는 파동. 통상 압축 파는 종파(縱波)이며 부피의 변화와 파의 진행방향에 평행한 입자의 운동에 의해 특징지어진다.

압축하중 compression load [C] N,{kgf} 서로 대항해서 압축하는 하중. { } 안은 중력단위.

압축함수 compressibility function [B, C] 기체의 상태변화가 완전기체의 법칙에 따르지 않는, 이른바 실재 기체의 상태 변화를 기술하는 함수이며, 다음 식으로 표시된다.

$$X = \frac{T}{v}\left(\frac{\partial v}{\partial T}\right)_p - 1,\quad Y = \frac{p}{v}\left(\frac{\partial v}{\partial p}\right)_T$$

여기서, T : 절대온도(K), v : 비체적(m^3/kg){m^3/kgf}, p : 절대압력(Pa){kgf/m^2}, 참고 : 완전 기체에서는 X=0, Y=1. 등 엔트로피 지수(isentropic exponent) 참조. { } 안은 중력단위.

압출펌프 force pump [P] 손으로 누르는 펌프의 일종으로, 실린더의 상부가 폐쇄실로 되어 있고, 여기서 체크밸브를 지나서 토출관으로 연결되어 있는 펌프.

앞굽음 깃, 전향깃 forward curved vane, forward vane [P,B] 임펠러의 깃 출구가 회전방향 쪽으로 기울어져 있는 깃.

앞배면 깃 front side ribs [P,B] 한쪽 흡입 원심펌프의 회전차에서 측판의 유체 통로 쪽과 반대 측면에 부착된 배면깃을 말하며, 뒤 배면깃과 대비시켜서 앞 배면깃이라고 한다.

앞전 leading edge [P,B] 유체가 익 주위를 흐를 때 익의 앞 부분. 전연(前緣)이라고도 한다. 부도 B-3 참조.

앞전와류 leading edge vortices [G] 예리한 앞전을 갖는 삼각형 날개(초음속 날개)에서는 받음각이 작다고 하여도 날개 앞전에서 박리가 일어나 앞전 와류가 발생한다. 이 와류가 앞전주변의 압력구배(익 하면에선 정압이 높고 상면에선 정압이 낮다)로 인하여 앞전을 돌아서 박리하며, 그림에서와 같이 와류를 형성하여 하류의 익 끝단에서 방출된다. 받음각이 증가하면 더욱 더 앞전와류는 크게 발달하여 역시 익 끝단에서 방출된다. 이 앞전와류로 인해 익 상면의 정압은 더욱 낮아져 와류박리가 없을 때의 예측 양력보다 양력이 증가한다. 박리기포(separation bubble)와 비교 참조. 그림 아-3 참조.

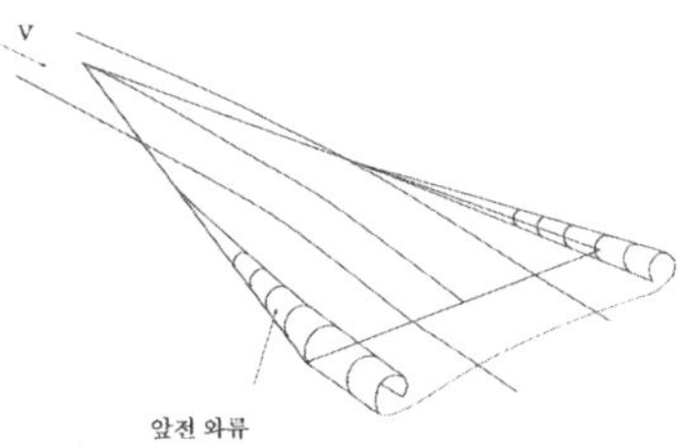

그림 아-3　앞전 와류

앞케이싱 라이너 front liner, front casing liner [B] 한쪽 흡입원심펌프에서 개방형 회전차를 채용하고, 그 회전차의 앞뒤 양측에 케이싱 라이너가 마련되어 있는 경우, 앞쪽(흡입 측)의 케이싱 라이너를 뒤쪽의 케이싱 라이너와 구별해서 부른다.

애뉴바 annubar [M] 피토튜브를 개선한 것으로 정체압력을 감지하기 위한 구멍이 여러 개 뚫어져 있고, 이들의 구멍에서의 압력의 평균값이 측정되도록 되어 있다. 이 점이 피토튜브와 다르다. 틀리다. 그림 아-4 참조.

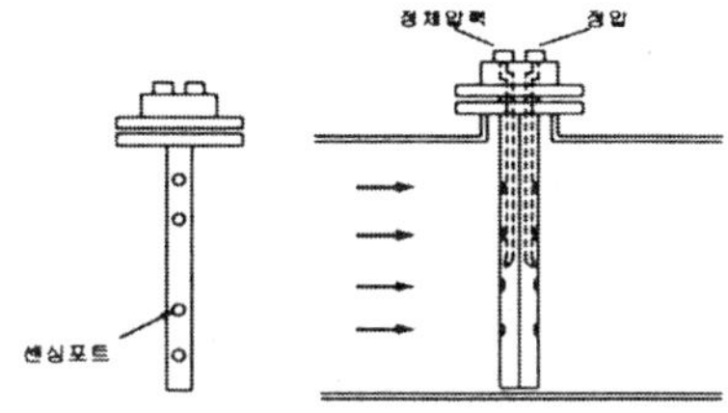

그림 아-4　애뉴바

액랭기관 liquid-cooled engine [T] 기관의 냉각 방법에는 공랭식과 액랭식이 있다. 그리고 액랭식 중에 물을 쓰는 수랭식과 물보다도 비등점이 높은 액체를 사용하는 액랭식이 있으며, 일반적으로는 액랭 기관이란 이런 종류의 냉각액을 사용한 기관을 말한다.

액면계, 레벨게이지 level gauge [M] 액조(液槽) 등에서 특정 기준액면으로부터 기상과 액상의 경계면까지의 높이를 측정하거나 검출하여 외부에 표시하는 계기. 1) 직접 측정하는 것으로는 유리관 등에 직접 액을 유도하여 직시하는 방법, 플로트의 상하 운동을 이용하는 플로트식, 훅(hook)의 선단을 이용하는 훅 식이 있고, 2) 간접 측정하는 것으로는 압력을 이용하는 압력방식, 액의 도전성을 이용하는 전극간 용량식, 방사선을 이용하는 방사선식 등이 있다.

액면유지장치 constant level device [M] 액체의 액면을 일정한 높이로 유지시켜 주는 장치.

액봉압축기 liquid ring compressor [B]

케이싱 내의 봉액의 피스톤 작용으로 기체를 압송하는 회전 압축기. 액봉펌프(liquid-piston pump) 참조.

액봉형 펌프, 내슈펌프 liquid seal pump, Nash pump [P] 타원형 단면을 가진 케이싱 안에 유체를 봉입하고 회전차를 회전시키면, 유체는 원심력에 의해 바깥 둘레에 모여 회전차의 중앙부에는 회전에 따라 생기는 체적변화를 이용하여 진공펌프로서의 작용을 하는 펌프. 대형 펌프의 시동 시에 펌프 내부를 물로 채우기 위해 펌프 안을 진공으로 하며, 펌프는 흡상된 물로 채워지게 되는 펌프를 수봉펌프라고 하며, 내슈(Nash) 펌프라고도 부름. 액봉압축기는 이와 같은 구조로 되어 있음. 그림 아-5 참조.

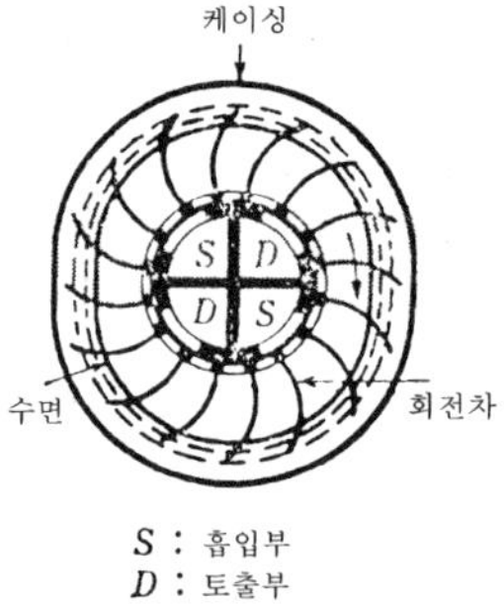

그림 아-5 액봉(내슈) 펌프

액시얼 피스톤펌프 axial piston pump [P] 복수의 피스톤이 서로 평행하게 왕복운동 하도록 배치된 피스톤펌프.

액주분리 liquid column separation [G] 수주분리의 현상은 물에 대해서 뿐만 아니라 일반 액체에 대하여도 발생한다. 이것을 액체분리라고 한다. 수주분리(water column separation) 참조.

액체금속냉각 원자로 liquid metal cooled reacor [Nu] 원자로의 운전온도 범위에서 액체가 되는 나트륨 등 액체금속을 냉각재로 이용하는 원자로. 보통 액체금속은 물 냉각재와 비교하면 비등점이 높아 저압에서도 고온으로 만들수 있어 고온과열증기를 얻기 쉽다.

액체연료 liquid fuel [T] 액체 상태로 사용되는 연료. 석유, 가솔린, 경유, 중유, 알코올 등.

액체저항기 liquid resistor [G] 순수 물에 식염이나 글리세린 등이 혼입된 액중에 두 장의 철판을 전극으로 하여 삽입하고, 전극의 위치와 혼입물의 량으로 저항치를 가감하는 저항기. 연속적으로 저항치를 변할 수 있고, 가격이 싸므로 전동기의 속도제어에 사용된다.

액체패킹 liquid gasket, liquid packing [C] 배관용 파이프의 나사 부, 기타 기밀을 요하는 부분에 발라서 유체가 새는 것을 방지하는 액상의 패킹.

액체패킹 liquid packing, liquid gasket [C] 액체패킹(liquid gasket)과 같음.

액추에이터 디스크 이론 actuator disc theory [C] 작동원판을 도입하여 자오면 유동을 해석하는 이론. 작동원판(actuator disc) 참조.

액화 liquefaction [T] 기체 또는 고체가 냉각이나 압력 등에 의해서 액체로 변하는 현상.

액화가스 liquefied gas [T] 임계 온도 이하로 냉각된 기체를 적당한 압력을 가하여 액화시킨 것. 액화함으로써 부피를 크게 감소시킬 수 있기 때문에 저장이나 수송이 용이해진다.

액화천연가스, LNG liquefied natural gas [T] 천연 가스의 수송성 및 저장성을 간편하게 하기 위해 액화한 것으로, 대기압에 있어서의 비등점은 −162℃, 비용적은 0.0024 m^3/kg (표준 상태에서의 천연 가스의 1/600)이다.

앵글밸브 angle valve [M] 밸브 본체의 입구와 출구의 중심선이 직각이며, 유동방향이 직각으로 변하는 밸브. 그림 아-6 참조.

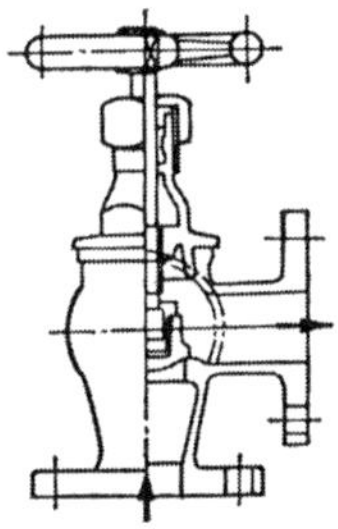

그림 아-6 앵글밸브

앵커플레이트 anchor plate [T] 1) 다수의 기초볼트의 밑부분을 서로 결합하고, 콘크리트로 고정할 때 움직이지 않도록 하기 위한 강판. 템플릿(template)과 유사한 판이며, 기초볼트의 밑부분을 용접으로 고정하고, 기초와 동시에 기초볼트도 함께 매입하므로 대단히 견고한 기초가 된다. 대 동력, 고속 또는 중요한 기계의 기초에 사용된다. 2) 기초볼트의 하부에 설치된 판. 너트의 풀림 장치가 되어있고, 이것은 볼트에 걸리는 힘을 기초콘크리트의 넓은 면적에 전달시키기 위한 것이며, 사각형의 강판이 사용된다.

약품세정 chemical cleaning [F] 물리세정만으로는 막 여과기능이 회복되지 않는 경우에, 약품을 사용하여 행하는 막의 화학적인 세정. 이를 화학세정이라고도 한다. 약품은 부착물의 종류와 양, 막의 내약품성 등을 고려하여 사용해야 한다. 수도에서 사용되는 약품에는 산, 알칼리, 산화제, 세제 등이 있고, 각각 단독 또는 조합해서 사용된다. 세정방법에는 막 모듈을 떼어내어 세정하는 오프라인(offline) 방식과 밸브의 전환만으로 막 모듈을 떼어내지 않고 세정하는 온라인(online) 방식이 있다.

얇은 오리피스판 thin orifice plate [M] 오리피스 판으로서 얇은 판에 둥근 구멍이 뚫린 것을 사용하는 경우가 많다. 이것을 얇은 오리피스라 한다. 이와 같은 얇은 오리피스 판을 통과한 유동은 축류(縮流)를 일으키므로 이점을 고려하여 유량을 측정할 필요가 있다.

얇은 익이론 thin aerofoil theory [G] 얇은 두께의 익에서 익의 휨이 있으면 그것이 작다고 하여도 익 상하면의 속도의 크기는 달리 나타난다. 그러므로 익은 유속의 불연속면을 나타내며, 익면은 와판(vortex sheet)으로 대체될 수 있다. 익의 휨이 작고, 유입유동의 받음각이 작은 경우의 와판은 익현 방향의 x축 상에 분포한다고 가정할 수 있다. 이와 같이 가정된 x축 상의 와판의 와류강도 분포를 얇은 익의 형태에 맞게 구하고, 이에 따라 익 성능을 평가하는 기법을 얇은 익 이론이라 한다.

양 **quantity** [M] 정성적으로 구별되고, 정량적으로 결정될 수 있는 어떤 현상, 물체, 물질의 속성.

양력(1) **lift** [P,B,T] N,{kgf} 날개에 작용하는 유동방향 수직 분력. 직선익렬에서는, 익렬에 대한 상대유입속도와 상대유출속도와의 벡터 평균속도의 방향을 기준으로 한다.

양력계수 **lift coefficient** [P,B,T] 유동장의 물체에 작용하는 양력을 관성력에 대한 비로 무차원화 한 것.

양력면이론 **lifting surface theory** [G] 종횡비가 작은 익을 한 개의 속박와류로 대체하는 것은 정확도 면에서 좋지 않으므로 그 대신 속박와류를 익면 전체에 2차원적으로 분포하는 것으로 가정하여 양력 등을 해석적으로 구하는 이론을 말한다. 양력선이론(lifting line theory) 참조.

양력선이론 **lifting line theory** [G] 종횡비가 그다지 작지 않은 익의 순환 Γ는 익폭의 방향인 y와 일치하는 한 개의 속박와류로 대체함으로써 구할 수 있으며, $y=y_1$에서의 순환은 다음 식과 같다.

$$\Gamma(y_1) = \frac{k_0(y_1)}{2}c(y_1)\alpha(y_1)U - \frac{k_0(y_1)c(y_1)}{8\pi}\int_{-b/2}^{b/2}\frac{d\Gamma}{dy}\cdot\frac{dy}{y_1-y}$$

단, c : 익현길이, α : 받음각, b : 익폭, U : 균일 유동의 속도, k_0 : 대략 2π. 상식은 Prandtl의 적분방정식이라고 불린다. 이와 같은 식을 기초로 하여 익에 작용하는 양력 등을 구하는 방법을 양력선 이론이라고 한다.

양수관 **lifting pipe** [P] 수직축 펌프에서, 그 하부에 있는 양수 작용을 하는 부분으로부터 토출구로 액체를 이끄는 수직관. 현수관을 겸하고 있는 경우도 있음. 현수관 겸용의 경우 현수관(column pipe)이라고 함.

양압 **positive pressure** [T] Pa,{kgf/m^2} 대기압보다 높은 압력. { } 안은 중력단위.

양정 **pump head** [P] m^2/s^2,{m} 펌프 운전에 의하여 만들어지는 헤드의 총칭. 헤드(head) 참조. { } 안은 중력단위.

양정계수 **head coefficient** [P,T] 펌프특성 중에서 전양정을 무차원화한 것. 수두계수라고도 한다.

양정곡선, 양정-유량곡선 **head curve, head-discharge curve** [P] 양정곡선(head-discharge curve)과 같음.

양정곡선, 양정-유량곡선 **head-discharge curve, head curve** [P] 터보형 펌프의 성능곡선 중에서 토출량과 전양정과의 관계를 나타내는 성능곡선. Q-H곡선이라고도 함. 단, Q : 유량, H : 헤드. 터보형 송풍기 및 압축기에서는 압력곡선이라고 함.

양진폭 **double amplitude** [D] m 진동진폭의 양(+)과 음(−)의 절대치의 합. 즉, 진폭의 음의 최대치에서 양의 최대치까지의 폭을 말한다.

양쪽 지지형 **center impeller type** [B] 임펠러 또는 로터의 양쪽에 베어링이 있는 형식.

양쪽 흡입 케이싱 **double suction casing, double inlet casing** [B] 양쪽에 흡입

박스가 붙어 있는 케이싱. 양쪽 흡입케이싱(double inlet casing)과 같음.

양쪽 흡입 케이싱 double inlet casing, double suction casing [B] 원심펌프, 송풍기, 압축기에 의해 대유량을 취급하는 경우, 주축의 양쪽에 흡입구를 두어, 유량을 2등분하여 양쪽에서 흡입시키는 케이싱. 부도 P-4, 5 참조.

양쪽 흡입(형) double suction(type) [P, B] 원심형의 펌프, 송풍기에서 임펠러의 흡입구가 양쪽에 있는 것. 부도 P-4, 5 참조.

양항비, 양력항력비 lift drag ratio [B, T] 익에 작용하는 양력 L과 항력 D와의 비, L/D. 또는 양력계수 C_l과 항력계수 C_d와의 비 C_l/C_d. 이것의 역수를 항양비라고 한다. 이들의 값은 받음각에 따라 변화한다.

얕은 우물펌프 shallow-well pump [P] 심정펌프(deep well pump) 참조.

억지끼워맞춤 tight fit [T] 구멍과 축 사이에서 축을 압박하는, 즉 축 지름보다 구멍 지름이 작은 몫이 반드시 있는 끼워맞춤.

언로더 unloader [B] 기체의 압축이 일어나지 않도록 하여 압축기 부하를 경감시키는 장치.

언로더 압력 조정밸브 unloader pilot valve [B] 압축기의 송출압력을 검출하여 언로더를 작동시키는 밸브.

언로더테스트 unloader test [B] 왕복압축기의 언로더의 작동압력 및 복귀압력 또는 작동상태를 확인하는 시험.

언로딩 unloading [T] 기계나 구조물에 작용하는 하중을 제거하는 것.

엄밀해 exact solution [N] 물리적 현상을 해석하기 위한 지배방정식의 정확한 해를 엄밀해라고 한다. 일반적으로 유체역학의 문제에 있어서는 엄밀해를 수학적인 방법으로 구할 수 있는 것은 극히 제한적이며, 따라서 해를 구하기 위해서는 실험 및 수치적 방법의 활용이 필요하다.

업서지 up surge [G] 송수관로의 급격한 유량변화로 인해 관로 도중에 설치된 조압수조의 수위가 상승하는 현상. 더운서지(down surge) 참조.

엇갈림각 stagger angle [B] rad,deg 익현과 익렬선에 대한 수선과 이루는 각.

엇갈림격자 staggered grid [N] 1차원에서는 지그재그(zigzag)의 진동해를, 2차원에서는 서양 장기판(checkerboard) 모양의 진동해를 방지하기 위하여 특별히 고안된 것으로, 미지수에 대한 격자를 서로 어긋난 위치에 배치한다. 이 때문에 엇갈림 격자라고 불린다.

에너지 구배선 energy grade line [G] 관로에서 유체가 가지고 있는 전 헤드의 변화상태를 나타내는 선이며, 수력구배선 상에서 그 점에서의 속도 헤드를 더하여 이은 선. 수력구배선(hydraulic grade line) 참조.

에너지 방정식 energy equation [N] 미소 체적에 대해 열역학 제1법칙의 에너지 보존법칙을 미분 방정식의 형태로 나타낸 것. 미소체적내의 총 저장 에너지(내부에너지와 운동에너지 등)의 변화량은 외부에서의 일량과 열유속의 합에 의해 결정된다.

에너지회수장치 **energy recovery device** [F] 고압펌프에서 48~63bar 정도 가압된 유입수는 역삼투 시설에서 수력 마찰로 1~2bar 정도 손실된 후 고압의 압력을 유지한채 농축수로 막 용기를 빠져 나가게 되는데, 이 압력에너지를 회수하기 위한 장치. 에너지 회수장치는 형식에 따라서 터빈방식(pelton wheel), 터보차저 방식(turbocharger), 용적식(isobaric)식이 있다.

에릭슨 사이클 **Ericsson cycle** [T] 등온압축, 등온연소, 등온팽창을 시키는 가스터빈의 사이클. 그림 아-7 (b) 참조.

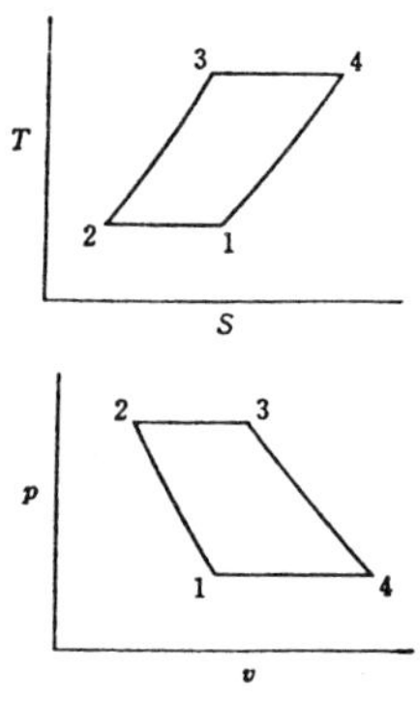

그림 아-7 (b) Ericsson 사이클

에어레이션 **aeration** [E] 원수를 공기 중에 분사하거나 물 속에 공기를 불어넣거나 또는 이와 유사한 방법으로 공기와 접촉 시킴으로서 산화작용과 호기성 미생물의 작용을 촉진시키어 유기물질을 제거하고 물을 정화시키는 것.

에어리프트 **air lift** [P] 기포펌프(air lift pump) 참조.

에어리프트 **gas lift, air lift** [C] 기포펌프(air lift pump)와 같음.

에어바인딩 **air binding** [E] 여과의 진행에 수반하여 일어나는 현상으로 플로크가 약품에 의하여 흡착력을 가짐으로써 일어나는 것으로 여과의 진행에 따라 사층(砂層)중에서 일어나는 현상.

에어벤트 **air vent** [G] 통기구멍(airhole)이라고도 함. 압력을 대기와 균형을 이루게 하거나 또는 내용물을 대기 속으로 방출시키기 위한 목적으로 밀폐식 용기 등에 설치하거나 또는 관로에 설치하여 대기와 유통하는 구멍을 말한다.

에어슬라이드 **air slide** [B] 홈통이나 관을 다공질 판으로 상하를 가른 다음 밑에서는 압력공기를 보내고 그 위에서는 분체를 유동화시켜, 그 자중에 의해 수평 운반하는 장치. 알루미나(alumina), 시멘트, 소다회 등을 탱크에서 배출시키는 데 사용되며, 관에는 약 4° 정도의 약한 경사를 주며, 수송거리는 20~30 m가 한도이다. 다공질 판으로는 캔버스, 소결금속 등이 사용되며, 공기압은 1mAq 이하이다. 관의 마모가 없고, 깨끗한 환경을 유지할 수 있고, 취급이 용이하다는 장점을 갖는 수송법이다.

에어실 **air seal** [C] 가스실(gas seal) 참조.

에어커튼 **air curtain** [B] 공기분류로 실내외를 차단하는 장치. 출입이 많은 백화점, 창고, 공장의 출입구에 문대신 사용하며, 옥외로부터의 바람, 먼지의 침입을 막고, 공기조화 된 실내상태가 유지되도록 하는 것. 문의 위쪽에서 공기조화된 공기를 밑으로 분출시켜, 밑의 그리드를 통해서 밖으로 배출시킨다. 분류는 너무 강하면 통행하는 사람에게 불쾌감을 주므로 15 m/s 이하로 한다. 횡류홴이 많이 쓰인다.

에어쿠션 air cushion [C] 공기를 압축시킴으로써 충격을 완화시키는 것의 총칭. 물체를 지지하는 접촉면에 압축공기를 분출해서 공기층을 만들어 물체를 부상시킬 수가 있다. 호버크래프트(hovercraft) 참조.

에어쿠션콘베어 air cushion conveyor [C] 운반 면과 짐 사이에 공기 막을 만들어 짐을 운반하는 공기 필름 컨베어.

에어팬 air fan [A] 흡입송풍기(exhauster) 참조.

에어펌프 air pump [P] 증기기관에 부속된 펌프로서, 피스톤을 작동한 후의 증기를 응축시키는 응축기 내의 공기를 배출시켜, 용기 중의 진공도를 높게 유지하는 데 사용된다.

에이(A)가중 음압수준 A-weighted sound pressure level [B] dB KS C 1502 (보통 소음계) 또는 KS C 1505 (정밀 소음계)에 규정된 A특성에서 곁들어 붙여진 음압의 실효치 P_A의 제곱을 기준음압 P_O {20μPa}의 제곱으로 나눈 값의 상용대수의 10배. 소음레벨 L_A는 다음 식으로 정의한다.

$$L_A = 10\log_{10}(P_A{}^2/P_O{}^2) = 20\log_{10}(P_A/P_O)\,\mathrm{dB}$$

A 특성의 주파수 범위는 31.5~8000 Hz이며, 대략 40 Phon의 등 청감곡선에 상당한다. 비교적 청감에 가까운 경향이 있다.

에커드수 Eckert number [G] 가열된 물체주위의 유동에 에너지 식을 적용할 때 그 식 중의 마찰(또는 점성) 소산항에 포함되는 무차원 수이며, 다음과 같이 표시된다.

$$E = \frac{U_\infty{}^2}{c_p(T_w - T_\infty)},\ \left\{= \frac{U_\infty{}^2}{Jgc_p(T_w - T_\infty)}\right\}$$

여기서, U_∞ : 충분히 먼 상류쪽의 균일한 유동속도(m/s), c_p : 정압비열(J/(kg·K)){kcal/(kgf·℃)}, T_w : 물체 벽의 온도(K){℃}, T_∞ : 가열되어 있지 않는 유체의온도. J : 열의 일당량{kgf·m/kcal}, g : 자유낙하의 가속도(m/s^2). 이것은 물체의 정체점 온도 상승 또는 운동 에너지와 물체벽면온도와 주류와의 사이의 온도차와의 비를 나타낸다. { } 안은 중력단위.

에폭시라이닝 epoxy lining [E] 에폭시(epoxy)수지로 부식방지나 평활화(平滑化)를 위하여 관 내벽을 피복하는 것.

에프알피(FRP)홴 fiber reinforced plastics fan [B] 회전차 및 케이싱이 강화플라스틱으로 만들어진 홴. 경량이며 강도도 높고 내식성이 우수하다. 플라스틱으로는 폴리에스털 또는 에포기시가 많이 쓰인다.

에프컨테이너 F-container [A] 폐기물 인입관과 공기 토출관이 직접 연결되어 있는 컨테이너로, 폐기물 분리를 위한 필터가 내장되어 있다. 소규모, 단거리

시스템에 사용된다.

에프컨테이너 접속부 **docking cone F-container** [A] 에프컨테이너(F-container)와 배관연결부의 기밀을 유지하기 위해 컨테이너에 설치된 콘 형태의 부속품. 에프컨테이너(F-container) 참조.

엑스듀서 **exducer** [T] 반경 가스터빈의 회전익 출구 부분을 지칭하며 소용돌이를 제거하기 위해 휘어진 형태이다.

엔글러 점도계 **Engler viscometer** [G] deg 점도계의 일종이며, 온도 조절이 가능한 용기에 점성을 측정하고자 하는 정량의 액체를 넣어 용기 하단의 가늘고 짧은 관을 통해서 유출하는 시간을 측정하여, 이 값과 20°C의 동량의 물을 유출시키는 데 요하는 시간과의 비를 엔글러 도(度 : degree)라고 한다. 이 수치는 점도를 나타내는 데 사용된다.

엔글러 도 **degree of Engler** [M] 엔글러 공업점도계에서는 점도를 측정하려고 하는 액 50 cc 혹은 200 cc와 동량의 20℃의 물의 점도계로부터의 유출시간을 각각 측정하여 점도를 구한다. 각각의 시간을 T, T_0라고 하면, $E = T/T_0$로 나타내어 엔글러 도(度)라고 한다. 독일에서 많이 쓰이고 있다.

엔드커버(내통의) **tail end cover** [B] 축류퀜의 케이싱 내통의 끝 부위에 설치하는 커버. 강판으로 만들어지며, 기체의 유출 혹은 유입에 대해 와류가 발생하지 않도록 적절한 형상으로 한다. 부도 B-5 참조.

엔드톱형 **end top type** [P] 터보형의 단단 펌프 · 송풍기 · 압축기의 케이싱의 흡입구, 토출구의 방향을 나타내는 형식의 명칭. 축 중심에서 흡입하여 수직 상방향으로 토출하는 형식을 말함.

엔드플레이 **end play** [G] 모터의 로터가 그들의 마그넷 중심에서 회전할 수 있도록 축 방향의 위치를 저절로 찾아 회전하는 것. 이것이 가능한 모터의 베어링은 축 방향의 이동이 가능하도록 미끄럼베어링으로 지지되어 있다.

엔탈피 **enthalpy** [T] m^2/s^2 가스, 증기 등이 지니고 있는 전 열에너지를 의미하며, 내부 에너지 u와 일 pv의 합으로 표시된다. 즉, $i=u+pv$. 중력단위로는 $i=u+Apv$. 여기에서 i : 엔탈피(J/kg){kcal/kgf}, p : 압력(Pa){kgf/m^2}, v : 비체적(m^3/kg){m^3/kgf}, u : 내부 에너지(J/kg){kcal/kgf}, A : 열의 일당량{kcal/(kgf · m)}. { } 안은 중력단위.

엔트레인멘트 **entrainment** [T] 증기가 보일러에서 격렬하게 증발할 때 일부의 물이 증기와 함께 튀어 나가는 것.

엔트로피 **entropy** [T] J/K,{kcal/℃} 가역 카르노(Carnot) 사이클에서 열원의 절대온도 T와 열원에서 주고받는 열량 dQ와의 비 dQ/T를 가역변화의 변화경로에 따라 적분한 값은 경로에 관계없이 일정으로 된다. 즉,

$$\int_1^2 \frac{dQ}{T} = \text{const}$$

이 양은 점 1과 점 2의 물체의 상태에 의해서만 정해지는 상태량이며, 계의 비가역성의 정도를 나타낸다. 이것을 엔트로피라고 한다. 엔트로피의 단위는

(J/K){kcal/deg}. { } 안은 중력단위.

엔트로피 선도 entropy diagram [G] 엔트로피를 가로축, 절대온도를 세로축으로 나타낸 선도. 이 선도로 표시된 변화과정은 선도의 밑 면적이 열량을 나타내므로 사이클의 폐곡선은 사이클에서 흡수 또는 배출된 열량을 나타내므로 열량평가에 도움이 된다.

엔피엘(NPL)피토관 NPL type Pitot tube [M] NPL(National Physical Laboratory)에서 개발된 피토관. 게팅겐형 피토관(Göttingen type Pitot tube) 참조.

엘(L)형 L type [B] 실린더가 크랭크축에 대하여 L형으로 배열된 형식.

엘리먼트 element [F] 막과 지지체 및 유로재 등의 부재를 일체화하여 하우징에 수납하도록 조립된 것. 스파이럴형 엘리먼트, 중공사형 엘리먼트, 관형 엘리먼트와 평막 디스크형 엘리먼트 등이 있다.

엘보 elbow [M] 서로 어느 각도를 이루는 관의 접속에 사용되며, 곡률반경이 비교적 작은 관이음. 가스파이프 이음으로 주로 사용된다.

엘피지(LPG) 펌프 LPG pump [P] 액화석유가스를 이송하는 펌프.

여과 filtration [T] 고체입자를 포함한 유체를 다공질의 물체에 통과시킴으로써 입자를 분리하는 조작. 여과에 의해 분리된 액을 여과액, 고체를 여과괴라 한다.

여과기, 스트레이너 strainer [B,E,M] 금속망 형식의 여과기로서 배관 속에 설치되어 모래, 녹, 금속 쓰레기 등이 각 기구로 침입하는 것을 방지하는 것.

여과기, 필터 filter [T,M,D] 1) 유체가 통과하면서 유체 내의 미립자들이 걸러지게 되어 있는 장치로서 탱크 여과기(tank-filter), 올리버 여과기, 필터 프레스 등 기타 여러 종류가 있다. 2) 다양한 주파수 성분이 포함된 신호입력에 대해서 특정 주파수 범위의 것만을 쉽게 통과시키고 이외의 것들은 통과하기 어렵도록 한 장치. 여과기에는 어느 주파수 이상을 통과시키는 고역통과필터(high-pass filter), 어느 주파수 이하를 통과시키는 저역통과필터(low-pass filter), 2개의 주파수 사이만을 통과시키는 대역통과필터(band-pass filter), 특정 주파수대역만을 제거하는 대역제거필터(band-elimination filter) 등이 있다.

여과율, 여과속도 rate of filtration [T] 고체와 액체 또는 기체와의 혼합물을 통과시켜 단위 시간에 분리되는 양.

여과층 filter layer [T] 밀폐형 용기내의 여과재 층들을 말하며, 불필요한 성분을 걸러내는 역할을 한다. 주로 여러 층으로 겹쳐서 사용한다.

여과헤드, 여과수두 filtration head [E] 여과지 수면과 여과수 유출수면과의 수위 차.

여과효율 filtration efficiency [E] % 여과에 의해 유효물질이 제거되는 효율.

여수로 spillway [E] 침사지나 헤드탱크의 여수로는 취수구에서의 취수량이 사용량을 초과하거나 발전소가 정지하였을 때 그 여분의 물을 안전하게 빼돌리기 위한 수로이며, 또한 침사지나 탱크에 퇴적된 토사를 이따금 배출하기 위한 수로.

여진, 가진 **excitation** [D] 계에 작용하는 외력(external force) 또는 입력. 가진 또는 기진이라고도 한다.

역동력비 **back work ratio** [T] 가스터빈에서의 터빈 출력과 압축기 가동에 필요한 동력의 분율.

역류 **reverse flow** [T] 물체를 따르는 흐름에 있어서 감속 흐름, 즉 역압력구배일 때에는 주류보다 느린 경계층 내의 흐름은 한층 감속되고 결국에는 벽면에서의 속도 구배가 0이 되는 점이 생긴다. 그 점을 경계로 하류에서는 압력이 높은 하류 측에서 낮은 상류 측으로 유체가 역방향으로 흐르는 부분이 생긴다. 이 현상을 역류라고 하며, 속도 구배가 0이 되는 점을 경계층의 박리점이라고 한다.

역류영역 **reverse flow region** [G] 축류형, 사류형의 펌프, 송풍기 및 압축기에서는 저유량 영역에서 회전차 입구, 출구부에 역류가 발생하며, 원심형의 경우도 입구 부에 역류가 발생한다. 회전차 내부에서 이와 같은 역류가 발생하고 있는 부분, 또는 이와 같은 역류가 발생하고 있을 때의 성능곡선 상의 유량범위를 말한다. 보통 최고효율점의 유량 Q_{max}에 대하여 $(0.4\sim0.6)Q_{max}$ 이하의 유량범위에서 일어난다.

역률 **power factor** [P] 교류의 전압파와 전류파 사이의 위상각을 ϕ라고 하면, $\cos\phi$를 역률이라 한다. 전동기의 경우 역률은 다음 식으로 표시된다.

$$\cos\varphi = \frac{W}{VI} \quad : \text{단상교류}$$

$$\cos\varphi = \frac{W}{\sqrt{3}VI} \quad : \text{3상교류}$$

여기서, W : 유효전력, V : 전압, I : 전류. 전동기의 역률이 나쁜 경우에는 무효전류의 비율이 증가하여 비경제적이 되므로 전진 위상 콘덴서에 의해 전류의 위상을 전진시켜 역률을 개선할 필요가 있다.

역삼투 해수 담수화 **SWRO** [F] 역삼투 해수 담수화. seawater reverse osmosis의 줄임말.

역삼투 막 **reverse osmosis membrane** [F] 역삼투 법에 사용되는 막. RO막이라고도 한다. 재질은 유기고 분자이며, 세룰로스계(초산세룰로스 등)와 합성수지계(polysulfone, polyamide, polyimide, polyacrylonitrile 등)가 있다. 상전환법 등에 의해 제조된다. 막 구조는 비대칭이며 세공이 있는지 어떤지 명확하지 않다. 막 기능으로서는 분리, 정제, 농축, 회수, 제균 등을 들 수 있다. 모듈의 종류로서는 관형, 스파이럴형, 중공사형, 평막형 등이 있다. 역삼투 막을 사이에 두고 농후 용액 측에 삼투압 이상의 압력을 가함으로써 용매만을 희박 용액 측에 이동시켜 용매와 용질을 분리하는 방법이다. 간단히 역삼투라고 한다. 조작압력은 원액이 가진 삼투압 이상을 필요로 하고, 해수 담수화에서는 5.5~7.5 MPa 정도이다. 분리성능은 탈염율로 나타낸다. 분리대상은 분자량이 수십에서 수백정도의 저분자량 물질이나 이온이며, 해수담수화를 목적으로서 개발된 기술이다. 해수의 담수화, 염수의 탈염, 전자공업, 제약 의료분야에서의 초순수 제조, 공장 프로세스 용수의 처리, 재이용을 목적으로 하는 배수처리 등에 이용되고 있다.

역사이펀 inverted syphon, inverted siphon [G] 수로가 하천, 호수, 늪 또는 철도 등의 장애물을 건너가기 위해 그 밑을 지나가는 U자형 관로를 구성하는 구조물. 사이펀(syphon) 참조.

역삼투 기수 담수화 BWRO [F] 역삼투법을 이용한 기수의 담수화. Brackish water reverse osmosis의 줄임말. 기수(brackish water)는 총용존고형물(total dissolved solids, TDS)의 농도가 1000~15,000 mg/L에 해당한다. 세계 보건기구(world health organization, WHO)는 TDS 500 mg/L 이하 농도를 음용수 기준으로 권고하고 있다. 공업용수의 담수화 하수재이용 고도처리를 위한 담수화 등이 포함됨.

역선 line of force [G] 외력이 작용하는 방향을 나타내는 선. 유체 중에 한 곡선을 생각하여 이 곡선 상의 모든 점에서 그은 접선이 그 점에 작용하는 외력의 방향과 일치하는 경우 이 곡선을 역선이라고 한다. 이것은 다음 식으로 표시된다.

$$dx/X = dy/Y = dz/Z.$$

여기서 X, Y, Z(큰 문자)는 단위 질량의 유체에 작용하는 외력의 x, y, z 방향의 성분이다. 정지 유체 중의 역선은 등압면에 직교하는 성질을 갖는다.

역세펌프 back wash pump [P] 여과 수조 안에 쌓인 더러운 진흙을 아래쪽으로부터 물을 역류시켜 세척하는 펌프.

역지밸브, 체크밸브 non-return valve, check valve [P] 유체의 역류를 방지하여 한쪽 방향으로만 흐르게 하는 밸브.

역카르노사이클 reverse Carnot cycle [T] 습증기를 작동유체로 사용하는 냉동 및 열펌프 사이클을 의미한다. 냉동사이클에서, 열은 응축기에서 주위로 나가고 증발은 저온환경으로부터 열을 빼낸다. 열펌프에서, 응축기는 열을 온수 탱크로 보낸다.

역푸리에변환 inverse Fourier transform [D] 주파수영역의 신호 X(ω)로부터 시간영역 신호 x(t)를 구하는 조작을 역푸리에변환이라 한다.

$$x(t) = \int_{-\infty}^{\infty} X(\omega)e^{i\omega t}dt$$

여기서, ω는 각주파수, X(ω)는 스펙트럼이다.

역행렬 inverse matrix [N] x에서 y를 구하는 선형변환이 행렬을 사용하여 $y = Ax$이 될 때, y에서 x를 구하는 선형변환도 행렬을 사용하여 $x = A^{-1}y$로 나타내어진다. 여기서 A^{-1}를 A의 역행렬이라 한다. 단, 역행렬이 존재하기 위해서는 $\det(A) \neq 0$이어야 한다. 전산유체역학에서 역행렬을 구하는 방법으로서

Gauss elimination, LU decomposition 등이 있다.

역화 **back fire** [T] 화염이 역행하는 것. 예를 들어 가스 용접에서는 토치의 화구가 막히거나 과열이 되면 불꽃이 화구에서 아세틸렌 호스로 역행하는 수가 있다. 노에서는 화염이 버너 부에서 역행하는 현상을 말한다.

역화 **backfire** [T] 역화(back fire)와 같음.

연간에너지생산량 **annual energy production(AEP)** [S] 해양에너지발전장치가 1년간 생산가능한 전기에너지 총량을 말하며, 출력곡선과 해양에너지의 확률밀도함수를 이용하여 계산된다.

연결관 **connecting duct** [B] 송풍기 및 압축기의 흡입구 및 송출 구와 시험관로를 접속하는 관.

연결봉 **connecting rod** [B] 피스톤 핀 또는 크로스헤드 핀과 크랭크 핀을 연결하는 막대 모양의 부품.

연결축 **connecting shaft** [P] 펌프와 구동부가 격리되어 설치되는 경우에 이들을 연결하는 주축.

연관 **fire tube** [T] 다관 보일러에서 여러 개의 강관이 나란히 보일러 물 속을 통과하고 있는 것. 이 관 속을 연소 가스가 흐름으로써 보일러수가 가열된다.

연관 **flue tube** [T] 연관, 노관(fire tube).

연구용원자로 **research reactor** [Nu] 핵분열시 발생하는 방사선 등을 이용한 여러 가지 연구를 목적으로 하는 원자로. 소규모 재료시험, 방사성동위원소의 시험적 제조 및 의학연구 등으로 사용된다.

연기, 매연 **smoke** [T] 기체 중에 고체 또는 액체가 미립자(0.01~5.0 μm)형태로 포함된 것.

연기시험 **smoke test** [T] 보일러의 배기에서 수증기를 제거한 다음, 즉 건조 가스에 대하여 색과 그을음의 량을 조사하고 CO_2, CO, O_2, N_2 등의 분석을 하는 것. 시료는 일반적으로 보일러 출구나 굴뚝 바닥 위치에서 채취한다.

연기필터 **smoke filter** [T] 기체에 포함된 연기의 미립자를 분리하기 위한 다공성 물체(물질) 또는 액체 층을 통과시켜서 연기의 입자를 제거하는 장치.

연도, 연통 **flue** [T] 연소 가스가 보일러 또는 노에서 나와 굴뚝에까지 이르는 통로.

연도가스 **flue gas** [T] 연도를 통과하는 연소가스.

연도가스익스팬더 **flue-gas expander** [T] 고온 고압의 배기가스로부터 에너지를 회복하기 위해 사용되는 가스터빈.

연동운전 **sequential operation** [P,B,T] 펌프, 송풍기, 압축기 등의 시동에서 한 번의 수동조작에 의해 운전에 필요한 각종 보조기기가 순차적으로 작동하여, 주기(主機)가 운전상태에 들어가고 또 정지 시에는 마찬가지로 한 번의 수동조작에 의해 주기의 정지 뿐만 아니라 관련 기기도 차례로 정지하여 정지상태에 이르도록 하는 운전방식. 운전 중의 송풍기, 압축기 등의 운전상태를 바꿀 때에도 같은 식으로 이뤄짐.

연락관 **interconnecting pipe** [G] 1) 여러 대의 펌프·송풍기·압축기 등을 직렬 또는 병렬로 접속하기 위한 배관. 2) 압축기의 흡입구 또는 토출구와 필터, 냉각기, 미스트세파레이터 등을 접속하기 위한 배관.

연료 **fuel** [T] 연소에 의해서 불꽃과 열을 발생하는 원료.

연료분사율 **rate of fuel injection** [T] kg/s,{kgf/s} 단위 시간에 분사되는 연료의 양. { } 안은 중력단위.

연료소비율 **specific fuel consumption, rate of fuel consumption** [T] kg/(kW · h),{kgf/(PS · h)} 보일러, 내연기관, 가스터빈 등에서 출력 1 kW{1 PS}당 1시간마다 소비되는 연료의 양.

연료장치 **fuel system** [T] 전체 연료 공급 시스템에 있어서, 액체 또는 기체 연료가 저장되는 저장소(연료탱크), 연료탱크로부터 라인을 통하여 액체 연료를 제공하는 펌프, 기체 또는 액체연료가 전달되는 파이프, 작은 분기관을 통해 연료를 분배하는 공급관을 포함하는 시스템.

연료재장전수 탱크 **refueling water storage tank** [Nu] 원자력발전소에서 핵연료를 재장전 할 때 원자로 및 주변의 핵연료 이송통로를 채우기 위한 고농도 붕산수를 저장하고 있는 탱크.

연무제, 에어로졸 **aerosol** [T] 고체 또는 액체의 미분자가 부유하고 있는 대기.

연성계 **compound gauge** [P] 양(+) 및 음(−)의 게이지 압력을 측정할 수 있는 계기.

연성모드 **coupled mode** [D] 연성진동의 형태. 연성진동(coupled vibration) 참조.

연성진동 **coupled vibration** [D] 둘 이상의 진동계가 어떤 방법으로 결합되어 서로 작용을 미치면서 진동하는 것.

연소 **combustion** [T] 공기 중 또는 산소 중에서 물질이 산화되어 불꽃을 일으키는 현상.

연소가스 **combustion gas** [T] 연료가 공기 또는 산소 공급으로 연소되어 발생하는 가스.

연소기 **combustor** [T] 가스 터빈에서는 연료분사 밸브로부터 분사되는 연료와 압축기로부터의 공기를 혼합해서 정압 연소시키는 장치.

연소기, 버너 **burner** [T] 가스나 액체 연료의 연소 기구. 연료와 공기를 적당량 혼합해서 그 분출구에 점화한다. 가스버너, 오일버너 등이 있다.

연소기내통 **combustion liner** [T] 연소기는 내통과 외통으로 구성되어 있다. 내통에 들어간 1차공기에는 연료가 분사되어 연소가 이뤄진다. 내통과 외통 사이의 통로를 지나가는 나머지 2차공기는 내통을 냉각하며, 그 중의 일부는 내통 주면(周面)에 뚫린 작은 구멍을 통해서 내통 안으로 들어가 1차공기와 함께 연소공기가 된다.

연소부하율 **special combustion intensity** [T] $J/(m^3 \cdot h)$,$\{kcal/(m^3 \cdot h)\}$ 가스터빈, 로켓 혹은 보일러 등의 연소실의 단위용적당 단위 시간의 발생열량 ($J/(m^3 \cdot h)$)$\{kcal/(m^3 \cdot h)\}$. 또는 연소

실 내압으로 나눈 값 (J/(m^3 · h · atm)) {kcal/(m^3 · h · atm)}으로 하는 경우도 있다. 연소율(combustion rate) 참조. { } 안은 중력단위.

연소생성물 combustion products [T] 연소의 결과 생긴 물질을 연소 생성물이라고 한다. 이것에는 CO_2, NO_x가 다량으로 포함된다.

연소소음 combustion noise [D] 공기 중 또는 산소 중에서 물질이 산화되어서 불꽃을 일으키며 폭발할 때 발생하는 소음. 피스톤형 내연기관에서는 연소가 간헐적으로 이루어지므로, 연소실 벽면에는 항상 변동압력이 작용한다. 이 연소에 동반하는 압력상승속도가 증가하면, 연소실 벽면을 두드리는 듯한 소음이 발생하고, 이를 총칭하여 연소소음이라 한다.

연소속도 combustion speed [T] m/s 연료혼합가스가 연소하여 그 화면이 전파하는 속도. 이것은 연소기 설계에서 화염의 위치를 일정한 곳에 고정시키는데 기본이 되는 자료가 된다.

연소실 combustion chamber [T] 1) 증기 보일러에서 연료가 타는 곳. 2) 내연기관에서 혼합 가스를 압축, 점화, 폭발시키는 곳. 이 곳을 압축실이라고도 한다.

연소온도 combustion temperature [T] K,℃ 연료가 공기 또는 산소 공급으로 연소되어 발생하는 온도.

연소율 combustion rate [T] N/(m^2 · s),{kgf/(m^2 · s)} 고체 연료가 화격자 위에서 연소할 때 화격자의 단위 면적당 단위 시간에 연소되는 연료의 양. { } 안은 중력단위.

연소율 rate of combustion [T] 연소율(combustion rate)과 같음.

연소효율 combustion efficiency [T] 연소에 의해서 실제로 발생하는 열량과 연료가 지니고 있는 전 열량(저발열량)과의 비.

연소효율 efficiency of combustion [T] 연소에 의해서 실제로 발생하는 열량과 연료가 지니고 있는 전 열량(저 발열량)과의 비.

연속 스펙트럼 continuous spectrum [G] 음압 등의 에너지가 주파수 대역 전체에 걸쳐 연속적으로 분포한 것. 선 스펙트럼과 대비되는 용어.

연속계 continuous system [D] 분포계(distributed system)라고도 불리며, 무한 수의 가능한 독립된 구성을 가지는 계이다. 계의 구성을 정의하기 위해 유한 수의 좌표를 필요로 하는 이산(집중) 파라미터 계와는 대조적으로 연속 계의 구성은 연속 공간변수(spatial variable) 또는 변수의 함수로 정의한다.

연속방정식 continuity equation [N] 질량보존 법칙을 유체역학에 적용하여 유도한 식.

연속상이완법(SOR) successive over-relaxation(SOR) [N] 유한요소법의 연립방정식의 대표적 수치해법의 한 종류로서, 차분방정식의 잔차 치 $r_{i,j}^{(n)}$을 계산하고, $r_{i,j}^{(n+1)}$이 0으로 접근하도록 수정치 $\Delta u_{i,j}^{(n)} = r_{i,j}^{(n)}/c_{i,j}^{(0)}$을 구하고, $u_{i,j}^{(n)}$을 새 값으로 개선해 나

간다. 식으로는 다음과 같이 표시된다.

$$u_{i,j}^{(n+1)} = u_{i,j}^{(n)} + \Delta u_{i,j}^{(n)}.$$

이 계산을 가속시키기 위해

$$\Delta u_{i,j}^{(n)} = -\alpha r_{i,j}^{(n)} / c_{i,j}^{(0)}$$

으로 두는 방법을 연속이완법이라고 말하며, α는 가속계수로 $1 < \alpha < 2$ 범위 내에서 개개의 문제에 적합한 값을 택한다.

연속시험 sequence test [T] 사전에 정해진 순서 또는 일정한 논리에 따라 시험하는 것.

연속식 equation of continuity [G] 연속방정식(continuity equation)과 같음.

연속운전 continuous running [G] 펌프, 송풍기, 압축기를 장시간 계속하여 운전하는 것. 단속운전(intermittent running) 참조.

연속유동 continuous flow [G] 크느젠(Knudsen) 수 K_u가 매우 작은(K_u< 0.01) 경우이며, 유체유동을 연속체의 운동으로서 해석할 수 있는 것. 일반적인 유체역학적 취급이 가능한 것. 희박유체(rarefied gas) 참조.

연쇄반응 chain reaction [Nu] 원자력에서는 핵분열의 연속적인 반응을 말함. 원자로에서 우라늄, 플루토늄 등 핵분열성 물질이 핵분열을 일으키면서 방출된 중성자가 다음의 핵분열을 일으켜 핵분열이 지속된다.

연장축 couple-extended shaft [B] 커플링을 거쳐 연장시킨 부분의 축.

연장축 extended shaft [B] 케이싱으로부터 베어링을 의도적으로 멀리 두고자 할 때 사용하는 주축.

열관류계수, 열통과율 overall heat transfer coefficient [T] W/(m^2·K),{Kcal/(m^2·h·℃)} 고체벽을 사이에 두고 온도가 서로 다른 유체가 있을 때 고온의 유체로부터 저온의 유체로 벽을 관통하여 열이 전달되는 현상을 열관류라고 하며, 여기에는 유체와 고체벽 간의 열전달과 고체벽 내의 열전도가 관계하는 데, 이때의 열유동률을 말한다. 지금 통과열량을 Q(W){kcal/h}, 전열면적을 S(m^2), 고체벽 양쪽의 유체온도를 t_a, t_b($t_b < t_a$)(K){℃}, 열관류계수를 K라고 하면 다음과 같이 표시된다. $Q = K(t_a - t_b)S$. { } 안은 중력단위.

열교환기 heat exchanger [T] 온도가 다른 2개의 유체를 직접 또는 간접으로 접촉시켜 열을 교환시키는 장치.

열교환기효율 heat-exchanger effectiveness [T] 실제 열전달율과 최대 가능 열교환율의 비. 다음과 같이 나타낸다.

$$\varepsilon = \dot{Q}_{ACT} / C_{MIN} \Delta T$$

C_{MIN}은 두 비열보다 낮고 ΔT는 두 유체의 온도 차이다.

열단위 heat unit [T] 열량의 단위. 중력단위계에서는 kcal의 단위를 사용한다. 1 kcal는 1 kgf의 순수한 물을 15℃ 언저리에서 1℃ 가열하는데 요하는 열량을 말한다. SI단위계에서는 열과 일은 같으며, 단위도 일의 단위 J과 같은 단위를 사용한다.

열단위 thermal unit, heat unit [T] 열량의 단위. J{kcal}을 단위로 사용한다. 관용적으로 1 kcal는 1 kgf의 순수한 물을 15℃ 부근에서 1℃ 높이는 데 필요한 열량을 말한다. 1 cal(15℃)=4.1855 J. SI 단위계에서는 열과 일은 J(Joul)의 단위를 사용한다. { } 안은 중력단위.

열당량 thermal equivalent [T] 어떤 에너지를 열로 환산한 열량. 일의 열당량 A는 A=1/427 kcal/(kgf · m)이다. SI 단위계에서는 열과 일은 같은 단위 Joul로 표시된다. 따라서 SI 단위계에서 열당량이란 용어는 없다. 1 J=1 kg · m^2/s^2이다.

열대류 heat convection [T] W/m^2, {kcal/(m^2 · s)} 기체나 액체 내부에서 온도차가 생기면 비중의 차로 인해 대류를 일으켜, 열이 이동하는 현상. { } 안은 중력단위.

열동식 밸브 thermostatic valve [T] 긴급차단밸브에 있어서, 가용편(可熔片)을 부착한 기구 등과 같이 설정온도를 넘으면 차단장치가 작동하는 기구의 형식.

열동식 팽창밸브 thermostatic expansion valve [T] 기름온도 상승에 의한 저유조 내의 압력상승을 방지하기 위해 안전밸브에서 밀랍 등의 열팽창에 의해 스풀(spool)을 작동시켜서 계통유를 저유조로 도피시키는 방식의 밸브.

열량 quantity of heat [T] J,{kcal} 열은 물체온도의 높고 낮음에 대한 원인이 되는 것이므로 열량은 일정조건 하에서의 어느 표준 물체의 온도변화에 의해 평가될 수 있다. 열량은 표준조건에 따라 미세한 차이는 생기지만 다음과 같은 것 들이 있다.1 {kcal}, 5℃ {kcal}, I.T. {kcal} 등. SI 단위계에서는 열과 일은 같은 단위를 사용하며, J(Joule)을 사용한다. 1 J=9.80665{kgf · m}=0.238889 {cal}. { } 안은 중력단위.

열량, 열 heat [T] J,{cal} 온도가 다른 시스템 사이에서 이동하는 에너지. 이 에너지를 정량적으로 표현하는 경우 열량이라고 부른다. 단위는 J(줄){cal}이다. { } 안은 중력단위.

열량계 calorimeter [T] 열량의 측정, 또는 물체의 비열, 잠열, 반응열 등을 측정하는데 이용된다. 종류가 대단히 많다.

열매(熱媒)펌프 heating medium pump [P] 열매(熱媒)를 이송하는 펌프.

열박막풍속계 hot-film anemometer [M] 가열물체를 유동 속에 놓으면 유속에 따라 냉각작용이 변하는 것을 이용하여 물이나 기름의 유속을 측정하는 열 식 유속계의 일종으로 열박막 프로브가 사용된다. 그 선단의 유속검출부는 열박막으로 되어 있다. 여러 형상의 작은 유리에 백금의 극히 얇은(50~100Å), 폭 0.1mm~0.2mm의 작은 띠 상태의 박판이 진공증착, 구워 붙이기, 전기도금 등의 방법으로 부착된 것. 이 양단을 프로브 본체에 연결된 리이드선에 연결하여 유속계로 이용한 것.

열발생, 열방출, 방열량 heat release [T] W/m^3,{kcal/(m^3 · s)} 노(爐) 등의

가열기에서 1초 당에 방출되는 열량을 그 체적으로 나눈 값. { } 안은 중력단위.

열변환기 thermal transducer [T] 온도 변화에 따라 저항 값이 변하는 특성을 사용하는 열전대 온도계 그리고 열전소자와 같은 계측기기. 온도 측정의 주요한 기본 도구이다.

열병합발전소 combined heat and power plant [T] 같은 에너지원으로부터 동시에 하나 이상의 유용한 에너지를 생산하는 발전소이다. 예를 들면, 열과 전기를 동시에 생산할 수 있다.

열복사 heat radiation [T] 물체가 갖는 열은 빛, 적외선 등의 전자파로 변화하여 물체에서 방사되어 공간을 전파한다. 이 전자파는 물체에 부딪치면 일부는 흡수되어서 열로 되돌아간다. 전자파로 변한 열을 복사라고 하고 또 물체가 복사를 내는 것을 복사한다고 한다. 열의 복사 및 흡수는 고체, 액체의 경우 그 표면에서, 기체의 경우는 내부의 각 점에서 이뤄진다. 복사되는 열의 양은 물체 온도가 높아지면 급격히 증가한다. 따라서 노와 같은 고온의 물체의 전열현상에서는 특히 큰 역할을 한다.

열복사 thermal radiation [T] 물체는 전자파의 형태로 열에너지를 방출하거나 흡수할 수 있다. 이것을 열복사라고 한다. 열복사는 물체의 표면 온도, 표면 물질과 관계가 있으며, 단위 면적에서 단위 시간에 복사하는 열량은 그 면의 절대 온도의 4제곱에 비례한다.

열부하 heat load [T] J/s,{kcal/s} 실내의 공기상태를 필요한 상태로 유지하기 위해 난방에 의해 단위 시간당 공급되어야 하는 열량. { } 안은 중력단위.

열부하 thermal load [T] J/(s · m^2), {kcal/(s · m^2)} 열유속과 동의어. 전열면을 통해서 단위 시간, 단위 면적 당에 가해지는, 혹은 제거되어야 하는 열량. { } 안은 중력단위.

열분석 thermal analysis [T] 물체를 외부로부터 가열하거나 냉각하면서 그 온도를 열전기온도계로 측정하면, 온도의 시간에 대한 변화는 일반적으로 매끈한 곡선으로 표시되지만 천이점이 있거나 물질의 상변화가 있는 경우의 가열 또는 냉각의 온도곡선은 그 온도에서 정지점 또는 이상변화를 나타낸다. 따라서 이 곡선으로 상의 변화 또는 천이점의 존재를 알 수 있다. 융점 및 응고점도 이 방법에 의해 구할 수 있다.

열사이펀 thermosiphon [T] 자기 증발, 온도 차 등의 열적 불균형으로 인하여 생기는 사이펀 작용.

열선풍속계 hot-wire anemometer [M] 백금선 등의 가는 금속선에 전류를 통하여 가열한 것을 유동 속에 넣으면 유속에 따라 열선의 냉각 정도가 달라져 저항이 변화하는 것을 이용한 유속계.

열소비율 specific heat consumption [T] J/(kW · h),{kcal/(kW · h)} 증기터빈의 최종단 출력(kW) 당 단위 시간에 필요한 증기의 열량. { } 안은 중력단위.

열손실 heat loss [T] 열역학 과정 중 발생하는 주위로 나가는 비가역적 열전달을 말한다.

열에너지 thermal energy [T] 내부에너지의 감열(sensible heat)과 잠열(latent heat).

열에너지저장소 thermal-energy reservoir [T] 온도 변화 없이 큰 양의 열을 공급하거나 흡수할 수 있는 충분히 큰 열용량을 갖는 몸체.

열역학 thermodynamics [T] 주로 열과 역학적 일이나 열의 평형 상태를 논하는 학문.

열역학적효율 thermodynamic efficiency [T] 랭킨사이클(Rankine cycle)의 유효효율을 말한다. 증기터빈의 입구 증기 엔탈피 i_i, 출구의 포화수 엔탈피를 i_o, 유효작업 L_e, 단열열낙차를 I_{ad}라고 할 때, 터빈의 열효율은 $\eta_t = L_e/(i_i - i_o)$과 랭킨사이클의 열효율 $\eta_R = I_{ad}/(i_i - i_o)$로 주어지므로, 유효 효율은 $\eta = L_e/I_{ad} = \eta_t/\eta_R$로 주어지고, 재열, 재생 등에 의해서 η_t, η_R의 값은 바뀌어도 위 식의 관계는 바뀌지 않으므로 이것을 열역학적 효율이라고 부른다.

열용량 heat capacity [T] J/K,{kcal/℃} 물체의 온도를 1 K{℃}만큼 높이는데 필요한 열량(J/K){kcal/℃}으로, 그 질량{중량}과 비열(J/(kg · K){kcal/(kgf · ℃)}을 곱한 값과 같다. { } 안은 중력단위.

열용량 thermal capacity, heat capacity [T] J/K,{kcal/℃} 물체의 온도를 1℃ 높이는데 소요되는 열량. 이것은 질량{중량}과 비열을 곱한 값과 같다. { } 안은 중력단위.

열원 heat source [T] 일반적으로 열을 공급하는 물체라는 뜻. 물, 공기, 증기, 연소 가스 등이 열원으로 된다.

열유동 heat flow [T] 열의 발생 및 흡수에 의해 열에너지가 이동할 때 그 열에너지의 흐름을 열흐름 또는 열유동이라고 한다.

열유속 heat flux [T] W/m^2,{$Kcal/(m^2 \cdot s)$} 어느 면을 수직으로 단위 면적, 단위 시간에 통과하는 열 흐름의 세기를 열유속이라고 한다. { } 안은 중력단위.

열유체 thermofluids [T] 열역학과 유체역학을 융합한 용어로 열전달과 물질전달도 포함한다.

열응력 thermal stress [T] N/m^2,{kgf/m^2} 재료가 온도변화에 따라 팽창 또는 수축하기 때문에 발생하는 응력. { } 안은 중력단위.

열의 일당량 mechanical equivalent of heat [T] {kgf · m/kcal} 단위 열량 {1 kcal}을 일로 환산한 값(열의 일당량 기호 : J(Joul기호가 아님)). 열량의 단위량의 단위를 {kcal}, 일의 단위 량을 {kgf · m}로 하면 1 {kcal}=427 {kgf · m}이므로, J(일 당량 기호)=427 {kgf · m/kcal}. SI 단위계에서는 열과 일은 같은 단위 J(Joul)=N · m를 사용하므로, 열의 일당량이란 개념은 필요하지 않는다. 참고로 1 {kgf · m}=9.807 Joul=2.343×10^{-3}kcal}. { } 안은 중력단위.

열장벽 thermal barrier [T] 1) 크거나 혹은 지속된 열로부터 보호하기 위해 금속 표면에 코팅을 하는 것. 이 때 코팅은

산화피막, 금속결합 코팅 그리고 세라믹 피막으로 구성된다. 2) 우레탄 스폰지 표면에 하는 절연코팅으로, 연소되는 시간동안 열전달을 감소시키는 것.

열저항 thermal resistance [T] K · s/J, {℃ · s/kcal} 물질의 두께를 δ(m), 면적을 S(m^2), 양면의 온도를 t_1, t_2(K) {℃}, 시간을 τ(s), 열전도율을 λ(W/(m · K)){kcal/(s · m · ℃)}라고 하면, 열전도량 Q(J){kcal}은

$$Q = \lambda S \frac{t_1 - t_2}{\delta} \tau$$

으로 표시된다. 위의 관계식에서 $\delta/(\lambda \cdot S)$를 열저항이라고 하며, 단위면적당 단위열량을 통과시키는데 요하는 온도구배와 같다. 그림 아-8 참조. { } 안은 중력단위.

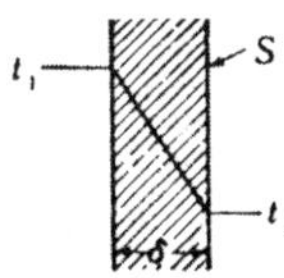

그림 아-8 열저항

열적 성질 thermal property [T] 분자의 열운동에 의해 정해지는 여러 가지 물리적 성질을 총칭하여 열적 성질이라고 한다. 압축률 β(m^2/N){m^2/kgf}, 팽창계수 κ(1/K){1/℃}, 비열 c(J/(kg · K)){kcal/(kgf · ℃)}는 물질의 상태량에 관계하는 중요한 성질이며, 열 전도율 λ(W/(m · K)){kcal/(m · s · ℃)}, 점성계수 μ(kg/(m · s)){kgf · s/m^2}, 확산계수 D(m^2/s)는 열, 운동량, 질량의 이동에 관계하는 중요한 열적 성질이다. { } 안은 중력단위.

열전달 heat transfer [T] 고체 벽면에 유체(기체, 액체)가 접하고 있는 경우, 열전도 이외에 유체 자체의 운동에 의해서도 열이 운반된다. 이것을 열전달이라고 한다.

열전달, 전열 heat transmission [T] 열이 공간의 한쪽에서 다른 장소로 전해지는 것의 총칭. 열전도, 열대류, 열복사의 3종류로 대별된다.

열전달계수 heat transfer coefficient [T] W/(m^2 · K),{cal/(h · m^2 · ℃)} 열전달률(heat transfer rate)과 같음. { } 안은 중력단위.

열전달률 heat transfer rate [T] W/(m^2 · K),{cal/(h · m^2 · ℃)} 고체 벽면에 유체(기체, 액체)가 접해 있는 경우에 열은 전도 이외에 유체 자신의 운동에 의해서도 운반되는데, 이 때 전달되는 열량은 벽의 면적, 온도차, 시간에 비례하는 상수를 열전달률이라 한다. 열전달계수(heat transfer coefficient)와 같음. { } 안은 중력단위.

열전대 thermocouple, thermoelectric couple [T] 두 종류의 금속을 조합하였을 때 접합 양단의 온도가 서로 다르면 이 두 금속 사이에 전류가 흐른다. 이 전류로 2접점 간의 온도 차를 알 수 있다. 이 열전기의 현상을 이용하여 고열로의 온도를 측정하는 장치를 열전대라 한다. 백금-백금 로듐 열전대, 크로멜-알루멜 열전대, 철-콘스탄탄 열전대, 동

-콘스탄탄 열전대 등이 있다.

열전대온도계 thermocouple thermometer [T] 열전대(thermocouple) 참조.

열전도 heat conduction [T] 온도가 다른 두 물체를 접촉시켜 놓으면 고온 측에서 저온 측으로 열이 이동하는 현상.

열전도 thermal conduction, heat conduction [T] 물질의 이동 없이 물체 안으로 열이 이동하는 현상.

열전도율 heat conductivity, thermal conductivity [T] W/(m · K),{kcal/(m · s · ℃)} 열이 물체의 내부를 분자운동에 의하여 한 부분에서 그와 인접한 다른 부분으로 차례대로 전달되는 현상을 열전도라고 하며, 이것에 의하여 전달되는 열량은 열이 전달되는 방향과 수직을 이루는 전열면적, 시간, 온도 차에 비례한다. 이 비례상수를 열전도율이라 한다. { } 안은 중력단위.

열전도율 thermal conductivity, heat conductivity [T] W/(m · K),{kcal/(s · m · ℃)} 물체의 내부를 열이 분자운동에 의해 한 부분에서 그와 인접한 다른 부분으로 차례로 전달되는 현상. 이 현상에 의하여 전달되는 열량은 열이 전달되는 방향과 수직을 이루는 전열면적, 시간, 온도차에 비례한다. 즉, 단위 면적, 단위 시간 당에 열이 이동하는 양(열유속) q는 그 면에 수직한 방향의 온도구배 $-\partial T/\partial n$에 비례한다. 즉,

$$q = -k\frac{\partial T}{\partial n}$$

위 식에서의 비례상수 κ를 열전도율이라고 하며, SI 단위로는 W/(m · K)= m · kg · $s^{-3} \cdot K^{-1}$의 차원을 갖는다. { } 안은 중력단위.

열차폐(체) thermal shield [Nu] 생체차폐체, 압력용기 등이 방사선 흡수로 인해 발생하는 열 때문에 열응력이 생겨 구조물이 손상되는데, 이를 막기 위해 구조물 안쪽에 설치되는 차폐. 차폐물로서 철, 스테인리스 스틸과 같이 밀도가 크고 용융점이 높은 금속판을 사용된다.

열처리 heat treatment [T] 금속 재료를 융점 이하의 적당한 온도로 가열하고 냉각 속도를 가감해서 필요로 하는 조직, 성질을 갖추도록 조작하는 행위. 담금질, 풀림, 불림, 뜨임 처리 등이 있다.

열출력 thermal power, thermal output [T] 전기출력, 즉 발전기에 있어서의 단위시간당의 전기량과 구별하여 단위 시간당의 얻을 수 있는 열량을 나타낸다. 열출력의 단위는 W, kW, MW 등이 사용되고 있다.

열충격 thermal shock [T] 물체에 갑자기 가열 또는 냉각 등 충격적인 온도 변화가 가해지면 비정상적인 온도 분포가 생기고, 그 때문에 커다란 열응력이나 열 변형이 생기는 것. 이때, 취성재료의 경우는 그것이 흡수할 수 있는 열변형이 적기 때문에 종종 1회 또는 몇 번의 열응력의 반복으로 파괴에 이르게 된다. 이것을 열충격 파괴라고 한다.

열충격계수 coefficient of thermal shock [T] 물체에 충격적인 온도변화가 가해지면 비정상적인 온도변화가 나타나고, 그

로 인해 커다란 열 응력이나 열 변형이 발생한다. 이것을 열충격이라고 한다. 이 때 취성재료에 있어서는 열 변형을 흡수할 수 있는 능력이 적어서 종종 1회 또는 몇 번의 열응력 반복에 의해 파괴된다. 1회의 열충격으로 파괴되는 열응력을 기준으로 열충격의 강도를 나타낸다.

열통과식 열교환기 direct-transfer-type heat exchanger [T] 고온, 저온 유체가 평판이나 관벽을 거쳐 접촉하는 일없이 열만을 통과시켜 열교환하는 것을 말한다. 주로 화합성이 강하지 않은 유체끼리 사용한다. 간접식 열교환기(indirect-transfer-type heat exchanger) 참조.

열팽창 thermal expansion [T] 온도의 변화에 따라서 유체 또는 재료의 길이나, 부피가 증대하는 현상.

열평형 thermal equilibrium [T] 열적으로 완전히 평행한 상태, 즉 고립계에 있어서는 계 내의 온도가 완전히 일정한 상태이며 계의 여러 가지의 물리량이 변하지 않게 된 상태를 말한다. 화학반응을 수반하지 않는 경우는 온도가 일정하게 된 상태가 열평형상태이지만, 화학반응 또는 상변화를 수반하는 경우는 깁스(J.W. Gibbs)의 자유에너지가 극소여야 한다. 이 조건에서 그 상의 평형상태의 압력이 온도간의 함수로 유도된다.

열평형, 열정산 heat-balance [T] 연료가 가지고 있는 열량 중 얼마만큼 유효하게 이용되고 어떤 열 손실이 얼마만큼 발생하였는가를 조사하여 열량의 출입을 정산하는 것.

열피로 thermal fatigue [T] 연성물질이 반복되는 온도사이클(temperature cycle)로 인하여 발생되는 피로.

열해리 thermal dissociation [T] 열을 가함으로써 하나의 분자는 그보다 작은 분자, 원자 또는 이온 등으로 분해하며, 더구나 상황에 따라서는 그 분해가 역행할 수 있는 경우, 그 현상을 열해리라고 한다. 또, 이 때 외부로부터 공급되는 열에너지를 해리열이라고 한다. 반응 물질과 생성 물질 사이에는 평형 관계가 성립하며, 일반적으로 온도가 높을수록 빨리 평형에 도달한다.

열확산율 thermal diffusivity [T] 혼합기체 혹은 용액에서 온도가 균일하지 않을 때, 이것으로 인해 농도에 기울기가 생긴다. 이와 같이 한 쪽의 성분을 고온 측에 다른 쪽의 것을 저온 쪽으로 이동시키는 현상의 정도.

열회수 heat recovery [T] 버려져야 할 열을 적당한 방법으로 그 일부를 이용하는 것.

열효율 thermal efficiency [Nu,T] 1) 엔진이나 터빈과 같은 열기관에서 1사이클 당 외부에 행하는 일을 L이라고 하고, 외부로부터 공급된 열량을 Q_1, 외부에 버려지는 열량을 Q_2라고 하면, 열역학 제 1법칙에 의해 $Q_1 = L + Q_2$의 관계가 있다. 이때의 열효율은 $\eta = L/Q_1 = 1 - Q_2/Q_1$. 또 냉동기와 같이 열기관의 사이클과 반대의 경우는 외부로부터 일 L이 공급되고 저온물체로부터 열량 Q_2를 흡수하고 고온물체에 $Q_1 = L + Q_2$를 배출한다. 따라서 냉동기의 경우는

Q_2/L의 값이 큰 것이 바람직하고, 이것을 냉동기의 성적계수 ε라고 하며, 열효율과 구별된다.

$$\varepsilon = Q_2/L = Q_2/(Q_1 - Q_2).$$

2) 발전소의 열효율은 증기조건, 열사이클, 설비의 성능, 부하조건, 운용기술 등에 따라 변한다.

염도차발전 Salinity difference(gradient) energy conversion [S] 해수와 담수의 염도차를 이용하여 밀도가 다른 두 액체가 갖고 있는 삼투압, 농담전위차, 혼합에 의한 희석열 및 흡수열 등을 이용하여 발전하는 방식.

염소처리 chlorine treatment [E] 염소 또는 염소화합물이 가진 산화작용이나 살균작용에 의하여 행해지는 정수처리.

영 계수, 탄성계수 Young's modulus, elastic modulus [D] 수직응력 σ와 변형 ε사이에는 $\sigma = E\varepsilon$ 또는 전단응력 τ와 전단변형 γ 사이에는 $\tau = G \cdot \gamma$ 의 관계가 있다. 이때 E와 G는 탄성계수라고 하며, 전자를 세로 탄성계수 또는 영 계수, 후자를 가로 탄성계수라고 한다. 탄성계수(elastic modulus) 참조.

영국 가스터빈협회 National Gas Turbine Establishment, NGTE [G] 영국 가스터빈 협회를 의미하며, 여기서 개발한 NGTE익형이라는 익형이 있다.

영국규격, BS British Standards, BS [G] 영국규격협회에서 공포하는 영국의 국가 규격.

영국식 열량 단위 British thermal unit (BTU) [T] BTU 영국, 미국에서 사용되고 있는 피트, 파운드 법에 의한 열량단위. 1파운드의 물을 1°F만큼 높이는데 소요되는 열량.

영점 zero point [M] 측정량의 값이 “영”인 지시치 혹은 눈금의 위치.

영점오차 zero error [M] 측정량의 값이 “영”인 지시치 혹은 눈금의 위치에서 발생하는 오차.

영점조정 zero adjustment [M] 측정하기 전에 지시치 혹은 눈금의 위치가 “영”을 가리키도록 조정하는 행위.

영향계수 influence coefficient [D] 선형계에서는 Maxwell의 상반정리에 의해, 점 j에서의 단위 힘에 대한 점 i에서의 변위는, 점 i에서의 단위 힘에 대한 점 j에서의 변위와 같고 $a_{ij} = a_{ji}$ 의 관계가 얻어진다. 여기서 임의의 힘 F_i와 F_j에 대해서 a_{ij}는 힘 F_i, F_j의 영향이 변위 x_i와 x_j의 크기에 미치는 비율을 표시하므로, a_{ij}를 유연성(flexibility)영향계수라 한다. 여러 개의 힘 $F_k(k=1, 2, \cdots, n)$가 작용하는 경우는 임의점 i에서 전체 변위 x_i는 각각의 힘의 효과를 고려하여 다음과 같이 구할 수 있다.

$$x_i = \sum_{j=1}^{n} a_{ij} F_j \, (i = 1,2,\cdots,n)$$

영향량 influence quantity [M] 측정량은 아니지만, 측정의 결과에 영향을 주는 양. 측정기기의 단기간 변동과 같은 현상과 주위 온도, 대기압 및 습도 등의 양 뿐만 아니라 측정결과에 영향을 주는 측정표준기, 표준물질 및 참고자료에 관련된 값도 포함된다.

옆구멍 side port [C] 회전압축기에서 사이드커버에 뚫려진 흡입 또는 토출의 개구부.

예냉기, 예냉탑 precooler [T] 기체를 냉각하고, 동시에 기체 중의 먼지를 제거하는 장치. 탑 내부에 설치된 분무기 노즐에서의 냉각 수를 기체에 직접 접촉시키고 기체를 냉각하는 탑. 예냉탑 다음에 일리미네이터를 설치하고, 기체 중의 수적을 제거하고 퀜으로 흡인시킨다. 예를 들어 제철소에서 고로 가스의 냉각·제진용으로 사용된다.

예비 송풍기 back-up exhauster [A] 상용이 아닌 비상시 가동을 위해 준비된 송풍기.

예상소음 predicted noise [B,G] 송풍기, 압축기를 설계할 때 사전에 예상되는 소음. 이 예상소음은 퀜의 비소음에서 구할 수 있다. 비소음(specific sound level) 참조.

예선회 prerotation [P] 임펠러에 유입하는 액체가 임펠러 직전에 선회하는 것.

예선회 prewhirl [B] 임펠러입구에서 선회속도를 갖는 상태.

예압(베어링의), 예하중 preload [T] 베어링의 강성을 증대시키거나 또는 틈새를 없애는 (운반시의 미동, 마모 방지) 등의 목적으로 미리 전동체에 주어지는 하중.

예압펌프 suction booster pump [P] 펌프에 필요한 유효흡입헤드(NPSH)를 주기 위해서, 그 흡입 쪽에 설치되는 펌프.

예연소실 precombustion chamber [T] 연소실 부속의 예비 연소실. 자동차용 디젤기관 등에 널리 사용되고 있다.

예열 warm up, warming up [P,B] 고온용의 펌프, 송풍기 및 압축기를 시동전에 미리 소정의 온도까지 가열하는 운전.

예열공기 preheated air [T] 열효율을 높이기 위해 폐열을 이용하여 예열된 흡입공기.

예열기 preheater [T] 미리 물질을 가열하기 위한 장치. 예를 들면 보일러 장치의 경우 급수를 예열하는 이코노마이저, 공기를 예열하는 공기가열기, 연료유를 예열하는 중유가열기 등이 있다.

예혼합가스버너 pre-mix gas burner [T] 예혼합화염이 발생하기전 가스연료와 산화제가 섞이는 연소 공간.

예혼합연소 pre-mixture combustion [T] 연료와 공기를 연소실에서 점화되기 전에 혼합시켜서 연소시키는 것.

예혼합화염 premixed flame [T] 연료가 불꽃에 진입하기 전에 공기(또는 산화제)와 충분히 혼합되어 있는 경우에 형성되는 불꽃을 예혼합 화염이라고 한다.

오(5)공형 피토관 spherical Pitot tube with five holes [M] 유속측정에 사용되는 피토관의 일종. 피토관의 축 선단에 직경 수 mm 정도의 구형의 머리부분을 가지며, 그 상류 측 표면에 한 개의 전압측정용 구멍, 그 양측의 수평방향 2점 및 그 수직방향 상하 2점에 뚫린 구멍, 합계 5개가 있다. 둥근 형의 머리부분을 유동방향으로 향하게 하고 5개점의 압력을 측정함으로써 유속 및 유동의 방향을 구할 수 있다. 3차원 유동의 유속측정에 적합하다.

오(O)링 O ring [T] 원형 단면을 갖는 링형의 스퀴즈(squeeze)패킹. 주로 유체기계 고정부의 가스킷이나 운동부의 패킹으로 사용된다. 실(seal) 기구로서 신뢰성이 높고, 기기의 소형화, 저가격화를 위해 이용된다. 스퀴즈패킹(squeeze packing) 참조.

오(O)링 플랜지 O ring flange [T] 유체 누출이 없도록 플랜지(부품의 보강 또는 이음을 위하여 부품의 끝 또는 접합부 주위에 붙인 둥근 테두리) 중간에 O링을 끼워서 연결하는 이음 방식.

오류확산 false diffusion [N] 수치해석에서 확산항이 없는 순수 대류방정식을 이산화하고 계산 할 때 상류도식방법으로 이산화하여 계산하는 경우에 상류도식방법이 1차의 정확도를 가지기 때문에 계산 과정에서의 오류로 인한 계산 결과의 오차가 주변으로 확산되는 것 같이 보이는 것을 말한다. 상류도식방법에서 격자의 조밀도를 높이면 오류확산의 정도를 줄일 수 있다.

오리피스 orifice [T,M] 수조의 바닥 또는 측면에 뚫은 구멍에서 유체가 유출할 경우 이 구멍을 오리피스라고 한다. 또 유체를 보내는 관내에 관내 지름보다 작은 구멍을 갖는 판을 설치하여 이 구멍을 통해서 유체를 보내는 경우에도 이를 오리피스라고 한다.

오리피스 개구비 area ratio of orifice [M] 관내 오리피스 판에서 오리피스 판의 단면적과 관의 단면적과의 비. 오리피스 판의 유량계수는 주로 이 값에 의해 정해지므로 오리피스판으로서 가장 중요한 양(변수)이다.

오리피스 유량계 orifice flow meter, orifice meter [M] 차압식 유량계의 일종으로, 차압을 발생시키기 위해 유체의 유동 방향과 수직으로 오리피스 판을 관내에 삽입하고, 오리피스 양측의 수두를 측정하여 유량을 알아내는 계기.

오리피스 직경 orifice diameter [M] m 오리피스 판에 뚫려 있는 구멍의 직경.

오리피스 직경 레이놀즈수 orifice diameter Reynolds number [M] 오리피스 유량계의 유량계산을 할 때 사용하는 무차원 수로서 레이놀즈(Reynolds)수가 정의되는데, 여기서 사용되는 대표길이로서, 다음과 같이 오리피스직경 d가 사용된다.

$$Re_d = Vd/\nu$$

여기에서, V는 유체평균속도, ν는 유체의 동점성계수이다.

오리피스판 orifice plate [M] 유체가 가속되게 하기 위해 특정 규격에 따라 구멍이 뚫린 판. 그림 아-9 참조.

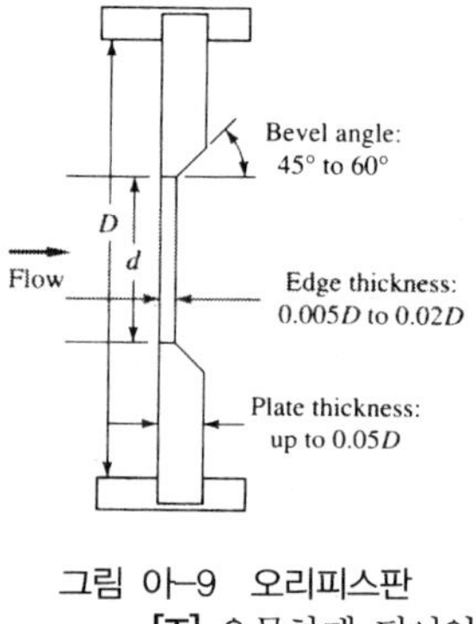

그림 아-9 오리피스판

오목 concave [T] 오목하게 되어있는 표면. 볼록한 표면은 convex이라고 한다.

오목렌즈, 미니스커스 meniscus [M] 모세관 내의 액체의 표면이 모세관 현상에 의하여 형성되는 곡면. 즉, 관벽을 따라서 주위가 중앙에 비하여 올라가거나 내려감으로써 생기는 곡면.

오버올레벨 overall level [G] dB 주파수 분석에서 측정되는 각 밴드레벨에 대하여 이들을 합성하여 얻어지는 전 주파수대역에 대한 음압레벨.

오버플로 파이프 overflow pipe [T,G] 물이나 기름 탱크 등의 최고 액면 위치에 열린 유출 입구단을 가진 파이프. 액면이 최고 액면 위치보다 높아지는 것을 방지한다.

오버플로, 넘침 overflow [T] 일반적으로 액체 등이 넘쳐흐르는 것.

오버홀 overhaul [G] 기기를 분해, 검사, 수리하는 것.

오벌기어유량계 oval gear meter [M] 서로 맞물려서 회전하는 타원형 단면의 두 개의 회전자 사이에 유체가 끼어 들어가 회전자와 함께 유체가 돌면서 출구에서 빠져나가도록 고안된 장치로, 회전자의 회전수로 유량을 결정하도록 되어 있는 유량계.

오수(폐수) wastewater [E] 액체성 또는 고체성 폐기물이 혼입되어 그대로 사용할 수 없는 물.

오수정화시설 sewage purification facility [E] 오수를 침전 · 분해 등 환경부령이 정하는 방법에 의하여 정화하는 시설.

오수펌프 sewage pump [P] 오수를 이송하는 펌프.

오실로스코프 oscilloscope [D] 센서에서 검출된 반복 또는 천이 출력신호, 즉 전압변화가 설정된 트리거(trigger) 레벨에 도달했을 때부터 스위프를 시작하고, 횡축의 시간축의 스케일을 조절함으로써 출력신호를 가시화할 수 있게 한 측정기.

오염, 컨태미네이션 contamination [T] 관리 구역 내에 오염 요인물이 존재한다든지 대상으로 하고 있는 물체 또는 물질에 오염 요인물이 부착 또는 혼입하고 있는 상태를 일반적으로 오염이라고 한다.

오염계수 fouling factor [T] 열교환기의 전열면에 스케일이 부착하면 부가적인 전열저항이 된다. 스케일의 두께와 열전도율의 추정은 어려우므로 열전달에의 영향으로 등가한 열전달률 또는 그 역수의 저항으로 나타낸다. 이 열저항의 값을 오염계수라 한다.

오염공기 foul air [T] 티끌, 먼지, 탄산가스, 유해가스, 악취 등을 함유한 오염된 공기.

오염물, 컨태미넌트 contaminant [T] 물질, 기재 또는 시스템에 부착 또는 혼입하여 바람직하지 않은 영향을 주는 물질. 오염 요인물의 형태에는 고체 입자상, 섬유상, 연질 수지상, 액상, 가스상의 것 들이 있다.

오염저항 fouling resistance [G] 유로 압력손실의 오염물에 의한 증대 분.

오일댐퍼 oil damper [D] 유압을 이용하여 진동계에 감쇠력을 주는 장치. 보통 기름이 차있는 실린더와 밸브 또는 오리피스를 갖춘 피스톤으로 구성되어 있다.

오일러 방정식 Euler equation [N] 유체기계의 터빈 혹은 항공기의 외부유동과 같은 고속 유동장에서 점성효과의 영향이 미미하거나 또는 유체점성이 관성에 비해 아주 작아서 레이놀즈 수가 매우 크거나 무한대의 경우에는 점성의 영향을 무시할 수 있다. 이와 같이 압력과 속도 변수를 포함한 비점성 운동 방정식으로 표현될 수 있고, 이를 오일러 방정식(Euler equation)이라고 한다.

오일러 현시법 explicit Euler method [N] 공간에 대해서는 중앙차분법, 시간에 대해서는 전진시간 차분법을 사용한 기본 차분 방법으로 FTCS(Forward time & Central Space) 수치 기법으로도 불리운다. 한편 하나의 대수 방정식으로 다음 시간단계의 하나의 미지수를 바로 결정할 수 있으므로 현시법이라고 불리운다. 이 방법은 무조건적으로 불안정하므로 해를 구할 수 없다. 따라서 안정적의 해의 계산을 위해서는 전진시간 미분 시 사용되는 현재의 격자점 값을 공간상의 평균값으로 대치(Lax-Friedrich Scheme) 하는 등 다양한 수정 기법이 필요하다.

오일러 수 Euler number [G] 유체역학에서 사용되는 무차원 수의 하나이며, 압력에 의한 힘과 관성력과의 비를 의미한다.

오일러 암시해법 implicit Euler method [N] 현시법에서는 단순히 사칙(四則)연산을 하면 새로운 시간스텝에서의 미지수를 구할 수 있는데 반해, 암시법에서는 연립한 대수방정식, 즉 이산화 방정식을 풀 필요가 있다. 즉, 행렬을 효율적으로 풀어야 한다. 수치유체의 계산에서는 일반적으로 행렬이 대형으로 되고, 또한 비선형 방정식으로 인해 계수에 미지수가 포함되어 있기 때문에 직접적으로 역 행렬을 푸는 방법은 사용되지 않고 반복계산에 의한 간접적인 방법이 사용된다. 현시법에서는 안정조건의 제약 때문에 일반적으로 Δt를 Courant 수 1 이상으로 취할 수 없다. 실제문제에 있어서는 부등간격격자를 사용하여 정상 유동을 구하는 일이 많다. 그와 같은 경우에 비정상방정식을 풀어 $t \to \infty$에서의 점근적 정상해를 얻게 데는데, 이때 Δt는 최소격자 폭에 의해 제약되므로 매우 많은 시간스텝수가 요구된다. 이와 같은 문제에 대해서 암시법은 안정조건이 엄격하지 않아 Courant 수를 1이상으로 취할 수 있으므로 현시법보다 계산여건이 좋다. 이와 같이 계산하는 방법을 Euler 암시해법이라 한다.

오일러의 이론헤드 Euler's head(Euler's equation) [G] 일정한 각속도 ω로 회전하고 있는 회전차에 유량 Q[m^3/s] 가 유입하고 있다. 이때의 회전 차 입구, 출구에서의 물의 절대속도를 v_1, v_2 (m/s), 회전차의 입구, 출구에서의 원주 속도를 u_1, u_2(m/s)라고 하면 그림 (1)과 같은 속도삼각형이 그려진다. 그림의 w_1, w_2(m/s)는 회전차에 대한 물의 상대속도이다. 상대속도의 방향은 회전차의 깃수가 무한대의 경우 깃의 방향과 같다고 볼 수 있다. 이 경우에 회전차가 물에 전달하는 토크 T(N · m)는 운동량의 법칙으로부터 그림 (2)의 기호를 사용하면 다음과 같이 표시된다.

$$T = \rho Q(r_2 v_2 \cos\alpha_2 - r_1 v_1 \cos\alpha_1)\ [N \cdot m] \quad \cdots(1)$$

여기서 ρ는 물의 밀도(kg/m^3)을 나타낸다. 회전차가 유체에 전달하는 동력을 L이라고 하면 L=ωT(N · m/s)로 표시된다. 이 동력이 모두 유체에 부여되어서 손실없이 단위질량당 유효한 에너지(헤드) $H_{th\infty}$ {m^2/s^2}, 단위중량당의 에너지로는 $H'_{th\infty}$ {m}로 변환된다고 하면, 동력 L은 $L = \rho Q H_{th\infty}$, 또는 $L = \rho g Q H'_{th\infty}$과 같이 나타낼 수도 있다. 위의 L에 관한 두 가지 형태의 식으로부터 다음 관계식이 도출된다.

$$H_{th\infty} = \frac{L}{\rho Q} = \frac{\omega T}{\rho Q}\left(\frac{m^2}{s^2}\right),$$

$$\left\{H'_{th\infty} = \frac{L}{\rho g Q} = \frac{\omega T}{\rho g Q}\ \{m\}\right\} \quad \cdots(2)$$

식 (2)에 식 (1)을 대입하고, 회전차의 입출구의 주속도 $u_1 = \omega r_1$, $u_2 = \omega r_2$의 관계식과 그림 (2)의 기호 $v_2 \cos\alpha_2 = v_{u2}$, $v_1 \cos\alpha_1 = v_{u1}$을 이용하면 $H_{th\infty}$는 다음 식과 같이 표시될 수 있다. 이를 오일러의 이론헤드라고 한다.

$$H_{th\infty} = (u_2 v_{u2} - u_1 v_{u1})\left(\frac{m^2}{s^2}\right),$$

$$\left\{H'_{th\infty} = \frac{1}{g}(u_2 v_{u2} - u_1 v_{u1})\right\}\ (m) \quad \cdots(3)$$

그림 아-10 참조.

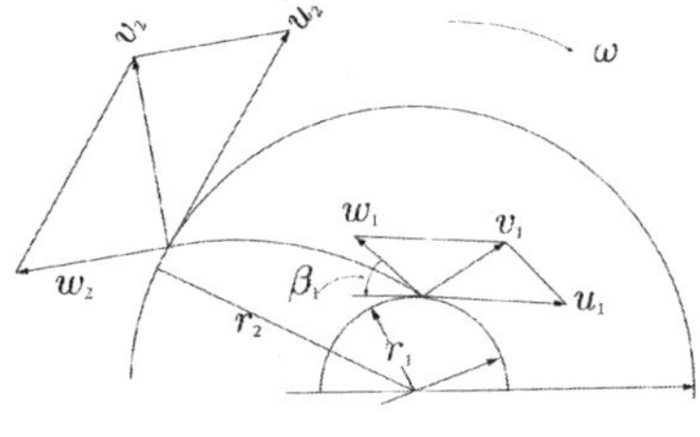

(1) 회전차의 속도선도

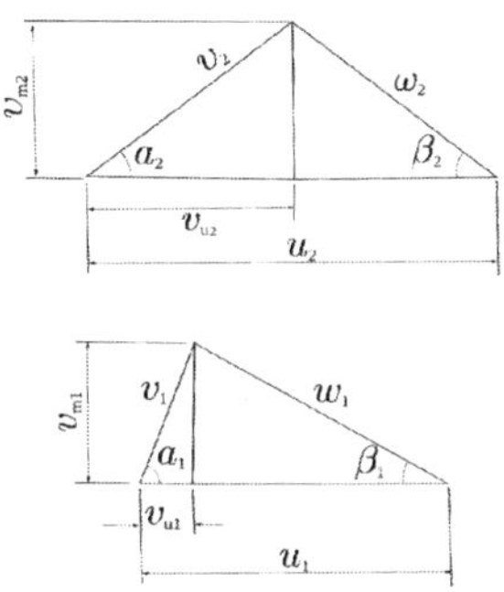

(2) 깃의 입구, 출구에서의 속도삼각형

그림 아-10 오일러의 이론헤드

오일링 oil ring [G] 기름윤활형 수평축 급유장치의 하나. 링 상태로 주축에 걸려있고, 하단 부분은 베어링 케이스 바닥의 공간에 모아있는 기름 안에 잠긴 상태로 주축의 회전과 함께 이 링도 함께 회전하고 자동적으로 기름을 긁어올려 베어링을 윤활하는 것. 중속도 이하의 수평축 펌프, 송풍기의 미끄럼베어링에 널리 사용되고 있다.

오일링 베어링유닛 oil ring bearing unit [B] 윤활유를 오일링으로 급유하는 베어링 유닛.

오일분사식 oil injection type [B] 회전 압축기의 케이싱 내에 주유하여 기체를 냉각하는 방식.

오일선회 oil whirl [D,B] 미끄럼 베어링에서 윤활유의 유동으로 인해 일어나는 축의 강체 휘돌림 현상.

오일 실 oil seal [P] 회전 또는 왕복 운동하는 축으로부터의 압력이 없는 윤활유의 누설, 외부로부터의 이물질의 침입을 막기 위한 패킹의 일종. 밀봉작용을 하는 탄성체로는 고무, 가죽, 비닐 등이 사용되며, 일정한 힘을 주는 스프링과 이들을 수용하는 금속링 등으로 구성되어 있음. 마모성을 고려해야 하는 필요성에서 축의 주속도에 한계가 있으며, 그 한계는 최고 약 25 m/s임.

오일필름실 oil film seal [B] 축과 링 또는 부시 사이의 미소 틈새 사이에 유막을 형성하는 비접촉형의 축 밀봉방법. 부도 B-7 참조.

오일필터 oil filter [G] 윤활유나 유압작동유에 혼입되어 있는 금속가루, 먼지, 기타 불순물을 여과하여 제거하는 장치.

오일 휩 oil whip, oil whipping [P] 미끄럼 베어링으로 지지된 축계에서 축과 베어링 틈새의 윤활작용에 의해 발생하는 자려진동이며, 축계의 고유진동수의 약 두 배의 회전수에서 발생하며, 그 진동수는 축계의 그 회전수에서의 고유진동수가 됨. 오일 휩을 막기 위해 다 원호 베어링, 압력 댐 베어링, 틸팅패드 베어링 등이 사용된다.

오존 ozone [E] 산소의 동소체, 원소기호, 분자량 48.00, 녹는점 −193℃, 끓는점 −110.51℃, 비중 2.144. 특유한 냄새 때문에 '냄새를 맡다'를 뜻하는 그리스어 ozein을 따서 명명되었다. 상온에서는 약간 청색을 띠는 기체이나, 액체가 될 때는 흑청색, 고체가 될 때는 암자색을 띰.

오존발생기 ozonizer [E] 무성방전(無聲放電), 용액의 전기분해 등을 이용해서 인공적으로 오존을 발생시키는 장치.

오존처리 ozone treatment [E] 오존을 이용하여 물 속의 무기물 및 유기물 등을 산화시키는 처리방법.

오지(OG)팬 OG blower [B] 제철소의 산소분사전로에서 나오는 가스를 회수하는데 사용되는 블로워. 분사전로(Linz Donawitz : LD법)에서 배출되는 가스는 폐열보일러, 집진기를 거쳐 이 블로워에 의해 흡인되며, 연료로서 이용되고 난 후 굴뚝에서 방출된다. 지금까지 버려지고 있었던 것을 회수하는 이 장치를 OG장치(oxygen converter gas recovery process)라고 한다. 단단 원심 블로워가 사용되지만 부착성이 매우 강한 더스트가 흡입되기 때문에 때로는 회전차를 고압의 분사수로 세정해 줄 필요가 있다.

오차 error [M] 측정결과에서 측정량의 참값을 뺀 값. 참값은 구할 수 없으므로, 실제로는 협정 참값이 사용된다. 오차와 상대오차를 구별할 필요가 있을 때, 오차는 종종 측정의 절대오차를 뜻한다. 측정의 절대오차를 오차의 크기를 나타내는 오차의 절대값과 혼동해서는 안 된다.

오차한계 error limit [M] 설계 시 혹은 사용 시에 벗어나면 안 되는 최대 혹은 최소의 오차.

오프셋 offset [T] 빗나감. 편심, 엇갈림을 뜻하는 말. 1) 하이포이드 기어 또는 엇갈린 축, 페이스 기어(face gear)의 축간 최단 거리. 2) 스텝 응답에 있어서 제어량이 안정되었을 때에 생기는 제어 편차를 말한다. 예 : offset pipe라 함은 편심 관을 의미하며, 관의 양단 부의 출입구 중심선이 일직선상에 있지 않고 일정 치수만큼 한쪽으로 편심되어 있는 것을 뜻함.

옥내투입구 indoor disposal inlet (IDI) [A] 옥내에서 폐기물을 투입하는 투입 시설 방식.

옥외투입구 outdoor disposal inlet (ODI) [A] 옥외에서 폐기물을 투입하는 투입 시설 방식.

옥타브 octave [B,G] 어떤 주파수와 그 주파수의 두 배의 주파수와의 차를 옥타브라고 함. 옥타브대역필터(octave-bandwidth filter) 참조.

옥타브대역 소음해석 octave-band noise analysis [B,G] 소음의 주파수분석에서 주파수 범위를 1옥타브 대역별로 분할하여 각 대역의 음압레벨을 측정하는 해석방법. 주파수 대역을 좁게 분석하는 것으로는 1/3옥타브, 협대역, 연속주파수 등의 분석이 있다.

옥타브대역필터, 1옥타브필터 octave-bandwidth filter, one-octave filter [D] 소음을 분석하는 경우 주파수 폭을 1옥타브 폭으로 전 주파수 대역을 분할하여, 이들 옥타브마다의 주파수성분만을 통과시키는 기기(필터). 일반적으로 각 옥타브 대역의 중심주파수는 63, 125, 500, 1000, 2000, 4000, 8000 Hz로 한다.

온도 temperature [T] K,℃ 물체의 차고, 따듯함의 정도를 적당한 표준에 따라 수량적으로 나타낸 것. 표준대기압에서 얼음의 융해점과 물의 비등점의 두 정점을 0도와 100도라고 하고 100등분 한 것이 섭씨(Centigrade scale), ℃이며, 두 정점을 32도와 212도로 하고, 180등분 한 것이 화씨(Fahrenheit scale), °F, 두 정점을 0도와 80도로 하고 80등분 한 것이 랭킹(Rankine scale), °R, 물의 3중점의 열역학적 온도의 273.16 분의 1을 절대온도 켈빈(Kervin), K라고 한다. 이들 온도 사이에는 다음의 관계가 있다. t를 ℃라고 하면, $°F=(9/5)t+32$, $°R=(9/5)(t+273.15)$, $K=t+273.15$.

온도 스위치 temperature switch [A] 온도를 바이메탈 등으로 검출하고, 온도의 변화에 따라 접점을 개폐시키는 장치.

온도경계층 thermal boundary layer [T] 온도차가 있는 고체와 액체가 접할 때 고체에 접하는 유체의 부분에 생기는 온도 변화의 층. 이 온도경계층의 두께는 유체의 속도, 유동상태, 층류 또는 난류 등에 의해 영향을 받으며, 열 전달률은 이 온도 경계층에 의해서 정해진다.

온도계 thermometer [T] 물체의 온도를 측정하는 계기이며, 기체, 액체의 온도에 의한 체적변화를 이용하는 것, 온도에 의한 전기저항의 변화를 이용하는 것, 열전대를 이용하는 것 등이 있다. 눈금에는 F(화씨) 눈금과 C(섭씨) 눈금의 두 종류가 있다. SI 단위로는 Kelvine (K)을 사용한다. $T^{\circ}C = (t + 273.15)K$, $|1^{\circ}C| = |1K|$, $|1^{\circ}F| = |(5/9)K|$. 온도(temperature) 참조.

온도구배 temperature gradient [T] K/m 재료의 한 지점에서의 온도 변화율로 벡터량이다.

온도보정 계수 temperature correction factor [F] 막여과 조작온도에서의 막투과량을 표준온도(25℃) 조건으로 환산하는 계수이다. 막의 투과성능은 동일 차압에서도 수온에 따라 달라진다. 수온이 상승하면 물의 점성이 낮아지고, 막투과량은 증가한다. 따라서 막의 투과성능 평가를 위해서는 동일한 표준 온도 조건에서 비교한다.

온도상승계수 temperature rise factor [C] 일계수(work input coefficient)와 같음.

온도상승비 temperature rise ratio [C] 단열온도효율(adiabatic temperature efficiency)과 같음.

온도입구구간 thermal entrance region [T] m 관내의 열전달에 있어 어떤 점에서 가열이 개시되었다고 하면 유체 흐름의 진행과 더불어 온도 경계층이 벽면을 따라 발달하고 가열 개시 후 어떤 거리를 거친 다음 온도 경계층이 관내의 중심에 이르게 된다. 이 구간을 온도 입구구간이라 한다.

온도전송기 temperature transmitter [M] 온도와 연관된 신호를 감지하여 이 신호를 변형하고 전송할 수 있도록 제작된 기기.

온도조절기 temperature controller [T] 온수기에서 서머스탯(thermostat)으로 가열증기의 양을 조절하여 온수의 온도를 제어하듯이 일반적으로 온도를 조절하는 기구를 말한다.

온도차 temperature difference [T] K, ℃ 온도의 차를 말한다. 2점의 온도차를 재는 방법으로, 열전식 온도차계에 의한 방법, 측온(測溫) 저항체를 사용한 브리지 회로에 의한 방법 등이 있다. 온도계(thermometer) 참조.

온도측정 thermometry [T] 온도계에는 열전대온도계, 저항온도계, 액체온도계 등이 있다. 액체는 열전달이 좋으므로 거의 정확하게 온도측정이 되지만, 기체의 경우는 열전달이 좋지 않으므로 감온부로부터의 복사 및 열전도에 의한 열손실이 많아 이들의 손실에 의한 오차에 주의해야 한다. 기체의 경우는 Mach 수가 커지면 전온도 T_0와 정온도 T의 차이가 커진다. 보통 단순히 온도라고 하면 정온도를 가리킨다. 전온도와 정온도 사이의 관계는 $T_0 = T + U^2/(2c_p)$이다. 단, U는 유체의 속도, c_p는 정압비열이다.

온도회복계수 temperature recovery factor [C] 기체유동 속에 온도계를 넣어 온도를 계측하는 경우에 다음 식으로 표시되는 계수 α를 말한다.

$$\alpha = \frac{T'_t - T_s}{T_t - T_s} = \frac{T'_t - T_s}{\frac{V^2}{2c_p}}, \left\{ = \frac{T'_t - T_s}{\frac{1}{Jc_p} \cdot \frac{V^2}{2g}} \right\}$$

여기서, α : 온도회복계수, T_t' : 감온부 표면에서의 기체온도(K){℃}, T_s : 정온도(K){℃}, T_t : 전온도(K){℃}, V : 유속(m/s), c_p : 정압비열(J/(kg · K)){kcal/kgf · ℃}, g : 중력가속도(m/s^2), J : 열의 일당량{kgf · m/kcal}. α는 온도계의 기하학적 형상, 기체의 레이놀즈(Reynolds) 수, 마하 수, 프란틀(Prandtl) 수 등의 함수이다. { } 안은 중력단위.

온오프작동 on-off operation [G] 제어해야할 양이 일정한 범위 내에 유지되도록 기계의 시동, 정지를 자동적으로 하는 제어. 예를 들어 압력탱크 내의 압력을 검출하여 하한 치에 도달하면 펌프는 자동으로 시동하고, 상한 치에 도달하면 자동적으로 멈추게 함으로써 압력탱크 내의 압력을 일정한 범위 내에 유지하도록 하는 제어. 구조가 간단하고 저렴하게 할 수 있는 제어로서 많이 쓰이고 있다.

와관 vortex tube [T] 모든 점에서 와도의 벡터에 접하고 있는 곡선을 와선이라고 하며, 와선의 포락면으로 된 관을 와관이라고 한다. 와관의 단면적과 단면적 내의 와도와의 곱을 와류의 강도라고 한다. 이 와도의 강도는 한 개의 와관 내에서는 길이 방향에 따라 어느 곳에서나 일정하며, 시간에 따라서 변하지 않는다. 또 와관의 말단은 유체 중에 존재하지 않으므로 끝이 연결된 링 상태가 되거나 고체 등의 경계면 상에서 끝나야 한다.

와도 vorticity [P,T] 1/s 유동하고 있는 유체의 미소부분은 일반적으로 신축(伸縮)과 변형을 하며, 또한 회전운동을 수반하는데, 이 회전운동을 나타내는 벡터가 와도이며, 벡터의 방향은 회전하는 축의 방향, 크기는 회전각속도의 두 배이다. 실제 유동에는 거의 모든 것에 와도가 존재한다.

와동, 에디 eddy [G] 와류(vortex) 참조.

와동각 vortex angle [B] rad,deg 축류 터보기계의 동익 전후의 원주 방향 속도성분이 반지름에 따라 어떻게 변화하는가를 나타내는 형식. 반지름에 반비례할 때는 "자유와류형" 그리고 반동도가 일정하도록 변화할 때는 "강제와류형"이라 하며, 그 밖에도 여러 형식이 있다. 와류형식(vortex design) 참조.

와류, 선회 swirl [M] 유체가 배관 구조물이나 배관 설비 등을 통과할 때 발생하는 유체의 회전.

와류, 회전운동 vortex flow [T] 맴돌이를 수반한 흐름, 즉 맴돌이의 집합체의 흐름.

와류, 회전운동, 보텍스 vortex [P,T] 회전운동하고 있는 유체부분. 와류유동은 자유와류, 강제와류, 조합와류 등으로 구분.

와류미터 swirl meter [M] 1) 와류를 인위적으로 유체에 준 후에 이 와류를 이용하여 유량을 측정하는 방식의 유량계. 유체를 고정된 터빈 날개 사이로 통과시켜 스월을 주고 수축관과 팽창관을 차례로 통과시키면 유체 전체가 크게 선회하면서 흐르는 유동을 나타내며, 이 유동장내 특정지점의 변동압력의 주기와 유량 사이에 비례관계가 성립한다. 이 원리가 유량측정에 이용된다. 2) 유체 내에 형성되어 있는 와류의 특성을 측정하는 측정기의 총칭.

와류발생기 vortex generator [P] 물체 표면에 설치하여, 거기서 발생하는 자유와류에 의해 주류와 경계층 사이의 에너지 교환을 촉진시킴으로써 압력상승에 대한 박리 저항력을 증가시키는 장치, 즉 박리를 억제하는 장치. 깃 형, 쐐기형이 있음.

와류방지판, 정류판, 격벽, 배플 splitter plate, splitter, whirl stop, baffle [P,B] 수조 내에 설치되는 수직축 펌프의 흡입구 부근에 선회류를 방지하기 위하여 흡입 수조에 설치되는 구조물. 송풍기에서 예선회를 제한하기 위한 판과 같은 부분. 부도 P-31, 부도 B-7 참조.

와류송풍기(와류홴) vortex flow blower (fan), regenerative blower(fan) [B] 회전원판의 바깥 둘레의 반지름 방향 깃(또는 다수의 짧은 반경방향의 홈)과 케이싱과의 상대운동으로 발생하는 와류에 의해 기체를 압송하는 홴.

와류실 vortex chamber [P] 벌루트 케이싱(volute casing)과 같음.

와류연소기 swirl burner [T] 가스 혹은 기름을 이용한 연소에서 공기와 연료의 혼합을 촉진하기 위해 와류 발생기가 첨부되어 있는 연소기이다. 유동을 순환시켜 화염을 안정화시키는 역할을 한다. 일반적으로 안내 깃을 환형으로 배열하여 하류에 와류를 발생한다.

와류유동 rotational flow [G] 와도가 있는 유동. 실제 유체의 유동은 거의가 와류유동으로 되어 있다.

와류층 vortex layer [T] 와류가 밀집되어 존재하는 층을 말하며, 속도가 틀린 두 개 유동층이 접하는 경계면이나 고체벽면 상의 경계층은 와류층이라고도 부른다.

와류터빈 vortex turbine [T] 탱크의 출구 부분에서 로터가 와류 유동 중심에 위치하는 작은 규모의 (150 kW 이하) 세로축의 수력 터빈이다.

와류펌프 periphery pump [P] 원판의 원주면에 다수의 반경방향의 홈이 깎인 로터를 케이싱 내에서 회전시킴으로써 액체에 에너지를 부여하는 펌프. 저 점도의 액체에 높은 양정을 부가하는 데 적합하며, 토출량이 적은 것이 보통. 가정용의 전동우물펌프에 이 형식의 것이 많음. 재생펌프 또는 와류펌프(regenerative pump), 마찰펌프(friction pump), 웨스코(Westco)펌프라고도 부름.

와류펌프 regenerative pump [P] 와류펌프(periphery pump) 참조.

와류펌프 turbine-type pump [P] 와류펌프(periphery pump)와 같음.

와류펌프, 보텍스펌프 vortex pump [P] 한쪽 흡입형 펌프의 개방형 임펠러를 케이싱의 베어링 쪽에 후퇴시켜 설치한 구조의 펌프. 임펠러에 의해 케이싱 내에 선회류를 일으키게 하고, 그 원심력에 의해 양수하는 펌프. 임펠러가 유동장 내에 없기 때문에 고형물이 액체 속에 섞여 있어도 케이싱 안을 통과할 수 있음. 구조와 작동원리는 틀리지만 웨스코 펌프(Westco pump)를 와류 펌프라고 부르기도 함. 그림 아-11 참조.

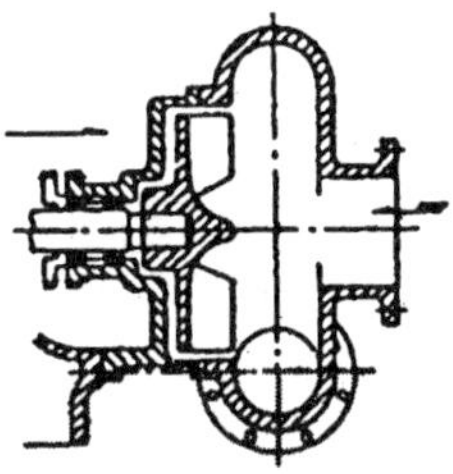

그림 아-11 와류펌프

와류형식 vortex design [G] 축류터보기계의 동익 전후의 원주방향 속도성분의 반지름 방향으로의 분포 형식. 유동을 2차원으로 취급될 수 있는 경우는 원주방향 속도성분을 자유와류형으로 설계할 수 있으나, 3차원으로 취급해야 하는 경우는 자유와류형 이외의 와류형을 고려해야 한다. 와류형식이 설정되면 유동이 반경방향의 평형조건을 만족하는 축방향 속도성분이 결정되고, 이로인해 속도삼각형이 확정된다. 와류형식에 따라 일정 유출각형, 자유와류형, 일정 반동도형 등이 가능하다.

와선 vortex line [G] 와선은 그의 접선이 그 점에서의 와도벡터와 평행인 것. 따라서 와선은 기하학적 곡선을 의미하며, 이에 대하여 와선과 유사한 것으로 와실(vortex filament)이 있는데, 이것은 와관(vortex tube)의 단면적을 그 내부의 유체까지 포함해서 그 단면적을 무한으로 작게 한 것을 의미한다. 이것은 마침 기하학적인 점(點)과 질량(質量)을 가진 질점(masspoint,質點)과의 차이와 같다.

와실, 와류 필라멘트 vortex filament [G] 와관(vortex tube)은 유동 중에 하나의 유한한 크기의 폐곡선 C의 각 점을 통과하는 와선(vortex line)의 무리로 형성된 것이며, 이 폐곡선 C가 무한으로 작아졌을 때의 것을 와실(vortex filament)이라 하며, 와관에 포함된 유체부분까지 포함한 것을 의미한다. 겉보기에 와선과 와실은 같아 보이지만 전자는 기하학적 곡선이고, 후자는 유체라는 살이 부여된 것이라는 점에서 다르다. 와실(또는 보텍스 실)은 유동장 내에서 폐곡선 형태로 존재하고 있거나 또는 그 말단이 경계면 상 또는 자유표면 상에 붙어 있어야 하며, 유체 안에 유한한 길이의 선분으로는 존재할 수 없다.

와쌍 vortex pair [T] 두 개의 무한으로 긴 평행한 와류. 두 개의 와류 쌍에는 서로 유기속도가 작용하므로 와류는 운동한다. 예를 들어 강도 Γ_1, Γ_2이고, 회전방향이 같은 와류 쌍에 수직한 면과 와류선과의 교점을 A,B라고 하면, 선분 AB 상에서 AC : CB= $\Gamma_2 : \Gamma_1$의 점 C를 통과하고, 와류선에 평행한 직선 주위를 두 개의 와류는 회전운동을 한다. 또 만일 $\Gamma_1 = -\Gamma_2$이면 이 와류 계의 중심 C는 무한 원에 있고, 두 개의 와류는 AB에 수직한 방향으로 이동한다. 와열(vortex row)과 구별되어야 한다.

와열 vortex row, vortex street [G] 강도가 같은 와류가 일정한 간격(여기서는 자유와류의 회전 중심의 간격을 의미함)으로 규칙적으로 배열된 것. 대표적인 것으로 두 개의 평행한 선 상에 와류가 엇갈려 배열된 칼만 와열(Kármán vortex street)이 있다.

와유량계, 보텍스유량계 vortex shedding flow meter [M] 유체 내부에 고체 구조물이 가로 놓여 있어서 고체 구조물 양측(유동과 수직인 방향의 양단)에서 와류가 연속적으로 발생하고, 이 와류가 발생하는 주기가 유량과 비례 관계에 있다는 사실을 이용하여 유량을 측정하는 유량계. 그림 아-12 참조.

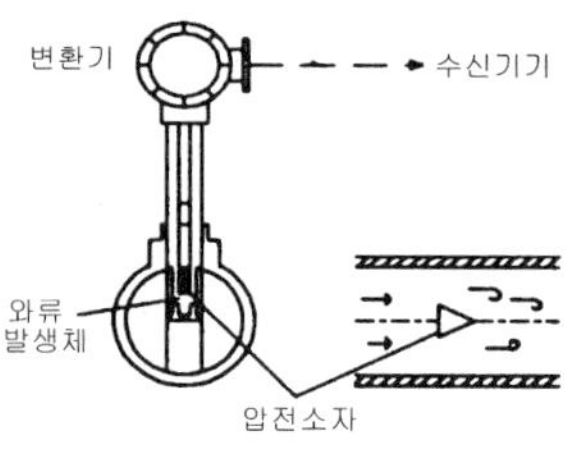

그림 아-12 와유량계

와음 vortex sound [G] Kármán 와류와 같이 물체 후방에 주기적인 와류를 발생함으로써 발생하는 소리. 또는 펌프용 흡입수조 내에서 와류가 발생함으로써 발생하는 비정상의 이상음 등을 의미한다.

와전류변환기 eddy current transducer [D] 변화하고 있는 자장 내의 도체(導體)에 전자 감응에 의해 생기는 전류를 그것에 대응하는 동종 또는 이종의 신호 또는 양으로 바꾸는 기구.

와점성계수 coefficient of eddy viscosity [G] 와점성 계수(eddy viscosity)와 같음.

와점성 계수 eddy viscosity [T] Pa · s, {kgf · s/m^2} 난류에 있어서는 점성 응력 외에 속도 변동(u_i')에 의해서 생기는 응력(레이놀즈 응력)이 나타난다. 층류의 점성과 유사하게 이와 같은 난류에 의한 내부마찰 응력을 발생시키는 성질을 말한다. 난류유동에 의한 전단응력과 평균속도의 변형율이 비례한다고 가정하였을 때 비례 상수 μ_t를 와점성계수(eddy viscosity)라고 하며, 다음과 같이 정의된다. { } 안은 중력단위.

$$-p\overline{u_i' u_j'} = \mu_t\left(\frac{\partial \overline{u_j}}{\partial x_i} + \frac{\partial \overline{u_i}}{\partial x_j}\right) - \frac{2}{3}\rho k \delta_{ij}$$

여기서 ρ : 유체의 밀도, $^{-}$: 시간평균치, κ : 난류운동에너지, δ_{ij} : Kronecker's delta.

와판 vortex sheet [T] 와류(와선)가 한 직선 상에(배치 직선과 와류선은 서로 직각) 배열된 상태를 의미하며, 와류(와선)의 분포상태가 판과 같다. 와판의 상하에는 서로 반대방향의 평행유동이 나타난다.

와확산계수 eddy diffusivity [N] 와점성계수(eddy viscosity)를 밀도로 나눈 것. 통상 유체의 동역학 문제를 다룰 때 밀도에 의한 영향을 무차원화 시킨 점성계수와 같은 형태로 사용되며, 난류와동 때문에 나타나는 동점도라고 본다. 난류동점성, 와동점도, 난류확산계수라고도 불려진다.

와환 vortex ring [G] 와선(vortex line)이 고리 형태로 닫힌 것. 지금 한 개의 와관(vortex tube, 渦管)을 생각하면 와류의 성질 상 그것은 유체 내부에서 끊어지는 일은 없으므로 와관의 측면을 형성하는 와선(vortex line)도 유체 내부에서 끊어지지 않는다. 따라서 와선은 유동의 경계에서 경계까지 뻗어 있거나 혹은 자체적으로 닫힌 고리 형태의 와환을 형성하는 것 중의 하나가 된다. 와실(vortex filament) 참조.

완속여과 slow filtration [E] 가는 모래층을 서서히 통수시켜 정기적으로 상부의 진흙층을 제거하고, 다시 여과시키는 방법.

완전 개방형 회전차 full open type impeller [P] 펌프의 개방형 회전차 중에서 주판도 극히 짧게 하고, 그 바깥쪽 둘레에는 주판이 없는 회전차. 주판이 깃 바깥까지 있는 반개방형 회전차와 구별하여 완전 개방형 회전차라 함.

완전기체, 이상기체 perfect gas [B,T] 가상 상의 기체이며, pV=GRT를 만족하는 기체. 여기서 p : 절대압력(Pa){kgf/m^2}, V : 체적:(m^3), G : 기체의 중량(N){(kgf}, T : 절대온도(K), R : 가스상수(m/K 또는 J/(kg · K)){m/K}. 표준공기의 기체상수 R의 값은 40℃ 이하에서 29.266 m/K으로 간주한다. { } 안은 중력단위.

완전암시법 fully implicit scheme [N] 수치계산의 해법에는 현시법(explicit scheme)과 암시법(implicit scheme), 그리고 이 두 가지 해법을 섞은 Crank-Nicholson scheme이 있는 데, 이 중 완전한 암시법을 의미한다. 보통 완전암시법 이산화 방정식은 이전 시간에서의 한점의 정보와 다음 계산 시간단계에서의 다수의 미지수를 포함하는 항으로 구성된다. 따라서 다수의 이산화 방정식을 한꺼번에 풀어야 값을 구할 수 있으면 무조건적인 안정성을 지니고 있다. 현시법(explicit scheme) 또는 암시법(implicit scheme) 참조.

완전연소 complete combustion [T] 연소 후에 발생한 부산물 중에 가연물이 전혀 남아 있지 않는 경우의 연소.

완전연소 perfect combustion [T] 공기속 또는 산소 속에서 물질이 완전히 산화되어 불꽃을 발생하는 현상.

완전유체, 이상유체 perfect fluid [T] 점성이 작은 실제 유체의 이론적 취급을 간단히 하기 위하여 생각해 낸 가상적인 유체로서, 점성이 없는 유체를 말한다. 비점성, 비압축성을 가정한 유체.

완전특성 complete characteristics [P] 펌프의 정방향 회전, 역방향 회전, 정방향 흐름, 역방향 흐름 영역에 걸친 전반적인 특성. 보통 펌프의 특성은 정방향 회전 · 정방향 유동의 영역이며, 역방향 회전 · 역방향 유동은 수력 터빈영역, 정방향 회전 · 역방향 유동은 제동영역, 역방향 회전 · 정방향 유동은 역방향 회전 펌프영역이라고 한다. 완전 특성 곡선(complete characteristic curve) 참조.

완전특성곡선 complete characteristic curve [P,B] 펌프, 송풍기 및 압축기

등의 정회전, 역회전 영역 및 정류, 역류 영역에 걸친 전반적인 특성 곡선. 이는 서징 특성 및 정전 시의 과도 특성 등을 조사할 때 필요. 완전 특성(complete characteristics) 참조.

완충가스, 버퍼가스 buffer gas [B] 취급 기체를 외부와 차단하기 위하여 축 밀봉 부에 공급하는 기체.

완충기, 충격흡수기 shock absorber [T, D] 주어진 충격에 대해 기계 계의 응답을 줄이기 위한 에너지 소산(消散, dissipation) 장치. 스프링, 고무, 공기압, 유압 등을 이용하여 운동 에너지를 흡수한다. 차량, 항공기 등에 장착된다.

완충탱크 snubber tank [B] 기류의 맥동을 완충하기 위한 탱크.

완폐식 역지밸브 cushioned check valve [M] 밸브가 폐쇄될 때 수류가 저지됨으로써 발생하는 수격을 경감시키기 위해 수량의 시간적 변화를 적게 한 역지밸브.

완회전 slow turning, turning [D] 펌프, 송풍기, 압축기의 회전차 등에 퇴적물이 부착하기 쉬운 성분을 포함하는 유체를 취급하는 경우나 고온 유체를 취급하는 경우에 이들 기계의 운전 전후에 이상이 없는 지를 확인하기 위해 실시되는 완만한 회전.

왕복압축기 reciprocating compressor [B,C] 피스톤의 왕복운동으로 기체를 압송하는 용적형 압축기.

왕복펌프 reciprocating pump [P] 실린더 속에서 피스톤, 플런저 또는 버킷 등을 왕복 운동시킴으로써 물을 빨아올려 토출하는 용적형 펌프. 피스톤펌프, 플런저펌프, 버킷펌프 등이 있음.

외력 external force [T] N,{kgf} 재료나 유동에 대해 외부로부터 작용하는 힘. { } 안은 중력단위.

외부 급수 external water feeding [P] 펌프의 축봉부나 수중 베어링 등에 외부의 수원을 이용해서 급수하는 것.

외부 누설 external leakage [P] 주로 유체기계의 케이싱의 축봉부에서 밖으로 유체가 누설하는 것을 말하며, 내부 누설과 구별.

외부 반복계산 outer iteration [N] 알고리즘 내에서 바깥쪽에서 큰 loop의 반복 계산을 하는 것을 외부반복이라 한다. 보통 큰 loop 안쪽에서 수행되는 내부반복계산 loop와 같이 수행된다. 내부반복계산(inner iteration) 용어설명 참조.

외부 부착용 초음파유량계 clamp-on ultrasonic meter [M] 초음파 발신기와 수신기가 배관 외벽에 접촉해서 부착된 초음파유량계. 발신기와 수신기가 유체에 접촉하게 되어 있는 일반 초음파유량계보다 정확도는 떨어지지만 설치가 용이하다는 장점이 있다.

외부 손실 external loss [P] 기계손실과 같음. 즉, 베어링이나 축봉장치 등에 작용하는 기계적인 마찰저항 및 회전차 주판, 회전차 측판, 평형피스톤, 평형디스크의 바깥 면에 작용하는 유체저항(원판마찰저항) 때문에 소비되는 손실.

외부 손실동력 external loss power [P] 외부손실 때문에 소비되는 동력. 외부

손실(external loss) 참조.

외부 유동 external flow [T] 유체에 잠긴 물체의 바깥면에 대한 유동.

외부 주수 실링 sealing by external water [P] 외부에서 공급되는 물로 실링하는 것. 예를 들면, 펌프, 송풍기, 압축기의 실링 부분이 음의 압력이 되는 경우 외부로부터의 공기흡입을 막기 위해 수도물 등을 외부로부터 주입하여 수봉하는 것.

외부 (중간)냉각 external intercooling [B] 압축기 케이싱의 바깥에 설치된 열교환기에 의해 실행하는 중간냉각.

외부 케이싱 outer casing [P,B] 배럴 형, 피트 배럴 형, 풀아웃 형 및 2중 케이싱 형 펌프의 바깥쪽 케이싱의 총칭. 배럴 형 펌프의 경우는 그 외부 케이싱을 "배럴(barrel)"이라고 부를 수도 있음.

외연가스터빈 external-combustion turbine [T] 외부연소기관 중의 하나로 항공기 엔진, 발전소 등에 사용되는 가스터빈.

외접치차펌프 external gear pump [P] 치차펌프에서 2개의 치차가 바깥 둘레에서 맞물리는 것이 외접인 치차펌프. 보통의 치차는 이 형식의 것. 치차펌프(gear pump) 참조.

외측나사형 밸브 outside screw type valve [M,G] 밸브봉(棒) 작동용의 나사결합부가 그 것의 뚜껑보다 바깥쪽에 나와있는 형식의 밸브. 밸브의 외형이 커지는 단점이 있으나 나사부가 바깥에 있어 유체와 접촉하지 않으며, 부식이나 녹에 대한 걱정이 적고 보수가 용이하다. 내측나사 형 밸브(inside screw type valve) 참조.

외층(난류경계층의) outer layer [G] 난류경계층 내에서 층류유동이 지배적인 내층의 바깥쪽에 위치하는 층이며, 이 층에서는 난류전단응력이 지배적이다.

외향류터빈 outward-flow turbine [T] 낡은 형의 수차로, 회전차의 중심부로 유체가 흘러 들어와서 반경 방향으로, 즉 외향으로 회전차 안을 통과하면서 회전차에 토크를 주는 형식의 수차. 현재는 거의 쓰이지 않는다.

외향반경류터빈 radial outward flow turbine [T] 증기 또는 가스가 중심에서 들어가 반지름 방향으로 방사상으로 흐르는 형식의 터빈. 예를 들면 융스트롬 터빈(Ljungstrom turbine)은 그 대표적인 것이다. 내향 반경류 터빈(radial inward flow turbine) 참조.

요각, 편향각 yaw angle [M] rad,deg 물체와 유체 사이에 상대 운동이 있을 때 물체가 진행 방향에서 좌우로 편향된 각도.

요구NPSH, 요구유효흡입헤드 required NPSH [P,G] {m} 펌프에서 캐비테이션이 발생하지 않는 한계조건을 기술한 것임. 즉, 펌프에서 캐비테이션이 발생하지 않기 위해서는 펌프 흡입구에서의 전압이 그 액체의 포화증기압보다 어느 정도 이상 높아야 한다. 펌프 흡입구에서의 전압은 헤드(이하 중력단위계의 헤드로 설명함)로 표시하면, 대기압 p_a의 수두 p_a/γ {m}(γ는 비중량{kgf/m^3}) 에서 흡입 액면에서 위쪽으로 잰 펌프 중심 높이를 h_s(m), 흡입 액면에서 펌프 입구 사이의 손실수두를 h_l(m)라고 하였을 때 다음과 같다. 펌프 입구의 전헤드 : $H_i = p_s/\gamma - h_s - h_i$ (m). 액체의 포화증기압을 p_{vp}로 나타내면, NPSH는 다음과 같다. $NPSH = H_i - p_{vp}/\gamma$. 펌프 입구의 전 헤드 H_i(m)에서 펌프 내의 최저압력의 수두 p_{min}/γ와의 차를 Δh로 표시하면 다음과 같고, $\Delta h = H_i - p_{min}/\gamma$. p_{min}이 p_{vp}와 같아지면 캐비테이션이 발생한다. 이때의 H_i가 허용될 수 있는 최저 H_i이며, H_i와 p_{vp}/γ와의 차 $H_i - p_{vp}/\gamma$가 최저 NPSH가 된다. 이것을 요구 NPSH라고 부른다. 캐비테이션이 발생하고 있지 않을 때의 Hi는 요구 NPSH에 해당하는 H_i보다 큼은 당연하다. 요구 NPSH는 펌프의 흡입비속도, Thoma의 캐비테이션 계수 또는 실험으로부터 구한다. 유효흡입헤드(NPSH) 참조.

요구유효흡입헤드곡선, 요구NPSH곡선 required NPSH curve [P] 성능곡선 중에서 토출량과 요구유효흡입헤드와의 관계를 나타낸 곡선.

요동형 베인펌프 swing vane pump [P] 베인펌프에서 베인이 지지점을 축으로 하여 요동하면서 회전하는 형식.

요미터 yaw meter [M] 풍동실험을 할 때에 풍동 내 실험 물체 주위에서 공기의 방향을 모를 때 2공, 3공 또는 5공의 피토관으로 공기의 방향과 속력을 결정한다.

용발냉각 ablation cooling [T] 물질이동을 수반하는 열전달의 일종으로, 전열면이 강하게 가열되어 표면이 고체에서 액체, 기체로 상변화 함에 따라 질량을 잃고 열량이 잠열이나 현열로 흡수, 냉각되는 현상.

용발재 ablator [C] 표면이 고온 상태가 되어도 용융·기화되어 열이 내부에까지 파고드는 것을 방지하는 성질을 용발(ablation)이라 하며, 이러한 성질을 지닌 열 차단재료를 용발재라 한다. 재료 중 FRP는 이러한 특성이 뛰어나다.

용융금속 펌프, 액체금속 펌프 liquid metal pump [p] 용융금속을 이송하는 펌프. 고속 증식로의 원자력 발전설비로서, 냉각재를 순환시키는 펌프 등이 있음.

용융금속펌프 molten metal pump [P, G] 액체금속펌프(liquid metal pump) 참조.

용입, 관통 penetration [T] 1) 녹아 들어가는 것. 2) 용접에 있어 모재의 표면부터 용융 풀(pool) 바닥까지를 용입(熔入)이라 하고, 그 깊이를 용입 깊이라고 한다. 3) 주형의 모래 틈새로 쇳물이 침투하여 생기는 주물의 표면 결함.

용적 volumetric capacity [T,B] m^3/s 송풍기, 압축기에서 토출되는 유체량을 부피로 나타낸 것. 체적유량(volume flow rate)과 같음.

용적식 에너지 회수장치 isobaric energy recovery device [F] 역삼투 공정 농축수의 고압 에너지를 회수하는 장치의 하나로 세라믹 재질의 회전체가 회전하면서 회전체에 연결되어 있는 채널을 통해 역삼투막 유입수와 농축수가 직접 접촉하여 농축수 압력을 유입수 측에 전달해주는 원리이다. 대표적으로 Energy Recovery International(ERI)에서 개발된 pressure exchanger(PX)가 있다.

용적식 유량계 positive-displacement flow meter [T,M] 구조적으로 일정량의 유체를 퍼내도록 되어 있어서 이를 위해 반복적으로 운동하는 부위의 운동주기로부터 유량을 산정하는 방식의 유량계에 대한 총칭.

용적식 유량계 volumetric flow meter [T] 회전자와 케이스 사이에 생기는 일정한 용적과 회전수로부터 유량을 측정하는 계기.

용적형 압축기 displacement type compressor [B] 케이싱 또는 실린더 내의 용적을 감소시킴으로써 기체를 압송하는 압축기이며, 회전 압축기 및 왕복 압축기의 총칭. 터보 압축기에 대비되는 용어.

용적형 펌프 positive-displacement pump [P] 피스톤이 이동하여 체적을 증감시킴으로써 액체를 흡입 · 송출하는 원리의 펌프. 이를 구분하면 왕복펌프(피스톤 펌프, 플런저 펌프 등)와 회전펌프(치차 펌프, 베인 펌프 등)의 두 종류가 있음.

용적형유량계 positive displacement type flow meter [E] 관로 속을 흐르는 유체를 일정용적의 공간에 채우고, 그것을 연속적으로 내보내어 통과한 용적유량을 측정하는 방식의 유량계.

용접보강 깃 welded surfacing vane [G] 원심홴 임펠러나 축류홴의 로타에서 특히 마모가 심한 부분이 용접부풀리기로 보강된 깃.

용접임펠러 welded impeller [B] 깃과 주판, 측판 또는 허브를 용접으로 제작한 임펠러.

용존공기 부상 dissolved air flotation (DAF) [F] 용존공기부상법은 침강법으로는 제거하기 어려운 오일이나 가벼운 고형물질을 제거하는 방법으로써, 물 속에 일정압력하에서 공기를 용해시킨 다음 가압부상조에서 대기압하에 공기를 떠올리게 하는 방법이다. 대기압하에서 매우 작은 공기방울을 만들어 부유물질을 수면위로 부상시켜 스키밍(skimming) 기계를 이용하여 제거한다.

용존산소 dissolved oxygen [E] 물 또는 용액 속에 녹아 있는 분자상태의 산소.

용존유기물질 dissolved organic matter (DOM) [E] 죽은 생물체의 분해, 또는 생물에 의해 합성된 분자의 배출로부터 유래하는 용존 유기 분자.

용착률, 용착속도 rate of deposition [T] 단위 시간당 용착 된 용착 금속의 양. 판의 두께, 재질 등에 따라 결정된다.

용천수 spring water [E] 피압면 대수층의 지하수가 누출되어 그 압력으로 땅에서 솟아나는 물.

용출수 groundwater [E] 지하에 포화된 상태로 들어 있는 물.

우물펌프 well pump [P] 심정펌프(deep well pump) 참조.

우수방지 후드 weather hood [G] 송풍기, 압축기의 흡입구 쪽에서 우수의 흡입을 막기 위한 후드.

우연오차 random error [M] 반복성 조건을 유지하면서 같은 측정량을 무한히 측정하여 얻은 모평균을 측정결과에서 뺀 값. 우연오차는 오차에서 계통오차를 뺀 값이다. 측정횟수에는 한계가 있을 수밖에 없으므로, 우연오차의 추정치만 정할 수 있을 뿐이다. 통계적으로밖에 예측 못하는 오차. 계통오차(systematic error) 참조.

우향상승특성 drooping characteristics, drooping head-capacity characteristics curve [P] 터보형의 펌프 또는 송풍기에서 유량을 늘려가면 헤드는 일단 증가하다가 최고점에 도달한 후 계속 감소하는 특성. 즉, 전양정의 최대치가 차단양정보다 큰 펌프의 특성을 가지나, 펌프에서는 서징현상을 유발할 수 있기 때문에 바람직하지 않는 특성임.

운동량 momentum [T] kg · m/s,{kgf · s} 운동하는 물체의 질량 m과 그 속도 벡터 v와의 상승적. 즉, mv. { } 안은 중력단위. 운동량 법칙(law of momentum) 참조.

운동량 두께 momentum thickness [T] m 경계층의 속도분포를 나타내는 특성값의 하나. 점성 때문에 벽면 가까이의 유체의 속도가 작아져서 벽이 없는 경우보다 운동량이 감소한다.

운동량 방정식 momentum equation [N] 단위시간 당에 대한 운동량(질량과 속도의 곱)의 증대가 그 물체에 작용한 힘과 같다고 하는 뉴튼 역학 법칙을 유동에 적용한 것. 정상유동 중에 대상으로 생각하고 있는 부분을 에워싸는 폐곡면(검사면이라고 함)에의 유입, 유출하는 유체의 운동량변화가 그 면 내의 유체에 작용하는 힘과 같다고 둠으로써 얻어진다. $\phi \rho VdQ=F$. 여기서, ρ : 밀도, dQ : 검사면 상의 미소면적을 통과하는 유량(수직속도성분 중 유출을 양, 유입을 음으로 함), V : 검사면 상의 유체의 속도벡터, F : 검사면 내의 유체에 작용하는 힘 벡터의 합. 운동량 방정식은 속도장을 결정하는 중요한 방정식이다.

운동량 법칙 law of momentum [G] 질량이 m인 질점의 속도를 벡터 V로, 시간을 t로 표시하면, 그의 가속도는 dV/dt로 표시되며, 이 가속도는 질량에 작용한 힘 벡터 F에 의해 발생한 것이라는 것이 뉴턴의 법칙이다. 즉 F=mdV/dt이다. 기호 중에서 고딕체의 것은 벡터량을 나타낸다. 질점의 질량은 일정하므로 뉴턴의 법칙은 F=d(mV)/dt로도 표시될 수 있으며, mV라는 양을 운동량이라고 한다. 이 식으로부터 단위시간당의 운동량의 변화량은 질량 m인 물체에 그 시간동안 작용한 힘과 같다고 표현될 수 있다. 이것을 운동량의 법칙이라 한다.

운동량 보간 momentum interpolation [N] 비 엇갈림 격자계에서는 검사체적 면에서의 유량을 계산하기 위하여 속도를 보간할 필요가 있다. 그러나 비 엇갈림 격자계에서 검사체적 면에서의 속도값을 보간하면 속도 분리가 발생하고,

따라서 checker board 형태의 속도분포에 대해서도 연속방정식이 만족되는 현상이 나타난다. 이러한 현상을 제거하기 위하여 경계면의 속도를 이산화된 운동량 방정식으로부터 얻는 운동량 보간법을 사용한다. 비엇갈림격자계에서의 이산화된 운동량방정식은 다음과 같다.

$$a_P{}^u u_P = \sum_{nb} a_{nb}{}^u u_{nb} - (\delta A)_P (\delta P)_P$$

으로 나타낼 수 있다. 단, a : 영향계수, u : x방향의 속도성분, A : 압력차가 작용하는 면적, P : 압력, δ : 미소변화량. 여기서,

$$u_P = U_P - \frac{1}{a_u{}^P}(\delta A)_P (\delta P)_P,$$

$$U_P = \frac{\sum_{nb} a_{nb}{}^u u_{nb}}{a_P{}^u}$$

여기에서 e-면에서의 속도를 다음과 같은 형태로 결정하는 것을 운동량보간이라 한다.

$$u_e = \overline{U_e} + q_e (\delta P)_e$$

$$q_e = \left(\frac{1}{a_P{}^u}\right)_e (\delta A)_e$$

$$(\delta P)_e = P_E - P_P$$

운동량이론 momentum theory [G] 운동량방정식을 사용하여 유동을 해석하는 이론. 운동량 방정식(momentum equation) 참조.

운동량전달 momentum transfer [T] 유체 중의 경계면 또는 가상경계면에 미소면적을 생각하여 이 부분을 통과하는 미소유체 질량이 갖는 운동량을 적분하면 경계면 전체에서의 운동량의 전달을 다음 식에 의해 계산할 수 있다.

$$\int V \rho (V_r \cdot n) dA$$

단, dA : 미소면적, n : 미소면적의 단위 법선벡터, V : 관성좌표계에 대한 유체의 속도벡터, V_r : 미소면에 상대적인 유체의 속도벡터, ρ : 유체의 밀도.

운동에너지 kinetic energy [T] J,{kgf · m} 물체가 운동을 하고 있기 때문에 가지는 에너지. 그 크기는 운동을 하고 있는 물체(유체)가 정지할 때까지 하는 일의 양으로 측정된다. 질량을 m, 속도를 v라고 하면, $mv^2/2$로 표시된다. { } 안은 중력단위.

운영시간 time in service [A] 시스템 대기 중인 시간을 포함하여 시스템 사용이 가능한 시간.

운전시간 operating time [A] 시간/일(hr/day) 송풍기 구동을 통해 폐기물을 수거하는 총 시간과 송풍기 구동을 위해 준비시간.

운전시험 running test [P] 펌프가 작동될 때의 진동, 소음, 누수, 베어링 온도 등의 상태를 확인하는 시험.

운전점 operating point [P,B] 성능곡선도에서 실제로 펌프가 운전되고 있는 상태를 나타내는 점으로, 이것은 양정곡선과 그 때의 저항곡선과의 교점.

운전싸이클 collection cycle [A] 회/일 투입구 배출밸브에 저장된 폐기물을 중앙 집하장으로 이송하는 수거 횟수로 폐기물 성상 및 설치 지역의 폐기물 발생량에 따라 달라 질 수 있다.

울림 beat [D] 매우 가까운 진동수 f_1, $f_2(f_2 > f_1)$를 가지는 2개 진동의 조합으로 발생하는 진동의 진폭에서의 주기적인 변동이며, 맥 놀이라고도 하며, 울림은 f_1이나 f_2와 다른 주파수, 즉 울림 주파수 $f_b = f_2 - f_1$으로 변동한다.

울림주파수 beat frequency [D] Hz,1/s 매우 가까운 진동수 f_1, f_2의 두 진동의 진동수 차이의 절대 값. 울림(beat) 참조.

워싱톤 펌프 Worthington pump [P] 증기기관의 피스톤과 왕복펌프의 피스톤을 한 개의 피스톤 로드로 직결하여 펌프를 구동하는 형식이며, 증기실린더의 증기밸브가 서로 다른 조(복수의 증기기관의 경우)의 피스톤 로드에 의해 제어되는 방식의 펌프.

워크스테이션 workstation [N] 중대형 컴퓨터에 비교하여, 개인이나 적은 인원수의 사람들이 특수한 분야에 사용하기 위해 만들어진 고성능의 컴퓨터의 이름. 예전에 많이 사용되었던 이름이고 최근에는 이러한 용어가 거의 사라졌다. 당시 고성능의 컴퓨터로서 외형은 개인용 컴퓨터와 비슷하나 운영체제로는 보통 유닉스 계열을 사용하며 윈도우를 사용하기도 한다. 일반적으로 명령어가 간단하고 적은 RISC 마이크로프로세서 칩을 사용하는데, 이는 복잡한 명령어를 없앰으로써 프로세서 속도를 증가시켜 고속연산을 하기 위해서이다. 일반 컴퓨터보다 성능이 월등히 높고 처리속도가 빠른 반면에 가격은 비싼 편이다. 클라이언트/서버 네트워크를 제어할 수 있는 다중 사용자 시스템으로 쓰이기도 하고, 고화질의 그래픽 영상을 생성하거나 일반 사무작업을 처리하는 단독 시스템으로도 사용되기도 한다. 다양한 응용 소프트웨어가 개발됨에 따라 그 사용이 증가되고 있으며 고속연산을 요하는 그래픽 처리 분야, 컴퓨터 설계(CAD), 시뮬레이션 분야에 활용된다.

워터재킷 water jacket [G] 유체기계 등의 베어링, 베어링 상자, 패킹부분 또는 왕복압축기의 실린더 등 열이 발생할 수 있는 부분을 냉각하기 위해 그 바깥쪽에 설치되는 냉각수 공간.

워터폴선도, 폭포선도 waterfall plot [D] 시간 또는 회전속도(rpm)에 대한 3차원의 다중 스펙트럼의 표시로서, 운전시간 또는 회전속도의 경과에 따른 진동의 경향(trend)을 관리하며, 탁월진동수나 결합진동수의 변화를 관찰하여 이상의 원인을 분석하는데 사용된다.

원격연동운전 remote sequential operation [P,B] 연동운전을 원격 조작에 의하여 실시하는 운전. 원격운전(remote operation) 참조.

원격운전 remote operation [P,B] 기계로부터 먼 장소에서 실시하는 수동조작. 많은 경우 조작되는 기기를 직접 볼 수 없으므로 기기의 상태를 알 수 있는 신호 등에 의하여 조작함.

원격측정 telemetering [T] 측정할 필요가 있는 물리량을 먼 곳에 전송하여 떨어진 지점에서 측정하는 방식.

원동기 prime mover [G] 펌프, 송풍기, 압축기 등의 운전에 필요한 동력을 공급하는 장치. 전동기, 내연기관, 증기터빈, 가스터빈 등이 있으며, 동력원의 사정, 경제성, 제어성, 회전수, 취급의 용이성, 가격 등에 의해 선정된다. 가장 많이 사용되는 것은 전동기이다. 여유 증기가 있는 공장 등에서는 증기터빈이, 정전 시의 긴급용으로는 내연기관이 사용된다.

원동기 받침 **driver pedestal** [P] 수직축 펌프에서 원동기와 감속기 등을 고정하는 받침대.

원동소, 동력장치 **power plant** [T] 1) 가스터빈, 풍력터빈, 디젤기관, 수차, 파동 에너지 장치, 증기터빈 등으로 발전하는 설비. 주요 에너지원은 석탄, 천연가스, 태양광, 파동, 바람 또는 원자력이다. 2) 자동차 또는 항공기 장치의 내연기관.

원수 이송 펌프 **raw water conveying pump** [P] 하천의 물을 그대로 송수하는 펌프.

원심력 **centrifugal force** [T] N 물체가 원을 따라 운동할 때 원운동을 일으키고 있는 구심력과 반대방향으로 작용하여 균형을 이루게 하는 힘. 구심력에 대한 관성 반력. 구심력과 크기가 같고 방향은 반대이다.

원심발동기 **centrifugal engine** [C] 원심력을 이용한 압축기를 가진 가스터빈 엔진. 비교적 소형 가스터빈에 많다.

원심송풍기 **centrifugal blower** [B] 기체가 임펠러로부터 원심력 작용을 받고 반지름 방향으로 흘러나가는 블로워. 원심압축기(centrifugal compressor) 참조.

원심식 분리기, 터보형 분리기 **turbo separator, centrifugal separator** [T] 원심력을 응용하여 고체와 액체 또는 비중이 서로 다른 액체를 분리시키는 장치. 사용목적에 따라 여러 형태의 것이 있다.

원심압축기 **centrifugal compressor** [B,C,T] 회전차의 회전력에 의한 원심력으로 기체에 압력을 주는 방식의 압축기. 기체는 임펠러의 반지름 방향으로 흘러나간다.

원심여과기 **centrifugal filter** [T] 여과 및 탈수를 함께하는 원심기를 말하는데, 회전축에 장착된 구멍이 뚫린 원통형 버킷과 이것을 둘러싸는 케이싱으로 이루어진 것.

원심응력 **centrifugal stress** [C,T] 회전하는 기계요소의 미소 부분에 대해서 힘의 평형을 생각하면 회전 중에 생기는 원심력이 있기 때문에 응력이 나타난다. 이것을 원심 변형력 또는 원심 응력이라고 한다.

원심조속기 **centrifugal governor, speed governor** [T] 회전체의 회전수를 일정 범위 내에 유지하도록 자동 제어하는 기구의 일종. 회전체에 설치된 두 개 또는 그 이상의 추가 원심력에 의해 바깥으로 뻗으려고 하는 성질을 이용하여, 회전수의 변화를 기계적 변위로 변환하여 검출하는 것이며, 증기터빈, 수차 등에서 사용된다.

원심집진기 **centrifugal dust collector** [T] 원통 속의 회전류(cyclone)에 의해 함진 가스에 원심력을 작용시켜 분진을 분리포집하는 장치.

원심탈수기 centrifugal dehydrator [C] 바깥 벽에 다수의 작은 구멍이 뚫린 원통(버킷)에 피 탈수물을 넣고 이것을 그 축 주위로 회전시킨다. 속에 든 피탈수물에 포함된 액체는 원심력에 의하여 밖으로 튀어나가나 고형물은 속에 남는 탈수 장치를 말한다.

원심펌프 centrifugal pump [P] 액체가 임펠러로부터 원심력 작용을 받고 토출되며, 토출된 흐름은 주로 주축에 수직인 면 내에 있는 펌프. 부도 P-1~15, 27 참조.

원심형 임펠러 centrifugal impeller [C] 깃 바퀴를 통과하는 유선이 거의 축에 수직인 면 내에 있고, 주로 원심력에 의해서 유체에 에너지를 주는 깃 바퀴.

원심홴 centrifugal fan [B] 기체가 임펠러로부터 원심력 작용을 받고 반지름 방향으로 흘러나가는 홴. 원심압축기(centrifugal compressor) 참조.

원유펌프 crude oil pump [P] 원유 수송용으로 사용되는 펌프. 1단 또는 다단의 벌루트펌프가 주로 사용됨.

원자력 atomic power [Nu] 통상적으로 원자에너지에 의해 발생한 전기를 의미함. 원자력에너지와 동의어로도 사용됨.

원자력발전소 nuclear power plant [Nu] 원자로에 장전된 핵연료의 핵분열에 의한 발열을 이용하여 증기를 발생시키고 이것에 의해 터빈 발전기를 운전하여 발전하는 시설을 말함.

원자력선 atomic-powered ship [Nu] 원자력 에너지를 사용하여 추진하는 선박. 원자력을 이용함으로써 큰 출력과 긴 항속거리를 얻을 수 있다.

원자력에너지 atomic energy [Nu] 원자에너지 또는 핵에너지라고도 하며, 핵분열이나 핵융합 등의 핵반응에 의해서 방출되는 에너지.

원자력잠수함 atomic-powered submarine [Nu] 핵에너지를 동력으로 이용하는 잠수함. 20년 이상 연료 교체 없이 운전할 수 있으며, 핵연료의 연소에 산소를 필요로 하지 않는것이 장점이다.

원자로 reactor [Nu] 원자로 내부에는 핵분열 연쇄반응을 위한 핵연료를 배치한다. 원자로는 핵분열 연쇄반응을 일으키는 중성자의 운동에너지의 크기에 따라 열중성자로, 고속중성자로 등으로 분류된다. 또한, 감속, 냉각에 사용되는 물질의 종류에 따라 경수로, 중수로, 흑연로 등으로 분류되며, 목적별로는 연구로, 재료시험로, 발전로, 동력로, 다목적로 등으로 분류된다.

원자로 격납건물, 원자로건물 reactor containment [Nu] 원자로가 설치된 건물로서 사고시 허용된 양을 초과하는 방사성물질이 대기 중으로 배출되는 것을 방지한다.

원자로 노심 reactor core [Nu] 원자로 내에서 핵분열에 의한 연쇄반응이 일어날 수 있는 핵연료가 장전된 부분을 말함.

원자로 재순환 펌프 reactor recirculation pump [P] 주 냉각재 펌프(reactor circulating pump)와 같음.

원자로계통 reactor system [Nu] 원자

로의 운전 제어에 관련된 모든 계통을 총칭함. 원자로, 냉각계통, 정지계통, 안전보호계통 등이 포함된다.

원자로 냉각재 펌프 Reactor Coolant Pump (RCP) [Nu,P] 일차 냉각재 펌프(primary coolant pump)와 같음.

원자로보호계통 reactor protection system [Nu] 원자로 운전 중에 예기치 않은 오동작이나 과도변화가 발생한 경우 제어봉을 삽입하여 원자로를 긴급 정지시키는 설비.

원자로용기 reactor vessel [Nu] 원자로의 노심 및 반사체를 포함하는 내열, 내압의 금속 용기.

원주응력 circumferential stress [T] Pa,{kgf/m^2} 축대칭 물체에 원주의 접선 방향으로 생기는 수직응력. { } 안은 중력단위.

원주피치 circumferential pitch [T] m 1) 원형익렬에서 지정된 반지름에서의 익렬의 피치. 2) 피치원의 원주를 톱니수로 나눈 것. 기어 이의 크기를 나타낸다.

원진동 circular vibration [D] Hz,1/s 진동하는 점의 궤적이 원 형태의 진동으로, 타원진동의 특별한 경우이다. 진동수의 차원은 1/s.

원진동수, 원주파수 circular frequency [T,G] Hz,1/s 진동수 f의 2π배, 즉 $\omega=2\pi f$이다. 혹은 주기를 T로 하면 $\omega=2\pi/T$이다. 단위의 차원은 1/s로 나타내어진다.

원추형 벤투리관 유량계 conical contraction Venturi meter [M] 그림과 같이 입구에서 약간 들어간 곳에 일단 교축 부를 가진 다음에 점차 확대하는 관 부분을 갖는 짧은 관이며, 단면적 변화로 인해 발생한 유속변화에 따라 압력 차가 생기므로 입구 부와 교축 부의 압력 차를 측정함으로써 유량을 측정하는데 사용된다. 점차적인 확대 부에서 유동의 압력회복이 있으므로 오리피스 판이나 노즐에 비하면 수력손실이 적다는 이점이 있다. 그림 아-13 참조.

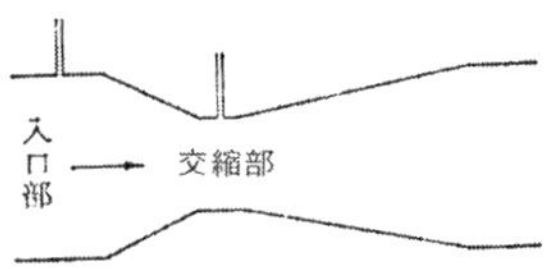

그림 아-13 원추형 벤트리관 유량계

원추형 오리피스 conical orifice [M] 오리피스 판에서 입구 단면 형상이 원추형태로 된 오리피스. 그림 아-14 참조.

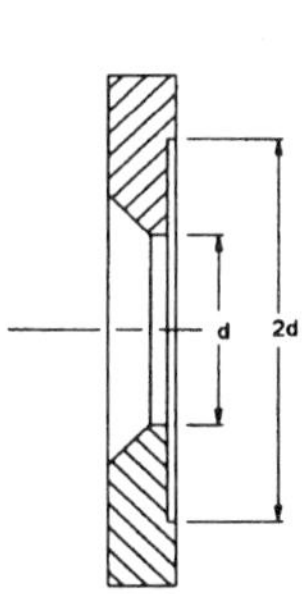

그림 아-14 원추형 오리피스

원통다관식 냉각기 shell and tube (type) cooler [C,G] 냉각기의 드럼 양단의 관판(管板, 이를 경판 : 鏡板이라고도 함)에 다수의 관이 삽입된 형태로 구성된 열교환기. 보통 관 속에는 냉각수가, 밖으로는 고온의 기체가 지나간다.

원통베어링 cylindrical bearing [B] 축과의 미끄럼부가 진원으로 형성된 베어링.

원통보일러 shell boiler [T] 지름이 크고 원통형인 통을 본체로 한 보일러. 대표적인 것에 코니시(小西) 보일러와 랭커셔 보일러가 있다.

원통좌표계 cylindrical coordinates [N] 원통좌표계에서는 3개의 면을 설정하고 그 교점을 좌표점으로 정한다. 즉, 어떤 중심축(z축)으로부터 반경 r인 원통면(일정한 반경 r의 원통면)과 z축을 회전중심으로 각도 θ만큼 회전한 평면 및 z가 일정한 평면(일정 z평면)의 3개의 면이 교차하면, 교차점 P가 생긴다. 이 P점으로 공간 내의 위치를 정하는 것이 원통좌표계이다. 직교 좌표계에서의 임의의 함수 f(x, y, z)는 원통 좌표계를 이용하여 f(r, θ, z)로 나타낼 수 있다.

원통형 펌프 cylindrical pump [P] 회전하는 원통의 바깥 둘레에, 또는 안쪽 둘레에 홈과 토출구를 갖는 접촉자(接觸子)를 밀어붙임으로써 유체를 토출하는 점성펌프의 한 종류.

원판마찰 disc friction [P,B] 유체 속에서 원판을 회전시켰을 때, 임펠러 및 평형 피스톤 등의 표면에 작용하는 유체마찰로 생기는 저항.

원판밸브 disc plate valve [M] 왕복압축기 또는 왕복펌프의 실린더 흡입밸브 및 실린더 토출밸브로 사용되며, 밸브판의 형상이 원판 모양으로 된 밸브형식.

원판밸브 disc plate valve [P,G] 왕복압축기나 왕복펌프의 실린더에 사용되는 흡입 또는 토출밸브의 원판형 밸브. 공기완충밸브(air cusion valve) 참조.

원형, 원기 prototype [T] 1) 원형 : 유동해석이나 성능시험을 실험실 내에서 수행할 때 실험하는데 적절한 크기의 모형을 사용할 수 있다. 모형에 대하여 원래의 크기의 것을 원형 또는 프로토타입(원형)이라고 한다. 2) 원기 : 길이, 질량 또는 전기량의 단위를 확실히 보존하기 위하여 준비된 표준의 것. 질량의 기본 단위가 되는 킬로그램 원기와 길이의 기본 단위가 되는 미터 원기는 파리의 국제 도량형국에 보존되어 있다. 이것과 동질, 동형의 것이 각국의 원기로서 각국마다 보관되어 있다. 전기의 원기로서는 수은 저항 원기, 은분리기가 있다.

원형익렬 circular cascade [G] 하나의 원주 상에 등 간격으로 같은 형상의 익이 같은 자세로 배열된 익렬. 여기서의 유동은 주로 반경방향과 원주방향의 속도성분을 가지며, 축방향 성분은 적다. 예로서 원심회전차의 익렬이 그것이다. 직선익렬(straight cascade) 참조.

원호깃 circular arc vane, circular arc aerofoil [G] 원호익(circular arc aerofoil)과 같음.

원호익 circular arc aerofoil, circular arc vane [G] 원심형의 펌프, 송풍기, 압축기의 회전차 익으로서 일원호로 설계된 깃 또는 날개. 이것은 제작이 간단하므로 송풍기, 압축기의 날개로 사용되며, 효율을 높이기 위해 2원호 깃으로 설계되기도 한다.

원호익렬 **circular arc aerofoil cascade** [G] 원호로 형성된 익이 일정한 간격으로 배치된 익렬.

월파형 파력발전장치 **overtopping wave energy converter** [S] 파고가 파력발전 장치의 경사면을 넘어와서 중앙부 저수지 안으로 유입되고 내부 수로에 설치된 터빈의 상류와 하류의 수위차를 이용하여 터빈을 회전시켜서 발전하는 파력발전장치.

웨버 수 **Weber number** [G] 액체 중의 기포나 액적 등과 같이 표면장력이 그들의 현상에 중요한 영향을 미치는 경우에서, 이들에 대한 유동의 상사조건은 기하학적으로 상사한 두 개의 유동장에서 관성력과 표면장력의 힘과의 비가 같다는 것이며, 이 비(比) 또는 비의 평방근을 Weber 수라고 한다. 일반적으로는 평방근으로 다음과 같이 표시된다.

$$W_e = v\sqrt{\iota\rho/\sigma}$$

여기에서, W_e : Weber 수, v : 유속의 대표속도(m/s), ι : 대표길이(m), σ : 표면장력(N/m){kgf/m}, ρ : 액체의 밀도(kg/m^3){$kgf \cdot s^2/m^4$}. { } 안은 중력단위.

웨스코 펌프 **Westco rotary pump, Westco pump** [P] 와류 펌프(periphery pump)와 같음.

웨지유량계 **wedge flowmeter** [M] 관 내부로 돌출된 웨지로 인해 이 웨지의 상·하류 사이에 차압이 발생하고, 이 차압을 측정함으로써 유량을 산정할 수 있는 차압식 유량계의 일종.

웰즈터빈 **Wells turbine** [S] 정류와 원동기 기능을 동시에 행하는 특성을 가진 공기터빈으로서 왕복공기류 중에서 항상 한 방향으로 회전하는 파력발전용 터빈.

위 케이싱, 상부 케이싱 **casing-upper half** [P] 수평분할형 펌프 케이싱의 상부.

위상, 상 **phase** [T] 교류의 전압이나 전류의 반복 파형의 1사이클 사이에서의 어떤 순간의 위치를 말한다.

위상각 **phase angle** [T] rad,deg 위상을 기하학적인 각도로 나타낸 것. 위상(phase) 참조.

위상각차 **phase angle difference** [D] rad,deg 위상 차(phase difference)와 같음.

위상여유 **phase margin** [T] 안정 시스템의 루프(loop)비의 위상과 180°와의 차.

위상왜곡 **phase distortion** [D] 1) 장치에의 입력신호의 상대위상이 출력신호의 상대위상과 달라질 때 생기는 왜곡. 2) 위상특성이 주파수에 비례하지 않음으로써 일어나는 왜곡.

위상차 **phase difference** [T] rad,deg 동일 주파수의 두 정현파 파형의 간격을 각도로 나타낸 것.

위생펌프 **sanitary pump** [P] 식품을 취급하도록 특별히 설계된 펌프. 내식성을 갖고, 청소가 용이할 것, 뒤섞었을 때 식품에서 거품이 일지 않는 것, 윤활유의 혼입이 전혀 없을 것, 운전 중에 펌프 내부에 기계적 접촉이나 마모가 없는 특성 등이 필요. 재료도 스테인리스강, 모넬메탈, 알루미늄, 철, 유리 토기, 특수합금 등이 사용되고, 펌프 형식도 다양함.

위어펌프 simplex pump, weir pump [P] 증기작동펌프의 일종이며, 보통은 수직형으로 되어 있고, 상부에 한 개의 증기실린더가 있고, 하부에는 한 개의 펌프실린더가 있는데, 각 피스톤은 한 개의 피스톤 로드에 의해 연결되어 있는 것.

위치공차 positional tolerance [T] 공차(tolerance) 참조.

위치에너지, 포텐셜 에너지 potential energy [T] N · m,{kgf · m} 운동 또는 그 밖의 동적 상태로 나타나지 않는 에너지. 예를 들면, 높은 곳에 있는 물이 낮은 곳에 대하여 지니고 있는 에너지나 잡아 당겨진 스프링이 지니고 있는 에너지 등이 이에 해당한다. { } 안은 중력단위.

위치헤드 potential head [P,G] m^2/s^2, {m} 공학단위에서 무게 1kgf의 유체가 갖는 위치 에너지를 그 액체기둥의 높이로 나타낸 것. 이것은 m의 단위를 가지며, 위치수두라고도 함. SI 단위계에서는 단위 질량의 유체가 갖는 에너지, 즉 비에너지를 헤드라고 정의되어야 하므로, 위치 헤드는 gz{m^2/s^2}로 표시. 단, g는 중력가속도(m/s^2), z는 수직높이(m). { } 안은 중력단위.

위험속도, 임계속도 critical speed [B, D] rpm, rad/s, 1/s 회전축 계의 고유진동수와 공진을 일으키는 회전수. 즉, 최대 휘돌림 진폭이 발생하는 회전축계의 회전속도 또는 회전축계가 공진을 일으키는 회전속도이다. 회전체에 자이로스코픽의 영향이 없는 경우, 위험속도는 계의 공진 주파수에 대응하는 회전속도이다. 즉, 회전기계에서 위험속도는 계의 고유진동수(또는 그 정수 배, 또는 정수 분의 1배의 것도 있음.)에 대응하는 속도를 말한다. 공진주파수는 공진주파수의 배수와 분수성분을 포함할 수 있다. 예로 단위시간 당 회전속도(rps)는 단위시간당 사이클(cps)의 공진 주파수와 같다. 여러 개의 회전계가 있는 경우에는 전체 계의 각각의 모드당 하나씩 여러 개의 대응하는 위험속도가 있다.

윈터-케네디 법 Winter-Kennedy method [G] 수차통로 내에서 적당히 선정된 두 점 사이의 압력차에 지수법(index method)을 적용하여 유량을 산출하는 유량측정법. 지수법(index method) 참조.

윌란스선 Willans line [T] 1) 증기터빈에서 증기 소모량과 발전량의 값을 이은 선이다. 2) 피스톤 엔진 또는 가스터빈에서 연료 소모량과 축출력값을 이은 선이다. 내부 마찰에 의한 출력손실은 외삽법을 통하여 연료 소비량이 0일 때의 값을 통해 알 수 있다.

윙펌프, 레버펌프 wing pump [P] 수동의 용적형 펌프. 레버를 손으로 움직여서 원통 내의 칸막이 판이 요동하여, 이것에 부착된 토출밸브와 흡입밸브가 교대로 개폐하여 물을 토출하는 펌프를 말한다.

유격작용 oil hammer [G] 취급하는 액체가 작동유일 경우의 수격작용을 유격작용. 기름이 관 내를 평균유속 u(m/s)로 흐르고 있을 때, 관 말단의 밸브를 급폐쇄하면 최초의 압력상승은 대략 $\rho au(N/m^2)\{kgf/m^2\}$으로 주어지지만, 점성의 영향이 크므로 압력변동의 감쇄는 물의 경우에 비하여 빠르다. 여기서, ρ : 기름의 밀도$(kg/m^3)\{kgf \cdot s^2/m^4\}$, a : 소리의 전파속도(m/s). 수격(water hammer) 참조. { } 안은 중력단위.

유관 stream tube [P,G] 유동장내 유선으로 만들어지는 관. 유동하고 있는 유체 안에 임의의 폐곡선을 생각하여, 이 폐곡선을 통과하는 유선군에 의해 형성되는 관임. 유관의 벽은 두께가 없는 관벽의 역할을 한다.

유니버설커플링 universal coupling [G] 펌프·송풍기 등의 주축과 구동기의 주축을 연결하는 커플링으로서 두 축의 중심이 약간 어긋나 있어도 지장없이 동력을 전달할 수 있는 구조의 커플링. 커플링(coupling) 참조.

유도항력 induced drag [G] 날개가 익폭 방향으로 변화가 없으면 헬름홀츠의 원리에 의해 익의 양력선은 익 끝에서 익 끝단 와류로서 방출된다. 그러나 익폭 방향으로 익형이나 유동조건이 변하면 변화가 있는 위치에서 역시 순환변화량에 해당하는 자유와류가 익 후방으로 방출된다. 지금 익의 스팬방향의 y의 위치에서 dy 사이에 익의 순환분포 $\Gamma(y)$가 변화한다면 그 위치에서 순환의 변화량 $d\Gamma(y)$에 해당하는 뒷전 와류가 방출된다. 이것은 반무한 길이의 자유와류선이며, 이것으로 인해 익의 바로 전방에 전방유동과 직각인 아래 방향의 유도속도 dw가 발생한다. 따라서 익의 스팬방향의 한 위치에서의 유도속도는 익의 전 스팬 후방의 자유와류 전체로부터의 유도속도를 합산 것으로 된다. 이 유도속도로 인해 원래의 유동의 받음각이 그만큼 변화하게 되며, y의 dy 부분에 있었던 순환 Γdy에 의한 양력의 작용방향은 받음 각이 변화한 새 유입방향에 수직한 방향으로 작용하게 되므로, 이 양력은 처음의 유입방향에 대하여 수직 양력성분 뿐만 아니라 이에 평행한 소위 항력성분이 새로 나타난다. 이를 유도항력이라 한다. 비압축성 비점성 유동 안의 균일한 익에 대하여 나타나지 않는 항력이 유도속도의 발생으로 인해 저항성분이 발생하는 것이다.

유도항력계수 induced drag coefficient [G] 유도항력 D_i를 유체의 동압 $\rho V^2/2$가 익 면적 S에 작용한다고 한 힘으로 나눠 무차원화 한 것(기호는 C_{Di}). 스팬의 위치 y를 $y=(b/2)\cos\theta$로(b는 익의 폭. 즉, 스팬길이), 순환 Γ는 Fourier 급수로(n=1~∞까지)로 전개된 $\Gamma = 2bV\,\Sigma A_n \sin n\theta$로 나타내고, 이를 근거로 유도속도 w와 이로 인해 발생하는 유도항력 D_i를 산출한다. 이것을 $(\rho V^2/2)S$로 무차원화 한 것. 유도항력(induced drag) 및 전문서적을 참조.

유도형 변환기 inductive transducer [D] 진동응답을 검출하는데 사용되는 변환기로서, 저주파 진동을 측정할 경우에 사용되는 변환기이다. 일반적인 변환기는 가속도계가 편리하여 여러 가지 응용분야에 사용되고 있으나, 속도나 변위에 의해 야기되는 저주파 진동의 경우에는 매우 약한 응답신호가 유발된다. 이러한 저주파 진동을 측정할 경우에 가속도계보다 광학형, 용량형(capacitive) 또는 유도형 변환기(inductive transducer)나 스트레인 게이지 또는 전위차계(potentiometer) 등이 더 적합한 경우가 많다.

유동 가시화 flow visualization [T] 본래 눈으로 볼 수 없는 유체의 흐름을 여러 가지로 고안하여 눈으로 볼 수 있게 하는 것.

유동 스위치 flow switch [G] 유량변화를 검출하여 규정유량에서 작동하게 하는 전기접전을 갖는 스위치. 예를 들어 입축 펌프의 수중 베어링의 윤활수나, 기름냉각기, 엔진냉각수 등의 유량이 감소하는 것을 검출하는 데 사용된다. 베어링 강제급유장치에서의 유량검출에도 사용된다.

유동, 흐름 flow [T] 질량 또는 질량에 따른 양(부피, 열, 운동량 등)이 시간경과에 따라 장소를 옮겨가는 현상.

유동가시화 visualization of flow, flow visualization [G] 가시화함으로써 유동상태를 조사하는 기법. 이를 위해서 많은 기법 들이 개발되어 왔으며, 유선, 유맥선, 유동의 방향, 벽면 가까이에서의 유적(流跡) 등의 가시화에 의해 유동을 정성적(定性的)으로 조사할 수 있다. 그 밖에 유속분포를 정량적(定量的)으로 구하는 방법도 있다. 유동가시화의 구체적인 방법으로는 유체 중에 트레이서(tracer)를 혼입하는 궤적관찰법(트레이서 법), 실에 의해 유동방향을 관찰하는 방법[타프트(tuft) 법], 벽면에 유막을 바르고 유막의 유동으로 인해 나타나는 무늬로부터 벽면 근처의 평균유동의 방향을 구하는 방법, 공기의 이온(ion)화로 나타나는 불꽃추적법, 슈리렌(Schlieren)법 등의 광학적 방법 등이 있다.

유동률, 유속(流束), 플럭스 flux [T] 1) 여러 물질 또는 물리량이 단위시간당 통과하는 양. 예 : 열 플럭스, 질량 플럭스, 운동량 플럭스 등. 2) 막여과 분야에서는 단위시간, 단위 막 면적당의 막 여과수량. 통상, $m^3/(m^2.일)$, 혹은 $L/(m^2.hr)$ 등으로 나타낸다. 막의 종류, 막 차압, 수온, 막 공급수의 수질, 막의 오염상태 등의 요인에 의해 변화하며, 이들은 막의 성능을 나타내는 중요한 인자이다.

유동박리 break away [B] 물체의 표면근방의 주류가 물체에 따라 흐르지 못하고 물체 표면에 접해서 역류지역을 일으키는 현상.

유동소음 flow noise [G] dB 유체유동 자체가 음원이 되어 발생하는 소음이며, 일반적으로 난류소음이다. 소음의 강도는 유속의 8승에 비례하여 증대한다.

유동안정기, 정류기 straightener [M] 유동안정기(flow conditioner)와 같음.

유동안정기, 정류기, 유동조절기 flow conditioner, straightener [M] 균일하지 않은 속도분포를 균일하게 하도록 만들어진 구조물. 배관 내부에 삽입할 수 있게 제작되어 있으며, 주로 직관부의 길이가 충분치 않을 때 이를 보완하기 위해 사용된다. 그림 아-15 참조.

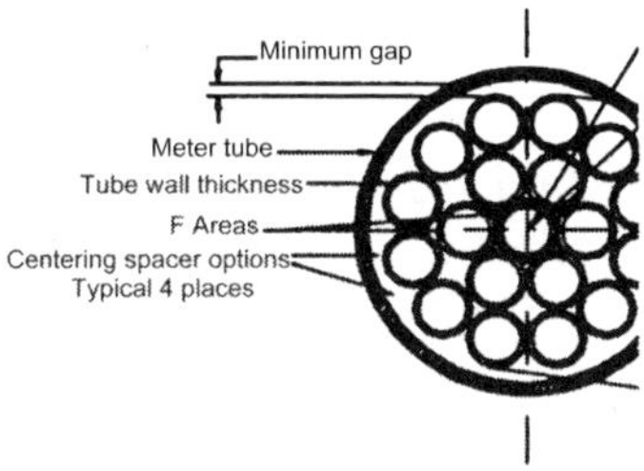

그림 아–15 유동안정기

유동안정화 장치 flow straightener [M] 배관 내에 삽입하여 요구되는 직관부 길이보다 짧아도 정상적인 속도 분포를 얻을 수 있게 고안된 장치. 유동안정기(flow conditioner)와 같음.

유동층 fluidized bed [T] 공기를 보내어 층(層)을 팽창시켜서 유동화가 형성된 분체층.

유동함수 stream function [T] 2차원 정상유동에서 $\psi(x, y)=const$가 유선을 나타낼 때, ψ를 유동함수라고 한다. ψ는 연속식을 만족하도록 정의되어 있는 함수이므로 속도성분 u, v 대신 ψ를 사용할 때는 연속식을 생각할 필요가 없어진다.

유동화 fluidization [T] 1) 액체가 흐름을 만들어 움직이는 성질. 2) 분체층이 기체에 의해 유동화 현상을 나타내는 것.

유량 discharge quantity, capacity, discharge [P] m^3/s 토출하는 체적유량(단위 시간 당 토출 체적). 중량 또는 질량 유량으로 나타낼 수도 있음. 압축성 유체의 경우에는 흡입상태로 환산된 양으로 표시.

유량 측정용 위어 weir for flow measuring [P,G] 유량 측정용으로 규격에 맞게 제작된 것을 의미한다. 삼각위어, 사각위어, 전폭위어 등이 있다.

유량 스위치, 플로 릴레이 flow relay [P] 관 내의 유량이 설정치로 된 것을 검지하고, 전기적 신호를 발생하는 기기.

유량(가스량) 조절밸브 flow control valve [B] 송풍기 및 압축기의 작동가스량을 조절하기 위한 밸브.

유량계 flow meter [T,M] 액체나 기체의 유량을 측정하는 계기의 총칭. 유량계, 수량계 등이 있다.

유량계수 coefficient of discharge [T] 이론 상의 유량과 실제 유량과의 비. 오리피스로는 수축 계수와 속도 계수와의 곱으로 표시된다. 토출계수(discharge coefficient) 참조.

유량계수, 토출계수 capacity coefficient, discharge coefficient [P,B] 펌프, 송풍기 및 압축기 특성 중에서 토출량을 표시하는 무차원 수.

유량상수 capacity constant [P] 임펠러 출구의 메리디언 속도성분과 펌프 전양정과의 관계에 대한 상수.

유량–양정곡선, QH곡선 QH curve [P] 펌프의 회전속도를 일정하게 유지하고 유량 Q를 가로축으로 하여 전양정 H를 세로축에 나타낸 곡선. 보통은 축동력과 효율도 함께 같은 그림에 제시함.

유량제어 capacity control [G] 유체기계의 토출량의 제어를 말함. 기종, 용도에 따라 토출 측이나 흡입측의 밸브 교축, 회전속도의 제어, 펌프대수의 제어, 바이패스 제어 등이 있다. 축류기계에 대해서는 정익가변제어, 동익가변제어가 있으며, 원심식에 대하여는 흡입교축, 흡입베인 제어 등이 있다.

유량조절밸브 regulating valve [A] 송풍기 전단에서 배관 단면적을 변화시켜 이송공기의 유량을 조절을 목적으로 하는 밸브.

유량조정장치 discharge regulator [T] 차단밸브나 볼밸브 등의 개도를 변화시킴에 따라서 그의 유량을 가감하는 장치.

유량컴퓨터 flow computer [M] 유량계와 연결되어 유량계에서 오는 신호를 받아 유량계산을 하고 필요한 통신과 조작을 할 수 있도록 구성된 컴퓨터.

유막 oil film [G] 오일 윤활의 미끄럼 베어링의 경우 축의 회전에 따라 축과 베어링 사이에 윤활유의 얇은 막이 생겨, 이것으로 축 하중을 지지한다. 이것을 유막이라고 한다.

유막법 oil film method [G] 유동가시화의 한 수법. 유동과 접하는 벽면에 칠해진 유막의 무늬에서 경계층 저층의 평균유동의 방향, 경계층의 거동, 와류의 상태, 충격파의 위치 등을 관찰, 측정하는 방법. 유막의 재료로서, 예를 들어 공기기류의 경우는 유동성 파라핀과 유연(油煙) 혹은 중(中)점도 유와 산화아연 등을 섞어 이들에 첨가물로서 올레인산(oleic acid)이 첨가된 것을 사용하며, 물 유동의 경우는 고(高)점도 유와 광명단(red lead) 혹은 산화티탄 등을 섞은 것을 사용한다. 충격파(shock wave) 참조.

유맥선 streak line [G] 유동하는 유체 중의 한 고정점을 통과한 모든 유체입자가 어느 순간에 유동장내에서 그려내는 곡선. 예를 들어 유체 중의 한 점에서 주입된 색소용액이나 연기가 그려내는 곡선이 그것에 해당한다. 정상유동의 경우 유맥선은 유선, 유적선과 일치하지만 비정상 유동의 경우는 일반적으로 일치하지 않는다. 유선(stream line), 유적선(path line) 참조.

유면 stream surface [B] 1) 유선으로 형성된 면. 2) 축대칭유동에서 유선을 회전축 둘레로 회전시켰을 때 형성되는 축대칭 회전면. 유선(stream line) 참조.

유면계 oil level gauge [G] 베어링케이스의 측면에 설치되며, 베어링 내의 유량이 적정한지의 여부를 확인하기 위한 것. 일반적으로 설계유면이 유면계의 중간에 위치하도록 설치하며, 주로 오일링 베어링 유닛에 사용된다. 액면계(water sight), 베어링상자(bearing housing) 참조.

유변학 rheology [G] 뉴턴의 점성법칙을 따르지 않고 여러 역학적 거동을 나타내는 물질의 변형과 유동에 관한 역학의 한 부문. 현재 두 가지의 상이한 해석방법이 있다. 그들은 물질을 모두 연속체라고 보고 그 변형과 유동현상을 거시적으로 취급하는 방법과 물질의 분자구조를 고려한 미시적·물성론 방법으로 나눈다.

유선 **streamline, stream line** [P,T] 유동장에서 속도벡터의 접선방향으로 이루어진 이론적인 선. 정상유동의 경우의 유선은 유체입자의 이동궤적과 일치한다.

유선곡률법 **streamline curvature technique** [G] 평형 방정식, 에너지 방정식 및 연속식을 만족하도록 유선형상을 수치적으로 구하여 유동을 해석하는 방법이며, 반복 계산을 필요로 한다. 터보기계, 특히 축류압축기 익의 자오면 상에서의 이상유동해석에 많이 이용된다.

유압계 **oil pressure gauge** [T] 유압 측정에 사용되는 압력계. 부르동관(bourdon tube) 압력계가 많이 사용되고 있다.

유압식 진동발생기 **hydraulic vibration generator** [D] 적당한 구동장치에 의한 유체 압력의 작용으로 진동력을 유도하는 진동발생기.

유압실린더 **oil cylinder** [P,G] 유압동력을 직선왕복운동으로 변환하는 것. 유압과 유량의 변화로 추력과 속도를 제어한다.

유압실린더 **oil hydraulic cylinder** [C] 실린더 내의 차압과 유효단면에 비례한 힘으로 피스톤이 직선 운동하는 유압기기. 밸브, 댐퍼, 동익을 자동적으로 움직이는데 자주 이용된다.

유압액츄에이터 **hydraulic actuator** [P,G] 유압펌프에서 공급된 기름 에너지를 기계적인 에너지로 바꾸는 장치. 발전기와 전동기의 관계에서 말하면 전동기 쪽에 해당한다.

유압펌프 **oil hydraulic pump** [P,G] 유압회로에서 사용하는 펌프. 유압회로에서의 사용압력범위는 일반적으로 저압은 2 MPa(약 20기압), 중압은 7 MPa(약 70기압), 고압은 20 MPa(약 200기압)으로 구분된다. 비용적형 펌프는 제어기기에 사용되지 않는다.

유압회전모터 **hydraulic rotary motor** [P,G] 유압을 회전운동으로 바꾸는 장치(액추에이터). 기어펌프, 베인펌프, 회전피스톤펌프 등에서 흡입측에 유압을 가해주면 이들 펌프는 회전한다. 이것이 유압회전모터의 원리이다.

유연관, 플랙시블 관 **flexible pipe** [P] 고무호스, 비닐관과 같이 유연성이 있는 파이프. 고무호스에는 작은 지름의 것이 많고, 액체용으로 많이 사용되며, 큰 지름의 비닐파이프는 홴에 많이 사용. 광산 내에서 사용되는 국소송풍기에 사용.

유연축 **flexible shaft** [B] 사용회전수가 그 축의 일차 위험속도 이상의 축.

유온 **oil temperature** [G] 윤활유 등의 온도. 강제급유의 경우 베어링 출구의 윤활유 온도를 확인하여 이상이 나타났을 때는 경보음을 낸다.

유의파고 **significant wave height** [S] 특정 시간 주기 내에서 일어나는 모든 파고 중 가장 높은 3분의 1에 해당하는 파고의 평균 높이를 말한다.

유인송풍기, 흡출송풍기 induced draft fan (IDF) [B] 보일러 같은 시스템 내의 기체를 연도(煙道)로 유인하는데 사용되는 송풍기.

유입, 유입량 inflow [T] 유체기계 등에 유체가 유입하는 것.

유입각 inflow angle [P,T] 익렬에 대한 상대속도의 유입방향과 익렬선으로의 수직선이 이루는 각.

유입각 inlet angle [B,T] rad,deg 상대속도의 유입방향이 익렬 선에의 수선에 대해 이루는 각. 유입각(inflow angle)과 같음. 입사각(incidence angle) 참조. 부도 B-3 참조.

유자관, U-관 U-tube [Nu,G] 1) 유자관 : 압력(또는 압력차)을 측정하는 기구. 관 또는 용기 내의 압력의 크기는 그 벽에 작은 구멍을 통해 U자형의 관을 연결하여, 이 U자관 내의 상승하는 액의 높이로 측정할 수 있다. 이것을 마노미터라 한다. U자관의 일단을 대기압이나 다른 알려진 압력(p_1[N/m^2])에 연결하고, 측정하고자 하는 압력(p_2[N/m^2])을 다른 쪽에 연결하면, 그로부터 나타난 액주의 높이차 h(m)로부터 그들의 압력차를 다음 식에 의해 구할 수 있다.

$$p_2 - p_1 = \rho gh$$

단, 압력 p_2 쪽에서 p_1 쪽(위로)으로의 높이 h를 플러스로 하며, g는 중력가속도 $g=9.81\text{m/s}^2$, ρ는 유체의 밀도[kg/m^3]이다. 2) U-관 : 증기발생기의 전열 관으로 사용되는 튜브의 한 종류로서 U자 형태를 하고 있다.

유적선 path line [G] 유동하는 유체 중의 어느 정해진 유체입자가 그려내는 궤적. 유선(stream line), 유맥선(streak line) 참조.

유체 fluid [T] 기체 및 액체.

유체고착현상 hydraulic lock [G] 상대운동하는 고체 두 면 사이의 윤활이 원활하지 못해 두 면이 달라붙는 현상. 예를 들어 유압 피스톤의 바깥둘레와 실린더 사이의 좁은 틈새 부분의 기름 유동에 의한 압력분포가 틈새의 비균일성이나 누설유동의 불균일 때문에 축대칭으로 되지 않아 피스톤이 편심되어 실린더의 한 쪽면에 강하게 눌림으로써 두 면이 달라붙어 작동이 불가능해지는 현상.

유체과도현상 hydraulic transients [G] 경계조건을 급격히 변했을 때 나타나는 유동변화의 상태. 예를 들어 관로 말단의 밸브를 열림에서 닫힘의 상태로 바꾸었을 때 볼 수 있는 현상 등이 해당한다. 이 경우 유속과 압력에 큰 변화가 발생하지만 점성 때문에 감쇄하면서 새 경계조건에 대응하는 정상유동으로 이행한다.

유체기계 fluid machinery [G] 펌프, 송풍기, 압축기, 수차, 풍차, 터빈, 공기모터 등 유체에 에너지를 부여하거나 유체에서 에너지를 받는 기계의 총칭.

유체마찰 fluid friction [G] 유체가 유동하면 외력에 의해 유체 내부에 변형이 생기며, 그것으로 인해 유속의 손실 또는 헤드의 손실이 발행한다. 이때의 외력을 유체의 마찰이라 한다.

유체마찰손실 fluid friction loss [G] 유체의 유동으로 나타나는 저항 때문에 발생하는 속도의 손실 또는 헤드의 손실. 일반적으로 유체통로에서의 마찰손실, 구부러짐이나 확대 등으로 발생하는 난류로 인한 손실 등을 말하며, 이들의 손실은 유속의 제곱에 비례하여 증감한다.

유체역학 fluid mechanics [G] 뉴턴의 고전역학의 응용부문으로서 액체나, 기체의 유동을 조사하는 학문. 즉, 유체운동의 양상, 유체 중에 있는 물체에 작용하는 힘이나 유체 안을 운동하는 물체가 유체에서 힘을 받음으로써 물체의 운동상태가 바뀌고 또한 유동상태도 바뀌는 상호작용을 조사하는 자연과학의 학문분야.

유체원동기계 fluid prime mover [P,G] 유체에너지를 기계적 에너지로 변환하여 원동기로서 사용되는 기계. 용적형 원동기(유압모터), 수차, 공기터빈, 풍차 등이 이에 해당한다.

유체유량계 fluidic flowmeter [M] 유체의 유동이 구조물 내부에서 일정한 주기와 형태를 가지고 흔들리도록 고안되어 있어서, 이 주기를 측정함으로써 유량을 산정하게 되어 있는 유량계.

유체정력학 hydrostatics [T] 액체가 정지하고 있는 경우 혹은 상대 운동이 없는 경우 액체에 작용하는 힘이나 액체에 의한 힘을 연구하는 학문.

유체커플링 hydraulic coupling [P,G] 펌프와 터빈의 조합으로 구성된 전동장치. 입력축과 출력축의 토크의 차가 없다. 전동기 내에 스테이터를 삽입하여 전달 토크의 크기를 달리하여 만든 것은 유체토크컨버터라고 한다.

유체커플링 구동식 hydraulic coupling driven type [B] 송풍기나 압축기가 유체이음에 의해 원동기로 구동되고 있는 형식.

유출각 outlet angle, discharge angle [G] rad,deg 익렬익에 상대적인 속도의 유출방향과 익렬선에 수직한 선이 이루는 각. 도출각(discharge angle) 참조.

유출경계조건 outflow boundary condition [N] 유체가 계산 영역을 빠져 나오는 부분, 유출경계에서 지정하는 경계조건. 일반적으로 속도, 압력과 같은 내부 유동해를 모른다면 유출경계에서는 값을 지정할 수 없다. 보통 보외법(extrapolation)을 이용 내부의 정보로부터 경계값을 계산한다. 물리적으로 확산 플럭스를 0으로 만들고 질량보정과 같은 개념을 적용한다. 단 압축성 유동, 다상 유동, 입구에 압력값이 지정된 문제 등에는 적용할 수 없다. 출구경계조건(outlet boundary condition) 참조.

유출속도 exit velocity [T] m/s 유체가 회전차의 날개로부터 유출할 때의 속도.

유한요소법 finite element method [N] 편미분방정식의 경계치 문제의 근사해를 찾기 위해 사용하는 수치해석 방법으로 변분방법(variational method)을 이용하여 관련된 에러함수를 최소화하는 근사해를 찾게 된다. 보통 큰 계산 영역의 문제를 작은 역영의 단순화된 문제로 바꾸어 풀게 되고 특히 유한요소법은 복잡한 경계형상에도 용의하게 대응할 수 있는 장점이 있다.

유한익렬 cascade of finite blade num−

ber [G] 유한수의 익으로 형성된 익렬. 익렬이론에서 가정되는 무한수의 익렬과 대비되는 용어.

유한차분법 finite difference method [N] 미분방정식에 나타나는 미분항을 격자점에 맞추어 Taylor 급수전개(Taylor-series expansion)하여 이산화하는 방법. 즉, 이산화에 요구되는 정확도에 맞추어 격자점이나, 그 인근 격자점의 Taylor 급수전개에 의한 관계식을 조합시켜 미분항을 근사적으로 표현하는 방법이다.

유한체적법 finite volume method [N] 운동량 및 질량 보존법칙을 만족시키기에 용이하도록, 원하는 검사체적에서 지배 방정식을 적분하여 이산화하는 방법. 미소 검사체적에서 방정식의 적분화 수행시, 검사체적과 체적 사이의 인터페이스 면에서는 유동 플럭스를 계산하게 되고 이를 바탕으로 미소 영역 내의 정보점을 갱신하게 된다. 인터페이스에서의 유동 플럭스 지정 방법에 따라 다양한 수치기법을 개발할 수 있다.

유효 NPSH, available NPSH [P,G] 펌프흡입구의 전압에서 액체의 포화증기압을 뺀 값이 캐비테이션 발생 한계치보다 큰, 즉 여유가 있을 때의 값을 말한다. 이를 가용 NPSH라고도 말한다.

유효낙차 available head [T] 수력발전 시스템에서, 저수지의 수위와 터빈 입구의 높이차에서 마찰과 입구 유동 저항으로 발생한 수두손실을 제외한 값.

유효낙차, 유효수두 effective head [T] m 자연 낙차, 즉 전 낙차에서 이용할 수 없는 손실 낙차(마찰손실과 방수로에의 속도수두)를 뺀 실제의 낙차.

유효동력 effective power [T] W,{kgf · m/s} 주어진 동력원의 동력 중 기계 손실을 제한 실제로 사용할 수 있는 동력. { } 안은 중력단위.

유효압축비 effective compression ratio [T] 2행정 기관에 있어서는 소기 및 배기 구멍이 닫힌 다음 비로소 유효 압축이 시작되며, [유효 압축비]=[(구멍 또는 밸브가 닫힌 다음의 행정 용적)+(틈새 용적)]/[틈새 용적]으로 정의된다.

유효열효율 effective thermal efficiency [T] 공급된 열이 유효한 일로 변한 정도를 나타내는 비율을 말한다.

유효전압 effective total pressure [G] Pa,{kgf/m^2} 송풍기 전압(fan total pressure)과 같음. { } 안은 중력단위.

유효점성계수 effective viscosity [N] Pa · s,{kgf · s/m^2} 일반적인 유체 유동에서 점성의 영향을 층류에 의한 영향과 난류에 의한 영향으로 구분할 수 있다고 가정하여, 유동의 점성계수를 층류의 경우의 점성계수 μ에 난류의 영향에 의한 점성계수 μ_t을 더한 것을 유효점성계수(effective viscosity) μ_{eff}라고 한다.

유효정압 effective static pressure [G] Pa, {kgf/m^2} 송풍기 정압(fan static pressure)와 같음. { } 안은 중력단위.

유효질량 effective mass [D] kg,{kgf · s^2/m} 겉보기 질량(apparent mass)이라고도 불리며, 단순 조화운동 동안, 가속도에 대한 힘의 복소비이다. 가속도가 중력가속도 g로 주어질 때, 가속도에 대한 힘의 비를 때로는 유효무게(effective weight) 또는 유효하중(effective load)이라 부른다. { } 안은 중력단위.

유효흡입용적 effective suction volume [B,G] 왕복압축기의 실린더에는 피스톤 상사점에 틈새가 있기 마련이다. 그림 아-16의 지압선도에서 실린더 틈새에 남은 고압가스는 팽창행정에서 용적이 V_C 에서 V_D 로 변화하면서 동시에 압력은 p_2 에서 p_1 으로 떨어진다. 그래서 실제흡입은 D점에 이르러서 비로소 시작하기 때문에 실제 흡입양은 $(V_A - V_D)$으로 된다. 이 크기를 말한다. 이에 대해 행정용적은 $(V_A - V_C)$이다. 그림 아-16 참조.

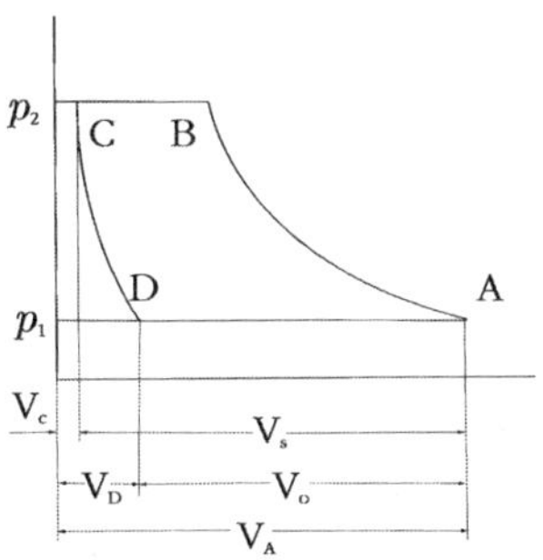

그림 아-16 유효 흡입 용적

유효흡입헤드 net positive suction head (NPSH) [P,G] $m^2/s^2\{m\}$ 펌프의 캐비테이션을 검토할 때에 사용하는 것으로, 펌프 흡입측의 절대 정체압과 액체 증기압의 차로 정의한다. 따라서 NPSH는 주어진 유동에서 얻을 수 있는 최대 압력과 액체가 증기로 증발되기 시작할 때의 압력 차이다.

유효흡입헤드 곡선, NPSH곡선 NPSH curve [P] 터보형 펌프에서 펌프유량과 유효흡입헤드 곡선과의 관계를 나타낸 곡선. 유효흡입헤드(NPSH : net positive suction head) 참조.

유효흡입헤드 시험, NPSH 시험 NPSH test, cavitation test 유효흡입헤드를 구하는 시험. 펌프유량마다 흡입헤드를 변화시켜서 캐비테이션의 발생 여부를 확인하기 위한 NPSH를 구함. 캐비테이션 시험(cavitation test)과 같음.

육안검사 visual inspection [T] 제작공정에 있어서 오감을 작용시켜 경험과 숙련에 의하여 외관상의 이상을 조사하는 검사 방법.

윤곽게이지 profile gauge [T] 날개 등을 제작할 때 제작 날개의 윤곽의 적부를 검사하는 판 게이지.

윤활 lubrication [T] 베어링 등과 같이 2개의 고체 간에 상대 운동이 이루어지고 있을 때 그 접촉면에 유막을 만들어 마찰로 인한 마모, 발열 등을 감소시키는 것.

윤활수급수펌프 lubricating water pump [P] 펌프장에서 그랜드 봉수, 냉각수, 수중 베어링 등 각 부위에서 필요한 물을 공급하는 데 쓰이는 펌프. 일반적으로는 소형의 벌루트펌프가 사용되는 경우가 많음.

윤활유 lubricating oil [G] 윤활재의 일종. 광물성 석유 제품의 스핀들유, 머신유, 실린더유 등이 가장 널리 사용되고 있다. 지방성(脂肪性) 제품으로는 유채유, 경유(鯨油) 등이 있고, 또 반고체 제품으로는 그리스, 지방, 왁스 등이 있다.

윤활유 펌프 lube-oil pump [P] 베어링이나 치차 등과 같이 윤활을 필요로 하는 곳에 윤활유를 공급하는 펌프. 소형은 치차펌프가 많이 쓰이지만, 그 밖에 나사펌프, 원심펌프 등도 사용됨.

윤활유 펌프 lublicating-oil pump [P, G] 베어링이나 기어 등 윤활을 필요로 하는 곳에 윤활유를 보내는 펌프. 기어펌프, 나사펌프 등이 사용된다.

윤활제 lubricant [T] 윤활하게 하기 위해 사용되는 물질이며, 원료로서는 광물질, 식물질, 동물질의 3종류가 있다.

윤활첨가제 lubricant additive [T] 윤활제의 사용목적에 적합한 성질을 갖도록 첨가되는 약제.

융스트롬터빈 Ljungstrom turbine [T] 반대 방향으로 회전하는 두 로터 디스크의 반대면에 부착된 중심이 같은 블레이드로 구성된 외향류증기터빈.

은납 silver-solder [T] 경랍의 일종. Cu-Zn-Ag 계 합금을 주체로 한 것. 융점은 700℃ 전후. 동합금, 금, 은, 철 등의 접착에 사용된다. 은합금 경납땜(silver-alloy brazing) 참조.

은합금 경랍 땜 silver-alloy brazing [T] 경랍(硬鑞)땜의 일종. 은랍을 분쇄하여 붕사(硼砂)분말을 혼합하고 물로 진흙상태로 만들어, 이것을 접합부에 놓고 토치 또는 노에서 용융 접착시키는 방법. 은납(silver-solder) 참조.

음 스펙트럼 sound spectrum [G] 음의 주파수 분석 결과를 스펙트럼 형태로 나타낸 것.

음강도 sound intensity [G] 음장 안의 한 점에서 음의 진행방향에 수직한 단위 면적, 단위 시간에 통과하는 음의 에너지.

음속 acoustic velocity, sonic velocity, speed of sound [B] m/s 공기 중의 음(소리)의 속도 또는 탄성 매질 중을 전달하는 미소한 압력변동. 즉, 음파가 전파하는 속도.

음압 sound pressure [D] 음은 공기 안을 전파하는 압력변동이며, 이것은 종파(소밀파) 형태로 전파한다. 이 압력변화의 실효값을 음압이라 한다. 이 음압의 크기에 대한 레벨을 데시벨(dB)로 나타낸 것이 음압수준(음압레벨)이다. 음압수준 참조.

음압수준 sound pressure level [B] dB 어느 음의 음압과 기준음압과의 비의 상용대수의 20배이며. 기준음압은 공기 중의 음의 경우 20 μPa로 한다. 음향출력수준(sound power level) 참조.

음원 sound source [G] 음을 발생하는 것. 유체기계의 기계적 진동에 의해 발생하는 것과 유체진동에 의해 발생하는 것이 있다. 후자의 것으로 서징, 캐비테이션이 있다.

음의 강도레벨 intensity level [G] 소리의 강도의 절대치를 데시벨(dB) 적도로 나타낸 것. 강도 J(W/m^2)의 음(소리)의 레벨은 강도 10^{-12}W/m^{2}을 기준으로 하여 다음과 같이 표시된다.

$$10 \log_{10} \frac{J(W/m^2)}{10^{-12}(W/m^2)}$$

음의 크기 loudness [G] sone 감각적인 음의 크기가 2배, 3배로 되었을 때 수치도 2배, 3배가 되도록 실험적으로 정한 음의 크기의 척도이며, sone(송)이란 단위로 표시한다. 즉, 음의 크기의 레벨 40 phon을 1 sone이라고 하고, 정상청각을 가진 사람이 1 sone의 n배의 크기로 판정되는 음의 크기를 n sone이라고 한다.

음의 크기레벨 loudness level [G] phon 어느 음에 대해 정상적인 청각을 가진 사람이 그 음과 같은 크기로 들렸다고 판단된 1000Hz의 순음의 음압 레벨의 수치를 말하며, 단위는 phon으로 나타낸다. 음압레벨(sound pressure level) 참조.

음장 sound field [G] 음파가 존재하는 공간.

음파 acoustic wave [T] 공기 중의 종파(매질 중의 각 점의 입자 변위의 방향이 파의 전파 방향과 일치하는 파이며, 소밀파라고도 한다)를 음파라고 한다.

음파 sound wave [G] 음은 공기 중을 파동 형태로 전달되는 것이며, 이것을 음파라고 한다. 또 초저주파음, 가청음, 초음파의 총칭으로 사용된다.

음파선 sonic line [T] 초음속 무딘 물체의 앞과 이격충격파 뒤에 발생하는 가상의 선 또는 면이나, 초음속 원추형 물체의 선단에 부착되어 발생하는 원추형 충격파을 뜻하며, 아음속과 초음속을 구분하는 선을 뜻함.

음파유량계 acoustic flow meter [M] 초음파 음속계에는 전파(傳播)시간차 방식과 도플러(Doppler)방식의 두 가지가 있다. 전자에는 액체용과 기체용이 있고, 후자에는 액체용만이 있다. 대형 수로에서는 평균유속을 구하기 위해 다측선(多測線)을 사용하는 예도 있다. 액체 중에 고형물이나 기포가 포함되어 있는 경우는 측정이 곤란하다. 초음파 유량계(ultrasonic flow meter)와 같음.

음향강도 acoustic intensity [T] W/m^2, {kgf/(m · s)} 음장 중의 한 점에서 음의 진행방향에 수직한 단위면적을 단위시간에 통과하는 음의 에너지. { } 안은 중력단위.

음향출력 acoustic power [C] W, {kgf · m/s} 단위시간 당 발생하는 음향에너지. 이것을 대수표시 한 것을 파워레벨(power level)이라고 한다. 음향출력수준(sound power level) 참조. { } 안은 중력단위.

음향출력수준 sound power level [B,G] 단위 시간에 음원이 발생하는 음향에너지. 이를 W[watt]로 나타내면, 이것의 상용대수치와 기준 음원의 강도 W_0 [$=10^{-12}$watt]의 상용대수 치와의 차를 10배한 것을 음향출력수준(즉, 레벨), PWL(power level)이라고 한다. 즉, 다음 식과 같이 표시된다. 단위는 데시벨(dB).

$$PWL = 10 \log_{10} \frac{W}{W_0} \quad [dB]$$

이것은 음의 강도의 레벨(intensity level)이라고도 한다.

응고 solidification [T] 기체 또는 액체가

고체로 되는 것.

응고점 solidifying point, solid point [T] 액체나 기체가 응고할 때(고체로 변할 때)의 온도. 이를 freezing point라고도 한다.

응답 response [T] 계측기에의 입력신호에 대하여 출력신호가 대응하는 시간적 변화.

응답시간 response time [T,M] s 스텝 응답에 있어서 출력 신호가 최초 값으로부터의 특정 범위에 들기까지의 시간.

응력 stress [T] Pa,{kgf/m^2} 물체에 외력(하중)이 가해질 때 그 물체 속에 생기는 저항력. 응력은 하중의 종류에 따라 전단 응력과 인장 응력, 압축 응력 등이 있다. { } 안은 중력단위.

응력-변형률선도 stress-strain diagram [T] 재료에 대하여 인장 시험을 했을 때의 응력과 변형의 관계를 나타내는 선도.

응집 flocculation [E] 혼화 공정에 의하여 불안정해진 자연유기물질 입자들을 침전되거나 여과될 수 있는 플록(floc)으로 성장시키는 공정.

응집, 응집처리, 혼화 coagulation [E,F,T] 1) 액체 또는 기체 속에 분산하고 있는 미립자가 응집제의 첨가로 집합하여 큰 입자가 되는 현상. 2) 해수담수화의 전처리 공정의 하나로 응집제를 첨가하여 물 속의 콜로이드 물질, 미세한 부유물질을 제거하는 공정이다. 응집제를 첨가하면 물 속의 입자들이 서로 응집되어 입자의 크기가 증가되며, 이후 침전 방식으로 제거된다.

응집제 coagulant [E] 응집을 위해 사용되는 약품.

응집제 flocculant [E] 플록(floc)을 만들 목적으로 사용하는 약품.

응축, 복수 condensation [T] 증기가 액화하는 현상. 특히 수증기의 경우는 이를 복수라고 한다.

응축기, 복수기, 콘덴서 condenser [F,Nu,T,S] 1) 증기터빈에 있어 배출된 증기를 물로 냉각하여 복수시키는 장치. 특히 수증기의 경우에 이를 복수기라고 한다. 2) 증기터빈 내에서 사용한 증기를 냉각, 응축하여 물로 바뀌게 하는 장치이며, 회수된 복수는 PWR과 고속로에서는 증기발생기의 2차측으로, BWR에서는 원자로로 되돌아 감.

응축수 condensate [A] 포화수증기의 온도가 하강하거나 압력 증가로 생성된 물과 같은 액체.

응축수 가압펌프, 복수승압펌프 condensate booster pump [P] 응축수 탈염장치의 하류 쪽에 있고, 응축수를 필요한 압력까지 가압하는 펌프.

응축수, 복수 condensate [Nu] 응축성 기체를 냉각시켜 생성된 액체. 응축기의 증기회수나 비응축 가스성분의 분리를 위한 냉각 조작에서 생성된 액체 성분의 통칭이다.

응축수펌프, 복수펌프 condensate pump [P] 응축기 안의 응축수를 빼내는 펌프로서, 흡입쪽이 고진공이 되므로 높은 흡입 성능이 요구됨.

의사충격파 pseudo-shock wave [G] 관로 내의 초음속유동이 아음속으로 감속되는 경우 한 개의 수직 충격파에 의해 불연속적으로 감속되는 일은 드물며, 대개의 경우 감속 시에 발생하는 역압력구배 때문에 벽면 상에 발생한 경계층과 충격파의 상호작용에 의해 여러 개의 연속된 충격파 무리가 발생하여, 상당히 긴 구간에서 감속이 이뤄진다. 이와 같은 충격파 군을 의사충격파라고 한다.

이(2)공원통형 피토관 cylindrical Pitot tube with two holes [M] 유동의 방향과 유속 및 정압을 알기 위해 원통에 두 개의 압력측정 구멍이 뚫린 피토관.

이(2)단공기압축기 two-stage air compressor [C,T] 왕복동식에서 2개의 실린더를 직렬로 배열하여 초단은 중압으로 압축하고, 이것을 다시 다음 실린더에 넣어 고압으로 압축하는 압축기.

이(2)면각 dihedral, dihedral angle [T] 하반형 익의 기울기 각. 그림 d-3에서 ν의 각을 의미한다. 하반형(dihedral type) 참조. 그림 아-17 참조.

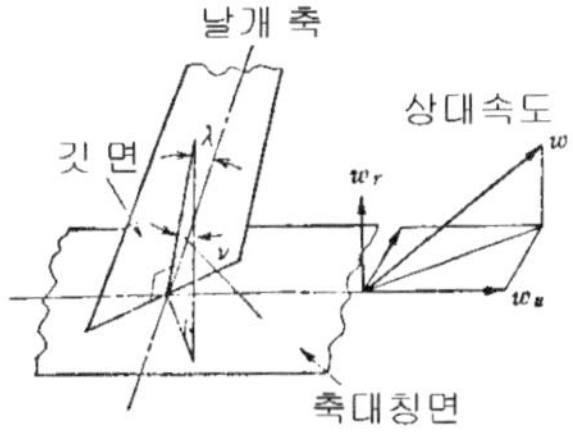

그림 아-17 2면각

이(2)면평형잡기 two-plane balancing [D] 강성 회전체에서 불평형 질량분포를 조정하는 데, 회전체의 축 방향으로 어느 간격을 둔 두 개의 수정 면에서 잔류 동불평형량을 어느 한도 내에 들어가도록 조정하는 방법.

이(2)방정식 난류모델 two-equation turbulence model [N] 혼합거리 모델(난류모델 : turbulence model 참조)은 비교적 간편하고 적절한 결과를 도출할 수 있으나, 유로형상이 복잡고 유체의 물성치 변화가 큰 복잡한 흐름에서는 반드시 좋은 결과를 보장할 수 없다. 따라서 일반화된 난류해석 방법을 개발하기 위하여 난류에너지의 생성과 소멸에 의거한 모델을 이용 이방정석난류모델을 사용할 수 있다. 한 예로서 Jones와 Launder에 의한 κ(난류에너지)와 ε(난류일산)에 착안한 모델이 있다. $\kappa-\varepsilon$형의 2방정식 난류모델의 와(류)에 대한 방정식은 경계층 근사에 따라 다음과 같이 주어진다.

$$\rho\bar{u}\frac{\partial\kappa}{\partial x}+\rho\bar{v}\frac{\partial\kappa}{\partial y}$$

$$=\frac{\partial}{\partial y}\left(\frac{\mu_t}{\sigma_\kappa}\frac{\partial\kappa}{\partial y}\right)+\mu_\kappa\left(\frac{\partial\bar{u}}{\partial y}\right)^2-\rho\varepsilon$$

$$\rho\bar{u}\frac{\partial\varepsilon}{\partial x}+\rho\bar{v}\frac{\partial\varepsilon}{\partial y}$$

$$=\frac{\partial}{\partial y}\left(\frac{\mu_t}{\sigma_\varepsilon}\frac{\partial\varepsilon}{\partial y}\right)+c_1\frac{\varepsilon}{\kappa}\mu_\kappa\left(\frac{\partial\bar{u}}{\partial y}\right)^2-c_2\rho\frac{\varepsilon^2}{\kappa}$$

$$\mu_\kappa=c_\mu\rho\kappa^2/\varepsilon$$

여기에서 σ_κ, σ_ε, c_1, c_2, c_μ는 반 경험적으로 정하는 상수로 현재로는 다음의 수치가 널리 사용되고 있다.

$\sigma_\kappa=1.0$, $\sigma_\varepsilon=1.3$, $c_1=1.45\sim1.55$, $c_2=1.9\sim2.0$, $c_\mu=0.09$

벽에서의 경계조건을 정하는 데 있어서 벽으로부터의 첫 번째 격자를 $y^+ = 30 \sim 100$에 위치시키는 일이 많다. 여기서 y^+는 무차원 거리 yu^*/ν, u^*는 벽면 마찰속도 $\sqrt{\tau w/\rho}$, ν는 동점성계수이다. 이 경우 그 점에서의 유속과 온도는 각각 보편속도분포를 갖고, 또 κ와 ε에 대하여는 $\kappa = u^* / \sqrt{c\mu}$, $\varepsilon = u^{*3}/(\kappa y)$으로 근사한다. 또 한편, 점성의 영향을 고려한 방정식을 이용하여, 벽면상 ($y=0$)에서 $\bar{u}=0$, $\kappa=0$, $\varepsilon=0$의 경계조건을 주는 방법도 있다.

이(2)방향성 좌표 two-way coordinate [N] 주어진 위치 양쪽의 조건 변화에 의하여 그 위치의 상황이 영향을 받는 좌표.

이(2)상유동 two-phase flow [T] 두 개 상의 물질이 혼합해서 유동하는 것. 고체-기체, 액체-기체, 고체-액체 등이 있다.

이(2)상유체유량계 two-phase flow-meter [M] 일반적으로 액상과 기상의 두 가지로 이루어진 유체의 유량을 측정할 수 있는 유량계를 의미한다.

이(2)압펌프 two pressure pump [P] 두 개 베인펌프의 축을 하나로 연결하여 한 대의 모터로 구동하는 베인펌프의 형식. 각각의 흡입구와 토출구는 따로 되어 있다.

이(2)원호 익(깃) double circular arc aerofoil(blade) [G] 두 개의 원호로 형성되어 있는 익(깃). 천음속 축류압축기 등에서 사용된다.

이(2)원호깃 two circular arc vane [G] 두 개의 원호로 형성된 깃. 평판 익 또는 원호 날개와 대비되어 사용되는 용어. 원심형 펌프의 주조 회전차의 경우 2원호 깃이라도 쉽게 제작되지만, 강판으로 제작되는 송풍기, 압축기의 회전차에서는 제작이 쉽지 않으므로 별로 사용되지 않는다.

이(2)점 시방 specification with two requirements [P] 2개의 시방점을 규정하고 있는 시방.

이(2)중 벌루트형 케이싱 double volute type casing [P] 임펠러의 토출쪽에 축 중심에 대하여 대칭으로 2개의 벌루트가 형성되어 있든지, 또는 단일 벌루트 속에 분할 벽을 두어서 2중의 벌루트를 형성하고 있는 벌루트형 케이싱. 반경방향 추력을 감소시키는 효과가 있음.

이(2)중 케이싱 armoured type casing [p] 마모, 부식 등에 의한 케이싱의 보수·교체를 쉽게 하기 위하여 케이싱을 2중으로 한 구조. 주로 외부 케이싱에 의하여 압력을 유지시키고, 내부 케이싱은 내마모재 또는 내부식 재질로 제작된다.

이(2)중극, 더블릿 dipole [G] 포텐셜 유동에서 같은 강도 Q의 소스와 싱크의 거리 s를 0으로 접근시키고, 그 대신 소스, 싱크의 강도 Q를 무한대로 한 것. 단, 이 때 $Q \cdot s = const$의 관계가 유지되어 있다.

이(2)중 벌루트펌프 twin volute pump [P] 벌루트 펌프 중에서 2중벌루트 케이싱을 갖는 펌프. 벌루트 속의 칸막이로 인해 케이싱의 강도는 증가하며, 또한 회전차에 작용하는 반경방향의 스러스트가 감소하므로 토출압력이 높은 펌프 혹은 대형의 펌프에서 사용됨.

이(2)중 베인펌프 dual vane pump [P] 두 장의 베인을 넣어 베인에 걸리는 압력의 평형을 이루고, 또한 누설을 적게 하고 고압에서 사용될 수 있도록 한 베인펌프의 형식.

이(2)중 점화 dual ignition [T] 점화 플러그를 2개 장착하여 그 각각을 별개의 점화 장치에 의해 작동시키는 방식.

이(2)차공기 secondary air [T] 1) 1차 공기에 대하여 그 유동을 조장하거나 또는 부차적인 효과를 얻기 위해 유동시키는 공기 또는 그 흐름. 2) 화격자 연소의 경우에는 화격자 위로 고속으로 분출시켜 연료와 공기의 혼합을 양호하게 하는 공기. 3) 버너 연소의 경우에는 선회 또는 교번 분출에 의하여 연료와 공기의 혼합을 양호하게 하면서 주로 연소에 작용하는 공기를 말한다.

이(2)차손실 secondary loss [T] 2차 유동으로 인해 증가한 손실. 예를 들어 3차원 익의 경우 익 끝에서 수반와류가 방출되는 데, 이것으로 인해 나타나는 2차 손실은 터보기계의 성능에도 영향을 미친다.

이(2)차연소 secondary combustion [T] 2차 연소 영역(secondary combustion zone), 1차 공기(primary air) 참조.

이(2)차연소영역 secondary combustion zone [T] 연소기에 있어서 연료 노즐 근처는 진한 혼합기의 연소이며 그에 이어서 2차 공기가 흘러 듬과 동시에 연소하는 영역을 2차 연소영역이라고 한다.

이(2)차요소 secondary element [M] 유량계에서 1차요소로부터 유량과 연관된 신호를 받아 유량을 얻기 위해 값을 지시하거나, 기록하거나, 신호를 변형하거나 혹은 신호를 전송하는 기능을 하는 일체의 요소.

이(2)차원유동, 평면유동 two-dimensional flow [P,T] 2개의 좌표계로 나타낼 수 있는 유동.

이(2)차표준 secondary standard [M] 1차 표준과 비교하여 그 값이 정해지는 측정 표준.

이그러짐, 찌그러짐 distortion [T] 비틀림을 받은 단면에 수직 방향으로 생긴 변형.

이동성, 모빌리티 mobility [D] 단순조화운동 동안, 계 내의 동일 또는 다른 점에서 취득된 힘에 대한 기계계 내의 한 점에서 취득한 속도와의 복소비. 기계적 모빌리티는 기계적 임피던스의 역수이다. 모빌리티는 점 j에서의 가진력 벡터에 대한 점 i의 속도응답 벡터의 비로서 구성되는 주파수 응답함수이다. 이 경우, 의도된 적용에서 구조물의 정상지지(normal support)를 나타내는 구속 이외에 어떤 다른 구속이 없이 구조물의 모든 다른 측정점들은 자유롭게 응답할 수 있다. 속도응답은 병진 또는 회전운동일 수 있고, 가진력은 직선력(rectilinear force)이거나 모멘트일 수 있다. 측정된 속도응답이 병진속도(m/s)이고, 가해진 가진력이 직선력(N)이면,

SI 단위계에서 모빌리티의 단위는 (m/(N · s))이다.

이동식 portable type [P,B] 펌프, 송풍기 및 그 원동기 등을 고정 위치에 설치하지 않고, 원하는 장소에 운반해서 사용할 수 있는 구조의 것.

이동식 스크린 traveling screen [P] 주로 해수의 취입구 등에서 사용되는 스크린 위에 설치되는 하우징에 상부 스프로킷, 수로 바닥에는 하부 스프로킷을 수직으로 배치하고, 무한궤도 체인에 망을 부착하여, 슬러지를 위로 끌어 올린 뒤 물 제트로 세척. 그림 아-18 참조.

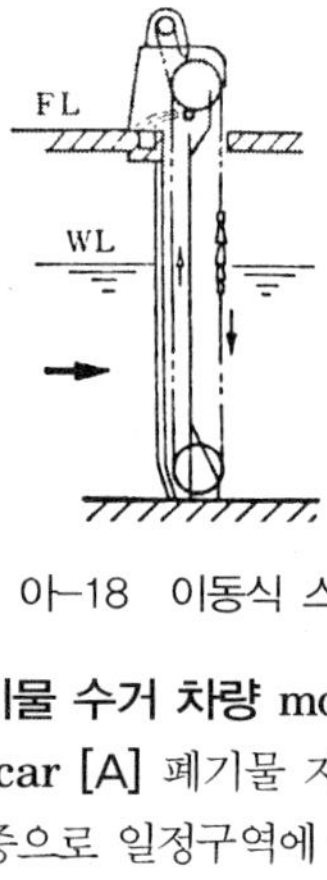

그림 아-18 이동식 스크린

이동식 폐기물 수거 차량 mobile waste collect car [A] 폐기물 자동집하시스템의 일종으로 일정구역에 설치된 투입구로부터 계획된 이송관 끝단에 도킹포인트(이송관로와 수거 차량의 도킹 지점)를 설치하여 폐기물을 이송하는 이동식 폐기물 수거차량.

이론 공기량 theoretical air [T] 연료가 완전히 연소하기 위해 이론상 필요로 하는 공기량.

이론 단열압축동력 theoretical adiabatic power [B,G] kW 블로워나 압축기로 기체를 압축할 때 이에 필요한 동력은 냉각을 하지 않을 때는 단열압축에 가깝다고 보고 단열압축에 의해 구한다. 만일 냉각에 의해 항시 흡입온도로 유지되도록 하고 있다고 하면, 등온압축에 가깝다고 하여 그 일 량은 등온압축에 의해 평가하여야 한다. 이론단열압축동력(등엔트로피 동력 : theoretical isentropic power라고도 부름)은 다음과 같이 유도된다. 단위질량의 가스를 단열압축 할 때의 일 량 W_{adc}는 가스의 부피를 $v(m^3/kg)$, 가스의 절대전압을 p $(N/m^2=Pa)$로 나타낼 때 다음과 같다. 단, 아래 첨자 1, 2는 압축하기 전과 후를 가리키며, k는 가스의 비열비이다.

$$W_{adc}=\int_1^2 -pdv=\frac{1}{k-1}(p_2 v_2-p_1 v_1)$$

$$=\frac{1}{k-1}p_1 v_1\left\{\left(\frac{p_2}{p_1}\right)^{\frac{k-1}{k}}-1\right\} \text{ [N · m/kg]} \quad \cdots(1)$$

압축기가 가스를 압축할 때 필요한 일량에는 위의 W_{adc} 외에 압축기에서 가스를 송출하는데 필요한 일 량 p_2v_2와 가스를 압축기로 흡입할 때 가스로부터 받는 일 량 p_1v_1도 더해져야 한다. 따라서 가스의 단열압축을 위해 압축기에 필요한 일 량, 즉 이론단열압축동력 W_{ad}는 다음과 같다.

$$W_{ad}=W_{adc}+(p_2 v_2-p_1 v_1)$$

$$=\frac{k}{k-1}(p_2 v_2-p_1 v_1) \text{ [N · m/kg]} \quad \cdots(2)$$

상식은 다음과 같이 변형될 수 있다.

$$W_{ad} = \frac{k}{k-1} p_1 v_1 \left\{ \left(\frac{p_2}{p_1} \right)^{\frac{k-1}{k}} - 1 \right\}$$

$$= \frac{k}{k-1} RT_1 \left\{ \left(\frac{p_2}{p_1} \right)^{\frac{k-1}{k}} - 1 \right\} \left[N \cdot \frac{m}{kg} \right] \quad \cdots(3)$$

단, R은 가스정수이며, 단위는 [N · m/(kg · K)]이다. 공기의 경우 R_{air} =287 (N · m/(kg · K))이다. 다음에 압축기가 단위 시간에 $Q_1(m^3/s)$의 가스를 흡입하는 경우는 압축기의 단위시간당의 흡입질량은 Q_1/v_1(kg/s)로 표시되므로 압축기에 필요한 단위시간당의 일 량, 즉 축동력 L_{ad}는 다음과 같다.

$$L_{ad} = \left(\frac{Q_1}{v_1} \right) W_{ad}$$

$$= \frac{k}{k-1} Q_1 p_1 \left\{ \left(\frac{p_2}{p_1} \right)^{\frac{k-1}{k}} - 1 \right\} \text{[W]} \quad \cdots(4)$$

압축기 흡입압력으로서 p_1, $p_2(N/m^2)$ 대신 중력단위의 압력 p'_1, p'_2(kgf/m^2 =mmAq)를 사용하고, 흡입 풍양으로서 $Q'_1(m^3/min)$의 단위를 사용하는 경우는 $p(N/m^2)=9.81p'$(kgf/m^2), $Q_1(m^3/s)=Q'_1/60(m^3/min)$의 관계가 있으므로 이들을 식 (4)에 대입하고 동력을 (kW)단위로 표시하면 다음 식과 같다.

$$L_{ad} = \frac{k}{k-1} \frac{Q'_1}{60} 9.81 p'_1 \left\{ \left(\frac{p'_2}{p'_1} \right)^{\frac{k-1}{k}} - 1 \right\} \frac{1}{1000} \text{ [kW]}$$

$$= \frac{k}{k-1} \frac{Q'_1 p'_1}{6120} \left\{ \left(\frac{p'_2}{p'_1} \right)^{\frac{k-1}{k}} - 1 \right\} \text{ [kW]} \quad \cdots(5)$$

압축을 z단(중간냉각기 없이 1단으로 압축하는 경우는 z=1, n개의 중간냉각기마다 직전온도까지 냉각하여 압축하는 경우는 z=n+1로 함)으로 압축하는 경우의 이론단열압축동력 L_{adz}는 다음과 같이 주어진다.

$$L_{adz} = \frac{zk}{k-1} \frac{Q'_1 p'_1}{6120} \left\{ \left(\frac{p'_2}{p'_1} \right)^{\frac{k-1}{zk}} - 1 \right\} \text{ [kW]} \quad \cdots(6)$$

압축 일을 최소로 하는 압축비 r은 $r = (p'_2/p'_1)^{1/z}$이며, 각 단의 압축 일은 동일하다. 단 사이의 압력손실을 고려하면 $r = K(p'_2/p'_1)^{1/z}$로 나타내어, 원심압축기의 경우는 K=1.03, 왕복압축기의 경우는 K=1.1 정도로 택한다.

이론 등엔트로피 압축동력 theoretical isentropic power [B,G] 이론단열압축동력(theoretical adiabatic power)과 같음.

이론 등온압축동력 theoretical isothermal power [B,G] kW 단위질량의 가스의 초기상태가 절대온도 T_1(K), 절대전압 $p_1(N/m^2=Pa)$, 비체적 $v_1(m^3/kg)$인 것을 등온으로 p_2, v_2의 상태로 압축하는데 필요한 일 량 W_{isc}(N · m/kg)는 다음과 같다.

$$W_{isc} = \int_1^2 -pdv = RT_1 \log_e \left(\frac{v_1}{v_2} \right)$$

$$= p_1 v_1 \log_e\left(\frac{p_2}{p_1}\right) \ [N \cdot m/kg] \quad \cdots(1)$$

단, R은 가스정수이며, 단위는 [N · m/(kg · K)]이다. 공기의 경우 R_{air} =287 [(N · m/(kg · K)]이다. 압축기에는 이 밖에 압축된 가스를 배출하는데 필요한 일 량 p_2v_2와 압축기가 흡입가스로부터 받는 일 량 p_1v_1이 있다. 그러나 이들의 양은 등온압축이므로 서로 크기는 같고, 부호만이 반대로 나타나므로 서로 상쇄된다. 따라서 압축기에서 요구되는 일 량 W_{is}는 식 (1)의 W_{isc}와 동일하다. 즉, 이론등온압축일은 다음 식과 같다.

$$W_{is} = W_{isc} = p_1 v_1 \log_e\left(\frac{p_2}{p_1}\right) \ [N \cdot m/kg] \quad \cdots(2)$$

다음에 흡입풍량이 $Q_1(m^3/s)$의 경우에 압축기에 필요한 이론등온압축동력 L_{is}는 단위시간에 흡입하는 질량이 Q_1/v_1 (kg/s)으로 주어지므로 다음과 같다.

$$L_{is} = \left(\frac{Q_1}{v_1}\right) W_{is} = Q_1 p_1 \log_e\left(\frac{p_2}{p_1}\right) \ [W] \quad \cdots(3)$$

다음에 중력단위의 절대전압으로서 p'_1 {kgf/m^2=mmAq}을 사용하고, 흡입풍량으로서 $Q'_1(m^3/min)$을 사용하는 경우는 $p(N/m^2)=9.81p'\{kgf/m^2\}$, $Q_1(m^3/s)=Q'_1/60(m^3/min)$의 관계가 있으므로 이들을 식 (3)에 대입하고 동력을 (kW)단위로 표시하면 다음 식과 같다.

$$L_{is} = \frac{Q'_1 p'_1}{6120} \log_e\left(\frac{p'_2}{p'_1}\right) \ [kW] \quad \cdots(4)$$

이론단열압축동력을 참조.

이론 열효율 theoretical thermal efficiency [T,G] 일에 이용되는 열량과 공급되는 열량과의 비율.

이론 전압상승 theoretical total pressure rise [G] 오일러 이론(전압)헤드(Euler head)에 유체의 비중량{kgf/m^3}을 곱하여 압력으로 나타낸 것. 오일러 이론(전압)헤드(Euler head) 참조.

이론 전압헤드 theoretical total head (centrifugal type) [P,G] m 펌프의 양정에 관한 식은 펌프에 손실이 없으면 깃 수가 무한인 경우는 물론 유한인 경우에도 적용될 수 있다. 깃 수가 무한대인 경우는 회전차 입출구에서의 유동방향이 깃의 방향과 동일하므로 입출구의 속도삼각형을 확정할 수 있다. 이론펌프양정에 관한 식은 다음 식과 같이 나타낼 수 있다.

$$H_{th\infty} = \frac{1}{2g}\{(v_2{}^2 - v_1{}^2) + (u_2{}^2 - u_1{}^2) + (w_1{}^2 - w_2{}^2)\}$$

단, v, u, w(각각 m/s)는 각각 회전차에서의 유체의 절대속도, 회전차의 회전속도, 회전차 내의 상대속도, $g(m/s^2)$는 중력가속도를 나타낸다. 아래 첨자 1, 2는 회전차의 입구와 출구의 위치를 가리킨다. 이론펌프양정 참조.

이론 정압헤드(원심식) theoretical static head(centrifugal type) [P,G] m (원심)펌프의 이론전압헤드(압력 헤드와 속도 헤드의 합) 중의 압력헤드. 깃 수가 무한대의 경우의 정압헤드 $h_{st\infty}$ {m}

는 다음과 같다.

$$h_{st\infty} = \frac{1}{2g}\{(u_2{}^2 - u_1{}^2) + (w_1{}^2 - w_2{}^2)\}$$

단, u(m/s), w(m/s)는 각각 회전차의 회전속도와 회전차 내의 상대속도, g(m/s^2)는 중력가속도를 나타내며, 아래첨자 1, 2는 회전차의 깃의 입구와 출구 위치를 가리킨다. 이론전압헤드(theoretical total head) 참조.

이론 특성곡선 theoretical characteristics curve [G] 오일러 식(Euler turbine equation, 간단히 Euler equation)을 사용해서 표시된 이론적인 특성곡선. 유량에 대한 오일러 수두는 직선으로 나타난다. 이론동력에 대하여는 β_2=90°에서 직선으로, 그 이외의 각도에서는 포물선으로 나타난다.

이론 펌프양정 theoretical pump head [P] m^2/s^2,{m} 임펠러 입·출구에서의 유동에 손실헤드가 없다고 가정한 경우에 각운동량 이론을 적용하여 구해지는 전양정이다.

이론 폴리트로프 압축동력 theoretical polytropic power [B,G] kW 실제 압축기에서 기체를 압축할 때 그 때의 기체 상태변화에서 다소간의 열의 출입이 수반되므로 등온변화나 단열변화와는 다르다. 일반적으로 기체의 절대전압을 p(N/m^2), 비체적을 v(m^3/kg)이라고 하면 그 변화는 pv^n =const.로 표시되는 폴리트로프 변화를 한다. 여기서 n은 폴리트로프(체적) 지수이다. n은 왕복압축기와 같이 냉각효과가 큰 경우는 n<k이며, 축류압축기에서와 같이 급격한 압축을 받아 냉각효과가 적은 경우는 n>k의 값으로 된다. 이 관계식에 따른 압축을 폴리트로프압축이라 하며, 이 변화과정에서는 다음의 관계식이 성립한다.

$$pv^n = \text{const.} \quad Tv^{n-1} = \text{const.}$$

폴리트로프 압축에 의한 일 량 W_{polc}는 단열압축의 경우의 k를 n로 대체하면 된다. 즉, 다음 식과 같다. 단, 아래 첨자 1, 2는 압축 전과 후의 상태를 나타낸다. 이론단열압축동력 참조.

$$W_{polc} = \frac{1}{n-1}p_1 v_1 \left\{\left(\frac{p_2}{p_1}\right)^{\frac{n-1}{n}} - 1\right\} \quad [\text{N}\cdot\text{m/kg}] \quad \cdots(1)$$

토출 및 흡입행정에서 가스가 피스톤에 대하여 수행하는 일 량을 포함한 압축기의 일량, 즉 이론폴리트로프압축 일량 W_{pol}은 다음 식과 같다.

$$W_{pol} = \frac{n}{n-1}p_1 v_1 \left\{\left(\frac{p_2}{p_1}\right)^{\frac{n-1}{n}} - 1\right\} \quad [\text{N}\cdot\text{m/kg}] \quad \cdots(2)$$

흡입풍량이 Q_1(m^3/s)일 때의 이론폴리트로프 압축동력 L_{pol}(W)은 다음 식과 같다. 이론단열압축동력 참조.

$$L_{pol} = \frac{n}{n-1}Q_1 p_1 \left\{\left(\frac{p_2}{p_1}\right)^{\frac{n-1}{n}} - 1\right\} \ [\text{W}] \quad \cdots(3)$$

압축기 절대전압으로서 p_1, p_2(N/m^2)

대신 중력단위의 절대전압 p'_1, p'_2{kgf/m^2=mmAq}를 사용하고, 흡입풍량으로서 Q'_1(m^3/min)의 단위를 사용하는 경우의 이론폴리트로프 압축동력 L_{pol}은 p(N/m^2)=9.81p'{kgf/m^2}, Q_1(m^3/s)=Q'_1/60(m^3/min)의 관계가 있으므로 이들을 식 (3)에 대입하고 동력을 (kW) 단위로 표시하면 다음 식과 같다.

$$L_{pol} = \frac{n}{n-1}\frac{Q'_1 p'_1}{6120}\left\{\left(\frac{p'_2}{p'_1}\right)^{\frac{n-1}{n}} - 1\right\} \text{ [kW]} \quad \cdots(4)$$

이론단열압축동력 참조.

이모 펌프 IMO pump [P] 3개의 나사 로터로 구성되는 나사펌프의 형식이며, IMO사(스웨덴)의 발명에 의한 것. 한 개의 주축 양쪽에 두 개의 피동축을 맞물림으로써 내부누설을 적게 한다.

이뿌리원 root circle [T] 치차에서 이의 뿌리를 연결한 원.

이산화 discretization [N] 컴퓨터는 미분방정식을 직접 풀 수 없기 때문에 컴퓨터가 수행할 수 있는 기본 연산 (+, −, *, /)으로만 구성된 이산화 방정식을 만들고 이를 계산하여 해를 구하는 방법이다. 계산 영역 내에 배치된 다수의 격자점에서 종속변수(ϕ)의 값을 미지수로 지정하고 이 값을 계산한다. 이산화된 격자점에서의 값을 계산한다는 것은 연속적인 값을 갖는 실제 유동장 변수를 이산화된 위치에서의 값으로 대치시킨다는 것이다(projection). 이렇게 풀고자 하는 미분방정식을 미지수를 포함한 대수방정식으로 만드는 과정을 이산화(discretization)라고 한다.

이산화 방정식 discretization equation [N] 풀고자하는 미분 방정식을 선택된 격자점을 중심으로 이산화 하여 수치해석을 진행할 수 있다. 지정 격자점의 종속변수(ϕ)의 미지 값을 포함하는 대수방정식을 이산화방정식이라 한다.

이산화 오차 discretization error [N] 이산화 방정식을 통해 얻은 해는 엄밀해가 될 수 없다. 즉, 미분 방정식을 이산화 시킴으로써 생기는 엄밀해에 대한 오차를 이산화 오차라 한다.

이산화탄소 포집 및 저장 carbon capture and storage [T] 배기가스에 포함된 이산화탄소가 지구온난화에 미치는 영향을 줄이기 위한 시스템. 배기가스로부터 이산화탄소를 포집하여 지하공동 등의 저장소에 저장한다.

이상기체 ideal gas [T] 보일-샤를(Boyle-Charles)의 법칙 pv=RT에 그대로 따르는 기체. 여기서 p는 압력, v는 비체적, R는 가스상수, T는 절대온도.

이상기체 상태방정식 equation of state for ideal gas [M] 이상기체의 온도, 압력, 밀도 사이의 관계식.

이상분사 abnormal injection [C] 디젤기관의 연료분사에서 기대하지 않은 분사상태가 되는 것.

이상연소 abnormal combustion [C,T] 정상연소에서 혼합기는 제어된 불꽃 점화에 의해 점화되고 화염은 끝까지 정상속도로 전파하는데, 점화(착화)나 화염전파 혹은 이 양자에 이상이 있는 연소를 이상연소라고 한다. 불꽃 점화기관에 있어서는 노킹과 표면점화로 분류된다.

이상유체 ideal fluid [T] 점성이 없는 유체. 레이놀즈(Reynolds) 수가 무한대의 유동.

이상음 extraordinary noise [G] 기계의 운전상태에 이상이 있을 때 발생하는 소음. 베어링의 이상음, 회전체의 접촉에 의한 이상음, 캐비테이션 등에 의한 소음 등이 해당한다.

이송공기 transport air [A] 지하에 매설된 배관을 통해 폐기물이 이송될 수 있도록 운반 매개체가 되는 기체.

이송펌프 conveying pump [P] 정수(淨水)를 정수장에서 송수하는 펌프.

이온교환막 ion-exchange membrane [F] 순수제조 등에 사용되고 있는 이온교환수지를 막상으로 형성한 것으로, 이온교환기를 갖는 하전 막. 이온교환막에는 양이온 교환막과 음이온 교환막이 있고, 일반적으로 양이온 교환막은 막(膜) 중에 마이너스의 고정전하로서 설폰(sulfone) 산기($-SO_3-$)를, 음이온 교환막은 막 중에 플러스의 고정전하로서 제4급 암모늄염기($-NR_3+$)를 가지고 있다. 이온교환 막의 특징은, 이온의 선택투과성이며, 용액중의 이온은 반대 부호의 고정전하를 갖는 이온교환 막은 투과할 수 있지만, 동 부호의 고정전하를 갖는 이온교환 막은 투과할 수 없다. 이 성질을 이용하여 이온교환은 전기투석, 확산투석이나 전기분해 등에 사용된다.

이완 relaxation [T] 1) 압력과 응력과 같은 긴장이나 변형을 감소시키고 제거하는 것. 2) 이완법이라는 용어로 사용되는데, 이것은 변분법에 따른 일종의 축차근사(逐次近似)해법을 의미한다. 예를 들어 탄성적으로 결합된 질점계가 외력을 받고 평형상태에 있을 때의 내력 또는 변위를 구하는 문제는 다원(多元) 1차 방정식이 되므로 실제 계산에는 막대한 노력을 필요로 한다. 이를 풀기 위해서는 다음과 같은 근사적 방법이 있다. 예를 들어 전 질점을 적당한 위치에 고정한 상태에서부터 시작하여, 한 개의 질점 i만을 자유 상태로 두면 내력 및 외력 F_i 때문에 질점 i는 그 상태에서의 에너지 극소치의 위치로 변위한다. 다음에 질점 i를 그 새 위치에 고정하고, 질점 i+1만을 자유상태로 하면 어느 변위를 하게 된다. 차례로 이와 같은 이완을 계속하면, 차례대로 소정의 평형상태에 이르게 된다.

이완계수 relaxation factor [N] 수렴 성을 더욱 개선하기 위해 반복에 따른 미지수의 변화량을 증폭시켜준다. 반복에 의해 얻어진 변화가 수렴되는 방향으로 향하고 있다고 생각하여 변화량에 relaxation factor (α)를 도입한다. $\alpha>1$이면 상향이완이고 $0<\alpha<1$이면 하향이완이라고 한다. 이완(relaxation) 참조.

이완시간, 완화시간 relaxation time [T] 완화현상이 시간 t에 대하여 $e^{-t/\tau}$의 형태로 일어날 때의 τ가 이완시간.

이용률 capacity factor [S] 특정기간동안 신재생에너지 발전장치로부터 생산된 실제 발전량과 정격용량으로 계산된 최대 발전량의 비를 말하며, 이용률=

실제 발전량/(정격출력×시간)으로 정의된다. 이용률은 일반적으로 1년을 기준으로 산정된다.

이용효율 utilization efficiency [C,G] 왕복동 식 압축기에서 흡입상태로 환산된 실제 토출 풍량 Q_d와 행정용적 V_s와의 비 Q_d/V_s.

이음, 조인트 joint [P] 두 개 이상의 기계요소 또는 구조 요소가 결합되어 있는 면 또는 결합하는 기구.

이젝터 복수기 ejector condenser [T] 증기와 냉각수를 혼합시키는 복수기. 상부 노즐에서 냉각수를 분사시켜 배기를 흡입하면서 복수하는 장치.

이젝터, 분사기 ejector [T] 압력이 있는 증기, 공기, 물을 노즐에서 분사시키면 저압이 발생하므로 이를 이용하여 주위의 증기나 물을 배출시키거나 응축시키는 장치. 700~800℃의 고온기체 등을 배출하는 경우, 배풍기로 유인하려면 회전차를 내열강으로 제작해야 하며 단(短) 수명, 고가품으로 된다. 이와 같은 경우 300~800 mmAq정도의 압력의 원심홴을 사용하여 이젝터로 배기한다.

이중 실린더 피스톤펌프 double cylinders piston pump [C] 2개의 실린더를 갖는 피스톤펌프. 1개의 피스톤펌프와 대비되는 용어.

이중 베인펌프 Hydreco vane pump (dual vane pump) [P,G] 이중 베인펌프(dual vane pump)와 같음.

이중밸브 block and bleed valve [M] 유체를 차단하는 밸브와 개도 조정을 통해 유량을 조절하는 밸브가 같이 붙어있어서, 유량 조절 기능을 하면서 언제라도 차단도 할 수 있고, 누설 방지가 보장되도록 제작된 밸브.

이중연료버너 dual-fuel burner [T] 가스를 주연료로 작동되도록 설계된 버너이지만, 가스를 사용할 수 없을 때 사용하기 위해 집어넣을 수 있는 오일버너를 포함한다.

이차 상류법, QUICK법 quadratic up-wind scheme [N] QUICK으로도 불리우는 이차 상류법에서는, 상류의 3점에 기반한 2차 가중 보간법을 사용하여 하여 Cell 표면값을 결정하게 된다. 대류확산 수송방정식에서 확산항에 대해서는 2차 정확도, 대류항에 대해서는 3차 공간 정확도를 보장할 수 있다. 2차의 정확도를 지니는 중앙차분, 상류법과는 달리 고차 미분을 고려함으로써 정확도를 3차까지 향상시킬 수 있다.

이차냉각계통 secondary coolant sys-tem [Nu] 원자로의 1차냉각계통과 열교환기를 통하여 열적으로 연결된 유동순환회로를 말함. 1차 냉각계통의 열을 이용하여 증기를 생성하거나, 이와 연결된 유체계통으로의 열전달을 목적으로 한다.

이코노마이저, 절탄기 economizer [T] 보일러의 열손실이 가장 큰 연도(煙道) 가스의 열을 이용하여 급수를 예열하는 장치.

이탈충격파 detached shock wave [G] 주류 마하수가 1이상이 되면 익에서 훨씬 상류 쪽 유동에 수직 충격파가 나타나며, 마하수가 증대함에 따라 급속히 익에 접근하고 활 모양의 충격파가 형성된다. 익의 앞전이 무딘 경우는 마하수가 커져도 익에 붙는 일은 없으며, 익과 충격파 사이에 아음속 영역이 존재한다. 이와 같은 충격파를 말한다. 아음속(subsonic velocity)참조.

이형관 specials [G] 원형과 사각형의 플랜지를 연결하는 파이프. 예를 들어 횅의 사각형 토출구와 원형 시험관로를 연결하는 파이프는 이형관이다.

익 끝단 와류 trailing vortex [G] 날개 주위에 일정한 순환 Γ가 존재하면 그 익을 그 순환 Γ와 같은 강도를 가진 하나의 와선(vortex line)으로 대체될 수 있다. 이것을 구속와류라고 한다. 헬름홀츠의 정리에 의하면 이 와선은 익의 끝단에서 끊길 수 없으므로 익 주위에 존재하였던 순환 Γ는 익 끝단에서 구속이 풀려서 같은 강도를 가진 와선으로서 후방으로 유출된다고 봐야 한다. 이것을 익 끝단 와류 또는 자유와류라고 한다. 비행기의 날개 끝단에서 와류가 방출되어 있는 상태를 관찰할 수 있다.

익 이론 airfoil theory [G] 주어진 익에 작용하는 힘 또는 익 주위의 유동을 결정하거나 반대로 유동장에 적합한 익 형상 등을 결정하는 이론적 방법.

익렬, 캐스케이드 cascade [P,T] 터빈이나 펌프 등의 날개와 같이 같은 모양의 익이 일정한 간격으로 배치된 날개의 무리. 한 평면 위에 일직선으로 나열된 것을 "직선 익렬"이라함. 익렬(cascade of blades) 참조.

익렬 부하 cascade loading [G] 익렬은 유동방향을 전향시켜 운동 에너지의 일부를 압력 에너지로 바꾸는 것으로 그 것의 크기를 의미함. 익렬 부하의 정도를 나타내는 양으로 여러 것이 있으며, 압력계수, 감속비 등을 예로 들 수 있다.

익렬 이론 cascade theory [G] 익렬 익에 작용하는 힘이나 익렬 주위의 유동장을 결정하고, 그 성능을 조사하는 이론적인 방법.

익렬 축 cascade axis [B] 익렬에서 각 깃의 대응점(예를 들면, 익현의 중간점)을 연결한 선(부도 B-3 참조). 참고로, 환상익렬에서는 이 선에 수직한 수선방향이 유로 축 방향과 일치한다.

익렬 풍동 cascade tunnel [T] 동등한 간격을 지닌 터빈 또는 압축기깃이 직선 배열 또는 지그재그 배열로 설치된 익렬의 공기역학적 특성을 조사하는데 사용되는 풍동.

익말 단와류 wing(blade) tip vortex [G] 유한 길이의 폭의 익 말단에서 발생하는 와류. 무한 길이의 폭을 갖는 익에서는 익에 수직한 단면내에서의 유동은 어느 곳에서나 같으므로 익의 부압면과 정압 면과의 압력차는 항상 평형을 이루고 있다. 그러나 유한 갈이의 익에서는 이러한 평형은 유지되지 못하며, 부압면과 정압면(正压面)의 압력차는 익의 축방향으로 변화한다. 익의 정압면의 정압과 부압면의 부압이 만나는 익 끝단에서는 익 끝을 돌아서 정압면에서 부압면 쪽으로 돌아가는 유동이 발생한다. 이 유동으로 인해 익 끝 부근에서는 정압면 측에서 바깥 쪽을 향하는 유동이, 부압면 측에서는 안쪽을 향하는 유동이 발생한다. 이와 같은 유동현상으로 인해 익 끝의 후방의 유동은 하나의 분리면을 형성하여, 이것이 하류로 유동함에 따라 말려들어 와류를 형성한다. 이와 같은 유동을 익말단와류라고 한다.

익폭, 스팬 span [G] m 1) 유체기계의 날개에서는 3차원 익의 익폭, 항공기에서는 양쪽 날개의 전 익폭을 의미한다. 2) 구조물의 길이 방향의 수평구간거리 또는 전장을 의미한다. 보에서는 지점간 거리를 의미한다.

익현, 활줄, 시위 chord, chord of blade [P,B,T] 깃의 앞전(캠버선의 선단)과 깃 뒷전(캠버선의 후단)을 연결한 직선.

익현길이, 활줄길이 chord length, chordal length [P,B,T,S] m 익형의 앞전과 뒷전을 직선으로 연결한 선분(익현)의 길이.

익형, 에어로포일 aerofoil [G] 날개를 수직평면으로 절단하였을 때 절단단면에 나타나는 윤곽을 말한다.

익형 윤곽, 형상 profile, airfoil section [P,T] 날개의 윤곽 또는 날개의 단면형상. 익형(airfoil section) 참조.

익형 깃, 익형 베인 airfoil vane [B,T] 주어진 익 두께의 분포를 가진 베인(익형 날개).

익형 홴, 익형 송풍기 aerofoil fan, airfoil fan [B,C] 익형 홴(airfoil fan)과 같음.

익형 홴, 익형 송풍기 airfoil fan, aerofoil fan [T] 회전차 깃에 뒷굽은 익형 날개가 사용된 송풍기. 익형 홴(aerofoil fan)과 같음. 부도 B-3 참조.

인가압력 licensed pressure [T] Pa, {kgf/m^2} 감독관청의 검사에 의해 사용하여도 안전하다고 인가된 압력. { } 안은 중력단위.

인공 환기 artificial ventilation [P] 자연작용에 의존하지 않고 환기하도록 인공적으로 설치된 장치에 의한 환기.

인덕턴스 inductance [M] 전류변화에 대한 유도 기전력의 비를 나타내는 상수.

인듀서, 유인기 inducer [P,B] 1) 펌프의 흡입 성능을 향상시키기 위하여 원심펌프 임펠러(다단 펌프의 경우에는 제 1단의 임펠러)의 직전에 이와 동축으로 축류회전차를 설치하여 유동에 임펠러 입구에서와 같은 각속도를 주기 위한 것. 축류형 회전차가 인듀서로 사용되는 것은 여기서 캐비테이션이 발생하여도 축류 인듀서의 성능 저하가 현저히 일어나지 않는 축류형 특성이 이용된 것. 2) 송풍기·압축기의 흡입성능을 향상시키기 위해 주로 반경방향 회전차의 깃 직전 주축에 설치되는 깃.

인라인형 in-line type [P] 관로의 일부에 간단하게 삽입하여 설치할 수 있는 형식.

인버터 inverter [A] 송풍기 전력의 주파수를 조정하여 송풍기 속도를 조정하는 장치.

인벌루트 로터 involute rotor [P] 두 잎 로터로서 단면 형상이 인벌루트곡선으로 형성되어 있는 로터.

인벌루트 치차펌프 involute gear pump

[P] 치형이 인벌루트 곡선으로 형성되어 있는 치차펌프의 형식.

인수시험 acceptance test [P] 기계의 구입자가 인수 시에 요구시방에 맞는지를 확인하기 위해 실행하는 시험. 펌프, 송풍기, 압축기의 경우에는 성능시험, 기능시험, 수압시험이 주요시험으로서 포함된다.

인자, 계수 factor [T] 인자, 인수, 계수, 율, 요소.

인젝터, 분사기 injector [T] 소형 보일러의 급수에 사용되는 제트 펌프이며, 증기의 운동 에너지와 열 에너지가 물에 부여되고 보일러 압력보다 높은 압력으로 물을 보낼 수 있다.

인터로크 interlock [D] 시퀀스 제어를 할 때 그 계의 신호전달시간이 어긋남으로써 오작동하는 것을 방지하는 것. 또는 오작동을 방지하기 위하여 관련 장치 간에 전기적 또는 기계적으로 연락을 취하게 되어 있는 시스템.

인터로크시험 interlocking test [D] 터보기계의 시동, 운전, 정지의 제어 시퀀스에 편성되어 있는 인터로크가 옳게 작동하는 것을 확인하기 위한 시험이며, 보통 기계의 운전에 들어가기 전에 실시된다.

인트라 베인형 펌프 intra vane pump [P] 베인펌프의 회전차에 들어가는 베인을 2중으로 하여 캠 링에 걸리는 베인의 억누르기 힘을 작게 한 형식.

인화점, 인화온도 inflammation point [T] 인화성 물질이 일정한 조건 하에서 가열되어 화염 또는 불꽃 등으로 연소할 수 있을 만큼의 가스를 발생하게 되는 온도.

일(1)방정식 난류모델 one-equation turbulence model [N] 난류특성을 평균류 만으로 나타낼 수 있는 것은 간단한 유동장에 한정된다. 그래서 난류특성을 나타내는 난류동점성계수 ν_t를 난류량으로부터 구하는 것을 생각하고, 난류의 특성속도를 난류운동 에너지 k의 $\sqrt{k}$로 나타내며, 특성길이를 l이라고 하면, $C_u{}'$을 계수로 하여 다음과 같이 표시한다.

$$\nu_t = C_u{}' \sqrt{k} l$$

이와 같은 표현식을 Prandtl-Kolomogoroff의 난류점성 공식이라고 부르고 있다. k를 수송방정식, l을 대수식으로 나타내는 것이 1방정식 모델, k와 l을 함께 수송방정식으로 나타내는 것을 2방정식 모델이라고 한다. 1방정식 모델은 0방정식 모델과 마찬가지로 l이 대수식으로 주어지기 때문에 복잡한 유동이나 스텝(step)유동과 같이 벽으로부터의 거리가 분명하게 정의할 수 없는 유동은 계산하기가 어렵다. 최근 일(1)방정식 난류 모델인 Spalart-Allmaras model이 항공, turbo-machinery 응용분야에서 활발히 사용되고 있다.

일(1)자유도계 single-degree-of freedom [D] 어느 순간에 계의 구성을 완전하게 정의하는 데 단지 하나의 독립된 좌표(변수)만을 필요로 하는 계.

일(1)주기부피 one cycle volume [M] m3 용적식 유량계에서 유체가 한차례

채우고 지나가는 유체의 체적량.

일(1)차공기 primary air [T] 화격자 연소에서 화격자의 밑으로 공급되는 공기. 미분탄의 경우에는 미분탄을 버너에 불어넣는 공기. 기름연소인 경우에는 버너 주위에 공급되어 착화를 안정시키면서 연소에 사용되는 공기.

일(1)차권선 primary winding [G] 변압기나 전동기 등에서 1차회로측, 즉 입력측에 감긴 선.

일(1)차냉각계통 primary cooling system, primary system [Nu,T] 가압수로나 헬륨가스 냉각 고온 가스로 등과 같은 간접 사이클 원자로에서 원자로 노심을 냉각하여 제열(除熱)하기 위한 폐회로 순환계를 특히 1차 냉각계 혹은 1차계라 하고, 터빈 등에서 사용하기 위한 증기를 만드는 2차계와 구별된다.

일(1)차냉각재 primary coolant [Nu] 원자로의 1차 냉각계에 사용되는 냉각재.

일(1)차연소영역 primary combustion zone [T] 보일러에 있어서 연소실의 연소가 2단 또는 그 이상의 여러 단계로 나뉘어 있을 때 제1단의 연소가 이루어지는 영역.

일(1)차요소 primary element [M] 유량계에서 유량을 여하한 형태로든 감지하고 신호를 발생시키는 부위.

일(1)차원유동 one dimensional flow [P,T] 속도장을 나타내는데 하나의 좌표만 필요한 유동.

일(1)차파 primary wave [G] 파동방정식을 풀어서 얻어지는 일반 해는 시간의 경과와 함께 거리 x의 양의 방향으로 진행해 가는 전진파와 그와 반대 방향으로 이동하는 후퇴파의 합으로 주어진다. 보통 파도의 발생에 의해 먼저 전진파가 발생하고, 그 반사파로서의 후퇴파가 나타난다. 이것이 제1차의 전진파와 후퇴파이며, 반사에 의해 다시 제2차, 제3차, …의 전진파, 후퇴파가 발생한다.

일(1)차표준 primary standard [M] 교정의 소급성(遡及性)에서 가장 상위에 있는 표준.

일, 헤드 work [G] 유체(물체)에 힘이 작용하여 이를 움직였을때 그 이동거리와 이동한 방향으로 작용한 힘의 성분을 곱한 것이 일이며, SI단위로는 (N · m), 중력단위로는 {kgf · m}이다. 유체가 가진 일(에너지)이나 유체에 이뤄진 일(에너지)을 단위질량당의 값으로 나타낸 것을 비에너지 또는 헤드라고도 부르며, 단위는 (m^2/s^2)으로 나타난다. 일을 단위중량 당의 양으로 나타낸 것은 원래 헤드(head)라고 불렀던 것이며, 그 단위는 길이 단위 {m}이다. 이것은 수력학이나 수리학에서 긴요하게 사용되고 있다. work는 일이라는 뜻인데, 경우에 따라 헤드를 work라고 표현하는 경우도 있다. 헤드(head) 참조.

일 계수 work input coefficient [P] 터보형 압축기의 특성 치의 하나인 유체일을 나타내는 무차원수이다.

일면평형잡기 single plane balancing [D] 1차 위험속도보다 낮은 회전수로 운전되는 회전체를 평형시키는데 회전체의 잔류 정(靜)불평형을 어느 한도 내에 들어가게 하기 위한 작업.

일반기체상수 universal gas constant [T] J/(kmol · K,{kcal/(kgf · K)} 완전가스의 상태식은 pv=RT로 표시된다. 여기서 p : 압력(N/m^2){kgf/m^2}, v : 비체적(m^3/kg){m^3/kgf}, T : 절대온도(K){K}, R : 가스상수($m^2/(s^2 \cdot K)$){kgf · m/(kgf · K)}. 가스상수 R은 1 kg(1 kgf)의 가스가 압력이 일정한 상태에서 온도가 1 K 변화함으로써 외부에 하는 일을 나타낸다고 해석할 수 있다. R은 가스의 종류에 따라 정해지는 값이며, 가스의 분자량을 M(kg/kmol)이라고 하면 R=Λ/M으로 표시되는 일반기체상수 Λ가 있다. 여기서 Λ는 8314 J/(kmol · K){848 kgf · m/(kmol · deg)}이다. 공기에 대하여 R을 구해보면 M=28.97 kg/kmol이기 때문에 R=287 $m^2/(s^2 \cdot K)$ 또는 287J/(kg · K)가 된다. { } 안은 중력단위.

일반미분방정식 general differential equation [N] 미분 방정식의 형태는 물리현상에서 유래하는 것으로, 사용하는 좌표계나 변수변환에는 의존하지 않는다. 그러나 미분방정식의 형태에 따라 문제를 제기하는 방법, 푸는 방법, 해의 성질 등은 모두 달라진다. 미분 방정식의 형태에는 쌍곡형, 포물형, 타원형이 있는데, 그들의 전형적인 것으로 파동방정식, 확산방정식, Laplace방정식이 있다. 이들과 같이 하나의 미분방정식으로 모든 유동현상에 적용할 수 있는 대표적인 미분방정식을 일반 미분방정식이라 한다.

일반좌표 general coordinates [N] 물체의 운동을 나타내는데 좌표가 사용된다. 한 개의 질점 위치는 그 직교좌표 (x, y, z)로 표시된다. 강체의 위치는 그 중심의 직교좌표 (x, y, z)와 강체의 회전축의 방향여연 (l, m, n) 및 축 주위의 회전각 θ를 사용하여 6개의 수치의 조합(x, y, z, l, m, n, θ)으로 표시된다. 단, n은 l과 m으로 표시될 수 있다. 이와 같이 물체의 위치상태를 몇 개의 수치의 조합($q_1, q_2, \cdots, q_n$)으로 표시될 때, ($q_1, q_2, \cdots, q_n$)을 일반좌표라고 하며, 일반좌표로 물체의 운동이 논의된다.

일방향 파이프프로버 uni-directional pipe prover [M] 일 방향으로만 유체가 진행하는 파이프프로버. 파이프프로버는 유체와 같이 움직이는 구형 물체가 파이프 안에 있어서 유체의 속도를 위치로 알려주는 유량계의 일종으로 주로 교정설비에 사용되는 정밀한 유량계 종류 중 하나이다.

일방향성 좌표 one-way coordinate [N] 주어진 위치에서의 상황이 오직 한 쪽 방향에서의 조건 변화에 의해서만 영향을 받는 좌표. 어떤 공간좌표가 유체 유동에서 일방향성 좌표로 될 수 있다는 것은 흥미 있는 일이다. 어떤 좌표 방향으로 강한 일방향성 유동이 있을 경우에는 중요한 영향은 상류에서 하류 쪽으로만 전파될 것이다. 그런 경우 어떤 점에서의 조건은 상류의 조건에 의하여 주로 영향을 받으며, 하류의 조건에 의해서는 별로 영향을 받지 않을 것이다.

일의 열당량 heat equivalent of mechanical work [G] {Kcal/(kgf · m)} 중력단위계에서 일의 에너지를 열로 환산한 열량. 즉, 단위 양의 일(1kgf · m)를 열로 바꾼 값(427kcal)을 말한다. { } 안은 중력단위.

일정대역폭필터 constant-bandwidth filter [D] 그 대역폭이 중심주파수에 의존하는 대역통과필터(band-pass filter). 일정 폭의 통과대역을 필요한 주파수 범위를 통과시킬 수 있는 조정 가능한 음향주파수분석기.

일정반동형 constant reaction type [G] 익렬설계에서 거론되는 와류형식의 일종이고, 익의 반지름 위치에 관계없이 반동도가 일정한 것이며, $c_{u1} = ar + (b/r)$, $c_{u2} = ar - (b/r)$. 여기서 c_{u1} : 익 입구 선회속도 성분, c_{u2} : 익 출구 선회속도 성분, a, b : 상수, r : 임의반지름. 반경방향 평형조건을 고려하지 않고 축 방향 속도성분을 반지름 방향으로 일정하게 하는 경우와 반경방향 평형조건으로부터 결정하는 경우가 있다.

일정압력제어 constant pressure control, auto constant pressure control [B] 제어장치에 의해 송풍기 및 압축기의 작동압력 또는 여기에 연결된 플랜트 등의 작동압력을 일정하게 유지하는 자동 제어.

일정온도풍속계 constant-temperature anemometer [M] 유체 내부에 일정한 저항을 갖는 저항체가 잠겨 있고, 이 저항체에 일정한 크기의 전압(電壓)을 걸어 주면서 저항체의 온도를 일정하게 유지시켜 주어 유속을 측정하는 유속계. 유체가 가져가는 열량이 유속과 비례하므로 전류의 변화를 측정함으로써 유속 또는 유량을 알 수 있다.

일정유량(정풍량)제어 constant flow rate control [B] 제어장치에 의해 송풍기 및 압축기의 가스량을 일정하게 유지하는 자동제어. 일정유량제어(constant flow control) 참조.

일정유량제어 constant flow control [T] 플랜트 저항이 변화하여도 송풍기 · 압축기가 토출하는 가스량을 일정하게 유지하기 위한 제어. 실제로는 관로의 오리피스의 압력 차의 신호를 이용하여 밸브의 개도와 송풍기 · 압축기의 회전수를 변경시킨다.

일정유출각형 constant outlet flow angle type [G] 익렬설계에서 거론되는 와류형식의 일종이며, 동익 출구의 절대속도 유출 각이 반지름 r의 방향으로 일정하게 하고, 출구선회속도분포도 일정한 것. 동익 입구의 선회속도는 $C_{u1} = a - (b/r)$로 하고 반지름 방향의 일의 분포는 일정하지만, 반경평형조건은 성립하지 않는다. 여기서 a, b는 상수이다.

일차 냉각재 펌프 primary coolant pump, reactor coolant pump(RCP) [Nu] 원자력발전소에서 원자로 1차 냉각재를 순환하도록 작동하는 펌프.

일차냉각수 primary cooling water [Nu] 경수로 또는 중수로에서 1차 냉각재로 사용되는 경수 또는 중수를 말함.

일체형원자로 System-integrated Modular Advanced ReacTor(SMART) [Nu] 한국원자력연구원이 개발한 열 출력 300 MW 급으로 전력생산과 담수화가 동시에 가능하며, 증기발생기, 가압기, 냉각재펌프 등의 주요 기기들이 원자로 압력용기 내에 설치된 일체형의 원자로.

임계 레이놀즈수 critical Reynolds number [G] 층류에서 난류로 천이할 때의 레이놀즈 수. 이 값보다 작은 레이놀즈 수에서는 어떠한 교란을 주어도 유체는 층류로 된다.

임계 잠수깊이 critical submergence [P] m 흡입 수조의 수위가 낮아져 수면에 소용돌이가 발생하고, 공기가 연속적으로 흡입구로 들어가는 상태로 되었을 때의 흡입구의 잠수 깊이.

임계감쇠, 임계점성감쇠 critical damping, critical viscous damping [T, D] 자유진동을 더 이상 할 수 없는 한계의 감쇠를 말하며, 감쇠저항이 작용하는 계의 어느 진동모드에 대한 자유진동에서 과도운동이 진동적으로 되는가 비진동적으로 되는가의 경계에 대응하는 점성감쇠의 크기를 의미한다. 1자유도계의 경우, 임계점성감쇠계수 C_c는 다음 식과 같다. $C_c = 2\sqrt{mk} = 2m\omega_0$. 여기에서, m은 진동계의 질량, k는 물체 강성, ω_0는 비감쇠 고유진동수이다. 공진(resonance)의 표 C-1을 참조.

임계균열길이 critical crack length [T] 특정 인장하중 하에서 재료의 균열 길이를 말하며, 다음과 같이 구한다.

$$C = (K_c / Y\sigma)^2$$

여기서, C : 임계균열길이, K_c : 파괴인성, σ : 파괴응력이다.

임계깊이 critical depth [G] 정(正)상류에서 사(射)류로 바뀔 때의 수심. 직사각형 개수로의 경우 수심이 속도 헤드의 대략 2배의 상태에 해당하며, 평균유속은 임계속도 V_c와 일치한다.

$$V_c = \sqrt{gH_c}$$

단, H_c : 임계깊이(m), g : 중력가속도 (m/s^2).

임계마하수 critical Mach number [B, T] 균일한 아음속 흐름 안에 물체를 놓고, 유속을 증가시켜 가면 물체근방의 일부(예컨대 최대 두께부분 및 어깨부분 등)에서 국부 마하수(=국부유속/국부음속)가 1에 달할 때의 균일유동의 마하수. 임계마하수를 넘으면 충격파가 발생하여 깃의 양력저하 및 항력의 증가 등의 공기역학적인 성능이 나빠진다.

임계상태 critical state [T] 나팔노즐의 목 부분 또는 수축 노즐의 출구 부에서 유속이 음속, 즉 마하수가 1이 되어 있는 상태.

임계속도 critical velocity [T] m/s 유동속도 U가 그 점의 국소 음속 a와 같을 때(즉, 국소 마하 수 M=1에서 임계상태)의 속도. 보통 *의 상 첨자로 표시하며, 다음과 같다.

$$U^* = a^* = a_0\sqrt{\frac{2}{k+1}}$$

여기에서, a_0 : 정체점 상태의 음속, κ : 비열비.

임계시험 critical experiment [T] 어느

하나의 변수에 착안하여 그것을 연속적으로 변화시켜 갔을 때, 상태가 불연속적 또는 급격한 변화를 나타내는 현상까지 실험하는 것을 말한다.

임계압력 critical pressure [T] Pa,{kgf/m²} 임계 온도에서 기체가 액화되는 최소의 압력. 액체를 가열할 때 차츰 압력을 높여가면, 증발의 시작점과 정지점이 일치하고 어느 온도에서 증발현상 없이 액체에서 기체로 변화하는 압력. { } 안은 중력단위.

임계압력비 critical pressure ratio [M] 1) 수축노즐의 출구 또는 수축확대노즐의 목에서 유체유동이 음속에 도달했을 때(Mach number = 1)의 노즐출구 또는 목에서의 압력 p*와 상류쪽의 정체압력 p_o와의 비 p^*/p_o를 의미한다. 2) 극한 상태의 압력과 기준 압력과의 비를 의미하는데, 극한 상태와 기준 상태는 경우에 따라 다르다.

임계압축비 critical compression ratio [T] 노크를 일으키기 시작할 때의 최저 압축비.

임계열유속 critical heat flux [Nu,T] 1) 비등수로(수관)에 있어서 연료의 최대 열유속이 핵비등 영역을 넘지 않도록 그 상한의 열유속의 점(C점)을 정한 것. 2) 핵연료 표면에서 비등열전달 발생 시 핵비등영역의 범위를 넘어 막비등영역으로 들어가는 한계점의 열유속을 말함. 이 때를 기준으로 핵연료 피복재의 온도가 급격히 상승하여 손상될 수 있다. critical heat flux를 CHF로 약자표시함.

임계열유속비 Critical Heat Flux Ratio (CHFR) [Nu] 가압수형 원자로에서 임계열유속과 원자로의 실제 열유속과의 비를 말함. DNBR이라고도 한다.

임계온도 critical temperature [T] K, ℃ 일반적으로 기체는 일정한 온도 이하가 되지 않으면 아무리 압축하여도 액화되지 않는다. 이 온도를 임계 온도라고 한다.

임계유동 critical flow [M,Nu] 배관, 노즐 등에서 유출하는 압축성 유체의 유량은 입출구 압력차가 클수록 커지나, 이 값이 어느 한계값, 즉 초킹상태 이상으로 커지면 압력차를 키워도 유량의 변화가 없게 된다. 이 한계상태에 있는 유량을 임계유량이라 함.

임계유동 벤투리노즐 critical flow Venturi nozzle [M] 압축성 유동에서 벤투리 노즐을 사용하는 경우 벤투리 노즐 목 부근에서 초킹 된 상태에서 사용하는 벤투리 노즐을 말한다. 벤투리 노즐의 상류 쪽은 길이가 짧은 노즐형상, 목 부는 원통형 노늘, 하류 쪽은 벤투리와 똑같은 확대부분으로 구성되며, 벤투리 관보다 상류부분의 길이가 짧다.

임계유동 오리피스 critical flow orifice [M] 압축성유동에서 오리피스를 사용하는 경우 오리피스 목 부 부근에서 초킹 된 상태에서 사용하는 오리피스를 말한다. 유량 dm/dt는 오리피스 판 상류 쪽의 압력 p_1과 하류 쪽의 압력 p_3와의 비를 p_3/p_1이라고 하면, p_1이 일정하다면 p_3 값이 $0 \le p_3/p_1 \le P_c$ (단, $P_c = p_c/p_1$는 목 부가 음속이 되는 압력비)의 범위에서 일정하다. 그러나 상류

쪽의 상태 T_{01} 또는 p_{01}이 변하면 질량 유량이 변한다. 이와 같은 경우의 유량 측정을 위해 T_{01}과 p_{01}, 또는 T_1과 p_1이 측정되면 1차원 등 엔트로피 유동이라고 가정함으로써 계산될 수 있다. 여기서는 T_1과 p_1 값을 기준으로 식을 제시하면 다음 식과 같다.

$$\frac{dm/dt\,(RT_1)^{1/2}}{A_2 p_1} = C_D{}^*Y_2(k,\lambda),$$

$$Y_2 = \left[\frac{2k(1-p_c)^{(k-1)/\gamma}P_2^{2/k}}{(k-1)(1-\lambda^2 P_c^{2/k})}\right]^{1/2}$$

실제 측정에서는 압력의 측정위치(그림 아-19에서 a, b의 위치), 레이놀즈(Re_1) 수, 거칠기 ε/D_1, 면적비 $\lambda = A_2/A_1$, 비열비 $k = c_p/c_v$, 가스상수 R 등의 영향을 받으며, $CD^* = f(\lambda, \varepsilon/D_1, Re_1, k)$를 임계토출계수라고 한다. 단, D : 지름, A : 면적, c_p : 정압비열, c_v : 정적비열. 그림 아-19 참조.

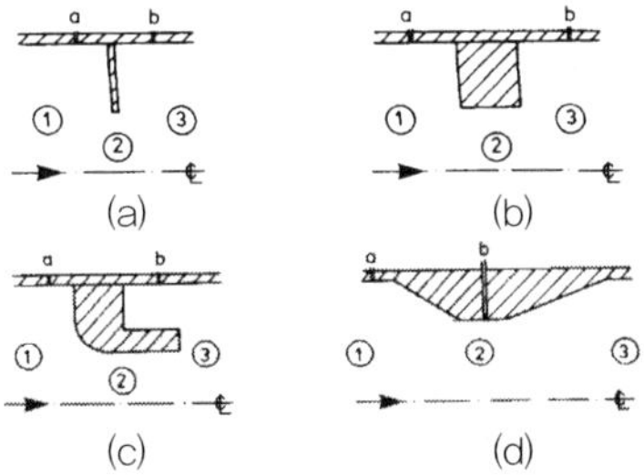

Sketchs of simple models of critical flowmeters: (a) thin orifice plate; (b) thick orifice plate or cylindrical nozzle; (c) round-edged nozzle; (d) venturi tube. The symbols ①, ②, ③ denote regions of the flow analysed. The symbols a and b indicate approximate positions of the pressure tappings in practical installations.

그림 아-19 임계유동 오리피스

임계유동함수 critical flow function [M] 오리피스에서의 압축성유동 등에서 초킹 된 상태에 대한 유동상태의 관계식을 말하며, 오리피스 유동에서는 임계유동 오리피스(critical flow orifice)의 질량유동량의 식들이 그것에 해당한다. 임계유동 오리피스(critical flow orifice) 참조.

임계점 critical point [T] 임계 온도, 임계압력에 이르게 되는 한계점.

임계점성감쇠 critical viscous damping [D] 질량 m에 복원력 −kx와 감쇠력 −cdx/dt가 작용하는 진동계의 운동방정식은 md(dx/dt)/dt+cdx/dt+kx=0이다. 이것의 일반 해는 $x=A\cdot\exp(s_1t)+B\cdot\exp(s_2t)$이다. 여기서 A, B는 적분상수이며, 초기조건에 의해 정해지며, s_1, s_2는 $ms^2+cs+k=0$의 두 근으로 정해진다. 따라서 s의 값은 $c>2\sqrt{mk}$이거나 $c<2\sqrt{mk}$에 따라 실수, 또는 허수가 되며, 이에 따라 운동은 진동적으로 나타나거나 또는 무주기운동으로 나타난다. 이 경계인 $c=c_c=2\sqrt{mk}$의 상태를 임계점성감쇠의 상태라고 한다. 이 경우의 s_1, s_2는 등근이 되어 일반해는 $x=(A+Bt)\exp(-ct/2m)$의 형태가 되어 $c>c_c$의 경우와 같은 무주기 운동이 된다. 임계감쇠(critical damping)와 같음.

임계진동수, 차단주파수 critical frequency, cutoff frequency [T] 장치 내의 신호감쇠가 급격히 증가하기 시작하는 주파수. 예를 들면 주어진 모드의 진행파를 도파관(導波管) 내에서 유지될 수 없는 한계주파수 또는 전자 관(管)의 효율이 급격히 저하하는 주파수 등을 의미한다.

임계하중 critical load [T] 좌굴을 일으키는 최소의 압축 하중.

임의 익형 arbitrary wing section [G] Joukowski의 사상함수를 이용하면 z평면의 원을 ζ 평면의 Joukowski익형으로 사상할 수 있다. 이 이론을 응용하면 임의형태의 익형도 z면의 원으로 사상될 수 있는 사상함수를 찾을 수 있다. 그러나 임의익의 경우의 사상함수는 축차근사법(method of succesive approximation)에 의해 구하게 되는데, 이는 대단히 힘든 방법이다. 이러한 방법으로 해석되는 이론을 임의익형의 이론이라 한다. 그러나 실제로는 주어진 임의의 익형은 익형의 상하면의 평균을 나타내는 평균 캠버 선에 기초적 두께분포를 입힌 것으로서, 기초적 두께분포에 해당하는 대칭익형과 평균 캠버 선으로 분리하여 생각한다. 그리하여 익형주위의 유동특성을 지배하는 익형표면의 압력분포에서 두께나 캠버가 극단적으로 크지 않는 보통의 익형의 경우는 대칭익형 주위의 압력분포와 평균 선인 캠버에 의한 압력분포와의 합이 임의익형이론에서 구한 것과 일치함을 알 수 있게 되었다. 따라서 보다 간단한 대칭익형에 대하여 임의익형이론에 의해 압력분포를 계산하고, 얇은 익 이론에 의해 평균 선에 대한 압력분포를 구한 것을 합치면 효율적으로 주어진 캠버와 두께분포를 갖는 익의 압력분포를 구할 수 있다. 이를 근거로 하여 여러 연구기관에서 익형개발이 이루어져 왔다.

임펠러, 회전차 impeller [P,B,C,T] 증기 터빈이나 반동 수차에 있어서 증기 또는 물의 에너지를 받아 회전하는 바퀴. 또 원심 펌프나 송풍기의 경우 회전하는 회전차. 곡면을 이룬 깃이 여러 개 설치된 회전차. 수차에서는 러너(runner)라고 함.

임펠러 너트 impeller nut [P,B] 임펠러를 주축에 고정하기 위한 너트. 부도 P-4, 5 참조.

임펠러 베인, 임펠러 깃 impeller vane, impeller blade [P] 임펠러 허브에 부착되어 액체에 에너지를 전달하는 날개.

임펠러 입구 래버린스 실 impeller eye labyrinth (seal) [B] 임펠러의 입구 쪽의 케이싱에 부착된 래버린스. 부도 B-6 참조.

임펠러 키 impeller key [P,B] 임펠러를 주축에 고정하기 위한 키. 부도 P-4 참조.

임펠러 허브 impeller hub [P] 임펠러의 주축에 고정하는 부분.

임펠러 깃 impeller blade [T] 터보기계에서 깃과 허브가 일체 구조로 만들어진 회전차로서 그 깃 부분을 말한다.

임펠러 링, 임펠러 웨어링 impeller ring [P] 밀폐형 회전차에서 케이싱과 펌프 회전차 사이에 토출측의 고압부와 흡입측의 저압부를 차단하기 위해 교축 부분이 필요한데, 케이싱 측의 미끄럼부분과 마주보는 회전차의 미끄럼부분이 마멸되었을때 교환할 수 있는 링.

임펠러 아이 높이 impeller eye height [P] 수직 축 펌프에서 기준 수평면으로부터 펌프 기준면까지의 높이. 수직축 펌프의 경우 임펠러 입구를 펌프 기준면으로 본다.

임펠러 아이, 임펠러 입구 impeller eye [P,B,T] 원심형 회전차의 깃 직전의 입구의 통로 단면부분을 말하며, 정면에서 보았을 때 마침 눈 모양과 같이 보이는 것에서 유래됨.

임펠러 외경 impeller tip diameter [P] 회전차의 바깥 지름.

임펠러 캡 impeller cap [P] 임펠러 허브의 앞 끝에 부착된 캡.

임피던스 impedance [D] 1) 계의 응답에 대한 조화가진(harmonic excitation)의 비로써, 일반적으로 선형계에만 적용된다. 임피던스의 용어 및 그 의미는 단일 진동수로 정현진동을 하는 계의 정상상태에 관해서 적용된다. 2) 교류회로에서의 저항을 의미하는 전기 용어. 도체의 저항, 유도 리액턴스, 용량 리액턴스 등을 조합한 것. 교류회로의 아날로지로서 비정상 관로 내 유동의 해석에 이용되고 있으며, 압력을 전압으로, 유량을 전류로 대체한 경우의 저항으로서 정의된다.

임핀지먼트, 충돌포집 impingement [T] 유동하는 기체 또는 증기류를 고속으로 방해 판에 충돌시켜서 액적을 분리하는 액적제거법.

입구 inlet [T] 유체기계 등에서 유체가 들어가는 입구 또는 회전차 등에 유체가 들어가는 입구.

입구경계조건 inlet boundary condition [N] 계산 영역의 유동 유입경계에 지정할 수 있는 경계조건으로 질량유량, 운동량, 에너지 등의 다양한 유동정보를 지정할 수 있다. 만약 입구의 속도를 알고 있을 때는 속도가 결정된 경계조건, 즉 디리크레(Dirichlet) 조건을 주어 입구 경계조건을 설정한다.

입구구간 hydrodynamic entrance region [T] 입구길이(entrance length)와 같음.

입구길이 entrance length(inlet length) [G] m 관로 입구로부터 유입된 유동의 속도분포가 일정하게(층류의 경우 회전포물면 형, 난류의 경우 대수법칙 또는 지수법칙에 따른 분포로) 나타나는 점까지의 거리. 층류의 경우 : $l_o/d=0.065 R_e$, 난류의 경우 : $l_o/d=20\sim40$. 여기서, l_o : 입구거리(m), R_e : 레이놀즈 수 $=V_m d/\nu$, V_m : 평균유속(m/s), d : 지름(m), ν : 동점도(m^2/s). 관로입구에서 l_o까지를 입구구간이라고 한다. 이 구간에서의 손실발생률은 l_o보다 하류의 일정 유속분포의 같은 길이의 구간에서 발생하는 것보다 크다. 손실헤드(head loss) 참조.

입구길이 inlet length, entrance length [G] 입구길이(entrance length)와 같음.

입구속도, 유입속도 inlet velocity [T] 회전차의 깃 직전에서의 유속.

입구안내깃 inlet suction vane, inlet guide vane, inlet vane [B,T] 원심송풍기의 흡입원추 또는 케이싱 상자 내에, 또는 축류송풍기의 케이싱 내에 방사상(지름방향)으로 설치된 가스량 조절용의 가동 안내 원형익렬 익. 안내깃 전체는 링크기구, 치차, 로브 등에 의해 자동조작으로 동시에 개폐된다. 보일러 압입휀, 터보냉동기용 압축기 등에 사용된다.

입구안내깃, 전치정익식 inlet guide vane, inlet suction vane [B,T] 축류 압축기에서 제1단 가동 깃의 상류 쪽에 고정되어 설치된 정지깃.

입구압력, 흡입압력 inlet pressure, suction pressure [B] 유체기계 흡입구에서의 유체압력. 일반적으로 펌프의 경우는 정압, 압축기 등에서는 전압을 의미하는 경우가 많으며, 절대압력으로 표시된다.

입구휨각 inlet camber angle [G] 휨각(camber angle) 참조.

입도 grain size [T] 결정입자의 대소를 나타내는 정도.

입력 input [T] 외부로부터 들어오는 입력 또는 신호.

입력임피던스 input impedance [D] 전기 회로망의 입력 단자측에서 보았을 때의 임피던스를 일반적으로 입력 임피던스라 한다. 입력 단자에 어느 전압을 가했을 경우 이 전압을 그에 의해서 회로망에 흘러드는 전류로 나눈 값으로 구할 수 있다.

입사 incidence [T] 입사각(incidence angle) 참조.

입사각 angle of incidence [T] rad,deg 1) 익형에의 상대 유입 속도의 방향이 날개 앞전에서의 캠버선의 접선과 이루는 각. 2) 빛이나 소리 등의 파가 다른 매질에 입사할 때 경계 면에 세운 법선과 입사선이 이루는 각도.

입사각 incidence angle [B,T] rad,deg 익렬입구의 상대유입방향과 익 앞전에서 캠버선에 그려진 접선이 이루는 각. 부도 B-3 참조.

입자, 그레인 grain [T] 입자의 총칭. 모래 알. 하나 하나의 결정입자를 말하기도 한다.

입자성장 grain growth [T] 여러 개의 결정입자가 고온에서 차례로 병합하여 커지는 것.

입자크기분포 particle size distribution [T] 분립체 입자 군의 입자 크기의 분포이며, 입경(粒徑) 분포라고도 한다. 입자의 크기를 대표하는 지름에는 구(球) 상당 지름, 스토크스 지름, 체에 의한 대표 지름, 통계적 지름 등이 있으므로 동일 시료라도 입자 크기의 정의에 따라 분포가 달라진다.

ㅈ

자기 급수 self water feeding [P] 펌프의 축봉부나 수중 베어링 등에서 그 펌프의 양수의 일부를 이용해서 실시하는 급수.

자기 주수 internal water feeding [P] 펌프운전에 있어서 축봉부에의 봉수, 베어링 냉각수 등을 펌프 케이싱에서 양수의 일부를 추출하여 급수하도록 되어 있는 것. 일반적으로 취급수에 모래 등의 고형물이 포함되지 않는 경우에 사용되지만, 외부에서 맑은 물의 수원을 얻기 어려울 때는 취급수를 스트레이너 등을 통해서 이물질을 제거한 후에 사용하는 경우도 있음.

자기 중심 magnetic center [G] 모터의 고정자와 회전자 각각의 주위에 발생하는 자계의 중심. 모터회전은 각각의 자계중심이 맞는 위치에서 이뤄지므로 스러스트 베어링이 없는 모터의 경우 회전자는 자기중심이 일치하도록 축방향으로 이동한다.

자기 평형형 self-balancing type [P] 다단 터보형 펌프, 압축기에서 회전차의 배열방법에 의해 축 스라스트를 평형시키는 형식. 같은 갯수의 회전차를 서로 등을 맞대고 배열함으로써 축 스러스트를 평형시키는 것.

자기상관계수 autocorrelation coefficient [D] 임의 양 x(t) 의 경우, 시간 t에서의 양의 값과 시간$(t+\tau)$에서의 양의 값의 평균제곱 값에 대한 자기상관함수의 비로써, 수학적으로 다음과 같이 표현된다. 자기상관함수(autocorrelation function) 참조.

$$Q(\tau)=\frac{R(\tau)}{R(0)}=\frac{\overline{[x(t)][x(t+\tau)]}}{\overline{x(t)^2}}$$

자기상관함수 autocorrelation function [D] 임의 양 x(t)의 경우, 시간 t에서의 양의 값과 시간 $(t+\tau)$에서 양의 값의 곱의 평균이다. 자기상관함수는 수학적으로 다음과 같이 표현될 수 있다.

$$\begin{aligned}R(\tau)&=\overline{[x(t)][x(t+\tau)]}\\&=\frac{1}{T}\int_0^T x(t)x(t+\tau)dt\end{aligned}$$

모든 시간 동안 지속되는 정상 불규칙 양 x(t)의 경우 다음과 같으며, 이 때 T는 무한대에 접근한다. 즉,

$$R(\tau)\lim_{T\to\infty}\frac{1}{T}\int_0^T x(t)x(t+\tau)dt$$

실제로는 T는 유한이며, T가 감소함으로, 이 때 주어진 식은 증가하는 어떤 통계적인 불확실성(uncertainty)을 가지고 평가(estimate)될 뿐이다.

자기스펙트럼 auto-spectrum [D] 각 주파수에서 그 크기가 power량을 나타

내고 위상이 없는 스펙트럼의 표현.

자기스펙트럼밀도함수 auto-spectral density function [D] 어떤 신호 X(t)의 자기스펙트럼밀도함수 $G_{XX}(f)$는 주파수 f에서 f+Δf 만큼의 협대역 주파수 범위의 신호성분에 대한 제곱평균을 주파수간격 Δf로 나눈 값에 대하여 주파수 간격 Δf를 0으로 극한을 취했을 때의 값으로 정의된다.

자기점화 self-ignition, autoignition [T] 연료의 온도를 공기와 접한 상태에서 높여 일정 온도를 넘게 되면 외부에서 불길이나 불꽃을 가까이 하지 않아도 스스로 발화, 연소하는 것.

자동 일정 압력제어 auto constant pressure control [B] 제어장치에 의해 송풍기 및 압축기의 압력을 일정하게 유지하는 자동제어.

자동 제진기, 자동 스크린 auto screen [P] 유량이 큰 시설 또는 다량의 이물질 등의 유입이 있는 경우, 스크린에 의해 이물질을 제거하는 장치.

자동공기밸브 auto air valve [P] 내압에 의해 펌프나 배관 내부에 있는 공기가 외부로 완전히 배출되면, 자동적으로 폐쇄하는 공기제거밸브. 수조내형 수직축 펌프 등의 공기 제거에 사용된다.

자동밸브 automatic valve [P,G] 설정된 압력에 따라 밸브의 개폐가 자동적으로 이루어지는 밸브장치. 주로 왕복압축기에서 사용되며, 기본적으로는 밸브시트, 밸브판, 밸브스프링, 밸브케이싱 등으로 구성되어 있다. 그림 A-1 참조.

자동운전 방식 automatic operative method [P] 자동 조작에 의한 운전 방식.

자동운전, 자동조작 automatic operation [P] 인력에 의하지 않고, 전기적 또는 기계적으로 어떤 조작의 필요를 감지하여 기기를 움직이게 하는 조작.

자동제어 automatic control [P] 제어장치에 의하여 운전상의 여러 정보(토출량, 압력, 수위, 축동력 등)가 목표치에 유지되게끔 하는 방법.

자동제어밸브 automatic regulation valve [M] 설정된 값으로 압력이나 유량조절을 해주기 위해 후단의 압력이나 유량을 감지하고 이를 설정된 값과 비교하여 밸브의 개도를 자동적으로 조절해 주는 기능을 가진 밸브.

자동평형계기 self-balancing instrument [T] 영위(零位)법에 의한 측정이 자동적으로 이루어지는 계기.

자려진동 self-induced vibration, self-excited vibration [D] 자려진동(self-excitation)과 같음.

자려진동, 자력진동, 자연진동 self-excited vibration, self-induced vibration [D] 비진동적인 에너지가 그 계 내부에서 진동적인 가진으로 변환되어 발생하는 진동으로, 진동을 지속시키는 주기적인 가진력을 진동계 자체에서 만들기도 하고 또한 제어할 수 있는 특수한 진동. 자려진동계에서의 진동은 시간의 경과에 따라 진폭이 점차 증가하여 발산하게 되고 불안정하게 된다.

자연가진 ambient excitation [D] 주어

진 환경과 관련되어 소음 또는 진동을 발생시키는 원인이나 과정을 통칭하는 것이며, 이에 의해 발생하는 진동을 자연진동(ambient vibration)이라 한다.

자연대류 free convection [T] 유체가 흐르는 곳에서 온도나 농도에 의한 밀도 차가 있으면 유체에 작용하는 체적력의 차에 의해 흐름이 생긴다. 이것을 자연대류라고 한다.

자연대류 natural convection [T] 유체가 흐르는 곳에서 온도나 농도에 의한 밀도 차가 있으면 유체에 작용하는 체적력(부력)의 차에 의해 흐름이 생긴다. 이것을 자연 대류라고 한다.

자연연소 spontaneous combustion [T] 저장된 석탄은 풍화, 즉 완만한 산화 반응을 받는데 이 때의 발생열이 석탄층에 축적되면 석탄의 온도가 올라가 그 결과 풍화가 더욱 촉진되고 결국에는 착화하게 되는 현상.

자연착화, 자연발화 spontaneous ignition [T] 자연연소(spontaneous combustion)와 같음.

자연통풍 natural draft [T] 노나 보일러 등의 굴뚝에 의한 통풍. 굴뚝 내의 열가스와 외부공기와의 온도차에 의한 비중량차에 의해 발생하는 압력차를 이용하는 것으로, 굴뚝의 통풍력은 높이와 열기체의 온도에 의해 지배된다.

자연통풍 natural draught, natural ventilation, natural draft [B] 굴뚝 또는 배기통의 흡인력(굴뚝의 꼭대기와 바닥에 있는 가스의 온도차에 의한 비중량 차로 발생하는 부력)에 의한 통풍 방법. 자연통풍(natural draft)과 같음.

자연통풍 스토커 natural draft stoker [T] 스토커는 급탄기라는 뜻이며, 화격자 위에서 고체연료를 연소시킨다. 이곳에서의 통풍이 자연 통풍으로 되어 있는 것.

자오면 속도, 메리디언 속도 meridian velocity [P,T] m/s 흐름의 자오면(회전축의 중심을 포함하는 평면) 상의 속도 성분.

자오면유선 meridian stream line [G] 축대칭 물체의 주위 유동이나 유로 내의 유동에서 대칭축을 포함한 평면(자오면)과 회전유동면과의 교선. 예를 들어 혼류형 회전차나 사류형 회전차 등은 회전차 내의 유동을 자오면 유선에 의해 몇 개로 분할된 요소에 대해 설계된다.

자유공기 free air [G] 자연 상태의 공기. 진공펌프에서 공기량을 나타내는 데 사용된다.

자유도 degree of freedom [D] 기계계의 자유도 수는 어느 순간에 계의 구성을 완전하게 정의하는 데 필요한 독립된 일반화 좌표의 수와 같다. 여기서 n개의 질점으로 구성되는 질점계의 직교좌표 수는 3n이며, 이들 사이에 p개의 구속조건이 있으면, 이 질점계의 자유도는 3n−p로 된다.

자유도 number of degree of freedom [T] 질점, 질점계 및 강체(剛體)의 기하학적 위치를 정하는 데 필요한 서로 독립한 변수의 수효. 지금 n개의 질점으로 구성되는 질점계의 직교좌표의 수효는 3n이며, 이들 사이에 p개의 구속조건식이 있으면 이 질점의 자유도는 3n-p가 된다.

자유분류 free jet [G] 무한으로 넓은 공간을 채우고 있는 정지 또는 운동하고 있는 유체 안에 유출하는 분류.

자유분자유동 free molecular flow [G] 기체가 희박한 상태에서 물체의 크기(대표길이 L)에 비해 분자의 평균자유행정(l)이 커지면 물체에 충돌한 분자가 물체표면에서 반사한 후 다음 분자와의 충돌까지 먼 거리를 비행해야 하므로 물체 주위의 유동에는 영향이 나타나지 않는다. 이와 같은 상태의 유동을 말한다. 이와 같은 유동현상은, 크느센(Knudsen) 수 $K_n = l/L \geq 10$에서 볼 수 있다. 크느센(Knudsen) 수 참조.

자유에너지 free energy [G] 화학변화에 있어서는 변화가 온도 일정 하에서 진행하는 경우가 있다. 예를 들면 축전지에서의 충전과 방전의 과정이나 연료전지에서의 변화 등이 이에 해당한다. 내부에너지 U, 절대온도 T, 엔트로피 S에 의하여 $F = U - TS$로 정의되는 F를 자유에너지 또는 헬름홀쯔(Helmholtz)의 자유에너지라고 한다. 비유동과정에 있어서 변화가 등온 하에서 이뤄질 때의 최대작용은 변화가 가역적인 경우에 얻어지며, 그 크기는 변화 전후에 있어서의 자유에너지의 감소량으로 주어진다. 자유에너지의 자유라는 것은 고정에너지 TS에 대한 상대적 용어이다. 참고로 화학변화가 등압하에서 진행되는 경우의 최대일량은 기브스(Gibbs)의 자유엔탈피 $G = I - TS$로 정의되는 G의 감소량으로 주어진다. 단, I는 엔탈피이다.

자유와류 free vortex [P,G] 와도가 0인 회전유동. 단위 중량의 유체가 갖는 기계적 에너지의 총합(총 헤드)이 어느 곳에서도 일정한 유동이며, 유선은 원으로 나타나고, 선회속도는 반지름에 반비례하여 감소. 따라서 반지름의 감소와 함께 압력은 급격히 감소하고, 회전속도는 현저히 증가. 자유와류는 외부에서 에너지의 공급이 없는 유동에서 볼 수 있음. 예를 들어 물의 자유표면에 생기는 와류(중심근처는 제외) 등이 해당. 강제와류(forced vortex) 참조.

자유와류형 free vortex type [G] 와류형식의 일종이며, 축류형의 동익 직전·직후의 선회속도 성분 C_{u1}, C_{u2}가 $rC_{u1} = \text{const}$, $rC_{u2} = \text{const}$의 관계를 갖는 경우 이를 자유와류형이라고 한다. 이와 같은 경우 축방향 속도성분은 반경방향으로 일정하다.

자유유동 free flow [G] 물체에서 충분히 떨어지고, 물체의 영향을 무시할 수 있는 유동.

자유유선 free streamline [G] 유동 안에 무딘 형태의 물체가 있으면, 유동은 벽면에서 박리하여 후방에 와류를 수반한 후류가 생긴다. 이와 같은 후류 내부는 복잡한 비정상 유동으로 되어있지만 주류유동이라고 볼 수 이는 유동부분은 없으며 유속의 시간평균치는 작다고 볼 수 있고, 이것을 이상화하여 유속은 0이라고 가정할 수가 있다(이 영역을 사수역이라 한다.). 이와 같이 모델화된 유동은 그림과 같이 나타낼 수 있다. 물체에 따르는 유선은, P_1, Q_1에서 박리하여 P_1P_2, Q_1Q_2와 같이 나타나면, 이들 두 유선은 주류와 사수역 사이의 경계가 된다. 이와 같이 두 영역의 경계로 되는 유선을 자유유선이라고 한다. 그림 자-1 참조.

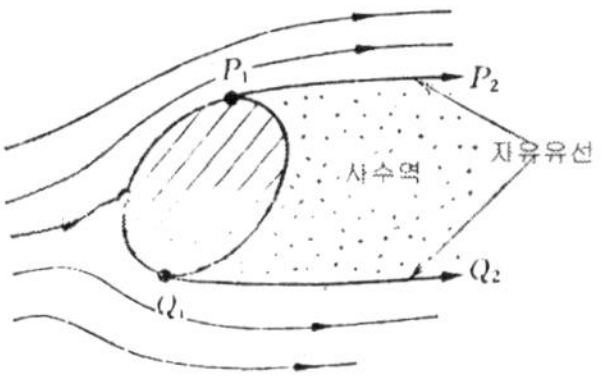

그림 자-1 자유유선

자유음장 free sound field [G] 음파의 진행을 방해하는 장애물이 없는 공간 또는 음파의 진행에 있어서 경계로부터의 반사가 없는 음장. 이 음장에서는 음원으로부터의 거리가 멀어질 수록 음의 강도는 거리의 제곱에 역비례하여 작아지는 거리의 역2승칙이 성립한다.

자유진동 free vibration, free oscillation [D] 가진이나 구속이 처음부터 없거나 있어도 이들이 제거된 후에 발생하는 진동으로, 이를 고유진동 또는 무감쇠 자유진동이라고도 한다. 이 경우의 주기와 진동수는 진동계의 스프링상수와 질량에 의해 결정되며, 이 때의 주기를 고유주기, 진동수를 고유진동수라고 한다. 고유진동수(natural frequency) 참조.

자유측 베어링 free side bearing [P] 스러스트 하중을 받지 않고 레이디얼 하중만을 받는 쪽의 베어링. 스러스트 측 베어링에 대응하는 용어.

자유팽창 free expansion [T] 계가 주위와 일의 교환을 하지 않고 팽창하는 것.

자유표면 free surface [N] 액체와 기체가 접하고 있는 사이의 경계면으로서, 경계면에서의 압력이 일정한 곳. 예를 들어 대기에 노출되어 있는 수로를 따라 흘러가는 물의 유동의 경우, 자유 표면에서의 압력은 일정하며 대기압과 같다고 할 수 있다.

자유피스톤 압축기 free piston compressor [C] 그림과 같이 중앙은 2사이클의 대향피스톤디젤기관, 양쪽은 압축기이며, 양 피스톤은 랙(rack)과 링크장치에 의해 대향운동을 하는데, 행정(스트로크) 등은 구속 받지 않는다. 중앙 실린더의 연소, 팽창에 의해 피스톤은 양쪽으로 벌어져 양쪽 압축기 실린더 내에서 가스를 압축한다. 진동이 없고 효율도 높다. 그림 f-3 참조.

자이로스코프작용 gyroscopic effect [D] 축대칭(軸對稱)의 질량 분포(質量分布)를 가지는 극관성(極慣性) 모멘트 C의 강체(鋼體)를 그 축 주위로 큰 각속도 Ω로 회전시킨 것을 자이로스코프라고하고, 이것을 작은 각속도 μ로 회전시키면 거의 벡터적(積) $C\Omega \times \mu$의 자이로스코프모멘트를 발생하며, 역으로의 모멘트 $\mu \times C\Omega$를 주면 μ의 세차운동(歲差運動)을 하는 작용을 자이로스코프 작용이라고 한다.

자중고정식 self load fixed type [S] 파일고정식이나 계류고정식과 달리 자체

무게로 외력에 안정성을 확보하는 구조물 지지 방식으로 수평외력이나 모멘트를 견디기 위해 충분한 무게를 가지고 있다.

자코비 법 **Jacobi method** [N] 반복해법으로써 가장 단순한 것이나 수렴되기까지의 계산시간은 Gauss Seidel 및 SOR 방법들에 비해 많이 걸린다. 하지만 슈퍼컴퓨터의 계산에 필요한 벡터화 하기가 쉬운 특성을 갖고 있기 때문에 다른 방법과 조합해서 대형계산에 이용되는 경우도 있다. 아래와 같은 방법을 Jacobi 법이라고 부르며 r의 모든 값에 대해서 수렴된다. Gauss Seidel에 비교하면 이 산식 내의 Support point의 값이 같은 시간단계에 이미 갱신되었더라도 이전 단계의 값을 사용하므로 비효율적이다.

자토크 미압계 **Chattock micro manometer** [M] 경사액주계의 일종이며, 1/100 Pa(또는 10^{-3}mmAq)까지 읽을 수 있는 미압계.

자흡식 펌프 **self priming pump** [P] 액체 흡상용의 펌프 임펠러가 프라이밍도 할 수 있는 구조의 펌프.

작동 **actuation** [P,B] 어떤 조작이 행해짐으로써 기기가 그 조작된 대로의 상태변화를 하게 하는 것.

작동계수 **work done factor** [B] 축류 송풍기 · 압축기에서 벽면경계층에 의한 축류 속도분포의 비뚤어짐에 기인하는 일 량의 감소를 나타내는 계수이며, 실제 헤드와 설계 시에 균일 유동이라고 보았을 때 주어지는 헤드와의 비. 원심식의 미끄럼 계수에 상당한다.

작동압력 **working pressure** [T] Pa {kgf/m^2} 보일러나 압력용기 등에서 사용 시에 예정하고 있는 압력. { } 안은 중력단위.

작동원판 **actuator disc** [C] 익렬 내의 유동에 반경평형조건을 적용하는 대신 동익 또는 정익을 무한으로 얇은 원판으로 대체하여, 이를 통과할 때 접선(선회)속도성분과 와도의 강도가 급작스러 변화한다고 생각하여 자오면 유동을 해석하는 방법이며, 이때 가정하는 원판을 작동원판이라 한다.

작동유체 **working fluid** [S,T] 기관이나 터빈 속에서 동력을 발생시키기 위하여 사용되는 유체. 가스, 공기, 증기 등을 말한다.

작동점 **working point** [P] 유체기계가 특성곡선 상에서 운전되고 있는 점.

잔류량 **residual** [N] 반복 계산을 수행중 평가되는 이산화된 방정식 연산자의 남은 값. 원래의 미분방정식과 이산화 방정식은 모든 항이 한쪽으로 몰아져 있으므로 이산화 연산자의 값은 0이 되어야 하나 최종 수렴전에는 아직 0에 도달하지 못한다. 수렴의 정도를 나타낼 수 있는 정량화된 지표이다.

잔류변형률 **residual strain** [T] 잔류응력(residual stress) 참조.

잔류불평형 **residual unbalance** [D] 그 형태는 불문하고, 평형잡기(balancing) 후에 남는 어떤 종류의 불평형.

잔류응력 **residual stress** [T] N/m^2, {kgf/m^2} 절삭, 압연, 단조, 가열, 냉각, 열처리, 용접, 도금 등에 의한 급격한

변화로 생긴 불 균일한 소성 변형의 결과 금속 내에 발생한 응력. { } 안은 중력단위.

잔열제거계통 Residual Heat Removal System (RHRS) [Nu] 원자로가 정지한 후 노심에서 발생하는 붕괴열 및 구조물의 현열을 제거, 냉각하는 계통을 말함.

잔차 엔탈피 residual enthalpy [G] kJ/kg 실제 가스의 엔탈피와 이상 가스의 엔탈피와의 차.

잔컵점도계 Zahn cup viscometer [M] 컵 밑에 구멍이 뚫려 있어서 컵에 있는 액체가 이 구멍을 통해 다 빠져나갈 때까지의 시간을 측정하여 점도를 측정하는 점도계.

잔향실 reveration room [G] 벽면에서부터의 음의 반사를 가급적 크게하여 확산음장이 얻어질 수 있게 한 방. 흡음율의 측정이나 기계 등의 발생음의 파워레벨의 측정을 위해 사용된다. 잔향(reverberation) 참조.

잠수위어 submerged weir [M] 수로의 도중에 설치된 위어 봉우리보다도 하류 수면이 더 높은 경우의 위어.

잠열 latent heat [T] J/kg,{kcal/kgf} 온도상승을 수반하지 않고 가해지는 열량. { } 안은 중력단위.

장부, 테넌 tenon [T] 증기터빈 날개 끝에 존재하는 부품으로 슈라우드를 고정해준다.

재료 시험용 원자로 Materials Testing Reactor (MTR) [Nu] 조사시험을 목적으로 높은 중성자속을 얻을 수 있는 전용 원자로. 미국에서는 1952년에 임계된 세계 최초의 재료시험로를 지칭하는 이름이 고유명사로 사용된다.

재생 regeneration [T] 1) 랭킹 사이클에서는 방열 과정에서 저 열원에 방출하는 열량이 많으므로 방열량의 일부를 급수 가열에 사용하기 위해 증기터빈의 팽창 과정의 도중에서 일부의 증기를 빼내 직접 또는 간접적으로 급수를 가열하는 것. 이와 같이 다단 팽창기 도중에서 증기를 빼내는 것을 추기(steam extraction)라고 한다. 2) 이온 교환수지에 의한 보일러 급수의 탈염 처리에 있어서 수지의 이온 교환 능력이 저하한 경우에 그 능력을 회복시키는 일련의 처리.

재생기 regenerator [T] 1) 뜨겁고 차가운 유체가 교대로 교환기 코어의 같은 공간을 차지하는 열교환기의 한 종류. 2) 열역학적 사이클에서, 사이클의 한 부분 동안 작동유체로부터 에너지를 얻고 또 다른 부분 동안 돌려주는 장치. 예를 들어, 브레이턴사이클에서 터빈을 나온 뜨거운 저압의 가스는 압축기를 나온 공기의 온도를 증가시키는데 사용된다.

재생랭킨사이클 regenerative Rankine cycle [T] 급수가 보일러에 들어가기 전에 가열되는 랭킨사이클.

재생송풍기, 재생홴, 와류송풍기, 와류홴 regenerative blower, regenerative fan [B] 회전원판의 바깥 둘레에 지름방향의 홈을 원판 양면에 짧게 갖는 로터를 케이싱 내에서 회전시킴으로써 홈과 케이싱 사이의 상대운동에 의해 와류가 발생하고 기체를 압송하는 송풍기. 와류펌프(periphery pump) 참조.

재생식 공기예열기 regenerative air heater [T] 가스터빈의 브레이턴사이클(Brayton cycle)에서 가스터빈을 나온 폐기가스를 이용하여 압축기를 나온 압축공기를 가열(예열)하는 재열기.

재생식 열교환기 regenerative heat exchanger [T] 예를 들면, 먼저 연소 가스에 의해 벽돌 구조물을 가열해 놓고, 그곳에 목적물인 기체를 공급하여 가열하는 형식의 열교환기를 말하며, 제철소의 열 풍로는 이 형식을 채택한 것이 많다. 축열기(heat accumulator) 참조.

재생식 터보프롭엔진 regenerated turbo-prop engine [T] 연소실에 유입하는 공기를 배기열로 가열하여 열효율을 높이도록 열교환기를 설치한 터보프롭 엔진. 터보프롭 엔진(turbo-prop engine) 참조.

재생에너지 renewable energy [S] 화석연료와 원자력을 대체할 수 있는 무공해 에너지로, 일반적으로는 대체에너지를 구성하는 한 가지임.

재생장치 regenerative apparatus [T] 증기 터빈의 추기에 의하여 보일러 급수를 예열하는 장치. 또 넓게 열 기타의 회수 장치를 의미할 때도 있다.

재생추기터빈 regenerative extraction turbine [T] 터빈으로부터의 배기 전량을 복수기에 유입시키지 않고, 터빈 내의 팽창 도중에서 작업 중의 증기의 일부를 추출하여 추출증기가 보유하는 잠열을 복수기에서 보일러로 보내지는 급수에 흡수시켜서 급수온도를 높이고 열효율을 높이는 방식의 터빈. 이와 같이 하면 복수기에서 냉각수에 의해 흡수·상실되는 잠열을 급수에 활용할 수 있게 되므로 그 만큼 열효율을 높일 수 있다.

재생터빈 regenerative turbine [T] 재생 사이클로 가동될 수 있도록 한 터빈. 재생사이클이란, 증기터빈에서 팽창과정의 증기의 일부를 몇 번에 걸쳐 빼내어 복수기에서부터 보일러로 공급되는 급수를 예열하는 사이클을 말한다.

재순환 recirculation [T] 1) 소용돌이를 만들어 연속적으로 순환하는 영역을 말한다. 2) 화로(연소실)의 출구온도를 내리기 위해 또는 보일러의 증기온도를 제어하기 위해 절탄기 출구부터 연소가스의 일부를 다시 화로로 순환시키는 것을 가스 재순환이라고도 한다.

재순환영역 recirculation zone [T] 스텝상으로 유로가 확대하는 확대 유로 등에서는 확대 후 흐름이 관 벽에서부터 박리하여 소용돌이를 일으켜, 순환하는 영역이 생기는데 이 영역을 말한다. 재순환 영역에서는 주류의 작용으로 폐로(閉路)를 형성하고 주류와의 경계선을 통해서는 물질 이동은 일어나지 않는다. 유로 안에 놓인 방해판 직후에 생기는 재순환 영역의 크기는 블록비(방해판이 유로 단면에 차지하는 비율)에 따라 변화한다.

재순환펌프 recirculation pump [P] 주냉각재펌프(reactor circulating pump)

와 같음.

재열 reheat [T] 증기터빈의 열효율 향상과 습증기에 의한 터빈 날개의 침식 경감을 목적으로 포화온도에 가까운 상태까지 팽창된 고압 터빈 부 출구의 증기를 다시 보일러로 유도하여 적당한 온도까지 재가열 하는 것.

재열계수 reheat factor [T] 다단 터빈에서 각 단의 단열 열낙차 h_t의 합 Σh_t는 첫 단의 입구상태에서 최종단 출구 압력까지 등엔트로피 팽창하였을 경우의 단열 열낙차 H_t보다 크다. $\mu = \Sigma(h_t / H_t)$를 재열계수라 하고, 일반적으로 1.02~1.10 정도의 값이지만, 내부효율이 나쁠수록, 또 단수가 많을수록 재열계수는 커진다.

재열기 reheater [Nu,T] 1) 고압의 증기(약 100기압 이상)를 사용하는 증기터빈에서는, 팽창 도중의 증기를 다시 보일러로 되돌려 연소가스로 가열하거나 보일러로부터의 과열증기로 가열한다. 이것을 재열(reheat)이라 하고, 재열을 하는 장치를 통틀어 재열기라고 한다. 재열(reheat) 참조. 2) 원자로에서는 증기터빈을 통과한 증기의 온도를 높이기 위한 것.

재열보일러 reheat boiler [T] 증기를 재가열 하기 위한 보일러. 재열(reheat) 참조.

재열사이클 reheat cycle [T] 증기원동기에서 증기가 팽창해가는 도중에 그것을 재가열하여 다시 팽창시키도록 한 사이클.

재열손실계수 reheat loss factor [T] 다단 터보압축기의 각 단마다의 단열온도효율과, 전체로서의 단열온도효율과의 비율을 나타내는 계수. 회전차의 폴리트로프 효율이 같아도 압력비가 커짐에 따라, 또 압력비가 같아도 회전차 단수가 많아짐으로써 단열온도효율은 떨어진다. $f = (\eta_{adst} / \eta_{ad}) - 1$. 여기에서 f : 재열손실계수, η_{adst} : 각 단의 단열온도효율, η_{ad} : 전 단열온도효율.

재열증기 reheat steam [T] 재가열된 증기. 재열(reheat) 참조.

재열터빈 reheat turbine [T] 재열 사이클에 있어서 재열 증기를 사용하는 터빈을 말한다. 재열(reheat) 참조.

재증발 re-evaporation [T] 한번 응축 액화한 증기가 압력감소 등으로 다시 증발 기화하는 현상. 증기기관의 실린더 내부에서 일어나는 증발현상은 그 전형적인 재증발 현상이다.

재충수 refill [Nu] 원자력발전소에서 냉각재 상실사고시 냉각재가 초기 방출된 이후에 비상노심냉각수가 원자로용기 하부 플레넘(plenum)까지 주입되는 단계를 말함.

재킷 jacket [B,G] 실린더 등을 2중 벽으로 하여 그 안을 증기나 물 등을 통과시켜 보온 또는 냉각작용을 하도록 한 공간. 펌프, 송풍기 그리고 압축기의 베어링, 베어링 상자, 시일 부분 또는 왕복압축기의 실린더 등을 냉각하기 위해 그들 바깥쪽에 만들어지는 냉각수 통로공간이 이에 해당한다.

재킷 덮개 jacket cover [P] 펌프, 송풍기, 압축기의 실 부분이나 베어링상자 또는 왕복압축기의 실린더 등에서 슬라이드 열을 냉각하거나 또는 저온부를 보온하기 위한 재킷에 설치된 덮개. 재킷 참조.

재팽창 re-expansion [T] 증기터빈에 유입한 증기를 포화증기 이상의 어느 온도까지 팽창시킨 것을 다시 보일러에 보내고 재열기에서 같은 압력 하에서 가열하여 다시 터빈에 보내어 팽창시키는 것.

재현성 reproducibility [M] 변경된 측정 조건에서 같은 측정량을 측정하여 얻은 결과들 사이의 일치하는 정도. 재현성에 대한 기술이 타당 하려면 변경된 조건을 명기하여야 한다. 변경된 조건은, 측정원리, 측정방법, 관측자, 측정기기, 교정용 표준기, 장소, 사용 조건, 시간 등을 포함할 수 있다. 재현성은 결과의 분산 특성을 이용하여 정량적으로 표현할 수 있으며, 여기서 결과란 통상 보정 후 결과를 의미한다.

저 레이놀즈수 모델 low Reynolds number model [N] 벽법칙의 결점을 보안하기 위해 벽면 가까이의 점성저층을 포함하는 모든 영역에 격자점을 배치하여 보다 엄밀하게 난류를 해석하는 모델.

저널 journal [G] 회전축으로서 축에 수직방향의 하중을 받기 위해 베어링 안에 들어가 있는 부분. 횡축의 경우는 레이디얼 하중을 받는 부분을 말함. 미끄럼베어링 또는 플레인베어링이라고도 함. 저널베어링(journal bearing) 참조.

저널베어링 journal bearing [T] 미끄럼 또는 평면 베어링에 있어서 회전축에 수직으로 작용하는 하중을 받는 베어링.

저류조, 저장조 storage section [A] 저장밸브 하부, 또는 폐기물 분리기 하부, 압축기 상부 등 폐기물이 일시적으로 저장되는 공간.

저발열량 low calorific power [T] J/kg, {kcal/kgf} 연료는 수분이나 수소(태우면 물이 생긴다)를 함유하고 있으면 연소시켰을 때 물의 증발로 인한 잠열을 빼앗아 수증기 상태로 굴뚝에서 그대로 빠져 나가므로 보일러에서 이용할 수 있는 연료의 발열량은 그만큼 감소한다. 이러한 경우의 발열량을 저발열량이라 한다. 이에 대해 빠져나가는 물의 수증기의 잠열을 고려하지 않고 일단 발생한 열량 전부를 발열량이라고 생각하는 경우를 고발열량이라 한다. { } 안은 중력단위.

저발열량 low heat value [T] J/kg, {kcal/kgf} 저발열량(low calorific power)과 같음.

저발열량 lower heating value [T] J/kg,{kcal/kgf} 저발열량(low calorific power)와 같음. { } 안은 중력단위.

저사이클피로 low-cycle fatigue [T] 시편이 회전하면서 표면 요소는 인장과 압축굽힘응력의 최대 사인파적 변화를 받는다. 응력이 높은 경우는 낮은 경우보다 더 적은 사이클 내에 고장이 일어나게 되는데, 응력이 높은 경우를 저사이클피로라고 한다.

저속동적평형잡기 low speed dynamic

balancing [D] 회전체 평형작업의 회전수가 회전체를 강체라고 볼 수 있는 범위 내에서 실시하는 동적 평형잡기방법이며, 강성 회전체에 적용된다. 이에 대비되는 용어로 고속평형잡기(high speed dynamic balancing)가 있다.

저수위 **low water level** [P] m 수조나 탱크 등에서 항시 도달할 수 있는 수위 중 가장 낮은 수위.

저수지 **reservoir** [P] 물을 저장하는 목적으로 만들어지는 저수지. 하천을 댐으로 막고 만들어지는 경우와 평지에서 지면을 파고 남은 흙으로 두레를 싸서 만들어지는 경우가 있음. 관개용, 공업용, 상수도용, 발전용, 홍수조절용 등 여러 목적의 것이 있음.

저수탑 **water tower** [P] 탑 모양의 구조물이며, 내부에 물을 채워 필요에 따라 급수용으로 사용하는 것.

저압실린더 **low-pressure cylinder** [T] 복합증기기관 또는 증기터빈 시스템에서, 고압 또는 중압 실린더에서 배기된 증기를 받는 큰 실린더.

저압증기 **low-pressure steam** [T] 대기압에 가까운 압력의 증기.

저압터빈 **low-pressure turbine** [T] 복합형의 터빈에서는 각각 다단 형으로 된 고압터빈, 중압터빈, 저압터빈 등을 조합시키는 일이 있다. 그 때의 최종 단 터빈을 말한다.

저역통과필터 **low-pass filter** [D] 설정된 주파수보다 낮은 쪽의 주파수의 신호를 통과시키는 필터.

저위교란실험 **low level perturbation test** [M] 상류에 심한 교란이 있을 때의 터빈유량계의 정확도를 확인하는 실험으로, 고위 교란실험보다는 덜 심한 교란이 주어진다.

저유량범위 **partial discharge range, partial capacity range** [P] 최고 효율점보다 작은 토출량의 운전 범위. 과대유량(over capacity range) 참조.

저유량영역 **low flow rate region** [G] 펌프 · 송풍 · 압축기의 최고 효율점보다 적은 유량의 영역.

저층형 저장법 **low-rise** [A] 저장(Storage) 밸브 없이 가지관(Branch line)을 저장 공간으로 사용하는 저층 건물에 사용되는 폐기물 저장방법으로, 가지관 수평부에 저장밸브를 대용의 차단밸브가 설치된다.

저항고온계 **resistance pyrometer** [T] 금속의 전기 저항이 온도와 함께 변하는 것을 이용한 온도계.

저항곡선, 시스템손실곡선 **system loss curve, system head curve** [P,B] 펌프의 실양정에 관로계의 손실헤드를 더한 것과 토출량과의 관계를 나타내는 곡선. 이 곡선과 펌프의 양정곡선과의 교점이 운전점이 된다.

저항온도계 **resistance thermometer** [T] 1) 전기 저항이 온도에 따라서 변화하는 성질을 이용한 측온용의 저항체로, 금속계와 반도체계가 있다. 2) 금속 저항선의 저항치의 변화를 측정하여 온도를 알아내는 것. 측정범위는 −200에서 600℃ 정도까지 정확히 측정할 수 있으며, 온도기록 조절계로서 자동제어에 사용된다.

적분방정식 integral equation [N] 방정식에 하나 이상의 적분항이 포함된 방정식.

적산유량 integrated flow rate [M] 특정 시점부터 유량계를 통해 흘러간 유체의 총 양.

적산회전계 revolution counter [T] 축의 회전수를 적산하여 지시하는 계기. 보통의 웜기어 등의 기어 장치를 사용한다.

적외선 infrared ray [T] 적색보다도 파장이 길고 눈에는 보이지 않는 파. 적외선은 열선이라 불릴 만큼 열적 작용이 강하다. 또 산란율이 작으므로 적외선 사진으로서 야간이나 안개 속의 촬영에 이용된다.

적외선 가스분석기 infrared gas analyzer [T] 적외선으로 가스를 분석하는 기기. 적외선(infrared ray) 참조.

적합성, 매칭 matching [G] 유동계 중에서 직렬 또는 병렬로 배치된 두 개 이상의 요소의 작용에 관한 상호 간의 적합성, 또는 다단압축기의 전단과 후단 또는 압축기와 가스터빈 등의 사이의 적합성에 대해 논할 때에 사용된다.

적합점, 매칭점 matching point [G] 매칭 상태에서의 운전 점. 적합성, 매칭(matching) 참조.

전기고온계 electro pyrometer [T] 전기저항 온도계 또는 전기저항 고온계라고도 한다.

전기적 인터로크 electric interlock [A] 장비의 작동 조건이 정상운전 조건에 만족하지 못하는 경우 장비의 오작동을 방지하기 위해 전기적 방법으로 장비 작동이 중지되도록 연동시키는 것.

전기적 흔들림 electrical runout [G] 회전축의 흔들림 또는 진동의 진폭을 측정하기 위해 와전류를 이용한 비접촉식 진동계를 사용하는 경우, 축의 피측정부 부근의 재료의 편석이나 잔류자기에 의해 진짜 흔들림 외로 전기적인 축 비대칭성이 눈금에 나타나는 경우가 있다. 이 전기적인 비대칭성에 의한 눈금값의 흔들림을 말한다.

전기점성유체 electroviscous liquid [G] 유동에 수직한 방향으로 가해진 전기장에 의해 점도가 크게 변화하지만, 자장에 의해서는 변화하지 않는 액체. 일반적으로 석유계의 기름에 전분(澱粉), 포리마, 실카 분말, 알루미늄 분말 등이 수 g/l의 농도로 분포된 콜로이드상태의 용액이 이에 해당한다. 전기장을 수십 kV/cm 정도의 강도로 가하면 겉보기 점도는 전기장이 없을 때와 비해 수십 배로 된다. 이 액체를 사용하면 가동부분이 없는 유량 제어밸브를 만들 수 있다.

전기집진기 electrostatic precipitator [T] 코로나(corona) 방전을 이용하여 먼지가 함유된 가스 중의 입자에 전하를 주어 대전 입자를 전기적으로 모으는 방식.

전기코팅 electro-coating [T] 정전도장(electrostatic coating)과 같음.

전단, 시어, 전단기 shear [T] 1) 탄성체의 변형에 있어서 형상만이 변화하고

체적은 변화하지 않는 변형작용. 2) 금속판을 절단하는데 사용되는 기계. 보통 윗날과 아랫날이 맞물리면서 그 전단작용으로 금속판을 직선 또는 곡선으로 절단한다.

전단각 shear angle [T] rad,deg 1) 전단력에 의해 일어나는 전단 변형량으로서 처음에 직각 사각형을 이루었던 것이 전단력 방향과 수직으로 된 선에 대해 나타내는 변형각. 2) 전단기로 판금 등을 절단할 때 아랫날에 대한 윗날의 경사각.

전단력 shearing(shear) force [T] N, {kgf} 유체 또는 재료 내의 서로 접근한 두 평행면에 크기는 같으나 반대 방향으로 작용하는 힘. 이 힘의 작용으로 2면 간에 서로 미끄럼 현상을 일으킨다. { } 안은 중력단위.

전단류, 전단유동 shear flow [P,T] 유동에 직각방향으로 속도구배가 존재하는 평행유동. 실제유동에서는 경계층 내부의 유동과 물체 뒤의 후류 등에서 볼 수 있음. 전단류에는 반드시 와도가 존재하므로 이와 같은 유동의 경우 이상유체라고 가정하여도 유동에 수직방향으로 전혜드는 일정하지 않음.

전단속도 rate of shear [G] 1/s 점성을 갖는 유체의 미소부분은 전단응력 때문에 미끄럼 변형을 일으키면서 유동한다. 이것은 속도구배가 있기 때문이며, 유동에 수직한 방향의 속도변화율을 전단속도라고 한다. du/dy로 표시된다. 여기서 u : 유속(m/s), y : 유동에 수직으로 측정된 거리(m). 비뉴턴유체의 유동을 설명하는데 주로 사용된다.

전단속도 shear velocity [N] 마찰속도(friction velocity)와 같은 용어로 사용된다. 보통 난류 속도분포 분석시 무차원 변수를 정의하기 위한 도구로 사용되며 전단속도 u*는 실제속도가 아니라 $u^* = (\tau_0/\rho)^{1/2}$로 값을 구할 수 있다. 이 때 τ_0는 전단응력, ρ는 유체 밀도이다. 마찰속도(friction velocity) 참조.

전단스피닝 shear spinning [T] 맨드릴을 이용하여 축대칭인 구조물을 만드는 과정. 회전 단조와 달리 공정 초기 두께와 최종 두께가 거의 같음.

전단응력 shearing stress, shear stress [T] N/m^2,{kgf/m^2} 전단력이 작용하는 면 안에서 단위 면적 당의 전단력을 의미한다. 이것은 단면에 따라서 접선방향으로 발생하므로 접선 응력이라고도 한다. 전단속도(shear velocity) 참조. { } 안은 중력단위.

전단파손 shear failure [T] 전단하중에 의한 구조물 파손을 의미한다.

전달률 transmissibility [D] 정상상태의 강제진동에서 가진 진폭에 대한 응답진폭의 비 또는 기계에서 발생하는 힘의 크기 F에 대한 기초나 지지구조물에 전달되는 전달력의 크기 F_T의 비를 전달률 T_R라고 한다.

$$T_R = \frac{F_T}{F} = \sqrt{\frac{1+(2\zeta\eta)^2}{(1-\eta^2)^2+(2\zeta\eta)^2}}$$

여기서 η는 가진 진동수 ω에 대한 고유진동수 ω_n의 비인 진동수비 ω/ω_n이다. 감쇠비 ζ (damping ratio 참조)에 관계

없이 $\eta < \sqrt{2}$일 때는 $T_R > 1$이고, $\eta \geq \sqrt{2}$일 때 비로소 $T_R \leq 1$로 된다. 따라서 전달률을 1보다 작게 하기 위해서는 가능한 한 진동수 비를 $\sqrt{2}$보다 크게 해야 되며, 따라서 고유진동수를 낮추는 것이 바람직하다.

전달방정식 transport equation [N] 일반형 미분방정식은 종속변수(일반적 물리량) ϕ에 어떤 물리량을 취함으로써 수송방정식으로 기술될 수 있다. 예로, Navier-Stokes방정식은 일반적 물리량 ϕ에 속도를 취함으로써 얻어지며, 운동량에 대한 수송방정식으로 기술된다. 그렇다면 수송방정식의 각 항의 의미에 대해서 알아보면, 먼저 수송방정식의 확산항(diffusion term)은 확산계수를 Γ로 나타내면 (x, y)방향에 ϕ의 구배에 의한 확산 유속(流束)(또는 확산 플럭스)은 각각 $(-\Gamma\partial\phi/\partial x,\ -\Gamma\partial\phi/\partial y)$로 주어지므로, 이것의 발산(divergence)은

$$\frac{\partial}{\partial x}(\Gamma\frac{\partial\phi}{\partial x})+\frac{\partial}{\partial y}(\Gamma\frac{\partial\phi}{\partial y})$$

으로서 확산항이 표현된다. 또한 대류항(convection term)은 마찬가지로 각 방향의 대류유속(또는 대류플럭스) $(\rho u\phi,\ \rho v\phi)$의 발산으로서 다음과 같이 주어진다.

$$\frac{\partial}{\partial x}(\rho u\phi)+\frac{\partial}{\partial y}(\rho v\phi)$$

이것들에 비정상항과 압력구배 등을 의미하는 생성항 S를 추가함으로써 물리량의 수송방정식이 다음과 같이 얻어진다.

$$\frac{\partial}{\partial t}(\rho\phi)+\frac{\partial}{\partial x}(\rho u\phi)+\frac{\partial}{\partial y}(\rho v\phi)=\frac{\partial}{\partial x}(\Gamma\frac{\partial\phi}{\partial x})+\frac{\partial}{\partial y}(\Gamma\frac{\partial\phi}{\partial y})+S$$

x방향의 운동량방정식은 ϕ대신 속도 u를 대입하면 x방향의 운동량수송방정식이 주어진다. 이때의 확산계수 Γ는 점도 μ이다. 또한 y방향의 운동량방정식은 똑같은 방법으로 속도 v를 이용하여 얻어진다.

$$\frac{\partial}{\partial t}(\rho u)+\frac{\partial}{\partial x}(\rho u^2)+\frac{\partial}{\partial y}(\rho uv)$$
$$=\frac{\partial}{\partial x}(\mu\frac{\partial u}{\partial x})+\frac{\partial}{\partial y}(\mu\frac{\partial u}{\partial y})-\frac{\partial p}{\partial x}$$
$$\frac{\partial}{\partial t}(\rho u)+\frac{\partial}{\partial x}(\rho uv)+\frac{\partial}{\partial y}(\rho v^2)$$
$$=\frac{\partial}{\partial x}(\mu\frac{\partial v}{\partial x})+\frac{\partial}{\partial y}(\mu\frac{\partial v}{\partial y})-\frac{\partial p}{\partial y}$$

전달함수 transfer function [D] 계의 출력(또는 응답)과 입력(또는 가진) 사이의 수학적인 관계로, 통상은 주파수의 복소함수(complex function)로 주어진다.

전도 conduction [T,N] 고체나 액체의 분자, 원자 등이 상호간의 운동을 통해 운동에너지를 전달함으로써 고체나 액체 내부의 열전달이 이루어지는 현상. 예를 들어 금속 막대기의 한 쪽 끝이 뜨거운 물에 담겨져 있다면 시간이 흐른 후, 금속 막대기의 반대편 또한 온도가 올라가게 되는 현상이다. 일반적으로 전도에 의한 열유속(heat flux) q는 물체를 연속매질로 생각하여 경험적으로 다음 식으로 주어진다.

$$q=-\kappa(\partial T/\partial x)\ \ (W/m^2)$$

여기에서, κ : 열전도율(W/(m · K)) {kcal/(h · m · ℃)}, T : 절대온도(K), x : 열이 전달되는 방향의 길이(m). { } 안은 중력단위.

전도모멘트 overturning moment [S] 구조물을 전도시키는 모멘트. 구조물의 기부(基部)에 있어서의 외력 모멘트의 총합이다. 기초의 회전 · 인발(引拔) 등을 검토하는 외력에 해당한다.

전도율 conductivity [T] 도체(導體)의 고유 전기저항 옴(Ohm)의 역수. 기호는 Ω를 거꾸로 표시한 문자(mho)로 나타낸다. 열에 대하여는 열전도율(thermal conductivity)이라 한다. 열전도율(thermal conductivity) 참조.

전도율계 conductivity meter [M] 전도율을 측정하는 계측기.

전동기 제어반 motor control centre (MCC) [A] MCC(Motor control center)는 Motor를 운전함에 있어 전원을 중앙 집중식으로 구성하여 제어 및 보호하기 위한 목적으로 사용되는 시스템.

전동기베이스 motor base [B] 전동기가 설치되는 베이스.

전동밸브 motor operated valve [M] 전동기로 작동하는 밸브.

전동식 진동발생기 electrodynamic vibration generator [D] 일정한 값의 자기장과 적절한 교류전류가 흐르는 가진체의 내부의 전선코일과의 상호작용에 의해 진동력을 유발하는 진동발생기.

전동축계 line shafting [D] 1개 혹은 복수의 축이 조합된 축계. 동력을 구동원에서 개개의 기계에 전달하기 위한 것.

전량여과 방식 dead end filtration [F] 막 여과장치의 운전 조작방법의 하나로, 막 공급수를 순환시키는 것 없이 전량을 여과하는 방식이다. 이것과 대비되는 것으로서는 교차(cross flow)여과 방식이 있다.

전로용 압축기 converter compressor [C] 전로(轉爐)에 공기 또는 산소를 보내어 용선 중의 불순물을 산화시키기는데 사용되는 압축기이며, 압력은 15~25 Pa(약 1.5~2.5 kgf/m^2) 정도의 원심 압축기가 사용된다.

전면 슈라우드, 측판 front shroud [P,B] 원심형 또는 사류형의 펌프, 송풍기, 압축기의 회전차를 형성하는 측벽 중에서 깃에 의해 지지되는 쪽의 측판. 이 측판이 없는 것을 개방형 깃, 있는 것을 밀폐형 깃이라 함.

전부하운전 full load running [T] 펌프, 송풍기, 압축기가 시방점 이외의 점에서 원동기의 출력한도 상태에서 운전되는 것.

전산유체역학(CFD) computational fluid dynamics, CFD [N] 유체역학과 수치해석을 병합시켜 수학적으로 풀기 어려운 비선형 편미분 방정식(nonlinear partial differential equations)들의 근사해를 구하는 학문으로서, 최근 수십년간 컴퓨터의 발달과 더불어 급속히 발전해 온 유체역학의 한 분야이다. 최근 들어 우주항공, 자동차, 생의학, 터보기계 등 여러 산업분야 뿐만 아니라, 열전달, 물질전달, 화학반응 등을 포함한 유체유동 현상의 해석 시 매우 유용한 설계지원 도구로 자리잡고 있다. 또한 환경분야 또는 모든 제조산업 분야에서 주로 발생하는 유체유동 현상에 대한 시뮬레이션(simulation)의 요구가 한층 강화되어 컴퓨터지원공학(computer aided engineering : CAE) 기술 중 중요한 분야의 하나로 인식되고 있다. 전산유체역학은 크게 구분하여 새로운 전산해석 알고리즘을 개발하고 물리적 모델을 세우는 코드 개발의 분야(algorithm development area)와 전산코드를 이용하여 시뮬레이션 결과를 이용 유동특성을 분석하고 최적설계를 진행하는 응용분야(CFD based optimal design area)로 나누어질 수 있다.

전상태, 정체상태 total condition [B] 기체의 흐름이 등엔트로피적으로 제지될 때 얻어지는 상태.

전선관 conduit pipe, conduit tube [T] 배선 보호관(벽이나 땅속에 매립된 관) 또는 가스나 수돗물을 보내는 연(납으로된)관, 경질 비닐관 등을 말한다.

전송기 transmitter [M] 센서로부터 신호를 받아서 이 신호와 일정한 관계를 가지는 출력신호가 나오도록 고안된 장치. 센서로부터 나오는 신호를 전송하는데 적절치 않을 때 사용된다.

전압, 총압력, 정체압력 total pressure [P,B,T] Pa,{kgf/m²} 유동하는 유체의 정압과 동압을 합한 값. 이것은 유체의 흐름을 등(等)엔트로피적으로 정지시켰을 때의 압력과 같다. { } 안은 중력단위.

전압비 total pressure ratio [B] 송출 절대전압과 흡입 절대전압과의 비.

전압이론가스동력 theoretical total pressure gas power [B,G] kW 가스의 압축성을 고려하지 안 해도 될 정도(압력비 1.03 이하)의 압력상승일 경우는 펌프의 경우와 같은 식으로 동력을 구할 수 있다. 송풍기 전압 p_t(N/m²)는 다음 식과 같다. 단, 아래 첨자 t는 전압, s는 정압, d는 동압을 나타내며, 1, 2는 송풍기의 입구와 출구에서의 상태를 나타낸다.

$$p_t = p_{t2} - p_{t1} = (p_{s2} - p_{s1}) + (p_{d2} - p_{d1})$$

유량이 Q_1(m³/s)일 때의 전압이론가스동력 L_t(W)는 다음 식과 같다.

$$L_t = Q_1 p_t = Q_1\{(p_{s2} - p_{s1}) + (p_{d2} - p_{d1})\} \quad [W] \quad \cdots(1)$$

압력에 중력단위의 압력 p′{kgf/m²}을, 유량에 Q′(m³/min)을 사용할 때는 다음 식과 같다.

$$L_t = \frac{Q'_1 p'_t}{6120} = \frac{Q'_1}{6120}\{(p'_{s2} - p'_{s1}) + (p'_{d2} - p'_{d1})\} \quad [kW] \quad \cdots(2)$$

식 (2)의 도출에 관해서는 이론단열동력(theoretical adiabatic power)을 참조. 압력비가 1.03 이상에서 1.07까지의 경우에는 위 식에 해당하는 근사식들은 다음과 같다. 단, P_{s1}(N/m²), P'_{s1} {kgf/m²} 등은 송풍기 입구의 절대정압이며, k는 단열지수 즉, 비열비이다.

$$L_t = Q_1 \left\{ (p_{s2} - p_{s1}) \times \left(1 - \frac{p_{s2} - p_{s1}}{2kp_{s1}}\right) + (p_{d2} - p_{d1}) \right\} \quad [W] \quad \cdots(3)$$

$$L_t = \frac{Q'_1}{6120} \left\{ (p'_{s2} - p'_{s1}) \times \left(1 - \frac{p'_{s2} - p'_{s1}}{2kp'_{s1}}\right) + (p'_{d2} - p'_{d1}) \right\} \quad [kW] \quad \cdots(4)$$

압력비가 1.07 이상의 경우는 이론단열동력 L_{ad}, 이론등온동력 L_{is} 또는 이론폴리트로프동력 L_{pol} 등을 기본 이론동력으로 해야한다. 각각의 동력항을 참조.

전압효율 total pressure efficiency [B, G] 송풍기 · 압축기에서 압축에 의한 기체의 밀도나 온도변화가 크지 않는 경우의 전압이론가스동력 L_t의 실제 축동력 L과의 비율 η_t를 말하며, $\eta_t = (L_t/L) \times 100$으로 표시된다. L_t에 대하여는 비압축성 가스의 동력(incompressible gas power) 중의 전압이론가스동력 참조.

전양정 total head 총 헤드와 같음

전열면적 area of heat transfer, heat transfer area [T] m^2 전열면의 크기. 전열량을 구하는 경우 열유속(熱流束)에 전열면적을 곱한다.

전온도 total temperature [B,T] K,℃ 흐름, 특히 고속 기류 속에 온도계를 넣으면 국부적으로 흐름이 저지됨으로써 흐름이 가지는 운동 에너지가 열에너지로 변환되어 이것이 흐름의 실제 온도 T_o에 더해진 온도가 온도계에 나타난다. 이것을 전온도(T_t)라 한다. 이 에너지의 변환이 단열적으로 이루어진다고 할 때 이 온도를 정체점 온도(stagnation temperature : T_s)라고 한다.

전온프로브 total temperature probe [M] 유동의 멈춤(stagnation) 온도, 즉 전온을 측정하기 위한 계기. 그림 자-2 참조.

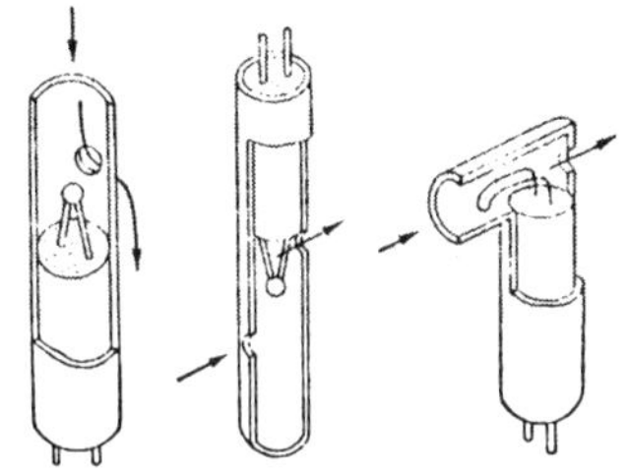

그림 자-2 전온 프로브

전온회복률 recovery percent of total temperature [G] 온도회복계수(temperature recovery factor)와 같음.

전자(電磁)펌프 electromagnetic pump [P] 도전률이 높은 액체금속, 예를 들어 나트륨, 칼륨 등의 이송용으로 사용되며, 기계적으로 움직이는 부분이 없고, 축봉부가 없으므로 누설의 걱정이 없는 특징을 갖는 펌프. 원리는 전동기와 같고, 자장 안에 도체로서의 액체가 있고, 그 안을 자장과 직각방향으로 전류가 흐르면 도체에는 자장과 전류의 방향과 직각방향으로 힘을 받는 것을 이용한 것.

전자기식 진동발생기 electromagnetic vibration generator [D] 전자석(electromagnets)과 자성재료(magnetic material)의 상호작용으로부터 진동력을 유도하는 진동발생기.

전자기유량계 electromagnetic flow meter [T,M] 전도성이 있는 유체유동에 수직으로 자기장을 형성함으로써 유발되는 전자기력으로부터 유량을 산정하도록 고안된 유량계.

전자기유체역학 magnetofluiddynamics [G] 전도성 유체에 작용하는 전자장의 영향을 고려하여 전도성 유체의 유동을 조사하는 유체역학의 분야. 전자장에서 액체가 받는 힘을 고려한 운동방정식, 연속식, 유체의 상태식, 전자장에서의 Maxwell의 방정식과 Ohm의 법칙을 기본으로 하여 해석된다.

전자기유체역학 magnetohydrodynamics [G] 전자기유체역학(magnetofluiddynamics)과 같음.

전자밸브 magnetic valve [A] 온도조절이나 압력조절기 등으로 부터 받은 전류신호에 의해 전자 코일의 전자력을 발생시켜 밸브를 개폐시키는 장치.

전자밸브, 솔레노이드밸브 solenoid valve [A,P] 온도조절이나 압력조절기 등으로부터 받은 전류신호로 전자코일의 전자력을 발생시켜 밸브를 개폐하는 장치(Magnetic valve와 동일함).

전자조정 장치 electronic control unit (ECU) [T] 마이크로 컴퓨터를 사용하여 운전조건, 외부기온 등과 함께 엔진의 출력, 운전상태 등이 최적상태가 되도록 종합적으로 제어하는 것. 자동차 엔진에서는 배기가스를 깨끗하게 하면서 연비도 좋게 하고, 또한 운전성능을 손상시키지 않는다는 서로 용납되지 않는 목표가 달성되어 가고 있다.

전전압 기동법 method of full voltage starting [G] 소형의 모터의 경우 시동전류가 작기 때문에 시(기)동기 없이 직접 스위치를 넣어서 기동하는 방식.

전진형 스위프 sweep forward [C] 스위프(sweep) 설명의 (2) 참조.

전처리 preprocessing [N] 어떤 유동 현상을 해석하기 위해 특정한 좌표계에서 격자를 생성하는 과정.

전처리 pre-treatment [F] 막의 보호 및 오염의 제어를 목적으로 막 여과 설비의 전단에서 행하는 전처리 공정. 전처리로서는 협잡물을 제거하기 위한 스크린, 프리필터나 스트레이너 등, 여과성능 향상 등을 위한 응집제 주입, 혹은 살조(殺藻), 막에의 유기물 부착방지, 철·망간 등의 산화를 위한 염소제의 주입 등이 있다.

전파속도 velocity of propagation [G] m/s 탄성파가 매체 중을 전파하는 속도. 보통 a로 표시된다. 매체의 밀도를 ρ(kg/m^3){kgf · s^2/m^4}라고 하고, 매체가 탄성체인 경우는 세로탄성률 K(N/m^2){kgf/m^2}를 사용하면, 세로진행파의 /a(m/s)는 다음 식으로 표시된다.

$$a = \sqrt{K/\rho}$$

지금 탄성체가 액주(液柱)나 공기주(空氣柱)의 경우로서, 등온변화하는 경우는 K=p(p : 압력), 단열변화의 경우는 K=κp(κ : 단열지수)이다. 음속(velocity of sound) 참조. { } 안은 중력단위.

전폭위어 suppressed weir [M] 사각 위어의 양측의 노치를 없애고 양측의 벽면에 일치시킨 위어. 위어 중에서도 가장 대 유량측정용에 적합하다.

전해가공 electrochemical machining [T] 공구를 음극, 공작물을 양극으로 하고, 이 사이에 전해액을 유입시켜 대전류(大電流) 밀도로 공작물을 가공하는 것.

전향각, 처짐각 deflection angle [B,D] rad,deg 1) 전향각 : 익렬유동에 있어서 유입각 a_1에서 유출각 a_2를 뺀 각 $a_2 - a_1$을 의미한다(부도 B-3 참조). 2) 처짐각 : 탄성 보에 하중이 작용하여 휨이 발생하였을 때, 일정한 기준에 대하여 탄성곡선의 기울기나 경사를 나타내는 각.

전환기(유동의), 전환밸브 diverter [M] 유동의 질량측정법이나 부피측정법에 의한 유량측정 시에 유량의 변화 없이 유체의 방향을 탱크 혹은 바이패스 관으로 급전환 시켜 주도록 고안된 장치.

전환밸브 Pipe Diverter Valve (PDV) [A] 단일 관로를 이용하여 2 종류 이상의 폐기물을 수거할 경우 집하장 내에서 수거 폐기물 종류에 따라 연결 방향을 전환하는 장치.(두 종류 또는 세 종류로 분리)

절, 마디 node [D] 진동에 있어서 정상진동 또는 정상파(定常波)에 있어서 변위가 영 또는 극소가 되는 곳. 진동의 복(腹)에 대비되는 말이다.

절단염 cutting flame [T] 강재를 절단할 때 사용하는 화염.

절단오차 truncation error [N] 원래의 미분 방적식과 이산화 방정식 사이의 차이를 나타내는 오차로서 시간 공간 격자 간격의 차수로 그 정도를 나타낸다. 보통 테일러(Taylor)급수 전개를 통해 그 크기를 구해질 수 있다.

절대 값 absolute value [D] 실수 X의 절대치 |X|는 X>0에서 X, X<0에서 −X. 또 복소수 Z(=X+iY)의 절대치는 $|Z| = (X^2 + Y^2)^{1/2}$이다.

절대단위계 absolute unit system [G] 차원(dimension)참조.

절대속도 absolute velocity [P,B,T] m/s 고정 좌표계에서 측정된 속도.

절대습도 absolute humidity [T] g/m^3, {kgf/m^3} $1m^3$의 공기 속에 포함되어 있는 수증기를 질량 g(gram)으로 표시한 것이며, 그 습도에서의 포화수증기의 질량(g)과의 비율을 백분율로 나타낸 것이 상대습도이다. { } 안은 중력단위.

절대습도 humidity ratio [T] 습공기 속의 수분과 건조한 공기와의 중량 혼합비율.

절대압력 absolute pressure [T,M] Pa, {kgf/m^2} 완전진공상태를 기준으로 하여 측정된 압력. 절대압력 = 계기압력 + 대기압력. { } 안은 중력단위.

절대압력 ata [M] Pa,{kgf/m^2} 절대압력(absolute pressure)과 같음. { } 안은 중력단위.

절대온도 absolute temperature [T] K, ℃ −273℃를 기준온도로 하여 나타낸 온도. 보통 K(Kelvin)로 나타낸다. 그러

므로 0℃는 절대 온도 273K에 해당한다.

절대유입속도 absolute inlet velocity [G] m/s 펌프나 수차의 회전차 또는 런너의 입구에서의 절대속도. 속도삼각형 참조.

절대유출속도 absolute outlet velocity [G] m/s 펌프나 수차의 회전차 또는 런너의 출구에서의 절대속도. 속도 삼각형 참조.

절대점도 absolute viscosity [M] Pa · s,{kgf · s/m^2} 유체의 점도를 나타내는 수치. 일반적으로 점성계수를 동점성계수와 구별하여 부르기 위해 사용된다. { } 안은 중력단위.

절선, 마디선 nodal line [D] 요소로 분할된 계산영역에서 절점에 따라 연결된 선.

절연 insulation [T] 전기 또는 열의 부도체로 둘러싸는 것.

절연장치, 절연체 isolator [D] 1) 전기 전열체. 2) 고주파의 전자에너지나 신호를 전송할 때 한쪽 방향에는 거의 감쇠가 없고, 그 반대방향에는 감쇠가 큰 비가역 전송회로소자. 3) 진동과 충격 모두 또는 그 중 하나의 전달을 방지하는 기능을 가지는 탄성적인 지지장치. 절연체에는 탄성체 부재(resilient member) 대신에 또는 탄성체 부재에 첨가하여, 붕괴식 부품(collapsible parts), 서보기구 혹은 다른 장치들이 포함되는 것이 있다.

절연체 insulator [T] 절연체, 절연물, 부도체, 전기 또는 열을 통과(전도)하지 않는 물질. 전기의 절연체는 에보나이트, 유리, 운모, 고무, 유황 등이며, 열의 절연체는 코르크, 발포스티렌, 자기 등이다.

절연플랜지 insulating flange [A] 연결된 배관을 통해 전기 또는 열이 통하지 않도록 접속부에 부도체, 절연체 또는 절연물 등으로처리된 플랜지

절점, 마디점 nodal point [D] 절(節)의 위치를 가리키는 점. 절(node) 참조.

절현비 pitch-chord ratio [P,B] 피치와 익현 길이의 비. 절현비의 역수는 "설리디티(solidity)"라고 부른다.

점 흡수식 파력발전장치 point absorber [S] 주 파장(wavelength)에 비해 파력발전 장치의 수평방향 폭이 매우 짧은 형태의 장치이며, 입사파(incidence wave)의 방향에 관계없이 파(wave) 에너지를 흡수할 수 있다.

점검 덮개 hand hole cover, manhole cover [P] 펌프 내부를 점검하기 위해 설치된 덮개.

점도계 viscometer, viscosimeter [T] 액체의 점성계수를 측정하는 계기(計器). 이것에는 다음과 같은 것이 있다. ① 레드우드(Redwood) 점도계 : 일정한 온도에서 기름 50cc가 밑바닥의 작은 구멍으로부터 유출하는데 소요된 초수(秒數)로 점도를 나타낸다. ② 세이볼트 점도계 : 일정한 온도에서 60cc의 기름이 밑바닥의 작은 구멍을 유출하는데 소요된 초 수로 점도를 나타낸다. ③ 엔글러 점도계 : 유럽 등지에서 사용되고 있는 점도계. 엔글러 점도계(Engler viscometer) 참조. ④ 오스트월드 점도계 : 유리로 된 구부(球部)에 흡입된 액체가 2선 간을 통과하는데 소요되는 시간을 재어 점도를 측정한다.

점도지수 viscosity index, V.I. [M] 온도에 의한 기름의 점도변화율의 크고 작음을 나타내는 목표치. V.I.라는 약자로 나타내는 경우가 많다. 210°F(98.5℃)에서 공시유(供試油)와 같은 점도가 되는 걸프코스트계 기름(점도변화가 특히 큼)과 펜실바니아계 기름(점도변화가 특히 적음)의 100°F(37.7℃)에서의 세이볼트 유니버설점도(S.U.S.)를 L, H로 나타내고, 공시유의 100°F에서의 S.U.S.를 U로 나타내면,

$$V.I.=\{(L-U)/(L-H)\}\times 100$$

으로 표시된다. 보통의 기름은 0~100 사이의 값을 가진다.

점부식 pitting, pitting corrosion [P] 국부적 또는 점 모양으로 일어난 침식 또는 부식.

점성, 점도 viscosity [P,T] Pa · s,{kgf · s/m²} 유동을 방해하는 성질을 점성이라고 한다. 점성의 크기는 점성계수로 나타내며, 기호 μ를 사용한다. 단위는 프아즈 P(Poise). 1 P=1 g/(cm · s) =0.1 Pa · s. 점성계수 μ를 밀도 ρ로 나눈 것을 ν로 나타내며, 이것을 동점성계수라고 한다. 즉, $\nu=\mu/\rho(m^2/s)$. { } 안은 중력단위.

점성감쇠 viscous damping [D] 진동계의 요소 또는 그 일부가 요소의 속도에 비례하는 크기와 속도의 방향과 반대방향의 힘에 의해 저항을 받을 때 발생하는 에너지의 소산. 여기서 속도란 점성매체에 대한 요소의 상대속도이다. 일반적으로 점성유체 중에서 물체가 낮은 속도로 운동하거나, 자동차의 충격흡진기(dashpot)와 같이 점성유체가 좁은 유로를 통과할 때 발생하는 저항력은 운동의 상대속도에 비례한다.

점성감쇠계수 viscous damping coefficient [D] 감쇠력의 속도에 대한 비. 선형점성감쇠의 경우, 진동속도 dx/dt에 대한 감쇠력의 비로써, 감쇠기의 단위속도 당의 감쇠력을 c라 하면 감쇠기의 감쇠력은 −cdx/dt로 표시된다. 이때 c를 점성감쇠계수라 한다.

점성계수 coefficient of viscosity [P,T] Pa · s,{kgf · s/m²} 점도와 같음.

점성유동, 점성류 viscous flow [P,T] 유동상태를 정하는 제 인자 중에 유체점성의 영향이 크고, 점성에 의한 전단력에 의해 유동이 거의 결정되는 유동. 점도가 큰 유체유동이나 유속이 작은 유동이 이에 해당하며, 관성력의 영향은 작다. 즉, 점성이 고려된 실제 유체 유동.

점성유체 viscous fluid [T] 점성이 0이 아닌 실제 유체. 이에 대해 점도를 0이라고 가정한 유체를 비점성유체라고 한다.

점성저층 viscous sublayer [T] 속도 경계층 내에서 벽면에 접하는 매우 얇은 층에서의 유체 흐름은 거의 층류이며 벽면을 따라 흐른다. 이 얇은 층을 점성저층이라고 한다. 층류에 가까우므로 층류저층이라고도 한다.

점순법 point-by-point method [N] Gauss-Seidel 반복법에서처럼 2차원 평면에 퍼져있는 점들을 정해진 순서대로 값을 계속적으로 갱신하는 것으로써 GS와는 달리 항시 이미 갱신된 주변점의 값들이 아닌 이전 시간 단계의 값들을 사용한다는데 차이가 있다.

점착조건 no-slip condition [G] 물체표면의 유체가 물체표면에 부착하고 있다는 조건. 물체표면을 따라 흐르는 물체표면의 유체는 물체표면에 부착하면서 물체와 함께 움직인다. 따라서 유동해석을 할 때 유체가 물체표면에 부착하고 있다는 조건을 만족해야 한다.

점탄성유체 visco-elasticity fluid [M] 점성적 거동과 탄성적 거동의 양쪽을 나타내는 비뉴턴유체. 거의 모든 고분자물질의 융액 및 용액은 많든 적든 점탄성적인 성질을 가지며, 이에 속하는 액체는 많다. 전단응력은 미끄럼속도와 내부변형율과의 함수로 표시된다. 점탄성유체는 비뉴턴유체 중에서 가장 복잡한 거동을 나타내며, 뉴턴유체에서는 볼 수 없는 현상을 나타낸다.

점화, 착화, 발화 ignition [T] 1) 내연기관에서 연료, 공기의 혼합기에 불을 붙여 연소를 시키는 것. 2) 연료를 공기 또는 산소와 함께 가열하면 어느 온도에서 점화를 하지 않아도 연소하기 시작하는 현상을 착화라고 하고, 착화하기 시작하는 온도를 착화온도 또는 발화온도 발화점이라고 한다.

점화기 igniter [T] 가솔린 기관용으로는 전기 점화기, 디젤 기관 시동용으로는 가열선 점화기, 가스 터빈 시동용으로는 전기 불꽃, 가열선 또는 토치 식 등이 있다.

점화영역, 착화영역 ignition zone [T] 연료를 공기 또는 산소와 함께 가열하면 어느 온도에서 점화를 하지 않아도 연소하기 시작한다. 이 현상을 착화라고 하고, 착화하기 시작하는 온도를 착화온도, 연소하고 있는 영역을 점화영역이라 한다.

점화온도, 착화온도, 발화온도 ignition temperature [T] 가연성 혼합 기체가 자기 착화하는 최저 온도 또는 공기 중에 두어진 고체가 착화하는 최저의 고체의 온도를 착화 온도 또는 점화 온도라고 한다.

점화지연, 착화지연, 발화지연 ignition delay [T] 디젤 기관에서 압축된 고온 공기 속에 연료를 분사하더라도 즉시 점화되지 않고 폭발이 일어나기까지는 약간 지연되는 현상.

점화토치 pilot torch [T] 연소버너를 점화하기 위한 발염램프.

접선, 정접 tangent [T] 1) 어느 점 P에서의 곡선의 접선은 P와 곡선 상의 동점(動点) Q를 통과하는 직선의 점 Q를 점 P에 접근시켰을 때의 극한에서의 직선. 2) 정현함수와 여현함수의 비인 함수.

접선력 tangential force [T] N,{kgf} 곡선 상에 그려진 접선방향으로 작용하는 힘 또는 힘의 성분. { } 안은 중력단위.

접선속도 tangential velocity [B,T] m/s 물체가 곡선 운동을 하는 경우에, 그 물체의 임의의 한 점에서 속도의 접선 방향의 분속도.

접수주변 wetted perimeter [G] 관로 또는 개수로에서의 유동에서 주류에 직각인 단면 상에서 액체와 접하고 있는 주변 길이를 말함. 예를 들면 액체가 안지름 d인 원관을 채워서 흐르는 경우의 접수주변 길이는 πd, 두 변이 a, b인 직사각형 단면의 관을 채워서 유동할 때는 2(a+b)로 주어진다.

접수주위, 퍼리미터 perimeter [T] m 유체통로에서 유체가 통로와 접하고 있는 단면 상의 접촉길이. 수력평균깊이를 구할 때 사용된다.

접촉각 angle of contact [T] rad,deg 걸침 전동에서 벨트와 벨트 차 또는 체인과 체인 차가 접촉하고 있는 부분이 차의 중심으로 뻗는 각도. 벨트 전동일 경우 걸침 중심각을 크게 함으로써 미끄럼 손실을 적게 할 수 있다.

접촉선 line of contact [T] 박리선(line of separation)과 같음.

접촉열저항 thermal contact resistance [T] K · s/J,{℃ · s/kcal} 두 개의 표면이 서로 압착될 때 골(valleys)은 공기로 채워진 공극(void)을 형성하게 된다. 결과적으로 접촉면은 공기의 작은 열전도도로 인해 단열 작용을 하는 여러 크기의 많은 공극(void)을 가지게 되므로 접촉면에서 열전달을 저하시키는 열 저항을 나타낸다. 이러한 접촉면의 단위면적당 열 저항을 열 접촉저항이라 한다. { } 안은 중력단위.

접촉진동 friction whip, friction whipping [D] 회전체가 래버린스나 케이싱 등의 정지체와 접촉하였을 때 발생하는 극심한 진동. 회전축계의 고유진동수에 가깝고, 휘들리는 방향은 회전방향과 반대로 나타난다. 접촉진동(rubbing vibration) 참조.

접촉진동 rubbing vibration [D] 과도한 진동에 의해 회전부와 정지부가 접촉(rubbing)하는 것에 의해 발생하는 진동으로, 진동수는 헐거움(looseness)의 경우와 같은 6 kHz 정도의 고주파수 성분의 진동과 분수차수성분의 진동이 발생한다. 특히 접촉하는 동안의 회전축계의 강성계수는 증가하고, 그 결과 고유진동수가 변화하여 분수조화공진이 발생한다.

정 등가하중 static equivalent load [T] 구름 베어링에 있어서 실제로 하중을 가했을 때 생기는 최대 영구 변형량과 같은 양만큼의 변형량을, 최대 응력을 받는 볼(ball) 또는 롤(roll)과 궤도륜(이너레이스 또는 아우터레이스)과의 접촉부에 생기게 하는 방향과 크기가 일정한 정지 하중을 말한다.

정격 rating [G] 기계를 적정한 상태로 작동시키는데 필요한 기본조건. 정격출력(rated output) 참조.

정격출력 rated output(power) [T,S] kW,{PS} 1) 기계에서 지정된 연속사용 보증 최대출력. 전동기의 경우에 흔히 사용된다. 정격출력을 넘는 경우를 과부하라고 한다. { } 안은 중력단위. 2) 해양에너지 발전장치가 특정 조류속도 및 운전조건에서 발생하는 전 출력이다. 정격출력이 1000 kW인 특정터빈은 시간당 1000 kWh의 최대 출력을 발생한다.

정규모드 normal mode [D] 비감쇠 기계계의 고유모드(natural mode). 계의 운동은 관여하는 각각의 정규모드의 기여의 합으로 구성된다. 고유모드(eigen mode), 특성모드(characteristic mode) 및 고유모드(natural mode)의 용어는 비감쇠계의 경우 정규모드와 같은 의미를 가진다.

정규분포 normal distribution [T] 시료의 수를 무한정으로 많이 하고, 또한 분할 폭을 한없이 작게 하면 분포 곡선은 차츰 완만한 선을 그리게 되고, 이 분포가 평균을 중심으로 좌우 대칭을 이루게 되는데, 이 때의 분포를 말한다.

정규좌표 normal coordinates [T] 두 좌표축이 직각을 이루는 좌표축의 좌표.

정규진동형, 진동 정규모드 normal mode of vibration [D] r 자유도의 진동계의 진동수 방정식은 보통 각 진동수에 대하여 r개의 근이 있고, 이들 근에 대한 진동의 형상을 주진동형 또는 정규진동형이라고 한다. 정규모드(normal mode) 참조.

정기보수 periodical repair [T] 일정한 기간마다 정기적으로 실시하는 보수. 정비주기(period of maintenance) 참조.

정기블로다운 periodic blow down [T] 정기적으로 공기압을 이용하여 프로세스용기, 저장용기 혹은 배관계에서 부착된 액체 또는 고체를 제거하는 것.

정량분석 quantitative analysis [T] 시료 중에 포함되는 물질의 양적 관계를 명백히 하는 분석. 이 분석은 특정한 물질과의 양적 관계를 알고 있고 또한 물리량의 측정이 가능할 때 가능하다.

정렬격자 structured grid [N] 정렬격자는 순차적으로 연속해서 형성된 정렬조직 들로 이루어져 있으며, 동일한 형태의 격자구성을 말한다. 격자의 위치는 좌표선 상에서 각각 독립적으로 구별할 수 있다. 비정렬격자와는 달리 격자사이의 순서가 명확하므로 고차 공간 정확도 기법 적용이 용이하다.

정류기 rectifier [B,G] 유로 내의 유동을 균일화 하는 장치. 보통은 정류격자나 철망 등이 적절히 사용된다.

정류망 wire screen [P] 관로 내의 유동의 속도분포를 균일화 하기 위해 관내에 유동과 직각으로 삽입되는 철망.

정류벽 straightening vane [P] 수로의 흡입 수조 등에서 물의 흐름이 균일화 되도록 설치하는 벽. 부도 P-31 참조.

정류자 모터 commutator motor [G] 유도전동기로서 시동 토크를 크게 하기 위해서 정류자(整流子)를 가진 전동기.

정류판(펌프의), 와류방지 판, 배플, 격벽 baffle, whirl-stop [P] 예선회를 제한할 목적으로 설치된 판 모양의 부분.

정류판, 와류방지판, 격벽(배플) whirl stop, splitter plate, baffle [P,B] 와류방지판(splitter plate)과 같음.

정미추력 net thrust [T] N,{kgf} 추력 중에서 목적 이외로 소모되는 여러 가지 추력을 제하고 남은 추력. { } 안은 중력단위.

정밀도 precision [T,M] 정확도를 말하는 경우와 정밀도를 말하는 경우가 있어서 혼용되고 있다. 전자는 일정한 조건에서 여러 번 측정된 측정치의 오차가 작은 정도를 나타내고, 후자는 측정값의 산포도가 작은 정도를 나타낸다. 대개는 전자의 의미로 사용한다.

정밀도, 정확도, 정확성 accuracy [T] 측정값의 오차가 적은 정도.

정밀여과 막 microfiltration membrane, membrane filter [F] 정밀여과법에 이용되는 막으로, MF막 혹은 Membrane filter라고도 함. 재질로서 유기막에는 셀룰로오스계(초산 셀룰로오스 등) 및 합성수지계(polysulfone, polyethylene, polypropylene, polyacrylonitrile 등), 무기막에는 세라믹계(산화 알루미늄, 산화 지르코늄 등)가 있다. 제조방법으로는 유기막의 경우 연신법, 상전환법 등이, 무기막의 경우 소결법이 주된 법이다. 막의 구조는 대칭의 것과 비대칭의 것이 있다. 공경은 0.01㎛에서 10㎛정도, 막기능으로서는 분리, 정제, 농축, 회수, 제균 등이 있다. 모듈 종류로서 유기막에는 관형, 스파이럴형, 중공사형, 병풍(pleated)형 등이, 무기막에는 단일체(monolith)형, 관형 등이 있다. 입경 0.01㎛이상의 영역을 분리대상으로 하여, 분리성능은 공칭공경으로 나타낸다. 조작압역은 −60 kPa에서 200 kPa 정도이다. 각종화학품, 의약품, 식품 등의 제조 프로세스에서 농축, 정제 등에 이용되고, 수처리에서는 초순주 제조, 폐액·배수처리, 배수재 이용, 가정용 정수기 등에 이용되고 있다. 수도에서의 제거대상은 현탁물질, 톨로이드, 세균, 균류 등이 있다.

정변위 유압모터 constant stroke oil-hydraulic motor [P,G] 사판식 유압모터는 사판에 의해 피스톤 스트로크를 발생시키는 것이며, 이것에는 사판이 고정된 정변위 유압모터와 사판의 기울기가 가변으로 된 가변위 유압모터가 있다.

정비시간 maintenance time [T] s(hr) 정비란 기계설비 등의 기능의 유지, 보전, 정비 등을 말하며, 기기의 작동상태가 최상의 상태를 유지할 수 있도록 일정기간의 간격을 두고 점검, 정비하는 작업기간을 말한다. 보수주기(period of maintenance work) 참조.

정비주기 period of maintenance work [T] 기기의 작동상태를 최상의 상태로 유지할 수 있도록 일정기간의 간격을 두고 주기적으로 점검, 정비하는 시기를 말한다.

정상(正常)유동 ordinary flow [G] 개수로 내의 유동에서 수면으로부터 수로 바닥까지의 깊이가 충분히 있고, 평균 유속이 임계속도보다 작은 유동. 보통 볼 수 있는 유동이며, 유속이 파도의 진행속도(임계속도와 같다)보다 느리므로 하류에서 발생한 영향은 상류까지 전달된다. 사류(jet flow), 수력도약(hydraulic jump) 참조.

정상상태 steady state [T] 운동 상태가 시간의 흐름과 더불어 변화하지 않는 상태에 있는 것. 유체나 열전도 등의 경우에는 이것을 정상류(定常流)라고 한다. 기계나 장치의 성능 시험은 일반적으로 정상 상태에서 행하여져야 한다.

정상상태열전달 steady-state heat transfer [T] 시간이 변함에 따라 온도, 열 유속, 재료 혹은 유체의 특성이 변화하지 않는 열전달.

정상유동, 정상류 steady flow [P,T] 유동상태가 시간에 따라서 변화하지 않는 흐름. 이 경우 속도, 압력, 밀도 등은 공간만의 함수로 주어짐.

정상진동 steady state vibration [D] 진동의 진폭과 진동수가 어느 시간 t와 주기 T의 n배인 nT를 더한 시간 t+nT에서 항상 동일한 값을 가지는 진동으로 비감쇠 자유진동(undamped free vibration), 일정한 주기의 외력을 받는 기계의 강제진동 및 일정 회전속도의 회전기계에서의 불평형 진동(unbalanced vibration) 등은 정상진동(定常振動)의 예이다.

정성분석 qualitative analysis [T] 화학분석의 하나로, 물질이 어떤 성분, 즉 어떤 원소, 기(基) 또는 근(根)으로 되어 있는 가를 검출하는 분석법. 각각 특유한 화학 반응을 일으키거나 특유한 물리적 성질을 지니고 있으므로 그 특성을 이용하여 분석한다.

정수압 hydrostatic pressure [G] Pa, {kgf/m^2} 유체가 정지하고 있을 때 중력과 같은 보존력의 작용에 의해 나타나는 압력. 유체의 깊이에 따라 나타나는 압력이 바로 그런 것이다. 유수압과 비교 참조.

정압 static pressure [T,M] Pa,{kgf/m^2} 1) 유동에 평행한 면에 수직으로 작용하는 유체압력. 단순히 압력이라고도 한다. 2) 송풍기 등에서 정압이라고 부르는 경우는 송풍기 전압에서 토출구의 동압을 뺀 값을 말한다. { } 안은 중력단위.

정압공 static pressure tap [G] 압력이 걸린 유체로 채워진 파이프 또는 용기의 벽에 수직으로 뚫린 작은 구멍. 정압을 측정하기 위한 압력검지소자에 접속하기 위한 구멍.

정압관 static tube [B] 기체 중에 넣어서 기체의 정압을 측정하는 기구.

정압베어링 hydrostatic bearing [G] 기체의 정압을 이용하는 베어링. 동압베어링과 대비되는 용어이다. 교축형, 무교축형, 다공 슬리브형 등이 있다. 동압베어링에 비해 부하능력은 높지만 자려진동을 일으키기 쉽다. 큰 지름의 것에 사용된다.

정압비 static pressure ratio [B] 토출 절대정압과 흡입 절대정압과의 비.

정압비열 specific heat at constant pressure [T] J/(kg · K),{kcal/(kgf · ℃)} 정지 상태에 있는 기체가 일정한 압력 하에서의 상태로 열량을 흡수할 때는 그 열량의 일부는 기체 팽창용으로 사용된다. 이 때의 비열을 정압 비열이라고 한다. { } 안은 중력단위.

정압사이클 constant pressure cycle [T] 일정한 압력 하에서의 연소로 정압 가열시키는 열기관의 사이클.

정압선, 등압선 constant-pressureline [T] 압력이 같은 점을 연결한 곡선.

정압여과 방식 constant pressure filtration [F] 막 공급수 차압을 일정하게 유지하여 여과하는 방식. 압력을 일정하게 하는 방법으로서는 막의 유입수 측에는 정양정 펌프나 압력 조정기구를 설치하거나, 여과수측에는 진공펌프 등을 설치하여 여과한다. 정압 여과 방식에서의 막 여과 유속은 막의 막힘에 따라 저하한다.

정압이론가스동력 theoretical static pressure gas power [B,G] kW 송풍기가 가스에 부가한 정압을 기준으로 동력을 구한 것. 송풍기 정압은 송풍기에 의해 가스에 부가된 전압(total pressure) p_t(N/m^2)에서 송출구의 동압 p_{d2}(N/m^2)을 뺀 것이며, 이를 송풍기 정압 p_s라 한다. 즉, 다음 식과 같다. 단, 기호에서 아래 첨자 t는 전압, s는 정압, d는 동압을, 1, 2는 송풍기 입구와 출구에서의 상태를 나타낸다.

$$p_s = p_t - p_{d2}$$
$$= (p_{s2} - p_{s1}) + (p_{d2} - p_{d1}) - p_{d2}$$
$$= (p_{s2} - p_{s1}) - p_{d1}$$

가스의 압축성을 고려하지 안 해도 될 정도(압력비 1.03 이하)의 압력상승의 경우는 펌프의 경우와 같이하여 동력을 구할 수 있다. 유량이 Q_1(m^3/s)일 때의 정압이론가스동력 L_s는 다음 식과 같다.

$$L_s = Q_1 p_s = Q_1\{(p_{s2} - p_{s1}) - p_{d1}\} \quad [W] \quad \cdots(1)$$

압력에 중력단위의 압력 p′{kgf/m^2}, 유량에 Q′(m^3/min)을 사용했을 때는 다음 식과 같다.

$$L_s = \frac{Q'_1 p'_s}{6120}$$
$$= \frac{Q'_1}{6120}\{(p'_{s2} - p'_{s1}) - p'_{d1}\} \quad [kW] \quad \cdots(2)$$

중력단위의 L_s 식의 도출에 대하여는 이론단열동력(theoretical adiabatic power)을 참조. 압력비가 1.03 이상에서 1.07이하의 경우는 위 식에 해당하는 근사식들은 다음과 같다. 단, p_{s1}(N/m^2), p'_{s1} {kgf/m^2}은 송풍기 입구의 절대정압의 SI 단위와 중력단위의 값들이며, k는 단열지수(비열비)이다.

$$L_s = Q_1\left\{(p_{s2} - p_{s1}) \times \left(1 - \frac{p_{s2} - p_{s1}}{2kp_{s1}}\right) - p_{d1}\right\} \quad [W] \quad \cdots(3)$$

$$L_s = \frac{Q'_1 p'_s}{6120} = \frac{Q'_1}{6120}\{(p'_{s2} - p'_{s1}) - p'_{d1}\} \quad [kW] \quad \cdots(4)$$

압력비가 1.07이상의 경우는 입구전압과 출구전압에서 동압은 무시할 수 있다고 하고, 압축방식에 따라 이론단열동력 L_{ad}, 이론등온동력 L_{is} 또는 이론폴리트로프동력 L_{pol} 등으로 가정하여 이들의 이론동력 식에 따라 구한다. 각각의 동력항을 참조.

정압효율 static pressure efficiency [B,G] 송풍기 · 압축기에서 압축에 의한 기체의 밀도나 온도변화가 크지 않는 경우의 정압이론가스동력 L_s의 실제 축동력 L과의 비율 η_s를 말하며, $\eta_s=(L_s/L)\times 100$으로 표시된다. L_s에 대하여는 비압축성의 가스 동력(incompressible gas power) 중의 정압이론가스동력 참조.

정온도, 정적온도 static temperature [B,T] K,℃ 기체가 유동하고 있는 상태에서의 온도. 따라서 정온도를 측정하기 위해서는 온도계를 기체의 유선에 따라 기체와 같은 속도로 움직여 주어야 한다.

정유량 여과방식 constant flow filtration [F] 막의 여과 유량을 일정하게 여과하는 방식. 정량 펌프나 정유량계를 이용하여 여과수량을 일정하게 유지해서 여과한다. 여과를 계속하면 막의 막힘, 막오염에 의해 여과저항이 상승한다. 따라서 유입수측 압력을 증가시키는 등의 조작을 통해 막의 차압을 상승시킬 필요가 있다.

정익, 고정익 stationary vane, stator vane [B,T] 정지 깃(stationary blade)과 같음.

정익가변제어, 정지(靜止)깃제어 stator blade control [B] 축류송풍기 및 압축기에서 가변정지 깃으로 압력 또는 가스량을 제어하는 것.

정익제어형 stator blade control type [B] 축류송풍기 또는 축류압축기에서 가변 정익의 구조의 형식.

정적변화 constant-volume change [T] 일정체적 하에서의 기체의 상태변화. 이상기체의 압력을 p, 온도를 T라고 하면 p/T=const로 표시된다.

정적비열 specific heat at constant volume [T] J/(kg · K),{kcal/(kgf · ℃)} 기체를 일정한 용적 하에서 상태변화를 시킬 때의 비열. { } 안은 중력단위.

정적사이클 constant-volume cycle [T] 오토사이클(Otto cycle)과 같으며, 단열, 압축, 폭발, 단열 팽창, 배기 행정으로 구성되어 있다.

정적선 constant-volume line [T] 압력-용적 선도 또는 온도-엔트로피 선도에서 용적이 일정함을 가리키는 곡선.

정적안정 static stability [D] 역학상의 안정을 논하는 경우, 물체의 운동의 시간적 추이에 대하여 논하는 동적안정과 물체의 정적 평형상태 만에 대하여 논하는 정적인 안정이 있다. 정적평형상태 A에 있는 물체에 어떤 변동을 가하여 그 평형상태에서 조금 떨어진 다른 평형상태 B에 있게 하였을 때, 만약 원래의 평형상태로 되돌아가려는 복원력 또는 복원 모멘트가 발생한다면 평형상태 A를 가리켜 정적안정 또는 정적 안정평형상태라고 한다.

정적연성 static coupling [D] 한 계에서의 응답이 다른 계로부터 얼마나 영향을 받는가를 나타내는데 사용되는 일반적 용어.

정적열량계, 봄베열량계 constant-volume calorimeter, bomb calorimeter [T] 석탄 등의 고체 연소열을 계측하는 열량계.

정적평형 static balance, balancing [D] 강성회전체(rigid rotor)에서 그 중

심이 회전축 상에 있을 때, 회전체는 평형(또는 균형)의 상태에 있다고 한다. 또 회전체의 중심을 지나는 관성주축 중의 한 개가 회전축에 일치할 경우, 회전체는 동적 평형의 상태에 있다고 한다. 동적 평형의 조건은 정적 평형의 조건을 포함하고 있으며, 이것을 만족하고 있으면 회전 시 회전체 질량에 의한 원심력은 평형상태를 이루며 베어링에 교번적인 하중을 미치지 않는다. 특히 회전축에 정확히 직각으로 원판 1개가 부착되어 있는 회전체의 경우 정적 평형이 만족되어 있으면 베어링에 변동하중을 미치지는 않는다.

정적흡입높이 static suction head [P] m 흡입액면으로부터 측정된 펌프 기준면까지의 높이. 펌프 기준면이 흡입 액면보다 위에 있을 때에는 양(+), 아래에 있을 때에는 음(−)으로 함.

정전도장 electrostatic coating [T] 도료를 안개상태로 하고, 여기에 전하를 주어 도장물에 고전압을 가함으로써 도료를 흡착 도장하는 방법.

정정(静定)시간 settling time, settling down time [T] 펌프, 송풍기, 압축기 등의 운전조건을 바꾸면 그것에 따라 각 부의 압력, 온도 등도 변화하는데, 그것들이 일정하게 될 때까지의 시간.

정지 수위 stopping water level [P] 자동 조작에서 펌프가 정지할 때의 수위.

정지 시 중심내기 cold alignment [T] 펌프, 송풍기, 압축기와 원동기의 중심높이가 정지상태에서 일치하도록 중심내기하는 것. 일반적으로 이와 같이 하여 중심내기 하는 경우가 많음. 가동 시 중심내기(hot alignment) 참조.

정지깃 stator blade [T] 정지 깃(stationary blade)과 같음.

정지깃, 고정익 stationary blade [T] 축류압축기에서 케이싱에 설치된 정지익. 동익의 상류 쪽 또는 하류 쪽에 설치되어서 동익에 기체를 안내하거나 동익에서 나온 기체를 축방향으로 안내하여 정압으로 전환시킨다. 운전 중에 전단의 정익을 동시에 움직여 풍량제어하는 것이 많다.

정지냉각계통 shutdown cooling system [Nu] 원자로가 운전 정지되었을 때, 증기발생기를 이용하여 원자로를 먼저 냉각시킨 이후에 작동하여 추가적으로 잔열을 제거하는 계통으로서 원자로를 유지보수할 수 있는 수준까지 냉각하는데 이용된다.

정지법 standing start and finish method [M] 부피측정법이나 질량측정법에서 시간을 측정하는 시작과 끝에 해당하는 순간에 유체의 흐름이 멈추어져 있는 방식.

정지시간 downtime [A] 비상상황에 의해 시스템이 정지된 시간.

정지여유도 shutdown margin [Nu] 미임계 상태의 원자로에서는 임계와 차이가 나는 정도를 말하며, 임계상태의 원자로에서는 제어값이 가장 큰 제어봉을 제외한 제어봉이 모두 삽입되어 미임계 상태를 유지할 때 임계와 차이가 나는 정도를 말한다.

정지추력 static thrust [T] N,{kgf} 터보

제트가 정지하고 있을 때 발생하는 추력. { } 안은 중력단위.

정질량측정법 static weighing method [M] 유량을 측정하는 방법의 하나로 일정 시간 동안 일정한 유량으로 흐른 유체를 탱크에 모아 그 질량을 측정하여 흐른 유량의 크기를 결정하는 방법.

정체 stagnation [T] 유체가 장애물에 부딪쳐서 일단 그 유동을 멈추는 영역, 또는 물체의 배후나 구부러진 통로의 흐름에서 생기는 소용돌이가 주류에서 떨어져 정체하고 있는 영역의 유체를 말한다.

정체상태 stagnation conditions [T] 유체가 어떠한 지점에서 등엔트로피상태로 정지할 경우 그 지점을 정체점(stagnation point)라고 하며, 정체점에서의 열역학적 상태를 말한다. 정체점(stagnation point) 참조.

정체압력 stagnation pressure [T,M] Pa,{kgf/m^2} 유동속도를 등엔트로피적으로 0으로 가지고 갔을 때 얻어지는 압력. { } 안은 중력단위.

정체온도 stagnation temperature [M] K,℃ 유동하는 유체를 등엔트로피적으로 정지시켰을 때 발생하는 온도.

정체점 stagnation point [T] 정상 흐름 속에 물체를 놓으면 흐름은 전면의 한 점에서 완전히 멈추어져 속도가 0이 되는 곳이 있다. 이 점을 정체점이라고 한다.

정체점음속 stagnation acoustic velocity [G] m/s 정체점 상태에서의 음속 a_o (m/s)는 $a_o = \sqrt{kRT_o}$ 로 표시되며, 이를 정체점 음속이라 한다. 여기서, k : 비열비, R : 가스 상수($m^2/(s^2 \cdot K)$), T_o : 정체점 온도 또는 전 온도{K}.

정치(靜置)식, 고정식 stationary type [B] 구축된 기초 위에 고정시켜서 설치되는 형식.

정하중 static load [D] 정적으로 작용하는 부하를 정하중이라 하며, 동하중과 대조되는 용어이다. 다만 정상운동 중에서의 관성력이나 극히 서서히 변동하는 변화 및 보통의 온도변화에 따른 부하 등도 정적 평형문제, 즉 정하중이 작용하는 문제로서 취급된다.

정헤드 hydrostatic head [T] 물이 유동하지 않을 때의 상하 수면의 높이의 차. 즉, 물이 정지하고 있을 때의 상하 수면의 수직 거리.

정현진동 sinusoidal vibration [D] 단순조화진동(single harmonic vibration)과 같음.

정현파 sinusoidal wave [T] 파형이 정현곡선 모양의 파형.

정화, 정제 purification [T] 순수하게 하는 것. 예를 들어 석유, 광물, 화학적 혼합물을 그들의 성분으로 분리하는 것.

제거율 rejection ratio, removal ratio [F] 막 공급수 중의 오염물질 등이, 막에 의해 제거(저지)되는 비율을 말한다.

제동력, 감쇠력 damping force [T] 진동이나 운동을 감쇠 또는 제지시키려는 힘.

제로(0)-방정식 난류모델 zero-equation turbulence models [N] 난류모델(turbulent model) 참조.

제로옵셋 zero offset [M] 유체의 흐름이 제로일 때 유량계에서 지시되는 값.

제습장치 dryer [A] 공압구동 장비의 동작 불량 및 동결을 방지하기 위해 공기압축기에 의해 생성된 압축공기를 제습하는 장치.

제어, 조작 control [P] 대상으로 하는 기기에 소정의 조작을 하면서 어떤 목적에 적합한 상태를 유지시키는 일.

제어박스 control box [A] 전기적 및 제어적 조절기기가 내장되어 있는 상자. 제어(control) 참조.

제어밸브 control valve [M] 유량이나 압력 등의 크기를 일정한 값으로 유지시키기 위해 센서로부터 신호를 받아 밸브의 개도를 자동적으로 조절해 주는 밸브. 밸브 작동에 필요한 동력은 전기나 유압으로 공급된다.

제어봉 controlrod [Nu] 원자로출력을 제어하기 위해 노심 내에서 생성되는 중성자속을 조정하는 막대 또는 판상의 물질을 말함. 열중성자로에서는 붕소, 카드뮴, 하프늄 등의 중성자 흡수단면적이 큰 재료를 노심 내에 삽입하여 사용한다.

제어봉구동장치 Control Rod Drive Mechanism (CRDM) [Nu] 노심의 핵반응을 조절하는 제어봉을 노심내로 삽입 혹은 인출하는 장치. 가압수형 원자로에서는 원자로 압력용기 상부에 설치된 전자기식이 사용되고 있다.

제어시스템 control system [A] 폐기물 자동집하 시스템을 운영하기 위해 전기 및 제어적인 운영 방식의 총집합체.

제염 decontamination [T] 방사성 원소에 의해 오염된 것을 제거하는 것. 오염 제거 법에는 그 대상에 따라 원자로, 건물 등의 구역 오염 제거, 실험기기, 설비 등의 기기 오염 제거, RI실험의(實驗衣), 방호복 등의 의류 오염 제거 및 손, 발 등의 신체(피부)오염 제거가 있다.

제적기, 일리미네이터 eliminator [B] 물 분리기의 일종으로서, 갈짓자(zigzags) 통로 안을 기류가 지나면서 기류 속에 함유되어 흐르는 물방울을 분리하는 장치.

제진기 auto-screen [B] 자동제진기(auto screen)와 같음.

제진기 dust separator [T] 기체 안의 먼지 모양의 고체 미립자를 분리하는 장치.

제트, 분류, 분사 jet [T] 구멍에서 유체가 연속적으로 분출하는 형태. 제트펌프, 제트엔진, 펠턴수차 등에 이용된다.

제트가스터빈 jet gas turbine [T] 항공기용 가스터빈. 터빈의 배기를 노즐을 통해서 후방으로 분사하여 직접 반동추력을 얻을 수 있게 한 것. 최근에는 공기흡입구에서 압축기 상류 쪽에 추진용 홴을 설치한 프론트 홴 엔진을 사용하여 보다 큰 추력을 얻고 있다. 압축기는 다단 축류식이며, 전체 단의 정익은 가변제어로 되어 있다. 프론트 홴 엔진(front fan engine) 참조.

제트관 jet pipe [T] 가스터빈기관에서, 저압터빈의 덕트나 파이프의 하류와 최종 추진 노즐의 상류.

제트스러스트, 제트추력 jet thrust [T] 제트엔진의 추진력.

제트엔진 **jet engine** [T] 보통 배기가스의 분출에 의한 반동으로 추력을 발생하는 엔진. 엔진의 종류에는 터보제트, 터보휀, 터보프롭, 램제트 등이 있다.

제트추진 **jet propulsion** [T] 제트 엔진(jet engine)과 같음.

제트팽창기, 제트가스터빈 **jet expander** [T] 제트 가스터빈(jet gas turbine)과 같음.

제트펌프, 분류펌프 **jet pump** [Nu,P] 노즐에서 분출되는 고압의 유체로 다른 유체를 이송하는 펌프로서 분사펌프, 분류펌프라고도 한다. 일반 펌프와 비교하면 구조가 간단하지만 효율은 낮다. 다양한 용도를 가지며, 기존 비등수형 원자로(BWR)의 원자로 용기내에 제트펌프가 설치되고 있다.

제트플랩 **jet flap** [T] 날개의 뒷전에 따라 설치된 좁은 간극 슬릿에서 고속의 분류를 분사하는 특수한 플랩. 제트의 분사방향을 익현 방향으로 하면 추력이 발생하고, 아래 방향으로 하면 양력이 증가한다. 그림 자-3 참조.

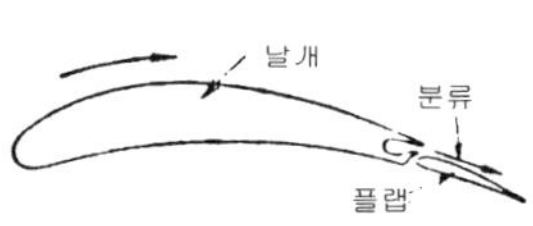

그림 자-3 제트 플랩

제트홴 **jet fan** [B] 케이싱에서 나오는 분류를 이용한 환기용 축류홴. 터널 환기 등에 주로 사용된다.

조금, 소조 **neap tide** [S] 조수간만의 차이가 가장 작을 때. 해수면 높이의 차가 최소.

조기점화 **advanced sparking** [C] 혼합기가 연소하여 압력이 상승할 때까지 약간의 시간이 걸리기 때문에 피스톤의 상사점보다 약간 앞서서 점화되는 것.

조도, 상대조도 **relative roughness** [P, G] 물체 표면의 거칠기, 상대조도는 물체의 특성길이와의 비.

조력 **tidal power** [S] 조석 현상이 갖는 단위시간당 에너지.

조력발전 **tidal power generation** [S] 조석에너지를 이용한 발전으로 조수간만의 차가 큰 하구나 만을 방조제로 막아 호수를 만들고 밀물과 썰물에 의해 발생하는 외해와 호수내의 수위 차를 이용해 전기를 생산해내는 발전방식.

조류 **tidal current** [S] 조석에 의한 해면의 상승과 하강에 수반된 해수의 흐름.

조류발전 **tidal current power** [S] 조수간만의 차에 의해 발생하는 높은 유속을 이용하여 전력에너지를 발전하는 것. 수평 유체 흐름을 회전운동으로 변환시켜 전력을 생산한다.

조립 임펠러, 리벳팅 임펠러 **built-up impeller** [B] 원심송풍기, 압축기에서 깃과 주판 · 측판, 허브를 리벳팅으로 만들어진 임펠러. 용접회전차와 대비되는 용어.

조립단위, 유도단위 **derived unit** [M] 기본 단위에 대응하는 말이며, 기본단위를 여러 개 조립해서 만들어지는 단위. 기본단위는 m, kg, s, A, K, mol, cd 등이다.

조립량, 유도량 **derived quantity** [M] 같은 기본단위 또는 서로 틀린 기본단위 두 개 이상의 조립으로 나타내지는 물리량.

조립피스톤 built-up piston [C] 왕복압축기의 피스톤으로서, 피스톤 링(piston ring)이 들어가는 부분이나 라이더 링(rider ring)이 들어가는 부분 등이 별체(別體)부분으로 되어있다. 이들을 조립함으로써 완성품이 되는 피스톤을 말한다. 일체형 피스톤과 대비되는 용어.

조석 ebb and flow of the tide [S] 지구, 달, 태양 간의 인력에 의하여 발생하는 해수면의 규칙적인 승강운동.

조석주기 tide cycle [S] 1일 2회이며, 12시간 25분.

조수간만 tide [S] 밀물(만조)과 썰물(간조)의 높이 차이.

조압기 pressure governor [C] 주로 소형 압축기에 사용되는 것으로, 압축기나 공기통의 압력이 규정압력 이상으로 올라갔을 때 압축기의 작동을 중지시키지 않고 압축 작용만을 멈추게 하고, 압력이 어느 정도 이하로 내려가면 다시 압축 작용을 하게 하는 것.

조압수조, 서지탱크 surge tank, surging tank [E,P,T] 펌프 토출관에 연결되어 주로 토출관의 수격이나 서징 현상 발생 시의 압력변동을 완화시키는 목적으로 사용되는 수조. 수압관의 수격작용을 완화하기 위해서 수압관의 하단 가까이에 높은 탱크가 설치됨.

조위 tide level [S] 특정 지역에서 특정 시점의 조석에 의한 해수면의 높이.

조임 볼트 tie bolt [p] 분할형 펌프의 중간 케이싱을 흡입 케이싱과 토출 케이싱에 의해 죄고 있는 볼트 및 너트.

조작, 운전 operation [P,B] 인력 또는 기타 방법에 의하여, 대상으로 하는 기기에 소정의 상태 변화를 일으키게 하는 것.

조정 라이너 adjusting liner [P] 기기의 설치를 정확하게 하기 위해 기기와 베드 사이에 삽입하는 라이나. 라이너(liner) 참조.

조정 라이너, 초크 라이너 chock liner [P] 기기의 설치를 정확하게 하기 위해 기기와 기기 지지대 사이에 삽입하는 라이너.

조정 링 adjust ring [P] 축방향의 위치 조정을 위하여 주축에 끼워지는 링.

조정기 regulator [T] 조정 기기의 총칭. 압력 조정, 속도 조정, 전압 조정, 유량 조정 등에 사용되는 용어.

조정밸브 regulator valve, regulating valve [T] 주로 유량조절을 목적으로 하는 밸브로서, 유체전동장치 등에 있어서는 이 밸브의 개방 각도를 조절함으로써 출력 측 원동기의 회전수를 바꿀 수 있다.

조정안내 깃, 조정안내 베인, 가변안내깃 adjustable guide vane [T] 수차에서 정지 중에는 폐쇄되며, 운전 중에는 개도 조절로 수량을 가감하는 안내 깃.

조파실속 wave stall [G] 임계 마하수를 넘으면 익면 상에 발생한 충격파로 인해 충격 박리가 발생하여 양력은 감소하고, 항력은 크게 증대하는 형상.

조파저항 wave-making resistance [G] 배가 진행할 때 수면에 표면파를

만듦으로써 상실되는 에너지에 대응하는 저항.

조합와류 compound vortex, combined vortex [G] 조합와류(combined vortex)와 같음.

조합와류, Rankine(랭킨)와류 combined vortex, compound vortex, Rankine vortex [P,G] 와류의 중심에서 어느 반경 이내는 강제와류, 그 바깥 쪽은 자유와류로 되어 있는 와류. 자유와류에서의 유속은 반지름에 반비례하므로 반지름이 작은 곳에서의 유속은 대단히 커진다. 이 때문에 실제 와류에서는 점성의 영향이 커져, 반지름이 작은 곳에서의 와류유동은 오히려 강제와류형(유속은 반지름에 비례하는 유동)으로 대체되어 전체로서 조합와류로 표현되어야 한다. 물의 자유표면에 생기는 와류나 태풍 등은 이와 같은 와류유동과 같다고 볼 수 있다. 조합와류를 Rankine와류라고도 한다.

조합운전 combined operation, combined running [B,T] 2대 이상의 펌프, 송풍기 및 압축기 등을 병렬 또는 직렬로 운전하는 것.

조화(파) harmonic [T] 기본 진동수의 정수 배의 진동수를 갖는 정현량을 말한다. 기본 진동수의 2이상의 정수 배의 진동수를 갖는 정현량을 고조파라고도 한다.

조화분석기 harmonic analyzer [T] 조화 분석을 하는 기기. 즉, 주어진 함수를 푸리에 급수로 전개할 때의 계수를 결정하는 데 쓰인다.

조화운동 harmonic motion [D] sine 또는 cosine함수로 표현되는 주기운동.

조화진동 harmonic vibration [D] 시간의 정현함수로 표현되는 진동에 의해 조화성분의 진동이 발생한다. 여기서 조화성분(harmonics)이란 기본주파수의 정수 배인 주파수의 정현파(sinusoid)로서, overtone이라는 용어로 조화성분 대신에 사용되고, n차 조화성분은 (n-1)차 overtone이라고 불려진다. 1차 overtone과 2차 조화성분은 각각 기본주파수의 2배이다. 프랑스어에서 조화성분과 overtone 사이에는 구분이 없고, 2차 조화성분은 기본주파수의 2배이다. 용어 overtone은 주기적인 양의 성분들에 번호를 매기는 것에서의 혼돈을 피하기 위해 현재는 별로 사용되고 있지 않다.

조화해석, 조화분석 harmonic analysis [D] 주기진동의 특성을 각 조화파에 대해 구하는 것으로, 외력을 받아 발생하는 운동의 응답은 하나의 단순한 조화함수나 여러 개의 주기가 다른 단순조화함수의 합, 즉 비조화함수로 나타낼 수 있다. 이러한 외력이나 응답은 아무리 복잡하여도 주기적인 성질을 가지고 있으면, 이것을 정현 또는 여현함수의 급수, 즉 다음과 같은 푸리에급수

$$x(t) = \frac{1}{2}a_0 + a_1 \cos \omega t$$
$$+ a_2 \cos 2\omega t + \cdots + a_n \cos nt$$
$$+ b_1 \sin \omega t + b_2 \sin 2\omega t + \cdots + b_n \sin nt$$

로 표현할 수 있고, 각 조화항의 계수 a_o, a_n, b_n을 구하는 것을 푸리에해석 또는 조화해석이라 한다.

종속도 terminal velocity [P,G] m/s 물체가 유체 속에서 낙하하면서 그 물체의 가속도가 없어지고 일정속도로 낙하할 때의 속도. 이 때 물체에 작용하는 힘들의 합은 영이 된다. 즉, 힘이 균형을 이루므로 등속도운동을 한다.

종속변수 dependent variable [N] 서로 관계가 있는 둘 또는 그 이상의 변수들 사이에서 영향을 주는 변수를 독립변수(외생변수, 설명변수, explanatory variable, independent variable)라고 하고, 영향을 받는 변수를 종속변수(내생변수, dependent variable)라고 한다.

종합효율 overall efficiency, combined efficiency [C,P,G] 종합효율(綜合効率)은 유체기계, 전동장치 및 원동기를 포함한 유체기계설비 전체로서의 효율을 의미한다. 모터구동의 경우는 모터출력이 유체기계에의 입력이 되며, 그들 사이에 전동장치(傳動裝置)가 있는 경우는 모터출력에서 전동장치의 손실을 제한 것이 유체기계에의 입력이 된다.

좌표 coordinates [T,N] 직선 · 평면 위 또는 공간 내의 임의의 점에 좌표를 도입하기 위하여 구성한 것으로, 직교 좌표, 원통좌표(극좌표), 구좌표 등이 있다.

좌표축 coordinate axes [T] 좌표를 도입하기 위하여 도입되는 직선 또는 곡선. 주로 직각 좌표계가 쓰인다.

주 냉각재펌프 reactor circulating pump [P] 원자력발전설비로서 원자로의 냉각재를 순환시키는 펌프. 냉각재로서 비등수형 및 가압수형 원자로에서는 물을, 고속증식로에서는 액체금속(Na 등)을 사용한다. 비등수형 원자로에서는 재순환펌프라고도 한다.

주 진동모드 principal mode of vibration [D] 진동의 최저진동수의 기준 진동모드.

주기, 기간 period [T] s 일정한 시간 간격을 두고 현상이 반복되는 것을 주기적이라고 하며, 주기적 현상에 있어서 동일한 상태가 재현되기까지 경과한 최소의 시간 간격을 주기라고 한다.

주기경계조건 periodic boundary condition [N] 경계 조건의 한 종류로 원형익렬 날개와 같이 원주방향으로 반복되는 영역 내의 한 부분만을 계산영역으로 지정할 수 있다. 주기성이 있으므로 보통 두 개의 경계면에서 짝으로 값을 서로 교환하면 반복 계산할 수 있다.

주기력 periodic force [D] 힘은 크기와 방향을 가지고 있는 데, 이들 양자 또는 한쪽이 일정한 시간마다 원상태로 되돌아가서 같은 상태를 되풀이할 때 이 힘을 주기력이라고 한다.

주기운동 periodic motion [D] 여러 가지 운동 또는 변화에 있어서 동일 기간마다 동일한 상태가 되풀이 되는 운동.

주기적 완전발달유동 periodic fully developed flow [N] 동일한 기하학적 모듈이 반복되는 형상에 관한 유동에서는 한 모듈을 떠난 유체가 동일한 다음의 모듈로 유입된다. 이 경우 충분히 발달한 하류의 한 모듈에서 입구와 출구에서의 속도분포등 유동상황은 동일하며 모듈마다 계속 반복된다. 이 경우 압력은 동일하지 않고 계속 내려가지만,

압력강하량은 모듈마다 일정하게 된다. 이러한 유동을 주기적 완전발달유동이라 한다.

주기진동 **periodic vibration** [D] 물체가 일정한 시간마다 같은 운동을 되풀이하는 현상.

주둥이, 취출구 **mouthpiece** [G] 탱크벽에 구멍을 뚫고 바로 파이프 등을 연결하면 벽 구멍 출구 쪽에서 유동축류가 발생한다. 이것이 벽 구멍 또는 파이프 입구의 유동손실의 원인이 된다. 이 유동손실을 줄이기 위해 유동이 탱크 구멍 또는 파이프 입구에서 나타내는 유동형태와 유사한 취출구(吹出口)를 부착하여 유동을 매끈하게 한 것을 말한다. Borda의 취출구 참조.

주방 쓰레기 수거 시스템 **kitchen waste system** [A] 식당, 주거시설 등의 주방에 설치되는 음식물류 폐기물 전용 수거 시스템

주방 쓰레기 투입구 **trash chute** [A] 식당, 주거시설 등의 주방에 설치되는 음식물류 폐기물 전용 수거 투입구

주속도 **peripheral velocity** [P,B,T] m/s 임펠러 등의 원주방향의 속도.

주속도, 선단속도 **peripheral speed, circumferential speed** [T] m/s 주속도(peripheral velocity)와 같음.

주속도, 원주속도 **circumferential speed** [T] m/s 터빈, 펌프, 압축기 등의 회전체 바깥 둘레의 속도.

주속마하수 **peripheral Mach number, rotational Mach number** [B] 깃의 주속도와 그 단의 깃의 흡입상태에 있어서의 음속과의 비.

주속마하수 **rotational Mach number, peripheral Mach number** [B] 주속마하수(peripheral Mach number)와 같음.

주연소실 **main combustion chamber** [T] 둘로 나뉘어 있는 연소실의 경우 주체를 이루는 쪽을 말하며, 다른 쪽은 부연소실이라고 한다. 보통은 주연소실 쪽이 크고 주로 여기서 연소가 완료된다.

주위, 외면 **periphery** [T] 곡면이나 입체의 경계를 나타내는 곡선 또는 곡면.

주위공기 **ambient air** [T] 유체기계의 입·출구에서의 대기상태를 말한다. 특히 터보송풍기·압축기의 경우 유체에 일정한 헤드를 부여하는 것이므로, 흡입공기의 비중량이 작으면 실제로 부여되는 에너지는 적어진다. 가스터빈의 경우도 흡입공기의 온도에 따라 터빈출력이 좌우되며, 온도가 낮을 수록 출력은 증대한다.

주위온도 **ambient temperature** [T] K, ℃ 주위의 온도를 말한다. 계와 주위 사이의 전열에 있어서는 주위 온도의 높낮이가 열의 출입에 크게 영향을 미친다.

주증기관 **main steam line** [Nu] 증기발생기와 터빈을 연결하는 증기배관. 증기발생기에서 발생된 증기는 주증기관을 통해서 증기관 해더로 이송된다.

주진동 **principal vibration** [D] 기본주기(period)의 역수로 주어지는 계의 가장 낮은 고유진동수, 즉 기본고유진동

수의 진동.

주진동모드형 **principal mode shape of vibration** [D] 진동의 최저진동수의 기준진동 모드형.

주축 **fan shaft** [B] 펌프, 송풍기, 압축기의 회전차에 동력을 전달하는 축.

주축 **main shaft** [B] 임펠러가 고정되어 있는 축. 부도 B-4, 5, 7 참조.

주택, 주거 **dewelling** [A] 거주를 목적으로 사람이 사는 곳(단독주택, 아파트 등).

주파수 **frequency** [D] Hz,1/s 기본주기의 역수(f=1/T)로, 단위는 Herts(Hz)이고, 초당의 사이클(cps, c/s) 수를 의미한다.

주파수범위 **frequency bandwidth, frequency range** [D] 주파수의 범위는 반드시 데이터 샘플을 적절히 반영할 수 있도록 설정되어야 한다. 주파수범위가 넓다면, 구별된 주파수 정보를 파악할 수 없을 정도까지 분해능이 감소할 수 있다. 터보기계에서 최적의 설정은 고주파대역의 베어링 진동을 측정하기에 적절할 뿐만 아니라, 운전주파수에 대해서도 충분한 분해능을 제공하는 주파수 범위이다.

주파수분석 **frequency analysis** [B,D,G] 복잡한 음이나 진동에 대하여 그의 주파수영역별 성분레벨을 연속적으로 기록하거나 그 성분의 크기를 주파수의 함수로 구하는 것. 분석에는 주파수 분석기가 사용되며, 목적에 따라 옥타브대역, 1/3옥타브대역, 협대역 등의 분석이 수행된다.

주파수왜곡 **frequency distortion** [D] 주어진 가진 진폭에서 변환기의 진폭감도가 그 범위에서 일정하지 않을 때, 주어진 주파수범위 내에서 발생하는 왜곡.

주파수응답 **frequency response** [D] 입력신호가 정현파 형상으로 변화하고 있는 정상상태에 있어서의 출력은 같은 주파수의 정현파 신호로 되어 있어야 하는 것에 대해, 출력신호의 입력신호에 대한 진폭비나 위상 차이가 주파수에 의해서 변화하는 모습을 말한다. 주파수응답의 도식적인 표시방법으로는 보데선도, 벡터궤적, 게인위상선도 등이 있다.

주파수응답함수 **frequency response function** [D] 선형계의 응답해석에는 주파수영역 모델이 널리 이용되고 있는데, 출력스펙트럼 $X(\omega)$ 는 입력스펙트럼 $F(\omega)$에 시스템의 연산자 $H(\omega)$를 가중시킴으로써 얻어진다. 즉, 가진력 $F(\omega)$에 대한 운동 응답 $X(\omega)$의 주파수 종속인 비 $X(\omega)=H(\omega)F(\omega)$로 표현되며, 시스템연산자 $H(\omega)$를 주파수응답함수라 하며, 다음과 같이 정의된다.

$$H(\omega)=X(\omega)/F(\omega)$$

이는 주파수 ω의 함수로서 입력과 출력 사이의 복소비를 나타낸다. 복소량이므로 크기 $|H(\omega)|$와 위상 $\phi(\omega)$를 가진다. 물리적인 의미는 주파수 ω에서 정현파 입력 힘이 같은 주파수 ω에서 정현파 출력거동을 발생하는 것이다. 이는 선형계 만을 다루도록 제한되어 있기 때문에 (입력)/(출력) 스펙트럼은 정

현파의 합으로 고려할 수 있고, 측정에 사용된 신호형태와는 무관하게 시스템의 동적 특성을 나타내 준다. 따라서 정현파, 충격신호 및 랜덤가진이 모두 적용될 수 있다.

주파수전달함수 frequency transfer function [D] 자동제어계 또는 그 요소에 정현파 입력을 주었을 때, 입력 및 출력신호를 각기 복소수 표시에 의해서 나타내면 출력신호의 입력신호에 대한 진폭비 및 위상차는 주파수의 함수가 된다. 이것을 그 계 또는 그 요소의 주파수전달함수라 하며, 이 계의 전달함수 G(s)에 있어서 $s=i\omega$로 놓은 것이 된다. 단, i는 허수의 단위이며, $i^2=-1$.

주판 라이너(임펠러의) main plate liner [B] 주판과 깃과의 고정부의 마멸을 방지하기 위하여 주판에 붙여지는 라이너.

주판, 후면슈라우드(임펠러의) main plate, main shroud [B] 후면슈라우드(main shroud)와 같음.

주판리벳 main plate rivet [B] 주판에 깃을 부착·체결하는 리벳.

준설 펌프 dredging pump [P] 주로 물밑의 토사를 물과 함께 흡상하여 이송하는 펌프로서, 내마모 재료로 된 대 동력의 펌프가 많다. 부도 P-13 참조.

준주기진동 quasi-periodic vibration [D] $y=A\sin(\omega t+\phi)$ 형태의 함수로 주어지는 운동에서, 진폭 A 또는 각진동수 ω 또는 이들 모두가 일정하지 않고, 시간의 함수로 표현되는 운동. 기본적으로 위상 ϕ는 일정한 것으로 고려된다.

줄 법칙 Joule's law [G] 이상기체의 내부에너지 u, 엔탈피 i(=u+pv)는 어느 것이나 온도만의 함수이다. 이것을 Joule의 법칙이라고 한다. 단, p는 압력, v는 비체적이다.

중간 깃 half vane, splitter vane [B] 원심형의 임펠러에서 정규의 깃 들 사이에 들어가는 반지름 방향의 길이가 정규 깃에 비하여 짧은 깃.

중간 노즐(케이싱의) side flow nozzle [B] 다단 블로워 및 다단 압축기로서, 케이싱 중간에서 기체를 토출 또는 흡입 시키기 위한 원통모양의 부분.

중간 부시 interstage bushing [P] 다단의 펌프, 송풍기, 압축기에서 단마다의 고정 칸막이 판 또는 칸막이 벽에 설치되며, 주축에 고정된 중간 슬리브나 회전차 허브 바깥 둘레 등의 미끄럼 면과 마주보는 미끄럼 내면을 갖는 부시. 고압용과 미끄럼 내면이 래버린스로 되어 있는 것도 있다.

중간 축이음, 중간축 커플링 intermediate line shaft coupling, intermediate shaft coupling [P] 펌프 케이싱 내에서 두 개의 주축을 연결하기 위한 고정 축이음을 말한다. 큰 지름으로 하면 수력손실이 증가함은 물론, 케이싱도 커지는 등의 이유로 일반적으로 가능한 한 작은 지름으로 동력전달이 이뤄질 수 있도록 한다. 이에 해당하는 것으로 슬리브형, 나사끼움형, 플랜지형 등이 있다.

중간 케이싱 intermediate casing [B] 단면 분할 형 블러워에서 흡입 케이싱과 토출 케이싱과의 사이의 링 모양의 케이싱.

중간 케이싱 interstage casing, stage casing [P] 축 수직분할형의 펌프, 송풍기, 압축기에서 흡입 케이싱 또는 흡입 커버와 토출 케이싱과의 사이에 설치되는 케이싱. 주로 분할형(sectional type) 다단 펌프, 송풍기, 압축기의 중간 단의 회전차에 대응하는 케이싱을 말함.

중간 토출 interstage outflow [B] 압축기의 중간 단에서 취급 기체의 일부를 외부에 배출하는 것.

중간냉각 intercooling [B,C,T] 압력 비가 큰 다단 압축기의 중간 단에 있어서 기체의 압축에 수반하는 열을 열교환기에서 제거하는 것. 중간 냉각의 이점은 기체를 고온에서 압축하는 것보다 오히려 동일 압력비에 대하여 축 동력을 경감할 수 있고 압축기의 지름 혹은 회전수를 작게 할 수 있는 점에 있다. 압축기의 케이싱 외부에 열교환기를 두는 외부 냉각(external intercooling)과 케이싱 내부에 꾸며 넣은 열교환기나 물재킷에 의한 내부 냉각 (internal intercooling)이 있다. 일반적으로 전자가 널리 쓰이며, 압력비가 4~7마다 중간 냉각기(intercooler)를 두는데 등온 압축기는 후자의 열교환기에 의한 것이다.

중간냉각기 intercooler [B,T] 다단 압축기 또는 냉동기의 중간에서 취급기체를 냉각하는 열교환기.

중간다이어프램 interstage diaphragm [P] 다이어프램(diaphragm), 중간부시(interstage bushing) 참조.

중간단 래버린스, 중간단 래버린스 실 interstage labyrinth, interstage labyrinth seal [B] 다이어프램에 부착된 래버린스. 중간부시(interstage bushing) 참조.

중간링(임펠러의) intermediate stiffening ring [B] 깃을 보강하기 위하여 주판과 측판의 중간에 두며 깃을 완전히는 분할하지 않는 링. 중판(intermediate plate)과 같음.

중간베어링 intermediate bearing [P, G] 중간축을 지지하기 위한 베어링. 중간축 때문에 위험속도가 낮아지는 것을 막기 위해서나 구조상의 필요에 따라 설치된다.

중간슬리브 interstage sleeve [P] 다단 펌프의 각 임펠러 허브 사이에 끼워지는 축 슬리브.

중간열교환기 intermediate heat exchanger [Nu] 2단 열교환기를 채용하는 원자로에서 첫 번째 열교환기를 중간 열교환기라고 한다. 나트륨 냉각원자로, 용융염 증식로 등에서 열교환기 전열관에 결함이 생기는 등의 사고대책을 위하여 2단 열교환기가 사용된다.

중간축 intermediate line shaft, intermediate shaft [P] 수직축 펌프의 상부 축과 하부 축과의 중간에 있는 주축.

중간치정리 midpoint rule [N] 구간 a에서 b까지 함수 f(x)를 수치적분 하는 경우에 사용되는 근사식의 하나. 이에 대한 식은 다음과 같다.

$$\int_a^b f(x) \approx (b-a) f\left(\frac{a+b}{2}\right)$$

중간흡입 interstage inflow [B] 압축기의 중간 단에서 취급기체의 일부를 흡입시키는 것.

중공사 막 hollow fiber membrane [F] 중공의 사상 또는 가는 원통상으로 성형된 막. 모세관 막 또는 할로 파이버(hollow fiber) 막이라고도 부른다. 통상, 여러 개의 중공사 막을 묶어서, 한쪽 혹은 양단을 수지 등으로 고정(potting)하여 사용한다.통수방향에 따라 내압식 중공사막과 외압식 중공사 막으로 구분된다. 여과방법에서 내압식 경우에는 직교류(cross flow) 여과방식으로 하는 것이 많지만, 외압식 경우에는 직교류 여과방식, 전량여과(dead end) 방식의 어느 쪽이라도 채용이 가능하다.

중공축 hollow shaft [B] 축심 부가 중공(中空)으로 되어 있는 축.

중량유량 weight flow rate [B] N/s, {kgf/s} 중량으로 표시된 유량. { } 안은 중력단위.

중력 gravity [T] 만유인력에 의해 지구가 물체를 끌어당기는 힘. 물체의 무게는 그것에 작용하는 중력의 크기이다.

중력가속도 acceleration of gravity [D] m/s^2 지구 표면에서 중력에 의해 발생하는 가속도. 관측 점의 위도(latitude)와 고도(elevation)에 따라 변화하며, 국제적인 합의에 의해 표준중력가속도로서 9.80665 m/s^2(=32.1740ft/s^2)의 값이 채택되었다. 가속도의 크기는 g의 배수로 자주 표현된다.(예, 1g=9.80665 m/s^2)

중력단위계 gravimetric unit system [G] 일명 공학단위계라고도 하며, 지구상의 표준가속도 9.80665 m/s^2가 작용하는 곳에서 나타나는 질량 1kg의 물체의 무게 또는 힘, 1kgf(1킬로그램 重)을 기본단위의 하나로 하는 단위계. 이 단위계의 기본 단위로는 길이(m), 시간(s), 힘(kgf)을 사용한다. 차원과 단위(dimension and unit)를 참조.

중력파 gravity wave [G] 표면파(surface wave)와 같음.

중수로 Heavy Water Reactor (HWR) [Nu] 중수를 감속재로 사용하는 열중성자 원자로를 말한다. 중수는 중성자 흡수가 적기 때문에 천연 우라늄을 핵연료로 사용할 수 있다. 중수를 사용하는 대부분의 가압수형 원자로는 CANDU이다.

중심내기 기구 center rest [P] 펌프, 송풍기, 압축기 등의 주축 중심이 열팽창 등으로 축이 수평방향으로 이동하지 못하게 하는 기구. 케이싱과 대면하는 베드 사이에 금속 기구를 부착하여, 이 양 기구 사이에 삽입된 코터(cotter)에 의해 케이싱이 축방향으로만 이동하도록 한 기구. 코터 대신에 키가 사용되는 경우도 있음. 케이싱을 기초볼트로 직접 기초에 설치하지 못하는 경우에 사용됨.

중심맞추기, 종렬 alignment [T,G] 축심 맞춤을 말하는 것으로, 2대 이상의 회전기계를 조합할 때 축의 변형 및 열팽창, 베어링 하중의 적정한 배분을 고려하면서 운전 중에 상호 회전 중심선이 일치하도록 기기를 배열하는 것.

중심맞추기, 중심내기, 센터링 centering [B] 송풍기 및 압축기의 주축과 구동축과의 중심을 소정의 위치로 맞추는 것.

중심맞추기불량, 정렬불량 misalignment [D] 잘못된 중심 맞추기.

중심주파수 centre frequency [D] 여러 가지 결함이 존재하는 구름요소베어링에서 생성된 주파수는 그들 중 몇 개 또는 전부가 기본적인 주파수로 인정될 수도 있지만, 합과 차의 주파수 들도 거의 항상 스펙트럼 내에 나타난다. 이들 주파수의 중심이 바로 중심주파수라고 한다.

중심지지형 center line supported type [P,B] 횡축형의 터보형 펌프, 송풍기, 압축기에서 케이싱의 축심을 포함한 수평면 또는 이것에 가까운 수평면에서 지지하는 다리가 아래면에 있는 형식. 펌프 등의 설치 시 케이싱 온도와 운전 시의 온도차가 큰 경우 열팽창의 영향이 크고, 원동기, 증속기 등의 축과 중심이 크게 어긋나는 경우에 이 형식이 채용됨.

중압터빈 intermediate pressure turbine [T] 증기터빈에서 한 대의 다단 터빈으로 전 압력낙차를 흡수하는 것이 아니라, 압력 영역을 고압, 중압, 저압의 세 가지로 나누어 각각의 압력영역의 압력낙차에 맞게 설계된 세 개의 다단 터빈 중에서 중간 압력영역에서 작동하는 터빈.

중앙 차분법, 중심 차분법 central-difference scheme [N] 확산항, 대류항을 포함하는 미분항을 차분화 할때 유동흐름의 방향성을 고려하지 않고 지정된 점 현재의 위치를 중심으로 차분화 식을 유도한다. ϕ에 대한 미분항을 차분화 할 때, i번째 격자점에서의 ϕ의 변화율은 Taylor급수(Taylor series expansion)를 이용하여 i-점 중심의 인접한 격자점(i+1, i−1 번째)을 이용하여 이산화한다.

$$\left(\frac{\partial \phi}{\partial x}\right) = \frac{\phi_{i+1} - \phi_{i-1}}{x_{i+1} - x_{i-1}}$$

중앙제어실 main control room [T] 모든 기기의 작동상태를 감시하고, 지령을 내릴 수 있게 되어있는 방.

중유펌프 heavy oil pump [P] 중유(점성이 높은 기름)를 취급하는 펌프. 비교적 소용량용의 기어펌프로부터 중유를 연소하는 화력발전소의 압송용의 터보형의 다단펌프 등 용도, 시방에 따라 다양한 펌프가 사용됨.

중첩 superposition [T] 포텐셜 유동에서 해석목적에 맞는 유동을 구성하기 위해서 싱크, 소스, 더블릿, 보텍스 등을 조합해서 유동장을 만드는 작업.

중판(임펠러의) intermediate plate [B] 깃을 보강하기 위하여 주판과 측판의 중간에 설치하여 깃 통로를 완전히 분할하는 판.

쥬코우스키 익형 Joukowski aerofoil [G] 두 개의 복소평면 $z = x + iy$, $\zeta = \xi + i\eta$ 상에서 다음의 사상 함수에 의해 등각사상 하면 ζ 면 상에서 반지름 a의 원은 z면 상에서 $x = -c/2, c/2$의 평판으로 사상된다.

$$z = \zeta + \frac{a^2}{\zeta}, \ a = \frac{c}{4}$$

다시금, ζ 면의 η 축보다 좌측의 점 M에 중심이 있고 $\xi = a$를 지나가는 원은 그림과 같이 두께와 휨을 갖는 익형으로 사상된다. 이 익형을 Joukowski익형이라고 한다. 이와 같이 이론적인 해석은 쉽지만 익 뒷전이 예리한 형상으로 되므로 실제로는 사용될 수 없고, 등각사상함수가 일부 수정된 것이 사용된다. 그림 자-4 참조.

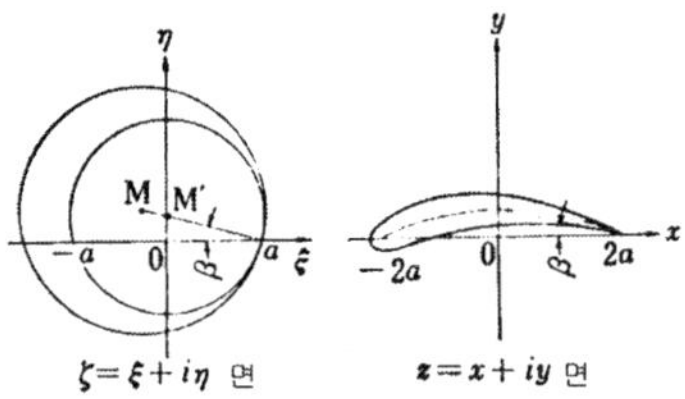

그림 자-4 Joukowski 익형

증기 vapor, vapour [T] 액체나 고체가 증발 또는 승화하여 생기는 기체.

증기 표 steam table [T] 수증기의 상태와 양의 상호 관계를 나타낸 표. 모리에르선도(Mollier chart) 참조.

증기, 수증기 steam [T] 액체나 고체가 증발 또는 승화하여 생긴 기체.

증기동력 steam power [T] 보일러에서 발생하는 증기로부터 얻어지는 동력. 증기에는 터빈 또는 증기 기관에 공급하여 동력을 발생시키는 동력용과, 열원으로서 가열에 사용되는 가열용이 있다.

증기발생기 steam generator [Nu,T] 1) 증기보일러와 같은 뜻이나, 주로 강제관류(貫流)보일러에 대해서 사용되고 있다. 2) 가압수형 원자로에서는 원자 노심에서 가열된 고온 고압의 물을 여러 개의 전열관을 거쳐 2차 측의 물과 열 교환하여 증기를 발생시킨다. 증기발생기 2차 측에서 발생된 증기는 기수분리기, 습분분리기에 의하여 습분을 분리한 후 발전기의 터빈으로 공급된다.

증기보일러 steam boiler [T] 밀폐된 강판 제 용기 속에서 물을 가열하여 증발시켜 증기를 발생시키는 장치.

증기분리기 steam separator [Nu] 증기발생기에서 나오는 증기 중 응축수를 제거하여 터빈효율을 높이는 장치임.

증기분사, 증기제트 steam jet [Nu] 증기를 노즐에서 분사시켜 고속 증기류를 얻는 것을 말함.

증기블로워 steam blower [B] 증기를 취급하는 블로워이며, 주로 증기터빈의 그랜드 증기를 유인하기 위해서 사용된다. 주로 스펜서(Spencer)형 블로워가 사용된다. 또 가압식 제염장치에 사용되는 것도 있다.

증기사이클 vapour cycle [T] 작동 유체가 사이클 도중 증기 상태로 존재하는 부분이 있으며 나머지는 액체 상태로 존재하는 열역학적 사이클이다. 증기발전 사이클은 전기를 생산하는 증기사이클이며 그 종류로는 랭킨사이클이 있다.

증기소비율 specific steam consumption [T] kg/kWh 증기터빈에 있어서 단위 출력당 필요 증기량.

증기압 vapor pressure, steam pressure [T] Pa,{kgf/m²} 증기의 압력을 일컫는 말. 진공일 때를 0으로 나타내는 표시방법이며, 이것을 절대압력이라고 한다. 따라서 표준대기압은 101325 Pa에 해당한다. 보통 압력계의 눈금은 대기압을 0으로 한 것이며, 이 표시방법을 계기압(gauge pressure)이라고 한다. { } 안은 중력단위.

증기예열기 steam reheater [T] 복합증기터빈 시스템의 고압터빈에서 방출되는 습증기를 저압터빈으로 진입하기 전에 예열기를 통해 과열증기로 만들어 주는 것. 예열기는 일반적으로 증기보일러에 있다.

증기제트이젝터 steam-jet ejector [T] 고압의 증기로 작동되는 제트펌프.

증기증류(蒸氣蒸溜) steam distillation [T] 액 혼합물에 직접 수증기를 불어 넣음으로써 휘발성 성분을 그 비등점 보다 낮은 온도에서 유출(溜出)시키는 증류법. 이 방법에서 사용되는 수증기는 개회로계 수증기로 알려지고 있다.

증기축압기, 증기어큐뮬레이터 steam accumulator [T] 보일러 부속품의 하나. 보일러의 남은 증기를 저장해 두는 장치. 물이 들어 있는 큰 원통형 용기의 물 속에 여분의 증기를 불어넣어 열수의 형태로 열을 저장하고, 증기가 여분으로 필요할 때 밸브를 열어서 분출시켜 사용한다.

증기터빈 steam turbine [T] 회전식의 증기력 원동기. 보일러에서 발생한 고압의 증기를 노즐로부터 분출시켜 고속의 증기 분류를 만들고, 이것을 회전하는 날개차에 내뿜어 동력을 얻는 열기관의 일종. 진동이 적고, 능률이 좋으며, 고속·대 마력을 얻을 수 있어 화력발전, 선박의 주 기관 등에 널리 사용되고 있다.

증기트랩 steam trap [T] 드럼이나 관속의 증기가 일부 응결하여 물로 되었을 때 자동적으로 물만을 밖으로 배출시키는 장치. 이것에는 여러 가지 형식이 있다.

증기펌프 steam pump [P] 왕복형 증기기관의 피스톤 로드와 왕복펌프의 피스톤 로드를 직결하여 펌프를 구동하는 형식의 것. 증기직동펌프라고도 한다.

증류 distillation [T] 용액을 증발시킴으로써 휘발성이 높은 성분을 많이 포함하는 증기와 휘발성이 낮은 성분을 많이 포함하는 잔류액으로 분리하고 증기를 회수하는 것. 즉, 휘발성이 높은 성분을 추출하는 조작을 말한다.

증류기 distiller [T] 증류시키는데 이용되는 장치로서, 증발 증기를 채운 관의 외벽을 물로 냉각시켜 액화한다.

증류수 distilled water [T] 증류에 의해서 얻어지는 순도 높은 물.

증발 vaporization [T] 증발(evaporation) 참조.

증발, 증발량 evaporation [T] 액체가 증기로 되는 현상 또는 그 조작.

증발가스압축기 boil off gas compressor [C] 액화천연가스(LNG)의 저장탱크에서 증발한 가스(boil-off gas)를 소정압력까지 승압하여 압송하기 위해 저온에서 작동하는 압축기. 왕복식 또는 원심식 압축기가 사용된다.

증발계수 factor of evaporation [T] 연료액체 방울의 증발이나 연소에 의한 액체 방울 지름의 시간적인 변화를 말한다.

증발기 evaporator [T] 원수 또는 해수를 가열하여 일단 증기로 바꾸어 배출하는 장치. 이 증기를 다시 냉각하여 복수시켜 증류수를 얻는 장치는 증류기라고 불려진다.

증발기 vaporizer [T] 증발기(evaporator) 참조.

증발냉각 evaporative cooling [T] 증발할 때 열을 흡수하는 원리를 이용한 냉각.

증발냉각기 evaporative cooler [T] 고온의 건조한 공기가 젖은 천이나 패드를 통과하도록 한 장치. 고온의 공기는 물이 증발함에 따라 잠열을 빼앗기고 냉각된다. 에어컨이나 가스터빈의 흡입공기의 온도를 낮추기 위해 사용된다.

증발률 rate of evaporation [T] kg/(m^2 · s),{kgf/(m^2 · s)} 보일러 등의 증발성능을 나타내는 것의 하나. 보일러 본체 등의 단위 전열 면적당 단위 시간에 발생하는 증기량. 전열면 부하율이라고도 한다. { } 안은 중력단위.

증발복수기 evaporative condenser [T] 응축기 냉각관을 분무수로 적시고 여기에 송풍 하여, 그 속의 수증기를 응축시키는 장치. 응축기는 수냉식과 증발식으로 대별되는데, 증발식에서는 공냉식과는 달리 공기 측에 핀을 설치한 관을 냉각관으로 사용해도 거의 같은 효과가 있다.

증발식 연소기 vaporizing combustor [T] 연료를 압력 분사 밸브에 의해 미립화 한 것이 아니고, 연소실내 열로 기화시켜 혼합공기를 생성하는 형식의 연소장치.

증발열, 증발잠열 latent heat of vaporization [T] J/kg,{kcal/kgf} 액체를 일정한 압력 하에서 증발시키는 데 사용되는 열량. 이 때의 열량은 일정한 압력 하에서 증발할 때 체적을 증가시키기 위하여 외부로 하는 일, 즉 외부 증발열과, 기체의 내부 에너지를 증가시키기 위하여 사용되는 내부 증발열과의 합이며, 증발열은 압력이나 온도의 함수로 되어있다. { } 안은 중력단위.

증발형 연소기 vaporizing combustion chamber [T] 가스터빈 연소기의 한 형식으로서, 연소기내에 연료 증발장치를 지닌 것으로 연료를 증발시켜 연소시키는 장치.

증속기 gearbox [S] 비동기식발전기를 사용하는 해양에너지발전장치의 로터 블레이드와 발전기 회전속도를 동기화하기 위해 사용되는 장치이다.

증속익렬 accelerating cascade, turbine cascade [C] 익렬 통과 후의 유속이 익렬 유입 전보다 커지는 익렬이며, 이 때 유체의 압력은 낮아진다. 직선익렬의 경우 익의 입구각은 익의 출구각보다 작다. 유체가 회전증속익렬을 통과할 때 전 헤드는 감소하고, 익은 유체로부터 일을 받게 되므로 터빈작용이 나타난다. 따라서 터빈익렬이라고도 한다. 유입각(inlet angle) 참조.

증속익렬 turbine cascade, accelerating flow cascade [G] 익렬을 통과하는 사이에 유체의 압력에너지가 운동에너지로 바뀌어 유속이 증가하는 익렬. 회전증속익렬을 유체가 통과하는 경우 전헤드는 감소하여, 회전날개는 유체에서 일을 받으므로 터빈작용이 나타난다. 따라서 터빈익렬이라고도 한다.

증식로 breeder reactor [Nu] 연료를 소비하는 것보다 많은 핵분열성 물질이 만들어 지는 원자로. 새로 만들어진 연료와 소비된 연료의 비를 전환율이라 하는데, 이 값이 1보다 큰 전환율을 가진 원자로이다.

증폭기, 리피터 repeater [A] 일정거리 이상 전송시 출력이 감쇠하는 디지털 신호의 성질을 보정하기 위해 디지털 신호의 장거리 전송 시 출력전압을 높여주는 전송신호 재생중계 장치.

지그재그배열 staggered arrangement [T] 파이프의 무리 중 파이프의 기본적 배열의 하나로, 파이프를 지그재그로 배열하는 것을 말한다. 이 배열의 파이프 무리 내의 흐름은 층류에서 난류로의 천이가 비교적 원활하다.

지네깃 integral rivet vane, milled vane [B] 원심압축기의 회전차에서 체결용의 원주(圓柱)형 돌기 부(리벳의 역할을 함)가 주판 및 측판의 접합부에 마련된 깃. 이것의 형태가 마치 지네와 닮아있는 것에서 나온 이름. 깃 폭이 좁고 리벳체결이 어려운 경우에 사용된다. 회전차 내의 기체통로에 리벳의 머리부분의 방해물이 전혀 없으므로 효율은 좋으나 제작, 공작이 어렵다. 원주돌기 부, 즉 리벳의 지름 이상의 두께를 가진 두꺼운 깃으로 되므로 무거워지는 결점이 있다. 부도 B-6 참조.

지네깃 milled vane, integral rivet vane [B] 지네깃(integral rivet vane)과 같음.

지름, 직경 diameter [T] m 원의 지름.

지름틈새 diametral clearance [T] m 지름의 틈새.

지름피치 diametral pitch [T] 1/m, {1/in} 치차에서의 지름 간 피치(DP)=(이 수)/(피치원의 지름 D). 단, D의 단위는 in 또는 m.

지배방정식 governing equation [N] 열전달, 유체유동과 같은 물리현상들은 엄밀한 물리적 법칙에 의해 지배를 받게 된다. 이러한 물리법칙을 각기 다른 가정하에 미분방정식과 같은 엄밀한 수학적 형태로 표현하는 것을 모델링이라고 하며 이 물리적인 현상에 대응되는 방정식을 지배방정식이라고 한다. 예를 들어 유동의 지배방정식은 질량, 운동량, 에너지의 보존관계를 나타내는 연속방정식, 운동량 방정식 그리고 에너지 방정식들이다. 이런 방정식들은 동일한 유체로 이루어지는 계(system)에 질량 불변의 법칙, 뉴턴의 운동 제2법칙, 열역학 제1법칙 등을 적용함으로써 유도된다.

지붕홴 roof fan [B] 환기를 위해 지붕에 장치되는 옥상 환풍기. 축류홴 중에서도 프로펠러휀이 사용된다.

지수법 exponential scheme [N] 간단한 1차원 수송방정식을 풀면 그 엄밀해는 지수함수의 형태를 가지게 되며, 이런 지수함수의 형태를 가지고 차분식을 구하는 방법을 말한다.

지수법 index method [G] 유체의 유량 측정법의 일종이며, 유로 벽면 상의 두 점의 압력차로부터 유량을 구하는 방법. 곡관을 이용하는 것은 곡관 내의 유체에 작용하는 원심력에 의해 내·외벽면 상에서 압력차가 생기므로 그 값의 측정치로부터 유량을 구한다. 유량을 산출하는 식 중에는 실험에 의해 정해지는 계수가 도입되어야 한다.

지시 indication [M] 눈금이나 지침, 숫자 등을 이용하여 측정치의 값을 표시하는 것.

지시계 indicator [A,M] 프로세스, 동작 또는 사상의 측정의 결과를 나타내는 표시, 지시 장치.

지압선도, 인디케이터선도 indicator diagram [B] 피스톤 위치와 실린더 내 압력과의 관계를 나타낸 선도.

지역난방 district heating [T] 하나의 보일러 설비에 의해서, 넓은 지역에 걸쳐 긴 옥외 배관을 이용해 건축 군을 난방하는 대규모의 난방법.

지역냉방 district cooling [T] 어떤 지역을 정하고 냉동 설비를 갖는 플랜트에서 지역 내의 건물에 배관을 통해서 냉수를 공급하며 각 건물에서 이것으로 냉방 하는 방법.

지연 lag [T] 함께 고찰하는 두 개의 현상 사이의 시간차. 정현파적으로 변화하는 양이 같은 진동수로 정현파적으로 변화하는 기준량에 대하여 어느 정도의 위상 차를 갖고 있는 가를 나타내는 양. 이것은 지연 각(lag angle)이라고 한다.

지연수정 deferred correction [N] High order approximation 등을 사용하여 계산하는 경우에는 암시법을 사용하면 현시법을 사용할 때보다 계산에 드는 비용이 많아진다. 이 경우에 Lower order approximation을 암시법으로 계산하고 High order approximation과의 차이는 현시법을 사용하여 보정해 주는 방법을 말한다. 즉, $F = F^H = F^L + (F^H - F^L)$에서 F^H는 F의 High order approximation, F^L은 Lower order approximation이라고 할 때, 우변의 첫 항을 암시법으로 계산하고, 둘째 항은 현시법으로 계산하는 방법을 말한다. 즉, 위 식은 다음과 같이 나타낼 수 있다.

$$F^{new} = (F^L)^{new} + (F^H - F^L)^{old}$$

지연연소 delayed combustion [T] 연소 지연 제 및 연소실 형상을 이용하여 연소를 지연시키는 것을 말하며, 지연연소를 유도하여 화염의 온도를 전체적으로 균일하게 함으로써 NO_x 발생량을 줄이면서 전체효율을 유지하도록 하는 연소방식이다.

지지대(케이싱의) support leg [B] 케이싱을 지지하는 부분. 부도 B-4, 5 참조.

지진계형 픽업, 지진계형 변환기, 사이즈모형 픽업 seismic pick-up, seismic transducer [D] 계의 질량과 기저

(base) 사이의 서로 다른 운동으로 인해 전기적인 출력을 발생하는 지진계(seismic meter)와 같은 변환기. 가속도 픽업은 변환기의 주요 고유진동수 이하의 진동수 범위(range)에서 작동한다. 속도와 변위 픽업은 변환기의 고유진동수 이상의 진동수 범위에서 작동한다.

직각 에지 오리피스유량계 square edge orifice flow meter [M] 직각 에지 오리피스유량계 오리피스 플레이트의 오리피스 에지 부위가 예리한 직각으로 되어 있어서 라운딩이 최소화된 오리피스유량계.

직각도 perpendicularity [T] 직각(90°)과 가까운 정도를 의미한다.

직각삼각위어 right-angle triangular weir [M] 위어판의 노치가 직각인 정점을 최하점으로 하는 이등변 직각삼각형으로 된 삼각위어.

직각좌표 rectangular coordinates [T] 정규좌표(normal coordinate)와 같음.

직각좌표, 직교좌표 Cartesian coordinate [T] 서로 직교하는 3방향의 직선 축 x, y, z로 이루어지는 직교 좌표계이며, 데카르트 좌표라고도한다.

직결식 direct coupled type, direct driven type with coupling [P] 펌프, 송풍기, 압축기 등이 축 이음에 의하여 원동기와 결합되는 방식.

직결식 direct driven type with coupling, direct coupled type [B] 직결식(direct coupled type)와 같음.

직결식 보조 기름펌프 direct connected auxiliary oil pump [P] 주기(主機)인 펌프, 송풍기 혹은 증·감속기의 축 끝에 설치되며, 그 축에 의해 구동되는 기름펌프. 이 기름펌프에는 주로 치차펌프가 사용되며, 강제급유베어링의 급유에 사용.

직경비, 지름비 diameter ratio [M] 오리피스 유량계에서 오리피스 직경과 관 직경 사이의 비.

진공도 percent of vacuum [G] 절대진공을 100%, 대기압을 0%로 하여 진공의 정도를 나타내는 방식.

직관부 meter-run [M] 설치 조건에 대한 표준 규격의 요구를 만족시키기 위해 특별히 제작하여 유량계의 전 후단에 설치하는 직관.

직관부 길이 meter-run length [M] m 직관부의 길이를 의미하며 유량계 상류나 하류 지점에 설치되는 배관 구조물 혹은 설비의 끝 단에서 유량계 양단까지의 길이. 일반적으로 이 길이에 대한 최소조건이 표준 규격에 명기된다. 직관부(meter-run) 참조.

직교곡선좌표계 orthogonal curvilinear coordinates [N] 직교직선좌표계처럼 직선 및 사각형의 간단한 구성은 아니지만, 직교곡선좌표의 격자망은 각 격자점에서 연결선분의 직교성이 보장되는 좌표계를 말한다. 임의 형상주위에 구성이 가능하고, 직교직선 격자망에서 개발된 다양한 수치 방법을 직접 적용할 수 있다. 격자선의 직교성 보장 때문에 검사체적면을 통과하는 확산 플럭스 등과 같은 물성치들을 쉽게 계산할 수 있다.

직교류 crossflow [T] 벽을 거쳐 두 유체가 서로 직각으로 교차하는 흐름.

직교류형 열교환기 crossflow heat ex-changer [T] 열통과식 열교환기에서 고온 유체와 저온 유체의 흐름의 주 방향이 열교환 벽을 사이에 두고 서로 직교하고 있는 열교환기.

직동식 direct driven type without coupling [B] 송풍기, 압축기 등이 원동기와 단일 축을 공유하고 있는 형식.

직동식(원동기의) close coupled type [P] 하나의 축을 원동기와 펌프가 공유하는 방식. 부도 P-27 참조.

직렬기관 inline engine [T] 실린더를 동일한 크랭크축에 직선적으로 배열한 형식으로, 실린더 수가 많은 경우에는 전체 길이가 길어지고 또 높아지는 것이 결점이나, 크랭크 기구가 비교적 간단하고 균형도 잘 이루어져 가장 일반적으로 이용되고 있다.

직렬류터빈 series flow turbine [T] 터빈 차실(車室)을 일직선상에 배치하고 터빈축을 하나로 한 터빈.

직렬운전 series running, series operation [G] 2대 이상의 펌프, 송풍기, 압축기가 하나의 파이프로 직렬로 연결되어서 운전되는 것. 일반적으로 고압을 필요로 할 때 채택되는 방법이다. 운전 점은 직렬연결의 특성곡선을 구하고 이것과 저항곡선과의 교차점으로서 구해진다. 병렬운전(parallel running) 참조.

직렬터빈 directly coupled turbine [T] 발전기 등의 피 구동기계의 축이 직접 연결된 터빈.

직립축, 수직축 vertical shaft [T] 유체기계에서 회전축의 방향이 연직으로 되어 있는 것. 유체기계를 분류하는 하나의 방법으로 이용된다. 이것과 대비되는 것은 수평축(horizontal shaft).

직선성 linearity [M] 입력 신호와 출력 신호 사이의 관계가 일치하는 정도를 나타내는 정도. 이 관계를 그래프화 하면 직선으로 나와야 하기 때문에 직선성이라는 표현이 나온 것이다.

직선와류선 straight vortex filament [G] 일직선의 와류선. 무한으로 긴 직선 와류의 경우 이 직선에 수직한 평면 상에는 회전유동이 나타나며, 반지름 r(m)에서의 유속 u(m/s)는 $u = \Gamma/(2\pi r)$로 주어진다. 단, Γ는 와류선의 강도(m^2/s)이며, 와류선에 따라 일정하다.

직선익렬 straight cascade [G] 환상 익렬을 임의의 반지름의 동축 원통면으로 절단하여 평면 상에 전개하였을 때 동일 형상의 익이 같은 위치관계를 갖고 직선상에 배열되는 익렬. 원형익렬(circular cascade) 참조.

직선형 로터 straight rotor [B] 회전블로워, 회전압축기에서 스팬방향으로 비틀림 각을 갖지 않는 로터.

직접구동형 direct drive type [S] 동력구동장치계의 한 종류로써 기어박스와 고속 축이 없고 로터의 회전력을 직접 발전기로 전달하여 전 회전속도범위에서 전기에너지 생산이 가능하다. 일반적으로 동기식 발전기가 사용된다.

직접구동형 터빈 direct drive turbine

[S] 파도에 의한 수평방향 해수의 흐름을 이용하여 터빈을 구동하는 파력발전 장치.

직접분사 **direct injection** [T] 주 연소실 내에 연료를 직접 분사해서 연소시키는 디젤기관의 연료분사의 한 방식.

직접수치모사, DNS direct numerical simulation [N] 난류유동에 존재하는 모든 스케일의 와동운동을 해상하는 해석방법. 이 방법에서는 소산을 담당하는 와동의 최소 스케일(콜모고로프 스케일)의 것까지 해상할 수 있는 미세격자가 요구된다. 또한 계산 영역으로서는 난류의 최대 스케일을 수용할 수 있는 충분한 크기도 필요하다.

진공 **vacuum** [A,T] Torr(mmHg abs) 1) 대기압 이하이며, 절대 0 압력까지의 상태. 2) 대기압을 기준으로 한 대기압 이하의 압력이며, 대기압에서 절대압을 뺀 값의 압력으로 나타내며, 보통 mmHg로 나타낸다. 3) 절대 진공을 기준으로 한 절대 압력으로 표시하는 대기압 이하의 압력으로서, 보통 Torr(톨)(mmHg abs)로 나타낸다.

진공계 **vacuum gauge** [P] 음의 게이지 압력을 측정하는 계기.

진공누설시험 **vacuum leak test** [C] 대기압 이하에서 사용되는 용기 류의 기밀을 확인하는 시험.

진공시험 **vacuum test** [B] 케이싱 등의 내부를 소정의 진공으로 하여, 내압력과 기밀성 등을 확인하는 시험.

진공압 **vacuume pressure** [M] Torr (mmHg abs) 진공을 나타내는 계기압력. 즉, 대기압보다 낮은 압력을 나타냄에 있어 표기를 대기압의 절대압과 해당 압력의 절대압과의 차로 나타내는 압력. 진공(vacuum) 참조.

진공이젝터 **vacuum ejector** [T] 고 진공을 얻기 위해 사용되는 이젝터. 이젝터(ejector) 참조.

진공증발기 **vacuum evaporator** [T] 저압으로 하여 용액을 증발시키는 장치. 액체의 비등점은 외압이 작을수록 낮아지므로 용액을 밀폐기에 넣고 감압하면 저온에서 증발시킬 수 있어 경제적이다.

진공차단기 **vacuum breaker** [P] 펌프 정지 시에 외부로부터 케이싱 내부에 공기를 도입하여 진공을 파괴하는 밸브.

진공탱크 **vacuum tank** [C] 진공을 유지하기 위한 용기.

진공펌프 **vacuum pump** [A,P,B,T] 1) 공기를 밖으로 빼내어 진공을 만드는 펌프. 펌프 설비용으로 사용되며, 펌프 시동 전에 케이싱 내의 공기를 배출함으로써 펌프를 물로 채워 펌프 운전이 가능하도록 하는 것이며, 이를 위해서 액봉 펌프가 많이 사용. 2) 용기 혹은 배관계 등의 내부 공기를 빼내어 진공으로 하기 위해 사용되는 송풍기, 압축기이며, 왕복 진공펌프, 액봉 펌프, 기름회전식 진공펌프, 확산 펌프 등, 그 외에 원심식 압축기는 터보형 진공 펌프로서 사용.

진공펌프의 보조 수조 **water supply tank [for vacuum pump]** [P] 수봉

식 진공펌프에 물을 공급하는 수조.

진동 vibration, oscillation [B,T,D] 1) 물체가 일정한 시간 간격으로 같은 운동을 되풀이하는 형상. 2) 어느 좌표계에 관한 양(量)의 크기가 그 평균치 또는 기준치보다 교대로 크거나 작은 상태로 나타날 때, 이것으로 인해 그 기계계의 운동이나 변위가 시간에 대해 변화하는 것. 3) 송풍기 및 압축기의 베어링 상자에서의 진동을 의미하며, 특기사항이 없을 때는 rms(자승평균평방근)치의 값으로 나타낸다.

진동가속도 acceleration of vibration [D] m/s^2 진동속도의 단위시간 당의 변화비율을 나타내는 것으로, 조화진동의 변위 x를 $x = a\cos\omega t$라고 하면, 가속도는 $d^2x/dt^2 = -a\omega^2\cos\omega t$로 표시되며, 가속도의 최대치는 진폭 a에 비례한다. 또한 각속도 $\boldsymbol{\omega}$의 제곱에도 비례하며, 위상은 변위에 대하여 180° 앞선다. 진동속도(velocity of vibration) 참조.

진동계 vibration instrument [G] 기계진동을 측정하는 계기. 측정되는 양에는 계기에 따라 차이는 있으나 진폭, 진동의 속도와 가속도, 위상, 주파수 등이 있다.

진동계 vibrometer, vibration meter [D] 일반적으로 피크 속도, 실효치(rms) 가속도 등의 진동의 크기를 측정하여 눈금으로 나타낼 수 있는 측정기로서, 진동지시계라고도 불린다. 진동계는 기본적으로 지시계기를 이용하여 진동의 크기를 나타내는 장치이지만, 간단한 주파수분석기를 내장한 것까지 매우 다양한 종류의 제품이 시판되고 있다.

진동기 vibrator [A] 필터에 진동을 일으켜 분진을 제거하기 위해 사용되는 장치.

진동기록계 vibration recorder, vibrograph [D] 진동계와 별도로 진동파형을 오실로그래프의 기록으로 나타낼 수 있는 측정기로서, 일반적으로 모든 요소를 자체 내장하고 기계적으로 작동되는 측정기이다.

진동모드 mode of vibration [D] 모드(mode)와 같음.

진동발생기 vibration generator, vibration machine [D] 진동을 발생하여 다른 구조물 또는 장치에 전달할 수 있도록 특별히 설계된 기계로 가진기(exciter, shaker, vibrator)라고도 불리며, 다음과 같은 종류가 있다. 1) 전동식 진동발생기(electrodynamic vibration generator, electrodynamic vibration machine) : 일정한 자기장과 적절한 교류 전류에 의해 가진되는 것으로, 안에 포함된 전선의 코일과의 상호작용에 의해 진동력을 유도하는 진동발생기. 2) 전자기식 진동발생기(electromagnetic vibration generator) : 전자석(electromagnets)과 자성 재료(magnetic material)의 상호작용으로 인해 진동력을 유도하는 진동발생기. 3) 직접 구동기계식 진동발생기(mechanical direct-drive vibration generator, direct-drive vibration generator) : 하중 또는 운전 주파수에 관계없이 일정하게 유지되는 진동의 변위진폭을 받도록 용적식 링크 기구(positive linkage)에 의해 진동테이블에 힘을 가하는 진동기계. 4) 유압식 진동발생기(hydraulic vibration generator) : 적당한 구동기구에 의해 유체 압력의 작용으로부터 진동력을 유도하는 진동발생기. 5) 기계식 반작용형 진동발생기(mechanical reaction type vibration generator) 또는 불평형 질량식 진동발생기(unbalanced mass vibration generator) : 회전 또는 왕복 불평형 질량들에 의해 발생하는 진동으로 가진력을 발생하는 진동기계. 6) 공진식 진동발생기(resonance vibration generator) : 공진주파수에서 가진되는 진동계를 포함한 진동발생기. 7) 압전식 진동발생기(piezoelectric vibration generator) : 힘을 발생하는 요소로서 압전식 변환기(piezoelectric transducer)를 가지는 진동발생기. 8) 자기변형식 진동발생기(magnetostrictive vibration generator) : 힘을 발생하는 요소로서 자기변형 변환기(magnetostrictive transducer)를 가지는 진동발생기.

진동속도 velocity of vibration [G] m/s 진동하는 변위의 단위 시간 당의 변화률이며, 조화진동의 변위를 x라고 하면, $x = a\cos\omega t$. 진동속도는

$$\frac{dx}{dt} = -a\omega\cos\left(\omega t + \frac{\pi}{2}\right)$$

으로 된다. 즉, 속도의 최대치는 진폭 a와 각속도 ω에 비례하고, 위상은 변위에 대하여 90° 앞선다.

진동수비 frequency ratio [D] 통상 외력 진동수인 가진진동수 ω를 계의 고유진동수 ω_n로 나눈 값 ω/ω_n을 말한다.

진동수주형 oscillating water column type [S] 파력발전장치의 일종으로 밀폐된 내부에 공기의 상하 또는 수평 운동을 통해 터빈을 회전시켜서 발전하는 방식.

진동스위치 vibration switch [D] 기계의 진동이 어느 설정 값을 넘어서 증가하면 작동하는 스위치. 기계의 이상을 검지하여 경보를 울리거나, 운전을 정지시키기 위해서 사용된다.

진동심각도 vibration severity [D] 진동의 심각함을 포괄적으로 나타내는 양으로, 진동량의 극대치, 평균치, 실효치(rms치) 또는 진동을 설명하는 다른 매개변수들의 값 또는 일련의 값들을 나타내는 일반적 용어. 이들의 값은 순간치나 평균치로 간주될 수 있다. 기계의 진동심각도는 베어링이나 마운팅(mounting)과 같은 기계의 중요한 부분에서 측정된 진동속도의 최대 실효치로 정의된다. 진동의 기간(duration)도 때때로 진동심각도를 설명하는 하나의 매개변수로 포함되지만, 잘 사용되지 않는다.

진동응답특성 vibration response characteristics [D] 진동계에 주기적인 외력을 가했을 때의 그 동력의 주파수의 변화에 대한 진동계의 진폭, 위상변화의 특성.

진동절연, 방진 vibration isolation [T, D] 회전기계나 왕복기계를 기초 또는 구조물에 직접 설치하면 진동이 전달되

어 주위 설비, 장치 및 건물 등에 나쁜 영향을 미친다. 또한 반대로 정밀 장비나 측정기기 등은 주위의 진동에 의해 영향을 받게 된다. 따라서 기계설비와 기초 또는 구조물 사이에 진동절연장치를 설치하여 진동원으로부터의 진동전달을 최소화하는 것을 말한다. 기계를 기초나 구조물에 부착하는 경우의 탄성지지는 기계에서 발생하는 가진력이 기초나 구조물에 전달되는 것을 방지하는 것을 목적으로 한 것이므로 능동적 진동절연이라 한다. 정밀기계나 측정기기를 진동이 많은 장소에 설치하는 경우에 사용되는 탄성지지는 이들이 주위의 진동으로부터 격리하는 것이 목적으로 수동적 진동절연이라 한다.

진동절연장치, 방진장치 vibration isolator [T,D] 어느 진동수 범위 내의 진동을 기계로부터 기초나 구조물로, 또는 그 역으로 전달되는 진동을 방지하는 것을 목적으로 설계된 절연장치. 이에는 방진고무, 금속스프링, 공기스프링, 동흡진기, 오일감쇠기, 공기감쇠기, 마찰감쇠기, 전자감쇠기 등이 용도와 환경에 따라 다양하게 사용되고 있다.

진원도 out of roundness [T] 환봉 등이 진원인지 아닌지의 정도를 의미한다. 진원도를 조사하는 데는 양 센터에서 지지하고 있는 환봉을 회전시키면서 컴퍼레이터(comparator) 등으로 측정하여, 측정자(測定子)의 움직임으로부터 반지름의 오차를 구한다.

진자 pendulum [D] 일정한 점의 주위를 일정한 주기로 주기적 진동을 계속하는 물체.

진자식 파력발전장치 pendulum wave energy converter [S] 파도에 의한 수류(水流)의 수평방향 왕복운동의 중앙에 좌우로 운동할 수 있는 저항체를 설치하여 이것의 진자운동을 이용하여 발전시키는 방식.

진폭 amplitude [D] m 정현진동의 극대치. 이 용어는 때때로 다른 의미에서의 용어의 amplitude와 구분하기 위해 벡터진폭(vector amplitude)이라고 불리기도 하고, 때때로 양 진폭(double amplitude)과 구분하기 위해 단 진폭(single amplitude) 또는 피크진폭(peak amplitude)이라고 불리기도 한다. 양 진폭은 단순조화진동의 경우, 변위 개념으로 총 변위(excursion) 또는 p-p (peak-to-peak)값과 같다. 양 진폭과 단 진폭이라는 용어는 잘 사용되지 않는다. 진동이론에서 정현파의 극대치를 설명하는 이외의 목적으로는 진폭(amplitude)이라는 용어는 잘 쓰이지 않는다.

진폭왜곡 amplitude distortion [D] 주어진 주파수에서 변환기 입력에 대한 변환기 출력의 비가 입력 진폭과 같이 변할 때 발생하는 왜곡.

질량 mass [D] kg,{kgf · s^2/m} 물체의 관성의 크기를 표시하는 양. 즉, 물체에 작용하는 중량과 질량은 항상 비례하며, 단위는 kg로 표시한다. 질량 1kg의 물체는 표준가속도 9.806 m/s^2의 경우 9.806N{1kgf}의 중량이다. { } 안은 SI 중력단위.

질량보존의 법칙 law of conservation of mass [G] 질량은 유동과정에서 생성되거나 상실되는 일이 없다는 것을 의미하는 법칙. 유체역학 해석에서는 연속식 또는 연속조건식으로 표현된다.

질량속도 mass velocity [T] kg/(m^2 · s),{kgf · s/m^3} 유체가 흐르고 있을 때 단위 시간에 어떤 단면을 단위면적 당 통과하는 질량을 질량속도라고 한다. { } 안은 중력단위.

질량유량 mass flow rate [T,M] 관로 등에서 어느 단면을 통해서 단위 시간에 통과하는 유체의 질량. 중량유량(weight flow rate), 체적유량(volume flow rate) 참조.

질량유량계 mass flow meter [M] 별도의 밀도측정을 위한 설비나 계산 과정 없이 유량계 자체가 질량유량을 측정할 수 있도록 고안된 유량계.

질량유량제어기 mass flow controller [M] 질량유량을 설정된 값으로 조절해 주기 위해 터보기계 후단의 질량유량을 감지하고 이를 설정된 값과 비교하여 밸브의 개도를 자동적으로 조절해 주는 기능을 가진 밸브.

질량중심 center of mass [D] 물체 또는 물체계가 움직일 때 마침 어느 한 점에 질점이 있는 것처럼 움직이며, 또 외력도 그 점에 작용하는 것과 같은 점. 계의 대응하는 1차 모멘트와 같은 어느 면에 관한 1차 모멘트를 가지는 물체에 대응하는 점.

질량측정법 weighing method [M] 유량계를 통과한 유체를 탱크로 수집하여 수집된 유체의 질량과 수집 시간으로부터 유량을 알아내는 방법.

질량편심 mass eccentricity [D] m 회전체의 질량중심으로부터 회전축 중심까지의 거리.

질점, 입자 particle [T] 1) 질점 : 크기는 없고 질량만이 있는 점. 2) 입자 : 물질을 구성하는 미세한 알.

집중격자 collocated grid [N] 집중 격자는 검사체적 내부의 중심점에 속도와 스칼라 변수를 동시에 두는 방식이다. 비 엇갈림 격자의 경우 검사체적의 형상이 복잡하고 비직교성이 심한 경우 또는 좌표축의 방향과 일치하지 않는 경우, 유량 계산에서 심각한 문제를 발생시킬 우려가 있는데, 집중격자의 경우는 Cartesian 속도성분을 주된 변수로 사용하여도 유량계산에서는 문제가 발생하지 않는 장점이 있다. 하지만 속도와 압력이 동일한 격자점에 정의되어 체커보드(checkerboard)형태의 진동해를 얻게되므로 운동량 보간(momentum interpolation)을 이용하여 진동해를 방지해야 한다.

집중질량 lumped mass [D] kg,{kgf · s^2/m} 분포 질량의 문제를 간단한 질점 문제로 취급하기 위해 전체질량 또는 어느 구간의 질량을 한 점에 집중해서 존재한다고 가정하는 질량. { } 안은 중력단위.

집진기 dust collector [T] 기체 중에 부유하는 먼지나 재를 분리하는 장치.

집진기, 더스터, 먼지떨이기 duster [T] 먼지 등을 떨기 위해 가루 모양의 약제를 송풍에 의해 살포하는 기계.

집하장 collection station [A] 투입구로부터 지하에 매설된 관로를 통해 이송된 폐기물이 집하되는 곳으로, 컨테이너에 이송된 폐기물은 차량에 의해 최종 처리장(매립지, 소각장 등)으로 이송되어진다. 폐기물 자동집하시설의 모든 운전 및 제어는 집하장에서 이루어진다.

징후분석, 기호분석 signature analysis [D,G] 기계의 운전상태를 진단하는데 사용되는 수법이며, 기계의 진동, 소음, 압력, 온도 기타의 제 성능을 검출하여 그 정보를 컴퓨터의 도움으로 해석하고, 정리하는 것. 이것은 운전 중의 기계의 상태를 알아내기 위해서 사용된다.

ㅊ

차단밸브 shut-off valve, shut off valve, stop valve [M] 유체의 흐름을 급속히 차단하기 위한 밸브로서 접시형 밸브를 밸브 시트에 대하여 나사로 상하로 움직이게 함으로써 유체 흐름을 개폐함. 이것에는 글로브밸브와 앵글밸브의 2종류가 있다.

차단비 cut-off ratio [T] 내연 기관에서 등압변화 중의 용적 V_3와 V_2의 비. 그림 차-1 참조.

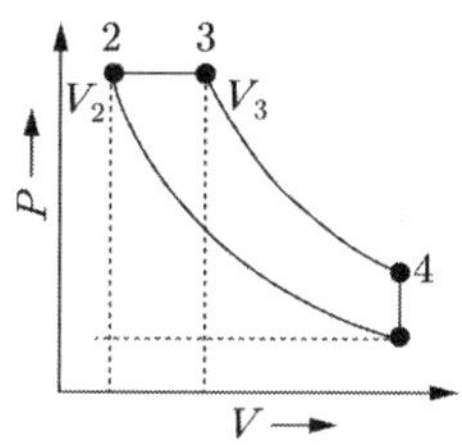

그림 차-1　차단비

차단양정 no-discharge head, shut off head [P] m^2/s^2,{m} 차단 : 운전시의 전 양정. { } 안은 중력단위.

차단운전 no-discharge operation, shut off operation [P] 펌프, 송풍기 및 압축기 등의 토출쪽의 밸브 등을 차단하여 토출량이 0이 되도록 한 상태의 운전. 이 운전상태를 계속하면 유체온도가 상승하므로 이와 같은 운전은 피해야 함.

차단주파수, 커트오프 주파수 cut off frequency [T,D] Hz,1/s 장치의 신호 감쇠가 급격히 증가하기 시작하는 주파수. 필터 장치 등의 주파수 특성이 기준 주파수에 대한 값에 대하여 정해진 값만큼 저하시킨 값의 주파수로서, 이득(gain)이 기준 주파수에 대한 값보다 3 dB 저하하는 주파수이다.

차단축동력 shut off power [P] kW,{PS} 차단운전 시의 펌프의 축동력. { } 안은 중력단위.

차동 플런저펌프 differential plunger pump [P] 왕복펌프에서 토출된 액체 유동을 균등하게 하기 위한 펌프.

차동(식) 펌프 differential (type) pump [P,G] 펌프의 작동원리는 차동플런저 펌프(differential plunger pump)와 같음. 차동플런저펌프(differential plunger pump) 참조.

차수분석 order analysis [D] 차수 추적 해석(order tracking analysis)과 같음.

차수추적해석, 오더해석 order tracking analysis [D] 회전속도가 변화하였을 때에 동일 조화차수성분의 진폭 및 위상의 변화를 추적하여 표시하는 방법. 설비진단에서는 회전주파수의 특정 고차성분에 착안하여 회전속도가 변화하였을 때, 그 성분이 어떻게 변화하는가를 관찰할 필요가 있다. 예로 회전기계의 이상이 공진인 것을 확인하고 싶을 때는 회전주파수의 1차 성분이 회전속도의 상승에 따라 어떻게 변화하는가를 관찰한다.

차압 differential pressure [T] Pa, {kgf/m^2} 두 점 사이의 압력 차. { } 안은 중력단위.

차압계 differential manometer, differential pressure gauge [M,P,T] 2점에서의 압력 차를 측정하는 압력계 혹은 마노미터.

차압식 유량계 differential pressure flow meter [M] 배관 내부에 구조물을 설치함으로써 발생하는 차압의 값, 유체의 물성, 유체의 온도와 압력, 배관과 삽입된 구조물의 기하 조건 등을 모두 고려하여 유량을 산정할 수 있게 만든 모든 장치의 총칭.

차압전송기 differential pressure transmitter [M] 차압과 연관된 신호를 감지하고 이 신호를 변형하여 전송할 수 있도록 제작된 기기.

차원 dimension [G] 물리량을 추상(抽象)한 것. 서로 독립된 물리량을 기본량으로 하여, 이들을 조합하여 다른 물리량을 2차량으로서 도출한다. 기본 양으로서 이론적으로는 길이[L], 질량[M], 시간[T] 등을 택하여, 2차량의 차원은 이들의 기본량의 차원의 조합으로 나타낸다. 예 : 힘의 차원은 MLT^{-2}.

차원과 단위 dimension and unit [G] 차원은 물리적 변수를 정량적으로 나타내는 측정기준을 말하며, 그와 별개로 이들에 정량적인 수치를 부여하는 고유의 방법을 단위라 한다. 따라서 단위로는 지금까지 여러 단위계가 사용되어 왔다. 유체역학에서 나타나는 차원에는 주로 길이(L), 질량(M), 시간(T) 그리고 온도(θ) 등이 있으며, 분야에 따라 그 밖의 차원이 나타난다. 유체역학에서의 이들의 차원을 1차 또는 기본 차원이라 하며, 이들로부터 유도되는 다른 모든 양의 차원을 2차 또는 유도차원이라 한다. 단위의 기본으로서 길이(cm), 질량(g), 시간(s)을 사용한(이를 CGS단위계, 그 밖에 (m), (kg), (s)를 사용한 것은 MKS단위계라고 함) 것을 절대단위계라 한다. 그와 별개의 단위로서 길이(m), 힘(kgf), 시간(s)을 기본으로 한 것은 과거에 공학분야에서 사용되어 왔던 중력단위계이다. 지금은 질량을 기본으로 한 (m), (kg), (s) 등의 SI단위계(국제단위계)가 사용되고 있다. 중력단위계에서의 1 kgf는 SI 단위계의 9.81 N (Newton)에 해당한다. 위 설명에서 g는 그램, m은 미터, s는 초, kgf는 kg중(重)을 의미한다. 차원(dimension) 참조.

차원해석 dimensional analysis [T] 자연현상의 법칙을 구할 때 그 현상에 영향을 주는 물리량을 찾고, 그들을 Buckingham pi정리 등에 의해 조합시켜서 무차원 물리량을 구하여 관련 지우는 것.

차음 sound insulation [G] 소음이 전파하는 도중에 그 전파를 차단하여 해당 장소에 도달하는 소음 레벨을 낮추는 것. 소음 원을 적당한 커버로 씌우는 것도 소음을 차단하는 것에 해당한다.

착탈식 수중 모터펌프 detachable submergible motor pump [P] 오수 또는 오물용의 수중 모터펌프로서, 단지 펌프를 상하로 이동시키는 것만으로 배수조 내에 있는 펌프의 토출구와 토출관의 착·탈을 할 수 있는 구조로 된 것.

참값 true value [M] 주어진 특정 량에 대한 정의와 일치하는 값으로, 완전한 측정에 의해서만 얻어지는 값.

창함수 window function [D] 가중된(weighted) 데이터 점 들을 처리하는 동안 오차를 감소시키기 위해 사용되는 절단된 함수(truncated function)를 말한다. 보통은 신호를 FFT나 시간압축형의 분석기로 분석하고자 하는 경우, 데이터의 길이는 무한으로 되어있으므로 신호로서 유한의 시간구간 T로 절단하여 그 부분의 계산을 하게 된다. 예로, 단위 높이를 갖는 길이 T의 직사각형의 창함수 w(t)를 원(元) 신호데이터 x(t)에 곱하면, T의 시간구간 만이 절단되어 나오는 형태의 데이터가 된다. 이것은 원래의 신호 데이터를 창을 통하여 바라보게 되며, 창으로부터 시계(視界)에 들어오는 부분 이외는 0으로 하는 함수이므로 창함수라고 부른다. 이것은 원 신호데이터에 제한을 가하거나, 어느 계수를 곱하거나 하는 함수이므로 가중함수(weighting function)라고도 불린다. 단순정형함수에 직사각형 창함수를 이용하여 주파수분석을 하여보면, 하나의 선스펙트럼만이 나타나야 하나, 이 주파수의 좌우에 작은 주파수 성분의 부엽(side lobe)이 발생한다. 부엽이 있으면, 중심주파수와 근접한 주파수를 갖는 낮은 레벨의 신호에 대한 스펙트럼과 구별이 어렵게 되고 부적당하다. 따라서 일반적으로는 직사각형 창함수는 잘 사용되지 않고, Hamming 창이 널리 이용된다.

채터링 chattering [D] 덜그럭 덜그럭하는 비교적 높은 음을 발생하는 자려진동현상.

처짐 deflection, sag [D] m 탄성 보(flexible beam)는 하중을 받으면 휨이 발생한다. 휘었을 때의 보의 곡선을 탄성곡선(elastic curve)이라 하고, 그 변위를 처짐이라 한다.

처짐곡선 deflection curve [D] 탄성 보(beam)가 굽힘모멘트(bending moment)를 받으면 변형이 발생한다. 변형 전에는 중립축이 직선이었던 것이 변형 후에 곡선으로 된다. 이와 같이 보의 변형으로 인해 중립축이 이루는 곡선을 말한다.

천연가스 natural gas [T] 천연적으로 유전, 탄갱, 늪 등에서 발생하는 가연가스.

천연가스 압축기, LNG압축기 LNG compressor [C] 천연가스 액화플랜트에서 사용되는 압축기. 여러 액화방법이 있지만, 어느 경우나 원심압축기가 주로 사용된다. −160℃의 저온이므로 회전차, 케이싱 등에는 Ni이 포함된 재료가 사용된다. 바이패스 제어, 흡입온도제어가 이루어진다. 인수기지에서는 증발가스압축기가 사용된다. 증발가스압축기(boil-off gas compressor) 참조.

천연가스펌프, LNG펌프 LNG pump [P] 액화천연가스를 이송하는 펌프. 저온펌프이며, 재료의 저온 취성이 고려되어야 함.

천음속 transonic [T] 유체의 흐름 속에 음속 이하의 부분과 음속 이상의 부분이 공존할 때 물체의 속도. 유체가 물체 주위를 흐를 때 최고 마하수가 1일 때 시작하고 최저 마하수가 1일 때 끝난다.

천음속압축기 transonic compressor [C] 동익 선단의 주속도가 음속보다 빠르고 날개에 대한 입구 상대 유동의 마하수가 동익 선단에서 1을 넘고 동익 뿌리에서는 1 이하인 축류 압축기. 1 단당의 압력비는 1.3~2.0이며, 소형 고부하가 요구되는 제트 엔진에 사용된다.

천이 transition [T] 1) 유체역학에서는 보통 층류에서 난류로의 변화를 말한다. 예를 들면 경계층 내의 유동이 층류에서 난류로 이행할 때 볼 수 있으며, 천이가 일어나고 있는 구간을 천이영역이라고 한다. 2) 과도상태(transient state)를 천이라고도 부른다.

천이 레이놀즈수 transition Reynolds number [G] 여러 유동현상에서 층류에서 난류로 천이하는 레이놀즈수. 예를 들어 파이프유동에서 층류유동이 난류유동으로 천이를 시작하는 레이놀즈수는 $R_{ed} = 2300$(지름 d를 대표 길이로 함), 평판 위의 경계층이 층류경계층에서 난류경계층으로 천이를 시작하는 레이놀즈수는 $R_{ex} = 3 \times 10^6$(대표 길이는 판의 선단에서부터의 거리)으로 되어있다.

천이비등 transition boiling [T] 핵 끓음과 막 끓음의 중간 영역의 불안정한 끓음 상태. 천이비등(transient boiling)과 같음.

천이온도 transition temperature [T] 연성에서 취성(또는 그 반대)으로 옮아갈 때의 온도. 강재의 충격 테스트를 온도를 낮춰 가면서 반복하면 어느 온도를 경계로 하여 갑자기 작은 에너지로 파단 하게 된다. 이 온도를 천이 온도라고 한다.

천정 현수형 hanging type [P] 환기용 홴 등과 같이 천정에 걸어서 사용하는 형식. 넓은 실내에서 환기 때문에 천정에 걸어서 사용하는 프로펠러 홴. 터널에 사용하는 제트홴은 이 형식에 해당.

천정 홴 ceiling fan, hanging type fan [B] 환기용 등을 목적으로 천정에 매달려 사용하는 홴. 넓은 실내에서 환기를 위해 천정에 매달려 설치된 프로펠러 홴. 터널에 설치되는 제트홴 등이 있다.

첨두계수 peaking factor [Nu] 원자로 노심에서 국소 최고 열유속과 평균 열유속과의 비를 말함. 비등수형 원자로의 노심 열설계에 있어 열적 안전계수의 하나이며, 노심 전체의 출력을 올리기 위해서는 되도록 적은 것이 바람직하다.

첨두도, 첨도 Kurtosis [D] 통계학에서 정상분포곡선이 뾰족한 정도를 알려주는 값으로, 정상(정규 : normal)분포곡선에서 첨두도(尖頭度)의 값은 3이며, 정상분포곡선보다 뾰족하면 3보다 큰 값을 가지며 완만하면 3보다 작은 값을 가진다. 시간영역의 진동파형에 대한 분석기술로서 이용되며, 진동파형이 얼마나 충격적인가, 즉 파형이 얼마나 예리한 가를 나타내는 값이며, 다음 식과 같이 정의된다.

$$\beta_2 = \mu_4/s_4$$

여기에서, β_2는 첨두도, s 및 μ_4는 각각 자료평균치 주위의 2차 모멘트(표준편차) 및 4차 모멘트이다. 즉,

$$s = \sqrt{\frac{1}{N-1}\sum_{i=1}^{N}(x_i - \bar{x})^2},$$

$$\mu_4 = \frac{1}{N-1}\sum_{i=1}^{N}(x_i - \bar{x})^4$$

구름베어링이나 기어장치의 결함진단에 특징적으로 널리 이용된다.

첨두플랜트 peaking plants [T] 한 시간 이내로 전출력에 달할 수 있는 작은(일반적으로 10~100 MW) 개방사이클 가스터빈. 전기 에너지의 단기 피크 수요를 충족하기 위함이다.

청감보정 auditory sensation weighting [B] 귀의 감각은 음의 강도에 따라 주파수성분에 대한 감도가 틀리기 때문에 소음계에서는 음의 강도의 범위를 세 단계로 나누고, 각각에 대하여 귀의 느낌에 맞는 주파수 응답이 되도록 보정되어 있다. 이를 청감보정이라 한다.

청소로드 cleaning rod [A] 유연한 와이어 끝단에 로드를 장착하여 배관 막힘을 해소하는 장치.

청수펌프 pure water pump [P,G] 청수를 취급하는 펌프. 특히 선박용 펌프에 있어서는 해수, 기름, 청수 등의 여러 액체를 다루기 때문에 액체의 종류와 용도의 명칭을 펌프 앞에 붙이는 것이 관례로 되어 있다.

체적농도 volumetric concentration [P,G] 사용된 혼합액 내의 청수의 용적 V_w와 이송물의 용적 V_s의 합 $(V_w + V_s)$에 대한 이송물의 용적 V_s의 비. 즉, $V_s/(V_w + V_s)$이다.

체적유량 volume flow rate [B,T,M] m^3/s 단위 시간당 체적으로 나타낸 유체의 유량.

체적제어탱크 volume control tank [Nu] 원자력발전소의 화학 및 체적제어계통에 있는 용기로서, 1차 냉각재의 보유량 조절과 냉각재의 붕산농도 조절 등에 이용된다.

체적팽창 volume expansion [T] 열변화에 의한 체적의 팽창.

체적효율 volumetric efficiency [P,B,T] % 1) 유체 기계에 있어서는 이론상 토출되는 양과 실제로 토출되는 양과의 비. 대략 0.95~0.75 정도이나 압력, 온도, 기계의 종류에 따라 다르다. 펌프의 경우는 펌프 토출량 Q와 임펠러를 지나는 유량 Q_{th}와의 비를 말하며, 송풍기 및 압축기의 경우는 송출되는 기체를 흡입상태에서의 체적으로 환산한 가스량 Q와 배제량 Q_{th}와의 비이다.

체커보드 압력장 checkerboard pressure field [N] 유체역학 수치해석 시 압력 및 속도 변수를 각기 다른 엇갈린 격자를 사용하여 계산하는 방법이 있다. 속

도와 압력값이 동일한 격자점에서 정의되면 서양 장기판(checkerboard) 형태의 진동해가 얻어지는 것을 방지하기 위해서 이다. 1차원 유동에서 x방향의 운동량 방정식의 압력 구배 항을 예로 들어, 압력 구배항을 이산화하면 다음 식과 같다.

$$-\iint \frac{\partial p}{\partial x} dx\, dy = \Delta y(p_w - p_e)$$
$$= \Delta y\left(\frac{P_W + P_P}{2} - \frac{P_P + P_E}{2}\right)$$
$$= \Delta y\left(\frac{P_W - P_E}{2}\right)$$

즉, 대문자의 점 W, P, E에서 압력의 이산 값을 취하면 지그재그의 압력 진동해를 허용해 버리게 되는데, 이와 같이 2차원에서는 체커보드 모양의 압력장이 얻어지게 된다.

체크밸브, 역지밸브 check valve, non-return valve [P] 주로 유체의 배압에 의하여 밸브 디스크가 역류를 방지하도록 작동하는 밸브를 말한다.

초기 위상 initial phase [T] 단 진동을 나타내는 식 $x = A\cos(\omega t + \alpha)$에 있어서의 α를 초기 위상 혹은 초위상이라고 한다.

초병렬처리, MPP massively parallel processing [N] 수백에서 수만 혹은 수백만의 CPU를 동시에 사용하여 계산속도를 비약적으로 높여서 T(Tera) FLOPS의 시스템 구성을 추구한 것. 이를 위해서 병렬구조에서의 알고리즘의 개발이 필요하며, CPU 사이의 통신시간 등의 시간지연을 보충하고도 남음이 있도록 전체효율을 높이는 방법이 요구된다.

초생캐비테이션계수 incipient cavitation number [P,G] 유체의 증속과 압력의 저하로 인해 캐비테이션이 발생할 때의 캐비테이션 계수. 수력기계의 경우 캐비테이션 초생의 상태에서는 성능 저하나 진동, 소음 등이 아직 나타나지 않는 것이 보통이므로 관찰에 의해 캐비테이션 발생을 확인할 필요가 있다.

초압축계수 super-compressibility [M] 기준조건의 압축계수를 실제조건의 압축계수로 나눈 값의 제곱근.

$$F = (Z_b/Z_a)^{1/2}$$

여기에서, F는 초압축계수, Z는 압축계수, 첨자 b는 기준조건, 첨자 a는 실제조건을 나타낸다.

초음속 supersonic speed [G] 기체유동장 중의 임의의 한 점에서 미소 압력 소란이 주어지면, 그 소란은 음속 a로 주위에 전파된다. 기체가 그 압력소란의 발생 위치에소 상대속도 u로 운동하고 있을 때, $u>a$이면 그 유동속도를 초음속이라 한다. 유속이 초음속의 경우 상기의 압력 소란의 영향은 그 발생원을 정점으로 갖는 마하각의 반각의 원추 내에 한정된다. 마하각(Mach angle) 참조.

초음속 압축기 supersonic compressor [C] 축류압축기에 있어서는 동익의 선단에서 익 뿌리까지 날개에 대한 입구 상대 유동의 마하수가 1을 넘는 압축기이며, 충격파에 의한 압력 상승을 이용한다.

초음속노즐 supersonic nozzle [T] (비

압축성 유체에서) 우선 수축부에서는 유동을 가속시키고, 확대부에서 유동을 감속시키는 노즐이다. 만약 압축성 유체일 경우, 압력의 차이가 클 경우, 유동이 노즐 목에서 초크(choke)가 되고 확대부에서 초음속유동이 된다.

초음속디퓨저 supersonic diffuser [T] 초음속유동에서 속도를 감소시키고 압력을 증가시키는 수축노즐.

초음속선회 supersonic turning [T] 연속적인 압축파, 비연속적인 경사 충격파, 혹은 연속적인 팽창파를 이용하여 초음속 유동의 진행방향을 바꾸는 과정.

초음속유동 supersonic flow [T] 유속이 음속보다 큰 기류.

초음파유량계 ultrasonic flow meter, acoustic flowmeter [M] 유동장 내에 초음파의 발신기와 수신기를 설치하여 발신된 초음파가 유동장을 통과하는 사이에 전파 속도는 유속의 영향을 받고 수신기에서 수신이 되고, 수신된 신호로부터 유속을 산정하는 유량계.

초임계 익형 supercritical aerofoil [T] 조파항력을 최소화하기 위해 설계된 천음속익형.

초임계보일러 supercritical pressure boiler [T] 물의 임계 압력 225.6 ata를 넘는 증기를 발생하는 보일러. 초임계 압력에서는 증기와 물이 혼합체로서 존재할 수 없으므로 드럼 내에서 물과 증기를 분리하는 기수 드럼을 갖는 형식의 보일러는 설계되지 않고 관류 보일러 만이 채용된다.

초임계압(초임계압력) supercritical pressure [T] Pa,{kgf/m^2} 임계압력 225.6 ata 이상의 압력 또는 초임계 압력에 있는 상태. 수증기를 사용한 랭킨 사이클에서 고온 영역에서는 압력이 높을수록 열효율이 증가하므로 보일러에서 초임계 압력으로 가열하는 초임계 압력 발전소가 실용화되고 있다. { } 안은 중력단위.

초임계압 발전소 supercritical steam power plant [T] 수증기 압력이 초임계 압력 225.6 ata를 넘는 246 ata급 혹은 그 이상의 초임계 압력 유닛(보일러, 터빈, 발전기 등으로 이루어지는 발전 플랜트)을 말한다.

초임계유동 supercritical flow [T] 1) 프루드(Froude) 수가 1보다 큰 개수로 유동. 프루드 수(Froude number) 참조. 2) 관성파가 유동의 속도보다 낮은 속도로 전파되는 선회류. 3) 레이놀즈(Reynolds), 테일러(Taylor), 레일리(Rayleigh) 수와 같은 무차원 수가 유동이 불안정한 상태가 되도록 하는 특정한 값보다 높은 점성류.

초임계증기사이클 supercritical steam cycle [T] 보일러 압력이 초임계인 증기동력사이클.

초저주파수 소음 ultra low frequency noise, infrasonic noise [G] 가청음 밖에 있는 20 Hz 이하의 저주파수의 소음. 이 소음(또는 진동)은 감쇄가 극히 적으므로 멀리 떨어진 곳에서 2차 진동을 일으켜 가청 주파수의 소음을 그 곳에서 반사할 수 있다. 화산 폭발이나 송풍기 · 압축기 등의 소음에서 발생할 수 있다.

초크 **choke** [C] 1) 면적이 감소하는 통로에서, 그 길이가 단면 치수에 비해 비교적 긴 경우의 흐름의 스로틀링. 2) 주로 엔진 시동 시에 흡입 공기를 교축하여 혼합기를 짙게 하는 조작. 3) 리액턴스를 이용하기 위해 만든 철심을 지닌 코일.

초크밸브 **choke valve** [C] 엔진 시동 시에 흡입공기를 교축하여 혼합기를 짙게 하는 밸브.

초크유동, 초킹흐름 **choke flow, choking flow** [T] 압축성 유체의 흐름에서는 수축 노즐의 입구압을 일정하게 유지하고 배압을 감소시켰을 때 출구압의 저하와 함께 유량이 증가하는데 배압이 어느 압력 이하로 저하하면 그보다 출구압이 저하해도 유량이 달라지지 않게 된다. 이 상태를 초크 흐름 또는 임계류, 폐색류라고 부른다.

초크코일 **choke coil** [C] 교류의 주파수 제어를 위해 사용되는 코일. 형광등의 회로안정기 등에 사용된다.

초킹 **choking** [B,T] 가스체에 압력 차가 있으면 흐름이 생긴다. 그러나 압력비를 증가시킴에 따라 유로 최소 단면에서의 유속은 증가하지만 음속에 달하게 되면 그 이상은 증가하지 않게 되는 현상을 말한다.

초킹흐름 **choking flow** [C] 초크유동(choked flow)과 같음.

촌동(寸動) **inching** [B] 모터구동의 펌프, 송풍기, 압축기를 설치하고 시운전 할 때, 시동준비를 끝낸 상태에서 모터 스위치를 순간적으로 넣어 이상의 유무를 확인하는 것.

총감기각, 랩각 **wrap angle** [B] rad, deg 나사 압축기 로터의 양끝 면에 있어서 대응하는 치형의 각도 차.

총낙차 **gross head** [T] 수차 및 펌프 수차에서 도수관의 취수구 수면과 흡출관 출구의 방수구 수면과의 표고 차.

총단열효율 **overall adiabatic efficiency** [T] % 송풍기, 압축기의 이론 단열압축 동력과 축동력과의 비이며, 다음 식으로 제시된다.

$$\eta_{tad} = (L_{ad}/L) \times 100(\%).$$

여기서, η_{tad} : 총단열효율(%), L_{ad} : 이론 단열압축동력(kW), L : 축동력(kW). L_{ad}에 대하여는 이론 단열압축동력(theoretical adiabatic power)을 참조.

총대장균군 **total coliforms** [E] 사람과 동물의 장내에서 기생하는 대장균 및 대장균과 유사한 성질을 가진 균들의 총칭.

총등엔트로피효율 **overall isentropic efficiency** [C,G] 줄여서 등엔트로피 효율이라고도 부르며, 전단열효율이라고도 한다. 종합효율(overall efficiency), 등엔트로피 내부효율(isentropic gas efficiency), 단열효율(adiabatic efficiency), 전등온효율(overall isothermal efficiency) 등 참조.

총등온효율 **overall isothermal efficiency** [B,G] W 블로워나 압축기로 기

체를 압축할 때 압축기 냉각에 의해 흡입기체의 온도를 일정하게 유지하면, 이를 등온압축이라 한다. 이때 단위 시간에 유량 $Q_1 (m^3/s)$의 기체를 흡입하여 등온압축할 경우의 단위시간당의 일량, 즉 동력 L_{is}는 이론등온압축동력(theoretical isothermal power)의 항의 식 (3)으로 주어지며, 다음 식과 같다.

$$L_{is} = Q_1 p_1 \log_e \left(\frac{p_2}{p_1} \right) \text{ [W]}$$

단, 아래 첨자 1, 2는 흡입과 토출 측의 상태를, p는 절대전압(N/m^2)을 나타낸다. 압축기의 축동력을 L이라고 하였을 때 L에 대한 효율 $\eta_{tis} = L_{is}/L$을 전등온효율이라고 한다. 축동력 L 중에서 기계손실동력을 L_m이라고 하고, 압축기에서 누설손실은 없다고 하면 $L_i = L - L_m$으로 표시되는 L_i를 내부동력이라고 부르며, L_{is}와 L_i과의 비 $\eta_{is} = L_{is}/L_i$를 등온효율 또는 등온내부효율이라고 하며, 총등온효율과 구별하고 있다. 압축기 내부에서의 마찰손실은 내부동력에 포함된다. 등온효율(isothermal efficiency) 참조.

총부유고형물(TSS) total suspended solids [E] 수중에 용해되어 있는 물질로 여액을 증발 건조시켜 건조후의 남은 고형물.

총알칼리도 total alkalinity [E] 물속에 녹아있는 알카리성 물질의 척도.

총압력비 overall pressure ratio [C,M] 압축기의 최종 토출구에서의 절대전압과 최초의 흡입구에서의 절대전압과의 비. 중간냉각식이나 복수케이싱형의 경우에 사용되는 용어.

총연소가스 total combustion air [T] 1) 공연비에 따라 연소할 때 반응하는 총가스와 그 외 과잉가스의 합. 2) 보일러로 유입되는 새로운 공기에 연통에서 재순환 하는 가스를 더한 것.

총열효율, 발전말단 열효율 gross thermal efficiency [T] 발전설비에 공급된 열량에 대한 발전 전력량(열량 환산)의 비율.

총유기탄소 total organic carbon [E] 수중에 존재하는 유기물의 형태로 들어있는 탄소량.

총인 total phosphate [E] mg/ℓ 물 1*l* 속에 녹아있는 인 (P)의 측정총량.

총정헤드, 전체 높이 total static head [P,T] m^2/s^2,{m} 펌프의 흡입 액면에서 측정된 토출 액면의 높이. { } 안은 중력단위.

총폴리트로프 효율 overall polytropic efficiency [C,G] 줄여서 폴리트로프 효율이라고도 함. 총효율, 폴리트로프 효율 참조.

총합오차 overall error [M] 모든 부분의 오차를 감안하였을 때 생기는 종합적인 오차.

총헤드 total head [P,T] m^2/s^2,{m} 1) 관 속을 흐르는 정상유동 유체의 위치헤드, 압력헤드, 속도헤드의 총합. 이들 3종류의 헤드의 합계는 손실이 없다면 항상 일정. 2) 펌프의 총헤드는 흡상높이, 토출높이와 두 높이 사이의 손실헤드 및 토출측의 속도헤드를 합친 헤드. 만일 토출측과 흡입측의 액면에 작용하는 압력에 차이가 있을 때는 이들 두 압력헤드차를 더해야 함. 또 토출측의 속도헤드는 일반적으로 작으므로 무시할 수도 있음. 3) 펌프의 총헤드는 펌프 토출측의 압력헤드(압력측 정압력계의 펌프 중심으로부터의 수직 높이가 고려된 것)와 흡입측의 압력헤드(진공압일 경우 계기 연결관에 양액이 들어있지 않으므로 계기 높이는 무관함)와의 차와 압력측정 위치에서의 속도헤드의 차를 합한 것. 4) 수차의 경우 수차 정지 시의 상수조의 수면과 방수면 사이의 수직거리를 말하며, 정낙차라고도 부름.

총흡입헤드 **total suction head** [P,G] m^2/s^2,{m} 펌프기준면(수평축 한쪽 흡입 펌프의 경우 축 중심 위치)으로부터의 총흡입헤드(h_s).

최고효율 **maximum efficiency** [P,B] % 효율곡선 위에서 가장 높은 효율. 가동 깃의 경우는 효율 곡선군 중의 최고점의 값.

최고효율점 **best(maximum) efficiency point** [P] 유량-양정곡선에서 효율곡선을 함께 나타내면 효율이 최고로 나타나는 작동점. 일반적으로 설계시방은 최고효율점에서의 성능을 의미.

최대깃두께 **maximum blade thickness** [B] m 깃 두께의 최대치.

최대연속하중 **maximum continuous load** [T] N,{kgf} 장시간 연속 운전하는 경우에 낼 수 있는 최대 하중. 짧은 시간 동안만 낼 수 있는 최대 하중 보다 상당히 낮은 하중이 될 것이다. { } 안은 중력단위.

최대운전압력 **peak working pressure** [Nu] 압력용기에 있어서 계기의 오차와 제어계의 제어폭을 고려하여 통상 운전 중의 과도변화를 포함한 최고 게이지의 압력을 말함.

최대치 **maximum value** [D] 집합이나 함수의 값 중에서 가장 큰 값이 존재할 때, 그 값을 '최댓값'('최대치')이라고 하고, 실수치를 취하는 함수가 그 정의역 내에서 취하는 값 중에서 가장 큰 값이다.

최대파고 **maximum wave height** [S] 어떤 관측 시간 또는 기간 중에 관측되는 가장 큰 파고. 즉 최대파의 파고 높이.

최소 운전유량 **minimum flow** [P] m3/s 펌프의 과열, 소음, 진동 등이 생기지 않고, 연속 운전을 할 수 있는 최소한의 토출량.

최소오차자승법, 최소자승법 **least square error method, method of least squares** [T] 지금 하나의 양을 같은 정확도로 n번 측정하여 $m_1, m_2, \cdots, m_n$ 값을 얻었다고 하면, 이때의 가장 그럴듯한 값 m은 잔차(殘差) $v_1 = m - m_1$, $v_2 = m - m_2$, $\cdots$, $v_n = m - m_n$의 제곱의 합, $u = {v_1}^2 + {v_2}^2 + \cdots + {v_n}^2 = (m - m_1)^2 + (m - m_2)^2 + \cdots + (m - m_n)^2$을 최소로 하여 구하는 것이 그의 원리이다. 실제로는 du/dm=0으로부터, $m = (1/n)(m_1 + m_2 + \cdots + m_n)$을 얻는다. 이 결과로부터 m은 측정치의 상가평균(相加平均)임을 알 수 있다. 두 개의 양 x, y 사이의 관계를 실험의 결과로부터 가장 확실하다고 추정한 수식을 실험식이라고 말하지만 실험식을 만들 때에도 최소자승법이 사용된다. 실험식을 구하기 위해서는 다음과 같이 한다. 하나의 양 x의 추정치를 $x_1, x_2, \cdots, x_n$ 라고 하고 이것에 대응하는 다른 양의 측정치를 각각 $y_1, y_2, \cdots, y_n$ 라고 한다. (x_1, y_1), (x_2, y_2), $\cdots$, (x_n, y_n)를 좌표로 갖는 점을 각각 $P_1, P_2, \cdots, P_n$ 라고 할 때 이들의 점이 거의 일직선상에 있다고 하면, 이 직선 AB의 방정식 y=mx+b는 다음과 같이 하여 구해진다. $P_1, P_2, \cdots, P_n$을 통과하여 y축에 평행한 직선과 AB와의 교점을 각각 $Q_1(x_1, y'_1), Q_2(x_2, y'_2)$ $\cdots, Q_n(x_n, y'_n)$라고 하여

$$U = \overline{P_1Q_1}^2 + \overline{P_2Q_2}^2 + \cdots + \overline{P_nQ_n}^2$$
$$= (y'_1 - y_1)^2 + (y'_2 - y_2)^2 + \cdots + (y'_n - y_n)^2$$

가 최소가 되도록 m과 b를 구한다. 여기서 $y'_i = mx_i + b(i = 1, 2, \cdots, n)$이다. 거기서, $\partial U/\partial m = 0$, $\partial U/\partial b = 0$을 만들면,

$$(\sum_{i=1}^{n} x^2{}_i)m + (\sum_{i=1}^{n} x_i)b - (\sum_{i=1}^{n} x_i y_i) = 0$$
$$(\sum_{i=1}^{n} x_i)m + nb - (\sum_{i=1}^{n} y_i) = 0$$

으로 된다. 이것을 정규방정식이라고 한다. 이것으로부터 m과 b를 구하면 다음과 같이 된다.

$$m = \frac{n(\sum_{i=1}^{n} x_i y_i) - (\sum_{i=1}^{n} x_i)(\sum_{i=1}^{n} y_i)}{n(\sum_{i=1}^{n} x^2{}_i) - (\sum_{i=1}^{n} x_i)^2}$$

$$b = \frac{(\sum_{i=1}^{n} x^2{}_i)(\sum_{i=1}^{n} y_i) - (\sum_{i=1}^{n} x_i)(\sum_{i=1}^{n} x_i y_i)}{n(\sum_{i=1}^{n} x^2{}_i) - (\sum_{i=1}^{n} x_i)^2}$$

최소유량 재순환장치, 과열방지장치 minimum flow recirculation system [P] 차단운전 또는 그에 가까운 운전을 할 때, 펌프 내부의 물이 과열됨을 방지하기 위하여 적당한 양의 물을 방출시키는 장치.

최소자승법 method of least squares [T] 측정값에서 실험 공식 등을 구하기 위해 사용하는 수법. 최소오차자승법(least square error method)과 같음.

최적제어 optimalizing control [T] 최적제어(optimum control)와 같음.

최적제어 optimum control [T] 제어 대상의 상태를 자동적으로 어느 필요한 최적 상태로 하려는 제어. 제어 상태 혹은 제어 결과를 주어진 목적의 기준에 따라 평가하여 그 평가 성적을 가장 잘 달성시키려는 제어 방식의 총칭.

추기 extracted air [G] 중간토출(interstage outflow)과 같음.

추기(抽氣) steam extraction [T] 증기터빈의 도중에서 증기의 일부를 추출하는 것.

추기, 블리드 bleed, bleed air [B,T] 추기, 추출 extraction의 1)과 같음.

추기, 추출 extraction [T] 1) 터보형 압축기나 증기터빈의 중간 단에서 취급유

체의 일부를 외부로 추출하는 것. 2) 용제를 이용해서 고체 또는 액체 속에서 어떤 성분을 분리하여 꺼내는 조작.

추기가열기 bleeder heater [T] 추기급수 가열기(bleeder feed water heater)와 같음.

추기구멍, 통기구 bleeder [T] 대기에 개방되어 있는 통기구.

추기급수가열기 bleeder feed water heater [T] 증기 터빈의 중간에서 증기의 일부를 추출하여 이것으로 보일러에 보내지는 급수를 예열하는 열 교환기.

추기분사기 extraction ejector [T] 복수기에 들어간 공기를 추기하기(빼기) 위해서 사용되는 분사기. 이젝터기(ejector) 참조.

추기터빈 bleed turbine [T] 터빈의 적당한 압력단으로부터 증기의 일부를 추출하여 작업용으로 사용할 수 있는 형식의 터빈. 동력과 함께 작업용 증기가 필요할 경우의 공장용 터빈으로 사용된다.

추기터빈 extraction turbine [T] 터빈 중 적당한 압력 단에서부터 증기의 일부를 추출하여 작업용으로 사용하는 형식의 터빈. 동력과 함께 작업용 증기가 필요한 경우의 공장용 터빈으로 사용된다.

추력, 스러스트 thrust [T] 회전축이나 회전체에서 축 방향 또는 반경방향으로 작용하는 외력.

추진 propulsion [T] 유체를 후방으로 가속하여 밀치고, 그 반작용에 의한 힘으로 비행기나 배를 전방으로 추진시키는 것. 프로펠러 추진과 제트(jet) 추진 등이 있다.

축 shaft [P,B,T,D] 동력을 전달하는 축의 총칭.

축 수직분할형 radially split type [P,B] 케이싱이 주축에 수직인 평면으로 분할된 구조. 수직 분할형(vertical split type)과 같음. 축 평행분할(axially split type) 참조. 부도 P-1, 2, 5~9 참조.

축 슬리브 shaft sleeve [P,B] 축의 바깥면에 씌우거나 또는 끼우는 원통형의 부품.

축 주위 실 shaft peripheral seal [P] 축봉부에서 축 둘레의 실. 패킹 실이 이에 해당.

축 중심높이 shaft center-line height [P] m 수평축 펌프에서 기준 수평면으로부터 펌프축 중심까지의 높이.

축 중심맞추기 shaft alignment [T] 동일선상에 놓인 회전 축의 위치 조절을 의미한다.

축 추력 axial thrust [P,B,T] N,{kgf} 터보형 유체기계의 회전차나 다른 회전부분에 작용하는 유체력에 의해서 생기는 축방향의 힘. { } 안은 중력단위.

축 하중 axial load [T] 일반적으로, 축방향으로 작용하는 인장 또는 압축하중을 의미한다. 엄밀한 의미로의 축하중은 굽힘모멘트를 만들지 않기 위해 단면적의 중심을 수직하게 통과해야 한다.

축가드 shaft guard [B] 회전축에의 위해 방지를 위하여 설치되는 정지커버.

축계 shafting [D] 계통적으로 배치된 여러 축이 연결된 상태를 의미한다. 예로서 선박의 프로펠러 축계는 중간축, 스러스트축, 프로펠러 축의 3개로 구성된다.

축균형 **shaft balancing** [T] 회전하는 물체의 질량을 재분배하는 과정 또는 축의 관성을 없애기 위해 추가적인 질량을 더하는 과정.

축대칭유동 **axisymmetrical flow** [P, G] 유동상태가 한 개의 축에 관해 축대칭으로 되어 있는 유동. 즉, 대칭축 주위의 유동상태에 변함이 없는 유동.

축동력 **shaft power, pump input, pump power** [P,T] kW,{PS} 펌프, 송풍기, 압축기의 주축에 전달되는 동력. 따라서 변속장치를 이용하여 구동하는 경우는 변속기의 손실동력은 포함되지 않는다. 그러나 변속기가 내장된 송풍기, 압축기에서는 변속기도 기계의 일부라고 보고 원동기의 출력을 기계의 축동력이라고 보는 경우도 있다.

축동력계수 **shaft power coefficient** [P,B] 송풍기 및 압축기의 특성 중의 하나인 축동력을 무차원수로 나타낸 것이다.

축동력곡선 **shaft power curve** [P,B] 성능곡선 중에서 토출량과 축동력과의 관계를 표시한 곡선.

축류 터빈 **axial flow hydro turbine** [S] 축류터빈은 낮은 수두(head)와 상대적으로 높은 유량조건에서 사용되는 수력발전용 터빈이며, 조류발전 및 파력발전에 유리한 방식이다. 튜블러(tublar), 림(rim), 벌브(bulb) 타입 등으로 분류된다.

축류(縮流) **vena contracta** [T] 관로 안에 삽입된 오리피스나 용기의 측면에 뚫린 예리한 출구를 통해서 유체가 유출할 때 출구에서 약간 하류 쪽에서 나타나는 제일 작은 유동단면.

축류반동터빈 **axial flow reaction turbine, axial-flow reaction turbine** [T] 증기 또는 가스는 정익과 동익의 양익렬 내에서 팽창하며, 회전익렬에서는 가스의 충동력은 물론 증기 또는 가스의 팽창에 의한 반동력도 함께 이용되므로 이 이름이 붙여져 있다. 축류충동터빈(axial-flow impulse turbine) 참조.

축류송풍기 **axial blower** [B,C] 송풍기의 날개와 같이 여러 개의 날개가 축의 반경 방향으로 부착되어 기체가 축방향으로 흐르도록 된 송풍기.

축류송풍기, 축류홴 **axial flow fan** [B] 축류홴(axial fan)과 같음.

축류압축기 **axial compressor** [C,T] 터보 압축기의 일종. 용도에 따라 단단(單段)과 다단(多段)압축기가 있다. 축류압축기(axial flow compressor) 참조.

축류압축기 **axial flow compressor** [B, C] 날개차를 통과하는 유선이 거의 축에 동심의 원통면 상에 있는 압축기. 효율이 높으므로 제트 엔진이나 육상용·선박용의 가스터빈, 제철에서 고로송풍용 등 대 출력 압축기로서 사용된다. 축류압축기(axial compressor)와 같음.

축류충동터빈 **axial flow impulse turbine** [C] 축류터빈 중에서 증기 또는 가스의 팽창을 단지 고정 노즐 안에서만 행하게 하는 것. 이에 대해서 정익,

동익 양 익렬 내에서 팽창시키는 것을 축류 반동 터빈(axial flow reaction turbine)이라고 한다.

축류탭 vena contracta tap [G] 유량 측정용 오리피스 판 또는 노즐에서 압력을 취출하는 탭을 말함. 그 위치로서 상류 측은 오리피스 판에서 관 지름만큼 떨어진 위치, 하류 측은 교축지름 비에 따라 관 지름의 0.34~0.84배 정도 떨어진 위치에 설치된다.

축류터빈 axial flow turbine [T] 유체가 축방향으로 흐르도록 된 터빈. 증기 터빈에서는 반동 터빈에 속하는 파슨스(Parsons turbine) 터빈이 있고, 수차에서는 프로펠러 수차, 카플란 수차(Kaplan turbine)가 있다.

축류펌프 axial flow pump [P] 임펠러로부터 유출하는 흐름이 주축과 평행한 펌프. 부도 P-18, P-19, P-25 참조.

축류팬 axial fan [B] 기체가 임펠러를 거치면서 축 방향으로 흘러나가는 팬. 저압, 대 풍량에 적합함.

축마력 shaft horsepower [T] kW,{PS} 실제로 동력으로서 이용할 수 있는 출력 또는 입력. { } 안은 중력단위.

축밀봉계통 shaft seal system [Nu] 회전 유체기계에서 회전축과 케이싱의 틈을 통하여 기계외부로 누설되는 작동유체의 누설량을 조절하는 기기 구성품을 포함한 계통을 말함.

축밀봉부 shaft seal part [P,B] 주축이 케이싱의 외부로 관통하는 곳에서, 기체나 액체가 새어 나가거나 새어 들어오는 것을 막는 부분.

축방향 속도 axial velocity [B,T] m/s 흐름의 회전축 방향의 속도성분.

축방향 유동 axial-flow [T] 유체의 선회운동에 의한 축 방향의 유동.

축방향 틈새 axial clearance [C] m 볼베어링의 내륜, 외륜의 어느 한쪽을 고정하고 다른 쪽 궤도륜을 축선 방향으로 움직였을 때의 움직임의 양의 최대값.

축방향 플런저형 펌프 axial plunger pump [P,G] 고압에 적합하도록 피스톤을 플런저형으로 바꾼 축방향 펌프. 그림에 나타내는 바와 같이 구동축에 대하여 실린더 블록을 경사시켜 피스톤에 스트로크를 주는 형식의 것. 구동축의 중심선과 실린더 블록의 축선을 일정각도로 유지하여 유니버설 조인트로 구동 회전하는 정변위식과 일정각도 범위 내에서 연속적으로 변위시켜 펌프의 토출량을 가변으로 한 가변위식의 두 가지 형식이 있다.

축방향 피치 axial pitch [T] m 축방향에 따르는 피치.

축방향 힘 axial force [T] N,{kgf} 축방향에 작용하는 외력. { } 안은 중력단위.

축봉수 펌프 sealing water pump [P] 펌프장에서 글랜드 봉수, 냉각수나 수중베어링 등 각 부분에 필요한 물을 공급하는데 사용되는 펌프. 일반적으로 소형 벌루트펌프 사용. 수중베어링에 물을 보내는 것은 윤활수펌프(lubricating water pump)라 함.

축봉장치 sealing device [T] 내부로부터의 누설이나 외부로부터의 침입을 방지하는 장치.

축압기, 어큐뮬레이터 accumulator [P] 펌프 토출관에 연결되어 토출량이나 토출 압력의 순간적 변동을 완화시키는 장치. 상부의 공기수조에 의해 이 작용을 행하는 탱크를 공기실(air chamber)이라고 부를 때도 있다.

축압주수계 accumulated pressure core injection system [C] 경수로의 비상용 노심 냉각계(노심 긴급 냉각계)의 하나.

축압탱크 accumulator tank [Nu] 원자로에서 압력이 급격히 떨어지는 냉각재 상실사고 등이 발생할 때 노심의 비상 냉각에 사용되는 탱크. 냉각재 상실사고시 원자로의 압력이 탱크 압력보다 낮아지면 탱크에 들어있는 붕산수(硼酸水)가 원자로 내로 자동 주입된다.

축열기 heat accumulator [T] 어떤 형식(보통 더운 물)으로 여분의 열을 축적해 두는 장치.

축열기 thermal accumulator, heat accumulator [T] 어떤 형태로 여분의 열을 저장해 두는 장치.

축이음 coupling, shaft coupling [P,D] 펌프, 송풍기, 압축기의 주축과 구동축의 주축을 연결하여 동력을 전달하는 축이음의 총칭. 플랜지 커플링, 기어 커플링, 유니버설 커플링 등이 있으나, 플랜지 커플링이 일반적이다.

축이음 보호대, 커플링 가드 coupling guard [P,B] 축이음 주위의 안전을 위해 설치한 것. 커플링 커버(coupling cover)와 같음.

축이음 스페이서 shaft coupling spacer [P] 커플링 스페이서(coupling spacer)와 같음.

축이음, 커플링 shaft coupling, coupling [P,D] 전동축을 서로 접속하기 위하여 사용하는 이음으로 플랜지형 고정 축이음, 플랜지형 플렉시블 축이음, 기어형 축이음, 유니버설 조인트 등이 있다. 좁은 의미의 축이음은 정지 중에 축 상호간의 분리가 가능한 것만을 뜻하나, 넓은 의미로는 클러치도 이에 포함됨.

축지지강성 stiffness of bearing support [G] 회전축의 위험속도는 회전체에 의한 굽힘강성 뿐만 아니라 베어링의 지지상태에 따른 스프링강성에도 영향을 받으므로 이를 말한다.

축진동 shaft vibration [B] 송풍기, 압축기 등의 주축의 진동. 특기사항이 없을 때는 실효치(rms)로 나타낸다.

출구 outlet [T] (1) 출구. (2) 취출구(supply opening) : 환기, 냉난방, 급습, 감습을 행하는 방에 공기를 공급하기 위한 구멍.

출구각 exit angle [T] rad,deg 유체가 날개로 구성된 회전차로부터 유출할 때의 유속이 접선방향과 이루는 각이며, 각도는 회전방향으로부터 측정된다.

출구경계조건 outlet boundary condition [N,C,T] 일반적으로 연속체의 경계에 있어서의 기하학적인 구속조건 또는 외력의 작용조건을 경계조건이라고 한다. 경계조건은 연속체가 실(實)보 또는 축과 같이 1차원 연속체로서 취급될 때 이를 말단조건이라고 부르며, 막 또는 판과 같이 2차원 연속체로 취급될 때는 이를 주변조건이라고 한다. 유동영역의 출구경계위치에서 주어지는 유동상태에 관한 조건, 예를 들어 유속, 압력, 온도 등의 조건이 출구경계조건이 되며, 이들이 미지의 경우 이들이 구해야하는 해가 된다. 유출경계조건(outflow boundary condition) 참조.

출구안내깃 exit guide vane [T] 축류기계, 반경류기계 등에서 회전차로부터의 유출방향을 조절하기 위한 안내깃.

출구안내깃 outlet guide vane [B,T] 축류압축기에서 최종 단 정익의 하류 측에 설치되는 안내깃. 최종 단 정익에서 나온 유동을 축방향으로 안내하는 깃.

출구캠버각 outlet camber angle [G] rad,deg 익의 뒷전에서 캠버선에 그어진 접선이 익현과 이루는 각.

출력 output [T] 1) 기기에서 외부로 추출되는 에너지. 원동기의 경우는 축 끝에서 피구동축으로 전달되는 축동력이 된다. 증 · 감속기의 경우는 출력축의 축 끝에서 피구동측으로 전달되는 축동력이다. 2) 수신기나 증폭기 또는 마이크로폰이나 픽업 등으로부터 나오는 신호를 말한다.

출력조절 output control [T] 터보기계(수차, 터빈)에서는 부하와 출력이 일치하는 운전점에서 운전된다. 이 때 회전속도를 일정하게 유지하려면 그 회전속도에서 부하에 맞는 출력을 발생할 수 있도록 입력(유입유체의 유량, 압력, 유속 등)을 조절해야 한다. 이와 같은 조작을 말한다.

출력질량비 power mass ratio [T] 엔진의 질량 또는 중량 당의 출력. 엔진에 요구 스러스트가 주어지면 다음의 중요한 문제는 엔진의 중량비이다. 엔진이 무거우면 엔진의 지지구조물이 무거워지고, 엔진수명까지 그것을 지니고 다니는 데 많은 연료를 필요로 한다. 이 여분의 연료는 보다 크고, 무거운 연료탱크를 필요로 하며, 이것이 또 강력한 엔진을 필요로 한다. 가스터빈은 소형비행기를 제외하고 전체적으로 피스톤엔진보다 우월한 것은 높은 출력질량비와 제트의 효과 때문이다. 이를 출력 중량비(power to weight ratio)라고도 한다.

출발와류 starting vortex [G] 익형에의 유동은 처음은 뒷전을 돌아 가려고하는 유동이 발생하지만 점성 때문에 뒷전을 돌지 못 하고 와류로서 떨어져 나간다. 이 와류를 말하며, 이 와류는 익의 유동이 정상상태가 되었을 때는 이미 먼 후방에 흘러간 상태이며, 익 주위의 와도와 크기는 같고 부호가 반대인 와류이다.

충격 impact, shock, impulse [D] 짧은 시간 동안의 운동량의 변화.

충격 shock [T] 1) 물체에 급격히 힘을 가하는 것. 2) 서로 다른 속도로 움직이는 두 물체가 충돌을 하게 되면 극히 짧은 시간 뒤 어느 한쪽의 물체 또는 두 물체의 운동량에 커다란 변화가 일어난다. 이 현상을 충격이라고 한다.

충격, 충동 impulse [T] 유동이 일정한 속도를 유지하면서 유동방향이 바뀜으로써 힘을 전달하는 형식.

충격가진 shock excitation [D] 계에 작용하여 기계적 충격을 일으키는 외부로부터의 가진. 통상 충격펄스(shock pulse)란 비교적 짧은 시간 사이에 가속도의 상승과 하강을 일으키는 충격가진의 형태로서, 운동, 힘 또는 속도와 같은 시간 종속의 파라미터의 갑작스런 증가와 갑작스런 감소 또는 이들 중 하나에 의해 특징지어지는 충격가진의 형태이다.

충격각 shock angle [T] 경사충격에서 상류의 유동방향과 충격파 사이의 경사 각도를 의미한다.

충격력 impact force, impulse force [D] 짧은 시간 동안의 충격량. 즉, 운동의 변화가 일어날 때, 이때 가해진 힘을 충격력이라 한다.

충격력 impulsive force [T] 비교적 짧은 시간 내에 충격적으로 작용하는 하중.

충격스펙트럼 shock spectrum [T] 충격 응답의 최대 값을 진동수와의 관계로 나타낸 것.

충격실속 shock stall [B] 익면 상에 일어나는 충격파 때문에 박리가 일어나서 양력이 감소하고, 항력이 증가하는 현상.

충격응답스펙트럼 shock response spectrum [D] 계에 충격이 가해질 때, 계에 대한 응답의 표현으로, 고유진동수의 함수로서 선형 1자유도계의 집합체에 충격이 가해질 때 최대응답(변위, 속도나 가속도)을 근사하기 위한 표현이다.

충격절연장치 shock isolator [D] 충격운동, 충격력 또는 그 중 하나로부터 계를 보호하는 것을 목적으로 설계된 절연장치.

충격파 shock wave [T] 압력파 중에서 큰 압력 상승을 수반하는 유한 진폭의 압축파는 압력, 온도, 밀도 및 엔트로피의 불연속적인 증가를 일으키는 파로서 상대적으로 음속보다 빠른 속도로 전파한다. 이러한 일종의 불연속면을 충격파라 하고 가스나 폭약의 폭발 혹은 낙뢰 등 급격한 상태 변화에 수반해서 발생한다. 또 정상적인 초음속 흐름 속에 두어진 날개 등의 앞면 전방에는 물체에서 발생하는 다수의 교란이 집적되어서 충격파가 형성된다. 지구 내부에 축적된 에너지가 국소적이고 더욱이 급격하게 해방될 때 생기는 지진파도 충격파의 일종이다.

충격펄스 shock pulse [T] 계에 작용하는 충격적인 힘, 변위, 속도 또는 가속도 등이 해당한다.

충돌손실 shock loss [P] 펌프, 송풍기, 압축기의 회전차의 깃 또는 안내깃에 유체가 매끄럽게 유입하지 않을 경우에 유동이 깃면에서 충돌하면서 박리하여 생기는 손실. 일반적으로 설계점에서는 충돌은 없으나 토출량이 변하면 충돌손실을 무시할 수 없게 됨. 특히 저유량영역에서의 충돌손실의 증대가 불안정특성의 원인이 되는 경우가 있음.

충동깃 impulse blade [T] 충동력을 이용하는 날개이며, 증기터빈의 날개로 사용된다.

충동단 impulse stage [T] 터빈에서 작동 유체가 노즐 안에서만 압력 강하를 일으키고 회전 날개 안에서는 압력 강하를 일으키지 않고 작동 유체가 갖는 운동 에너지가 일로 변환되기만 할 때 그러한 노즐과 회전 날개의 조합을 충동 단이라고 한다. 주어진 로터의 주속도에서는 충동 단에 의한 에너지 흡수량이 제일 크다. 노즐에서의 고속운동에너지를 1단의 로터 만으로 흡수할 수 없을 때 로터 다음에 스테이터를 배치하여 유동방향을 바꾸어 두번째 로터에서 다시 운동에너지를 흡수하는 방식이 있다. 이를 2단 커티스 단(Curtis stage)이라고 하며, 이를 복속도단(velocity compounding stage)이라고도 한다.

충동증기터빈 impulse steam turbine [T] 증기의 충동력에 의해서 움직이는 터빈. 충동터빈(impulse turbine) 참조.

충동터빈 impulse turbine [T] 충동력을 이용하는 터빈. 드라발(De Laval)식, 속도 다단식, 압력 다단식의 세 가지 종류로 대별된다. 충동 단(impulse stage) 참조.

충전용 가스압축기 make up gas compressor [C] 각종 합성 프로세스에서 합성되는 혼합가스를 합성압력까지 승압 하여 압송하는데 사용되는 압축기.

충전증폭기, 전하증폭기 charge amplifier [D] 센서로 측정하고자 하는 물리량에 비례하여 발생한 전하(電荷)량이 적을 경우, 이를 증폭하고 전하에 비례하는 전압신호로 변화시켜주는 기기.

충전펌프 charging pump [Nu] 원자력발전소의 화학 및 체적제어계통으로부터 일차냉각계통으로 냉각재를 주입하고, 냉각재 누설량을 보충하며, 냉각재펌프의 밀봉계통으로 밀봉수를 공급하는 펌프를 말함.

충전횐 make up blower [B] 프로세스용 공기, 기체 등에서 프로세스 내에서 소비되거나 또는 프로세스에서 유출하여 부족된 양을 보충하기 위해 프로세스 내로 기체를 압송하는 송풍기.

취성 fragility [T] 인성과 반대되는 성질. 부스러지기 쉬운 성질. 인성이 상실되어 충격하중이 극히 작음에도 불구하고 파괴되는 성질.

취수댐 intake dam [E] 하천 등에서 물을 끌어오기 위하여 설치(축조)한 낮은 댐.

취수문 intake gate [E] 하천의 표류수와 호수의 표층수의 취수량을 조정하기 위하여 취수구에 설치된 철제 또는 주철제의 문.

취수장 intake station [E] 수돗물의 용수를 위해 강이나 저수지 등에서 원수(源水)를 끌어들여 정수장으로 보내는 시설.

취수탑 intake tower [E] 수원(水源)으로부터 취수를 하기 위하여 설치된 탑 모양의 구조물.

취수펌프 intake pump [P] 하천의 물을 취수하여 정수장으로 보내는 펌프.

측대역파 sidebands [D] 1) 반송주파수의 위 또는 아래의 어느 한쪽의 주파수 대역. 변조에 의해 생기는 주파수 성분이 들어가는 대역. 2) 상기 1)의 대역 내의 전파성분을 가리킨다.

측면 베이스 side base [P] 기계의 측면에 설치된 베이스.

측면도 side-view [T] 물품을 옆에서 본 그림.

측정 measurement [T] 양, 길이, 무게, 속도, 밝기 등 측정대상이 될 수 있는 모든 것을 측정하는 행위.

측정기, 계측기 measuring apparatus, measuring device, measuring equipment [T,M] 측정하기 위한 기구 장치. 측정기(measuring instrument) 참조.

측정기, 계측기 measuring instrument [T] 측정하기 위한 기구, 장치 일체를 일컫는 말. 기계 공장용의 측정기에는 다음과 같은 3종이 있다. 1) 실제의 치수를 측정하는 것(버니어 캘리퍼스, 매크로 미터, 측장기 등). 2) 표준 치수와 실제 치수와의 차를 측정하는 것(다이얼 게이지, 미니미터, 옵티미터 등). 3) 제품의 치수가 허용 한도 내에 있는가의 여부를 측정하는 것(한계게이지 : limit gauge).

측정량 measurand [M] 측정의 대상이 되는 특정한 양. 측정량을 상세히 기술하려면 시간, 온도, 압력 등과 같은 양에 관해서도 명시할 필요가 있다.

측정범위 measuring range [M] 계측기가 일정한 불확도 내에서 측정할 수 있는 측정량의 범위.

측정비 rangeability [M] 일정한 불확도 내에서 측정할 수 있는 최대값과 최소값의 비율.

측정비 turn down ratio [M] 측정비(rangeability) 참조.

측정치 measured value [M] 1회에 측정된 결과.

측판 라이너 side plate liner [B] 임펠러의 측판과 깃의 고정부의 주판의 마멸을 방지하기 위하여 케이싱 내면에 붙이는 라이너.

측판리벳 side plate rivet [B] 임펠러의 측판과 깃을 체결하는 리벳.

측판커버 side sheet cover [B] 케이싱 측판의 축 밀봉부위에 설치된 커버. 부도 B-4의 5205, 5207 참조.

층 layer [T] 쌓임. 경계층(boundary layer) 참조.

층류 laminar flow [T] 액체가 극히 완만하게 관내를 흐를 때 각 유체부분이 서로 층을 이루어 평행한 속도로 흐르는 흐름. 레이놀즈수(Reynolds number)가 작은 경우에 관찰된다.

층류경계층 laminar boundary layer [G] 경계층 내의 유동이 층류로 되어있는 것. Reynolds 수 $Re=U\delta/\nu$ 가 작을 때 나타난다. Reynolds 수가 더욱 증대하면 천이영역을 거쳐 난류경계층으로 된다. 단, U : 경계층 바깥의 유속(m/s), δ : 경계층 두께(m), ν : 동점도(m^2/s). 예를 들어 평판에 따른 경계층에서는 $Re=Ux/\nu<5\times10^5$ 의 범위 내에서 층류경계층이 나타난다. 단, x : 평판 선단으로부터의 거리(m).

층류박리 separation of laminar flow [G] 프랜틀(L.Prandtl)은 레이놀즈 수가 클 때 물체표면의 전단층(경계층)은 매우 얇다고 가정하여 비압축성 층류유동에 대한 경계층방정식을 도출하였다. 이것에 벽에서의 조건을 적용하면 속도분포의 변곡점의 위치를 알 수 있다. 하류쪽으로 압력이 상승하는 역압력구배의 유동의 경우 경계층의 속도분포는 변곡점이 벽근처(고체벽안)에 나타나는 속도분포 상태가 되며, 역압력구배가 하류쪽으로 증가하면 변곡점의 위치는 벽에서 유동안으로 나타나고, 벽면에서 역류가 발생하는 속도분포로 이행한다. 즉 층류박리가 발생한다. 압력구배가 유동방향으로 감소하는 순압력구배인 경우는 유동박리는 나타나지 않는다.

층류유량계 **laminar flowmeter [M]** 저속의 층류 유동에서 유량을 측정할 수 있는 유량계의 총칭. 레이놀즈 수(Reynolds number)가 큰 난류유동이라도 계측기 내부에서 일부 유동을 층류로 변환하는 구조로 하여, 이 부분에서의 유량이 압력강하에 비례함을 이용한 유량계가 있다.

층류익 **laminar aerofoil [G]** 익 최대 두께가 익현의 중앙부근에 있는 익. 이와 같은 익의 경우 받음 각이 작은 범위 내에서는 최대 익 두께 부근까지 익면 상의 유동은 가속류로 되므로 익면 상의 층류경계층이 난류경계층으로 천이하는 것이 늦어진다. 따라서 마찰저항이 감소하여 항력계수가 작다는 특징을 갖는다.

층류저층 **laminar sublayer [T]** 난류의 경우 유체의 혼합에 따른 레이놀즈수(Reynolds number) 응력이 발생하여 전단응력이 작용하게 되지만, 벽면에 극히 가까운 곳에서는 이 난류혼합이 제한되어 분자점성에 의한 전단응력이 지배적으로 나타나는 얇은 층이 생긴다. 이 층을 말한다. 이를 점성저층이라고도 한다.

층류화 **laminarization [T]** 유동의 난류변동이 억제되는 현상. 강한 순압력구배에 의한 경계층이 예이다. 유동은 많은 층류 특성을 갖는다.

층류화염 **laminar flame [T]** 연료가스와 공기가 따로 따로 연소실로 들어가고 그것이 합류하는 계면에 반응 층을 형성하는 불꽃을 말함.

치수효과 **scale effect, size effect [P, T]** 기하학적으로 상사한 유체기계에서 압축성이 무시될 수 있는 범위 내에서 크기의 치수가 달라짐으로써 주로 레이놀즈(Reynolds) 수 등의 영향에 의해 효율, 성능 등이 달라지는 것. 또는 이에 대한 보정계수, 치수효과라고도 함.

치우침, 편향 **bias [T,M]** 1) 한 측정량에 대해 계측기가 지시하는 값들의 평균과 참값과의 차이를 말한다. 2) 한쪽으로 기울어진다는 뜻으로, 전자(電子)에서는 트랜지스터에서 베이스와 이미터(emitter) 간에 직류전압을 가하지 않은 상태에서 신호를 입력하여도 신호가 어느 값 이상이 되지 않으면 전류가 흐르지 않으므로, 미리 순방향으로 직류전압을 가해놓고 신호가 입력되면 곧 전류가 흐르도록 작동점을 0의 위치에서부터 위로 올리는 것을 말한다.

치차감속터빈 **geared turbine [T]** 선박용으로 감속기가 장착된 터빈. 터빈과 프로펠러 축과의 사이에 기어를 넣어 감속시킨다.

치차증속기 **speed up gears [C]** 원동기

의 회전수를 증속하기 위한 치차장치. 싱글헬리컬기어 또는 대형기에서는 더블헤리컬기어가 사용된다. 1단 증속이 보통이다. 증속비는 8정도이며, 그 이상에서는 유성치차장치가 사용된다. 데마그(Demag)형 압축기는 증속기를 가진 특수구조의 것이며, 터보형 압축기에서 많이 쓰인다. 데마그형 압축기(Demag type compressor) 참조.

치차펌프 gear pump [P] 케이싱 내에서 맞물리는 두 개의 치차의 회전에 의해 액체를 토출하는 펌프. 두 개 치차가 맞물리는 방법에 따라 외접 치차펌프와 내접 치차펌프가 있음.

치차형 축이음 geared type shaft coupling [G] 양 축 끝에 삽입된 허브의 외치차와 외접한 내치차를 갖는 외통(外筒)에 의해 동력이 전달되는 축이음. 대동력, 고속 회전에서 플랜지형 플렉시블 커플링을 사용할 수 없는 경우에 사용된다. 축 중심의 어긋남을 허용하기 위해서 크라우닝이 가공된다. 크라우닝(crowning) : 기어의 이 양단의 끝을 이의 폭 방향으로 약 20%씩 적당히 둥글게, 즉 이(치)의 두께를 얇게 가공하여 기어의 맞물림을 원활하게 하는 것.

침강속도 settling velocity [T] m/s 정지 액체 또는 기체 중을 고체 입자가 하강하는 경우에서 입자에 작용하는 중력, 부력 및 항력이 평형하고 있을 때는 일정한 속도로 하강한다. 이 속도를 침강속도라고 한다. 지름 d(m), 속도 V(m/s)인 구에 작용하는 항력 W(N){kgf}가 다음과 같이 표시된다고 한다.

$$W = c_p \frac{\pi d^2}{4} \frac{1}{2} \rho V^2,\ \left\{= c_p \frac{\pi d^2}{4} \frac{\gamma}{2g} V^2\right\}$$

여기서, C_D : 항력계수, ρ : 유체의 밀도(kg/m^3), g : 중력가속도(m/s^2), γ : 유체의 비중량{kgf/m^3}. 이때의 침강속도 V_s(m/s)는 다음과 같이 표시된다. { } 안은 중력단위.

$$V_s = \sqrt{\frac{32gd}{3c_D}\left(\frac{\rho_s}{\rho} - 1\right)},\ \left\{= \sqrt{\frac{32gd}{3c_D}\left(\frac{\gamma_s}{\gamma} - 1\right)}\right\}$$

단, 여기서 하첨자 s는 구의 값을 나타낸다.

침강탱크 settling tank [T] 침강분리에는 유체 중에 부유하는 입자를 중력의 작용에 의해서 낙하시켜 침강 분리시키는 조작 또는 부상시키는 조작이 있다. 전자를 침강 분리, 후자를 부상 분리라고 한다. 넓은 뜻으로는 중력 이외에 원심력, 정전기 등의 작용을 받아 침강하는 경우나 약품에 의해서 입자가 응집-조대(粗大)화 하여 침강 분리되는 응집 침전도 포함된다. 침강탱크의 목적으로서 깨끗한 처리 수(또는 기체)를 얻는 것과 농후한 슬러지(sludge)를 얻기 위한 것이 있다.

침사지 sand basin [P] 유속을 작게 하여 주로 물속의 흙, 모래, 조약돌 등을 침전시키기 위한 못이고, 흡입 수조의 상류 쪽에 위치함.

침식 erosion [P,T] 액체 중의 토사나 슬러리 등에 의하여 재료가 물리적으로 마모되는 현상.

침적물, 용착금속 deposit [T] 1) 연소실, 피스톤의 밸브 등의 엔진의 각 부분이나 보일러 등의 전열면((傳熱面) 내외에 부착한 연소 생성물. 2) 용접에서 용재가 용접 부에 용착한 것(deposited metal).

침전조 settling chamber [T] 액체 속의 물체가 중력의 작용으로 밑으로 가라앉게 하는 목적으로 사용되는 용기 또는 수조.

ㅋ

카르노 사이클 Carnot's cycle [T] 2개의 단열 변화와 2개의 등온 변화로 구성되는 사이클. 이 사이클의 열효율은 $(Q_1-Q_2)/Q_1$으로 표현된다. 실용화 되고 있지는 않으나 열역학에서 중요한 사이클이다. 단 Q_1은 등온 팽창에서 공급되는 열량, Q_2는 등온 압축에서 방출되는 열량이다.

카르먼 와열 Kármán vortex street [B] 어느 유동조건 하에서 물체의 양측(상 · 하단)으로부터 회전방향이 반대인 와동이 번갈아 가며 발생하여 규칙적인 배열을 유지하면서 하류로 흘러가는 와열.

카르먼-첸의 법칙 Kármán-Tsien's law [G] 마하수 M의 균일 유동(아음속) 안에 물체가 있는 경우 호도그래프면을 이용해서 근사적으로 풀면 압력계수 C_p는 다음과 같이 표시된다.

$$C_p = C_{p0} / \left(\sqrt{1-M^2} + \frac{M^2}{1+\sqrt{1-M^2}} \cdot \frac{C_{p0}}{2} \right)$$

여기서, C_{po}는 비압축성 유체의 압력계수. 이 관계식을 의미한다.

카본링실 carbon ring seal [B] 카본을 사용한 축 밀봉용 링패킹.

카플란 수차 Kaplan turbine [P,G] 저낙차, 대 유량용의 프로펠러 수차의 러너에는 고정익형과 가동익형의 두 가지가 있으나 후자의 형식. 이 수차는 익의 부착 각을 여러 조건에 맞출 수가 있으므로 부분부하에서도 높은 효율을 얻을 수 있다.

카핏선도 carpet diagram [G] 축류압축기 익렬의 설계에서 주어지는 속도삼각형(유입각, 전향각, 입구마하수, 현절비 등)에 적합한 익형, 익렬의 선정(휨, 설계받음각, 압력상승계수 등)과 설계점 이외의 성능(전향각과 받음각 등)을 선도 상에서 비교적 쉽게 구할 수 있도록 많은 실험데이터에 의해 만들어진 일련의 익렬성능곡선도. NACA 65계 익형에 대한 것이 대표적이다.

칼라 collar [P] 물 속에 혼입하고 있는 토사나 이물질이 수중베어링 등으로 들어오는 것을 막기 위하여 주축에 붙여지는 칼라.

칼란드리아관 calandria tube [Nu] 신형전환로와 같이 중수감속 압력관형 원자로에 설치된 중수를 수납하는 칼란드리아탱크 내에 장착된 다수의 관을 말함. 관의 외측은 중수로 채워져 있으며, 내측에는 핵연료와 감속재가 수납된 압력관이 관통해 있다.

캐비테이션, 공동현상 cavitation [P] 펌프 내 고속 저압 부에서 발생한 기포가 유동하여 파괴될 때, 충격소음이 발생하여 유동에 노출된 고체 표면이 손상될 수가 있고, 더욱 고속 저압이 심해지고 공동이 어느 정도 크게 되면, 펌프 성능이 떨어지고 진동을 일으키는 현상.

캐비테이션 계수 **cavitation number, cavitation parameter** [P] 캐비테이션의 초생 혹은 발생 상태 하에서의 유체역학적 조건(정압, 속도, 액체온도)을 나타내는 파라미터이며, 다음 식에 의해 정의하는 경우가 많다.

$$K_d = \frac{p_\infty - p_v}{\rho \frac{V_\infty{}^2}{2}}$$

여기서, K_d : 캐비테이션 계수, p_∞, V_∞ : 상류에서의 정압(Pa){kgf/m^2} 및 유속(m/s), p_v : 유동 중인 액체의 포화증기압(Pa){kgf/m^2}, ρ : 밀도(kg/m^3){(kgf · s^2/m^4}. K_d가 작을수록 캐비테이션은 발생하기 쉽고, 또한 캐비테이션 발생 상태가 현저. { } 안은 중력단위.

캐비테이션 시험, NPSH 시험 **cavitation test, NPSH test** [P] 소정의 운전조건에서 캐비테이션 발생에 의한 운전 상태의 이상 유무를 확인하는 시험. 유효흡입헤드(NPSH) 참조.

캐비테이션 초생 **inception of cavitation** [P,G] 펌프에서 캐비테이션이 처음 발생하는 것. 캐비테이션 발생을 감지하는 방법에는 여러 가지가 있으나 초생을 확인하는 것은 쉽지 않다. 그 방법 중의 하나로서 일정 유량 하에서 흡입헤드를 바꾸어 갔을 때 전양정이 급속히 떨어지기 시작하는 점이 나타나는데 이때를 캐비테이션 초생이라고 판단하는 방법이 있다.

캐비테이션 침식 **cavitation erosion, cavitation damage** [P] 펌프의 캐비테이션 현상에 의하여 깃 등이 침식되는 현상.

캐스케이드 선도 **cascade plot** [B,C] 익렬의 성능곡선을 나타내는 것으로, 일반적으로 가로축에 유입속도 기준의 받음각, 세로축에는 전향각, 양항비, 항력계수 등을 취하고, 엇갈림각을 파라미터로 하여 익렬성능을 표시한다.

캔두 가압중수로 **CANDU-PHWR** [Nu] 캐나다가 독자적으로 개발한 발전용 원자로. 중수를 감속재 및 냉각재로서 사용하며, 천연우라늄을 연료로 사용하고 있다. 압력관형의 원자로이며, 운전중에 원자로연료를 교체할 수 있다. 우리나라의 월성 1, 2, 3, 4호기가 캔두 가압중수로이다.

캠링 **cam ring** [G] 베인펌프의 베인의 끝이 접촉운동을 하는 내면을 갖는 링형의 부품. 링의 내면은 토출량에 따라 편심 량이 달라지는 캠 형의 곡선에 의해 형성되어있다.

캠버, 휨 **camber** [P,B,T] m 날개의 상 · 하면의 중간점들을 연결한 중심선(캠버선이라고 한다)의 휨의 정도를 나타내며, 익형 중심선과 익현(chord)과의 거리를 말함. 보통 익현길이에 대한 백분율로 표시. 보통 그 거리의 최대치를 단순히 캠버라고 함.

캠버각, 휨각 **camber angle** [B,T] rad,

deg 익의 앞전과 뒷전에서 캠버선에 접선을 그렸을 때 이들 두 접선이 이루는 각을 말하며, 이는 캠버선의 휘어짐의 각도를 나타낸다. 또 앞전에서 캠버선에 그어진 접선이 익현과 이루는 각을 입구 휨각(inlet camber angle), 뒷전의 것을 출구 휨각(outlet camber angle)이라고 한다. 부도 B-3 참조.

캠버선, 휨선 camber line [B,T] 익형의 형상을 나타내는 기준선이며, 날개의 상·하면의 중간점을 연결한 중심선으로서 그 선으로부터 아래위로 깃 두께를 주어 익형을 형성하는 선. 부도 B-3 참조.

캠벨선도 Campbell diagram [D] 수평축에 회전 수, 수직 축에 진동수를 취하면, 회전 수의 1배수, 2배수 등의 진동수는 원점을 통과하는 직선이 되고, 그곳에 진폭의 크기를 원의 형태로 나타낸 것을 캠벨선도라 한다. 이 선도는 회전수의 변화에 대해 주요 진동수와 진폭의 관계를 한눈에 볼 수 있으므로, 펌프의 깃 통과진동, 터빈의 노즐 통과진동이나 oil whip, oil whirl 등의 자려진동을 잘 파악할 수 있다.

캡스트럼 Cepstrum [D] 대수 스펙트럼 F(f)의 역 푸리에변환으로 다음 식과 같이 정의된다.

$$C(\tau) = F^{-1}[\log F(f)]$$

캡스트럼은 스펙트럼을 다시 한번 푸리에변환 한 것으로, 고차조화성분이나 측대역파(sidebands) 성분과 같이 어느 주파수에서 일정 간격으로 나열되어 있는 스펙트럼이 있으면, 시간축 상에서 그 간격의 주기를 1개의 선으로 나타내므로 주파수 변조 결함 검출에 유용한다.

커빅 커플링 Curvic coupling [T] 주축에 삽입하는 일 없이 회전체 측면에 설치된 기어에 의해 결합하는 커플링. 증기터빈, 가스터빈, 축류압축기에서 사용된다. 로터의 허브 부의 양면에 면 스플라인 모양의 이를 깎아 내어 이 이를 서로 물리게 함으로써 정확한 중심잡기를 쉽게 하여 여러 개의 로터를 결합하고, 전체를 관통볼트로 조립한다. 주축을 사용하지 않으므로 가벼워지고 로터 교환도 쉽게 할 수 있다.

커트오프(벌루트의), 차단 cut-off [B] 1) 벌루트 곡선의 시작부분. 2) 임펠러로부터의 토출유량이 0으로 되는 지점.

커트오프밸브, 차단밸브 cut-off valve [A,T] 1) 왕복기관의 슬립 밸브는 보통 증기의 흡입과 차단에 관계되는 것이지만, 이 주 밸브 이외에 보조밸브를 결부시켜 증기를 차단시키는 경우가 많다. 이것을 차단밸브라 한다. 2) 중앙 집하장 내에서 공기의 흐름을 차단하기 위해 사용되는 밸브로 열림 또는 닫힘 동작만을 가진다.

커티스 터빈 Curtis turbine [T] 미국인 C. G. Curtis가 고안해 낸 충동식 터빈. 속도 복식터빈이라고도 한다. 이것은 한 조의 노즐에 대하여 2열 또는 3열의 동익을 조합하고, 그 동익 사이에는 1열 또는 2열의 고정 안내깃을 배치하여 노즐에서의 고속분출증기를 동익-고정익-

동익이라는 방식으로 반복해서 이용하도록 고안된 것. 소형 터빈 용으로 이용되지만 조합식 터빈의 첫 단에서 큰 압력 차를 담당시키는 경우에도 사용되고 있다. 그림 카-1 참조.

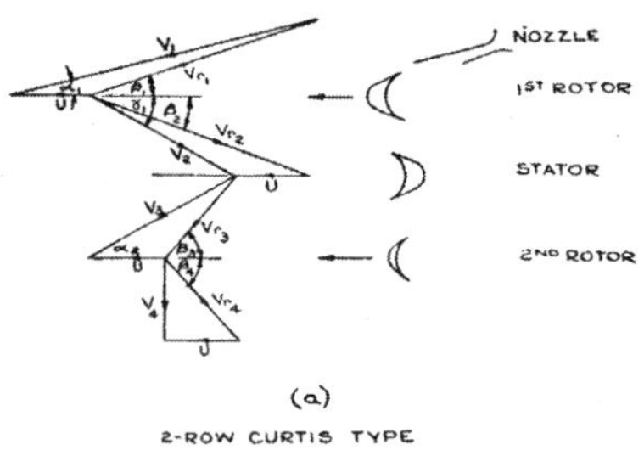

그림 카-1 Curtis 터빈 속도선도

커티스단 Curtis stage [T] 속도복식 충동 터빈의 한 단을 지칭한다. 커티스(Curtis)터빈 참조.

커플링 스페이서 coupling spacer [P] 모터에 스러스트 베어링이 사용되지 않는 경우 모터의 회전자(rotor)가 축방향으로 움직이는 것을 억제하기 위해 커플링에 설치되는 기구. 터보형 펌프, 송풍기, 압축기에서 대 동력의 경우에 사용되는 경우가 있다.

커플링 커버 coupling cover [P] 축이음 보호대(coupling guard)와 같음.

컨테이너 container [A] 투입구로부터 지하에 매설된 관로를 통해 이송된 폐기물이 최종 처리장소로 이송되어지기 전까지 저장되는 장비.

컨테이너 도어 container door [A] 폐기물의 출구로 최종처리 장소에서 컨테이너를 비우기 위해 열리고, 컨테이너 이송시 닫혀있다.

컨테이너 부착기기 container attachment device [A] 압축기와 컨테이너의 탈 · 부착을 보조하는 유압장치로 부착시 컨테이너를 압축기와 가깝게 끌어당기며, 탈착시 일정거리까지 컨테이너를 밀어낸다.

컨테이너 잠금장치 container locking device [A] 압축기 구동 중 컨테이너의 이탈을 방지하는 장치로, 유압방식 및 수동방식 등이 있다.

컨테이너 트롤리, 컨테이너 대차 container trolley [A] 컨테이너 교체를 위해 컨테이너를 이동시키는 컨테이너 운반용 장비, 체인 형식과 바퀴 형식이 있다.

컴파운딩 compounding [T] 증기기관 또는 충동터빈에서 직렬로 다단에 걸쳐 유체의 압력이 감소하는 것을 지칭.

컴팩터 일체형 컨테이너 compactor-container [A] 컨테이너 전면부에 컴팩터가 부착되어 있는 일체형 장비로 장소가 협소하여 컴팩터를 별도로 설치하기 어려운 경우, 사용되나 일반적인 분리형 구조보다 폐기물 채움 용적이 작으며, 컴팩터 자중으로 무게가 무겁다.

컴퓨터 computer [N] 프로그래밍을 통해 사용자가 지정한대로 입력 정보를 받아들여서 처리하여, 그 처리된 정보를 저장하고 검색하여 결과를 출력하는 일을 하는 기계로서, 근래 1세기 동안, 데이터 처리 속도나 저장 능력 등의 성능이 크게 향상되어 전산 유체 역학(CFD)의 발전에 큰 기여를 하였다. 특히 여러 대의 컴퓨터를 병렬로 묶는 Clustering Server의 구축으로 저렴한 비용으로도 슈퍼컴퓨터 성능에 맞먹는 강력한 성능을 지니게 되었으며, 현재는 많은 분야의 응용문제를 경제적이고 효율적으로 해결할 수 있게 하였다.

컴플라이언스 compliance [D] m/N,{m/kgf} 스프링상수 k의 역수(=1/k)로, 때로는 리셉턴스(receptance)라고도 한다. { } 안은 중력단위.

컵풍속계 cup anemometer [M] 로빈손(Robinson) 풍속계와 같음.

케이(K)인자 K-factor [M] 터빈유량계에서 단위 체적당 감지되는 펄스의 수를 나타내는 인자.

케이더블유에스 KWS [A] 주방쓰레기 수거시스템(kitchen waste system) 참조.

케이슨 내장형 파력발전 caisson embedded wave power converter [S] 고정식 파력발전장치의 일종으로 파력발전장치를 방파제 케이슨 내부에 설치하여 발전하는 방식.

케이싱 casing [G] 터빈이나 펌프, 홴, 감속기 등에서 기계 내부의 밀폐를 위한 피복, 용기, 둘러싸기 등의 역할을 하는 부분. "케이싱"의 용어 앞에 위치, 형상, 목적 등을 나타내는 용어를 붙여서 의미를 한정해서 사용하는 경우가 많다. 예 : 외부케이싱, 흡입케이싱, 2중 벌루트 케이싱 등.

케이싱 내통 casing inner cylinder [B] 축류홴의 케이싱 본체 내부에 베어링, 모터, 치차장치 등을 설치하기 위한 원통부분. 원통은 케이싱과 안내깃에 의해 지지되며, 그 끝 단에는 필요에 따라 원통형의 엔드커버가 부착된다. 베어링이나 모터에서의 발열 때문에 내부를 환기할 필요가 있으며, 대형의 경우는 사람이 안에 들어갈 수 있는 구조로 되어 있다.

케이싱 다이어프램 casing diaphragm [B] 다단 블로워 및 다단 압축기의 케이싱 내에 고정시켜 앞 단과 뒤 단의 경계를 지으며, 또 기체를 앞 단에서 뒤 단으로 유도하는 것. 부도 B-7 참조.

케이싱 또는 하우징 본체 casing main body, housing main body [P,B,C,T] 케이싱의 주요 부분. 부착되는 케이싱 입구 통로나 케이싱 토출구 등이 나중에 부착되는 형식의 것은 제외된다.

케이싱 라이너, [side plate(주로 개방형 깃에 마주볼 때), wear plate(주로 내마모용으로 설치될 때)] casing liner, side plate, wear plate [P] 개방형 임펠러 깃 또는 뒷 깃의 미끄럼부분에 마주 보이게 케이싱 내면에 설치되는 고정쪽의 라이너(임펠러의 앞뒤 양쪽에 설치되는 경우는 각각 "앞 케이싱 라이너", "뒤 케이싱 라이너"라고 부름).

케이싱 배판(背板), 스크롤판 scroll sheet [B] 원심 홴의 케이싱 본체의 소용돌이 부분의 판. 부도 B-4 참조.

케이싱 보강재 casing stiffener [B] 원심홴, 축류홴의 케이싱이 용접으로 보강된 골재부분. 케이싱 입구통로부분도 보강된다.

케이싱 본체 housing main body [B,G]

케이싱 본체(casing main body)와 같음. 케이싱(casing) 참조.

케이싱 사다리 casing support leg [P] 펌프, 송풍기, 압축기의 케이싱을 지지하는 부분. 기초 볼트에 의해 직접 기초에 설치되는 경우와 볼트로 베드에 고정되는 경우로 구분됨. 유체온도가 높은 경우는 중심지지대를 사용하나, 열팽창에 대응할 수 있도록 플렉시블한 판 모양의 지지대를 설치하는 경우도 있음.

케이싱 웨어 플레이트 casing liner side plate, casing wear plate [P] 케이싱 라이너 중에서 개방형 깃에 마주볼 때와 내마모용으로 설치될 때의 플레이트.

케이싱 입구통로 casing inlet box, casing suction box [B] 원심홴의 케이싱으로서 주축과 직각방향으로 유입하는 기체를 회전차에 도입하기 위한 직사각형의 흡입통로. 통로 안에는 안내깃, 기류의 선회방지 판 등을 설치하여 흡입성능을 높이려고 한 것도 있다.

케이싱 측판 side sheet [B] 원심홴의 케이싱 본체의 양 측면 판. 부도 B-4의 5205 참조.

케이싱 커버 casing cover, housing cover [P,B] 케이싱에 고정시켜서 케이싱의 일부를 형성하는 커버(배럴 형 펌프의 경우는 "배럴 커버"라고 부르기도 함). 부도 B-4 참조.

케이싱 토출노즐 casing discharge nozzle [P] 터보형 블로워, 압축기의 케이싱으로서 토출구를 포함한 원추 형의 부분. 그 토출구는 대체로 원형 플랜지모양으로 되어 있고, 케이싱의 접속부로부터 효율적으로 기체를 토출함.

케이싱 프레임 casing frame [P] 펌프, 송풍기, 압축기의 케이싱을 지지하는 프레임.

케이싱 흡입노즐 casing suction nozzle [G] 터보형 블로워·압축기의 케이싱이며, 흡입구를 포함한 원통상의 부분. 케이싱의 접속부에 향하여 기체를 효율적으로 흡입하도록 안내 깃, 기류선회 방지판 등이 설치된다.

케이싱 흡입박스, 케이싱 입구통로 casing suction box, casing inlet box [P] 케이싱 입구통로(casing inlet box)와 같음.

케이싱, 하우징 casing, housing [P,B] 임펠러를 둘러싸고 유동방향을 정하여 주는 것으로 벌루트 케이싱(volute casing)과 같음. 터보형 송풍기 및 압축기의 로터를 포함하여, 압출(배출)실을 형성하는 정지부분 또는 이를 포함한 부품.

케이싱슈라우드 casing shroud, housing shroud [B] 개방형 임펠러에서 임펠러 측판 대신으로 케이싱에 설치한 측판.

케이싱슈라우드 housing shroud, casing shroud [B] 원심송풍기, 압축기의 개방형 회전차에서 회전차 측판 대신에 케이싱에 설치된 측판. 개방형 회전차의 측판에 상당하는 위치에 케이싱 쪽에서 측판 모양의 판을 설치하여 효율 향상을 도모한 것.

케이싱스테이 casing stay, housing

stay [B] 케이싱을 보강하기 위한 스테이. 부도 B-4 참조.

케이싱스테이 housing stay, casing stay [B] 원심홴의 케이싱 본체를 보강하기 위한 스테이. 대형 · 고압의 경우, 케이싱의 양 측판이 내압에 의해 변형을 일으키거나 기류의 작용을 받으므로, 이를 방지하기 위해서 가스파이프 등으로 지지한다. 이것은 용접 또는 볼트로 체결되지만 회전차에서 토출되는 기류를 받으므로 충분한 강도가 필요하다.

켈밋 Kelmet [P] 베어링용 합금의 일종으로 구리에 납을 20~40% 첨가한 것. 고하중, 고속의 베어링소재로서 적합.

코너 깃 corner vane [B] 곡관 부를 통과하는 유동이 저항을 작게 받도록 곡관부 내에 유동을 안내하기 위해 배열된 안내 깃.

코너탭 오리피스유량계 corner tap orifice flow meter [M] 차압측정을 위한 두 개의 압력태핑 위치가 오리피스판 상 · 하류 측면에 근접해서 붙어 있는 오리피스 유량계. 태핑의 중심 위치는 오리피스판 상 · 하류 측면에서 각각 태핑 구멍의 반지름의 크기만큼 떨어져 있는 곳이 된다. 그림 카-2 참조.

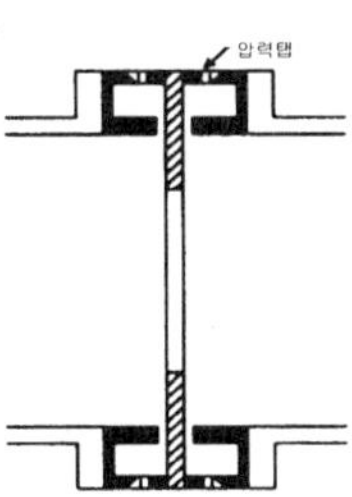

(a) 캐리어링 타입

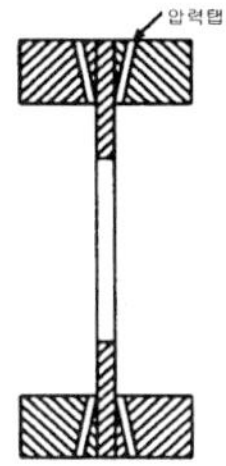

(b) 개별탭 타입

그림 카-2 코너탭 오리피스 유량계

코리올리 힘 Corioli's force [P] N,{kgf} 회전계의 질점에는 실제로 작용하는 힘 외에 겉보기 힘으로서 원심력과 $2m\Omega xW$가 동시에 작용한다고 보면, 관성계에서 운동의 제 2법칙을 생각하는 경우와 똑같이 취급할 수 있다. 이 겉보기의 힘 $2m\Omega xW$를 코리올리 힘이라고 한다. 단, m : 질량(kg){kgf · s^2/m}, Ω : 좌표계의 회전각속도(rad/s), W : 운동좌표계에 대한 질점의 상대속도(m/s). { } 안은 중력단위.

코리올리가속도 Corioli's acceleration [T] m/s^2 지구의 자전으로 생기는 영향력. 회전하는 상대좌표계에서 움직일 때 고려되어야 하는 가속도. 상대좌표계의 회전각속도벡터를 Ω, 상대속도벡터를 W라고 하면, $2\Omega XW$로 표시된다.

코리올리유량계 Corioli's flow meter [M] 유체가 진동하는 튜브를 통과하게 되어 있어서 튜브의 진동과 유체의 질량유량과의 상관관계를 이용하여 질량유량을 측정토록 되어 있는 유량계. 그림 카-3 참조.

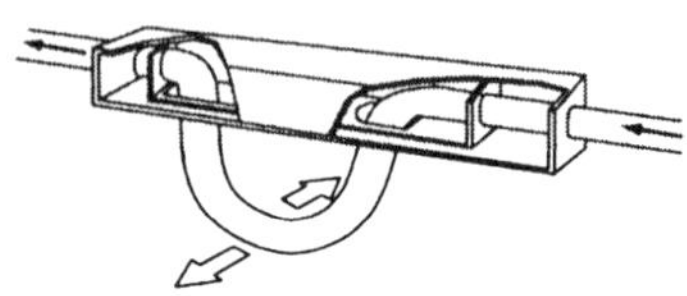

그림 카-3 코리올리 유량계

코스트다운, 관성서행 coast down [Nu] 펌프 전원의 공급이 중단될때 펌프 혹은 모터의 회전축에 설치된 플라이휠의 관성력에 의해 펌프축의 회전수가 서서히 감소하는 현상을 말한다. 원자력발전소 전원상실사고시 냉각재 펌프는 관성서행으로 노심에 냉각재를 공급하여 핵연료 붕괴열을 제거할 수 있음.

코안다 효과 Coanda effect [T] 벽면을 따라 분출하는 분류는 곡면의 경우 벽을 따라 흐르는 성질을 가지며, 특히 볼록한 곡면에 부착하여 흐르는 현상을 Coanda(코안다) 효과라고 부른다.

코어 캐쳐 core catcher [Nu] 원자로용기 바닥 아래에 있는 설비로서 노심용융사고시 노심용융물을 수용하여 냉각한다. 고온에서 버틸 수 있는 콘크리트 세라믹을 사용하며 하부로 물을 흘려보내 증발시켜 열을 제거한다. 열전달면적을 넓혀 임계열유속에 도달하지 않도록 하기도 함.

코어, 핵심 core [T] 1) 분류유동에서 노즐출구에 가까운 곳에서 나타나 있는 균일한 속도분포의 부분. 2) 주물의 중공 부를 만들기 위한 심형.

코크스가스용 송풍기 blower for coke oven gas [B] 코크스로에서 사용되는 송풍기에는 다음의 두 가지가 있다. 1) 코크스로에서 조제가스를 흡인, 배출하기 위한 송풍기이며, 풍압은 20~30 kPa(약 2000~3000 mmAq) 정도의 것. 2) 조제된 가스를 소정의 압력까지 승압하여 압송하는 데 사용되는 송풍기. 어느 것이나 원심식 또는 사류식이 사용된다. 가스 송풍기라고도 불려진다. SI단위로의 환산에는 1 mmAq=9.81 Pa의 관계를 이용하면 된다.

코트렐 집진기 Cottrell precipitator [B] 고(高)전압에 의해 기체 중의 미세한 먼지를 대전(帶電)시켜, 이를 전극에 흡착시키고 먼지를 분리포집하는 집진기.

코히어런스 coherence [T] 결합의 긴밀성, 통일성을 의미한다.

코히어런스 함수 coherence function [D] 두 양 $\xi_1(t)$, $\xi_2(t)$의 스펙트럼밀도함수 $G_1(f)$, $G_2(f)$의 곱에 대한 상호스펙트럼밀도함수 $G_{1,2}(f)$의 절대값의 제곱의 비이며, 다음과 같이 주어진다.

$$\gamma_{1,2}{}^2(f) = \frac{|G_{1,2}(f)|^2}{G_1(f) \cdot G_2(f)}$$

어떤 주파수 f에서 코히어런스 함수는 $0 \le \gamma^2_{1,2}(f) \le 1$을 만족한다. 이 함수는 전달함수를 측정하는 경우, 도중에 침입하는 노이즈에 의해 발생하는 오차를 수정하는 데에 매우 유익하다. 또한 회전기계에서 발생하는 진동과 소음의 관계를 조사하는 경우, 가속도계 X와 마이크로폰 Y의 상호스펙트럼(cross spectrum) S_{xy}를 구하면, 진동과 소음신호 사이에 어떤 상관성이 있는지를 S_{xy}의 분석결과를 통하여 어느 정도 확인할 수 있으나, 이것만으로는 마이크로폰에서 측정된 스펙트럼이 어느 정도 진동과 관련이 있는지를 나타낼 수 없다. 코히어런스 함수는 진동 원 X와 일치하는 Y점의 파워의 비율을 X와 Y점의 레벨이나 그 사이의 전달이득과는 무관한 형태로 주어진다. 즉, 스펙트럼해석만으로 진동원이나 소음 원을 구명하고자 하는 경우에 발생하는 각종 불확실성을 코히어런스의 개념을 응용함으로써 제거할 수 있다.

콕 cock [P,M] 유체를 유동시키고 차단하는 간단한 밸브.

콘크리트 케이싱 concrete casing [P] 터보형 펌프와 홴에서 콘크리트로 만들어진 케이싱. 대형의 경우 경제적인 이유로 사용되는 경우가 있음. 수직형 펌프에서는 케이싱이나 흡입 · 토출 유로에 치수의 정밀도가 요구되며, 형상도 복잡하기 때문에 내부는 일부 강판제로 하고 콘크리트에 묻어 유동에 대해 내면을 보호. 홴의 경우는 수평형의 하부 케이싱만을 콘크리트로 하고 상부케이싱은 강판제로 함. 이는 상온의 공기를 취급하는 탄광용으로 사용.

콘크리트 패드 concrete pad [P] 방진 베드를 지지하기 위한 패커 플레이트(packer plate)와 기초 콘크리트와의 사이에 만들어지는 콘크리트 받침. 방진 베드를 지지하는데 여러 개의 강판제 지지판이 필요. 이것을 패커 플레이트라고 하는데, 콘크리트 패드 위에 설치하기 위해서는 면밀한 기초공사가 필요. 콘크리트 패드는 기초 콘크리트 위에 나무 프레임을 짜서 콘크리트를 부어 넣어 그 위에 패카 플레이트를 정확한 위치에 수평을 유지하도록 함.

콘크리트펌프 concrete pump [P] 콘크리트를 이송하는 데 사용되는 플런저펌프.

쿠랑 수 Courant number [N] 비정상 유동의 지배방정식을 이산화하면 각 격자간의 무차원 거리 δx 와 무차원 시간간격 δt 가 나오게 되는 데 쿠랑(Courant) 수는 이들 두 변수와 wave 속도 u를 이용해 다음과 같이 정의된다.

$$\text{Courant number} = u\delta t/\delta x$$

현시법의 경우, 쿠랑 수가 1보다 크면 해가 발산해 버린다. 암시법에서는 현시법에 비하여 더 큰 쿠랑 수를 취할 수 있으나 너무 커지면 근사 정확도가 나빠지는 단점이 있다.

쿠에트점도계 Couette viscometer [T] 액체의 점도를 측정하는 장치. 유체 내에서 원통이나 원판 또는 구 등을 회전시키거나 이들 물체를 정지시킨 뒤 시료 용기마다 유체를 회전시켰을 때, 유체의 점성으로 인해서 생기는 토크를 측정하면 점도를 구할 수 있다.

쿠타-쥬코우스키 정리 Kutta-Joukowski theorem [G] 밀도가 ρ(kg/m^3) {kgf · s^2/m^4}, 균일한 상대속도가 V (m/s)인 완전유체의 유동 속에 놓인 물체에서 그 주위에 크기가 Γ(m^2/s)인 순환이 존재하는 경우 물체 형상에 관계없이 속도의 방향으로는 힘이 나타나지 않고 속도 V와 직각 방향으로 $\rho V\Gamma$의 힘(N/m){(kgf/m}이 발생한다. 이 관계를 말한다. { } 안은 중력단위.

쿨롱 마찰 Coulomb's friction [D] 두 고체표면 간에 생기는 마찰이, 1) 바깥 접촉면적과 무관하고, 2) 수직하중에 비례하며, 3) 마찰속도와 무관하다는 세 가지 조건을 만족하는 경우의 마찰을 말한다.

큄비펌프 Quimby pump [P] 2개의 축을 사용한 나사식 펌프의 일종. 좌우 반대로 나사가 가공되어 있고, 유체는 일단 좌우로 갈라져 양 끝으로 들어간 액체는 나사홈 속으로 유입하여 중앙에서 압송됨.

크기 magnitude [D] 부호나 방향과 관계없는 절대치의 값.

크기효과 size effect, scale effect, scale factor [B] 치수효과(scale effect)와 같음.

크느센 수 Knudsen number [G] 기체의 밀도가 저하하여 희박해지는 정도를 나타내는 무차원수. 기체분자의 평균자유행로와 유동의 대표 치수의 비.

크느센 유동 Knudsen flow [G] 크느센(Knudsen) 수 K_n가 대략 1보다 큰 것은 희박유체의 유동에 해당하며, 이와 같은 유동을 의미한다. 크느센 수(Knudsen number) 참조.

크랭크 · 니콜슨법 Crank-Nicolson scheme [N] 시간적인 변화를 고려하는 비정상해석의 경우, 시간에 관한 항을 이산화 하는 방법으로 시간 t에서 이미 알고 있는 값을 취급하는 현시도식(explicit scheme)과 시간 t에 대하여 새롭게 구해지는 값을 취급하는 암시도식(implicit scheme)을 동시에 고려하는 방법이다. 즉, 시간 t에서 이미 알려진 값과 새롭게 구해진 값을 가중계수(weighting coefficient, 보통 0.5)를 함께 고려하여 시간 항을 이산화하는 것이며, 선형 안정성해석에 의하면 무조건적으로 안정적인(unconditionally stable) 수치기법이다.

크랭크각 crank angle [B] rad,deg 하사점을 기준으로 하여 측정된 크랭크의 회전각.

크랭크실 crank case [B] 왕복압축기의 크랭크 기구를 수용하고 있는 실. 크랭크 축을 지지하기 위한 주 베어링을 가지며, 또한 실린더의 기체압력에 의해 가해지는 피스톤 힘과 왕복 관성력과의 합력을 받고 있는 압축기의 기반이 되는 부분이다.

크랭크실 crank chamber [B] 크랭크 축을 수용하고 있는 실.

크랭크암 crank arm [B] 크랭크 축의 암 부분.

크랭크축 crank shaft [B] 회전운동을 연결 봉을 거쳐서 피스톤의 왕복운동으로 변환시키기 위한 축. 크랭크 핀, 크랭크 암 등으로 구성된다.

크랭크핀 crank pin [B] 크랭크 축의 연결 봉을 결합하는 부분.

크랭크핀 베어링 crankpin bearing [B] 연결 봉에 고정한 크랭크핀용 베어링.

크로스수차 cross flow turbine, cross turbine [T] 물이 원통형 러너에 축과 직각방향으로 유입하고, 러너를 지나서 유출한다. 충동수차의 특성과 반동수차의 특성을 함께 갖는 수차.

크로스오버 crossover [P] 1) 다단펌프에서 앞 단으로부터 후단에 양액을 이끄는 관 모양의 유로 부분. 이 이름은 일반적으로 한 개 이상의 유로의 바깥쪽을 가로질러 유도되는 것으로부터 유래한 것. 회전차 출구에서 다음 회전차의 입구로 안내하는 유로는 크로스 오버라고는 부르지 않음. 2) 다단펌프에서 앞단에서 후단으로 양액을 이끄는 U자형의 유로가 본체에 플랜지로 접속되어 있는 경우, 이 관로를 구성하는 부품.

크로스오버 주파수 crossover frequency [D] 1) 크로스오버 회로에서, 고주파 채널과 저주파 채널에 상등한 전력이 공급되는 분할점의 주파수를 이른다. 단, 두 채널 모두 지정된 부하로 종단되어 있는 것으로 한다. 2) 자동제어계의 보드 선도에서 시스템의 오픈 루프 전달함수의 진폭 이득이 제로 데시벨선을 통과하는 점의 주파수 및 위의 전달함수의 위상 뒤짐이 180°로 되는 점의 주파수를 이른다.

크로스터빈 cross turbine [T] 횡구수력터빈(cross-inlet turbine)과 같음.

크로스헤드 crosshead [B] 연결 봉의 운동을 왕복운동으로 바꾸어 피스톤 로드에 전달하는 부품.

크로스헤드 슈, 크로스 슈 crosshead shoe [B,C,G] 크로스헤드가이드(고정) 위를 미끄럼운동을 하여 피스톤의 왕복운동을 직선운동으로 안내하는 왕복운동 부분.

크로스헤드 핀, 크로스핀 crosshead pin [B,C,G] 왕복압축기에서 연접봉(連接棒 : 크랭크와 연결된 로드)과 크로스헤드 슈(직선운동하는 피스톤 봉에 부착된 것)를 일체로 연결하는 핀.

크로스헤드가이드 crosshead guide [B] 크로스헤드에 왕복운동을 하도록 안내하는 면을 가진 부품.

크리스마스트리형 Christmas tree type [C] 가스터빈이나 축류압축기의 동익을 로터 허브에 삽입하여 고정하는 부분의 홈의 형상이 크리스마스 트리의 모양과 같다는 것. 홈의 형상에는 T형, 원통형 등이 있으나, 크리스마스트리형은 강도 및 진동 상 제일 유리한 반면, 제작하는데 상당한 주의를 요하는 어려움이 있으며, 온도가 높은 가스터빈에 많이 쓰인다. 압축기에는 별로 쓰이지 않는다.

크리프 creep [T] 금속의 변형이 일정한 하중 하에서 시간이 흐름에 따라 증가하는 현상. 일반적으로 고온상태에서 볼 수 있다.

크리프 시험 creep test [T] 재료의 크리프에 대한 저항 또는 크리프 현상이 나타나는 온도를 측정하는 시험.

크리프 한도 creep limit [T] 일정한 시간 후에 일정한 최대 허용 변형을 하게 될 때의 응력.

크리핑 creeping [T] 크리프(creep)와 같음.

크엣 유동 Couette flow [G] 두 장의 평행평판 사이에 유체를 채우고 한 쪽은 고정되고 다른 쪽을 속도 U로 평행하게 이동시키면 평판에 수직방향으로 직선 속도분포를 가진 전단류가 얻어진다. 이것을 크엣(Couette)유동이라고 한다. Reynolds 수 U · h/ν < 1500인 층류유동의 범위에서는 직선속도분포를 나타낸다. 여기서, h : 평판 사이의 거리, ν : 동점도. 층류(la- minar flow)참조.

클랩클랩 clap-clap [A] 폐기물 배출압력을 증가시키기 위한 공기흡입구와 배출밸브의 운영 제어방식의 일종으로 배출밸브를 통한 공기 흡입만으로 배출압력을 증가시키기 위해 이용된다.

키메라 격자 Chimera grid [N] 그리스 신화에 나오는 사자의 머리, 염소의 몸, 뱀의 꼬리를 한 동물인 키메라와 같이 서로 다른 격자계를 혼용하여 만든 격자를 말하며, 일명 혼합격자(composite grid)라고도 한다. 예를 들어 원주 주위의 유동을 해석하고자 할 때, 계산 격자를 직교좌표계를 사용하여 생성한다면 원주 근처의 유동은 제대로 해석하지 못할 것이다. 만약 원주 주변부분을 제외한 전체 격자는 직교좌표로, 원주 주위는 원통좌표계의 격자를 생성하여 두 격자가 중첩되는 곳에서는 보간법을 이용하여 해석한다면 위의 단점을 해결할 수 있다. 이처럼 유동장의 형상에 적합한 좌표계를 이용하여 격자를 생성한 다음, 좌표계가 중첩되는 영역에서는 서로의 값을 보간하는 격자 생성 방식을 키메라 격자다.

키엘프로브, 전압관 Kiel prove [G] L자형으로 끝부분이 구부러진 가는 파이프를 유동 안에 삽입하여 전압을 측정하는 프로브. 경계층 내부의 속도분포를 측정하는데 적합한 형상의 것도 있다.

킥오프밸브 kick off valve [M] 채유를 하는 일종의 기포펌프에서 사용되는 체크밸브. 이것에 의해 저압에서도 분유(噴油)를 개시할 수가 있다.

킨용펌프 kinyon pump [B,G] 공기수송에서 스크루식으로 된 분체 공급기. 스크루의 피치는 진행방향으로 점차 작아지고 있고, 회전에 의해 분체를 압출하면서 압축층을 만들어 압축공기의 역류를 막으면서 수송관 내에 분체를 공급한다.

킹스버리 스러스트베어링 Kingsbury thrust bearing [C] 스러스트 베어링의 일종. 킹스버리의 고안에 위한 것이며, 미첼식과 같이 피벗식 베어링이기는 하지만 패드 부하의 불균일을 방지하기 위해 균일부하분배 편을 추가로 갖고 있는 구조로 되어있다. 복잡한 구조로 되지만 미첼식 보다 더 큰 축 추력을 받을 수 있고 원심압축기, 축류압축기에서 사용된다.

E

타깃유량계 target flow meter [M] 배관 내부에 배관과 중심이 일치하도록 고정된 원판이 유동에서 받는 항력으로부터 유량을 산정하는 유량계.

타원베어링 elliptical bearing [G] 원호베어링과 동의어. 베어링 메탈(bearing metal) 참조.

타원형 방정식 elliptic equation [N] 임의 점에서의 영향이 일정 방향에만 제한되는 것이 아니라 공간 전체에 전파되는 특성을 지니는 방정식. 따라서 어떤 점의 해는 영역내의 모든 위치에서의 해와 상호 의존과 동시에 영향을 미친다. 타원형 방정식의 해는 항상 연속적이라 할 수 있으며 Mean value threom, Maximum principle를 따르는 harmonic 함수 형태의 해가 존재한다. 라플라스 방정식등이 그 예이다.

타프트법 taffery method [B] 유동가시화의 한 방법. 유동장에 수 cm 정도의 실을 부착하여 그의 방향으로부터 유동의 방향을 구한다. 벽면에 따른 경계층 밑부분의 유동방향을 관측하는 경우는 실을 벽면 상에 붙인다. 벽면에서 떨어진 점에서의 관측에는 벽면에 고정시킨 철사에 실을 붙이며, 또 유동의 단면상에서의 관측에는 적당한 간격의 세선(細線) 격자점에 실을 붙이고 방향을 알아낸다.

탁도 turbidity [E] 수중의 부유 물질 등에 의하여 물이 혼탁한 정도.

탁월진동수 dominant frequency [D] Hz,1/s 파워스펙트럼에서 최대 값이 발생하는 진동수.

탄성계수 elastic modulus, Young's modulus [D] Pa,{kgf/m^2} 외력을 받는 탄성체에서 임의 점의 응력은 σ_x, σ_y, σ_z, τ_{yz}, τ_{zx}, τ_{xy}의 성분으로, 변형률은 ε_x, ε_y, ε_z, γ_{yz}, γ_{zx}, γ_{xy}의 성분으로 표시된다. 따라서 탄성체에서의 응력과 변형률의 관계는 이들의 성분으로 결정되고, 한편 탄성영역 내에서는 응력과 변형률은 정비례하는 Hook의 법칙이 성립한다. 이때의 비례상수를 일반적으로 탄성계수 또는 탄성상수(elastic constant)라고 한다. 즉, $\sigma_x = C_{11}\varepsilon_x + C_{12}\varepsilon_y + C_{13}\varepsilon_z + C_{14}\gamma_{yz} + C_{15}\gamma_{zx} + C_{16}\gamma_{xy}$ 또는 $\varepsilon_x = S_{11}\sigma_x + S_{12}\sigma_y + S_{13}\sigma_z + S_{14}\tau_{yz} + S_{15}\tau_{zx} + S_{16}\tau_{xy}$의 형태로 일반화 된 Hook의 법칙으로 표시된다. 여기서 C_{ij} 또는 S_{ij} (i, j=1~6)가 탄성계수이다. 다만 일반의 등질 등방성 물체의 경우 독립적인 탄성계수는 2개 뿐이다. { } 안은 중력단위.

탄성변형 elastic deformation [D] 외력이 작용하지 않는 상태에서 물체는 통상 응력이나 변형률이 발생하지 않지만, 외력이 작용하면 변형되어 물체의 내부에 응력과 변형률이 발생한다. 그러나 외력을 제거하면 바로 응력도 병형률도 존재하지 않는 원래의 상태로 되돌아간다. 이러한 성질을 탄성이라 하며, 그 탄성체에 발생한 변형을 탄성 변형이라 한다. 그러나 실제로는 완전한 탄성체는 존재하지 않으므로, 0.001 ~0.01 %정도의 미회복 변형률, 즉 영구변형률을 한도로 하고 있다. 보통의 고체재료는 모두 이와 같은 어떤 응력 한도, 즉 탄성한도 이하의 응력과 어떤 관찰시간 내에서는 탄성변형이라고 간주할 수 있지만, 그 범위를 넘으면 응력과 변형률은 정비례의 관계도 없어지고, 소성이나 점탄성 혹은 크립(creep) 등의 현상이 발생한다.

탄성지지 elastic support [D] 지지점 부분의 강성(stiffness)의 영향에 의해, 그 변형량의 함수가 되는 반력을 받는 지점을 말한다.

탄성회전체, 플랙시블로터 flexible rotor [D] 1차 굽힘위험속도 이상 또는 그 부근에서 운전되는 회전체로, 탄성변형 때문에 강성회전체의 정의를 만족하지 않는 회전체는 모두 탄성회전체로 분류된다.

탄소패킹 carbon packing [P] 카본을 사용한 축 밀봉용 패킹.

탈기 deaeration [T] 보일러 급수 중에 포함되는 산소, 탄산가스 등의 용존(溶存) 가스를 제거하는 처리. 급수 중의 탈기는 복수기에서도 행하여지나 용존 산소량을 0.005cc/l 정도로 하기 위하여는 탈기기가 사용된다. 또 보일러 내에서의 처리에는 탈산소 제를 주입하는 화학적 탈기 법이 쓰인다.

탈기기 deaerator [T] 증기에 의해서 급수를 직접 가열하고 급수 중에 포함된 용존(溶存)가스를 물리적으로 제거하는 장치.

탠덤시험 tandem test, string test [B] 다수의 터보 압축기를 실제로 운전하는 형태로 배치하여 실시하는 기계운전 시험. train test라고도 한다.

탠덤식 tandem type [B] 터보 압축기에서 원동기의 축에 대하여 복수의 압축기 주축이 직렬로 배치된 형식, 또는 왕복 압축기에서 복수의 피스톤이 한 개의 피스톤 로드에 직렬로 연결된 형식.

터널 홴 fan for tunnel ventilation [B, G] 자동차용 터널 내의 배기가스 농도를 줄이기 위해 터널 내의 몇 곳에서 신선한 공기의 공급이나 배기가스 배출용으로 사용되는 홴. 터널 천정에 걸어서 터널내의 공기흐름의 촉진을 위해 사용되는 홴.

터닝장치 turning equipment [B] 회전체를 수동 또는 전동으로 아주 느린 속도로 회전시키는 장치.

터보과급 turbo-charging [T] 과급기에 의해 과급 하는 것. 과급기(turbocharger) 참조.

터보기계 turbo machine [G] 유체기계 중에서 회전차나 동익의 회전운동에 의해 유체와 동익 사이에서 에너지의 수수(授受)가 이뤄지는 기계. 원심펌프, 사류펌프, 축류펌프, 원심홴, 사류홴,

축류홴, 원심압축기, 사류압축기, 축류 압축기 등이 이에 해당한다.

터보발전기 turbo generator [T] 증기터빈이나 가스터빈에 의해 구동되는 발전기.

터보송풍기 turbo blower [B,T] 회전하는 회전차에 의해 통과하는 기체에 에너지를 전달함으로써 기체를 압송하는 기계이며, 토출압력이 1000 mmAq 미만의 것을 홴, 1000 mmAq를 넘는 것을 송풍기라고 한다. 회전차를 통과하는 기체의 유동방향에 따라 축류송풍기, 사류송풍기, 원심송풍기로 분류된다. 용적형의 송풍기와 대비되는 용어이다.

터보송풍기 turbo fan and blower [B] 터보송풍기(turbo blower)와 같음.

터보송풍기 turbo blower [T] 터보송풍기(turbo blower)와 같음.

터보압축기 turbo compressor [B,C,T] 공기 압축기의 일종. 형식에는 벌루트 펌프와 같은 구조의 원심 압축기와 터빈형의 축류 압축기가 있다. 특징은 조절이 용이하고 구조가 간단하며, 공기의 흐름이 일정한 것 등이다. 용적형 압축기와 대비되는 용어이다.

터보제트 turbojet [T] 제트 엔진의 일종. 앞쪽에서 공기를 흡입하여 터보 압축기로 압축하고, 연소실에서 연료와 혼합 연소시켜 고온 · 고압의 가스로 만든 다음 이것으로 터빈을 돌려 압축기의 동력을 얻음과 동시에 그 가스를 후방의 제트 노즐로부터 대기 속에 분사하여 그 반동력으로 추진력을 얻는 장치.

터보제트엔진 turbojet engine [T] 출력의 100%를 배기 제트의 에너지로 추출하고 그 반동을 이용하여 직접 추진력을 얻는 형식의 엔진. 이것은 바이패스 엔진, 터보홴 엔진과 구별된다. 프런트홴 엔진(front fan engine) 참조.

터보차져방식 에너지회수장치 Turbo-charger type energy recovery device [F] 역삼투 공정 농축수의 고압 에너지를 회수하는 장치의 하나로 펠톤 터빈 방식의 것과 원리는 유사하지만 바이패스가 있어 운전자가 흐름을 제어하고 균형을 잡을 수 있도록 하고, 농축수의 흐름이 압력을 승압하기위한 유입수의 흐름보다 많을 때 사용한다. 넓은 범위의 속도에서 운전이 가능하며, 긴 수명과 운전이 단순하다는 장점이 있다.

터보펌프 turbo pump [T] 회전차를 케이싱 안에서 회전시켜 액체에 에너지를 부가하는 기계이며, 원심형, 사류형, 축류형이 있다. 작동원리에서 펌프를 분류했을 경우의 명칭이며, 용적형 펌프와 대비되는 용어.

터보프롭 turbo prop [T] 터보프롭 엔진(turbo-prop engine) 참조.

터보프롭엔진 turbo-prop engine [T] 엔진 출력의 90%는 터빈출력을 감속기로 감속시켜 프로펠러를 구동하여 추진력을 얻고, 나머지 10%의 추진력은 배기 제트에서 얻도록 설계된 엔진. 피스톤 엔진, 제트 엔진의 중간 성능을 겨냥하여 개발된 것이다.

터보형 기계 rotodynamic machine [T] 유체와 회전하는 로터 사이에서 에너지를 교환하는 기계를 말한다. 예로는 수력터빈, 가스터빈, 원심압축기가 있다.

터보형 진공펌프 turbo type vacuum pump [C] 터보형 압축기의 흡입측을 부압으로써 작동시키는 것. 구조적으로는 거의 터보형의 압축기와 같으나, 다만 평형피스톤이 제 1단 측에 설치되어 있는 것만이 틀림. 토출측은 대기압 또는 이에 가까운 압력이지만 흡입측은 높은 진공을 얻을 수 있으므로 다용도의 진공펌프로서 사용. 흡인식 공기 컨베이어용 진공펌프, 진공청소기 등이 있음.

터보형 펌프 rotodynamic pump [P] 터보형 펌프(turbo pump)와 같음.

터보형 펌프 turbo pump, rotodynamic pump [P] 임펠러를 케이싱 안에서 회전시켜 액체에 에너지를 전달하는 펌프로서, 원심펌프, 사류펌프, 축류펌프가 이에 포함. 펌프를 작동원리에서 분류한 경우의 명칭이며, 용적형 펌프와 대비되는 용어.

터보홴 turbofan [T] 회전차의 회전에 의하여 생기는 기체의 원심력을 이용하여 기체를 압송하는 원심송풍기. 터보송풍기(turbo blower) 참조. 참고로 홴은 압력비가 1.1 또는 압력 1000 mmAq 미만의 것을 의미하며, 송풍기는 압력비가 1.1 이상 2.0 미만 또는 토출압력 1000 mmAq(또는 9.807 kPa)이상, 98.607 kPa{1 kgf/cm^2} 미만의 것을 의미한다.

터보홴엔진 turbo-fan engine [G] 터보제트기관의 앞 또는 뒤에 홴의 기능을 가진 로터를 설치하여 덕트 붙이 홴의 추력을 효과적으로 활용한 항공기 엔진의 한 형식. 덕트붙이 홴(ducted fan) 참조.

터빈 turbine [T] 반동터빈과 충동터빈으로 구분되며, 반동터빈은 증기와 같은 압축성 유체를 날개 사이에서 팽창시켜서 그 반동력으로 날개를 회전시키는 것이며, 충동 터빈은 유체를 동익에 부딪게 하여 그 운동 에너지를 회전 운동으로 바꾸어 동력을 얻는 회전식 원동기. 수력터빈, 증기터빈, 가스터빈 등으로 구분되고, 발전, 선박 등에 사용된다.

터빈구동 보조급수 펌프 turbine-driven auxiliary feedwater pump [Nu] 증기를 이용해 작동시킬 수 있는 터빈으로 구동되는 보조용 급수펌프. 원자력발전소에서는 전력공급이 중단되는 경우에도 증기의 힘으로 펌프가 작동되어 원자로냉각재계통의 냉각이 가능해진다.

터빈기관 turbine engine [T] 터빈(turbine) 참조.

터빈깃 turbine blade [T] 증기 또는 가스의 운동 에너지를 받아 기계적 에너지로 바꾸는 부분.

터빈디스크 turbine disc [T] 터빈 날개가 장착되어 있는 둥근 판.

터빈로터 turbine rotor [T] 터빈에서 동익이 달린 회전차.

터빈유량계 turbine meter, turbine flow meter [T,M] 파이프 내에서 유동방향에 수직으로 설치된 터빈 회전차의 회전마다 발생하는 펄스 회수로부터 유량을 측정하는 유량계.

터빈케이싱 turbine casing [T] 터빈에서 날개차를 수용하고 증기 또는 가스(유체)의 유로를 형성하는 부분.

터빈펌프, 디퓨저펌프 turbine pump [T]

벌루트(원심) 펌프의 일종. 효율을 높이기 위하여 회전차와 벌루트케이싱 사이에 안내 날개를 가진 벌루트 펌프. 일본에서는 터빈펌프, 구미에서는 디퓨저 펌프라고 부른다.

테이퍼라이너 tapered liner [B] 비교적 대형의 기계에 사용되는 라이너. 그림 타-1 참조.

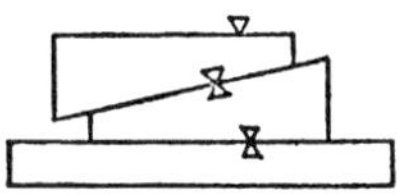

그림 타-1 테이퍼 라이너

테이퍼랜드 베어링 taper land bearing [G] 스러스트베어링의 일종.

테이퍼주판 tapered main shroud [B] 원심송풍기, 압축기의 회전차에서, 주판이 가운데에서 밖으로 향하여 얇아지도록 테이퍼 모양으로 기계 가공된 것. 균일두께의 것에 대응하여 쓰이는 용어이며, 회전차의 주속도가 약 160 m/s를 넘으면 균일두께로는 응력이 높아지므로 이를 경감시키기 위해 사용된다. 약 200 m/s를 넘으면 허브도 일체가 된 단조주판이 사용된다.

테이퍼측판 tapered side shroud [B] 원심송풍기, 압축기의 회전차 측판이 익뿌리에서 선단에 향하여 얇아지도록 테이퍼 모양으로 기계 가공된 것. 균일두께의 것과 대비해서 쓰이는 용어이며, 회전차의 주속도가 약 160 m/s를 넘으면 균일두께로는 응력이 높아지므로 이를 경감시키기 위해 사용된다. 약 200 m/s를 넘으면 회전차 입구 링도 일체가 된 단조측판이 사용된다.

테일러-괴틀러 와류 Taylor-Görtler vortex [G] 주류방향의 벽면이 오목하게 들어간 벽면을 따르는 층류유동에서 Reynolds 수가 어느 값 이상이 되면 유선의 휨으로 인해 발생하는 원심력 때문에 벽 근처의 유동이 불안정 해지고, 주류방향의 축을 갖는 여러 개의 서로 반대방향으로 선회하는 와류가 발생한다. 이와 같은 와류를 말하며, 이 와류 때문에 난류에의 천이가 빨라진다. 이와 같은 와류는, 내부 원통이 회전하고 바깥 원통은 정지하고 있는 두 원통 사이의 유동에서 Taylor에 의해 처음으로 발견되었고, Görtler에 의해 위의 사실이 규명되었다.

테일러급수 전개 Taylor series expansion [N] 함수 f(x)가 a를 중심으로 한 어느 구간에서 제 n계까지 미분 가능할 때 다음과 같은 지수급수로 전개된다.

$$f(x)=f(a)+\frac{f'(a)}{1!}(x-a)+\frac{f''(a)}{2!}(x-a)^2+\cdots+\frac{f^{(n-1)}(a)}{(n-1)!}(x-a)^{n-1}+R_n$$

여기서,

$$R_n=\frac{f^{(n)}\{a+\theta(x-a)\}}{n!}(x-a)^n,\quad 0<\theta<1$$

또는

$$R_n=\frac{(1-\theta)^{n-1}f^{(n)}\{a+\theta'(x-a)\}}{(n-1)!}$$

$(x-a)^n, 0<\theta'<1$

$\lim_{n\to\infty} R_n = 0$이면, f(x)는 x=a의 근방에서 다음의 지수급수로 전개된다.

$$f(x) = f(a) + \frac{f'(a)}{1!}(x-a) + \frac{f''(a)}{2!}(x-a)^2 + \cdots + \frac{f^{(n-1)}(a)}{(n-1)!}(x-a)^{n-1} + \cdots$$

이것을 테일러급수(Taylor's series)라고 한다. 유한차분방정식의 일반적인 유도방법은 고차의 항을 생략한 Taylor 급수를 사용하여 미분방정식의 미분계수를 근사식으로 나타낸 것이다.

텔레미터 telemeter [T] 측정량을 측정 대상으로부터 떨어진 위치에서 측정할 수 있도록 만들어진 계기를 총칭하는 말. 일반적으로는 전기량으로 변환하여 떨어진 곳에 전달하므로 전기적 계측법을 사용한 계기가 많다.

텔레스코픽형 신축관 이음 telescopic expansion joint [G] 실린더 내부에 또 다른 실린더가 여러 겹으로 들어있고, 압력유체(유압, 공기압)로 인해 차례대로 실린더가 나오게 되어 있어서 큰스트로크(행정)를 얻을 수 있도록 되어있는 구조의 실린더. 단순히 텔리스코픽 실린더(telescopic cylinder)라고도 한다.

토리체리 정리 Torricelli's theorem [G] 위쪽이 개방된 탱크의 측면에 뚫려진 구멍(수면까지의 높이가 H)에서 유출하는 물의 속도 v는 v= $\sqrt{2gH}$ 로 주어진다. 이 관계식을 의미한다. 1644년쯤에 Torricelli에 의해 처음으로 제시되었다.

토마의 캐비테이션 계수 Thoma' cavitation constant [P,G] 유효흡입헤드 Δh는 운전상태, 즉 유량에 따라 변화하는데, 펌프는 보통 비속도 n_s를 기준으로 설계되고 있으므로 설계유량에서의 Δh의 값도 그 펌프의 고유값을 나타낸다고 볼 수 있다. 따라서 펌프의 설계점(설계유량)에서의 총헤드를 H라고 하면 특별한 설계가 아닌 한 $\Delta h/H$는 비속도 n_s의 함수로 표시될 수 있다. 이것을 다음과 같이 σ로 표시하여

$$\sigma = \Delta h / H = \text{func}(n_s)$$

σ를 토마의 캐비테이션 계수라고 부른다. 펌프 형식에 따른 함수식을 알면 그 펌프의 설계점에서의 유효흡입수두 Δh를 평가할 수 있고, 설계점에서의 캐비테이션 발생을 예측할 수 있다. 유효흡입수두(net positive suction head) 참조.

토출 댐퍼 discharge damper, outlet damper [B,G] 송풍기의 유량조절을 위해 토출 측에 설치되는 댐퍼. 흡입구에 설치하는 댐퍼도 있다. 흡입댐퍼(suction damper) 참조.

토출 밸브 blow-off valve [B] 분출관에 설치되는 밸브.

토출 보울 discharge bowl(미), pump bowl(구) [P] 수직축 펌프로서 사류펌프 또는 축류펌프에 안내깃이 있는 토출 케이싱.

토출(송출) discharge [P,B,T] 펌프 등의 유체기계에서 유체가 토출되는 것.

토출각(송출각, 유출각) discharge angle [P,B,T] rad,deg 펌프 회전차 등에 있어서 상대 유출속도의 방향과 익렬축(반경류의 경우 원주 접선)에 대한 수직선이 이루는 각. 축류의 경우 부도 B-3, 반경류의 경우 그림 타-2(그림 중 β_2) 참조.

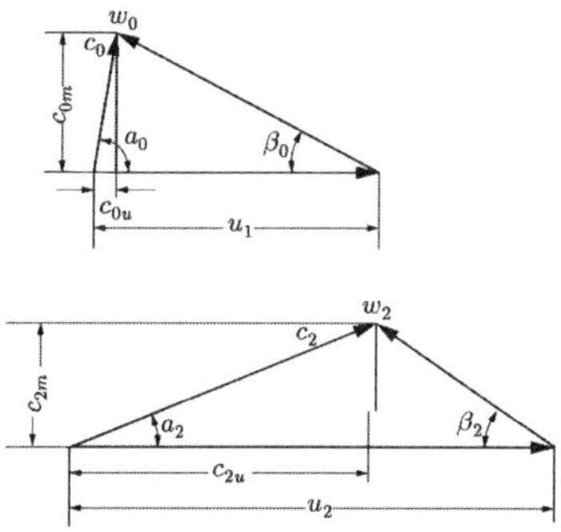

回轉車 入口와 出口에서의 速度三角形

그림 타-2 토출각

토출계수, 유출계수 discharge coefficient, capacity coefficient [T,M] 오리피스 유량계나 벤투리관 유량계에서 비압축성 유체의 실제 유량과 이론 유량과의 비율로 다음과 같이 주어진다.

$$C = \frac{q_m (1-\beta^4)^{1/2}}{\frac{\pi}{4} d^2 (2\Delta p/\rho)^{1/2}}$$

여기서 C : 유량계수, q_m : 측정된 실제 유량(m^3/s), β : 오리피스 지름 d와 관의 안지름 D의 비 d/D, Δp : 오리피스 등의 상 · 하류에서의 압력 차(Pa){kgf/m^2}, ρ : 유체의 밀도(kg/m^3){kgf · s^2/m^4}이다. 유량계수(coefficient of discharge)와 같음. { } 안은 중력단위.

토출곡관 discharge bend [B] 케이싱 본체의 토출구에 접속되고, 동시에 케이싱의 일부를 구성하는 곡관부위. 부도 B-5 참조.

토출곡관 outlet bend [B,G] 축류송풍기에서 케이싱 본체의 토출구에 접속되어 케이싱의 일부를 구성하고 있는 곡관부. 곡관부에는 가이드 베인이 설치되며, 회전축이 관통하는 경우는 그 위치에 축실부(shaft seal part)가 설치된다.

토출관 discharge pipe [B] 펌프, 송풍기 및 압축기 등의 토출구에 연결되는 파이프.

토출구 discharge opening [P] 액체를 토출하는 출구.

토출노즐 discharge nozzle [B] 케이싱에서 토출구를 포함한 원통형의 부분. 부도 B-7 참조.

토출높이 static discharge head [P,T] m 펌프 기준면에서 측정된 토출액면까지의 높이. 펌프 기준면 보다 토출액면이 위에 있을 때는 양(+), 밑에 있을 때는 음(−)으로 한다.

토출댐퍼 discharge damper, outlet damper [B] 송풍기 토출구 측에 설치하여 가스량을 조절하는 댐퍼.

토출댐퍼 outlet damper, discharge damper [B] 송풍기 등의 성능시험을 할 때 닥트 끝에 원판 등을 설치하여 닥트 끝부분과 원판 사이의 거리변화로 유로면적을 조절함으로써 풍량을 조절하는 장치.

토출덕트 outlet duct [B] 홴의 토출구에

설치되는 덕트.

토출디퓨저 discharge diffuser [B] 케이싱의 토출구에 접속하여 설치된 디퓨저.

토출밸브, 실린더의 토출밸브 discharge valve, cylinder discharge valve [A,B] 1) 펌프, 송풍기 및 압축기 등의 토출구 측에 설치하여, 유량 또는 압력을 조절하는 밸브. 2) 기체를 토출하기 위하여 왕복압축기 실린더의 토출구 측에 설치한 밸브. 3) 투입구를 통해 투입된 폐기물이 관로 내로 인입하는 것을 방지하기 위해 설치된 밸브로, 이송관로 내 공기 흐름이 형성된 이후에 배출밸브가 개방된다.

토출상대플랜지 companion discharge flange [B] 송풍기 및 압축기의 토출구 플랜지에 상대하는 플랜지.

토출속도 discharge velocity [P] 펌프, 송풍기, 압축기의 토출구에서의 유체의 토출속도.

토출수로, 방수로 discharge channel [P] 토출수조로부터 저수지 등에 물을 보내는 수로.

토출수조 discharge sump [P] 펌프장치에서 토출관에 연결된 수조. 일반적으로 수조의 수면 위가 대기압인 경우를 말함.

토출압력 discharge pressure [P] Pa,{kgf/m^2} 유체기계의 토출구에서의 정압. { } 안은 중력단위.

토출압력, 송출압력 delivery pressure [T] Pa,{kgf/m^2} 펌프에 있어서 토출측의 압력. { } 안은 중력단위.

토출압력 outlet pressure [T] Pa,{kgf/m^2} 수차, 터빈 등의 경우 작동유체가 일을 한 후 기계의 출구에서 지니는 압력. 펌프, 송풍기의 경우는 유체가 기계에서 에너지를 받아서 출구에서 갖게 되는 압력이 되며, 토출압력(delivery pressure)과 같음. { } 안은 중력단위.

토출양정, 토출헤드 discharge head [P, T] 펌프 기준면의 위치로 환산된 토출측의 압력 헤드.

토출엘보 discharge elbow [P] 수직형 펌프에서 토출구를 구성하는 관 부속품. 그림 타-3 참조.

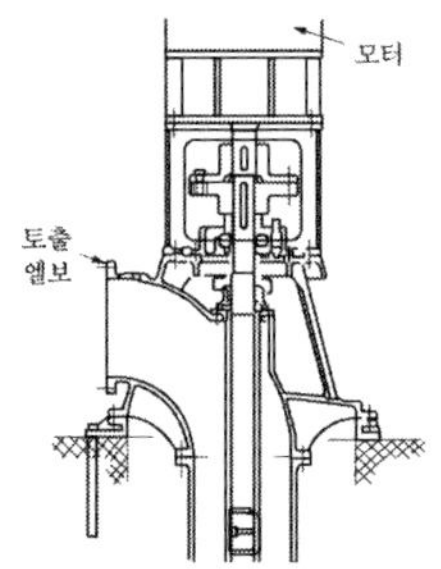

그림 타-3 토출엘보

토출온도 discharge temperature [B] K,℃ 토출 쪽의 전온도.

토출전압 discharge total pressure [B] Pa,{kgf/m^2} 송풍기 및 압축기의 토출부의 전압. { } 안은 중력단위.

토출전양정 total discharge head [P,T] m^2/s^2,{m} 펌프 기준면에 있어서의 토출구의 전양정. { } 안은 중력단위.

토출정압 discharge static pressure [B] Pa,{kgf/m^2} 송풍기 및 압축기의 토출부의 정압. 토출압력(discharge pressure)과 같음. { } 안은 중력단위.

토출조건, 토출상태 discharge condition

[B] 송출 측 기체의 압력, 온도, 습도, 유속 등의 상태의 총칭.

토출케이싱 discharge casing [P,B] 축수직 분할형의 펌프, 송풍기, 압축기에서 토출구를 갖거나 토출구로 통하는 케이싱 부분. 수직 분할형 다단 펌프·압축기에서는 흡입 케이싱이나 중간 케이싱과 구별해서 사용. 또 수직축 펌프에서는 이 케이싱이 토출엘보, 양수관, 토출 보울 등의 부품으로 구성되어 있는 경우도 있음. 부도 P-7 참조.

토출헤더 discharge header [P] 펌프 토출관로에 설치된 유량 분배용 관, 이 관에 장치된 각 분배관에서의 유입 압력을 균일하게 하는 역할을 함.

토출헤드 delivery head [P,G] 수평축 펌프의 중심에서 토출 수면까지의 높이. 수직형 왕복펌프의 경우는 피스톤이 흡입과정에서 실린더의 최고 위치까지 올라갔을 때(피스톤 B)의 피스톤의 밑면에서 토출 수면까지의 높이(H_d). 그림 타-4 참조.

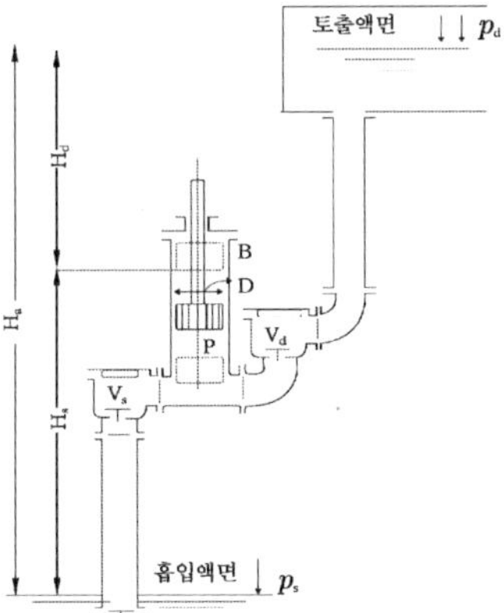

그림 타-4 토출헤드

토출효율 discharge efficiency [P,G] 왕복식 압축기에서 흡입풍량을 Q_s, 흡입상태로 환산된 토출풍량을 Q_d라고 하면, $Q_s - Q_d$는 누설량이다. 여기서 토출량의 흡입풍량에 대한 비 Q_d/Q_s를 토출효율이라 함.

토크 torque [T] N · m,{kgf · m} 물체를 그 회전축 주위로 회전시키려는 회전력. 즉, 회전하고 있는 물체가 그 회전축 주위에서 받는 우력. { } 안은 중력단위.

토크미터 torque meter [M] 원동기와 피동기의 사이에 동력전달 축의 일부로서 설치하여, 이것에 걸리는 토크를 측정하는 계기. 일반적으로는 토크에 의한 축의 비틀림을 축 표면에 부착된 저항선 비틀림계에 의하여 측정하고, 별도로 검정된 비틀림과 토크의 관계로부터 토크를 읽는 형식의 것이 많이 쓰이고 있다.

토크컨버터 torque converter [P,G] 토크의 크기를 변환시켜 동력을 전달하는 장치. 유체커플링과 달리 회로 내에 안내깃(스테이터)이 있어서 출력축의 토크를 입력토크보다 크게 할 수 있다. 그러나 저항이 증가하므로 90% 이상의 효율을 얻기가 어렵다. 유체커플링의 경우는 출력측에 큰 토크가 작용하면 입력측에도 이와 동일한 크기의 토크가 나타나는데, 토크컨버터의 경우는 출력측의 토크가 변하면 회전수가 자동적으로 변하며, 입력 축에는 그 영향이 미치지 않는다. 그림 타-5 참조.

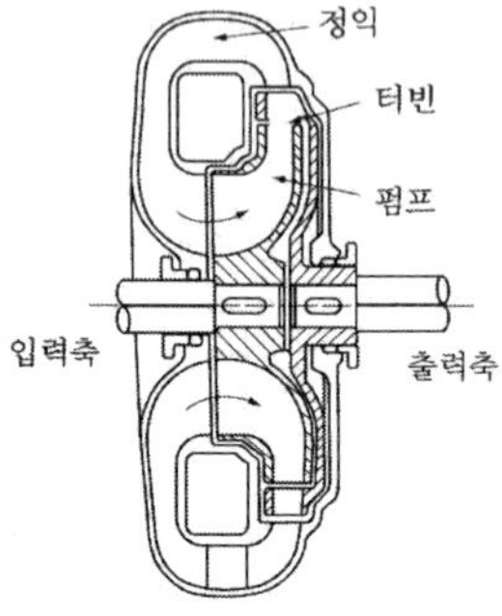

그림 타-5 토크컨버터

토크컨버터 커플링 torque converter coupling [P,G] 토크 전달에서 출력측의 회전수가 낮고 큰 토크를 요하는 경우는 슬리브에 고정된 스테이터로 토크를 증폭해 주고, 회전수가 어느 정도 상승하여 큰 토크가 필요 없어지면, 스테이터에 작용하는 유체의 힘 방향은 반대가 되어서 스테이터는 자동적으로 공전(空轉)하여 유체커플링으로서 작동하는 커플링.

톰즈 효과 Toms effect [G] 어느 고분자 물질로 만들어진 용액은 그 농도가 수 ppm~수백 ppm 정도라 하여도 원래의 용매만의 난류마찰저항에 비하면 현저히 감소하는 현상 또는 효과. 이 현상은 1948년에 A.B.Toms에 의해 처음으로 보고되었다. 예를 들어 분자량이 수백만의 폴리에틸렌 옥시사이드 수용액의 관내유동 난류마찰손실은 생수의 경우의 약 25%로 나타난다.

톱랜드 top land [C] 피스톤 머리 부분에서부터 최상부 링(제1 링)의 홈까지의 피스톤측면.

톱톱형 top top type [C] 다단 펌프, 송풍기, 압축기의 케이싱의 흡입구, 토출구의 방향을 나타내는 형식의 명칭. 축 수직방향으로, 상부에서 흡입하고 상부로 토출하는 형식을 말한다.

통기, 배기 vent [T] 통풍, 가스 빼기.

통기공, 배기공 vent hole [T] 1) 통풍구. 2) 주조작업에서 주형에 쇳물을 부었을 때 발생하는 가스를 뽑아내기 위해 마련한 가스배출 구멍.

통기공, 브리더 air breather, breather [T] 밀폐된 용기 내의 공기를 빼고 외기와 통하게 하는 장치. 베어링상자, 치차상자 등의 내부의 높은 온도의 기체를 빼기 위해서 가공설치된다. 가스 파이프의 윗부분에 먼지나 이물질이 들어오지 못하게 하는 커버 등이 설치된 간단한 것이 많이 쓰인다.

통기공, 브리더 breather [T] 오일 탱크, 크랭크 케이스 등에 공기빼기 또는 공기의 출입용으로 뚫어 놓은 구멍.

통기관 vent pipe [P] 펌프 내로 들어오는 공기와 기체를 외부로 빠지게 하는 관.

통기구, 공기뽑기 구멍 air bleeder [T] 공기 뽑기(air bleed)를 참조.

통기성, 침투율 permeability [T] 1) 액체 또는 기체가 투과할 수 있는 고체의 성질. 투과성을 말할 때는 보통 증기에 대한 투과성을 말한다. 2) 통기성의 정도를 나타내는 것으로, 주형에서 발생한 가스를 도피 분산시키는 능력을 말하며, 일반적으로 퍼센트(%)로 나타낸다.

통풍 draught [T] 연료의 연소에 필요한 바람을 노(爐)나 보일러에 보내는 것.

통풍계 draft gauge [M] 보일러의 노내 또는 연도내의 압력을 측정하는 미압계.

통풍기, 환기장치 ventilator [T] 기체(주로 공기)를 유동시키기 위해 사용되는 저 풍압의 홴.

통풍력 draft power [T] Pa,{kgf/m^2} 공기 또는 연소가스를 보내거나 흡출하기 위해서는 유로에서의 저항에 이겨낼 수 있는 압력차가 필요하다. 이것을 통풍력 또는 통풍수두라 한다. { } 안은 중력단위.

통풍력 draught power [T] Pa,{kgf/m^2} 통풍, 송풍 시의 힘. 통풍력(draft power)과 같음. { } 안은 중력단위.

통풍손실 draft loss [T] 보일러에서 노의 입구로부터 굴뚝의 출구까지의 사이에는 보조 전열면이나 집진기 등의 각종 설비가 있거나 혹은 유로단면이나 유동방향이 변화하고 있어, 이들이 보일러 내의 공기나 연소가스의 유동에 대한 저항으로 작용한 손실을 말한다.

통풍압 ventilating pressure [T] Pa,{kgf/m^2} 1) 빌딩이나 극장 안의 공기를 환기하는데에 필요한 압력. 2) 통풍압력. 통풍력(draft power) 참조. { } 안은 중력단위.

통풍장치, 환풍장치 ventilating device [T] 송풍기, 배풍기 또는 양자를 병용한 공기 환풍 장치. 또는 외부의 풍속을 이용하여 통풍을 하는 장치.

통풍통 vent sleeve [G] 실내, 공장, 창고 등의 자연환기를 촉진하기 위해 바람을 이용하도록 고안된 것으로 지붕, 벽 등에 설치되는 장치. 굴뚝에 비를 막는 덮개를 설치한 간단한 것부터 바람방향과는 관계없이 항시 같은 흡인력이 얻어지는 것, 회전하는 것 등이 있다. 통풍기라고도 함. 통풍기(ventilator) 참조.

통합형 오리피스 integral orifice [M] 미소 유량을 측정할 수 있도록 고안된 오리피스 유량계의 일종. 차압 측정을 위한 태핑을 배관에 낼 수 없기 때문에 차압 측정을 위한 별도의 공간을 갖는다.

통형 연소실 can type combustion chamber, annular combustion chamber [T] 일반적으로 쓰이고 있는 가스터빈 연소기의 한 형식. 그림과 같이 내통, 외통이라 불리는 2중의 원통으로 이루어지며, 압축기에서 보내진 공기는 1차 및 2차의 공기로서 연소실 내에 들어간다. 그림 타-6 참조.

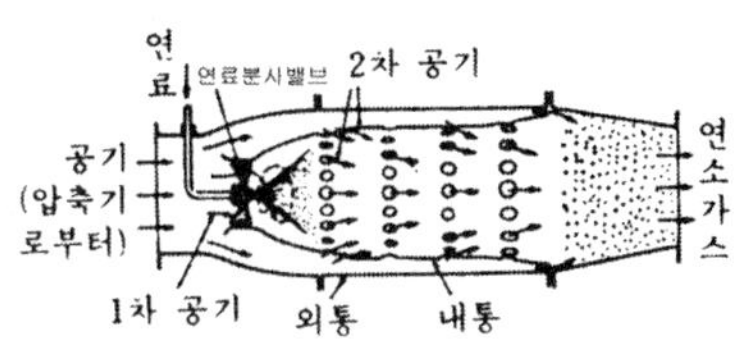

그림 타-6 통형 연소실

통형연소기 can type combustor [T] 가스 터빈에서 압축 공기의 기류 중에 연료를 분사하여 연속적으로 정압 연소시키는 통 모양의 장치. 통형 연소실을 포함한 기기. 통형연소실(can type combustion chamber) 참조.

퇴적물 제거펌프, 빌지펌프 bilge pump [P] 선저에 고인 오수를 배출시키는 펌프.

투과음 transmitted sound [G] 소리의 전파를 차단하기 위한 차폐물을 투과해서 전달되는 소리.

투상 projection [T] 물체를 어느 지정된 방향으로 투영해서 나타나는 상.

투상면적 projected area [T] m^2 지정된 방향으로 물체가 투영되어서 나타나는 그림자의 면적.

튜브축류홴 tube axial fan [B] 케이싱은 있고 안내 깃이 없는 축류 홴.

튜브형 원심홴 straight line flow fan [B] 원통형의 케이싱 내에 원심홴의 회전차가 삽입된 홴.

튜블러수차, 원통형 수차 tubular turbine [P,G,S] 원통형 케이싱을 갖는 형식의 수차. 횡축 형의 프로펠러 수차(튜블러 수차)는 약 20 m 이하의 낙차에서 사용된다.

튜블러원심 홴 tubular centrifugal fan [B] 원통형 케이싱에 원심식 임펠러가 들어있는 홴.

튜블러펌프 tubular pump [P] 수조 바깥에 설치되는 펌프로서, 원통 모양 케이싱의 내부에 구동부가 내장되어 있는 축류 또는 사류 펌프. 부도 P-29 참조.

트랙킹필터 tracking filter [D] 대역통과필터(band-pass filter)의 중심주파수가 외부 신호 발생원의 트리거에 의해 제어되는 필터. 이것은 주파수동조형의 대역폭이 일정한 필터로서, 규정된 주파수 범위에서 동조하면 응답신호 중의 고차 조화파, 노이즈 등을 제거하고 입력신호의 기본파 신호만을 통과시킨다. 입력신호 중의 기본파 신호는 트랙킹필터를 통과하는 사이에 변화 없이 보존되므로 필터링된 출력신호의 진폭은 입력신호의 진폭과 같다. 통상 회전기계의 진동진단을 수행하는 경우, 회전주파수성분 뿐만 아니라 고차 조화성분(예로, 깃 통과주파수) 등이 포함된다. 이 경우, 트랙킹필터를 통과시켜 회전수성분(1X)이나 또는 이의 n배 성분(nX) 등의 형으로 분석하고, 전체로서 얻어진 진동응답에 대한 분석결과와 비교하여 진동원인을 정확하게 파악할 필요가 있다. 트랙킹필터는 이러한 목적으로 효과적으로 이용된다.

트랜스퍼배리어 transfer barrier [G] 용기 내에 설치된 탄성 격막을 통해서 액체압력을 전달하는 것. 상이한 유체의 접촉을 피할 필요가 있을 때 사용되며, 탄성 격막으로는 고무가 많이 사용된다. 터보형 압축기의 축봉에서 오일필름시일을 사용했을 때, 더구나 기체와 시일오일과의 접촉을 피하고 싶을 때, 시일유압과 기체압과의 비교적 적은 압력차에 의해 제어하는 곳에서 사용된다.

트레이 스트리퍼 후드(TSH) Tray Stripper Hood [A] 트레이 위를 지나가는 식판에 있는 쓰레기를 제거하기 위해 설치되는 장치.

트레이서 tracer [T] 1) 유동가시화를 위해 첨가되는 첨가물. 2) 방사성 지시약. 어떤 원소의 운동을 추적하기 위하여 소량 첨가되는 방사성 동위 원소를 말한다. 3) 제도에 있어서 트레이싱을 전적으로 맡아서 하는 사도공(寫圖工).

트레이서기법 tracer technique [M] 유

량계 등에서 유체에 화학물질 혹은 방사성물질을 투입하여 이들 물질을 추적함으로써 유속을 측정하는 기법.

트레이싱, 사도 tracing [T] 1)트레이서를 추적하는 것. 트레이서(tracer)의 1), 2)를 참조. 2) 트레이스(trace)라는 단어는 자국을 더듬는다는 뜻. 원도 위에 트레이스 종이(tracing paper)를 포갠 뒤 원도를 트레이스 지에 베끼는 것. 완성된 원면을 트레이스 도(圖)(traced drawing)라고 한다. 장기 보존하거나 또는 자주 사용할 때에는 트레이스 지 대신에 얇은 천에 납 라이닝 된 트레이스포(tracing cloth)가 사용된다.

트레인 train [F] 공통의 유입수와 처리수, 농축수 파이프, 통제 장치를 갖는 독립적으로 운전 가능한 막여과 시스템. RO 시스템이나 MF, UF 시스템은 병렬로 된 다수의 트레인으로 구성되기도 한다.

트레인시험, 편성시험 train test [D] 편성시험(string test)과 같음.

트로코이드 기어펌프 trochoid gear pump [P] 치형이 트로코이드 곡선으로 되어 있는 치차펌프의 형식.

트롤리, 대차 trolly [A] 장비 또는 짐을 이동시키는 바퀴달린 무게차.

트립, 비상정지 trip [D] 기계가 운전 중에 어떤 이상이 생겨서 그 보호 장치가 작동하여, 비상 정지하는 것. 예를 들어 펌프, 송풍기, 압축기의 운전 중 베어링 온도가 이상 상승하여, 베어링 온도계의 설정치를 넘었을 때, 온도 릴레이가 작동하여 기계가 자동적으로 비상 정지하는 것을 말한다.

트립시험, 비상정지시험 trip test [D] 1) 회전기계의 운전시험에서 전동기 구동의 경우는 전원을, 증기터빈 구동의 경우는 증기의 공급을 정지시켜, 기계가 고장날 일 없이 정지하는 것을 확인하는 시험. 2) 증기터빈 등에서 과속에 의한 위험을 방지하기 위해서 회전수가 사전에 설정된 값에 도달하면 증기를 차단하여 급정지시키기 위한 장치의 시험.

특성 characteristics [B,T] 유체기계의 종류, 형식, 비속도 등이 정해지면, 기계의 크기에 관계없이 정해지는 유체기계의 성능 상의 현저한 경향 및 특성. 특성곡선(characteristic curve), 완전특성(complete characteristics) 참조.

특성곡선 characteristic curve [P,B,T] 펌프, 송풍기 및 압축기 등의 특성을 그래프 상에 표시한 곡선. 백분율 표시 및 무차원 표시 등이 있고, 이들 그래프를 "특성곡선도"라 함.

특성곡선도 characteristic curve sheet [P,G] 펌프, 송풍기, 압축기의 특성을 그래프 상에 나타낸 곡선으로서 백분율에 의한 표시와 무차원에 의한 표시 등이 있다. 그림 타-7 참조.

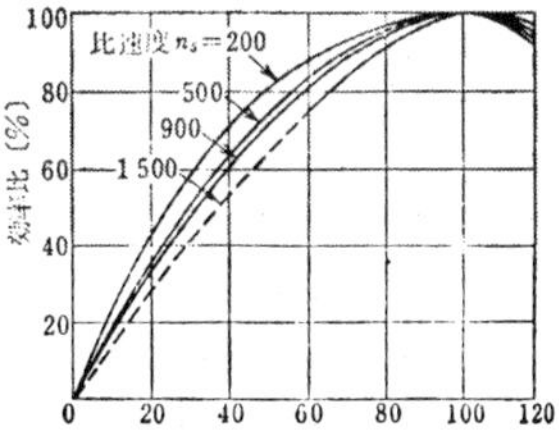

그림 타-7 특성곡선

특성곡선법 method of characteristics [G] 비압축성 유체의 비정상유동(주로 1차원 유동) 혹은 초음속 유동(주로 2차원 유동)에서 사용되는 해법. 비점성액체의 1차원 비정상유동의 경우를 예로 들면 연립편미분방정식의 특성곡선이론에 의해 연속식과 운동방정식은 두 개의 특성곡선 $dx/dt=u\pm a$(x : 유동에 따른 좌표, t : 시간, u : 유속, a : 음속)와 각 특성곡선 상에서 성립하는 p(압력)와 u의 관계식으로 등가 변환된다. 따라서 어느 시각의 p, u가 알려져 있으면 차분근사에 의해 순차적으로 미소시간 후의 값을 구할 수 있다. 이와 같은 계산에 의한다면 과도응답의 해석이나 복잡한 관로계의 비정상 현상의 해석이 용이해지며, 관마찰손실 등의 선형항도 포함시켜서 해석할 수 있다.

특성길이 characteristic length [N] 유동 현상은 전열, 물체의 크기, 형상, 유동 조건 등에 의해 매우 큰 영향을 받기 때문에, 유동 특성을 비교하기 위해서는 그 상태를 특성화하는 무차원 변수값 등을 구하여 분석한다. 이를 위해 유동 현상의 특정한 길이 스케일(특성 길이)을 도입하여 길이에 관한 변수를 무차원화 시킨다. 일반적으로 특성 길이로는 주 유동 방향의 물체 길이 또는 수력반경 등이 사용된다.

특성방정식 characteristic equation [T] 여러 뜻으로 사용되지만, 일반적으로 일반 방정식에 대하여 보조적으로 사용되는 방정식을 의미한다.

특성선도 characteristic diagram [T] 유체기계의 특성을 직각좌표계에서 나타낸 그림.

특성속도 characteristic velocity [N] m/s 시간 또는 속도에 관한 변수를 무차원화 시키기 위해 사용되는 특정한 속도 스케일의 값이다. 특성 속도는 일반적으로 자유유동속도(free stream velocity) U_∞ 등을 사용한다. 한편 유동 시스템의 분석시 acoustic 또는 entropy wave 등의 특정 wave의 속도값을 나타내기도 한다. Acoustic wave 속도는 일반적으로 자유류속도+음속으로 지정한다.

특성시간 characteristic time [N] s 시간에 관한 변수를 무차원화 시키기 위해 사용되는 특정한 시간 스케일의 값이다. 일반적으로 특성 시간으로는 (특성길이/특성속도)의 값이 사용된다.

특성치, 고유치 characteristic value [T] 정방행렬 A의 고유방정식 $|A-\lambda E|=0$의 근(λ)을 말한다. 여기에서, E는 단위행렬이다.

특성함수 characteristic function [T] 확률 밀도 함수 f(x)를 푸리에 적분 변환한 것. 다음과 같은 함수로 주어진다. 다차원의 경우에 대해서도 똑같이 정해진다.

$$\phi(u)=\int_{-\infty}^{\infty} e^{iux}\, xf(x)dx$$

특이점 singular point [T] 일반적으로 특이성이 나타나는 점. 등각사상함수 $\zeta=f(z)$에서도 함수가 $f'(z)=0$ or ∞가 되는점. 단, $z=x+iy$, $\zeta=\xi+i\eta$의 복소면.

특이점법 singularity method [G] 2차원 포텐셜흐름으로써 익이나 익렬을 통과하는 유동을 해석하는 하나의 방법. 복소포텐셜을 결정하는 미분방정식이 선형이고, 해의 중합이 가능하다는 특성을 이용한 것. 익의 휨의 효과를 만들기 위해서는 캠버 상에 고정 와동 층을, 그리고 익 두께를 나타내기 위해서는 소스와 싱크를 분포시키고, 익형이나 익렬형상에 대한 경계조건을 만족하도록 이들을 정한다. 또 익면 상에 고정 와동을 분포시키는 경우도 있다. 유입유동과 특이점에 의해 발생하는 유동을 합성하여 익 주위의 유동이나 익 성능을 결정한다.

틈새, 여유 clearance [T] 1) 날개 끝과 케이싱 사이의 간격. 2) 끼워 맞춤에 있어서 구멍이 축의 지름보다 큰 경우 그 차를 틈새라 한다. 3) 치저원(齒底圓)에서 서로 물리는 기어의 치선원까지의 틈새를 치선 틈새라 한다.

틈새게이지 clearance gauge [T] 1) 두께를 측정하는 것으로, 기계적인 것과 전기적인 것이 있다. 2) 여러 가지 두께의 얇은 강판 게이지를 조합한 것. 보통 0.02~0.7 mm의 두께를 가진 것 16장이 한 조로 되어 있고, 몇 장 씩을 조합하여 여러 가지 크기의 틈새를 측정할 수 있다.

틈새게이지 thickness gauge [T] 여러 두께의 박강판 게이지 들을 조합한 것. 보통 두께 0.02~0.7 mm까지의 두께의 것이 16매가 1조로 되어있다. 미세한 틈새를 비교적 정확하고 간단하게 측정할 수 있다.

틈새비(베어링의) clearance ratio (of bearing) [T] 저널베어링의 축과 베어링 사이의 틈새를 축 지름에 대한 비율로 나타낸 것.

틈새실 clearance seal [T] 틈새에서의 누설 또는 외부로부터의 침입을 방지하기 위한 장치.

틈새용적가감식 언로더 clearance valve unloader [C] 왕복압축기에서 실린더의 틈새 용적을 인위적으로 가감시켜서, 압축기의 체적 효율을 가감하여 부하를 경감시키는 언로더.

틈새체적 clearance volume [C,T] m^3 왕복압축기의 피스톤이 가장 깊이 들어간 상태(상사 점)에서의 실린더 상부에 남겨지는 용적.

틈새체적비 relative clearance volume [B] 피스톤형 펌프 · 압축기에서 틈새체적 V_c와 행정체적 V_{th}와의 비.

$$\varepsilon = (V_c / V_{th}) \times 100(\%)$$

티비디(TVD) 방법 total variation diminishing scheme [N] Ami Harten에 의해 제안된 쌍곡선형 미분 방정식을 풀기위한 수치 기법이다. 적절하지 않은 진동을 줄이고 급격히 변하는 충격파를 별도의 fitting하지 않고 계산영역 내에서 자연스럽게 포획(shock capturing)할 수 있는 방법이다. 해의 단조성(monotonicity)를 보장하고 가상의 진동을 허락하지 않는 방법이기에 빠르고 정확하게 예리한 충격파를 계산할 수 있다. 유동변수의 총 변화량(total variation)은 시간이 진행함에 따라 증가하지 않는다는 개념을 사용한다.

티-에스 선도 T-S diagram [C] 상태량인 엔트로피 S를 독립변수로서 가로 축으로 취하고, S의 함수로 주어지는 온도 T를 세로축으로 취한 선도. 이것을 엔트로피 선도라고도 한다. T-S선도 상의 면적은 열량을 의미한다.

틸팅패드베어링 titling bearing, tilting pad bearing [B] 미끄럼 면이 여러 개의 요동 패드로 형성되어 있는 베어링.

팁 tip [T] 회전 날개의 끝부분.

팁와류 tip vortex [T] 양력을 발생시키는 날개의 끝단에서 압력 면과 흡입(부압) 면 사이의 압력 차이에 의해서 생기는 흘러가는 와류. 후연와류(後緣渦流)라고도 함. 익 끝단 와류(trailing vortex)와 같음.

ㅍ

파, 파동 wave [T] 파동(wave motion)과 같음.

파고 wave height [S] 파의 골에서 마루까지의 높이. 물의 경우, 파장에 대해서 파고에는 상한이 생기며, 그 이상이 되면 파도는 부서진다.

파고율, 파고인자 crest factor [D] 교류와 같이 주기적으로 변화하는 양의 실효치에 대한 최고치의 비.

파곡 wave trough [S] 파의 위치가 가장 낮은 부분, 즉 골.

파괴 fracture [T] 재료가 파단되는 것.

파괴기준, 파단기준 fracture criterion [T] 재료에서 연신율이 5%이하의 것은 취성재료, 그 이상의 것은 연성재료라고 불려진다. 파단기준의 정의는 취성재료와 연성재료에 따라 달리한다. 취성재료의 경우는 2축응력상태에 대해 주응력 σ_1이 인장강도 σ_B와 같았을 때를 파단이라고 본다. 이것을 최대 주응력설이라 한다. 한편 연성재료의 경우 항복상태가 나타났을 때를 파손이라고 보는 것이 보통인데, 일반적으로 탄성한계(항복상태)를 구하는 것은 어렵다. 그래서 항복점이 분명한 것은 그 값을, 스테인리스강과 같이 항복점이 분명하지 않는 재료에 대해서는 내력을 재료의 파손의 지표로 생각한다. 내력(耐力)이라 함은 보통 0.2%의 영구변형률이 나타나는 응력을 말한다. 연성재료에 대하여는 최대전단응력설이 있다.

파괴응력 fracture stress [T] 압축, 인장, 전단에 의해 재료가 파괴되기 위해서 필요한 응력.

파동 wave motion [T,D] 공간 또는 탄성체 내의 어떤 점의 형태의 시간적 변화과정이 연속적으로 공간 또는 탄성체 안을 전파하는 현상. 점 O로부터 거리 x떨어진 점에서 시각 t_0에 일어난 현상이 점 O에서는 $t_0-(x/v)$라는 시각에 일어난 현상과 동일할 때의 전파 속도는 v이다. 동일 시각에 동일 상태로 나타나는 점이 형성하는 면을 파면이라고 한다.

파동 주파수 wave frequency [S] 주기적으로 변동하는 파동에서 초당 진동수.

파동방정식 wave equation [N] 파동의 전파를 표현하는 미분형 방정식이다. 쌍곡선형의 방정식으로 구분되며 특성곡선을 따라 보존되는 불변량이 존재한다. 예로서 소리 전파를 나타내는 음향방정식이 있다. 소리는 공기 중 미소한 압력변동을 반영하여 다음과 같은 미분방정식으로 표현된다. 대기압을 p_0, 공기의 밀도를 ρ, 비열비를 κ, 음압을 p로 나타내면 다음과 같다.

$$\partial^2 p/\partial t^2 = c^2 \nabla^2 p$$

단, $c^2 = \kappa p_0/\rho$이며, c는 음속을 나타내고, ∇^2는 Laplacian 기호이다.

파동전면 wave front [T] 파동(wave motion) 참조.

파라미터 이론 parameter theory [G] 축류압축기의 자오면 상의 유동을 계산기에 의해 구하는 이론. 비압축성, 비점성 유동의 경우 자오면 상의 축류속도의 반경방향 분포를 반지름의 2차곡선으로 가정하여 축방향 좌표만의 함수로 정해지는 한 개의 매개변수를 도입하여 나타낸다. 유동의 미분방정식을 풀고 매개변수의 변화 상태를 조사하여, 그것으로부터 유선을 구한다. 압축성도 고려한 2개 매개변수 이론도 있다.

파력 wave power [S] 파에 의하여 구조물에 가해지는 힘 혹은 파도의 상하운동 에너지.

파력발전 wave power generation [S] 파도의 위치 및 운동의 에너지를 이용하여 전기에너지를 생산하는 방법으로 파도의 파고가 클수록 에너지를 많이 가지고 있다.

파봉 wave crest [S] 파의 위치가 가장 높은 부분, 마루.

파상, 파형 corrugation [T] 파이프나 원통형의 표면이 압력, 열 등에 의한 팽창 또는 기타 원인에 의한 변형을 흡수 할 수 있도록 파상(파동형)으로 된 것.

파쇄기(분쇄기, 절단기) 공급장치 shredder feeder [A] 파쇄기에 잘게 부수기 위한 물질을 공급하는 공급장치.

파쇄기, 분쇄기, 절단기 shredder [A] 여러 가지 목적을 위해 물질을 잘게 부수는 장치. 예 : 폐기물 이송효율 증대를 위한 Box 분쇄기 등.

파스칼의 원리 principle of Pascal [G] 밀폐된 용기 내의 정지유체의 일부분에 가해진 압력은 유체의 모든 부분에 그대로 전달된다. 이것을 파스칼(Pascal)의 원리라고 한다.

파슨즈 증기터빈 Parsons steam turbine [T] 고정익과 회전익을 지나면서 압력강하가 일어나는 반동식 터빈.

파워레벨 power level, sound power level [G] 단위 시간에 음원이 발생하는 음향 에너지. 이를 W[watt]로 나타내면, 이것과 기준 음원의 강도 W_0[= 10^{-12} watt]의 각각의 상용대수 치의 차에 10배 한 것을 음향출력 수준(즉, 레벨) PWL(power level)이라고 한다. 즉, 다음 식과 같이 표시된다. 단위는 데시벨(dB).

$$\mathrm{PWL} = 10\log_{10}\frac{W}{W_0} \ \ [\mathrm{dB}]$$

소음원 주변이나 소음원이 놓인 실내의 소음의 정도를 추정하는데 필요한 양이며, 밴드레벨과 같이 주파수대별로 표시되는 경우가 많다.

파워스펙트럼 power spectrum [D] 통상 전기회로에서 저항이 R(ohm)인 회로에 전류 I(A)를 흘렸을 때, 손실되는 파워 P는 $P = I^2R(W)$로 표현되고, 전류 I가 주기 T의 교류일 때는 I^2 대신에

$$P = \frac{1}{T}\int_0^T I^2 \, dt$$

로 표현되므로, 진동의 경우도 시간신

호 x(t)가 주기 T의 주기함수라고 생각하면, x(t)의 제곱평균값

$$P = \frac{1}{T}\int_0^T x(t)^2\, dt$$

는 전기의 경우와 같이 진동의 파워를 의미한다. 파워스펙트럼은 시간적 또는 공간적으로 변동하는 진동의 제곱평균치를 진동수성분의 분포로 나타낸 것으로, 스펙트럼밀도의 평균제곱 값의 스펙트럼이다. 파워스펙트럼을 표시하면, 눈으로는 파악하기 어려운 불규칙한 진동파형이 어떤 주파수성분의 진폭을 어느 정도의 세기로 포함되어 있는지를 알 수 있다. 한편, Parseval의 정리에 의해 x(t)의 시간영역에서의 전 에너지와 주파수영역에서의 전 에너지는 같다는 것을 이용하여 시간함수를 주파수함수로 변환하여 다시 쓰면

$$P = \int_0^\infty w(f)df$$

로 되고, w(f)를 파워스펙트럼 밀도라 한다.

파이프 커플링 pipe coupling [G] 관 이음쇠(pipe fitting)와 같음.

파이프디퓨저 pipe diffuser [C,G] 원심단단압축기의 케이싱으로서 회전차 출구에 설치되는 파이프 형의 디퓨저. 펌프에서의 벌루트실에 해당한다. 여러 개의 크기의 원형단면의 파이프형 디퓨저로 구성되어 있으며, 2차 유동이 없는 이점이 있다. 소형의 반경류 회전차에서 사용된다. 반원상으로 프레스된 것을 합쳐서 원형을 형성한다.

파이프라인 압축기 pipe line compressor [C] 천연가스를 수송하는 파이프의 중간에 설치하여 승압하기 위한 압축기. 단단 한쪽 흡입 배럴형 압축기가 많이 사용되지만, 가스스테이션의 개수를 적게 하기 위해 최근에는 승압도 높아지고 다단으로 되어 있다. 가스터빈구동형이 많다.

파이프벤더 pipe bender [T] 관을 원호상으로 굽히는 기계.

파이프소음기, 흡수식 소음기 pipe silencer [G] 흡수식 소음기(dissipative muffler) 참조.

파이프탭 오리피스유량계 pipe tap orifice flow meter [M] D와 D/2 오리피스유량계(D and D/2 orifice flow meter) 참조.

파이프프루버, 파이프 유량검증장치 pipe prover [M] 일정 길이의 파이프를 채우고 있던 유체가 파이프를 지나가는데 걸리는 시간을 정확하게 측정할 수 있도록 고안된 장치. 유동을 발생시키고 그 유량을 정확하게 측정할 수 있는 유량계의 일종으로 측정 표준으로 사용된다.

파일고정식 pile fixed type [S] 수중 및 수면노출 구조물 모두에 적용이 가능하며 구조물을 지지하기 위해서 단일파일 또는 여러 개의 파일을 사용하여 해저면 일정 깊이까지 파일을 관입시켜 외력에 의한 수평력, 모멘트에 안정되도록 해양구조물을 고정하는 방식.

파일럿 pilot [T] 안내, 보조 등의 뜻이며,

파일럿 밸브(pilot valve), 파일럿 플랜트(pilot plant), 파일럿 화염(pilot flame) 등의 식으로 사용된다.

파일럿불꽃 pilot flame [T] 노의 주변 버너의 점화를 확실히 하기 위한 보조 버너.

파장 wave length [S] 시간의 흐름이 정지된 상태에서 반복되는 모양을 주기적으로 보이는 파동을 관찰했을 때 마루와 마루 사이의 거리, 혹은 골과 골 사이의 거리를 파동에서의 파장이라 한다.

파주기 wave period [S] 파(wave)의 마루(crest) 또는 골(trough)이 한 고정점을 통과하는데 걸리는 시간.

파형 관 corrugated pipe [T] 초롱과 같이 관면에 주름을 붙인 관. 관의 온도 변화에 따라 신축되는 특징이 있다.

파형 판 corrugated plate, corrugated sheet [T] 파형으로 된 강판. 보통 아연도금 강판에 파형을 붙인 것.

파형 팽창이음 corrugated expansion joint [T] 접등(摺燈)의 동체와 같은 모양의 관으로 만든 관이음. 관로에 팽창, 수축이 있더라도 이것을 이용해서 무리없이 피할 수 있도록 몸통이 파형으로 되어있는 관 이음쇠.

판날개, 박판깃 sheet metal vane [G] 원심형 송풍기, 압축기의 회전차에서 두께가 균일한 판으로 만들어진 깃. 익형날개와 대비되는 용어로서 송풍기 회전차에는 강판의 판날개가 사용된 것이 많다.

판밸브 plate valve [M] 압축기로서의 핵심기능을 가진 주요부를 이루는 밸브. 작동이 경쾌하고 고속운전에 적합하다. 그림 파-1 참조.

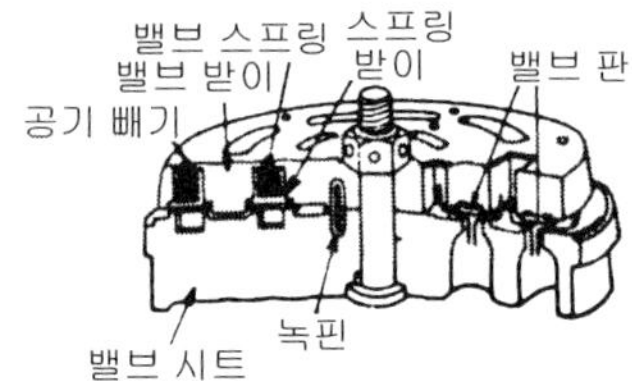

그림 파-1 판 밸브

판형 피스톤 plate piston [C] 왕복압축기에서 한 장의 판으로 구성되는 피스톤. 저압, 대형의 피스톤에 사용된다. 그림 파-2 참조.

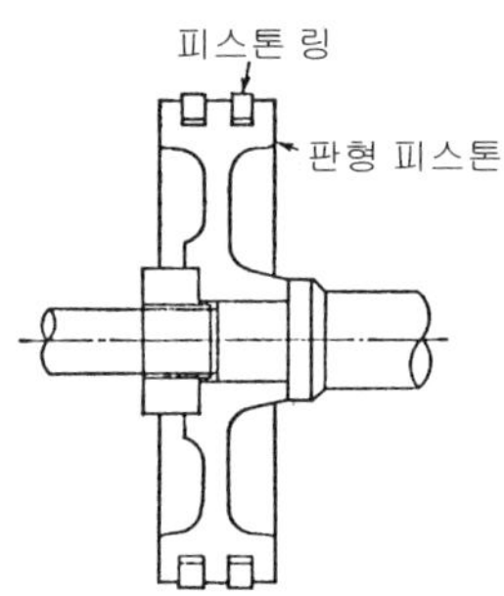

그림 파-2 판형 피스톤

패널법 panel method [N] 어떤 물체 주위의 유동 현상을 해석하기 위해, 물체 표면을 미소구간(panel)으로 분할하여 그 위에 와류(vortex)와 소스(source)을 분포시켜 그 주변의 유동장과 물체표면의 물성치를 계산하는 수치 해석 방법. 이 때 다수의 경계조건을 만족시키는 과정에서 와류와 소스의 강도를 결정할 수 있게 됨. 포텐셜 유동 가정하에서 본

방법을 사용할 수 있으며 점성 유동, 즉 Navier-Stokes 방정식 solver에 비해 계산 시간이 아주 작으므로 초기 단계의 유동해석 관련 설계과정에서 지금도 많이 활용됨.

패들휀 paddle fan [B] 반지름 깃 휀의 일종이며, 방사상의 암(arm)에 평판 깃이 부착된 반경류 휀.

패커 packer, packer plate [G] 기기를 설치할 때 설치기기(器機)의 베드와 기초 사이에 끼워서 기기의 수평을 조정하기 위한 철편(鐵片). 라이너라고도 한다. 납작한 것과 테이퍼가 붙은 것이 있다.

패커플레이트 packer plate [A] 압축기에서 폐기물을 컨테이너 안쪽으로 압축하면서 밀어 넣는 역할의 판.

패키지보일러 packaged steam generator [T] 중소용량의 보일러에 있어서 본체와 그 부속 장치의 조립에서부터 전기배선에 이르기까지 모든 시공을 공장 내에서 완성하여 그대로 차량으로 운반하면 되는 즉, 현장시공을 거의 없앤 완제품 보일러.

패키지식 packaged type [B] 케이스 속에 본체, 부속기기 및 배관 등을 수용한 형식.

패킹누르개 gland, packing gland [B] 펌프, 송풍기 등의 축봉부에서, 패킹과 주축과의 밀착성을 증대시키기 위해 패킹을 축방향으로 누르는 부품. 패킹 폭 2개 분 정도의 폭의 원통 부분과 그 측면의 플랜지부분으로 구성되며, 원통 모양의 패킹부분을 패킹박스 안쪽에 삽입하고 또 플랜지부분에 끼워진 패킹누르개용 볼트로 패킹의 끝 면을 누르는 구조의 것. 부도 P-1 참조.

패킹누르개 packing gland [P,B] 패킹상자 내의 패킹을 누르는 부품.

패킹누르개 덮개 gland cover [P] 축봉부의 밖으로 물이 흩어지는 것을 막기 위한 덮개.

패킹상자 stuffing box [P,B] 케이싱이나 케이싱커버 등과 함께 일체 구조로 제작되어, 축 밀봉용 공간을 형성하며, 패킹이나 기계 실(미캐니컬 실)이 그 내부 공간에 수용되는 원통상의 부분.

패킹슬리브 packing sleeve [P] 주축의 패킹 미끄럼 부분에 끼워지는 축 보호 슬리브.

패킹실 packing seal [B] 패킹을 사용한 축 밀봉의 방법 또는 부품.

팽창, 전개 expansion [T] 1) 물질의 부피가 증가하는 것. 압축성 유체에서는 압력의 저하에 의해 유체가 팽창하여 액체의 밀도 또는 비중량이 감소한다. 2) 축류익렬 등을 원통면으로 절단하여 평면으로 전개하는 것.

팽창계수 coefficient of expansion, expansion coefficient [T] 물체가 열을 받아서 그 길이나 부피가 증대하는 비율을 단위 온도 당으로 표현한 값, 전자를 선팽창 계수, 후자를 체적 팽창계수라 한다, 일반적으로는 후자를 의미한다.

팽창계수 expansion coefficient [T,M] 1) 물체가 열을 받아서 그 길이나 부피가 증대하는 비율을 온도 당으로 표현한 값. 전자를 선팽창 계수, 후자를 체적 팽창계수라 한다. 일반적으로는 후자를 의미한다. 2) 오리피스 유량계나 벤투리관 유량계에서 유체의 압축성을 고려하기 위해 사용되는 계수로 다음과 같다.

$$\varepsilon = \frac{q_m(1-\beta^4)^{1/2}}{\frac{\pi}{4}d^2C(2\Delta p/\rho_1)^{1/2}}$$

여기에서, ε : 팽창계수, q_m : 오리피스 등의 유량계를 통과한 시간 당 부피유량, β : (오리피스 지름)/(파이프 안지름), d : 오리피스 지름, C : 토출계수, Δp : 오리피스에 의한 압력강하, ρ_1 : 오리피스 상류 쪽의 유체밀도. 토출계수(discharge coefficient) 참조.

팽창링, 텐션링 expander ring, tension ring [B,C] 왕복압축기의 피스톤 링으로서 자신이 장력을 갖지 않을 때에 장력을 주기 위해 피스톤 링의 안쪽 둘레에 부착되는 링.

팽창밸브 expansion valve [C] 압축기와 함께 냉동 사이클의 고 · 저압을 경계로 하여 소정의 증기온도로 증발능력을 충분히 발휘시키는데 족한 냉매량을 압력차에 의해서 증발기에 보내는 일종의 유량제어밸브.

팽창비 expansion ratio, rate of expansion [C,T] 노즐 등과 같이 연속적으로 유체를 팽창시키는 기계의 입구압과 출구압과의 비. 왕복기관에서는 팽창 후의 부피와 팽창 전의 부피의 비. 증기기관의 경우 지압선도는 그림 파-3과 같이 나타나며, 이때의 팽창비는 $(V_o+V_1)/(V_o+V_2)$이다. 그림 파-3 참조.

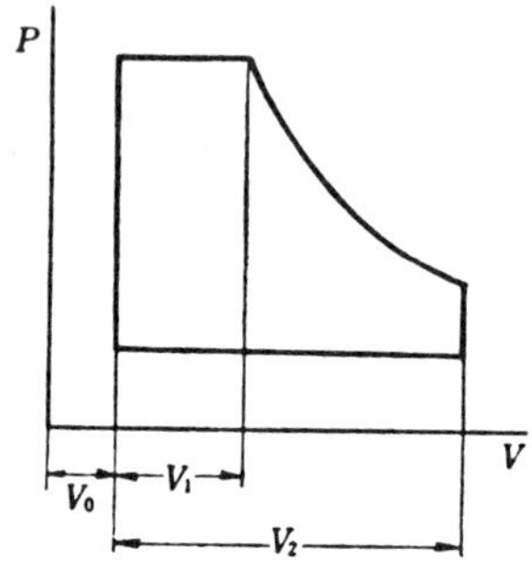

그림 파-3 팽창비

팽창성 유체 dilatant liquid [G] 비뉴턴유체의 일종. 전단응력 $\tau(N/m^2)$는 다음의 관계식으로 표시된다. $\tau = k\dot{\gamma}^n$. 여기서, $\dot{\gamma}$: 유동에 수직한 방향의 속도구배(1/s), k, n : 유체의 종류에 따라 정해지는 물질상수이며, n>1. 전분(澱粉)에 물을 섞은 것 또는 적당한 배합으로 혼합된 모래와 물의 혼합물 등이 해당된다.

펄스발생기 pulse generator [M] 원하는 주기와 진폭, 파형을 발생할 수 있는 기기.

펄프펌프 pulp pump, paper stock pump [P] 제지용 펌프로, 종이펄프를 이송하는 펌프. 한쪽 흡입 벌루트펌프가 많이 사용됨. 4% 농도 정도까지는 논클로그형의 개방형 회전차가 사용되며, 8% 정도의 고농도액에 대하여는 흡입구에서 펌프축에 스크류 교반기가 부착된 벌루트펌프가 사용됨.

펌프 pump [P] 압력작용에 의하여 액체 또는 기체를 이송하는 장치. 용도에 따라서 양수 · 배수 · 압축용 펌프 등으로 구분.

펌프 전양정, 총양정 total pump head [P] m^2/s^2,{m} 펌프 운전에 의하여 만들어지는 총 헤드. 펌프의 토출구 및 흡입구에 있어서의 총 헤드의 차로 표시. { } 안은 중력단위.

펌프보울, 토출보울 pump bowl [P] 토출보울(discharge bowl)과 같음.

펌프수차 pump turbine, reversible pump-turbine [P,T] 양수 발전소에 설치되며, 1대의 기계로 유수의 방향과 회전차의 회전 방향을 바꾸어 펌프와 수차의 작용을 공용하는 기계. 축에는 발전기와 전동기를 겸용하는 발전 전동기 (generator-motor)가 직결된다.

펌프의 공칭크기 nominal size of pump [P] 흡입구 지름과 토출구 지름의 호칭지름에 의하여 표시. 흡입구 지름과 토출구 지름이 같은 경우에는 그 호칭지름, 다른 경우에는 호칭지름 모두를 같이 표시. 이를테면, 흡입구 지름의 호칭지름이 150, 토출구 지름의 호칭지름이 100인 경우에는 150×100으로 표시.

펌프종합효율 pump overall efficiency, pump combined efficiency [P] % 펌프, 전동장치 및 원동기를 포함한 펌프설비 전체로서의 효율이고, 다음 식으로 표시됨. 전동기 구동의 경우는 수동력과 전동기 입력과의 비이다. 종합효율(combined efficiency) 참조.

$$\eta_o = (L_w/L_o) \times 100 = \eta\eta_d\eta_t \times 10^{-4}$$

여기서, η_o : 종합효율, L_w : 수동력(kW), L_o : 원동기 입력(kW), η : 펌프효율(%), η_d : 원동기 효율(%), η_t : 전동장치효율(%). L_w에 대하여는 수동력(water power)을 참조.

펌프축 pump shaft [P] 수직축 펌프의 아래쪽의 주축.

펌프특성 pump characteristics [P] 펌프의 크기에 관계없이 결정되는 성능상의 특징.

펌프효율 pump efficiency [P] % 수동력과 축동력과의 비로서, 다음 식으로 표시.

$$\eta = (P_w/P) \times 100$$

여기서, η : 펌프 효율(%), P_w : 수동력(kW), P : 펌프축 동력(kW). 수동력(pump output, water power) 참조.

페클레 수 Peclet number [N] 유체 내 전도에 의한 열에너지와 대류로 인한 열에너지의 비.

펠턴터빈 Pelton wheel [T] 원판의 주위에 다수의 버킷을 배열하고, 노즐로부터 물을 분출시키면 물의 모든 에너지는 운동 에너지로 바뀌고, 그것이 버킷에 부딪쳐 수차를 회전시키는 것. 고낙차로 수량이 비교적 적은 곳에 사용되는 충격수차. 그림 파-4 참조.

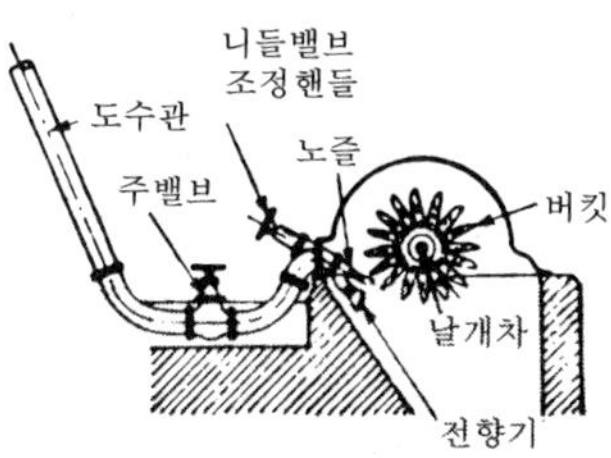

그림 파-4 펠턴터빈

펠톤터빈 방식 에너지 회수 장치 Pelton wheel(turbine) type energy recovery device [F] 펠턴터빈 형의 버킷에 고압의 농축수를 분사시켜 모터의 회전축을 회전시킴으로써 역삼투막 공정의 에너지 회수를 하는 장치이다. 농축수량에 관계 없이 효율 곡선이 일정하다는 장점이 있으나, 농축수가 대기압으로 배출됨에 따라 농축수 확산배출을 위해서 배수 펌프가 추가로 설치되어야 한다.

펠트 실 felt seal [P] 동물성 섬유, 식물성 섬유, 합성섬유 등의 펠트를 링 형상으로 성형한 것. 방진(防塵), 저압의 물이나 기름의 누설을 막기 위해 사용. 구름 베어링을 사용한 베어링상자의 글랜드 패킹에 많이 사용.

편심 eccentricity [D] 축 중심선으로부터 강성 회전체의 질량(또는 무게)중심까지의 거리를 편중심 또는 질량중심이라 하고, 통상 간단히 편심이라 한다. 편심은 원판의 질량불평형이나 축에 대한 원판의 부착 편심, 블레이드의 질량불평형 등에 의해 발생한다. 편심 e와 원판질량 m의 곱인 U=me를 불평형 또는 불균형(unbalance)이라 부르고, 이에 의해 회전각속도 Ω로 회전하는 기계에는 불평형 원심력 $F_u = me\Omega^2$이 발생한다.

편심로터형 액봉압축기, 엘모형 압축기 Elmo type compressor [C] 케이싱에 대해 로터가 편심 되어서 설치된 액봉압축기.

편심륜(輪) eccentric [T] 편심륜 또는 편심기구를 말한다.

편심률 eccentricity ratio [D] 축 중심선으로부터 강성회전체(rigid rotor)의 반경과 질량중심의 거리의 비. 일반적으로 ε으로 표현하며, $0 \le \varepsilon \le 1$이다.

편심부싱 eccentric bushing [T] 편심 내륜에 끼워진 부시.

편지지 임펠러형, 오버행 임펠러형 over-hang impeller type [B] 임펠러 또는 로터의 한쪽에만 베어링이 있는 형식.

편진폭 single amplitude [D] 조화진동

$$x(t) = A\sin 2\pi ft$$

의 진폭 A를 편진폭 x_a라 한다. 평균치와 편진폭 사이에는

$$x_a = \left(\frac{\pi}{2}\right)\bar{x}$$

의 관계가 있다. $\bar{x}$는 평균진폭.

편진하중 pulsating load [T] 부재에 작용하는 하중이 시간과 더불어 음·양으로 변동하는 하중에서, 음하중 또는 양하중의 한쪽 하중만 작용하는 것.

편차 deviation [M] 1) 측정편차 : 측정치로부터 모평균(母平均)을 뺀 값. 모평균이란 측정치를 모두 합한 다음 총수로 나눈 값으로서 측정치의 산술평균을 말한다. 표준편차란 분산의 제곱근을 말한다. 2) 제어편차 : 목표 치와 제어 치와의 차. 3) 자차 : 계기가 설치된 환경 때문에 나타나는 고유의 오차가 발생한다. 이를 자차라 한다. 이를 수정하는 것을 자차수정이라 한다.

편차각 deviation angle [B,T] rad,deg 익렬의 유출 각 α_2와 깃의 출구각 β_2와

의 차. 즉, $\alpha_2 - \beta_2$. 벗어나기 각이라고 도 함. 부도 B-3 참조.

편향각 angle of yaw [T] rad,deg 수직 축에 직각 평면 내에서 기준선에 대해 이루는 각.

편향오차 bias error [T] 치우침(bias) 참조.

평 라이너 flat liner [P] 기울기를 갖지 않는 라이너. 테이퍼 라이너에 반대되는 용어.

평균 average [N] 평균에는 산술평균, 상승평균, 조화평균 등이 있다. 평균이라 하면 보통 산술평균을 의미하는 경우가 많다. 평균을 수행한 결과 얻어지는 수치를 평균치라고 한다.

평균 mean [D] 각각의 데이터 값들을 합하고, 이것을 데이터 점의 수로 나눈 것.

평균 밸브통과속도 through flow velocity [B] m/s 다음 식으로 표시되는 속도: (평균피스톤속도)×(실린더단면적)/(밸브의 개구면적).

평균수리복구시간 mean time to repair [T] s(hr) 평균 보수 시간=(총 보수 시간)/(수리 건수). 보전의 정도를 나타내는 신뢰성의 용어.

평균열전달계수 average heat transfer coefficient [T] 국소 열전달률을 열전달이 이루어지는 범위(거리, 면적)로 평균한 것. 전열성능을 비교할 때 사용된다.

평균유효단열압력 mean effective adiabatic pressure [B,G] N/m^2 압축기에서 흡입가스를 단열압축하는데 필요한 이론단열압축동력 L_{ad}는 이론단열압축동력의 항에서 식 (4)와 같이 주어졌다. 그 식은 다음과 같다. 단, p_1, p_2는 압축 전과 후의 절대전압(N/m^2)이며, Q_1은 흡입풍량(m^3/s), v_1은 흡입가스의 비체적(m^3/kg), k는 흡입가스의 비열비이다. 이론단열압축동력(theoretical adiabatic power) 참조.

$$L_{ad} = \left(\frac{Q_1}{v_1}\right) W_{ad}$$

$$= \frac{k}{k-1} Q_1 p_1 \left\{ \left(\frac{p_2}{p_1}\right)^{\frac{k-1}{k}} - 1 \right\} \ [W]$$

위 식에서 평균유효단열압력으로서 이를 p_{ead}로 표시하여 다음 식과 같이 둔다면

$$p_{ead} = \frac{k}{k-1} p_1 \left\{ \left(\frac{p_2}{p_1}\right)^{\frac{k-1}{k}} - 1 \right\} \ [n/m^2] \quad \cdots(1)$$

이론단열압축동력 L_{ad}는 다음 식과 같이 나타내 진다.

$$L_{ad} = p_{ead} Q_1 \ [W] \quad \cdots(2)$$

위 식은 유량 Q_1의 비압축성의 가스를 압력 p_{ead}만큼 압축하는데 필요한 동력의 식에 해당하므로 이를 평균유효단열압력이라고 정의할 수 있다. 다음에 압력 p_1, p_2에 중력단위의 절대전압 p'_1, p'_2{kgf/m^2=mmAq}를 사용하였을 때의 중력단위의 p'_{ead}는 다음 식과 같다.

$$p'_{ead} = \frac{k}{k-1} p'_1 \left\{ \left(\frac{p'_2}{p'_1} \right)^{\frac{k-1}{k}} - 1 \right\} \text{ [kgf/m}^2\text{]} \quad \cdots(3)$$

p'_{ead} {kgf/m²}와 Q'_1 (m³/min)를 사용한 경우의 축동력 L_{ad}는 이론단열동력 항에서의 설명을 참조하면 다음과 같다.

$$L_{ad} = \frac{p'_{ead} Q'_1}{6120} \text{ [kW]} \quad \cdots(4)$$

이론단열압축동력(theoretical adiabatic power) 참조.

평균유효등온압력 mean effective iso-thermal pressure [B,G] N/m² 흡입풍량이 Q_1 (m³/s), 흡입과 토출의 절대전압이 p_1, p_2 (N/m²=Pa)일 때 등온압축에서 압축기에 필요한 축동력 L_{is}는 다음의 이론등온압축동력의 항의 식 (3)과 같이 주어진다. 이론등온압축동력(theoretical isothemal power) 참조.

$$L_{is} = Q_1 p_1 \log_e \left(\frac{p_2}{p_1} \right) \text{ [W]}$$

위 식 중에서 평균유효등온압력 p_{eis}로서 다음과 같이 둔다면

$$p_{eis} = p_1 \log_e \left(\frac{p_2}{p_1} \right) \text{ [N/m}^2\text{]} \quad \cdots(1)$$

이론등온압축동력 L_{is}는 다음과 같이 표시된다.

$$L_{is} = p_{eis} Q_1 \text{ [W]} \quad \cdots(2)$$

위 식은 유량이 Q_1인 비압축성 가스를 압력 p_{eis}만큼 압축하는데 필요한 동력의 식에 해당하므로 이 압력을 평균유효등온압력이라고 정의할 수 있다. 다음에 평균유효등온압력 p_{eis}에서 압력 p_1, p_2에 중력단위의 절대전압 p'_1, p'_2 {kgf/m²=mmAq}를 사용하면, 그것의 중력단위의 p'_{eis}는 다음 식과 같다.

$$p'_{eis} = p'_1 \log_e \left(\frac{p'_2}{p'_1} \right) \text{ [kgf/m}^2\text{]} \quad \cdots(3)$$

p'_{eis} {kgf/m²}와 Q'_1 (m³/min)을 사용한 경우의 이론등온압축동력 L_{is}는 이론단열압축동력 항에서의 설명을 참조하면 다음과 같다.

$$L_{is} = \frac{p'_{eis} Q'_1}{6120} \text{ [kW]} \quad \cdots(4)$$

이론단열압축동력(theoretical adiabatic power) 참조.

평균유효압력 mean effective pressure [T] Pa,{kgf/m²} 증기기관, 내연기관의 인디케이터 선도의 면적을 실린더 용적으로 나눈 값. { } 안은 중력단위.

평균유효폴리트로프압력 mean effective polytropic pressure [B,G] N/m² 흡입풍량이 Q_1 (m³/s), 흡입과 토출의 절대전압이 p_1, p_2 (N/m²=Pa)이라고 할 때 폴리트로프 압축에서 압축기에 필요한 축동력, 즉 이론폴리트로프압축동력 L_{pol}은 다음의 이론폴리트로프압축동력의 항의 식 (3)과 같다. 이론폴리트로프압축동력(theoretical polytropic power) 참조.

$$L_{pol} = \frac{n}{n-1} Q_1 p_1 \left\{ \left(\frac{p_2}{p_1} \right)^{\frac{n-1}{n}} - 1 \right\} \text{ [W]}$$

단, n은 폴리트로프 지수이다. 위 식 중에서 평균유효폴리트로프압력 p_{epol}로서 다음과 같이 둔다면

$$p_{epol} = \frac{n}{n-1} p_1 \left\{ \left(\frac{p_2}{p_1} \right)^{\frac{n-1}{n}} - 1 \right\} \text{ [N/m}^2\text{]} \quad \cdots(1)$$

그러면 이론폴리트로프압축동력 L_{pol}은 다음과 같이 표시된다.

$$L_{pol} = p_{epol} Q_1 \text{ [W]} \quad \cdots(2)$$

위 식은 유량이 Q_1인 비압축성가스를 압력 p_{epol}만큼 압축하는데 필요한 동력의 식에 해당하므로 이 압력을 평균유효폴리트로프압력이라고 정의할 수 있다. 다음에 평균유효폴리트로프압력 p_{epol}에서 압력 p_1, p_2에 중력단위의 절대압력 p'_1, p'_2{kgf/m^2=mmAq}를 사용하였을 때의 평균유효폴리트로프압력 p'_{epol}은 다음 식과 같다.

$$p'_{epol} = \frac{n}{n-1} p'_1 \left\{ \left(\frac{p'_2}{p'_1} \right)^{\frac{n-1}{n}} - 1 \right\} \text{ [kgf/m}^2\text{]} \quad \cdots(3)$$

p'_{epol}{kgf/m^2=mmAq}과 Q'_1(m^3/min)을 사용한 경우의 축동력 L_{pol}은 이론단열동력 항에서의 설명을 참조하면 다음과 같다.

$$L_{pol} = \frac{p'_{epol} Q'_1}{6120} \text{ [kW]} \quad \cdots(4)$$

이론단열압축동력(theoretical adiabatic power) 참조.

평균자유행로 mean free path [G] 정지유체 중에서 유체분자가 운동하다가 충돌할 때까지의 평균적인 이동거리.

평균조작 압력 average operating pressure [F] 막의 공급수 측 압력과 농축수 측 압력의 평균치를 말하며, 교차(crossflow) 여과 방식의 경우 사용되는 조작 지표이다.

평균치 mean value [D] 순시(瞬時)의 신호레벨을 더하고, 이를 더한 시간(관측시간)으로 나눈 값. 신호레벨을 x(t), 관측시간을 T라 하면, 평균치 $\bar{x}$는 다음과 같이 정의된다.

$$\bar{x} = \frac{1}{T} \int_0^T x(t) dt$$

평균피스톤속도 mean piston speed [B] m/s 피스톤 이동속도의 평균치. 참고로 크랭크 축의 회전수를 n(rpm), 행정을 S(m)라고 할 때 평균 피스톤속도 U_p는 다음 식으로 표시된다. $U_p = S \cdot n / 30$(m/s).

평판 깃 flat vane [G] 원심 송풍기 · 압축기에서 사용되는 평판 형의 깃. 원호 깃에 대응하여 사용되며, 반지름 깃 휀에서는 출구각이 90°로 된 방사상의 평판 깃이 사용된다.

평판 익렬 plain aerofoil cascade [G] 익렬을 구성하는 각 익이 평판으로 되어 있는 익렬.

평행 벽디퓨저 parallel diffuser [C] 원심형 펌프, 송풍기, 압축기의 케이싱에

서 서로 평행한 벽으로 형성된 회전차 출구 디퓨저. 일반적으로 사용되고 있는 디퓨저는 이 형상이므로 특히 "평행"이라는 명칭을 붙이지 않는 경우는 이 디퓨저를 말한다. 확대 디퓨저와 대비하여 사용되는 용어이다.

평행류 열교환기, 병류 열교환기 parallel-flow heat exchanger [T] 전열벽을 사이에 두고 열교환을 하는 유체의 흐름이 서로 같은 방향이 되도록 사용되는 열교환기.

평행류, 병류 parallel-flow [T] 나란한 유선을 이루는 흐름.

평형 balancing, equilibrium [D] 회전체의 불평형량을 평형이 되도록 하는 것. 동적 평형과 정적 평형이 있다. 동적 평형(dynamic balance), 정적평형(static balance) 참조.

평형 equilibrium, balancing [T] 물체에 몇 가지 힘이 작용하더라도 그 결과는 그 힘이 전혀 작용하지 않을 때와 똑같은 상태.

평형 구멍 balancing hole [P,B] 임펠러의 슈라우드에 축 추력을 평형 시키기 위해 만들어진 구멍.

평형 구멍형 balancing hole type [P] 임펠러에 평형 구멍을 두어서 축 추력을 평형 시키는 형식. 부도 P-1~2, 부도 P-14~15, 부도 P-23~24, 부도 P-26 참조.

평형 드럼 balancing drum [P] 펌프, 송풍기, 압축기의 유체에 의한 축 스러스트 평형장치이며, 평형피스톤 링(실린더형 링) 내에서 회전축에 설치된 미끄럼 외주면을 갖는 원통 모양의 부품.

평형 디스크형, 평형 원판식 balancing disc type [P] 펌프의 축 추력을 평형 디스크를 사용하여 평형 시키는 형식. 부도 P-6, P-8 참조.

평형 링 balancing ring [P] 평형피스톤의 미끄럼 부에 마주 보이게 설치된 고정쪽의 실린더 형 링.

평형 부시 balancing bushing [P] 1) 펌프 축 스러스트의 평형장치로서 주축 측에 설치된 평형 슬리브의 미끄럼 부분에 마주 보이게 고정 측에 설치되어 미끄럼 내면을 갖는 부시. 2) 송풍기, 압축기의 축 스러스트 평형장치로서, 평형 피스톤에 대향하여 고정 측에 설치되는 래버린스.

평형 상태 equilibrium state [T] 시간이 경과해도 더 이상 상태가 변화하지 않는 것.

평형 슬리브 balancing sleeve [P] 양액에 의한 축 추력 평형 장치로서, 평형부시에 마주보게 설치된 축 슬리브.

평형 시트 balancing seat [P] 평형 원판의 미끄럼 부분에 마주 보이게 설치되는 고정쪽의 시트.

평형 원판 시트 balancing disc wear seat, balancing disc seat [P] 펌프 양액에 의한 평형 원판형 축 스러스트 평형장치로서 필요에 따라서 평형 원판 측면에 붙이고, 미끄럼 끝면을 구성하는 시트. 마모가 되면 이 시트만을 교환하여 복원할 수 있음.

평형 피스톤 balancing piston [P,B] 펌프, 송풍기, 압축기의 유체에 의한 축

추력을 평형시키기 위한 장치이며, 평형 링(실린더형 링)에 마주 보이게 회전측에 설치된 것으로, 미끄러운 외주 면을 가진 원통 모양의 부품. 부도 P-7 참조.

평형 피스톤 래버린스(실) balancing piston labyrinth (seal) [B] 평형피스톤에 마주 보도록 케이싱에 붙여진 래버린스.

평형 피스톤 링 balancing piston wear ring [P] 필요에 따라 평형 피스톤 바깥 둘레에 끼워서 미끄럼 외주 면을 구성하는 링.

평형 피스톤형 balancing piston type, balancing drum type [P] 펌프의 축 추력을 평형 피스톤에 의해 평형 시키는 형식. 부도 P-7 참조.

평형관 balancing pipe, balance pipe [P,B] 송풍기, 압축기 또는 펌프에서 축 추력을 평형 시키기 위하여 평형실의 압력을 감압할 목적으로, 송풍기, 압축기 또는 펌프의 저압부를 평형실과 연결한 관.

평형방정식 equation of equilibrium [T] 물체 내의 한 점에 생기는 응력은 그 점을 포함하는 미소 6면체의 주변에 생기는 응력 성분 σ_{ij}로 나타내어지며, 그 미소 요소에 작용하는 물체력 F_i와 응력 성분은 평형을 유지해야 한다. 이것을 나타내는 식 $\sigma_{ij,j} \cdot A_j + F_i = 0$(i, j = 1, 2, 3)을 응력의 평형방정식이라고 한다. 여기서 A_j는 응력이 작용하는 면의 면적이다.

평형수정면 balancing plane [B] 회전체의 평형잡기에서 불평형질량을 수정하는 위치에서의 회전축에 직각인 면.

평형시험, 균형시험, 밸런스시험 balance test [D,T] 회전체의 균형을 잡기 위해 불균형을 찾아내는 측정. 중심의 불균형 측정을 정(靜)균형 시험이라 하고, 회전체의 회전 중의 불균형 측정을 동(動)균형 시험이라 한다.

평형시험기, 바란싱머신 balancing machine [D] 회전체의 회전 수에 공진하는 진동의 진폭을 감쇠시키기 위하여 불평형 질량의 크기와 위치를 알아내는 데 사용되는 시험기. 동적 평형잡기와 정적 평형잡기가 있다. 정적 평형잡기(static balancing)와 동적 평형잡기(dynamic balancing) 참조.

평형실 balancing chamber [B] 축 추력을 평형 시키기 위하여 임펠러 입구와 반대쪽의 케이싱에 기체의 힘으로 추력을 평형 시키기 위하여 만든 실. 비고 : 진공펌프에서는 임펠러 입구 쪽의 케이싱에 만듬.

평형실 덮개 cover of balancing chamber [P] 축 스러스트 평형장치가 설치되어 있는 실에 부착되는 커버. 일반적으로 다단 펌프, 송풍기, 압축기에는 평형디스크나 평형피스톤 등의 축 스러스트 장치가 설치되며, 그 장치의 일부를 구성하는 평형실에 설치되는 원판모양의 커버를 말함. 가운데에 축이 지나가는 구멍이 있는 것이 보통.

평형원판, 균형원판 balancing disc [T] 펌프 양액에 의한 축 스러스트 평형 장치로서 평형 받침 시트를 마주 보이게 회전 측에 설치되는 미끄럼 단면을 갖는 원판 모양의 부품. 평형 디스크 앞뒷면의 압력차에 의한 축 스러스트 힘이 회전차 등에서 발생한 축 스러스트 힘과 평형하도록 평형 원판과 평형받침 시트와의 틈새가 자동적으로 조정되어서 운전되는 구조로 되어 있음. 따라서 베어링에는 스러스트가 작용하지 않음. 평형 디스크형(balancing disc type) 및 그림 파-5, 부도 P-8 참조.

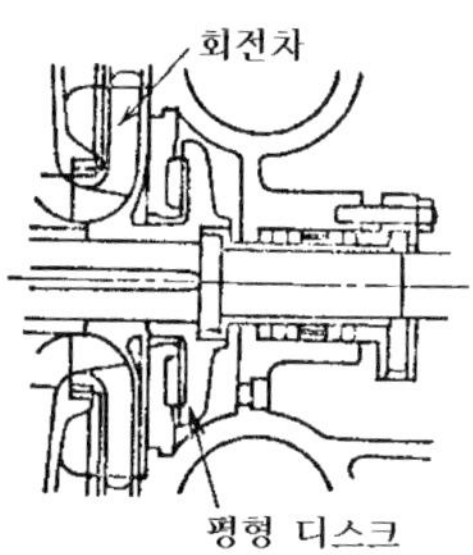

그림 파-5 평형 디스크

평형잡기, 균형잡기, 평형 balancing [T] 물체에 몇 가지 힘이 작용하더라도 그 결과는 그 힘이 전혀 작용하지 않을 때와 똑같은 상태.

평형장치, 균형장치, 균형추 balancer [D] 1실린더 내연기관(발동기)의 회전 질량에 의한 관성력은 원심력이기 때문에 크랭크의 반대방향에 균형추를 부착하여 평형을 맞추는데 이와 같은 균형추를 말한다.

평형추(크랭크 축의) counter weight [B] 불평형 우력을 평형 시키기 위하여 크랭크축에 설치한 추.

평형추, 균형추, 밸런스 분동 balance weight [D] N,{kgf} 균형을 잡기 위한 무게(추). { } 안은 중력단위.

평형통풍 balanced draft, balanced draught [B] 압입통풍과 흡출통풍이 결합된 것으로 송풍기를 노(爐) 또는 보일러의 입구 측과 출구 측에 각각 설치하기 때문에 노 내의 압력을 대기압 부근으로 유지하면서 큰 통풍저항에 대처할 수 있다.

평형품질 balance quality [D,B] 회전체의 평형품질 정도를 표시하는데 사용되는 양. 평형품질은 다음 식으로 구한다. 평형품질$=\epsilon\omega/1000$. 여기에서, ϵ : 비(比)불평형$=mr/M(\mu m)$, M : 회전체의 질량(kg), r : 반지름 위치(mm), m : 반지름 r의 위치에 있는 불평형의 질량(g), ω : 각속도(rad/s).

폐기물 garbage [A] waste 참조.

폐기물, 쓰레기 waste [A] 사람의 생활이나 사업활동에 필요없게 된 물질. 생활폐기물, 산업폐기물, 건설폐기물 등으로 분류된다.

폐기물자동집하시스템 ARCS, AWCS [A] 공기압을 이용하여 지하에 매설된 관로를 통해 투입구에서 중앙집하장까지 자동으로 폐기물을 수집 운반하는 시스템.

폐쇄 clogging [T] 캐비테이션 등에 의해 펌프 토출이 막히는 현상. 또는 분립체 공기수송에서 혼합비가 커서 분립체 수송이 막히는 현상.

폐쇄선, 초크선 choke line [T] 압축기에서 회전속도 마다 나타나는 초킹 점을 연결한 선, 또는 펌프 회전차에서 캐비테이션의 발생이 현저하게 나타남으로써 양수 작업이 불가능 해지는 점을 각 회전수 마다 연결한 선.

폐쇄순환식 closed-loop cycle [S] 해양온도차발전에서 비등점이 낮은 암모니아, 프레온 등의 냉매를 표층수에 의해 증발시키고, 심층수의 냉열원으로 응축시키는 과정에 만들어지는 냉매 증기의 운동에너지를 이용한 터빈을 회전시켜 전기를 생산하는 방식이다.

폐열 waste heat [T] 1) 내부연소 과정을 통해 생성되며 직접 사용되거나 주변환경으로 배출되는 열 또는 2) 지방의 산업, 병원 또는 농업의 폐기물로부터 나오는 열을 의미한다.

폐열회수 waste-heat recovery [T] 산업 프로세스에서 가열된 액체로부터 생성되는 배기가스 그리고 연관으로부터 열에너지를 재활용 하는 것이다. 예로는 예열기, 열회수 장치, 재생기 그리고 폐열보일러가 있다.

폐회로시험 closed loop test [B] 특수가스용 송풍기 및 압축기의 성능 등을 추정하기 위하여 폐회로에서 실시하는 시험.

폐회로시험 loop test [C] 특수가스를 취급하는 터보압축기에 있어서, 공장에서 실제가스에 의해 성능시험을 하기가 곤란한 경우에 구입과 취급이 용이한 대용(代用)가스를 사용해서 행하는 성능시험. 터보압축기, 냉각기, 유량측정기구, 교축밸브 등을 배관에 의해 폐회로를 형성하여 회로 안을 어느 압력을 가진 기체로 채우고 실시하는 성능시험이며, 이 경우 등가 시험회전수에서 시험한다.

포락선 envelope [D] 완전한 진폭변조(amplitude modulation)를 받는 경우나 2개의 조화진동의 합성에 의한 경우의 진폭이 어떻게 변화하고 있는 가를 구하는 방법을 포락선처리라 한다. 이 방법은 진동의 전기신호를 증폭기에서 증폭한 후, 포락선처리로 보고 싶은 진동수범위를 대역통과필터로 선택한다. 그리고 진폭의 양(+)의 부분만으로도 좋지만, 음(−)의 부분의 영향도 고려할 필요가 있으므로, 절대치회로에 입력하여 음의 부분을 양으로 전환하여 파형의 밀도를 높여서 저역통과필터를 통과시키면 밀도가 높은 파형에 관한 포락부분 만이 남는다. 포락선처리는 진폭변조에서 변조주파수를 찾아내는데 효과적인 방법으로, 구름베어링의 결함이나 기어 결함에 의한 충격적인 진동이 발생한 경우에 매우 유용하다. 예로 구름베어링의 내륜, 외륜에 결함이 발생한 경우, 볼이 이를 통과할 때마다 진동이 발생하고 볼의 통과속도로 변조를 받게 된다.

포락선로터 envelope rotor [C] 2엽 로터로서 단면형상이 피치원통의 바깥 측은 원호, 내측은 상대방 로터의 포락선곡선으로 형성되어있는 로터.

포물선형 방정식 parabolic equations [N] Navier-Stokes 방정식 등 자연현상을 지배하는 운동량 방정식의 대부분은 2계도 편미분방정식으로 되어 있고, 계수의 관계식으로부터 포물형, 타원형,

쌍곡형의 3종류로 분류될 수 있다. 포물선형이라는 용어는 일방향성 성질을 말한다. 예로서 비정상 열전도 문제는 시간에 대해서는 포물선형 문제이다. 2차원 경계층 방정식도 유동 방향 좌표에 관해서는 포물선형 문제이다.

포텐셜 potential [T] 전위, 위치, 잠재하는 등의 뜻. 속도포텐셜을 ϕ 라고 하면, 속도벡터는 $V = \nabla\phi$로 표시되는 것. 위치에너지(potential energy) 참조.

포텐셜유동 potential flow [P,T,N] 속도포텐셜 정보로부터 속도를 정의할 수 있는 유동이다, 보통 비점성 유체의 와도가 없는 유동에 해당한다. "비회전 유동"이라고도 한다.

포텐셜코어 potential core [G] 주위 유체로부터 점성의 영향을 받지 않는 유동의 가운데 부분이 해당하며, 이 부분은 포텐셜 유동이라고 볼 수 있다. 보통 분출구 부근의 자유분류의 중심부에서나 관로 입구길이 구간에서의 중심축 부근에서 볼 수 있는 일정 속도분포의 범위를 말한다. 점성작용에 의해 이 포텐셜코어는 점차 좁아지고 원형 분류의 경우 분출구에서 6~8d의 거리에서 소멸한다. 단, d : 분출구 지름.

포트실린더 port cylinder [B] 액봉 형 압축기에서 흡입구와 토출구의 열린 구멍 부분을 갖는 원통 모양의 부품.

포트플레이트 port plate [B] 액봉 형 압축기에서 흡입구와 토출구를 갖는 판.

포핏밸브 poppet valve [M] 버섯모양의 밸브. 자동차기관 등에 사용되고 있는 표준형 밸브.

포화 saturation [T] 일정한 온도의 공기 속에 함유될 수 있는 증기의 양에는 한도가 있으며, 그 최대한도에 도달하였을 때 포화되었다고 한다.

포화곡선 saturation curve [T] 포화상태에 관한 곡선의 총칭으로서, 예를 들면 증기선도 상의 포화 액선, 포화증기선, 습공기선도 상의 포화 습공기선 등을 말한다.

포화공기 saturated air [T] 수증기가 포화 압력까지 포함되어 있는 공기. 포화공기의 온도를 낮추면 물방울이 응결한다.

포화도 degree of saturation [M] 절대습도 x와 포화절대습도 x_s와의 비. ψ를 포화도라고 하면, $\psi = x/x_s$.

포화비등 saturated boiling [T] 액체의 대부분이 포화온도에 있는 끓음.

포화수 saturated water [T] 어떤 압력에 있어서 포화 온도에 이른 물.

포화압력 saturation pressure [T] 포화증기압을 말한다. 포화증기(saturated steam) 참조.

포화액체 saturated liquid [T] 주어진 압력에서 물질의 포화 온도와 같은 온도를 갖는 물질의 액체. 포화 액체에 열을 가해도 온도는 상승하지 않고 액체가 증발하여 증기로 되며, 이 증기에는 증발 잠열의 모양으로 가해진 열량이 흡수되어 있다.

포화온도 saturation temperature [T] K, ℃ 액체를 가열하면 온도는 점차 상승하여 액체의 종류와 액체에 가해지는 압력에 따라 정해지는 온도에 이르면 증기를 발생하고 끓음이 시작한다. 그 때의 온도를 말한다. 포화증기(saturated steam) 참조.

포화증기 saturated steam [T] 주어진 온도에 대하여 물질의 포화 압력과 같은 압력을 갖는 그 물질의 기상(氣相) 상태를 포화 증기라고 한다. 증발하는 물이 있는 동안 물과 발생 증기 온도는 일정하다. 이 때 발생하는 증기를 그 압력의 포화 증기라 하고, 그 때의 온도를 포화 온도라 한다. 포화 증기는 냉각되어도 온도는 저하하지 않고 증기가 응축 또는 응고하여 응축열 혹은 응고열의 모양으로 열을 방출한다. 포화 증기에 대하여 포화 온도보다 높은 온도를 갖는 증기를 과열 증기라고 한다.

포화증기 saturated vapor, saturated steam [T] 포화증기(saturated steam)와 같음.

포화증기압 saturated vapour pressure [G] Pa,{kgf/m^2} 어느 온도에 대한 포화증기의 압력. { } 안은 중력단위.

폭기용 송풍기 blower for aeration [B] 하수처리 설비의 폭기조 내에 공기를 취입하는 데 사용되는 블러워이며, 압력은 폭기조의 물의 깊이에 따라 달라지지만, 일반적으로 $(4\sim7)\times10^4$ Pa(약 4~7 mAq)정도이다. 원심블러워, 두입 블러워가 많이 사용된다. 각 도시의 하수처리장에서 다수 사용되며, 대수제어로 운전된다. SI 단위로의 환산에는 1 mmAq=9.81 Pa의 관계를 이용하면 된다. 하수처리용 송풍기(blower for sewage and drainage system)과 같음.

폰 phon [G] 소리의 크기를 나타내는 단위. 귀에 들리는 소리의 크기가 1000 Hz의 순음의 음압 크기와 같다고 판단되는 1000 Hz의 음압 레벨. 예컨대, 100 폰의 소리란 100 dB의 1000 Hz의 순음과 같은 크기로 들리는 소리의 레벨을 말한다.

폰 미세스의 항복조건 von Mises yield criterion [T] 부재가 연성재료의 경우에 적용되는 파손조건의 하나. 최대전단 응력설 등이 있다.

폴단 기압계 Fortin barometer [G] Torricelli(토리체리)의 실험과 같은 방법으로 기압을 측정하는 계기. 즉, 한쪽 끝이 폐쇄된 유리관에 수은을 넣어 폐쇄된 쪽의 공기를 없애고, 이를 위아래 거꾸로 하여 큰 용기 안에 세우면 유리관 내의 수은은 어느 높이 까지 내려와 관의 상부에 진공부분이 생긴다. 이 때 관의 열린 쪽의 수은 면으로부터 유리관 내의 수은주의 상단까지의 높이로 기압을 구할 수 있다. 이 원리를 이용해 측정을 편리하게 할 수 있도록 만들어진 계기.

폴리트로프 압축 polytropic compression [B] 송풍기 및 압축기의 흡입상태에서 송출상태까지 pv^n =일정 또는 p^m/T = 일정으로 표시되는 압축과정. 여기에서, p : 절대압력(N/m^2){kgf/m^2}, v : 비체적(m^3/kg){m^3/kgf}, T : 절대온도(K), n : 폴리트로프 체적지수, m : 폴리트로프 온도지수. { } 안은 중력단위.

폴리트로프 압축선 polytropic compression line [B,G] 압축기에 의해 압

력을 p_1 에서 p_2까지 압축할 때 압력 p와 비체적 v 사이의 관계는 pv^n =const로 표시되는 압축선. 그림에서 AFC는 등온압축선이며, 이때는 n=1이다. AEB는 단열압축선이며, 이때는 n=k(k : 가스의 비열비)이다. AGD는 n>k의 경우의 폴리트로프 압축선을 나타낸다. 단, 이때의 n은 폴리트로프 지수라고 하며, n<k의 폴리트로프 압축도 있을 수 있다. 왕복압축기에서는 피스톤 속도가 느리고 실린더의 냉각효과가 크므로 폴리트로프 압축 선은 일반적으로 등온압축과 단열압축의 중간에 위치하여 n<k 로 되지만, 원심 또는 축류형의 압축기에서는 기체가 급격히 압축되어 냉각이 충분이 이뤄지지 않으므로, 기내에서 발생한 손실로 인해 온도는 상승하여 일반적으로 n>k 로 나타난다. 다단형(multi-stage type) 및 그림 파-6 참조.

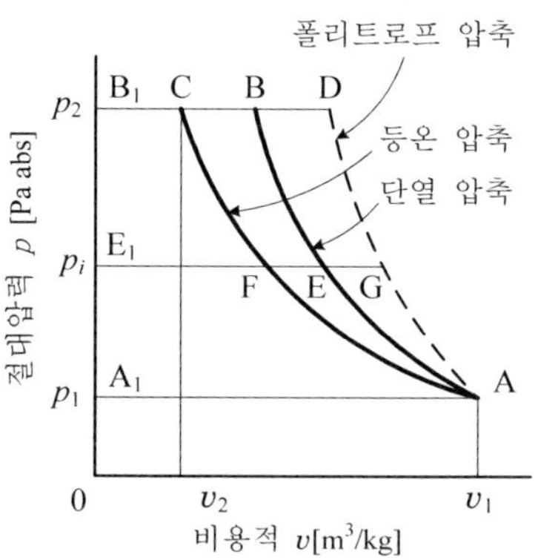

그림 파-6 폴리트로프 압축선

폴리트로프 지수 polytropic exponent [B] 폴리트로프 압축과정에서의 상태변화를 나타내는 지수. 참고로, 압력과 비체적의 관계를 나타내는 "폴리트로프 체적지수 n"와 압력과 온도의 관계를 나타내는 "폴리트로프 온도지수 m"가 있다. 이 관계식은 다음 식으로 표시된다.

$$pv^n = \text{일정},\quad p^m/T = \text{일정}$$

여기에서, p : 절대압력(Pa){kgf/m²}, v : 비체적(m³/kg){m³/kgf}, T : 절대온도(K). { } 안은 중력단위.

폴리트로프 헤드 polytropic head [B,G] ㎧ 평균유효 폴리트로프 압력항에서 중력단위의 압력 p'_1, p'_2 {kgf/m²}을 사용한 평균유효 폴리트로프 압력 p'_{epol}를 입구가스의 비중량 γ_1 {kgf/m³}으로 나누면 된다. 즉, 다음식과 같으며, 이를 폴리트로프 헤드 H'_{pol}라고 한다. 평균유효폴리트로프 압력(mean effective polytropic pressure) 참조.

$$p'_{epol} = \frac{n}{n-1} p'_1 \left\{ \left(\frac{p'_2}{p'_1} \right)^{\frac{n-1}{n}} - 1 \right\} \ \{kgf/m^2\} \quad \cdots(1)$$

$$H'_{pol} = \frac{p'_{epol}}{\gamma_1} = \frac{n}{n-1} \frac{p'_1}{\gamma_1} \left\{ \left(\frac{p'_2}{p'_1} \right)^{\frac{n-1}{n}} - 1 \right\} \ [m] \quad \cdots(2)$$

$$= \frac{n}{n-1} R'T_1 \left\{ \left(\frac{p'_2}{p'_1} \right)^{\frac{n-1}{n}} - 1 \right\} \ [m] \quad \cdots(3)$$

여기서의 가스정수 R′의 단위는 [kgf · m/(kgf · K)]이며, 공기의 경우 R'_{air} = 29.27[[kgf · m/(kgf · K)]이다. 다음에 중력단위의 수두 H'_{pol}[m], 중량단위의

유량 $G' = \gamma_1 Q'_1$ {kgf/min}를 사용했을 때의 압축기 동력 L_{pol}은 평균유효단열압력 항에서의 식 (4)를 참조하여 다음과 같이 주어진다.

$$L_{pol} = \frac{p'_{epol} Q'_1}{6120} = \frac{H'_{pol} G'}{6120}$$

평균유효단열압력(mean effective adiabtic pressure) 참조.

폴리트로프 헤트 polytropic work [G] 이론폴리트로프 압축동력(theoretical poly-tropic power) 참조.

폴리트로프 효율 polytropic efficiency [B] % 1) 이론폴리트로프 압축동력 L_{pol}과 내부동력 L_i와의 비 (η_{pol})로 표시된다. 단 k는 가스의 비열비, n은 폴리리트로프 지수이다.

$$\eta_{pol} = \frac{L_{pol}}{L_i} = \frac{n}{n-1} \frac{k-1}{k}$$

이론폴리트로프 압축동력(theoretical polytropic power)와 내부동력(internal power, gas power) 참조. 2) 중력단위계의 헤드로 폴리트로프 효율을 다음과 같이 설명할 수도 있다. 폴리트로프 효율을 폴리트로프 헤드와 실제의 압축에 필요한 헤드와의 비로 나타내면 다음 식으로 표시된다.

$$\eta_{pol} = (H'_{pol}/H') \times 100(\%)$$

여기에서, η_{pol} : 폴리트로프 효율(%), H'_{pol} : 폴리트로프 헤드{m}, 폴리트로프 헤드(polytropic head) 참조, H' : 실제 압축에 필요한 헤드{m}, $H' = J(I'_2 - I'_1)$. I' : 전 엔탈피{kcal/kgf}, J : 일당량=427{kgf · m/kcal}. 하첨자 1, 2는 압축의 전과 후를 의미한다. { } 안은 중력단위.

표면거칠기 surface roughness [T] m 1) 거칠기(roughness) 참조. 2) 공작물의 다듬질 면이 정밀한지의 여부는 일반적으로 그 면에 남아 있는 요철의 정도에 따라 결정된다. 그림 가-8은 다듬질한 면을 확대한 것으로, KS에서는 가장 간단한 방법으로 요철의 최대 높이로 표면 거칠기를 나타내고 있다. 표면 거칠기의 기호는 3각 기호와 S기호로 표시한다. 이것을 도면에 기입할 때는 원칙적으로 3각 기호와 S기호를 병용하지만 거칠기의 범위를 개략적으로 표시할 때는 S기호를 생략하는 수도 있다. 그림 파-7 참조.

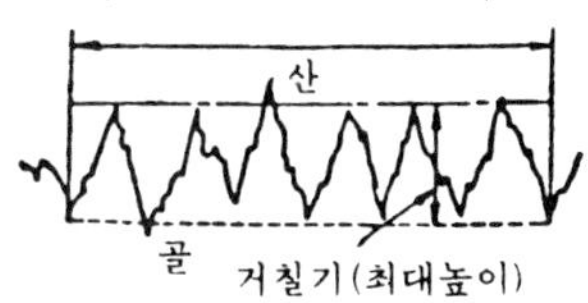

그림 파-7 표면거칠기

표면마찰 skin friction [T] 물체의 표면을 따라 흐르는 유체가 그 유체의 점성 때문에 받는 마찰 응력. 표면마찰계수(skin friction coefficient) 참조.

표면마찰 surface friction [T] 표면마찰계수(skin friction coefficient)와 같음.

표면마찰계수 skin friction coefficient, coefficient of skin friction [P,B,T] 유체와 고체와의 마찰에 의해 발생하는

저항력 F를 무차원수로 나타낸 것이며, 다음 관계식으로 주어진다.

$$C_f = \frac{F}{\frac{1}{2}\rho V^2 A}, \left\{= \frac{F}{\gamma \frac{V^2}{2g} A}\right\}$$

여기서 C_f : 표면마찰계수 또는 마찰저항계수, F : 유체와 고체와의 마찰에 의하여 생기는 힘(N){kgf}, ρ : 유체의 밀도(kg/m^3), V : 유체의 속도(m/s), A : 유동과 접하고 있는 고체의 표면적(m^2), γ : 유체의 비중량{kgf/m^3}. C_f는 고체의 형상, 표면의 거칠기, 레이놀즈 수(Reynolds number) 및 마하 수 등에 의해 정해짐. 표면마찰계수(skin friction coefficient) 참조. { } 안은 중력단위.

표면세척펌프 surface wash pump [P] 여과지의 표면에 쌓인 진흙을 세척하는 펌프.

표면응축기 surface condenser [T] 수냉식 셸앤튜브(shell-and-tube) 응축기로 증기터빈에서 방출되는 증기를 응축한다. 표면 응축기는 대기 압력보다 낮은 압력에서 작동한다. 급수조정을 위해 응축된 증기는 보일러로 되돌아간다.

표면장력 surface tension [T] N/m, {kgf/m} 액체는 액체 분자의 응집력으로 인해 그 표면이 가급적 작게 되려고 하는 성질이 나타나며, 이 때문에 액체 표면을 따라 생기는 장력을 말한다. 이것은 단위 길이 당의 힘으로 표시된다. { } 안은 중력단위.

표면파 surface wave [G] 바닥이 깊은 수면 위에 나타나는 파도. 파도의 형상은 트로코이드(trochoid : 한 개의 원을 수평선상을 굴러갈 때 원 내의 한 점이 그리는 궤적)와 닮아 있다. 파도의 진행속도는 자유낙하의 가속도 g와 파장λ의 곱의 평방근 $\sqrt{g\lambda}$에 비례한다. 이를 중력파라고도 한다.

표면활성제 surfactant [E] 계면활성의 조절에 이용되는 물질.

표준공기 standard air [B] 온도 20℃, 절대압력 101.3 kPa 또는 760 mmHg, 상대 습도 65%의 습공기. 단위체적 당의 중량은 11.76 N{1.20 kgf}라고 본다. { } 안은 중력단위.

표준기, 표준 standard [M] 측정기를 교정할 때 기준으로 사용하는 것.

표준대기 standard ambient, standard atmosphere [T] 표준대기(standard atmosphere) 참조.

표준대기 standard atmosphere, standard ambient [T] 해면상으로부터의 고도에 따라 대기의 상태가 변화하는데, 고도에 대해 표준적인 변화를 나타내는 대기를 말한다. 해면상으로부터의 고도를 Z(km)라고 할 때 다음 식으로 주어지는 온도 t(K){℃}, 절대압력 p(N/m^2){kgf/cm^2} 및 밀도 ρ(kg/m^3) {kgf · s^2/m^4}를 갖는 대기를 말한다.

Z≤11 km일 때

$$t_1 = t_o - 6.5Z,$$
$$p/p_o = (1-0.02257Z)^{5.256},$$
$$\rho/\rho_o = (1-0.02257Z)^{4.256}.$$

Z>11 km일 때

$$t_2 = 216.7\text{K}\{-56.5℃\},$$
$$p/p_o = 1.266e^{-0.1578Z}$$

$$\rho/\rho_0 = 1.684e^{-0.1578Z}.$$

위 식에서 첨자 0은 해면상의 값을 나타낸다. 즉, t_0 =288.2 K{15℃}, p_0 = 1.0132×10^5 Pa=760mmHg{1.0332kgf/cm^2}, ρ_0 =1.2258 kg/m^3{0.1250kgf·s^2/m^4}. { } 안은 중력단위.

표준상태 standard condition [T] 1) 서로 다른 조건하에서 이뤄진 측정이나 시험결과를 동일조건하에서의 결과로서 비교할 수 있도록 정해진 측정 또는 시험의 표준조건. 2) 계측기의 고유오차를 정하기 위해 규정된 각 영향 량에 관한 조건. 3) 온도20℃, 절대압 760 mmHg(또는 101.3 kPa), 상대습도 65%인 공기의 상태.

표준시료 standard sample [M] 측정기를 교정할 때, 특정 측정법을 평가 할 때, 또는 특정 재료의 성질을 정량화 할 때 등에 사용되며 목적에 맞게 그 특성이 충분히 확정되어 있는 재료.

표준오차 standard error [T] 측정값에서 참값을 뺀 차를 오차라고 한다. 오차는 불균일을 포함하고 있으나 오차 분포의 표준 편차를 표준 오차라 하고 불균일의 정도의 크기를 나타낸다.

표준작업 standard operation [T] 안정된 작업을 수행하기 위해서 기본적으로 정해진 표준적인 작업을 말한다. 이것에 따라서 작업할 때는 작업자에게도 소정의 목표을 무리하지 않고 달성하는 것을 말한다.

표준정규분포 standard normal distribution [T] 평균이 0이며, 표준편차가 1인 정규분포.

표준편차 standard deviation [T,M] 측정값의 불균일 정도를 나타내는 값(σ). 데이터 개개의 값 x_i와 평균 x_m으로부터의 편차의 제곱의 평균값(이것을 분산이라고 한다)의 제곱근으로 표시된다.

$$\sigma^2 = \frac{1}{n}\sum_{i=1}^{n}(x_m - x_i)^2$$

표준 편차 σ가 작으면 산포도가 작다. 표준 편차는 산포의 정도를 나타내는 척도이다.

표준평균시위 standard mean chord [T] 표준평균시위에는 기하학적 평균시위(geometric mean chord : GMC)와 공역적 평균시위(mean aerodynamic chord : MAC)가 있다. GMC는 익 면적을 익폭으로 나눈 평균시위이고, MAC는 3차원의 세로 진동모멘트를 무차원화 하는데 사용된다. 비행기의 중심위치는 MAC의 %로 표시된다.

표준흡입상태 standard suction condition [G] 송풍기, 압축기의 흡입조건이 표준상태로 환산된 흡입상태. 표준상태(standard condition) 참조.

푸리에급수 Fourier series [N] 임의의 함수를, 삼각함수나 지수 함수로 구성되는 급수로 표현하는 것. 주기 함수의 진폭과 위상의 함수로 표현할 수 있다.

푸리에계수 Fourier coefficient [D] 푸리에 정의에 의해, 주기 T의 임의의 주기함수 F(t)는 다음과 같이 무한급수로 표시될 수 있다.

$$F(t) = \frac{a_0}{2} + \sum_{n=1}^{\infty}(a_n \cos n\omega t + b_n \sin n\omega t)$$

여기서, $\omega = 2\pi/T$이고, 주어진 주기함수 F(t)에 대해 계수 a_o, a_n, b_n 들은 다음 식에 의해 계산된다.

$$a_0 = \frac{2}{T}\int_0^T F(t)dt$$

$$a_n = \frac{2}{T}\int_0^T F(t)\cos n\omega t dt, n = 1,\ 2,\ \cdots$$

$$b_n = \frac{2}{T}\int_0^T F(t)\sin n\omega t dt, n = 1,\ 2,\ \cdots$$

여기서, 계수 a_o, a_n, b_n 을 푸리에계수라 한다.

푸리에변환 Fourier transform [D] 어느 측정 파형 x(t)에 대해 다음의 조작을 수행하는 것을 말하며, 푸리에 적분과 같은 의미를 갖는다.

$$X(\omega) = \int_{-\infty}^{\infty} x(t)e^{-i\omega t}dt$$

여기에서, ω는 각주파수, X(ω)는 스펙트럼이라 부른다. 푸리에 급수전개를 주파수에 관해서 연속적으로 수행하는 것과 같다. 파형의 주파수분석이나 계의 주파수응답을 구할 수 있다. X(ω)로부터 x(t)를 구하는 조작을 역푸리에 변환(inverse Fourier transform)이라 부른다.

푸리에스펙트럼 Fourier spectrum [D] 측정 파형 x(t)를 푸리에 변환하여 수평축을 주파수 축으로 하고 수직축을 그 주파수 성분의 세기(power)로 나타내면, 시간신호 x(t)는 주파수 스펙트럼으로 표시되게 된다.

풀-아웃형 pull-out type, withdrawable type [P] 대형 수직축 펌프에서 분해 점검을 쉽게 하기 위하여 설치된 관을 매단 채로 축이나 임펠러 그리고 안내깃 등의 점검에 필요한 부분을 전부 끌어낼 수 있는 구조의 것. 부도 P-21 참조.

품질관리 quality control [T] 수요자의 요구에 부응한 품질의 제품을 경제적으로 만들어 내기 위한 수단 체계.

품질특성 quality characteristics [T] 일반적으로 품질이 균일하고 사용 목적에 적합한 기능을 가지며 사용하기 쉽고 보수가 용이하며 외관, 체재가 좋다는 등 제품의 적합성에 관계하는 여러 가지 성질을 묶어서 품질 특성이라고 한다.

품질표준 quality standard [T] 품질(quality) 참조.

풋밸브 foot valve [P] 펌프 흡입관의 하단에 부착되는 체크 밸브.

풍동 wind channel [T] 인공적으로 고속의 기류를 일으키는 터널 장치. 주로 항공기의 공기 역학적 성질을 모형을 통하여 연구하는 경우에 사용된다. 보통 풍동(wind tunnel)이라고 한다.

풍동 wind tunnel [T] 풍동(wind channel)과 같음.

풍력 wind power [S] 바람이 가지는 단위 시간당의 에너지.

풍속계 anemometer [M] 바람 혹은 다른 유체의 속도를 측정할 수 있는 계측기의 총칭.

풍손실 windage loss [B] 로터가 회전함

으로써 기체와의 사이에 발생하는 마찰 손실과, 이것에 의해 야기되는 2차적인 요란에 의한 손실동력의 총칭의 관용어.

풍압 fan pressure [B] Pa,{kgf/m^2} 송풍기, 압축기에서는 일반적으로 동압이 정압보다 훨씬 작으므로 송풍기정압 대신에 사용되어 왔다. 현재로는 풍압 대신에 전압, 정압의 어느 한 쪽만으로 표현한다. { } 안은 중력단위.

풍압 wind pressure [T] Pa,{kgf/m^2} 바람이 물체에 부딪혔을 때 그 물체의 단위 면적에 작용하는 압력. { } 안은 중력단위.

풍차 windmill [B,G] 풍차에는 바람방향이 바뀌면 풍차축이 풍차 축의 후미에 달린 보조풍차의 회전에 의해 바람방향으로 바뀌는 유럽형과 풍차 축에 부착된 후미 익에 의해 풍차 축의 방향이 조절되는 미국형의 두 가지 형식이 있다. 최근에는 풍차회전속도를 일정하게 하는 가변피치 형이 있고, 전력발생용의 경우 회전속도 변화에 관계없이 전기적으로 일정한 주파수의 교류전류를 발생하는 것들이 있다.

풍차상태 wind milling [B] 어느 단이 압력강하 단으로서 작동하고 있을 때의 상태.

프란틀수 Prandtl number [T,N] 유체의 열전달에 관한 상사식에 사용되는 무차원수의 하나이며, 유체의 종류에 따라 정해진다. $P_r = \nu/a = Cp*mu/k$. 여기서 ν : 유체의 동점도(m^2/s), a : 유체의 열확산율(m^2/s), Cp : 정압비열, mu : 점도, k : 열전도율.

프랜시스터빈 Francis turbine [T] 반동수차의 일종. 주로 물의 반동력을 이용하는 것으로, 중 낙차(15~300m)로 수량이 풍부한 곳에 적합한 수차.

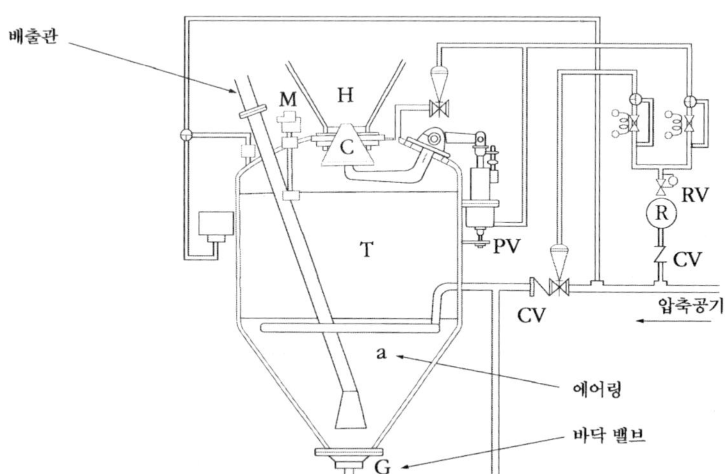

그림 파-8 프럭소(fluxo)

프랜시스형 펌프 Francis type pump [P,G] 혼류형의 회전차를 갖는 원심형 펌프. 사류펌프(mixed flow pump)라고도 함. 사류펌프(mixed flow pump) 참조.

프럭소 fluxo [B,G] 블로탱크식 공급기(blow tank type feeder)의 한 종류이며, 밀폐용기 안에 분체를 봉입하여 탱크 안의 밑 부분에 있는 에어링(air ring)에서의 공기 분출과 바닥 밸브로부터의 공기 공급에 의해 분체를 유동화 시켜 탱크 안의 바닥 쪽으로 비스듬히 삽입된 배출관에 의해 탱크 밖으로 분체가 배출되는 형식이다. 또 다른 형식으로서 세라펌프(cera pump)가 있다. 이것은 프럭소 식과 달리 분체의 취출(吹出) 파이프가 탱크 아래 바닥 바깥쪽에 비스듬히 설치되어 있다. 그림 파-8 참조.

프런트팬 엔진 front fan engine [C] 축류압축기를 사용한 제트엔진의 앞쪽 몇 개 단의 익은 이것에 이어지는 후단의 것보다 길고, 이 부분의 공기의 일부는 엔진의 바깥쪽을 하류방향으로 배출되어지고, 터빈 부에는 들어가지 않고 바이패스 하여 분출되어지는 방식의 제트 엔진.

프레임 frame [P] 펌프나 파이프가 들어가는 마루바닥 구멍에 이들을 걸치기 위하여 주로 형강을 조합한 베이스이고, 그 위에 수직축 펌프, 변속기, 구동기 등이 놓이는 대.

프로세스 펌프 process pump [P] 화학공업용 펌프로서, 제조공정 중의 원료를 이송하는 펌프의 총칭.

프로펠러 터빈 propeller turbine [S] 대표적인 수평축 터빈이며, 수평 유체 흐름을 회전운동으로 변환시켜주는 역할을 하고, 로터의 수는 2개에서 3개가 일반적이다.

프로펠러팬 propeller fan [B] 케이싱 및 안내 깃을 갖지 않은 축류 팬.

프루드 수 Froude number [P] 유체가 갖는 관성력과 그것에 작용하는 중력과의 비에 대응하는 무차원수이며, 다음 식으로 표시된다.

$$F_r = V/\sqrt{gl}$$

여기에서, F_r : 프루드 수, V : 유동장의 특성속도(m/s), l : 물체의 특성길이(m), g : 중력가속도(m/s^2).

프와쇠이 유동 Poiseuille flow [G] 2차원의 고정된 두 평판 사이에서 층류유동이 압력구배로 인해 유동할 때 포물선 속도분포가 나타나는 2차원 유동. 원형 파이프에 대하여도 마찬가지이며, 이때의 유량은 관의 반지름의 4승과 압력구배에 비례하고, 점성에 반비례한다. 이것을 Poiseuille의 법칙이라고 한다.

프와즈 Poise [G] g/(cm · s) SI 단위로 나타낸 점도의 단위이며, P로 표시된다.

플라이애시 fly ash [T] 연소에 의해서 생성되는 미세한 입자의 재.

플라이휠 flywheel [G] 회전체의 관성력을 증가시키는 목적으로 바깥 둘레에 큰 질량의 링을 갖는 휠.

플라이휠 커플링 flywheel coupling [G] 플라이휠 효과를 늘리기 위해 GD^2의 값을 크게한 축이음. 플랜지식 휨커플링의 한 쪽만을 플라이휠 커플링으로 한 것도 있다. D는 축이음 단면의 중심(重心) 또는 질량중심의 직경(m), G는 축이음의 질량(kg) 또는 중량{kgf}.

플라이휠 풀리 flywheel pulley [G] 플라이휠 효과를 늘리기 위해 GD^2의 값을 크게한 풀리. 여기서 GD^2에 대하여는 플라이휠 효과(flywheel effect)를 참조.

플라이휠효과 flywheel effect [G] 펌프가 정전 등으로 인해 동력을 상실하거나 수차 또는 발전기 등의 부하가 급격히 변동하였을 때 플라이휠의 관성 에너지로 회전수의 변화를 적게 하는 것. 보통 GD^2으로 표시한다. 여기서 G : 플라이휠 질량(kg){중량 : kgf}, D : 플라이휠 단면의 질량중심 또는 중심(重心)의 직경(m). 그리고 관성 모멘트 I와는 다음의 관계가 있다.

$$I = \frac{GD^2}{4}, \left\{= \frac{GD^2}{4g}\right\}$$

여기서 I : 극관성 모멘트($kg \cdot m^2$) {$kgf \cdot m \cdot s^2$}, g : 중력가속도(m/s^2). { } 안은 중력단위.

플랜지 flange [T] 부품의 보강 또는 이음을 위하여 부품의 끝 또는 접합부 주위에 붙이는 둥근 테두리.

플랜지식 관이음 flanged type pipe fitting [P] 플랜지를 볼트 및 너트로 접속하는 관이음. 플랜지는 관에 나사 또는 용접에 의해 부착시킴.

플랜지식 커플링 flange type shaft coupling [P,G] 플랜지가 달린 커플링을 주축의 축단부에 두 개를 끼워 이들을 볼트 결합으로 직결하는 방식의 것.

플랜지식 휨 커플링 flexible flanged shaft coupling [P,G] 양 축의 끝단에 끼운 플랜지를 고무나 가죽 등의 탄성체가 삽입된 플랜지 볼트로 결합하는 축이음. 양 축심을 동일 축 상에 두기가 어렵고, 약간의 축심의 어긋남을 허용해야 할 경우에 사용된다. 운전 중 모터 로터의 축 방향 이동을 방지하기 위해 축 이음 스페이서를 삽입하는 경우도 있다. 위해방지를 위해 커플링 커버는 반드시 설치되어야 한다. 커플링 스페이서(coupling spacer), 축이음 커버(coupling cover) 참조.

플랜지이음 flange joint [T] 플랜지 커플링(flange coupling)과 같음.

플랜지커플링 flange coupling [T] 전동축(傳動軸)의 이음방식의 일종. 축 끝에 끼워 키로 고정된 플랜지를 볼트로 이어 2축을 일체가 되게 체결한다.

플랜지탭 flange tap [P] 오리피스판, 벤투리관 등의 압력측정 구멍으로서 플랜지 가까이에 있는 것.

플랜지탭 오리피스유량계 flange tap orifice flow meter [M] 차압 측정을 위한 두 개의 압력 태핑의 위치가 오리피스 판 상·하류로 각각 25.4 mm씩 떨어져 있는 오리피스 유량계.

플랜지형 고정 축이음 rigid flanged shaft coupling [G] 두 개 축의 양측 축단에 삽입된 플랜지 붙이 커플링이 리머볼트에 의해 결합되는 축이음. 양 플랜지의 마개이음(socket and spigot joint)으로 양축은 일직선으로 연결되므로 축심의 어긋남은 없다. 동력전달은 리머볼트의 죄임에 의한 플랜지면의 마찰력이나 리머볼트의 전단력에 의해 전달된다.

플랜트 plant [T] 1) 장치, 설비, 시설. 2) 공장. 3) 설치하다, 장치하다.

플랜트공학, 플랜트 엔지니어링 plant engineering [T] 설비의 계획에서 폐기될 때까지의 전 가동기간을 통하여 설비의 효율을 최고로 유지하기 위한 공학 또는 관리를 의미한다.

플랩 flap [G] 큰 양력을 얻기 위한 보조날개. 플랩에는 앞전플랩과 뒷전플랩의 두 가지 형태가 있다. 뒷전플랩의 형태는 그림 (a), 앞전플랩의 것은 그림 (b)와 같다. 뒷전플랩은 양력증가와 아울러 항력도 증가하는 특성이 있으므로 비행기의 착륙 진입일 때의 활공각 증대에 효과가 있다. 앞전플랩은 받음각이 큰 경우에 나타나는 심한 부압발생과 이로 인한 박리발생을 완화하고 억제할 수 있는 효과가 있다. 그림 파-9 참조.

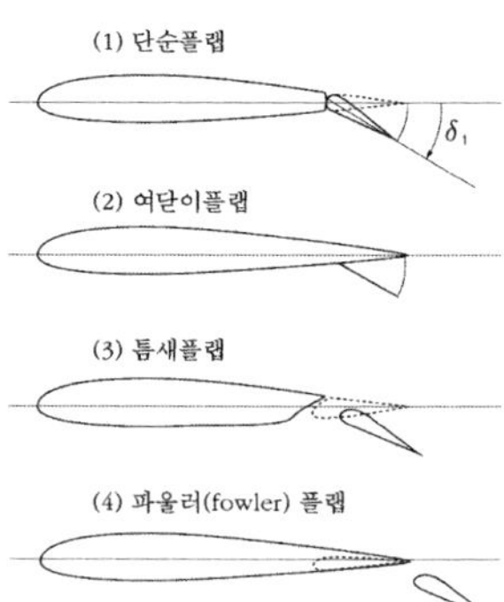

(a) 뒤전 플랩

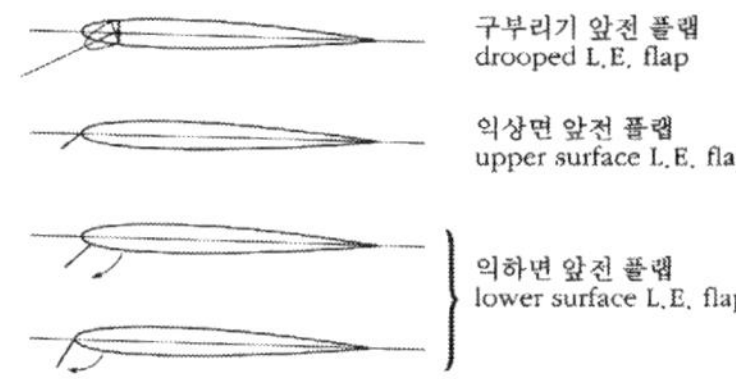

(b) 앞전 플랩

그림 파-9 플랩

플랩밸브 flap valve [P] 저 양정 펌프의 토출관 끝에 설치되는 역류방지용 밸브.

플러그 플로 Plug flow [A] 유체의 모든 부분에서 유속이 일정하고, 흐름 방향이 수평인 상태.

플러그, 마개 plug [T] 1) 관 끝 또는 구멍을 막는데 사용되는 나사붙이 마개. 2) 코드 끝에 연결하여 전기 배선에 접속하는 기구. 3) 플라스틱 성형 용구의 일종.

플러그게이지 plug gauge [T] 보통 링게이지와 한 쌍으로 되어 있다. 캘리퍼스의 개폐를 정할 때, 또는 직접 공작품의 구멍이나 지름을 검사할 때 사용한다.

플러싱 flushing [B] 시운전 전에 플랜트나 그 부속기기의 배관을 유체로 청소하는 것.

플런저 plunger [P] 막대기 모양의 피스톤 또는 플런저 펌프에서 왕복운동을 하는 부분. 한쪽 편에만 고압이 작용하는 펌프압축기, 액압프레스 등에 사용.

플런저펌프 plunger pump [P] 왕복펌프의 일종. 실린더 속을 플런저가 왕복운동하면서 실린더 속의 액체를 배제한 양만큼 토출하는 펌프.

플레이트 베인 plate vane [B] 원심 송풍기, 압축기의 회전차에서 균일한 두께의 판으로 만들어진 베인(깃). 익형 깃과 대비되는 용어.

플레이트홴 plate fan [B] 그림과 같이 보스로부터 방사상으로 나와 있는 스포크에 철판날개가 리벳으로 체결된 간단한 구조의 송풍기. 날개 수는 보통 6~12장. 분진이 함유된 가스체의 송풍에 적합하다. 그림 파-10 참조.

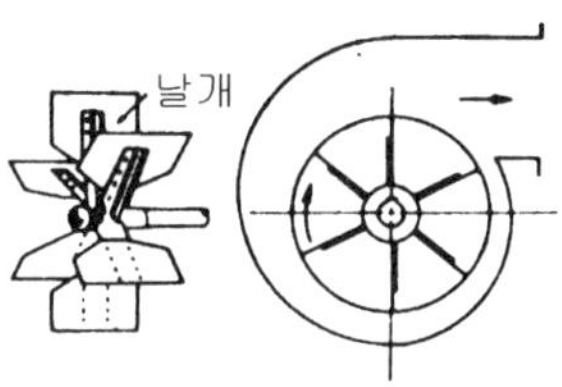

그림 파-10 플레이트 홴

플레인베어링 plain bearing [G] 미끄럼베어링(sliding bearing), 저널베어링(journal bearing)이라고도 한다.

플레임 홀더 flame holder [T] 연소기에서 불꽃이 바람에 꺼지지 않도록 안정화시키는 기능을 갖는 물체이며, 보염기라고도 한다.

플렉시블 관이음 flexible pipe joint [P] 부착 부분이 어느 정도 휠 수 있는 관이음쇠, 기초의 불균일 침하로 인해 관로에 작용하는 힘의 경감대책에, 또는 기설배관 사이의 접속 등에 사용.

플로 사이트 flow sight, water sight [B] 액체(냉각수 및 윤활유 등)의 유동상태를 보기 위한 것. 냉각수 관이나 귀환통로 도중에 설치되며, 투명 투시 창이 있는 밀폐 형, 투시 창만이 있는 개방형 등이 있다. 물을 들여다보는 것은 "검수기(water sight)", 기름을 들여다보는 것은 "검유기(oil sight)"라고 한다.

플로트 float [M] 면적식 유량계에서 유체의 유동저항을 받아 유량을 지시해 주는 운동자(運動子).

플로팅 링 floating ring [P] 실 부에서 축에도 케이싱에도 고정되지 않은 링을 케이싱에 고정된 링과 교대로 겹쳐 삽입하여 대단히 좁은 유로를 구성함으로써 물의 누설을 방지하는 장치. 이 방법에 의한 누설방지를 플로팅링 실 또는 부유식 링 실이라 한다.

플록 floc [E] 물속의 현탁물질이나 유기물, 미생물 등의 미립자를 응집제로 응집시킨 큰 덩어리.

플록큐레이터 (응집침전장치) flocculator [E] 플록의 형성, 성장을 촉진시키는 장치.

플루이딕스 fluidics [G] 기계적으로 움직이는 부분을 사용하지 않고 유체거동을 유동으로 제어하는 요소를 순유체소자라고 부르며, 순유체소자로 구성된 시스템에 관련된 공학분야를 플루이딕스라고 한다. 순유체소자에 대하여, 밸브와 같이 기계적으로 움직이는 부분에 의해 유체의 거동을 제어하는 소형의 요소를 가동형 소자라고 하는데, 가동형 소자와 플루이딕스의 상호관계는 분명하지 않다. 작동유체로는 기체, 액체가 함께 사용되지만, 일반적으로는 공기가 사용된다. 순 유체소자의 특징은 신뢰성, 내구성이 크다는 점이다.

피동안전계통 passvie safety system [Nu] 원자력발전소의 사고시 전력으로 구동되는 능동장치(펌프 등)를 이용하지 않고, 중력 또는 가스압력 또는 자연순환 등의 계통 내부에 저장되어 있는 자연력을 이용해 냉각재를 주입하거나 원자로를 냉각하는 안전계통을 말함.

피드백제어 feedback control [T] 제어량의 값을 입력 측으로 되돌려 이것을 목표 값과 비교하여 제어량을 목표 값에 일치시키도록 정정동작하는 제어. 피드백 시스템(feedback system) 참조.

피로 fatigue [T] 재료는 정하중에서 충분한 강도를 지니고 있더라도 반복하중이나 교번하중을 받게 되면 그 하중이 작더라도 마침내 파괴를 일으키게 된다. 이러한 현상을 피로라고 한다.

피로강도 fatigue strength [T] N/m², {kgf/m²} 재료에 반복응력을 작용할 때, 그 진폭이 크면 피로가 빨리 진행하여 파괴되지만, 어느 값 이하가 되면 반복응력을 작용시켜도 파단하지 않고 S-N곡선이 수평으로 나타난다. 이때의 응력을 피로강도 또는 피로한도라고 한다. { } 안은 중력단위.

피로변형 fatigue deformation [T] 재료에 반복 응력이 가해져서 피로현상이 생기면 재료강도가 감소한다. 이것에 의해 재료가 조금씩 변형되는 현상을 말한다.

피로부식 fatigue corrosion [T] 반복하중에 의한 부식현상.

피로파괴 fatigue fracture [T] 반복하중에 의하여 피로한도를 넘어 파괴되는 현상.

피로한도 fatigue limit [T] 피로 현상이 일어나는 한도. 내구 한도.

피복, 코팅 coating [T] 금속, 직물, 종이 등을 공기, 물, 약품 등으로부터 보호하기 위하여 이들로부터 차단하거나 또는 전기절연 · 장식(裝飾) 등을 위해 캘린더(calendar : 압연기의 일종), 압출, 침지(浸漬), 블라스팅, 스프레드 등의 가공법으로 물체 표면을 피막으로 싸는 것.

피복재 cladding [Nu] 원자로용 핵연료를 덮고 있는 외피로서 핵분열 생성물의 누출을 방지함. 주로 부식 저항성이 좋고, 열전도도가 높고, 열중성자의 흡수도가 적은 지르칼로이나 스테인리스 스틸을 사용한다.

피뷔(PV)선도 PV diagram [C] 일정량의 기체의 압력 p 및 용적 v를 직각좌표계의 세로좌표, 가로좌표에 의해 그 상태의 변화를 나타낸 선도.

피소(PISO) 알고리즘 PISO algorithm [N] Pressure-Implicit with Splitting of Operators의 약자로 압력 경계조건을 풀기 위한 알고리즘으로서 non staggered 격자상에서 속도-압력 관계식을 유한체적법으로 차분화하여 PISO 알고리즘을 적용한다. PISO 알고리즘은 반복계산을 하지 않고 시간별 계산을 진행하는 방법으로서 각각의 시간에서 한 번의 예측단계(predictor steps) 및 한 번 이상의 수정단계(corrector steps) 들로 구성되어 있다.

피스톤 piston [B] 실린더 내에서 왕복운동을 하면서 기체를 압축하는 부품.

피스톤 끝 틈새 piston end clearance [C] 왕복압축기의 피스톤 상사점의 피스톤헤드 위 면과 실린더커버와의 사이에 생기는 틈새. 피스톤의 토출행정 끝에서 압축된 기체는 이 틈새에 남고, 다음 흡입행정에서는 흡입압력까지 팽창하고, 피스톤의 흡입용량을 감소시킨다. 즉, 이 틈새가 압축기의 체적효율에 영향을 미친다.

피스톤 끝간격 end clearance [B] m 피스톤의 상사점 또는 하사점에서 피스톤의 끝면과 실린더 커버 또는 실린더 헤드까지의 거리.

피스톤 스커트 piston skirt [P] 피스톤에서 피스톤 핀 아래의 몸통부분.

피스톤 핀 piston pin [B] 크로스헤드가 없는 압축기의 피스톤과 연결봉을 연결하는 핀. 크로스헤드(crosshead) 참조.

피스톤래버린스 piston labyrinth [B] 기체의 누설을 막기 위하여 피스톤에 설치되는 래버린스.

피스톤로드 piston rod [B] 피스톤과 크로스헤드를 연결하는 봉.

피스톤로드 기름 긁기 링, 와이퍼링 wiper ring [B] 왕복압축기의 크랭크실의 윤활유가 피스톤 로드를 따라서 크랭크실 밖으로 새나가는 것을 막기 위하여, 크랭크실의 피스톤로드 관통부에 설치된 축봉부의 패킹.

피스톤로드 패킹 piston rod packing [B] 피스톤 로드가 실린더의 외부로 관통하는 곳에서 기체의 누설을 막기 위하여 설치되는 패킹.

피스톤링 piston ring [B] 피스톤에서 기체의 누설을 막기 위해 끼워 넣는 링.

피스톤속도 piston speed [P] m/s 피스톤의 순간속도는 연결봉의 길이와 크랭크 반지름과의 비율에 따라 단현 진동에서 조금 벗어난 주기적 변화가 됨.

피스톤식 유량계 piston type flow meter [M] 면적식 유량계의 일종으로 피스톤이 유량의 크기에 따라 단면적이 변하는 통로를 움직이게 되어 있고 이 피스톤의 위치로 유량을 알아내는 유량계.

피스톤펌프 piston pump [P] 실린더 내 피스톤의 왕복운동에 의하여 흡수, 배수를 하는 펌프. 소유량 고압력용에 적합.

피스톤핀 베어링 piston pin bearing [B] 피스톤에 고정된 피스톤핀용 베어링.

피스톤헤드 piston head [C] 피스톤의 가스(유체) 압력을 받는 부분.

피스톤힘 piston force [B] N,{kgf} 피스톤의 양면에 작용하는 압력의 차에 의해 피스톤에 걸리는 힘. { } 안은 중력단위.

피엔커넥션 PN-connection [A] 옥외에 설치되는 배출 밸브를 보호하고, 폐기물 이송배관과 연결하기 위해 사용되는 장치.

피치 spacing, pitch [B] m 익렬의 서로 이웃하는 것의 대응점 사이의 거리. 부도 3 참조. 원형 익렬 및 환상 익렬의 경우는 원주방향에 따른 거리.

피치, 스페이싱 pitch, spacing [P,T] m 익렬에서 이웃하는 익의 대응하는 점 사이의 거리. 원형 익렬에서는 원주에 따른 거리를 의미함.

피치각 pitch angle [T] rad,deg 베벨 기어에서 피치 모선과 축이 이루는 각.

피치공차 pitch tolerance [T] 직선익렬 및 원형익렬의 익 사이의 거리에 대한 오차의 허용범위.

피치원통 pitch cylinder [B] 두 잎 블로워, 두 잎 압축기 및 나사 압축기 등의 로터의 물림운동을 규정하기 위하여, 각 로터에 고정되어서 서로 미끄럼 없이 접촉하면서 회전하는 가상적인 원통.

피치점 pitch point [T] 직접 접촉에 의하여 전동시키는 기계 요소가 서로 접촉하는 점. 기어에서는 피치원과 피치원의 접촉점을 말한다.

피치제어 pitch control [S] 작동유체가 정격유속 이상으로 증가할 경우 블레이드 피치각도를 증가시켜 항상 일정한 정격출력이 얻어지도록 하는 능동형 제어장치로써, 실속(失速)제어(stall control, 블레이드의 공기 역학적 형상에 의한 정격유속 이상에서의 양력 제어)에 비해 크게 안정적인 출력 및 하중제어가 가능하다.

피칭각 angle of pitch [T] rad,deg 항공기, 우주선, 미사일의 세로방향의 요동으로, 좌우 축 주위의 회전 정도를 나타내는 각도를 말한다.

피칭모멘트 pitching moment [G] N · m,{kgf · m} 항공기 기체, 차량 차체, 선박의 선체 또는 유체에 잠긴 모든 물체가 진행방향 또는 유체의 유동방향을 기준으로 세로로 흔들리는 현상을 피칭이라고 하며, 피칭을 일으키는 모멘트를 피칭모멘트라고 한다. { } 안은 중력 단위.

피크 값 peak value [D] 피크 진폭(peak magnitude), 양/음 피크 치(positive/negative peak value)라고도 불린다. 주어진 구간 동안의 진동의 최대치로, 피크 치 진동은 일반적으로 평균치로부터 그 진동의 최대 편차로 취해진다. 양 피크 치는 최대의 양의 편차, 음 피크 치는 최대의 음의 편차이다.

피크노미터 pyknometer [M] 액체에 잠긴 입자부분의 체적으로부터 비중을 측정하는데 사용되는 것으로, 정밀한 체적을 구할 수 있는 구조로 되어있다. 또는 정확하게 체적을 재현할 수 있는 구조의 용기.

피크진폭 peak amplitude [D] 어느 관측 시간에서의 신호의 최대 진폭 치로서, 피크 치라고도 한다.

피크-피크 값, p-p값 peak-to peak value [D] 진동의 극대치들 사이의 대수(代數)적인 차.

피토 정압관 Pitot static tube [G] 유동의 정압만을 측정하는 피토관. 피토관(Pitot tube) 참조.

피토관 Pitot tube [B,M] 유체의 정압과 정체 (전)압력 사이의 차압(동압)을 측정하여 속도를 산정할 수 있도록 유동에 수직으로 삽입된 실린더(지지실린더)에 수직이면서 유체가 다가오는 방향으로 향하도록 튜브를 이은(또는 연결한) 구조로 이루어진 속도계. 그림 파-11 참조.

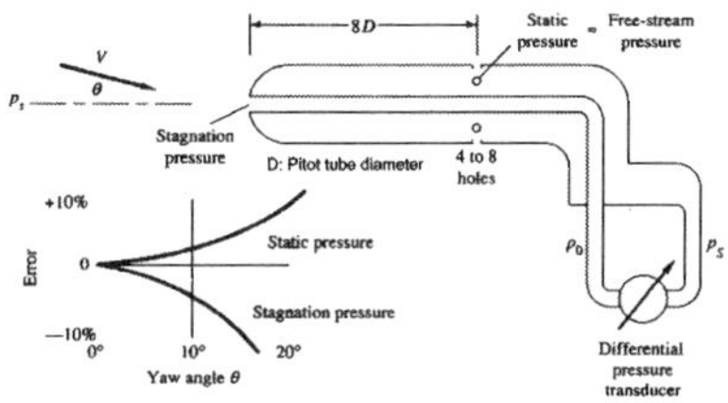

그림 파-11 피토관

피트 2중케이싱형, 피트배럴형, 이중케이싱형 caisson type, pit barrel type, vertical barrel type [P] 터보형의 수직축 펌프로서 주로 유효흡입헤드를 크게 할 수단으로 그 피트가 케이싱의 일부를 형성하는 구조의 것을 말함. 응축수 펌프 등에서 사용됨. 그림 파-12 참조.

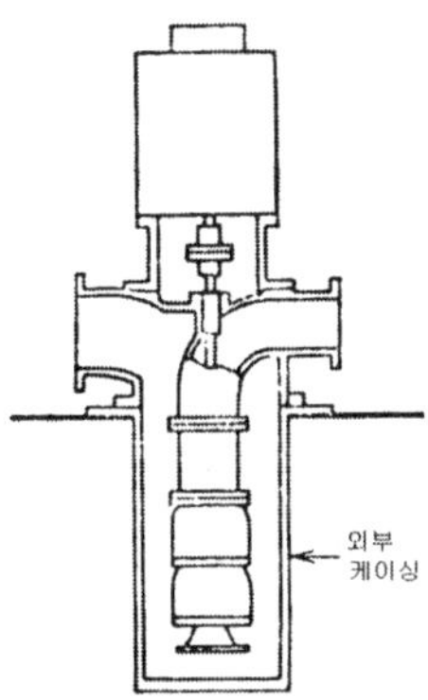

그림 파-12 피트 2중케이싱형

피트 이중케이싱형, 피트배럴형, 이중케이싱형 pit barrel type, vertical barrel type, caisson type [p] 수직축 펌프에서, 주로 유효흡입헤드를 크게 할 수 있게 하는 수단으로서, 그 피트가 케이싱의 일부를 형성하는 구조의 형식. 응축수펌프 등에 사용. 부도 P-24 참조.

피트 이중 케이싱형, 피트배럴형, 이중 케이싱형 vertical barrel type, caison type, pit barrel type [P] 피트 이중 케이싱형(pit barrel type)과 같음.

필름냉각, 막냉각 film cooling [T] 고온 혹은 고속 기류에 노출된 벽면의 일부에 뚫린 구멍이나 슬릿에서 냉각용 유체를 유출시키고 하류 표면을 냉각 막으로 감싸는 것.

필터청소장치 cleaning device [A] 분진 필터, F-container 필터 등을 청소하기 위한 장치로 공기압 방식이 가장 보편적으로 사용된다.

ㅎ

하강특성 falling characteristics [P] 터보형 펌프, 송풍기, 압축기에서 토출량의 증가와 함께 전헤드 또는 전압이 감소하는 특성. 우향하강특성이라고도 부르며, 우향상승 부분이 없으므로 서징을 일으키지 않는 안정성이 있는 특성을 가짐. 이 곡선은 회전차의 깃의 출구각에 따라 달리 나타난다.

하겐-프아쇠이의 법칙 Hagen-Poiseuille law [G] 원형 직관 내의 층류유동의 경우 축방향의 압력구배가 일정할 때의 유량은 반지름의 4승에 비례한다는 법칙. 하겐-프아쇠이의 식(Hagen poiseuille formula) 참조.

하겐-프아쇠이의 식 Hagen-Poiseuille formula [P] 원관 내의 층류의 압력강하 Δp(Pa){kgf/m^2}와 유량 Q(m^3/s) 사이에는 다음의 관계식이 있다.

$$Q = \frac{\pi \Delta p r^4}{8 \mu l}$$

여기서 r : 관의 반지름(m), μ : 유체의 점도(Pa · s){kgf · s/m^2}. 이 식은 이론적으로도 쉽게 유도될 수 있으며, 하겐(Hagen; 1839년) 및 프아쇠이(Poiseuille : 1841)에 의해 실험적으로 처음으로 발견되었다. { } 안은 중력단위.

하니컴, 정류격자 honeycomb [T] 1) 관내 혹은 유로 내의 유동을 균일화 하기 위해 유로 내에 설치하는 격자. 2) 벌집구조라는 뜻으로, 가볍고 굽힘이나 압축에 강하기 때문에 종이, 플라스틱 판, 알루미늄이나 강의 박판 등에 흔히 채용된다.

하드타이프 평형시험기 hard type dynamic balancing machine [D] 동적 평형 시험기에서 회전체를 지지하는 베어링을 경고하게 하여 1차고유진동수 이하의 회전수로 운전하는 것. 소프트 형 평형시험기와 대비되는 용어.

하반형(下反形) dihedral type [C] 허브, 케이싱 또는 자오면 유선을 회전차 축의 주위를 회전시켜서 얻어지는 축 대칭 유동면과 익면이 수직이 아닌 익의 형식. 이때 회전차 허브에서 깃 선단으로 향하여 깃이 부압면 측으로 기울고 있는 것은 상반형(上反形), 압력면 측으로 기울고 있는 것은 하반형(下反形)이라고 부른다.

하부 케이싱 lower half casing, lower half housing [B] 수평 분할형의 송풍기 및 압축기의 케이싱의 아래쪽의 반.

하부수직토출 bottom vertical discharge [B] 원심 홴에서 토출방향이 하부 수직방향인 형식. 송출방향에 각도가 있는 경우에는, 하부수직에서 회전방향에 대하여 몇 도라고 한다. 부도 B-1 참조.

하부수직흡입형 bottom suction type

[C] 다단펌프, 송풍기, 압축기의 케이싱 흡입구의 방향을 나타내는 형식의 명칭. 축 수직 하방(下方)에서 흡입하는 형식을 말한다.

하부수평토출 bottom horizontal discharge [B] 원심 홴에서 송출방향이 하부 수평방향인 형식. 송출방향에 각도가 있는 경우에는, 하부 수평에서 회전방향에 대하여 몇 도라고 한다. 부도 B-1 참조.

하부축 lower shaft [P] 수직축 펌프 등에서, 축이음에서 회전차까지의 길이가 너무 길기 때문에 구조상 또는 분해 조립 등의 이유로 주축을 여러 개로 나누어 중간 축이음으로 접속하여 사용하는 경우가 있는데, 그 중에서 아래쪽의 주축을 말함.

하수 배수펌프, 하수 펌프 sanitary sewage pump [P] 도시 하수(빗물과 오수)를 주로 하수처리장에 보내는 펌프.

하수처리용 송풍기 blower for sewage and drainage system [B] 하수처리를 위해 오수에 산소를 공급해 주어야 한다. 이 공정을 폭기공정이라고 말하며, 여기에서 사용되는 송풍기를 말한다. 폭기송풍기(blower aeration)와 같음.

하우징 housing [F] 각종의 엘리먼트를 사용압력에 맞는 용기내에 수납하여 사용하는 용기. 이 용기를 하우징 또는 케이싱이라고 하며, 특히 스파이럴 형 모듈의 경우에는 베셀(vessel)이라고도 한다. 하우징의 재료로서는 스테인리스(SUS), 폴리염화비닐(PVC), 글라스섬유 강화플라스틱(FRP) 등이 이용된다. 통상, 엘리먼트를 하우징과 일체화한 것을 막 모듈이라고 부르지만, 이중에는 하우징이 없는 막 모듈도 있다.

하이드로 호이스트 hydro hoist [P,G] 수력을 이용해서 고형물을 이송하는 수력컨베이어 중의 한 방식. 고체 혼합액을 펌프 안으로 통과시키지 않고 저압의 밀폐용기 내에 고형물을 옮겨서 펌프의 고압청수를 유도하여 압송한다.

하이브리드 법 hybrid scheme [N] 하이브리드라는 명칭은 중앙차분법과 상류차분법이 복합된 것을 의미하며, 엄밀해 곡선으로의 3개 직선에 의한 근사형태로서 무차원형태의 Peclet 함수 P_e의 3개의 직선에 의해 엄밀해 곡선을 감싸는 다음의 형태이다.

$$a_E = D_e\left(\frac{|P_e|}{e^{|P_e|}-1} + \max[0, -F_e]\right), P_e = \frac{F_e}{D_e}$$

단, a_e : 영향계수, F_e : 대류의 세기, D_e : 확산항 계수. 위 식에서, 지수함수를 계산하는데 많은 계산시간을 필요로 하므로 이를 근사하여 사용하는 것이 바람직하다. 가장 단순한 방법은 점 $|P_e|=0$에서의 접선과 $|P_e|\to\infty$에서의 값을 이용하여 근사하는 것으로

$$\frac{|P_e|}{e^{|P_e|}-1} \cong \max\left[0, 1-\frac{1}{2}|P_e|\right]$$

를 사용할 수 있다. 위의 근사는 $|P_e|$

≤ 2일 때, $a_e/D_e \fallingdotseq 1-0.5|P_e|$인 직선과 $|P_e| \to \infty$일 때, $a_e/D_e \fallingdotseq 0$인 직선을 짜깁기한 형태이므로 이를 하이브리드 도식이라고 한다.

하이브리드 복합순환식 hybrid cycle system [S] 해양온도차발전시스템에서 폐회로(closed-loop)와 개회로(open-loop)시스템의 장점을 결합한 것으로 열원을 최대로 사용하도록 설계하여 전력과 담수를 동시에 얻게 하는 방법이다.

하중시험, 부하시험 load test [T] 구조물 등에 하중을 가하면, 이 때 생기는 변형 및 이에 견디는 강도를 조사하는 시험.

하한 레이놀즈 수 threshold Reynolds number [B] 터보 송풍기 및 압축기에서 무차원 표시된 특성곡선이 레이놀즈(Reynolds) 수가 변화하여도 거의 변화하지 않는 레이놀즈 수의 최저 값.

하향이완 under relaxation [N] 반복적인 행렬해법에서 사용되며 해의 발산을 방지하기 위해 각 진행 단계에서 변화량을 원래 계산된 값보다 제한하여 적용하는 방법을 지칭한다. 현재 알고 있는 잠정적인 해(tentative solution)를 ϕ^*_P라 할 때, 이산화방정식

$$\phi_P = \frac{\sum_i a_i \phi_i + b_P}{a_P}$$

을 풀어 얻는 변화량 $\Delta\phi_P$는

$$\Delta\phi_P \equiv \phi_P - \phi_P^* = \frac{\sum_i a_i\phi_i + b_P}{a_P} - \phi_P^*$$

로 나타난다. 이 때, 해의 변화량을 0과 1 사이의 값의 이완계수(relaxation factor)를 써서 $\alpha(\Delta\phi_P)$만큼 감소시키면 수정된 해는

$$\phi_P = \phi_P^* + \alpha(\Delta\phi_P)$$
$$= \phi_P^* + \alpha\left(\frac{\sum_i a_i\phi_i + b_P}{a_P} - \phi_P^*\right)$$

로 된다. 만약, 수렴된 해가 얻어지면 $\phi_P = \phi^*_P$이므로 위 식은 이완계수를 어떤 값을 쓰든지 항상 성립하게 된다.

한국형 신형 경수로 Advanced Power Reactor 1400 (APR−1400) [Nu] 기존 한국형 표준원자로인 OPR-1000에 비해 안전성과 경제성을 향상시킨 1400 MWe급 한국형 신형 경수로. 아랍에미리트에 수출된 원자로 4기가 이 형식이다.

한계부하특성 limit load characteristics [B] 규정가스량 이상에서의 축 동력이 극대 값을 가지며, 모든 운전상태에서 과부하가 되지 않는 원심 송풍기 및 압축기의 특성.

한계부하홴, 리미트로드홴 limited load fan [B] 뒷굽은 깃을 갖는 원심홴의 일종이며, 축동력이 어느 풍량에서 최대치에 도달하고, 그 이상 풍량을 늘려도 증가하지 않고 오히려 감소하는 특성을 갖는 홴. 미국 배파로사(社)가 코노이달 홴이란 상품명으로 판매한 홴이지만, 이 홴 만이 리미트로드 특성을 갖는 것은 아니다.

한쪽 흡입 single suction [P] 원심펌프에서 임펠러의 흡입구가 한쪽에만 있는

것. 부도1, 부도2, 부도13~15 참조.

한쪽 흡입 압축기 single suction compressor [C] 원심압축기의 회전차 한쪽 편으로만 유체를 흡입하는 형식의 압축기. 유량이 많은 경우는 양쪽 흡입형이 사용된다.

한쪽 흡입 임펠러 single suction impeller [C] 회전차의 한쪽 편으로부터 유체를 흡입하는 것.

한쪽 흡입 케이싱 single suction casing [B] 한쪽에 흡입박스가 붙어 있는 케이싱.

합성가스 syngas [T] 석탄, 바이오매스(biomass), 그리고 폐물의 가스화를 통해 생성되는 수소와 일산화탄소의 혼합물.

합성소음 combined noise [G] 소음 원이 두 개 이상 있는 경우에 어느 한 점에서 받는 그들의 전체로서의 소음. 지금 dB_1, dB_2, dB_3, …을 여러 개의 소음원의 동일한 어느 한 점에서의 소음 레벨이었다고 하면, 그 합성음의 레벨 dB는 다음과 같다.

$$dB = 10\log_{10}(10^{dB1/10} + 10^{dB2/10} + 10^{dB3/10} + \cdots)$$

지금 두 개의 소음원만이 있고 $dB_1 = dB_2$ 라고 하면, $dB = 10\log_{10}(10^{dB1/10} \times 2) = 3 + dB_1$ 이다. 예를 들어 80 dB의 팬 두 대를 동시에 운전한다면 합성소음은 83 dB로 된다.

항공가솔린 aviation gasoline [T] 특별히 항공기용 가솔린 기관에 적합하도록 정제된 가솔린으로 일반적으로 증류 온도가 낮고, 옥탄가가 높으며, 불순물이 적다.

항공기 aircraft [T] 지면을 떠나 대기 중에 뜨는 탈 것.

항공기기관 aeroengine [T] 항공기용 내연기관. 고속항공기용으로는 가스터빈을 이용한 터보제트(turbo-jet)나 또는 터보프롭(turbo-prop) 등이 있다.

항공기기관 aircraft engine [T] 항공기의 추진력 또는 양력을 얻기 위해 사용되고 있는 엔진. 프로펠러를 사용하지 않고, 배기 제트의 운동 에너지를 추출하여 그 반작용을 이용해서 추진력을 얻는 것을 제트 추진 엔진이라 한다.

항공기터빈 aircraft turbine [T] 항공기관(aircraft engine)으로 제트추진 엔진을 이용한 것.

항력, 드래그 drag [P,B,T] N,{kgf} 깃 요소에 작용하는 힘의 유동방향의 분력. 상·하류에서 유동방향이 달라지는 직선익렬에서는, 유동방향으로서 상대유입속도와 상대유출속도와의 벡터평균속도의 방향을 취함. { } 안은 중력단위.

항력계수 drag coefficient [P,B,T] 관성력에 대한 항력의 비.

항복 yield [T] 물체에 작용하는 응력이 어느 일정 값에 이르면 소성변형 혹은 점소성 변형이 시작하여 변형이 급격히 증가하는 현상.

항복강도, 내력 proof stress [T] N/m^2, $\{kgf/m^2\}$ 항복점이 명확히 나타나지 않은 비철금속 합금이나 고장력강에 있어서는 항복 응력 대신에 0.2% 의 영구 연신율을 생성하는 응력을 말하며, 이를 근거로 하여 기계 설계의 강도 계산 등을 한다. 0.2% 내력이라고도 한다. { } 안은 중력단위.

항복점 yield point [T] 금속재료의 인장 시험 때 신장의 종점으로서 하중이 증가하지 않고 재료가 급격히 늘어나기 시작할 때의 응력.

항복조건 yielding criteria [T] 연성 재료가 외력의 작용으로 탄성 상태로부터 소성 상태로 들어가기 위한 응력조건. 즉, 탄성 파손의 응력 조건을 항복 조건이라 한다.

항양비 drag lift ratio [B] 항력과 양력과의 비. 즉, 항양비=(항력 D)/(양력 L).

해류 ocean current [S] 넓은 범위의 해수의 흐름을 포함하며, 이는 해양의 대류현상, 지구자전, 밀물과 썰물, 온도변화, 염분변화, 압력변화, 지형적인 특징 등에 기인한다.

해류력 current force [S] 바닷물의 흐름이 가하는 힘.

해류발전 current power generation [S] 해류를 이용하여 터빈을 돌려 전기를 얻는 발전.

해방시간 release time [T] 릴리스(release)에는 토출, 배출 또는 풀어놓다, 해석하다 라는 뜻이 있으며, 이러한 행위를 하고 있는 시간.

해상풍력발전 offshore wind power generation [S] 해양의 바람을 이용한 발전.

해수펌프 sea water pump [P] 해수를 취급하는 펌프. 내식성 재료의 선정, 라이닝, 코팅, 전기부식법 등 여러 사항을 고려해야 함.

해양관측부이 marine research buoy [S] 해양관측기기를 장비한 부표이며, 선박 등으로 운반되어 조사 해역에 설치된다. 측정자료는 무선에 의하거나 부표를 회수하여 수집된다. 해저에 닻을 내려 정해진 지점을 관측하는 계류부표와, 해류를 따라 흐르며 관측하는 표류부표가 있다. 계류부표의 일종인 부표로봇은 해면의 부체(浮體)가 해상기상을 관측하고, 수면 아래의 유향 · 유속 · 수온을 측정한다.

해양구조물 marine [S] 해양 환경에서 건설, 사용되는 정치식(stationalry) 구조물. 연안 구조물(coastal structure)과 해양 구조물(offshore structure)로 나눌 수 있다.

해양에너지 ocean energy [S] 파랑, 조석, 조류, 해류, 해수의 온도차에 의한 에너지로 파력발전 · 조력발전 · 조류발전 · 해양온도차발전 등의 형태로 이용되고 있다.

해양온도차발전 ocean thermal energy conversion (OTEC) [S] 기화 발생 끓는점이 약 20도인 용매를 선택하여 해수 온도가 25도 이상인 표층수를 이용하여 용매를 끓여 기화된 증기로 터빈을 가동시켜 전기를 생산하고, 해저의 차가운 해수를 이용하여 증기를 다시 액화시켜 용매를 재사용하는 순환에너지 변환장치이다.

해양파도이론 ocean wave theory [S] 해양구조물 설계에 적용되는 파도이론 중에는 Airy, Stokes, Stream function, cnoidal, Solitary wave theory 등이 있으며, 적용해역의 수심과 파장에 따라 적합한 파도이론이 적용되어야 한다.

핵분열 fission [Nu] 원자핵이 다른 원자핵, 중성자, 양성자, 광자 등과 충돌하여 일어나는 핵반응. 핵분열반응에 의해 무거운 원자핵은 비슷한 질량을 갖는 2개 이상의 원자핵으로 분열한다. 원자력발전소에서는 핵분열에 수반되는 에너지를 이용하여 발전한다.

핵분열 에너지 fission energy [Nu] 핵분열이 일어날 때 발생되는 에너지를 말하며, 핵종에 따라서 차이는 있으나 핵분열 당 약 200 MeV의 핵분열 에너지가 방출된다.

핵비등한계, 핵비등이탈 Departure from Nucleate Boiling (DNB) [Nu] 핵비등으로부터 막비등으로의 변화점을 말함. 핵비등한계를 지나면 증기막이 생성되어 열전달율이 감소한다.

핵연료 nuclear fuel [Nu] 원자로에서 핵분열반응을 일으켜 에너지를 발생할 가능성이 있는 물질. 구체적으로는 토륨, 우라늄 및 플루토늄의 핵분열성 핵종을 함유한 물질이다.

핵연료다발 fuel bundle [Nu] 연료로 사용되는 연료봉을 여러 개씩 묶어 다발 형태로 조립한 것. 연료다발에서는 연료봉 사이의 간격을 적절히 유지시켜 냉각재 유로를 확보하며, 필요한 구조강도를 유지하도록 조립된다.

핵연료봉 fuel rod [Nu] 원통형으로 성형 가공된 핵연료봉. 제조방법이 비교적 간단하고 전열면적을 크게하는 등의 장점이 있어서 핵연료는 대부분 봉 형태로 제조한다.

핵연료집합체 fuel assembly [Nu] 원자로에서 핵반응의 적절한 제어와 핵분열시 발생되는 열의 용이한 제거를 위하여 구성된 일체형의 연료봉 집합체. 상하에 냉각재가 지날수 있는 구멍이 뚫린 지지판과 중간에 연료봉의 간격을 유지하기 위한 지지격자를 장착한 구조로 되어있다.

핵연료채널 fuel channel [Nu] 원자로에서 연료요소를 삽입하기 위하여 노심에 설치된 긴 채널. 핵연료채널에는 핵연료다발이 설치되며, 냉각재가 핵연료채널내로 순환할 수 있다.

핵융합로 fusion reactor [Nu] 핵융합반응으로 발생하는 에너지를 이용하기 쉬운 열이나 전력으로 변환하는 시설. 핵융합로 계통은 노심플라즈마, 블랭킷, 진공용기, 초전도 마그넷 등으로 구성된다.

핵자기공명 유량계 nuclear magnetic resonance flowmeter [M] 두 극 사이에 형성되어 있는 전자기장 내에서 전자 추적이 가능한 분자나 미립자가 포함된 유체가 흐를 때 일어나는 분자나 미립자의 자기 모멘트 변화를 측정함으로써 유량을 측정하는 방식의 유량계.

핵증기공급계통 Nuclear Steam Supply System (NSSS) [Nu] 원자력발전소에서 핵분열에너지를 이용하여 수증기를 발생하는데 관련된 설비를 말함. 원자력발전소에서 터빈, 발전기 등을 제외한 원자로 및 냉각계통 설비 전체가 해당된다.

핸드홀 hand hole [G] 기계 내부의 수리 또는 점검을 위해 손을 넣을 수 있게 한 구멍.

행어, 고리 hanger [P] 기계 등을 들어올리기 위해 부착된 고리 또는 구멍. 기계 등을 운반, 조립, 분해하기 위한 것이며, 기계와 일체로 주조되거나 용접하여 만듬. 펌프, 송풍기, 압축기의 상부 케이싱, 베어링상자 상부, 베드 등에 설치. 현수고리(hanger hook)와 같음.

행정 stroke [B] m 피스톤이 왕복하는 구간의 길이.

행정내경비 stroke bore ratio [C] 피스톤 행정 s와 실린더 내경 D와의 비율. 즉, s/D. 일반적으로 고속 기관일 수록 이 비율이 작고, 고속 가솔린기관에서는 1 내지 그 이하이다.

행정체적 stroke volume [B] m^3 (실린더 단면적)×(행정)으로 산출되는 왕복식의 배제체적.

허브 hub [B,T] 바퀴의 중심부분이라는 뜻이며, 회전체의 축에 가까운 부분. 축류 회전차의 깃이 설치될 부분을 의미한다. 보스(boss)와 같음. 부도 B-4, 5 참조.

허브 비 hub ratio [P,B,C,T] 회전차 바깥 지름과 허브 안지름의 보스비(boss ratio)라고도 함.

허브리벳 hub rivet [B] 허브와 주판을 체결하는 리벳.

허브볼트 hub bolt [B] 원심 형에서 허브와 주판을 체결하는 볼트.

허브커버 hub cover [B] 축류 형에서 허브에 고정시키는 커버.

허용한계, 이용한도 acceptability limit [C] 로터의 불평형에 관해서 허용할 수 있는 최대값으로서 정해진 불평형의 값.

헌팅 hunting [B] 터보형 송풍기 및 터보형 압축기 자체는 안정된 운전상태의 범위에 있어서도 외적 요인에 의해 송출압력과 가스량이 주기적으로 변동하는 현상.

헐거운 끼워맞춤 clearance fit [T] 축에 부품(기어, 기타의 회전체, 슬리브 등)을 고정시킬 경우 구멍과 축과의 사이에 반드시 틈새가 있는 끼워 맞춤.

헤드, 양정, 낙차 head [P,B,T] m^2/s^2, {m} 중력단위계, 즉 공학단위계에 있어서는, 물 또는 기체의 단위 중량(kgf) 당의 에너지로, {kgf · m/kgf=m}와 같이 길이의 차원을 갖는다. SI단위계에 있어서는 유체의 단위 질량 당의 에너지로 정의되며 (N · m/kg=m^2/s^2)의 차원을 갖는다. 중력단위계의 헤드와 차별하기 위해 비에너지라고 부르기도 한다. 중력단위계의 경우 액체가 단위중량 당 보유하고 있는 에너지가 액주의 높이로 표현되므로 직관적으로 인식할 수 있어서 수력학이나 토목의 수리학에서 편리하게 사용되고 있다. { } 안은 중력단위.

헤드펌프 head pump [P] 화력발전소에서 양수탱크에 양수하는 펌프로, 발전소 내의 수도, 수압수, 냉각수의 일부 등에 사용하는 물을 양수하는 펌프를 말함.

헤드 탱크 head tank, elevated tank [B] 필요한 압력을 중력에 의해 주기 위하여 설치된 탱크. 오일펌프의 고장 또는 정전시의 일시적인 주유를 위하여 송풍기 및 압축기의 위쪽에 설치하여 기름에 헤드를 가지게 하는 탱크.

헤르츠, Hz Hertz, Hz [D] Hz,1/s 주파수나 진동수의 단위로 Hz는 1초간의 진동수 또는 주파수를 나타낸다. 1Hz는 1cps (cycle per second)와 같다.

헬-쇼 유동 Hele-Shaw flow [G] 좁은 간격을 가진 두 평행평판 사이를 흐르는 층류는 이상유체의 2차원 포텐셜유동과 같은 성질을 나타내며, 이 유동을 헬 쇼(Hele-Shaw)유동이라 한다. 얇은 물체주위의 표텐셜유동을 알고 싶을 때는 그 물체를 평행판 사이에 끼고 물과 색소가 든 액체를 유동시켜 가시화하면, 포텐셜유동을 관찰할 수 있다. 간격과 유속을 가급적 작게 하고 레이놀즈(Reynolds) 수를 작게 할 필요가 있다.

헬-쇼 펌프 Hele-Shaw pump [P] 레이디얼 피스톤펌프로서 로터의 편심량을 바꿈으로써 펌프의 토출량을 연속적으로 변화시킬 수 있는 형식의 것.

헬름홀츠의 와정리 Helmholtz's theorem on vortex [G] kelvin의 정리에 의하면 와관(vortex tube)은 와관으로서 운동하며, 와관의 측면 위를 일주하는 폐곡선에 대한 순환은 시간에 대하여 불변이다. 이것은 와관의 강도가 불변임을 의미한다. 이상을 요약하면 와관은 와관으로서 거동하고 또한 그 강도는 일정 불변하다는 것이다. 이상을 헬름홀츠의 와정리라고 한다. 이 정리를 와실(vortex filament)에 적용하면 다음과 같다. 지금 대단히 가는 와관, 즉 그 극한으로서 무한소 단면적의 와관에 포함되는 유체부분을 와실이라 한다. 와실의 단면적을 σ, 와도를 ω라고 하면 와실의 강도 Γ는 $\Gamma = \omega\sigma$로 정의된다. 유체의 밀도를 ρ라고 하고, 와실의 미소길이 ds인 부분을 생각하면 그 질량은 $\rho\sigma ds$이다. 이는 질량보존칙에 의해 시간적으로 불변이다. 헬름홀츠의 와 정리(渦定理)에 의해 Γ 또한 불변이다. 따라서 와실의 ds부분의 질량과 순환은 와실의 위치와 시간에 관계없이 일정하므로, $\rho\sigma ds/\Gamma = \text{const.}$ 즉, $\rho ds/\omega = \text{const.}$가 되며, 비압축성유체($\rho = \text{const.}$)의 경우는 와실의 신축(ds)에 비례하여 와도 ω가 증감함을 알 수 있다. 와실(vortex filament) 참조.

헬리컬 터빈 helical turbine [S] 유체의 흐름을 이용한 발전용 터빈으로 다수의 나선형상의 블레이드를 설치하여 유체의 흐름으로 발생하는 블레이드의양력을 이용하여 회전력을 얻는 장치이다.

현수고리 hanging hook [P] 기계를 운반, 설치할 때 기계를 들어올리는데 사용되는 고리. 설계 시에 미리 이 고리의 부착이 고려되어 있어야 한다. 행어(hanger)와 같음.

현수관 column pipe [p] 수직 축 펌프에 있어서 그 하부에 양수작용을 하는 부분이 매달려 있는 관. 양수 관을 겸하는 경우는 "양수관"이라고 부른다.

현시법 explicit scheme [N] 다음 시간단계의 값을 계산할 때 어떤 시간단계의 정보를 이용하여 수식을 정립하는가에 따라 현시법(explicit scheme), 암시법(implicit scheme) 및 Crank-Nicholson 법으로 구분된다. 이들 중 현시법은 주어진 상태, 즉 이미 알고 있는 상태에서의 값으로만 수식을 정립하는 방법이며, 암시법은 새로운 상태, 즉 계산하고자 하는 상태에서의 여러 위치에서의 다수 미지수 정보를 포함하여 만들어진 수식을 정립하는 것이다. Crank-Nicholson 법은 현시법과 암시법을 반반씩 섞어 사용하는 방법이다. 오일러 현시법(explicitEuler method) 참조.

현장 단독운전 field individual operation [P,B] 단독 운전을 현장 조작에 의하여 실시하는 운전.

현장시험 field test [P] 펌프의 운전상태 및 기타에 대하여 사용장소에 설치한 후에 실시되는 시험.

현장운전, 근접조작 field operation [P,B] 조작위치가 기기의 근처에 있어서, 각 기기의 상태를 직접 확인하면서 행하는 수동 조작.

현장평형잡기 field balancing [B,D] 기계류의 설치 후에 현지에서 하는 평형잡기. 평형시험기에 의하지 않고, 평형시험기에서 수용할 수 없는 조립 후의 기계류의 불평형을 조정하는 평형잡기로써, 기계 자신의 베어링과 지지구조물을 이용하여 수행하는 평형잡기 방법이다. 이 경우, 평형잡기에 필요한 정보는 진동력이며, 이것은 저널 또는 지지구조물의 진동측정에서 얻어진다.

현장평형잡기 running balancing, field balancing [D] 현장평형잡기(field balancing)와 같음.

현절비, 설리디티 chord-pitch ratio [B] 현절비는 절현비(pitch-chord ratio)의 역수이며, 영어로는 보통 설리디티(solidity)라고 한다. 즉, (익현장)/(피치)이며, 설리디티가 크다는 것은 익수가 많음을 의미하며, 따라서 피치는 작다.

현절비, 설리디티 solidity [B,T] 익렬에서 익현의 길이 l과 익렬의 피치 t와의 비. 즉, l/t. 이를 현절비(chord-pitch ratio)라고도 한다.

현피치, 활줄피치 chordal pitch [T] m 평기어에서 인접하는 이의 피치원 상의 대응점 간의 직선거리. 잇수를 n이라고 하면 (현 피치)=(원 피치)×$(n/\pi)\sin(\pi/n)$이다.

혐기성세균 anaerobic bacteria [E] 생육에 산소가 필요없는 세균.

협대역필터 narrow-bandfilter [D] 특정 부분의 주파수대역을 보기 위해, 어느 좁은 대역폭의 주파수만을 통과시키는 필터로서, 대역폭이 좁다는 의미는 문제에 따라서 상대적으로 결정되는 것이지만, 통상 1/3 옥타브 이하를 의미한다.

형상계수 form factor [D] 교류와 같은 주기함수에 있어서 실효치와, 절대치의 평균치와의 비. 정현파(sine wave)의 형상계수는 다음과 같다.

$$\pi/2\sqrt{2}=1.111$$

형상계수(shape factor) 참조.

형상계수 shape factor [T] 경계층 내의 유동상태를 나타내는 무차원 특성 수이며, 몇 가지 상이한 정의가 있다. 대표적인 것으로 경계층의 배제두께 δ^*와 운동량 두께 θ의 비로 주어지는 형상계수 $H=\delta^*/\theta$가 있다. 평판에 따른 평행(압력구배 $dp/dx=0$) 층류경계층에서는 H=2.6, 난류경계층에서는 H=1.4이다. 주류가 감속유동을 하고 유동방향으로 압력이 상승하는 난류 경계층의 경우에 경계층이 박리 할 때의 H는 H=1.8~2.4이다. 따라서 형상계수의 값으로부터 유동이 층류유동인가, 난류유동인가 혹은 경계층이 박리를 일으키고 있는지의 여부를 판정할 수 있다.

형상계수 shape parameter [T] 형상계수(shape factor)와 같음.

형상함수, 변위함수 shape function, displacement function [N] 변위법에 있어서는 질점변위를 미지변수로 하고, 요소 내의 변위는 질점변위를 보간하는 것에 의하여 주어지는 것으로 한다. 이것을 식으로 나타내면 $\{\mu\}=[N]\{\delta\}$. 여기서 $\{\mu\}$ 및 $\{\delta\}$는 각각 요소 내 및 질점에 있어서의 변위벡터, [N]는 보간의 관계를 주는 매트릭스로 변위함수(displacement function) 또는 형상함수(shape function)라고 한다.

형상항력 form drag, profile drag [G] N,{kgf} 1) 넓은 의미에서 사용되는 경우로서, 유동 안의 물체 또는 정지유체 안을 운동하는 물체에 작용하는 유체저항을 의미한다. 단순히 항력이라고도 한다. 마찰항력과 압력항력(다음 2)의 좁은 뜻의 형상항력과 같음)과의 합으로 되어있다. 2) 좁은 의미에서 사용되는 경우로서, 유동 안에 있는 물체 상에 작용하는 압력에 의한 힘의 총화의 유동방향의 성분. { } 안은 중력단위.

형상항력 profile drag, form drag [T] N,{kgf} 넓은 의미에서는 유동 중의 물체 또는 정지 유체 중을 운동하는 물체에 작용하는 유체저항을 의미하며, 이를 단순히 항력이라고도 한다. 이 경우의 항력은 마찰항력과 압력항력의 합을 의미한다. 좁은 의미에서 사용되는 경우는 압력에 의한 항력만을 의미한다. 압력항력(pressure drag) 참조. { } 안은 중력단위.

형상항력계수 profile drag coefficient [T] 물체에 작용하는 형상항력을 무차원화 한 것이며, 다음과 같이 주어짐.

$$C_{Dp}=\frac{D_p}{\frac{1}{2}\rho V^2 A},\ \left\{=\frac{D'_p}{\frac{\gamma}{2g}V^2 A}\right\}$$

여기서 C_{Dp} : 형상항력계수, D_p : 형상항력(N), D'_D : D_D를 중력단위로 표시한 것{kgf}, ρ : 밀도(kg/m^3), V : 유속(m/s), A : 기준 면적(m^2), A로는 V에 수직인 투영면적이 많이 쓰인다. γ : 비중량{kgf/m^3}, g : 중력가속도(m/s^2). 형상항력(profile drag) 참조. { } 안은 중력단위.

형식수 type number [P] 다음의 식으로 나타내어지는 무차원량이며, 무차원 n_s와 같다.

$$K = \frac{2\pi n Q^{1/2}}{H^{3/4}} \text{ or } K = \left\{\frac{2\pi n Q^{1/2}}{(g \cdot H')^{3/4}}\right\}$$

여기서, K : 형식 수, n : 회전속도(1/s), Q : 토출량(m^3/s), H : 전양정(유체의 단위질량당의 에너지)(m^2/s^2), H′ : 중력단위계의 전양정{m}, g : 중력가속도(m/s^2). 이 식은 펌프의 수력학적 상사 법칙에서 유도. 형식 수는 비속도와 같이 최고 효율 점에서의 성능에 대해서 사용되는 경우와 시방 점에 대해서 사용되는 경우가 있음. 따라서, 형식 수를 서술할 때는 그 조건을 명시할 필요가 있음. { } 안은 중력단위.

형태계수 view factor [T] 2면간의 방사 전열을 고려할 때 한 쪽 면에서 사출되는 열방사 중 다른 면에 도달하는 것의 비율을 나타낸다. 형태계수는 순 기하학적 관계에서 결정된다. 단, 한계에 관한 형태 계수로는 총계의 관계로 다음과 같이 나타낸다.

$$F_{i1} + F_{i2} + F_{i3} + \cdots + F_{iN} = 1$$

여기서, 임의의 I면과 면 1, 2, 3, …, n면간의 형태계수는 F_{i1}, F_{i2}, F_{i3}, …, F_{iN}이다. 또 임의의 2면 i, l 간의 형태계수 F_{il}, F_{li} 면적 A_i, A_l이라고 하면 다음 상호관계가 성립한다.

$$A_i F_{il} = A_i F_{li}$$

형판, 템플릿 template [P] 1) 기계 설치를 위해서 기초 콘크리트 시공을 하는데, 그 때 기초볼트를 고정시키기 위해 사용되는 철판이나 형틀 또는 판자에 기초볼트의 중심위치에 구멍이 뚫린 플레이트(판)를 말한다. 게이지 플레이트라고도 한다. 2) 모방 절삭을 하는 경우의 모방용 형판.

호기성세균 aerobic bacteria [E] 산소가 있어야만 살 수 있는 세균.

호도그래프법 hodograph method [G] 정상, 압축성유체에서 속도포텐셜 ϕ에 관한 기초방정식의 독립변수 x, y에 대신하여 속도의 크기 q 및 속도가 x축과 이루는 각 θ로 바꾸면, 선형방정식으로 변환되며, 해의 중첩이 가능해지고 엄밀한 취급을 할 수 있게 된다. 이 속도평면을 호도그래프면이라고 하며, (q, θ)를 독립변수로 하는 방법을 호도그래프법이라고 한다. 이 방법은 2차원 유동에 대해서만 적용되지만, 아음속, 천음속, 초음속의 각 유동에서 적용될 수 있다.

호버크래프트 홴 hovercraft fan [B] 호버크래프트의 선체를 부상시키기 위한 홴. 홴은 수직형의 뒷굽은 깃을 가진 홴이며, 추진용 가스터빈의 동력의 일부에 의해 구동된다. 회전차는 경량화 하기 위해 알루미늄 경합금제의 하니컴판으로 리벳 체결로 제작되며, 50인승의 경우 회전차 외경 2300 mm, 회전속도 700 rpm으로 축동력 400 PS의 홴 1대가 설치된다.

호스이음 horse coupling [G] 호스의 접속에 사용되는 이음. 이것에는 나사에 의해 비틀어 넣는 방식, 삽입한 후에 돌려 넣는 방식, 그냥 삽입하는 방식 등의 구조가 있다.

호칭치수 nominal dimension, nominal size [T] 물품 부분의 크기를 대표하는 개략적인 치수. 대부분의 경우 부르기 쉽고 취급하기 쉬운 수치가 사용된다. 끼워 맞춤 부분의 크기를 표시하는 기초 치수나 제작의 목표 치수. 서로 끼워 맞추는 구멍과 축은 같은 치수를 상용한다. 이 호칭 치수에 대해 실제 치수와 한계 치수(limit size)가 있다.

혼상류유량계 multiphase flowmeter [M] 2개 이상의 상이 존재하는 유체의 유량을 측정하기 위한 유량계.

혼성터빈 combination turbines, combined turbines [T] 동일 증기터빈에서 충동식과 반동식이 조합된 터빈.

혼성터빈 combined turbines [T] 혼성터빈(combination turbines)과 같다.

혼압터빈 mixed-pressure turbine [T] 다른 압력일 수 있는 둘 이상의 독립적 근원으로부터 증기가 허용된 증기터빈.

혼입공기 entrained air [T] 혼합되어 들어온 공기.

혼합거리이론 mixed length theory [G] ☞ 혼합길이(mixed length) 참조.

혼합길이 mixing length [T] 난류에 있어서의 전단응력(레이놀즈 응력)의 발생 기구가 층류의 분자운동과 비슷하다고 보고 층류의 분자의 평균 자유 행정과 유사하게 난류의 와류 입자의 평균 이동 거리에 비례하는 길이를 혼합거리라고 말한다.

혼합비 mixture ratio [B,G] 분립체의 공기 수송에서 수송되는 분립체의 중량과 수송에 필요한 공기의 중량과의 비.

혼합실 mixing chamber [T] 가스를 혼합하는 공간이며, 예를 들어 용접 토치 내의 공간을 말한다.

혼합연소 mixed combustion [T] 동일한 연소기에서 상이한 연료를 연소시키는 것.

혼합평균온도 bulk temperature [T] K, ℃ 관 내의 전열 유동에서의 온도를 관 내의 유동유체를 그대로 용기에 받아 혼합됐다고 가상한 경우의 평균 온도.

화노선 Fanno line [G] 단면적이 일정하고 단열된 관 안을 통과하는 마찰유동에서 그 유량과 전엔탈피 $I_o = c_p T_o$(c_p : 정압비열, T_o : 전온도)가 주어지면, 어느 속도에 대하여 연속식으로부터 밀도 ρ, 엔탈피 I가 구해지며, 다음 관계식에 의해 엔트로피 S가 구해진다.

$$S_2 - S_1 = c_p \log_e (I_2/I_1)(\rho_1/\rho_2)^{\kappa-1}$$

여기에서, κ는 비열비, 하첨자 1, 2는 관내의 임의의 두 점의 위치를 나타낸다. I(또는 T)와 S의 관계를 그린 것을 화노선이라고 한다. 그림에서 M=1에서 S의 최대 한계치가 나타난다. 그림 하-1 참조.

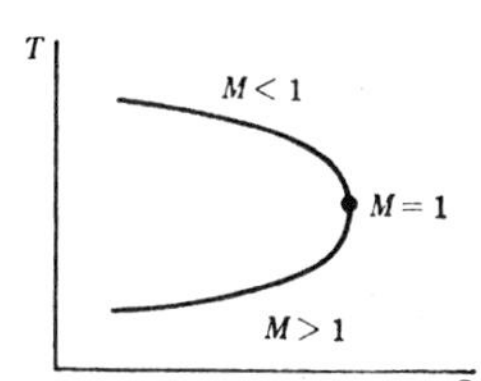

그림 하-1 Fanno(화노) 선

화력발전소 thermoelectric powerplant [T] 석탄 또는 석유를 연료로 사용하는 열기관에 의하여 발전기를 회전시켜 발전하는 곳.

화물유펌프 cargo oil pump [P] 유조선에서 주로 선내의 원유를 선외로 하역하는 펌프.

화석연료 fossil fuel [T] 옛날에 존재했던 동물이나 식물의 화석을 기원으로 하는 석탄, 석유, 천연가스, 오일셸 등 지하에 매장된 에너지 자원.

화염 flame [T] 연소실 내의 화염. 화염 담금질, 가스 절단(플레임 커팅)용으로도 이용된다.

화염검출기 flame detector [T] 버너의 안전 장치의 하나로, 버너의 불꽃을 감시하여 실화를 확실하게 감지하는 검출장치.

화염관 flame tube [T] 보일러의 연관(smoke tube)라고도 함.

화염면 flame front [T] 화염면이라는 용어는 주로 예혼합 불꽃에 쓰이며 반응대(帶)와 동의어로 쓰이는 경우와 미연 혼합 기체와 반응대의 경계면을 가리키는 경우가 있다.

화염면 flame surface [T] 화염면(flame front)과 같음.

화염전파 flame propagation [T] 예혼합 불꽃의 반응대에서는 열이 갑자기 방출되고 또 반응성이 풍부한 중간 생성물이 고농도로 존재하기 때문에 반응대 내에는 급격한 온도 및 중간 생성물 농도의 급격한 기울기가 형성된다. 이 기울기가 전파되는 것.

화염전파율, 화염전파속도 rate of flame propagation [T] m/s 가연 한계 내에 있는 혼합기에 점화하면 화염 면이라고 하는 엷은 연소대가 퍼져나가는 데, 이것의 진행 속도. 온도, 압력 또는 흐름의 난류(turbulence) 등에 의해 영향을 받게 된다. CO가스와 공기의 혼합기의 경우 약 1m/s 정도의 값이다.

화염점화 flame ignition [T] 내연기관에서 엔진의 점화방식 중의 하나로 불꽃을 일으켜 점화하는 방식을 말한다.

화이트메탈, 배빗메탈 white metal [G] 미끄럼 베어링의 받침 금속이며, 주축의 저널, 스러스트 칼러, 스러스트 디스크 등의 미끄럼부에 붙여지는 윤활성이 높은 금속부분. Sn, Zn, Pb 등을 주성분으로 하며, 이 금속 면이 다른 금속 면과 달리 백색을 지니고 있으므로 화이트메탈이라고 불린다.

화학 및 체적제어 계통 Chemical and Volume Control System (CVCS) [Nu] 가압수형 원자로에서 1차 냉각재의 붕산농도를 조절함으로써 중성자 반응도를 제어하는 계통으로서, 재생열교환기, 체적제어탱크, 붕소탱크 등으로 구성되어 있다. 붕산농도 제어 외에 1차냉각재 보유량을 조정하고, 부식방지를 위한 화학제어 및 방사성 물질제어 기능 등을 하고 있다.

확대관 diverging pipe [G] 유동방향으로 단면적이 점차 확대되고 있는 관. 입구와 출구의 단면적 비가 일정하다고 하면 확대각이 작은 경우는 관의 길이가 길어지기 때문에 관벽의 마찰손실이 증대하며, 확대각이 너무 커지면 유동이 박리하기 때문에 손실이 증대한다. 손실이 최소가 되는 확대각은 원형의 경우 6°, 정사각형의 경우 8°이다.

확대노즐 divergent nozzle [T] 단면이 유동방향으로 일단 좁아지고 가장 좁은 목(throat)을 거쳐 벌어져 가는 모양을 한 노즐.

확대디퓨저 divergent diffuser [G] 원심형의 펌프, 송풍기, 압축기 등의 회전차 출구에 이어진 케이싱에서 바깥 둘래의 유동 방향으로 폭 또는 면적이 넓어진 디퓨저. 폭이 넓은 확대 디퓨저로 하면 외경을 작게 할 수 있지만 확대각에 따라서는 박리를 일으킬 수 있고, 제작 상의 어려움도 있으므로 보통 평행벽 디퓨저가 사용된다. 베인리스디퓨저(vaneless diffuser) 참조.

확대손실 divergent loss [G] 확대유동에 따라 관벽손실 뿐만 아니라 박리유동에 따른 손실이 수반한다. 이때의 손실은 보통 축소손실보다 몇 배 크다.

확대유동 divergent flow [P,T] 유로 단면적이 유동방향으로 넓어지는 유동. 유동이 확산됨에 따라 압력은 상승하고 박리현상이 발생.

확산 diffusion [T,N] 물 속에 잉크를 흘렸을 때와 같이 등질 속에 이질적인 것이 혼입되었을 경우, 농도가 큰 부분에서 작은 부분으로 농도 차에 비례한 속도로 점차 넓어져서 전체로 혼합되어 버리는 현상. 이와 같은 의미로 전산 유체역학에서의 확산은 다음과 같이 정의한다. 미지수 ϕ의 수송방정식을 이산화 하면 ϕ의 구배에 의한 확산 유속 항이 생성된다. 이는 인접한 계산 격자와의 구배에 의한 확산에 의한 것이며 2차원(x, y좌표) 문제에서 확산항은 다음과 같이 표기된다. 단, Γ는 상수.

$$\frac{\partial}{\partial x}(\Gamma\frac{\partial\phi}{\partial x})+\frac{\partial}{\partial y}(\Gamma\frac{\partial\phi}{\partial y})$$

확산계수 diffusion coefficient [T] 단위면적을 통과하는 물질의 유속과 농도 기울기 사이의 비례상수. 확산계수는, Arrhenius형태의 식을 따르면 온도에 크게 의존한다. 확산계수는 고체상태에서 원자나 이온의 이동이 얼마나 용이하게 진행할 수 있는가를 나타낸다.

확산계수 diffusion factor [B] 익면에 따라 유동의 감속비율을 표시하는 계수. 보통 다음 식으로 표시된다. 확산계수(D)=(익 부압면 상의 최대속도-익렬 유출속도)/(익 입출구의 평균속도).

확산연소 diffusion combustion [T] 연료와 공기가 확산과정에 의해 혼합되면서 일어나는 연소.

확산펌프 diffusion pump [P] 고도의 진공을 만드는데 사용되는 진공펌프. 작동유체를 증기상태로 노즐에서 고속의 제트로 분출하면 주위의 기체분자는 제트에 의해 흡인됨.

확산화염 diffusion flame [T] 연료와 산화제가 따로따로 존재하고 그들이 반대측에서 확산에 의해 이동하여 만나는 계면에 형성, 유지되는 불꽃.

환경 environment [T] 대상으로 되는 사물, 예를 들어 인체, 생물체 또는 기계류를 둘러 싸고, 이들에 무엇인가의 영향을 미치는 모든 것들.

환경영향평가 environmental impact assessment [S] 해양에너지 발전사업의 시행이 환경에 미치는 영향(환경영향)을 미리 조사 · 예측 · 평가하여 해로운 환경영향을 피하거나 줄일 수 있는 방안(환경보전방안)을 강구하는 것. 사업타당성 평가단계에서 인허가를 획득하기 위한 목적으로 수행된다.

환기 ventilation [T] 생활공간의 공기 환경을 조정하기 위해서 외기 또는 조정된 공기와 실내 공기를 교환하는 것. 환기방법에는 실내외의 온도 차나 외부의 풍력에 의한 자연 환기와 동력을 써서 강제적으로 하는 기계 환기가 있다.

환기구멍 ventilating hole [T] 환기를 목적으로 벽이나 천장 구석, 천장 밑, 바닥 등에 뚫어 놓은 구멍.

환기햰, 환풍기 ventilation fan [T] 환기용으로 벽 또는 벽장 등에 장치하여 사용하는 선풍기. 대형 원심 다익 송풍기나 축류 송풍기를 이 이름으로 부를 때도 있으나 일반적인 것은 아니다.

환기회수 air changes, ventilation rate [B] 1/s 1시간 당의 환기용 공기량(m^3)과 환기하는 실내공간의 체적(m^3)과의 비, 즉 1시간당 실내공기를 몇 번 환기하는 가의 횟수.

환기회수 ventilation rate [B] 환기회수(air changes)와 같음.

환산공 reduced orifice [B] 햰에서 관용되고 있는 풍압상당 값의 하나이며, 회전차 반지름을 1m로 환산한 경우의 배풍구로서, 다음 식으로 표시된다.

$$\frac{0.00534Q}{R}\sqrt{p/\gamma}\ [m^2/m]$$

여기에서, Q : 풍량(m^3/min), p : 정압(mmAq), γ : 가스의 단위체적당의 중량{(kgf/m^3}, R : 회전차의 반지름(m).

환산압력 reduced pressure [T] 열역학에 있어서 실제의 압력을 임계 상태의 압력으로 나눈 값. 압력에 대해서 뿐만 아니라, 비용적, 온도 등에 대하여도 환산 비용적, 환산 온도 등이라고 한다. 감압이란 뜻으로 사용될 수도 있다.

환산온도 reduced temperature [T] 임의의 물질(기체 혹은 액체)의 온도를 그 물질의 임계점에 있어서의 온도(임계온도)로 나눈 무차원 온도.

환상익렬 annular cascade [G] 축류압축기의 동익, 정익은 로터의 원환 상의 유로 중에 원주방향으로 배열되어 있고, 유동은 주로 축방향과 원주방향의 속도성분을 갖는다.

환원화염 reducing flame [T] 환원성 불꽃. 예를 들면, 분젠 버너(Bunsen burner)의 불꽃을 관찰하면, 맨 안쪽에 아직 연소를 시작하지 않은 가스가 있고, 그 다음에 있는 원뿔형 청색 불꽃은 환원(還元)염이며, 맨 바깥쪽은 산화염이다. 환원염은 산소의 공급이 불충분한 부분으로, 이 부분에 산화 금속을 넣으면 그 금속은 환원된다.

환형연소기 annular-type combustor [T] 2중으로 된 원통 사이의 환형부분에 연료를 분사하여 연소시키는 것.

활공각 gliding angle [G] 양력계수 C_D와 항력계수 C_L와의 비 $\tan g\varepsilon = C_D/C_L$은 항양비 또는 활공비라고 하며, ε을 활공각(滑空角)이라고 한다. 보통 ε은 작으므로 $\tan g\varepsilon \fallingdotseq \varepsilon$이며, ε을 항양비라고 부르고 있다.

활성탄 activated carbon [E] 기체 또는 용액 중의 용질 등에 대해 강한 흡착성을 나타내는 탄소질 물질.

홴 전압, 송풍기전압 fan total pressure [B] Pa,{kgf/m^2} 홴의 토출구와 흡입구와의 전압차. { } 안은 중력단위.

홴 전압효율, 송풍기 전압효율 fan total efficiency [B] 홴 전압에 대응하는 압력까지의 등엔트로피(단열) 압축동력과 축 동력과의 비. 이것을 다음 식으로 표시한다.

$$\eta_t = (L_{ad}/L) \times 100(\%)$$

여기서, η_t : 홴 전압효율(%), L_{ad} : 등엔트로피(단열)압축동력(kW), L : 축동력(kW). 전압효율(total pressure efficiency), 이론단열 압축동력(theoretical adiabatic power) 참조.

홴 정압, 송풍기정압 fan static pressure [B] Pa,{kgf/m^2} 홴의 전압에서 토출구의 동압을 뺀 값. { } 안은 중력단위.

홴 정압효율, 송풍기 정압효율 fan static efficiency [B] 홴 전압효율에 홴 정압과 홴 전압과의 비를 곱한 것. 즉,

$$\eta_s = \eta_t(p_s/p_t)$$

여기서, η_s : 홴 정압효율(%), η_t : 홴 전압효율(%), p_s : 홴 정압(Pa){(kgf/m^2}, p_t : 홴 전압(Pa){kgf/m^2}. 홴전압효율(fan total efficiency), 정압효율(static pressure efficiency) 참조. { } 안은 중력단위.

홴, 송풍기 fan [B] 임펠러의 회전운동에 의해 기체를 압송하며, 그 압력비가 약 1.1이하 또는 송출압력 약 10kPa(또는 약 1mAq) 미만의 송풍기.

홴넘버 fan number [B] 홴의 크기를 나타내는데 사용되는 번호. 원심홴에서는 회전차의 외경이 150 mm를 단위로 하여 1번이라고 부르고, 축류홴에서는 회전차의 외경 100 mm를 단위로 하여 1번이라고 부르며, No.로 나타낸다. 원심홴에서 회전차 외경이 750 mm이면, No.5의 홴이라 한다. 375 mm이면, No.2 1/2의 홴이라고 한다. 단 1/2은 No.5 1/2까지이며, No.6이상은 하나 건너로 사용하며, 사사오입한다. 축류홴에서 회전차 외경이 500 mm이면, No.5의 홴이라고 한다.

홴의 크기, 송풍기의 크기 fan size [B] 표준 수로 표시한 홴의 임펠러 바깥지름(mm), 또는 번호. 원심식의 경우에는 임펠러 바깥지름 150 mm, 축류식의 경우에는 100 mm를 단위로 하여 1번(No.1)으로 한다. 홴 넘버(fan number) 참조.

홴효율 fan efficiency [G] 홴 전압효율을 말한다. 홴 전압효율(fan total efficiency) 참조.

회 배출펌프 ash-service water pump [P] 보일러의 하부에서 나온 회를 수류

에 의해 회저장지(灰貯藏池)까지 보내기 위한 펌프. 회를 흘리는 물로서 회저장지의 위 부분의 맑은 물을 사용하는 경우가 있으므로 이때는 오수펌프로서의 기능이 요구된다.

회 이송펌프 ash-handling pump [P] 회저장지에 보내진 회를 물과 함께 원거리까지 이송하는 펌프. 물과 혼합된 회를 취급하는 펌프가 되기 때문에 재료는 구조적으로 내마모성이 높은 것으로 하고, 마모된 부분의 교체가 용이하도록 하는 것이 일반적이다.

회복계수 recovery factor [T] 전온회복률(recovery percent of total temperature)과 같음.

회수, 회복 recovery [T] 폐기되는 열을 공급공기나 공급수에 의해 회수하거나, 속도를 감속시켜 압력으로 회복시키는 것 또는 냉간가공에서 생긴 내부응력을 저온으로 풀림처리하여 제거하는 것 등의 의미로 사용된다.

회수열교환기, 복열실 recuperator [T] 공기를 예열하여 연소실에 보내기 위한 장치. 연소가스와 예열하는 공기가 얇은 벽을 사이에 두고 따로 따로 유동하도록 되어 있다.

회전 revolution [T] 1/s 약자는 rev 또는 r. 회전, 선회. 예 : rpm=매분 회전수(revolution per minute) 또는 rps=매초 회전수(revolution per second)가 사용된다.

회전(식) 송풍기 rotary blower [B] 로터의 회전운동으로 기체를 압송하는 용적형 블로워. 루츠블로워(Roots blower) 참조.

회전(식) 압축기 rotary compressor [B, C,T] 로터의 회전운동으로 기체를 압송하는 용적형 압축기로서 나사압축기, 두 잎 압축기, 베인 압축기 및 액봉 압축기 등의 총칭.

회전, 회전운동 rotation [T] 회전(revolution)과 같음.

회전계 revolution indicator [T] 왕복식 기계와 대비되는 용어. 전동기, 터빈 등과 같이 회축 주위를 회전하는 운동 기계.

회전기계 rotating machine, rotary machine [D] 왕복식 기계와 대비되는 용어.

회전디퓨저 rotating diffuser [G] 원심송풍기의 회전차 출구에 회전하는 깃 없는 디퓨저 부분을 둔 것. 보통의 디퓨저는 정지한 것이지만, 회전차로부터 토출되는 기체를 회전차의 회전수와 같은 회전수로 회전하는 회전 디퓨저에 유입시킴으로써 마찰손실을 감소시키고 효율 향상을 도모한 것. 강도 상 문제가 없으면 회전차의 주판과 측판의 바깥 지름을 크게 함으로써 이 부분을 디퓨저로 활용할 수도 있다.

회전로터형 유량계, 기어형 유량계 gear type flow meter [M] 두 개의 맞물린 기어가 돌아가면 두 기어와 몸체(케이싱) 사이에 유체가 끼어 들어가고 유체가 돌면서 출구에서 빠져나가도록 고안된 장치로, 회전축의 회전수로 유량을 결정하도록 되어 있는 용적식 유량계. 그림 하-2 참조.

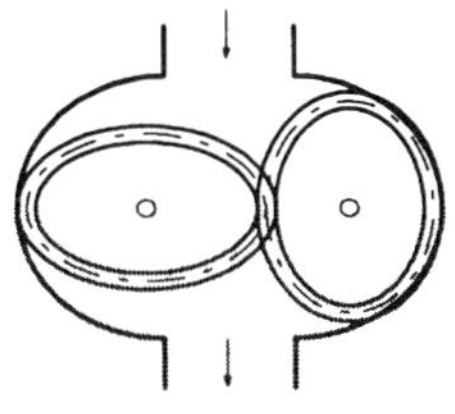

그림 하-2 회전로터형 유량계

회전밸브, 로터리밸브 rotary valve [M] 1) 밸브상자가 원통형이며, 유동방향에 직각으로 설치된 축을 중심으로 수차 모양의 밸브가 회전하는 밸브. 주로 분체수송용으로 사용된다. 2) 회전 또는 요동하는 회전체의 미끄럼 면을 이용하여 유로의 개폐동작을 하는 밸브. 미끄럼 밸브(sliding valve)의 일종. 그림 하-3 참조.

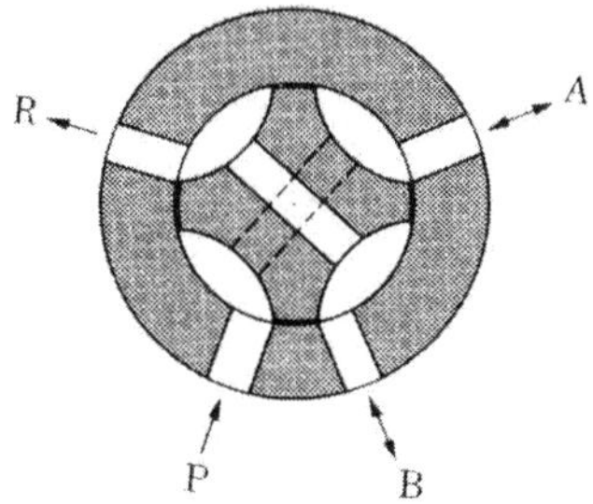

그림 하-3 회전밸브

회전소음 rotational noise [G] 터보기계의 회전에 의해 발생하는 소음. 동익과 정익, 회전차와 벌루트의 감기시작부분과의 간섭에 의해 (깃 수)×(회전 수)에 해당하는 주파수 혹은 그 배수의 주파수가 주 성분인 소음이 발생한다.

회전속도 rotating speed, rotational speed [D] 1/s 회전체가 최종 설치환경에서 운전되는 속도. 실제로 사용하는 단위는 주로 rpm, rps이다.

회전속도 speed of rotation, speed of revolution [P] 1/s 회전체가 단위 시간에 회전하는 수. 주로 rpm 또는 rps로 표시된다.

회전수 number of revolution [T] 1/s 회전속도와 같은 뜻으로 쓰이며, 회전운동의 속도를 나타낸다. 단위로는 rpm, rps 또는 rad/s(1/s)가 쓰인다.

회전식 열교환기 rotary-type heat exchanger [T] 축열식 열교환기의 일종. 축열체를 회전시켜, 고온 혹은 저온의 유체를 번갈아 축열체를 통과하도록 하여 열교환 하는 것. 이것은 회전식 열교환기이며 융스트롬(Ljungstöm) 형이라고 한다. 축열체로는 내열 금속, 세라믹, 카본재 등이 사용된다.

회전원판 rotating disc [G] 원심형 송풍기 · 압축기의 회전차의 주판 · 측판과 같은 회전하는 원판. 균일 두께의 주판과 측판의 강도계산은 일반 식에 의해 계산이 가능 하지만, 테이퍼 주판, 테이퍼 측판에 대하여는 그람멜(Grammel)법, 리스(Ris)법에 의해 계산이 가능하며, 단조 주판과 단조 측판의 경우는 도나스(Donath)의 도식법에 의해 응력계산이 수행된다. 또 굽힘모멘트까지 고려한 호치(Hodge)법도 이용된다. 어느 방법도 반경비가 작은 여러 개의 균등 두께의 원판으로 대체하여 해석된다.

회전유동면 rotational flow surface [G] 축대칭 물체 주위를 유동하는 축대칭유동에서 하나의 유선을 대칭축 주위를 회전시켜서 얻어지는 곡면. 정상류의 경우 유체입자는 이와 같은 면 위를 이동한다.

회전익렬 rotating cascade [G] 원형익렬이나 환상익렬 등이 회전 축 주위를 회전하는 익렬.

회전주파수 rotating frequency [T] Hz, 1/s 축류기계의 경우 로터의 깃 수와 1초 당의 회전수를 곱한 것. 터보기계에서는 회전주파수 또는 그것의 정수배의 주파수 성분을 가진 진동 또는 소음이 대표적으로 나타난다.

회전차 고정칼라 impeller retaining collar [B] 회전차 허브를 주축의 정해진 위치에 고정하기 위해 주축에 끼는 컬러. 일체의 것과 주축과 허브에 가공된 홈 안에 주축을 껴안는 식의 2분할형의 것이 있다. 주축에서 컬러에 상당하는 부분을 깎아 낸다면 컬러는 필요 없다. 분할링(split ring)이라고도 한다.

회전차 마우스링 impeller mouth ring [B] 원심형 송풍기, 압축기의 회전차 측판의 안쪽 둘레 부위에 설치하여 흡입 기체를 깃에 유도함과 동시에 깃에서 나간 기체가 흡입 측에 역류하는 것을 막는 링. 측판에 용접이나 리벳으로 체결되거나 또는 측판과 일체로 단조로 제작된다. 마우스링의 바깥 측은 라이너링과 마주 대한다. 마우스링 내주 부위를 회전차 입구라고 한다. 펌프의 경우는 회전차 링에 상당한다.

회전차 입구 링 mouth ring, eye ring [B] 임펠러 측판의 안쪽 둘레 부에 고정시켜서, 흡입 기체를 깃으로 유도함과 더불어 깃에서 나온 기체가 흡입 쪽으로 역류하는 것을 막는 링. 부도 B-4 참조.

회전차 측판 라이너 side shroud liner [B,G] 원심홴의 회전차에서 측판과 깃과의 고정부위의 마모를 막기위해 측판 쪽에만 부착되는 라이너. 깃 라이너(blade liner)와 같음. 그림 하-4 참조.

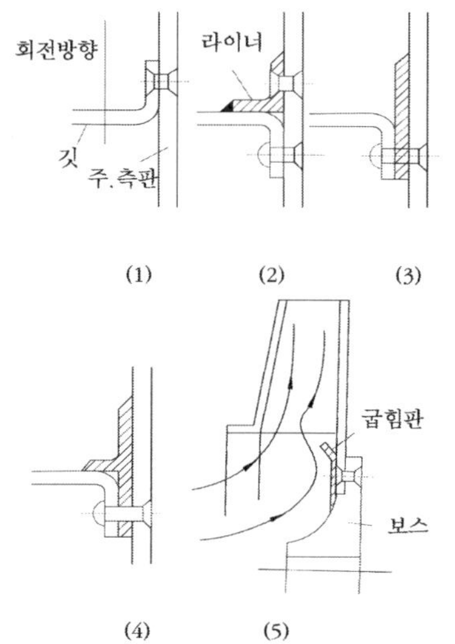

그림 하-4 회전차 측판 라이너

회전차스테이 impeller stay [B] 원심홴의 회전차를 보강하기 위해 측판과 허브 사이에 설치되는 스테이. 다익홴과 같은 깃 폭이 넓고, 깃 높이가 낮은(n_s가 크고, 흡입구가 큰 것) 깃에서, 회전 시에 깃이 축방향에 대해 비틀어지는 것을 방지하기 위한 스테이.

회전차주판 crown [B] 회전차 주판(impeller main shroud)과 같음.

회전차주판 impeller main plate, impeller main shroud [B] 원심형의 송풍기, 압축기의 회전차 허브에 고정되어 있고, 여기에 깃이 설치되는 판. 단순히 주판이라고도 한다. 측판에 맞서 깃을 설치하는 판이며, 이 판에 작용하는 응력의 크기에 따라 균일두께 주판, 테이퍼주판이 사용되며, 이들은 허브와 함께 단조로 제작된다.

회전차주판 impeller main shroud, impeller main plate [B] 회전차주판(impeller main plate)과 같음.

회전차중판 impeller intermediate plate [B] 원심횐의 회전차의 깃을 보강하기 위해서 주판과 측판과의 중간에 또 하나의 판을 설치하여 깃을 완전히 분할하는 판. 깃 폭이 넓어지면 깃이 원심력을 받아 만곡응력이 높아짐으로 이를 방지하기 위해 보강하는 링. 회전차 중간 링을 깃 입구, 출구의 양쪽에 삽입할 필요가 있는 경우는 중판을 삽입하는 쪽이 좋다. 그림 하-5 참조.

그림 하-5 회전차중판

회전차측판 impeller side plate, impeller side shroud [B] 원심형의 송풍기, 압축기의 회전차 주판에 맞서 깃을 부착하는 판. 단순히 측판이라고도 한다. 그 내주에는 관 끝(mouthpiece)이 부착된다. 이 판에 나타나는 응력의 크기에 따라 균일 두께 판, 테이퍼 판이 있고, 관 끝과 함께 단조로 제작된다.

회전차측판 impeller side shroud, impeller side plate [B] 회전차측판(impeller side plate)과 같음.

회전펌프 rotary pump [P] 용적형 펌프 중에서 액체를 보내는 용적부가 회전운동을 하는 것을 말하며, 치차펌프, 나사펌프, 베인펌프 등이 이에 속한다. 왕복식 펌프와 대비되는 용어이며, 왕복식에 비해 토출량의 변동이 적다는 특징이 있음.

횡구수력터빈, 크로스인레트터빈 cross-inlet turbine [T] 수력발전소에서 수압철관의 말단에 압력실린더를 설치하고, 그 속에 날개차를 장치하여 회전시키는 터빈은 원통터빈(tubular turbine)이라고 하는 데, 횡구수력터빈은 압력실린더의 중앙에 수압철관을 연결한 프랜시스(Francis)터빈 형식의 터빈이다.

횡류식 환기 transverse ventilation [B] 터널의 길이 방향으로 환기류를 덕트로 평행하게 보내어, 일정 간격의 횡단면 안에서 송기공과 흡기공을 설치하여 환기하는 방법. 이 때문에 터널 길이방향으로 송기용과 배기용 덕트를 따로 따로 설치해야 하며, 이들 각각에 송기용과 배기용 송풍기가 필요하다. 긴 터널에서 사용되며, 터널의 길이방향으로 배기가스농도분포가 균일해지는 특징이 있다. 그림 하-6 참조.

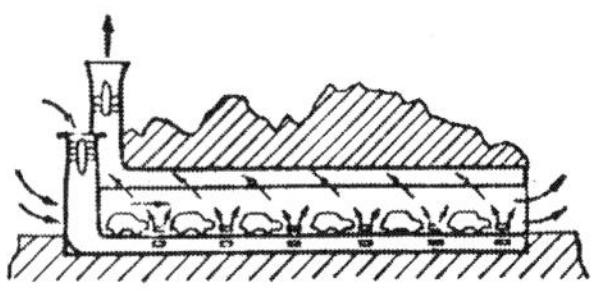

그림 하-6 횡류식 환기

횡류환 **tangential fan, cross flow fan** [B] 회전차의 형상은 다익환의 것에 닮아 있으나 기체는 회전하는 회전차의 밖에서부터 회전축과 직각으로 안쪽으로 흡입되고 반대쪽에서 축과 직각으로 바깥 방향으로 유출하는 환. 기체는 회전차를 횡단하여 유동하므로 관류환이라고도 불려진다. 회전차의 폭과 직경과의 비에는 제한이 없고, 길고 가느다랗게 만들 수 있으므로 에어커튼, 가전기기, 냉방용의 송풍기로서 사용된다. 그림 하-7 참조.

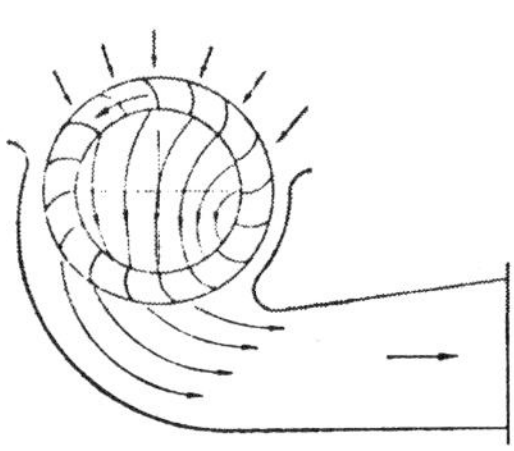

그림 하-7 횡류환

횡류환 **transverse fan** [B] 횡류환(cross flow fan)과 같음.

횡류환, 직교류환 **cross flow fan** [B] 기체가 다익형 임펠러를 축에 직각인 단면 내에서 들어오고 나가는 환. 횡류환(tangent fan) 참조.

효율 **efficiency** [T] 입력대비 출력의 비.

효율곡선 **efficiency curve** [P,B] 성능곡선 중에서 토출량과 효율과의 관계를 표시한 곡선. 효율에는 주로 펌프 또는 송풍기 효율을 말하지만, 동력원까지 포함한 종합효율의 경우도 있음.

효율환산식 **corrected efficiency equation** [P,G] 수차의 모형시험 결과로부터 실물수차의 효율을 추정하기 위해 사용되는 효율식.

후기연소기, 애프터버너 **after burner** [T] 제트엔진의 터빈 후방에 설치된 재연소 장치.

후드 **hood** [B] 공장 등에서 국소적으로 발생하는 기체, 먼지, 연기, 냄새 등을 그 발생원의 부근의 공기와 함께 흡인하여 작업자에 직접 악영향을 미치지 않도록 하기 위한 것. 용도에 따라 상방형, 하방형, 측방형, 울타리형 등이 있다.

후류 **wake** [T] 물체가 정지 유체 중을 운동하는 경우 혹은 물체가 유동 안에 정지하고 있는 경우에 물체의 후방에 생기는 속도가 작은 영역.

후면 슈라우드, 주판 **back shroud, main shroud** [B,P] 원심형 또는 사류형의 펌프, 송풍기, 압축기의 회전차에서 회전차를 형성하는 측벽 중에서 허브와 연결되어 있는 쪽. 양쪽 흡입형의 회전차의 경우는 깃의 중간에 있으며, 깃을 고정하고 있는 부분. 이 부분을 통해서 깃에 동력이 전달됨. 그림 하-8 참조.

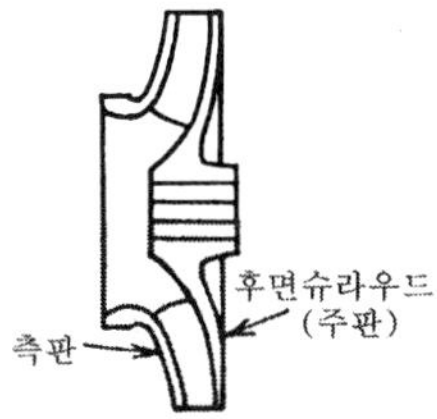

그림 하-8 후면 슈라우드(주판)

후면 케이싱 라이너 back casing liner [P] 한쪽 흡입 원심펌프에서 회전차의 앞뒤 양쪽에 케이싱 라이너가 설치되는 경우 뒤쪽(배면깃 쪽)의 케이싱 라이너를 앞쪽의 케이싱라이너와 구별해서 말함. 그림 하-9 참조.

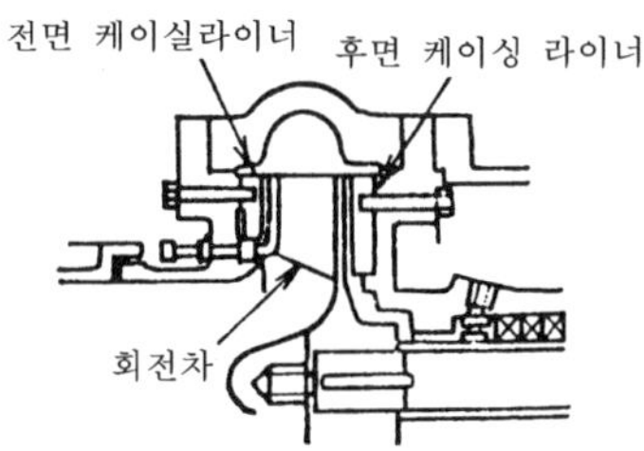

그림 하-9 후면 케이싱 라이너

후방냉각기 after-cooler [B] 압축기에서 토출된 기체를 냉각하는 열교환기.

후진이송계, 피드백시스템 feedback system [T] 어떤 대상 량이 설정된 값을 유지하도록 하기 위해 이것의 값을 검출하여 설정치와의 차이를 줄이는 방향으로 전(앞) 과정(단계)에 되돌아가서 사전에 검정된 몇 가지 영향 인자의 크기를 조절하여 일정치에 접근하도록 폐회로로 자동제어하는 것.

후처리 post processing [N] 후처리장치는 유동해석모듈에서 구해진 계산결과 값들, 즉 속도, 압력, 밀도의 분포 등의 정보를 최종 사용자들이 알기 쉽게 시각화 등을 처리하는 과정.

후퇴각 back sweep angle [G] rad,deg 초음속 2차원 익에 양력이 작용하고 있는 경우 항력을 감소시키는 방법으로서 익을 유동방향(유동속도 U)에 대하여 각도 σ만큼 기울려(후퇴시켜) 익에 수직한 속도성분 $U\cos\sigma$를 아음속으로 한다. 또 마찬가지로 축류펌프 등에서 후퇴각을 주면 저 유량 영역에서 나타나는 익 말단의 실속을 늦출 수 있다. 이와 같이 익을 유동의 하류방향으로 기울이는(후퇴시키는) 각을 말한다.

후퇴각 swept-back angle [C] 스위프(sweep)의 설명 (2)를 참조.

후퇴형 스위프 sweep backward [C] 스위프(sweep) 설명의 (2) 참조.

후현비(厚弦比) thickness-chord ratio [T] 익형의 최대 두께와 익현 길이의 비율.

훅게이지 hook gauge [M] 위어(weir)에 의한 유량측정 시에 그 수면의 높이를 구하는데 이용되는 측정기구. 고리 모양으로 굽은 바늘의 끝을 수면 밑에서 수면에 맞추어 그 기구에 부착된 스케일의 눈금을 읽어서 그 수면의 높이를 측정한다.

훅법칙 Hook's law [G] Robert Hook (1635-1703)에 의해 실험적으로 밝혀진 법칙이며, 외력의 작용에 의해 탄성체에 생기는 변위는 변위가 그다지 크지 않는 범위 내에서는 외력의 크기에 비례한다는 것.

휘돌림 whirling [D] 탄성 축이 회전함으로써 그 축선이 공간적 처짐곡선을 이루고 정적 평형위치의 주위를 진동 또는 선회상태의 운동을 하는 것을 일반적으로 휘돌림이라 한다. 휘돌림에서는 여러 원인에 의한 것이 있으나 그 중의 가장 현저한 것으로 축이 갖는 무엇인가에 의한 불평형에 기인하는 정상적 강제휘돌림이 있다.

휘돌림속도 whirling speed [D] 1/s 축의 어떤 위치에서 정적 평형상태 주위를 회전체가 궤도운동 할 때의 회전 각속도.

휘돌림진동 whirling vibration [D] 회전체의 어느 한 단면의 중심이 고정점에 머물지 않고 시간이 지남에 따라 궤도를 그리며 반복적인 휘돌림 운동을 하는 것. 만약 휘돌림 궤도의 변화가 없다면, 휘돌림은 안정(stable)하고, 회전이 계속됨에 따라 궤도의 크기가 증가하면 그 때는 불안정(unstable)하다고 한다.

휘돌림진동수 whirling frequency [D] 1/s 회전체가 휘돌림운동을 하면서 회전(자전)할 때의 휘돌림 진동 각속도.

휘돌림진폭 whirling amplitude [D] m 회전체가 휘돌림운동을 하면서 회전(자전) 할 때의 휘돌림 궤도의 반경.

휘발성 volatility [T] 통상의 온도에서 액체가 기체로 되어 증발하는 성질.

휜부착관 finned tube [T] 관 바깥 둘레에 돌기를 붙인 관. 기체와의 전열면적을 증대시키기 위해 돌기판을 관의 바깥둘레에 붙인 관. 열교환기에 사용되며, 그 용적의 감소를 목적으로 한 것이다. 0.25~0.5 mm의 알루미늄 판 또는 동판을 나선 형 또는 평판 상태로 관 외주에 납땜으로 붙여 만든다. 관으로부터 전조(轉造)로 일체상태로 제작된 것도 있다. 이것은 로휜튜브(Lo-fin tube)라고도 불려진다.

휜부착관 Lo-fin tube, finned tube [C] 파이프 바깥 둘레에 돌기가 부착된 파이프. 기체와의 전열면적을 증대시키기 위해 돌기 판이 파이프 바깥쪽에 부착된 파이프. 열교환기에 사용되며, 그 용적의 감소를 도모한다. 0.25~0.5 mm의 알루미늄 판 또는 구리 판을 나선형 또는 평판상태로 관 외주에 용접하여 부착한다.

휜효율 fin efficiency [T] 휜의 전 표면이 휜의 뿌리의 온도와 같다고 하여 계산되는 방출열량에 대한 실제로 휜에서 방출되어지는 열량의 비를 휜효율이라 한다.

휨관로 flexible line [G] 유연관(flexible pipe) 참조.

흐름, 유동 stream [T,N] 액체 등 유체의 흐름. 층류, 난류, 와류 등으로 특성화 할 수 있다.

흑연감속 원자로 graphite moderated reactor [Nu] 흑연을 감속재로 사용하는 원자로로 콜더홀형 원자로가 대표적이다.

흑체 blackbody [T] 복사열전달에서 완전 방사, 완전 흡수의 성질을 가진 이상적인 물체이다. 흑체는 파장과 방향에 관계없이 모든 복사에너지를 흡수하는 방사체이다. 특정 온도에서 흑체가 방출하는 복사 에너지는 슈테판볼츠만 법칙(Stefan-Boltzmann law)에 의해 표현되며 주파수와 방사에너지의 관계는 플랑크 함수(Planck's function)를 따른다. 흑체 온도는 특정 물체에 대해 그 물체와 동일한 복사 열유속을 방출하는 흑체의 온도를 나타낸다.

흔들림 runout [D] 회전축의 직각방향의 흔들림.

흡기, 흡입, 취수(구) intake [E,P,T] 1) 실린더 내에 공기 또는 혼합 기체를 흡입하는 것, 또는 빨아들인 공기 또는 혼합기. 하천이나 바다로부터 물을 흡입하는 부분의 구조물. 2) 지표수, 하천수, 호수 및 댐수, 지하수에서 적절한 취수 시설을 이용하여 원수를 끌어드리는 것.

흡기관분사 manifold injection [T] 흡기용 다기관 내에 액체(연료 등)를 분사하는 것.

흡기밸브개방형 언로더 openning unloading by suction valve [B,G] 왕복압축기의 흡기밸브는 압축과정 동안 닫혀있어야 하는데 어느 압력 이상 오르지 않도록 하기 위해서는 압축압력을 이용하여 흡기밸브를 개방하여 그 이상의 압력상승을 막는 장치.

흡기밸브식 언로더 suction valve unloader, suction unloader [B] 흡입밸브의 밸브 플레이트를 열어서 흡입밸브가 작동하지 않도록 하는 언로더. 흡기폐쇄식 언로더(suction throttle unloader)와 같음.

흡기식 버너 aspiration burner, aspirating burner [T] 연소실에 필요한 공기와 함께 연료를 공급하는 방식의 버너. induction burner라고도 한다.

흡기압력 intake manifold pressure [T] 내연기관의 흡기관 내의 정압을 말하며, 보통 수은주로 표시하며 일반적으로 대기압보다 낮고, 가솔린 기관에서는 기화기의 스로틀 밸브를 교축 할수록 낮아진다.

흡기압력 intake pressure [T] 흡기압력(intake manifold pressure)과 같음.

흡기압력(T), 흡입압력(P) suction pressure [P,T] N/m^2,{kgf/m^2} 펌프 흡입구에서의 정압. 송풍기 등에서는 흡입정압(suction static pressure)이라고 함. { } 안은 중력단위.

흡기폐쇄식 언로더 suction throttle unloader, suction unloader [B] 용적형 압축기의 흡입구에서 흡기를 밸브에 의해 폐쇄하여 부하를 경감시키는 언로더. 언로더 작동 시의 동력손실이 크므로 나사 압축기나 베인 압축기 이외에는 별로 쓰이지 않는다.

흡수식 소음기 dissipative muffler [G] 흡음재가 내벽에 붙어있는 관은 넓은 주파수 범위의 소리를 흡수하므로 소음기로서 사용된다. 이것을 흡수식 소음기라고 한다. 단, 리액탄스 소음기에 비하면 유동저항이 크다는 단점이 있다. 리액탄스 소음기(reactive muffler) 참조.

흡수정 sump [E] 저수조와 같은 용도로

서 수돗물을 받아 두는 용기를 말하는 것으로 급수장치에서 흡수하기 위하여 설치하는 용기.

흡음 absorption of sound [B] 음의 에너지가 다른 형태의 에너지로, 즉 압력 에너지가 열 에너지로 비가역적으로 전환되는 것.

흡음율 sound absorption coefficient [G] 물질의 어느 면에 입사하는 음의 강도를 I_i, 그 곳에서 반사되는 음의 강도를 I_r 이라고 하였을 때 $\alpha = 1-(I_r/I_i)$ 를 그 면의 흡음률이라고 한다. 입사음이 물질의 표면에 수직으로 입사할 때의 흡음률은 수직흡음율 α_n, 잔향실에서 랜덤입사의 조건에서 측정된 흡음률은 잔향실법(法) 흡음률 α_{rev} 이라 한다.

흡음특성 sound absorption characteristics [G] 어느 재료에 대하여 소리의 주파수와 흡음률과의 관계를 나타낸 것.

흡인식 공기컨베이어 pneumatic conveyor of suction type [B] 수송물을 수송관 끝에 부착된 흡인 노즐에서 빨아들이고, 수송물의 저장탱크 위에 설치된 사이클론(cyclone) 등의 분리기에서 수송물과 공기로 분리하여, 수송물은 캥크에 저장되고 공기는 배송기(排送機)를 통해서 밖으로 배출되는 수송방식.

흡인압송식 공기컨베이어 pneumatic conveyor of suction and pressure type [B] 흡인식과 압송식을 병용한 공기컨베이어. 수송물을 수송관 끝(시작점)에 부착된 노즐에서 흡인하고, 배송기(排送機: 블러워)의 회전차 안을 통과시키고, 사이클론 분리기에서 수송물과 공기를 분리하여 집적(集積)한다. 배송기의 날개는 더스트에 의해 마모가 심하며, 또 더스트가 부착하여 진동의 원인이 되는 경우가 많으므로 패들휀(paddle fan)이 사용된다. 패들휀 (paddle fan) 참조.

흡입 나팔관, 흡입 벨마우스 suction bell-mouth [P] 나팔 모양으로 벌어진 흡입 케이싱 또는 흡입 커버. 흡입벨(suction bell) 참조.

흡입 덕트 inlet duct [B] 휀의 흡입구에 연결된 덕트.

흡입 덮개 suction cover, inlet cover [P,B] 흡입구를 형성하거나 흡입구로 통하는 케이싱 커버. 부도 B-4 참조.

흡입 박스(케이싱의) suction box, inlet box [B] 주축과 직각 방향으로 유입하는 기체를 임펠러에 유도하는 흡입통로.

흡입 스트레이너 suction strainer [P] 수조 내 설치되는 수직축 펌프와 수중 모터펌프 등의 흡입구에 설치되는 스트레이너.

흡입 케이싱 suction casing [P,B] 수직 분할형의 펌프, 송풍기 및 압축기에서 흡입구를 갖거나 또는 흡입구로 통하는 케이싱. 부도 B-7 참조.

흡입 헤드, 흡입 양정 suction head [P,T] m^2/s^2,{m} 펌프에 있어서 흡입수면으로부터 펌프 기준면(펌프 중심)까지의 높이{m}. 또는 이 높이의 헤드 (m^2/s^2). 수직 왕복펌프의 경우는 실린더가 최고 위치까지 올라갔을 때 그 밑바닥에서 흡입면까지의 거리.

흡입, 흡기, 싱크 suction [T] 1) 싱크 : 포텐셜 유동에서 유체가 한 점에서 흡입될 때 나타나는 유동. 이 유동에서는 반경방향의 유동이 나타나며, 비압축성 2차원 포텐셜 유동의 경우 단위시간당의 흡입량 Q(<0)의 흡입점이 원점에 있을 때의 복소 포텐셜은

$$W=Q/(2\pi)\ln z,\ z=x+iy$$

으로 주어진다. 비압축성 3차원 포텐셜 유동에 대한 속도포텐셜 ϕ은 다음과 같다.

$$\phi=-Q/(4\pi r)$$

단, r은 흡입점에서 유동장의 임의 점까지의 거리이다. 2) 혼합 가스나 공기 등을 빨아들이는 것. 또 우물 속의 파이프 등으로 공기를 빼내어 대기압의 힘으로 물을 빨아올리는 것.

흡입곡관 suction bend, inlet bend [B] 흡입원추에 접속하며, 동시에 케이싱의 일부를 구성하는 곡관부위.

흡입곡관 suction elbow [P] 엘보 모양의 흡입 케이싱.

흡입관 suction pipe [P,B] 펌프, 송풍기 및 압축기의 흡입구에 연결되는 파이프.

흡입구 suction opening [P] 펌프의 경우 액체를 흡입하는 입구.

흡입노즐 inlet nozzle [B] 송풍기 흡입 측에 설치되는 노즐 또는 댐퍼. 토출댐퍼(outlet damper)와 대비되는 용어.

흡입노즐 intake nozzle [B] 흡입노즐(inlet nozzle)과 같음.

흡입노즐 suction nozzle [B] 가스량 측정용으로 흡입관로의 선단에 설치된 원통형의 부분. 부도 B-7 참조.

흡입댐퍼 inlet damper, suction damper [B] 송풍기 흡입 측에 설치되는 댐퍼. 토출댐퍼(outlet damper)와 대비되는 용어.

흡입댐퍼 suction damper, inlet damper [B] 송풍기의 흡입구 측에 설치하여 가스량을 조절하는 댐퍼.

흡입밸브 suction valve, inlet valve [B] 송풍기 및 압축기의 흡입 측에 설치하여, 가스량 또는 압력을 조절하는 밸브.

흡입밸브, 입구밸브 inlet valve, suction valve [B] 송풍기, 압축기의 흡입 측에 설치되며, 가스량 또는 압력을 조절하는 밸브. 정지 시에는 기체를 차단하는 데에도 사용된다. 슬루스밸브가 많이 사용되지만 조절용으로는 댐퍼도 사용된다.

흡입베인 suction vane, inlet vane [B] 흡입원추 또는 케이싱 안에 방사상으로 설치된 가동 안내깃.

흡입베인제어 inlet vane control [B] 송풍기의 흡입 또는 토출 압력 또는 가스량을 제어하는 한 방식. 다른 제어에 비하여 가장 경제적인 방식이다.

흡입베인제어 suction vane control [B] 송풍기 흡입 베인의 작동에 의한 압력 또는 가스량의 제어.

흡입벨, 나팔구 suction bell [B] 송풍기의 입구유동을 균일하게 흡입하기 위하여 흡입통로의 단면적이 균일하게 감소

하는 나팔형의 입구통로.

흡입비속도 suction specific speed [P] $m^{3/4} \cdot s^{3/2}$ {1} 펌프의 캐비테이션에 대한 성능 및 특성을 표시.

흡입상대플랜지 companion suction flange [B] 송풍기 및 압축기의 흡입구 플랜지에 상대하는 플랜지.

흡입상태 suction condition [B] 흡입 측의 기체의 압력, 온도, 습도, 유속 등의 상태의 총칭.

흡입손실 intake loss [T] 흡기 또는 취수할 때 발생하는 압력손실.

흡입수로 suction channel [G] 펌프 양수의 취입구로부터 침사지 또는 흡입수조까지의 도수로.

흡입수로, 인입수로 feed channel, suction channel [P] 취입구로부터 침사지 또는 흡입수조에 이르는 수로.

흡입수조 suction sump [P] 펌프장치에서 흡수를 위하여 펌프 또는 흡입관이 물 속에 잠겨 있는 수조. 일반적으로 수조의 수면 위가 대기압인 경우를 말함. 부도 P-31 참조.

흡입스크린 suction screen [B] 위해 방지를 위하여 송풍기, 압축기 등의 흡입구 또는 흡입관의 입구에 설치되는 금속 망.

흡입실 suction chamber [B] 송풍기 및 압축기의 흡입구 측에 설치된 공기의 흡입실.

흡입온도 suction temperature [B] K, ℃ 흡입 쪽의 전온도.

흡입원추 inlet cone, suction cone [B] 원심홴에서 기체를 케이싱의 밖에서 회전차에 안내하기 위한 원추형의 유로. 흡입원추의 입구 쪽 끝에는 흡입플랜지를 형성하고, 다른 쪽 끝에는 회전차의 관 끝(mouth- piece)이 상대하고(동일 축선 상에) 있다. 흡입베인은 이것의 내부에 설치된다.

흡입유로 suction passage [P] 펌프의 경우 펌프흡입구로부터 임펠러 입구까지의 부분.

흡입전압 suction total pressure [B] kgf/m^2,{Pa} 송풍기 및 압축기의 흡입부의 전압. { } 안은 중력단위.

흡입정압 suction static pressure [B] Pa,{kgf/m^2} 송풍기 및 압축기의 흡입부의 정압. 펌프에서는 흡입압력(suction pressure)이라고 한다. { } 안은 중력단위.

흡입체적효율 suction volumetric efficiency [B] 흡입되는 기체를 흡입상태에서의 체적으로 환산한 가스량 Q_s와 배제량 Q_{th}와의 비이며, 다음 식으로 표시된다.

$$\eta_s = (Q_s / Q_{th}) \times 100(\%)$$

흡입필터 suction filter [B] 송풍기 및 압축기에서 먼지를 흡입하지 않도록 흡입구에 설치되는 필터.

흡진기, 흡수재, 흡수장치 absorber [D] 진동, 습기 등 유해하다고 생각되는 것을 흡수하는 재료 또는 장치.

흡출관 draft tube [P,G] 프랜시스 수차 및 프로펠러 수차에서는 러너에서 나온 물이 보유하는 속도에너지와 러너와 방수면 사이의 낙차를 유효하게 회수하기 위해 사용되는 배출관으로 출구와 방수면 사이를 직관 또는 확대 직관으로 연결한다. 대형 수차의 경우 출구 확대면적을 크게 하기 위해 엘보형으로 굽은 확대관이 사용된다.

흡출통풍 induced draught, induced draft [B] 송풍기를 노나 보일러의 출구 측, 보통은 연도의 끝에 설치하여 연도기체를 빨아내는 통풍방식. 따라서 노 내나 연도 내의 압력은 대기압 이하가 된다. 유인통풍이라고도 한다.

희박기체 rarefied gas [G] 압력 저하로 인해 밀도가 감소하여 구성 분자의 운동을 고려해야 할 필요가 있는 상태의 기체. 크느센(Knudsen) 수 K_n가 대략 1보다 큰 경우의 유동. 유동상태에 따른 크느센 수는 다음과 같다. 1) 자유분자 유동 : 분자간 충돌빈도가 분자 · 고체벽의 충돌빈도에 비하여 무시할 수 있는 정도로 희박한 기체($K_n \geq 10$). 2) 중간 유동 : 양자의 충돌빈도가 같은 정도의 유동 ($10 > K_n > 0.1$). 3) 미끄럼 유동 : 유동 내부는 연속체로 취급할 수 있으나, 고체표면에서는 미끄럼 속도를 갖는 유동 ($0.1 > K_n > 0.01$). 4) 연속 유동 : 통상적인 유체역학적 취급이 가능한 유동 ($K_n < 0.01$). 크느센(Knudsen) 수 참조.

희박기체역학 rarefied gas dynamics [G] 희박기체의 운동현상을 조사하고, 역학적 거동을 분명히 하는 학문. 이 경우 크느센 수 K_n가 대략 1 이상의 것이 대상이 되며, 기체의 분자운동을 고려해야 할 필요가 나타난다.

희박혼합기 lean mixture [T] 이론 혼합비보다 연료의 비율이 작은 혼합기.

희박혼합기 weak mixture [T] 어떤 물질이 공기와 함께 혼합된 상태에서 그 물질이 적은 경우를 의미한다.

히스테리시스 휘돌림 hysteresis whirl [D] 회전체 재료의 내부 히스테리시스나 회전체 조립 시에 발생하는 수축이나 압력 끼워 박음으로 생긴 회전체의 조립품 들의 접촉(rubbing)에 의한 자려 적인 불안정 휘돌림 현상. 어느 한계 속도 이상에서는 회전체의 평형 정도와는 관계없이 휘돌림 진폭이 무한대로 성장할 수 있다.

힐링 펌프 heeling pump [P] 배의 평형을 잡기 위하여 설치된 우현과 좌현과의 수조 사이에서 물을 이동시키는 펌프.

A~X

A-스케일 A-scale weighting [G] 에이(A)가중 음압(A-weighted sound pressure level)수준과 동일함.

B 스케일(청감보정회로의) B-weighting, B-scale weighting [G] 소음계에 설정되어 있는 청감보정회로 B의 특성을 말함. 최근에는 A 스케일이 주로 사용되며, B 스케일은 별로 쓰이지 않는다. 에이(A)가중음압수준(A-weighted sound pressure level) 참조.

Borda의 취출구 Borda's mouthpiece [G] 탱크(용기) 벽에 면적이 σ인 구멍을 뚫으면, 탱크 안의 물은 유출하면서 그의 유출단면적은 하류 쪽에서 축소된 σ'으로 나타난다. 이 현상을 vena contracta라고 부르며, 면적비 σ'/σ을 수축계수 κ라고 부른다. 그런데 그림 (a)와 같은 취출구를 붙이면 $\kappa=1$으로 되며, (b)의 경우는 $\kappa=1/2$가 된다. (b)와 같은 취출구를 Borda의 취출구라 한다. 그림 B-1 참조.

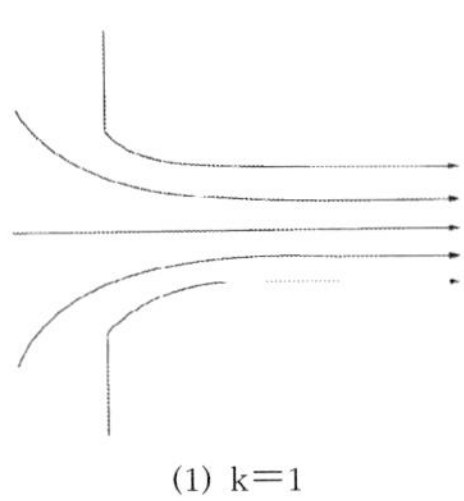

(1) k=1

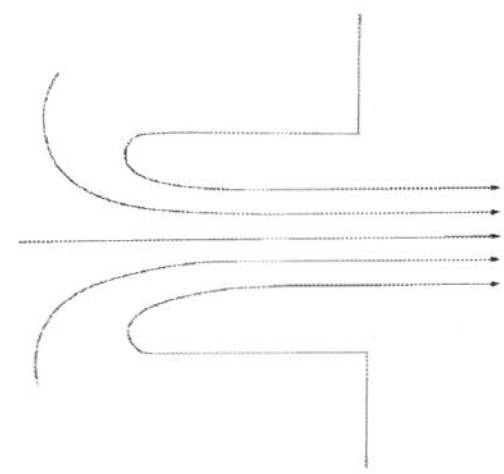

(2) k=1/2

그림 B-1 Borda의 출구

DNB비, 핵비등이탈률 Departure from Nucleate Boiling Ratio (DNBR) [Nu] DNB 열유속에 대한 실제 열유속의 비를 말함. DNB 열유속까지 얼마나 여유가 있는지를 나타낸다.

FFT 분석기 FFT analyzer [D] 푸리에 변환을 고속으로 수행하는 컴퓨터의 일종으로, 간단히 FFT라고도 부른다. 아나로그 데이터를 메모리에 고속으로 취득하여, A/D변환기를 거쳐 푸리에변환하고, 내장된 표시(display) 장치에 의해 보기 쉽도록 표시하는 기능을 가지고 있다. 더욱이 계산결과를 그래프화하기 위한 플로터(plotter)도 접속할 수 있도록 하고, 패널의 스위치 조작만으로 쉽게 사용할 수 있도록 한 것이다.

ISO 원심펌프 ISO centrifugal pump [P,G] ISO 2858에서 1975년에 제정된 한쪽 흡입 단단 원심 벌루트펌프. 이것

의 플랜지 치수는 ISO2084, 패킹상자 치수는 ISO3069, 베드 치수는 ISO3661에 의해 결정되어 있다. 최고압력 16 bar에서 사용될 수 있는 프로세스 펌프이다.

JIS Japanese Industrial Standard [G] 일본공업규격.

$k-\epsilon$ 모델 $k-\epsilon$ model [N] 난류는 현상 자체가 매우 복잡하고 예측이 어렵기 때문에 이를 다루는 모델링 방법 또한 매우 다양하다. 여러 방법 중 $k-\varepsilon$ 모델 방법은 two equation model 방법으로서 k와 ε을 수송방정식으로 풀면 난류 모델링 하는 것이다. 모델은 Launder and Spalding에 의해 상세히 토의되었으며 지배방정식은 다음과 같다.

$$U\frac{\partial k}{\partial x}+V\frac{\partial k}{\partial y}=\nu_T(\frac{\partial U}{\partial y})^2-\varepsilon+\frac{\partial}{\partial y}(\frac{\nu_T}{\sigma_k}\cdot\frac{\partial k}{\partial y})$$

$$U\frac{\partial \varepsilon}{\partial x}+V\frac{\partial \varepsilon}{\partial y}=C_1\frac{\nu_T\varepsilon}{k}(\frac{\partial U}{\partial y})^2$$

$$-C_2\frac{\varepsilon^2}{k}+\frac{\partial}{\partial y}(\frac{\nu_T}{\sigma_\varepsilon}\frac{\partial\varepsilon}{\partial y})$$

$$\nu_T=\frac{C_\mu k^2}{\varepsilon},$$

$$C_\mu=0.09, C_1=1.45, C_2=1.9, \sigma_k=1.0,$$

$$\sigma_\varepsilon=1.3$$

단, U, V : x, y방향의 속도성분, k : 난류 에너지, ε : 난류 에너지의 단위 시간당의 산일 량, νT : 난류유동의 동점성계수, C_μ, C_1, C_2, $\sigma\kappa$, $\sigma\varepsilon$: 난류모델 상수.

Kutta의 조건 Kutta's condition [G] 평판을 포함하여 비행기 날개와 같이 뒷전이 예리하게 된 물체 주변의 유동을 완전유체이론으로 해석할 때 특정한 경우를 제외하고 뒷전에서의 유속은 무한대가 된다. 이것은 물리적으로 불합리하므로 뒷전에서의 유속은 유한으로 되어있어야 한다는 조건을 부가함으로써 날개 주위의 순환의 크기를 확정할 수 있다. 이 조건을 Kutta의 조건 또는 Joukouski의 가설이라 한다.

MAC방법 marker and cell method [N] 기체와 액체가 공존하는 자유표면 문제를 푸는데 사용되는 방법. 고정된 격자를 사용하여 질량이 없는 입자를 자유표면에 근접한 액체 쪽에 분포시킨 후, 그 움직임을 쫓아서 자유표면의 위치를 결정하는 방법이다.

NASA National Aeronautics and space [G] 미국항공우주국. 이것의 전신은 미국항공심의회(NACA : National Advisory Committee for Aeronautics)이었다.

O링 O-ring [G] 유체기계의 정지부분이나 운동부분의 패킹으로서 긴요하게 사용되며, 니트릴 고무나 기타 용도에 적합한 재질로 만들어진 단면이 원형인 실(seal)용 링.

RCS Remote Control Station [A] 폐기물 자동집하시설의 주 제어 장치.

Stokes 유동함수 Stokes' stream function [G] 압축성 축대칭 정상유동에서 다음 식으로 주어지는 ψ(z, r)를 Stokes의 유동함수라고 한다.

$$V_z=\frac{\rho_0}{\rho}\frac{\partial\psi}{r\partial r},\ V_r=-\frac{\rho_0}{\rho}\frac{\partial\psi}{r\partial z}$$

여기서, z : 대칭축 방향의 거리(m), r : 대칭축에서 직각으로 잰 거리(m), V_z, V_r : 각각 z, r 방향의 속도성분(m/s), ρ : 밀도(kg/m^3){$kgf \cdot s^2/m^4$}, ρ_0 : 기준밀도(kg/m^3){$kgf \cdot s^2/m^4$}. ψ=const라고 두면 축대칭 유동면(따라서 자오면과의 교차선이 유선)이 얻어진다. 또 위 식으로부터 구해지는 V_z, V_r은 연속조건을 만족한다. 비압축성 유동의 경우, $\rho = \rho_o$로 두면 된다. { } 안은 중력단위.

UF막 UF membrane [F] 한외(限外) 여과막이라고도 한다. 막 세공보다 큰 분자는 막을 투과하지 않고, 작은 분자는 투과한다고 하는 '체걸음'기능을 근거로, 분자의 크기로 분리를 행하는 막 여과법을 말함. 분자량 1,000~3,000 정도의 영역을 분리 대상으로 하며, 분리성능은 분리 분자량으로 나타낸다. 조작압력은 −60 kPa에서 300 kPa 정도이다. 각종 화학품, 의약품, 식품 등의 제조에 있어서 농축, 정제 등에 사용되며, 수처리에서는 초순수 제조, 폐액/배수처리, 배수재이용 등에 이용되고 있다. 수도에서의 제거대상으로 현탁물질, 콜로이드, 세균, 바이러스, 조류 등이 있다.

U관열교환기 U-tube heat exchanger [T] 껍데기와 튜브로 이뤄진 열교환기이다. 튜브의 모양 U자 모양이며, 출구와 입구가 연결 되어있다 전형적으로 껍데기 쪽 유로를 조절하는 칸막이로 지지된다.

V벨트 V belt [G] V자형 단면을 가진 동력전달용 벨트. V형 벨트의 측면이 V풀리 홈과 밀착하여 나타나는 쐐기작용형의 큰 마찰력이 나타나므로 평벨트에 비해 고속에서도 미끄러지지 않으며, 전동능률이 좋고 소음이 적다. 2축 간의 거리가 짧은 운전에도 적합하다. V풀리 단면의 크기에 따라 A~E까지의 6종류가 있다. 전동동력의 크기에 따라 벨트 수를 늘릴 수 있다.

V벨트풀리 V belt pulley [G] V벨트를 걸기 위한 풀리. 송풍기 축의 것은 송풍기 V풀리, 모터 축의 것은 모터 V풀리라고 부른다.

V자형 V type [B] 실린더가 크랭크축에 대하여 V형으로 배열된 형식.

V자형 패킹 V packing, V ring [P] 단면 형상이 V자형으로 된 링 모양의 성형패킹.

V자형 콘유량계 V cone flowmeter [M] V자 형태로 생긴 원추의 축과 배관의 축이 일치하도록 하고 또한 원추의 정점이 상류를 향하도록 설치하고 이 원추의 상·하류 사이에서 형성되는 차압을 측정함으로써 유량을 산정하는 차압식 유량계.

VOF법 volume-of-fluid method [N] 서로의 접촉계면에서 상(phase) 간의 용해가 발생하지 않는 2개 이상의 유체를 해석하기 위해 개발된 고정 격자방법(fixed grid technique). VOF 모델에서는 유체들이 한 개의 운동량 방정식 세트를 공유하고, 하나의 셀(cell)에서 사용되는 유체의 부피 비(volume fraction)는 전체 영역(domain)에 걸쳐 각각 계산된다.

Weinig의 각초과계수 Weinig excess angle coefficient [G] 원호익의 익력

에서 익수가 무한대일 때는 익의 입구각과 출구각은 각각 유동의 유입각, 유출각과 일치한다. 그러나 익수가 유한일 때는 그렇게 되지는 않는다. 그래서 익수가 무한대일 때의 유동의 전향각과 같게 하려면 익에 보다 많은 캠버각을 주어야 한다. 지금 익의 입구각과 출구각을 익렬축에 수직한 선에 대한 각도로서 γ_1, γ_2, 깃수가 유한일 때 깃의 입출구각과 달리 나타나는 각도를 β_1, β_2 라고 하면, 다음과 같이 표시되는 각도의 양을 익의 입구 및 출구의 각초과라고 한다. 즉, 익의 입구와 출구의 유동방향이 β_1, β_2가 되기 위해서는 익의 입구각은 v_1만큼 크게, 출구각은 v_2만큼 작아져야 함을 의미한다.

$$v_1 = \gamma_1 - \beta_1,\ v_2 = \beta_2 - \gamma_2$$

그리고 다음 식과 같이 정의되는 μ를 각초과계수라고 한다.

$$\mu = \frac{\beta_m - \beta_1}{\xi - \gamma_1} = \frac{\beta_m - \beta_2}{\xi - \gamma_2}$$

여기서 ξ는 익현이 익렬 축의 방향과 이루는 엇갈림 각이며, β_m은 $\beta_m = (\beta_1 + \beta_2)/2$이다. 입구와 출구의 각초과량이 같을때는 $\xi = \beta_m$으로 된다. Weinig는 포텐셜유동에 등각사상 법을 적용하여 각초과계수 μ를 다음과 같이 주어짐을 제시하였다.

$$\mu = \frac{t/\iota}{\pi/2}\cos\beta_m \ln\frac{R^2+1}{R^2-1}$$

단, R은 익렬을 단위원으로 등각사상하는 경우의 실축 상의 소스(source)의 위치를 나타낸다. Weinig는 β_m과 μ의 관계를 절현비(pitch-chordratio) t / l을 파라미터로 하여 도표로 제시하고 있다. 그림 W-1 참조.

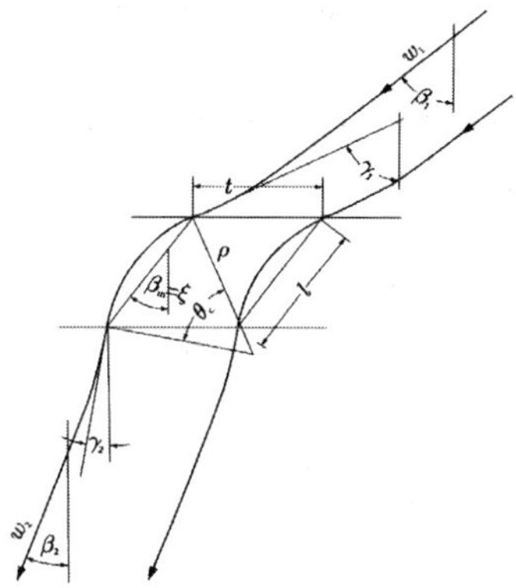

그림 W-1 weinig의 각초과 계수

X형 X type [G] 왕복압축기의 경우 실린더가 크랭크 축에 대하여 X형으로 배치된 것을 말한다. 그 밖에 v형, w형 등이 있다.

1~3

1/7벽승법칙 one-seventh-power law [G] seventh-root law와 같음.

1/7승법칙 seventh-root law, one-seventh-power law [G] 물체 표면의 경계층 유동은 유속이나 유동거리에 따라 보통 층류에서 난류로 천이한다. 난류경계층 내의 속도분포는 층류유동의 경우에 비하면 평평한 형태로 나타나는데, 난류경계층 유동 중에서도 레이놀즈수 Re가 비교적 작은 경우, 예를 들어 균일 평행유동 속의 평판에서 그 바깥 주류부의 속도를 U, 앞전에서의 거리 x, 유체의 동점성계수를 ν 라고 하였을 때, 레이놀즈수 $Re=Ux/\nu$ 가 비교적 작은 5×10^5 정도의 경우, 난류경계층 내의 속도분포는 평판에서의 수직거리 y에서의 속도를 u라고 하였을 때 근사적으로 $(u/U)\approx(y/\delta)^{1/7}$ 으로 표시될 수 있다. 단, δ는 위치 x에서의 난류경계층의 두께를 나타낸다. 이때의 속도분포의 지수 1/7을 가지고 붙여진 법칙의 명명이다. 경계층 두께(boundary layer thickness) 참조.

2상식, 2중 바닥식 double floor type [P] 터보형의 수직축 펌프에서 펌프와 구동부가 상하 별개의 바닥에 설치되어 있는 구조의 것. 펌프 케이싱의 구조가 간단해지므로 대형 펌프에서 많이 사용. 또 펌프장이 침수되었을 때 원동기가 침수하지 않도록 원동기를 홍수 수위레벨보다 위에 설치하는 경우도 있음. 부도 P-30 참조.

2스풀터보제트 two-spool turbojet [T] 2개의 동심원의 축을 지닌 가스터빈엔진. 예를 들어 한쪽이 저압압축기와 터빈에 연결되어 있고 다른 하나는 고압압축기와 터빈에 연결되어 있는 터보제트를 지칭한다.

2스풀터보팬 two-spool turbofan [T] 2개의 동심원의 축을 지닌 터보팬. 예를 들어 하나의 팬이 저압터빈에 연결되어 있고 다른 하나는 고압압축기나 터빈에 연결되어 있는 터보팬을 지칭한다.

2원호베어링 two lobe bearing [G] 미끄럼 베어링의 원형 구멍이 2원호로 가공된 베어링. 2원호로 하면 축의 요동진동을 방지하는데 효과가 있다.

2차원 깃 two dimensional vane [G] 깃의 형태가 폭 방향으로 동일한 깃 또는 익. 깃의 폭이 무한일 경우 그 주위의 유동은 2차원 유동으로 되어 있다. n_s 가 작은 원심펌프의 깃, 원심송풍기·압축기의 날개 등은 2차원 깃으로 볼 수 있는 경우가 일반적이다.

2축터보제트 twin-shaft turbojet [T] Two-spool turbojet과 같음.

3스풀터보팬 three-spool turbofan [T] 3개의 동심원의 축을 지닌 터보팬. 예를 들어 하나의 팬이 저압터빈에 연결되어있고 또 다른 하나는 중간압력 압축기에 연결되어 있으며 마지막 하나는 고압압축기나 터빈에 연결되어있는 터보팬을 지칭한다.

부 도

본 용어집의

부도 B는 한국표준협회 발행 "송풍기 · 압축기 용어(KS B0062 : 2001)"의 부도를 인용한 것이며,

부도 P는 "터보형 펌프 용어(KS B0061 : 2001)"의 부도를 인용한 것임을 밝혀둡니다.

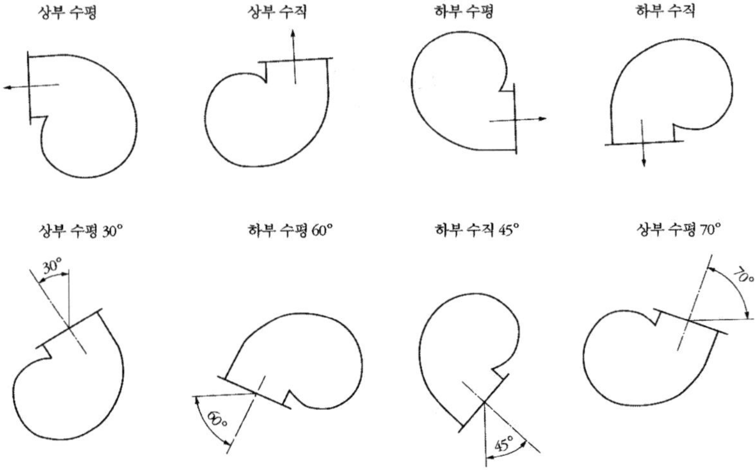

부도 B-1 송풍기 토출 방향

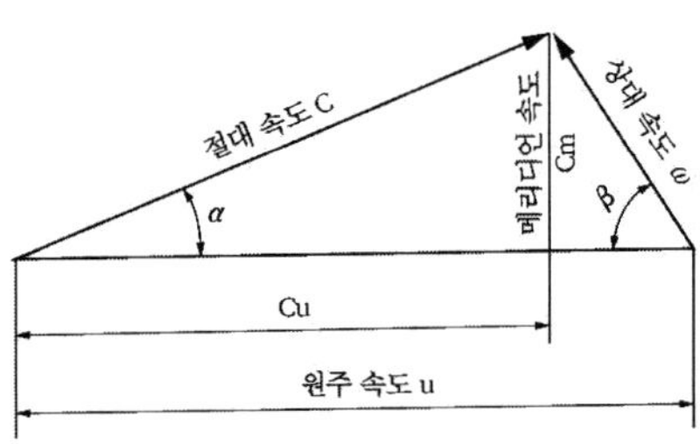

부도 B-2 속도 삼각형

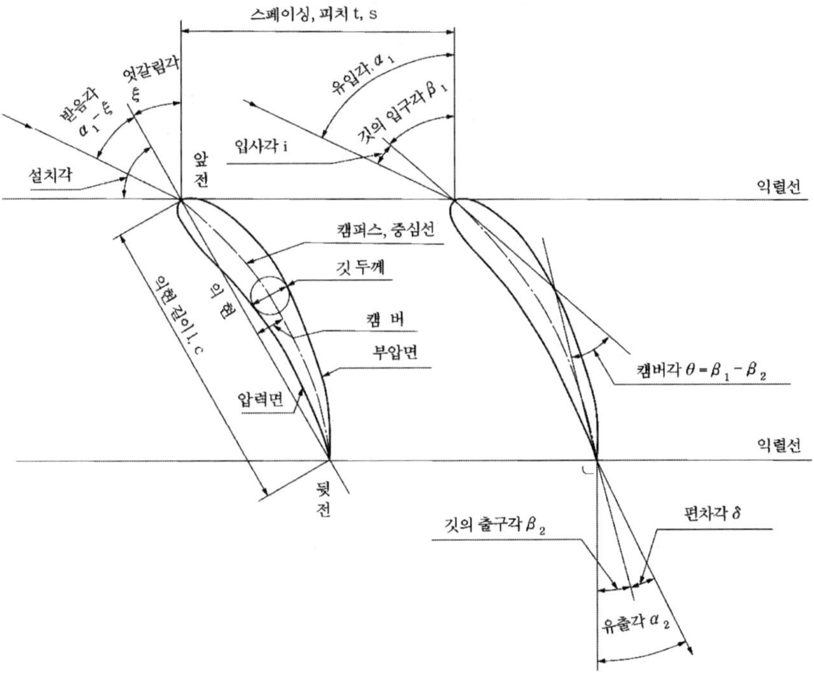
스페이싱, 피치 t, s
엇갈림각 ξ
받음각 $\alpha_1 - \xi$
유입각 α_1
깃의 입구각 β_1
입사각 i
설치각
앞전
익렬선
캠퍼스, 중심선
깃 두께
익현
익현 길이 l, c
캠 버
부압면
캠버각 $\theta = \beta_1 - \beta_2$
압력면
익렬선
뒷전
편차각 δ
깃의 출구각 β_2
유출각 α_2

부도 B–3 익렬 명칭

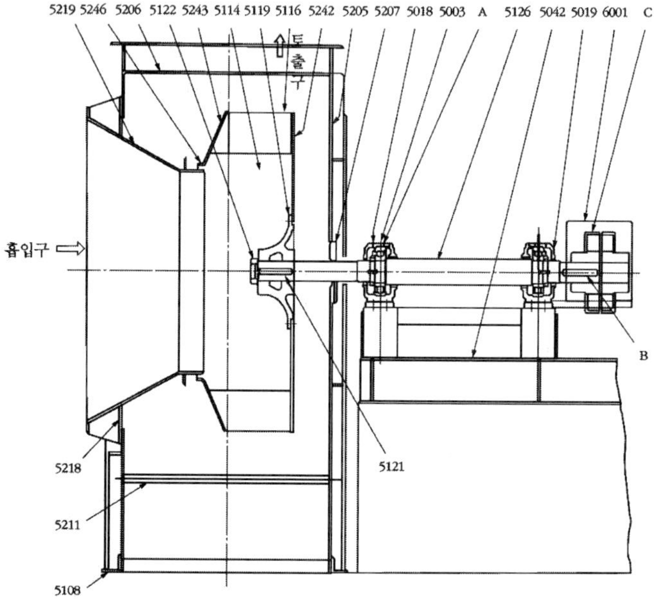

번호	용어	번호	용어
5003	베어링 박스	5206	[케이싱] 배관
5018	베어링 너트	5207	케이싱 커버
5019	베어링 하우징 글랜드	5211	케이싱 스테이
5042	베이스	5218	흡입 커버
5108	[케이싱] 다리	5219	흡입 원추
5114	임펠러	5242	[임펠러] 주판
5116	[임펠러] 깃	5243	[임펠러] 측판
5119	[임펠러] 허브	5246	[임펠러] 입구
5121	임펠러 키	6001	커플링 보호대
5122	임펠러 너트	A	구름베어링
5126	주축	B	축이음 키
5205	[케이싱] 측판	C	축 이음

부도 B-4 원심 송풍기

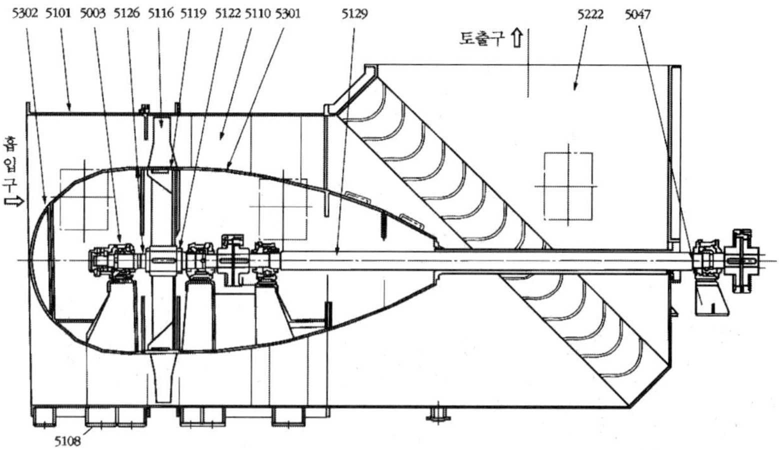

번호	용어	번호	용어
5003	베어링 상자	5122	임펠러 너트
5047	베어링 유닛 베이스	5126	주축
5101	케이싱	5129	중간 축
5108	[케이싱] 다리	5222	토출 벤드
5110	안내 깃	5301	[케이싱] 내통
5116	[임펠러] 깃	5302	[내통] 엔드 커버
5119	[임펠러] 허브		

부도 B-5 축류홴

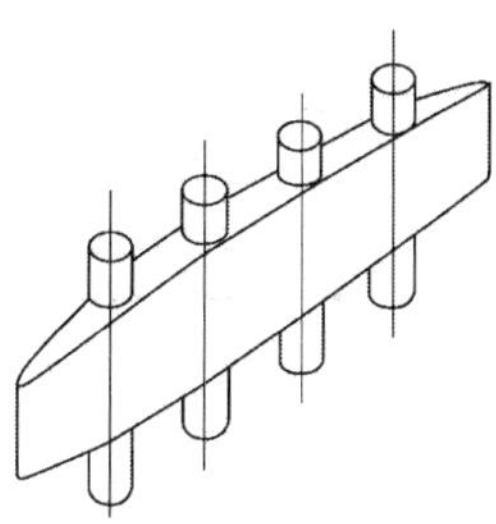

부도 B-6 지네 깃

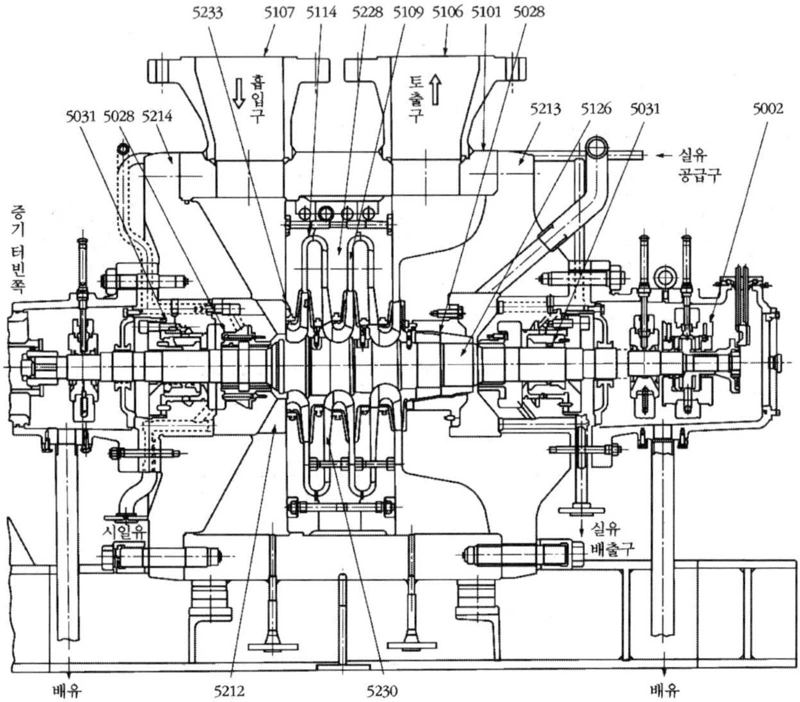

번호	용 어	번호	용 어
5002	스러스트 베어링	5126	주축
5028	래버린스 실	5212	와류 방지 판
5031	오일 필름 실	5213	토출 케이싱
5101	케이싱	5214	흡입 케이싱
5106	[케이싱] 토출 노즐	5228	[케이싱] 다이어프램
5107	[케이싱] 흡입 노즐	5230	귀환 유로
5109	디퓨저	5233	임펠러 입구 래버린스(실)
5114	임펠러		

부도 B-7 원심압축기

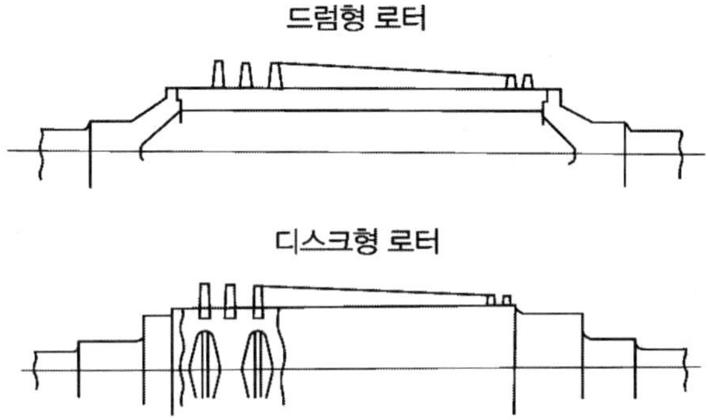

부도 B-8 드럼형 및 디스크형 로터

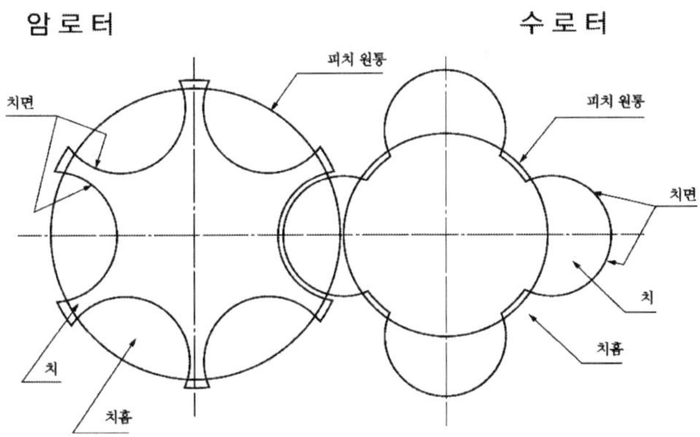

부도 B-9 암 로터 및 수 로터

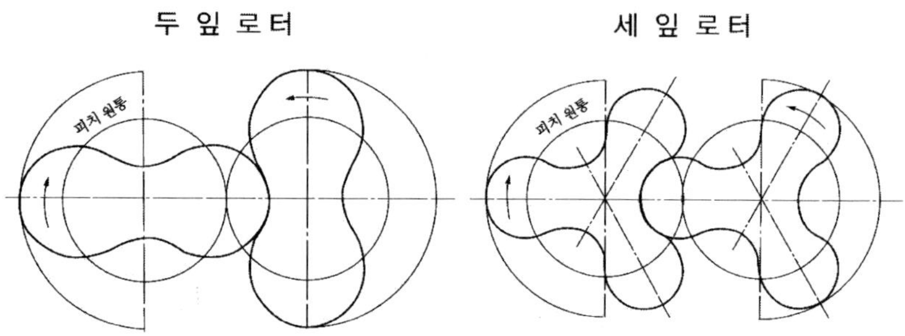

부도 B-10 두잎 로터 및 세잎 로터

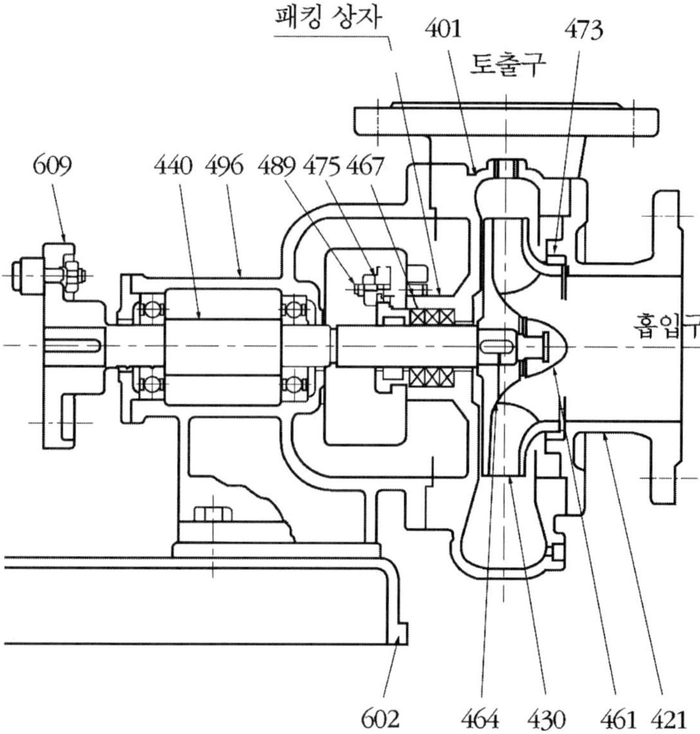

번 호	용 어	번 호	용 어
401	케이싱	473	라이너 링
421	흡입 덮개	475	패킹누르개
430	임펠러	489	패킹누르개 볼트
440	주축	496	프레임
461	임펠러 너트	602	공통베이스
464	임펠러 키	609	축이음
467	글랜드 패킹		

부도 P-1 수평축 한쪽 흡입 벌류트 펌프

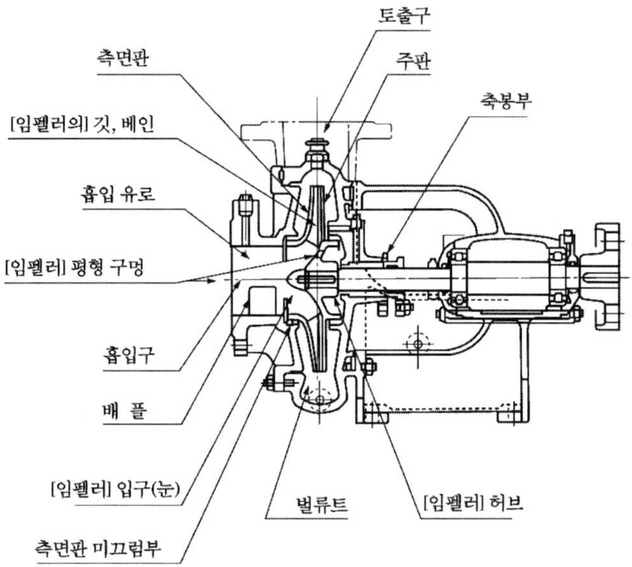

부도 P–2 수평축 한쪽 흡입 벌류트 펌프

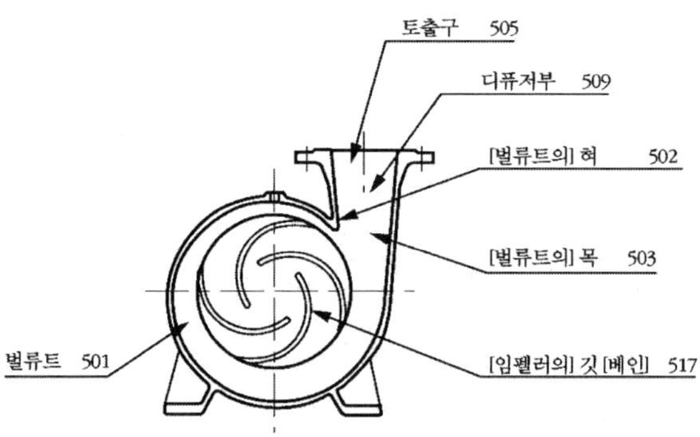

부도 P–3 벌류트

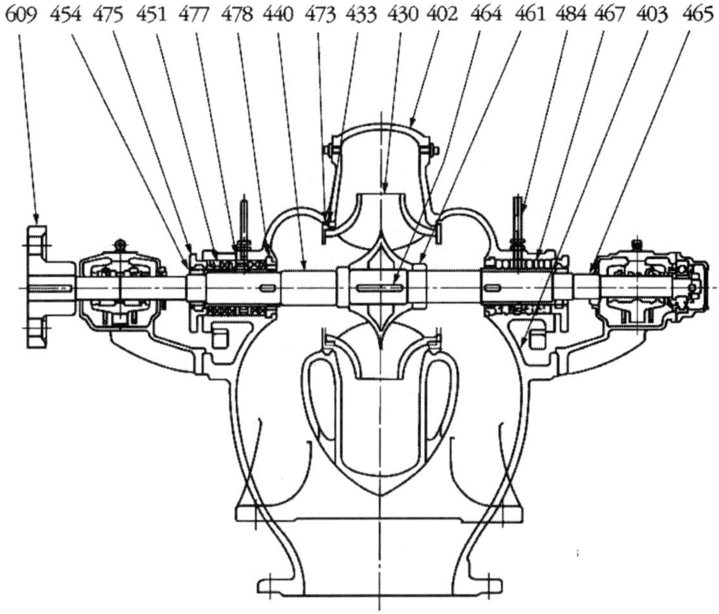

번 호	용 어	번 호	용 어
402	상부 케이싱	465	디플렉터
403	하부 케이싱	467	글랜드 패킹
430	임펠러	473	라이너 링
433	임펠러 링	475	패킹누르개
440	주축	477	봉수링
451	패킹 슬리브	478	넥부시
454	슬리브 너트	484	봉수관
461	임펠러 너트	609	축이음
464	임펠러 키		

부도 P-4 수평축 수평분할형 양쪽 흡입 벌류트 펌프

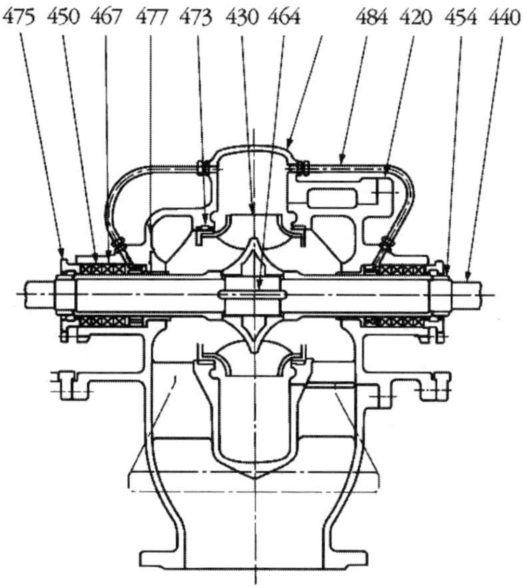

번 호	용 어	번 호	용 어
401	케이싱	464	임펠러 키
420	케이싱 커버	467	글랜드 패킹
430	임펠러	473	라이너 링
440	주축	475	패킹누르개
450	[축] 슬리브	477	봉수링
454	슬리브 너트	484	봉수관

부도 P–5 수평축 사이드 커버형 양쪽 흡입 벌류트 펌프

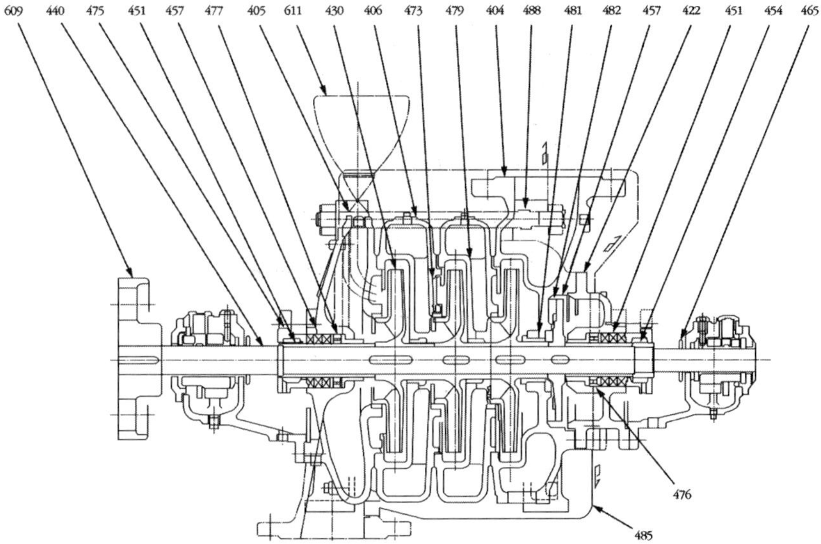

번호	용 어	번호	용 어
404	토출 케이싱	473	라이너 링
405	흡입 케이싱	475	패킹누르개
406	중간 케이싱	476	랜턴 링
422	평형실 덮개	477	봉수 링
430	임펠러	479	중간 부시
440	주축	481	평형 부시
451	패킹 슬리브	482	평형받이 시트
454	슬리브 너트	485	평형 관
457	평형 원판	488	조임 볼트
465	디플렉터	609	축이음
467	글랜드 패킹	611	물맞이 깔때기

부도 P–6 수평축 분할형 벌류트 펌프(평형 원판형)

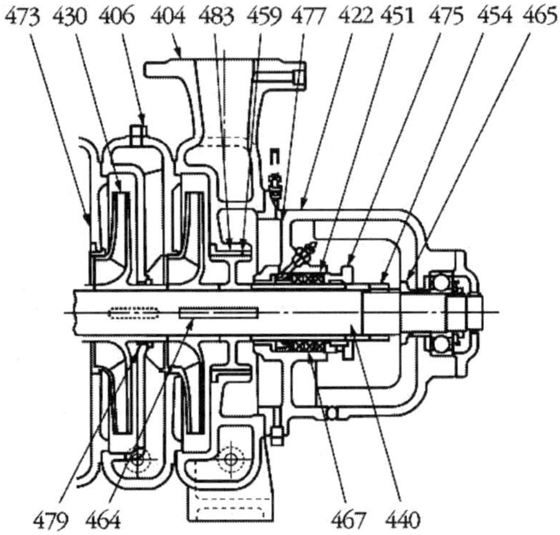

번 호	용 어	번 호	용 어
404	토출 케이싱	464	임펠러 키
406	중간 케이싱	465	디플렉터
422	평형실 덮개	467	글랜드 패킹
430	임펠러	473	라이너 링
440	주축	475	패킹누르개
451	패킹 슬리브	477	봉수링
454	슬리브 너트	479	중간 부시
459	평형 피스톤	483	평형 링

부도 P-7 수평축 분할형 벌류트 펌프(평형 피스톤형)

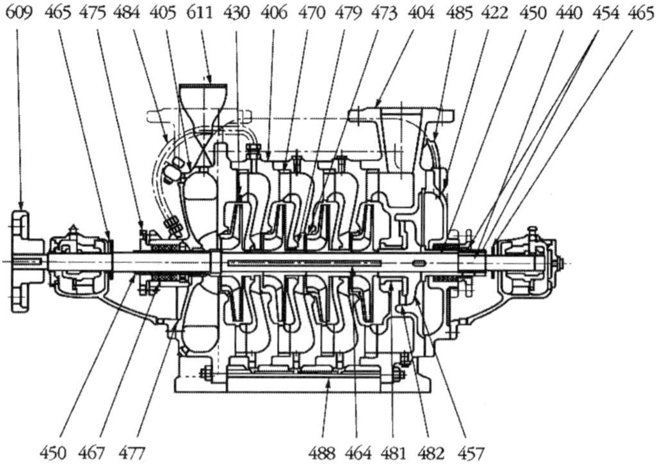

번호	용어	번호	용어
404	토출 케이싱	470	안내 깃
405	흡입 케이싱	473	라이너 링
406	중간 케이싱	475	패킹누르개
422	평형실 덮개	477	봉수 링
430	임펠러	479	중간 부시
440	주축	481	평형 부시
450	축 슬리브	482	평형받이 시트
454	슬리브 너트	484	봉수관
457	평형 원판	485	평형판
464	임펠러 키	488	조임 볼트
465	디플렉터	609	축 이음
467	글랜드 패킹	611	물맞이 깔때기

부도 P–8 수평축 분할형 디퓨저 펌프(평형 원판형)

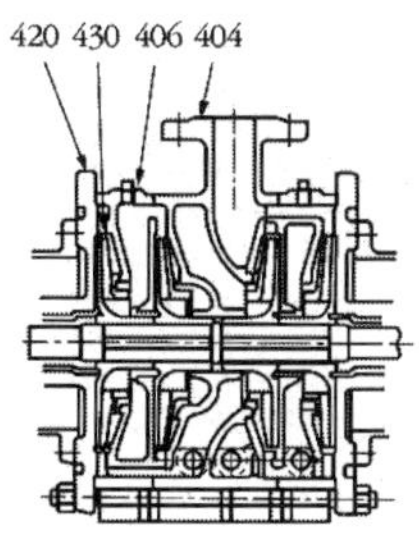

번호	용어
404	토출 케이싱
406	중간 케이싱
420	케이싱 커버
430	임펠러

부도 P–9 수평축 분할형 디퓨저 펌프(자기 평형형)

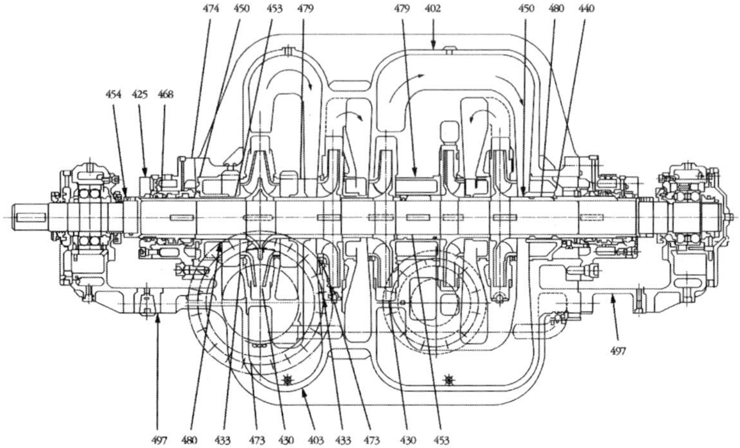

번 호	용 어	번 호	용 어
402	상부 케이싱	454	슬리브 너트
403	하부 케이싱	468	기계식 실
425	기계식 실 커버	473	라이너 링
430	임펠러	474	패킹박스
433	임펠러 링	479	중간 부시
440	주축	480	감압 부시
450	축 슬리브	497	베어링 지지대
453	중간 슬리브		

부도 P-10 수평축 수평분할형 다단 벌류트 펌프(자동 평형형)

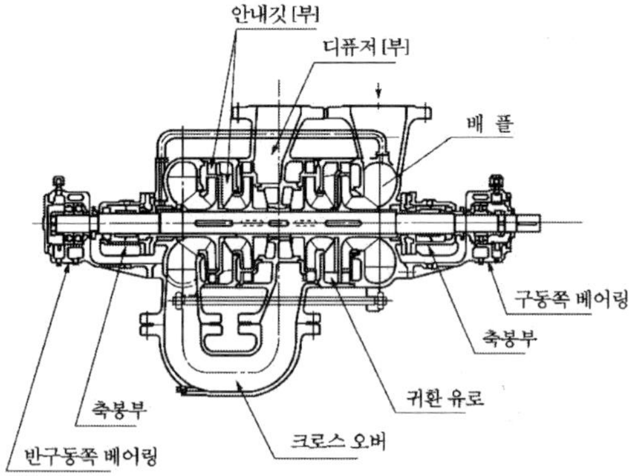

부도 P-11 다단 펌프(자기 평형형)

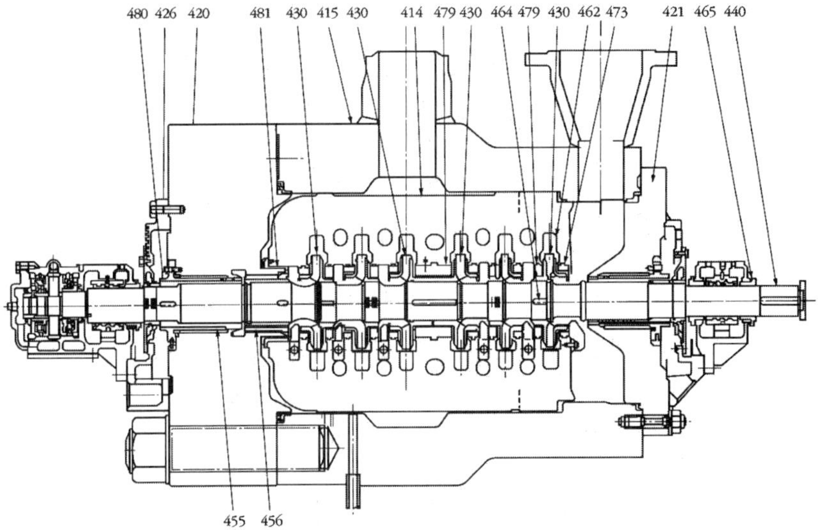

번호	용 어	번호	용 어
414	내부 케이싱	456	평형 슬리브
415	외부 케이싱	462	분할 링
420	케이싱 커버	464	임펠러 키
421	흡입 덮개	465	디플렉터
426	글랜드 덮개	473	라이너 링
430	임펠러	479	중간 부시
440	주축	480	감압 부시
455	감압 슬리브	481	평형 부시

부도 P-12 수평축 다단 벌류트 펌프(배럴형)

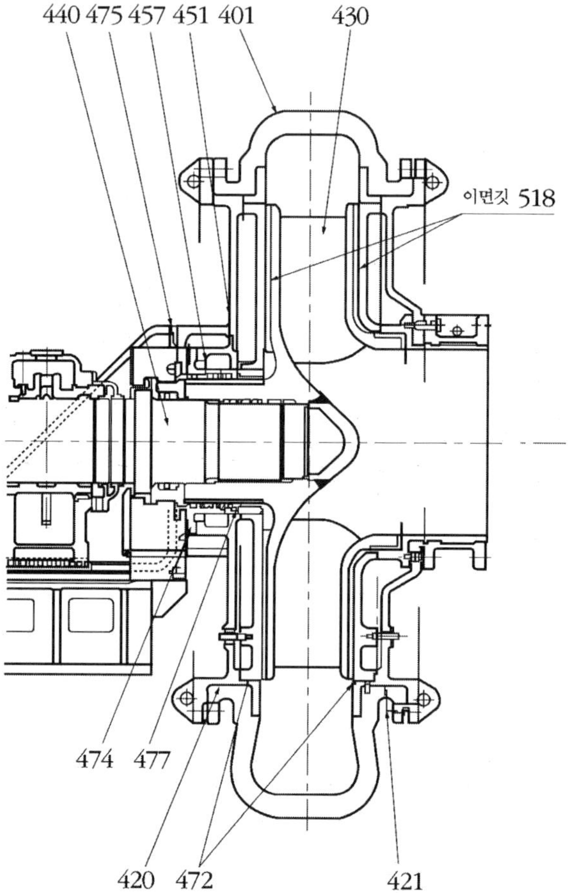

번 호	용 어	번 호	용 어
401	케이싱	467	글랜드 패킹
420	케이싱 커버	472	케이싱 라이너
421	흡입 덮개	474	패킹박스
430	임펠러	475	패킹누르개
440	주축	477	봉수 링
451	패킹 슬리브		

부도 P-13 수평축 한쪽 흡입 벌류트 펌프(준설 펌프)

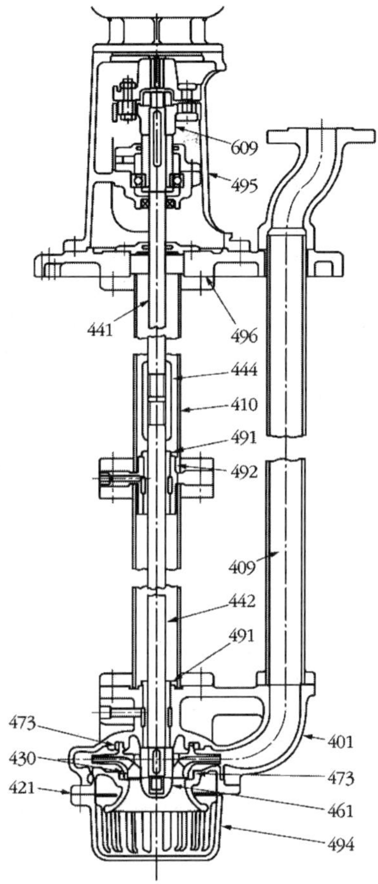

번호	용 어	번호	용 어
401	케이싱	461	임펠러 너트
409	양수관	473	라이너 링
410	현수관	491	수중 베어링
421	흡입 덮개	492	수중 베어링 지지대
430	임펠러	494	흡입 여과기
441	상부 축	495	원동기 대
442	하부 축	496	프레임
444	중간축 이음	609	축 이음

부도 P-14 수직축 한쪽 흡입 벌류트 펌프(수조내형)

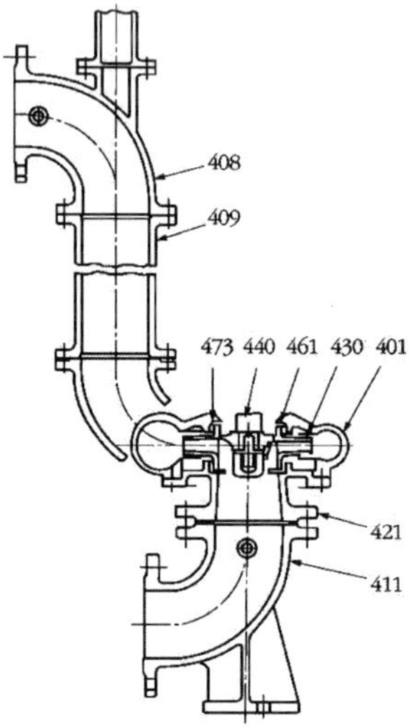

번 호	용 어
401	케이싱
409	양수관
410	현수관
421	흡입 덮개
430	임펠러
441	상부 축
442	하부 축
444	중간축 이음

부도 P-15 수직축 한쪽 흡입 벌류트 펌프(수조외형)

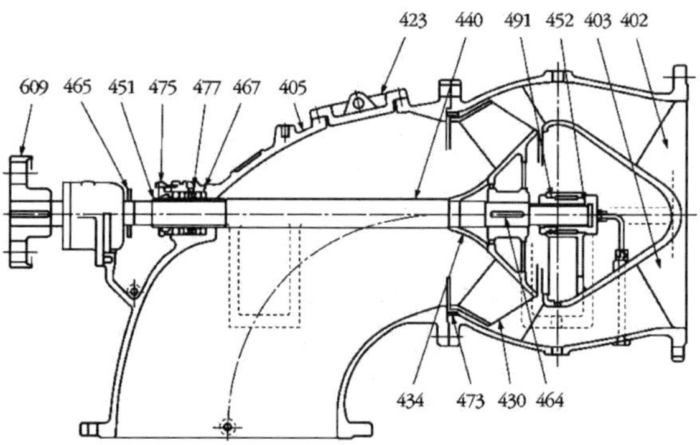

번 호	용 어	번 호	용 어
402	상부 케이싱	464	임펠러 키
403	하부 케이싱	465	디플렉터
405	흡입 케이싱	467	[글랜드] 패킹
423	점검 구멍 커버	473	라이너 링
430	임펠러	475	패킹누르개
434	임펠러 캡	477	봉수 링
440	주축	491	수중베어링
451	패킹 슬리브	609	축 이음
452	수중 베어링 슬리브		

부도 P-16 수평축 사류펌프(밀폐 깃)

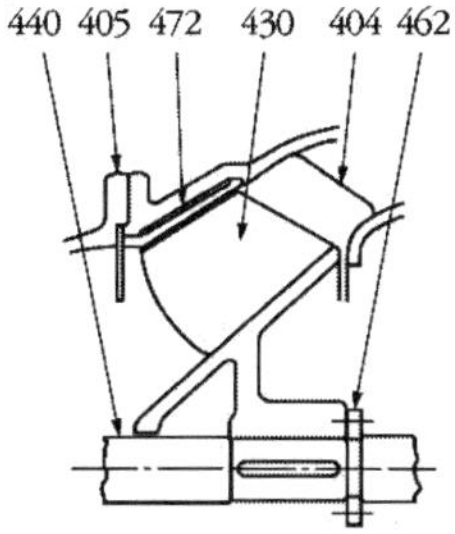

번 호	용 어
404	토출 케이싱
405	흡입 케이싱
430	임펠러
440	주축
462	분할 링
472	케이싱 라이너

부도 P-17 수평축 축류펌프(개방 깃)

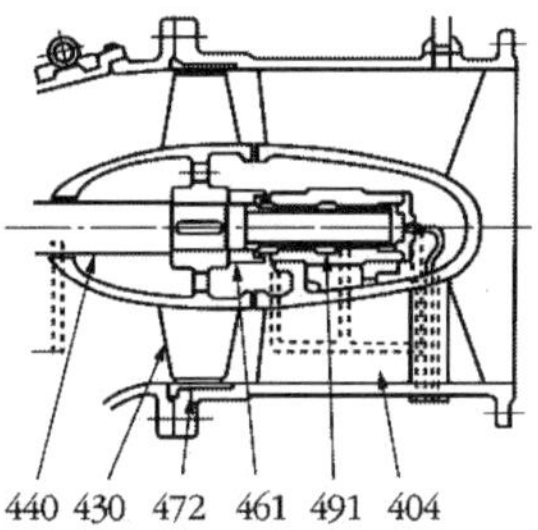

번 호	용 어
404	토출 케이싱
430	임펠러
440	주축
461	임펠러 너트
472	케이싱 라이너
491	수중 베어링

부도 P-18 수평축 축류펌프(임펠러 일체형)

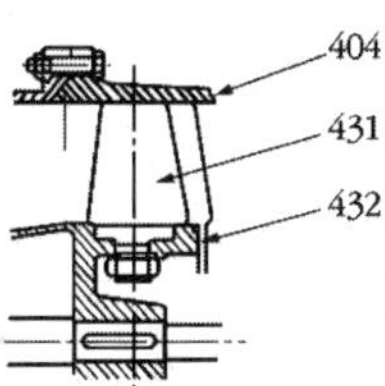

번 호	용 어
404	토출 케이싱
431	[임펠러] 깃
432	[임펠러] 허브

부도 P-19 수평축 축류펌프(임펠러 조립형)

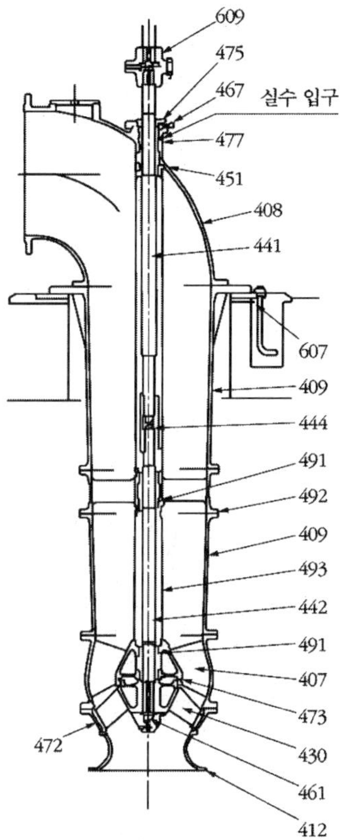

번 호	용 어	번 호	용 어
407	토출 보울	467	글랜드 패킹
408	토출 엘보	472	케이싱 라이너
409	양수관	473	라이너 링
412	흡입벨	475	패킹누르개
430	임펠러	477	봉수 링
441	상부 축	491	수중베어링
442	하부 축	492	수중베어링 지지대
444	중간축 이음	493	보호판
451	패킹 슬리브	607	소울 프레이트
461	임펠러 너트	609	축 이음

부도 P-20 수직축 사류펌프(개방형 임펠러)

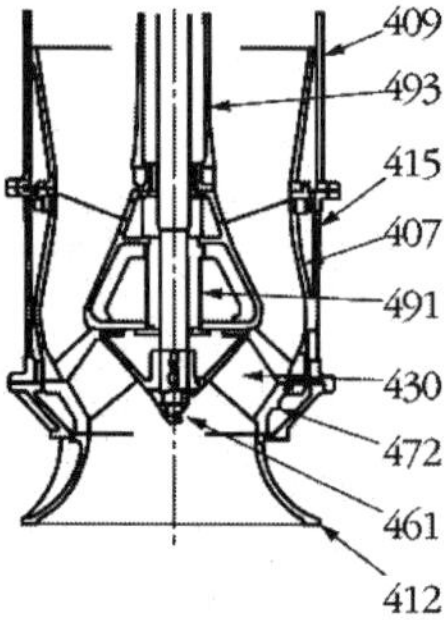

번호	용 어
407	토출 보울
409	양수관
412	흡입 벨
415	외부 케이싱
430	임펠러
461	임펠러 너트
472	케이싱 라이너
491	수중베어링
493	보호 판

부도 P-21 수직축 사류펌프(플 아웃형)

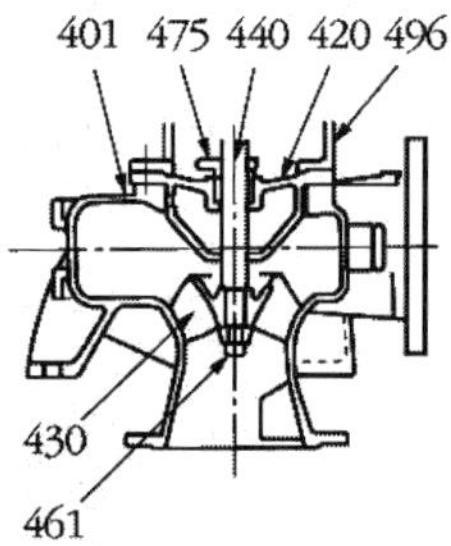

번호	용 어
401	케이싱
420	케이싱 커버
430	임펠러
440	주축
461	임펠러 너트
475	패킹누르개
496	프레임

부도 P-22 수직축 사류펌프(개방형 임펠러)

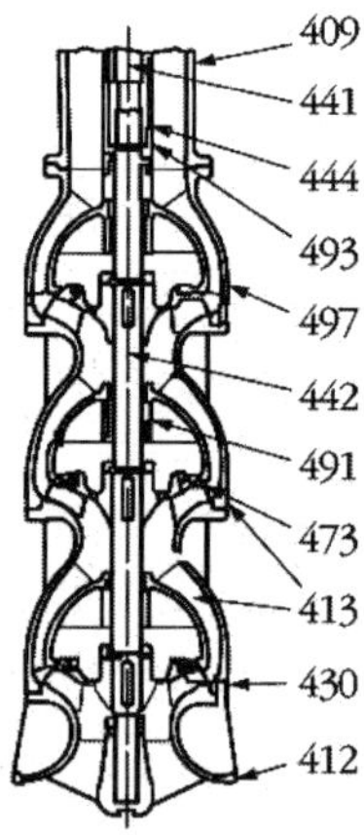

번호	용 어
407	토출 보울
409	양수관
412	흡입 벨
413	중간 보울
430	임펠러
441	상부 축
442	하부 축
444	중간축 이음
473	라이너 링
491	수중베어링
493	보호판

부도 P-23 수직축 다단 디퓨저 펌프(개방형 임펠러)

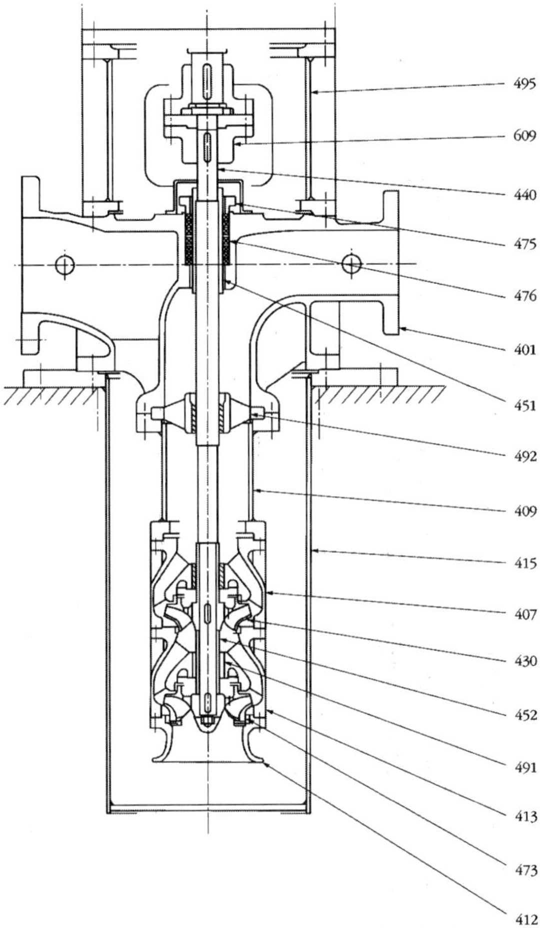

번호	용 어	번호	용 어
401	케이싱	452	수중베어링 슬리브
407	토출 보울	473	라이너 링
409	양수관	475	패킹누르개
412	흡입 벨	476	랜턴 링
413	중간 보울	491	수중베어링
415	외부 케이싱	492	수중베어링 지지대
430	임펠러	495	원동기 대
440	주축	609	축 이음
451	패킹 슬리브		

부도 P-24 수직축 다단 디퓨저 펌프(피트 배럴형)

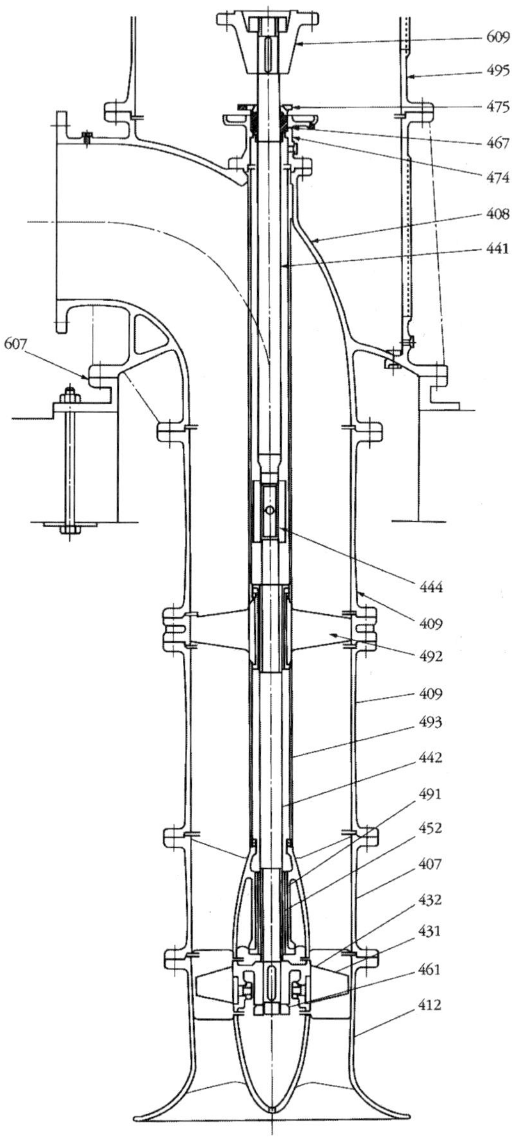

번 호	용 어
407	토출 보울
408	토출 엘보
409	양수관
412	흡입 벨
431	[임펠러] 깃
432	[임펠러] 허브
441	상부 축
442	하부 축
444	중간축 이음
452	수중베어링 슬리브
461	임펠러 너트
467	글랜드 패킹
474	패킹박스
475	패킹누르개
491	수중베어링
492	수중베어링 지지대
493	보호판
495	원동기 대
607	소울 프레이트
609	축 이음

부도 P-25 수직축 축류펌프

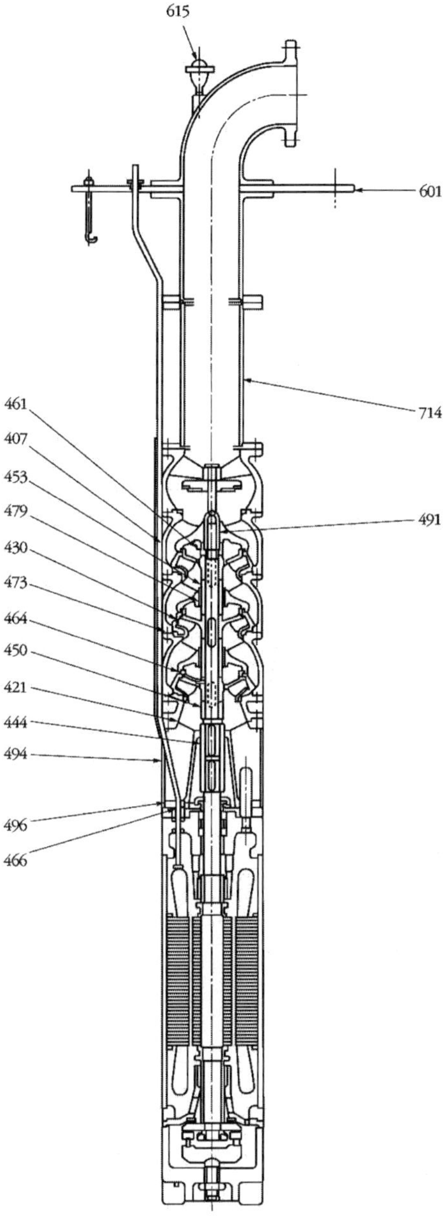

번 호	용 어
407	토출 보울
421	흡입 덮개
430	임펠러
444	중간축 이음
450	축 슬리브
453	중간 슬리브
461	임펠러 너트
464	임펠러 키
466	토사 배제 칼러
473	라이너 링
479	중간 부시
491	수중베어링
494	흡입 여과기
496	프레임
601	베이스
615	공기빼기 밸브
714	토출관

부도 P–26 수중 모터 펌프

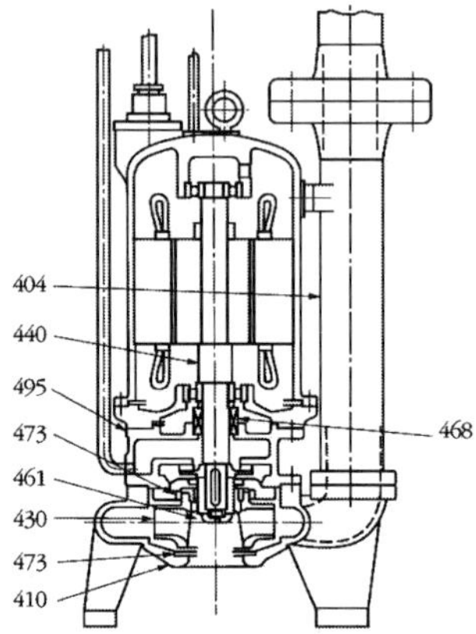

번호	용 어
401	케이싱
404	토출 케이싱
430	임펠러
440	주축
461	임펠러 너트
468	기계식 실
473	라이너 링
495	원동기 대

부도 P-27 수직축 수중 모터 펌프

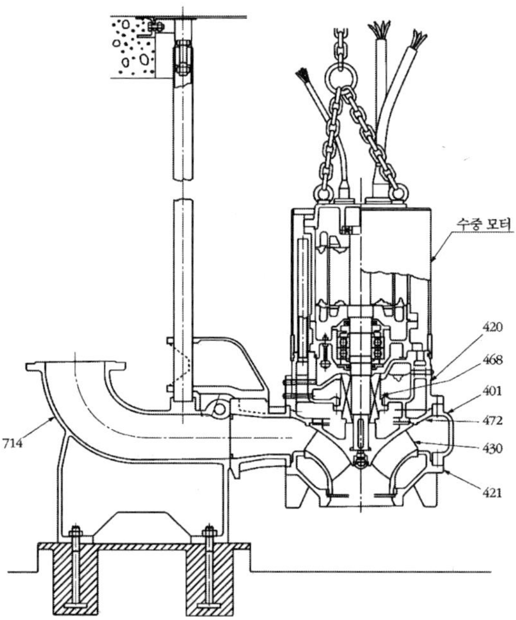

번호	용 어
401	케이싱
420	케이싱 커버
421	흡입 덮개
430	임펠러
468	기계식 실
472	케이싱 라이너
714	토출관

부도 P-28 착탈식 수중 모터 펌프

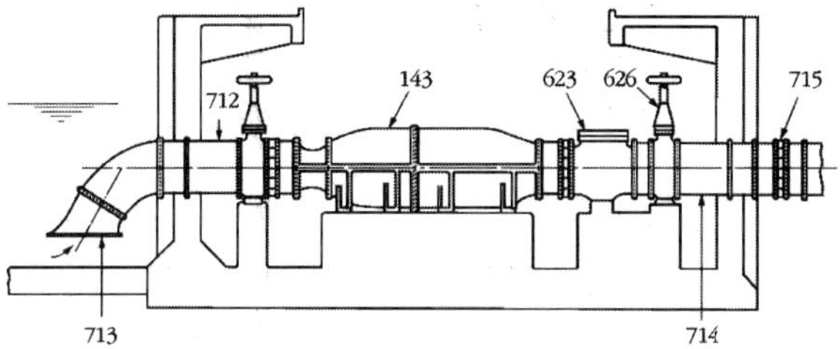

번 호	용 어	번 호	용 어
143	튜블러펌프	713	벨마우스
623	체크밸브	714	토출관
626	토출밸브	715	프렉시블 관 이음
712	흡입관		

부도 P-29 튜블러 펌프

(a) 1상식 (b) 2상식

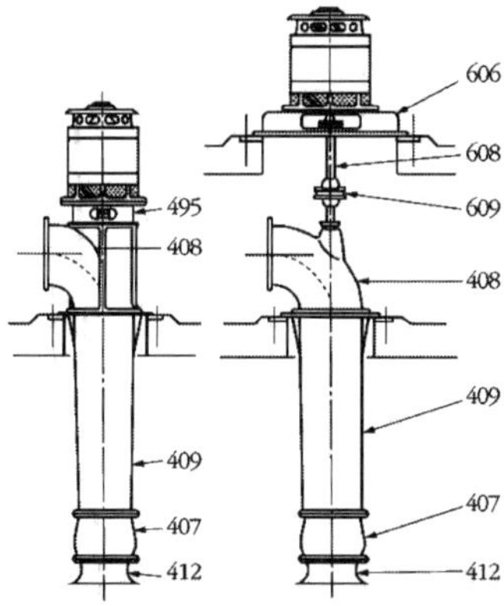

번 호	용 어	번 호	용 어
407	토출 보울	495	원동기 대
408	토출 엘보	606	프레임
409	양수관	608	연결축
412	흡입 벨	609	축 이음

부도 P-30 1상식 및 2상식 펌프

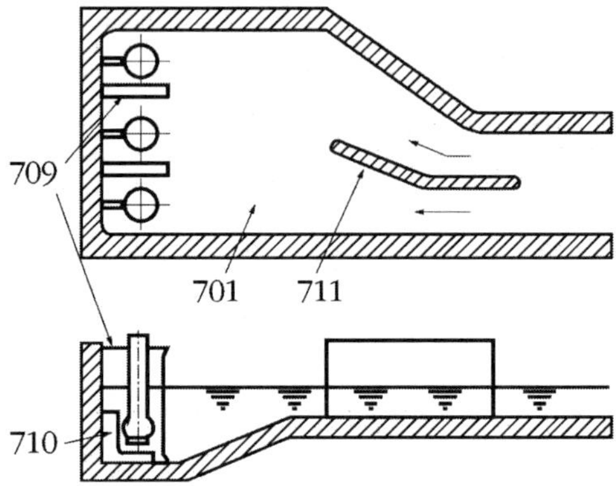

번 호	용 어	번 호	용 어
701	흡입 수조	710	와류 방지 벽
709	분할 벽	711	정류 벽

부도 P-31 흡입 수조

SI단위	공학단위	환산계수
길이 Length m (Meter)	m	1 m=39.37 in=3.2808 ft 1 in=0.08333 ft=0.0254 m 1 ft=12 in=0.3048 m
면적 Area m^2 (Meter squared)	m^2	1 m^2=1550 in^2=10.76 ft^2 1 ft^2=144 in^2=0.09290 m^2 1 in^2=0.006944 ft^2=0.000645 m^2
부피 Volume m^3 (Meter cubed)	m^3	1 m^3=61023 in^3=35.31 ft^3=220.2 gal(UK)=264.2 gal(US)=1000 l 1 in^3=0.0005787 ft^3=0.00001639 m^3 1 ft^3=1728 in^3=0.02832 m^3=7.48 gal(US) 1 gal(UK)=1.201 gal(US)=0.004546 m^3 1 gal(US)=0.8327 gal(UK)=0.003785 m^3
질량 Mass kg (Kilogram)	kgf · s^2 /m	1 $kg_f \cdot s^2/m$=9.80665 kg 1 slug=32.174 lb=14.5939 kg 1 kg=0.001 t=2.20462 lb=6.85×10^{-2} slug=0.0009842 ton =0.0011023 sh tn (t: 톤, ton: 영국 톤, sh tn≡short ton: 미국톤) 1 lb=0.45359 kg=0.0004464 ton=0.00055 sh tn 1 ton=1016.05 kg=2240 lb=1.1 sh tn 1 sh tn=907.185 kg=2000 lb=0.89286 ton
밀도 Density kg/m^3	kgf · s^2 /m^4	1 slug/ft^3=5.1538 kg/m^3 1 $kg_f \cdot s^2/m^4$=9.80665 kg/m^3 1 kg/m^3=0.00003613 lb/in^3=0.06243 lb/ft^3 1 lb/in^3=1728 lb/ft^3=27680 kg/m^3 1 lb/ft^3=0.0005787 lb/in^3=16.02 kg/m^3
힘 Force N=kg · m/s^2 (Newton)	kgf	1 N=1 kg · m/s^2 1 dyn=1.0×10^{-5} N 1 pdl=1ft · lb/s^2 1 N=1.0×10^5 dyn=0.101972 kgf=0.2248 lbf=7.233 pdl 1 kgf=9.80665 N=2.205 lbf=70.93 pdl 1 lbf=32.17 pdl=4.44822 N=0.4536 kgf 1 pdl=0.03108 lbf=0.138255 N=0.01410 kgf

SI단위	공학단위	환산계수
시간 Time s (Second)	s	1 min=60 s 1 h=60 min=3600 s 1 d=24 h=86400 s
온도 Thermodynamic Temperature K (Kelvin)	℃, ℉	$t_K=(t_C+273.15)$ K　　t_K : Kelvin(K) $t_K=(5/9)(t_F+459.67)$ K　　t_C : Celsius(℃) $t_K=5/9t_R$　　t_F : Fahrenheit(℉) t_R : Rankine(°R)
압력 Pressure $Pa=N/m^2$ (Pascal)	kgf/m^2, mmHg, mmAq, bar, atm	1 Pa=1 N/m^2 1 kgf/m^2=9.8066 Pa=1 mmH_2O(or mmAq) 1 kgf/cm^2=10.000 mH_2O(or mAq)=0.98066×10^5 Pa=0.9678 atm =0.7356 mHg=14.22 lbf/in^2 1 bar=1×10^5 Pa=1000 hPa 1 Pa=7.5×10^{-3} Torr 1 Torr=1 mmHg=1.33322 bar 1 Pa=1.0197×10^{-5} kgf/cm^2=0.9869×10^{-5} atm=7.501×10^{-6} mHg =1.450×10^{-4} lbf/in^2 1 atm=1.0332 kgf/cm^2=1.01325×10^5 Pa=0.760 mHg =14.70 lbf/in^2 1 mHg=1.3595 kgf/cm^2=1.3332×10^5 Pa=1.3158 atm =19.34 lbf/in^2 1 lbf/in^2=0.07031 kgf/cm^2=6.895×10^3 Pa=0.06805 atm =0.05171 mHg
응력 Stress $Pa=N/m^2$ (Pascal)	kgf/cm^2	1 kgf/cm^2=0.980665×10^5 Pa=2048 lbf/ft^2 1 Pa=1.0197×10^{-5} kgf/cm^2=0.0248×10^5 lbf/ft^2 1 lbf/ft^2=47.86 Pa=0.0004882 kgf/cm^2
속도 Velocity m/s	m/s	1 kn=1852 m/h 1 m/s=3.6 km/h=3.281 ft/s=2.237 mile/h 1 km/h=0.2778 m/s=0.9113 ft/s=0.6214 mile/h 1 ft/s=0.3048 m/s=1.097 km/h=0.6818 mile/h 1 mile/h=0.4470 m/s=1.609 km/h=1.467 ft/s
가속도 Acceleration m/s^2	m/s^2	1 ft/s^2=0.3048 m/s^2 1 G=9.80665 m/s^2

SI단위	공학단위	환산계수
점도 Viscosity kg/(m · s) =Pa · s	kgf · s $/m^2$	1 P=1 dyn · s/cm^2=1 g/(cm · s), (P=Poise) 1 Pa · s=1 N · s/m^2=10 P 1 cP=0.01 P, (cP=Centi Poise) 1 lbf · s/in^2=1 Reyn=6.9×10^6 cP 1 Pa · s=0.101973 kgf · s/m^2=1.449×10^{-4} lbf · s/in^2 1 kgf · s/m^2=9.80665 Pa · s=0.001422 lbf · s/in^2 1 lbf · s/in^2=6.9×10^3 Pa · s=7.03×10^2 kgf · s/m^2
동점도 Kinematic Viscosity m^2/s	m^2/s	1 St=1 cm^2/s, (St=Stokes) 1 St=1.0×10^{-4} m^2/s=0.001076 ft^2/s 1 m^2/s=1.0×10^4 St=10.76 ft^2/s 1 ft^2/s=0.08280 m^2/s=929.0 St
각속도 Angular Velocity rad/s, 1/s	rad/s, 1/s	1 rpm=0.1047 rad/s 1 rad/s=9.549 rpm (1 rad=57.296°)
각가속도 Angular acceleration rad/s^2, $1/s^2$	rad/s^2, $1/s^2$	
유량 Flow rate m^3/s	m^3/s	1 l/s=1.0×10^{-3} m^3/s=0.03532 ft^3/s 1 m^3/s=35.31 ft^3/s 1 m^3/min=0.5885 ft^3/s 1 m^3/h=0.00981 ft^3/s 1 ft^3/s=2.832×10^{-2} m^3/s=1.69833 m^3/min=101.9 m^3/h
일, 에너지 및 열량 Work, Energy, Heat J=N · m	kgf · m, kcal	1 kgf · m=9.80665 J 1 cal=4.18605 J 1 J=0.10197 kgf · m=2.778×10^{-7} kW · h=2.389×10^{-4} kcal =0.7376 ft · lbf=9.480×10^{-4} Btu 1 kgf · m=9.807 J=2.724×10^{-6} kW · h=2.343×10^{-3} kcal =7.233 ft · lbf=9.297 Btu 1 kW · h=860.0×10^{-3} kcal=2.655×10^6 ft · lbf=3413 Btu =3.671×10^5 kgf · m=3.6×10^6 J 1 kcal=308.7 ft · lbf=3.968 Btu=426.9 kgf · m=4186 J =1.163×10^{-3} kW · h 1 Btu=1055 J=107.6 kgf · m=2.930×10^{-4} kW · h=0.2520 kcal =778 ft · lbf

SI단위	공학단위	환산계수
일률, 공률, 동력 Power W=J/s	kgf · m/s, kcal/s, HP, PS	1 kg_f · m/s=9.80665 W 1 kW=101.97 kgf · m/s=1.3596 PS=1.3405 HP=0.2389 kcal/s =737.6 ft · lbf/s=0.9480 Btu/s 1 kgf · m/s=1.333×10^{-2} PS=1.315×10^{-2} HP=2.343×10^{-3} kcal/s =7.233 ft · lbf/s=9.297×10^{-3} Btu/s=9.807×10^{-3} kW 1 PS=0.9859 HP=0.1757 kcal/s=542.5 ft · lbf/s=0.6973 Btu/s =0.7355 kW=75 kgf · m/s 1 HP=0.1782 kcal/s=550.2 ft · lbf/s=0.7072 Btu/s=0.746 kW =76.07 kgf · m/s=1.0143 PS 1 kcal/s=3087 ft · lbf/s=3.968 Btu/s=4.186 kW=426.9 kg_f · m/s =5.691 PS=5.611 HP 1 ft · lbf/s=1.285×10^{-3} Btu/s=1.356×10^{-3} kW=0.1383 kgf · m/s =1.843×10^{-3} PS=1.817 HP=3.239×10^{-4} kcal/s 1 Btu/s=1.055 kW=107.6 kgf · m/s=1.443 PS=1.414 HP =0.2520 kcal/s=778.0 ft · lbf/s
열전도율 Thermal conductivity, W/(m · K)	cal/(s · m · ℃)	1 kcal/(m · h · ℃)=0.6720 Btu/(ft · h · °F)=1.163 W/(m · K) 1 Btu/(ft · h · °F)=1.731 W/(m · K)=1.488 kcal/(m · h · ℃) 1 W/(m · K)=0.8600 kcal/(m · h · ℃)=0.5779 Btu/(ft · h · °F)
열전달계수 Heat transfer coefficient W/(m^2 · K)	kcal/(h · m^2 · ℃)	1 kcal/(m^2 · h · ℃)=0.2048 Btu/(ft^2 · h · °F)=4187 J/(m^2 · h · ℃)=1.163 W/(m^2 · K) 1 Btu/(ft^2 · h · °F)=2.044×10^4 J/(m^2 · h · ℃)=5.678 W/(m^2 · K) =4.882 kcal/(m^2 · h · ℃) 1 J/(m^2 · h · ℃)=2.778×10^{-4} W/(m^2 · K)=2.389×10^{-4} kcal/(m^2 · h · ℃) =4.893×10^{-5} Btu/(ft^2 · h · °F) 1 W/(m^2 · K)=0.8593 kcal/(m^2 · h · ℃)=0.1761 Btu/(ft^2 · h · °F) =3599 J/(m^2 · h · ℃)
비열 Specific Heat J/(kg · K), J/(K · mol)	kcal/(kgf · ℃) kcal/(kg · deg)	1 J/(kg · K)= 1 J/(kg · ℃) 1 cal= 4.18605 J 1 J/(kg · K)=2.38889×10^{-4} kcal/(kg · ℃) =2.38889×10^{-4} Btu/(lb · °R) 1 kcal/(kg · ℃)=1 Btu/(lb · °R)=4.18605×10^3 J/(kg · K)

SI단위	공학단위	환산계수
운동량 Momentum kg · m/s	kgf · s	1 kgf · s=9.80665 kg · m/s 1 lb · ft/s=0.1382550 kg · m/s
운동량의 모멘트, 각운동량 Moment of momentum, Angular momentum kg · m^2/s	kgf · m · s	1 kgf · m · s=9.80665 kg · m^2/s 1 lb · ft^2/s=4.2140110×10^{-2} kg · m^2/s
힘의 모멘트 Moment of force N · m	kgf · m	1 kgf · m=9.80665 N · m 1 lbf · ft=1.3558179 N · m
관성모멘트 Inertia moment kg · m^2	kgf · m · s^2	1 kgf · m · s^2=9.80665 kg · m^2 1 lb · ft^2=4.2140110×10^{-2} kg · m^2
비에너지 Specific energy J/kg=m^2/s^2	kgf · m/kgf=m	kgf · m/kgf=m 중력단위에 중력가속도 g를 곱해줌으로써 SI 단위의 차원과 같아진다.
열용량 Heat capacity J/K	cal/℃	1 cal/℃=4.18605 J/K
엔탈피 Enthalpy J	kgf · m, cal	1 cal=4.18605 J
비엔탈피 Specific enthalpy J/kg=m^2/s^2	kgf · m/kgf=m	kgf · m/kgf=m 중력단위에 중력가속도 g를 곱해줌으로써 SI 단위의 차원과 같아진다.

SI단위	공학단위	환산계수
엔트로피 Entropy J/K	kgf · m/K, kcal/K	1 J/K=0.101972 kgf · m/K 1 kgf · m/K=9.80665 J/K
비엔트로피 **(질량엔트로피)** Specific entropy J/(kg · K) $=m^2/(s^2 \cdot K)$	kcal/ (kgf · K)	
일반기체상수 Universal gas constant(Λ) J/(kmol · K)	kgf · m/ (kmol · deg), kcal/ (kgf · deg)	Λ=8314 J/(kcal · K) Λ=848 kgf · m/(kmol · deg) Λ=1.986 kcal/(kgf · deg)
기체상수 Gas constant(R) R=Λ/Mgas (Mgas=molecular wight: kg/kmol) $J/(kg \cdot K)=m^2/(s^2 \cdot K)$, J/(K · mol)	kgf · m/ (kgf · K)	공기: M_{gas}=28.97 kg/kmol R(air)=287 J/(kg · K) R(air)=29.266 kgf · m/(kgf · K)
주파수, **진동수** Frequency Hz, 1/s	c/s	1 c/s=1 Hz
비틀림강성 Torsional rigidity N · m/rad	kgf · m/ rad	1 kgf · m/rad=9.80665 N · m/rad
회전속도 Speed of rotation 1/s	1/s	1 rpm=0.01667 s^{-1} 1 rph=0.2778×10^{-3} s^{-1}
세로(가로) 탄성계수 Modulus of longitudinal(traverse) elasticity Pa	kgf/ cm^2	1 kgf/cm^2=0.980665×10^5 Pa=2048 lbf/ft^2 1 Pa=1.0197×10^{-5} kgf/cm^2=0.0248×10^5 lbf/ft^2 1 lbf/ft^2=47.86 Pa=0.0004882 kgf/cm^2
열팽창계수 1/K	1/deg	

찾아보기

한국유체기계학회
유체기계용어사전 편찬위원회 편

A

B

C

D

E

F

G

H

I

J

K

L

M

N

O

P

Q

R

S

T

U

V

W

X

Y

Z

유체기계용어사전

2017년 2월 1일 1판 1쇄 발행

편저자 한국유체기계학회
유체기계용어사전편찬위원회
발행인 송광헌
발행처 복두출판사
출판등록 | 1993년 11월 22일 제10-902호
주소 | 서울 영등포구 경인로82길 3-4 (센터플러스) 807호
전화번호 | 02-2164-2580~1 팩스 | 02-2164-2584
이메일 | bogdoo@chol.com
홈페이지 | www.bogdoo.co.kr

ISBN 979-11-5906-194-3 91550
정가 50,000원

KSFM

사단법인
한국유체기계학회
Korean Society for Fluid Machinery

|학회 주요 사업|

학술사업
- 정기 학술대회
- 유체기계관련 국제학술대회 개최
- 유체기계 포럼/심포지엄 개최
- 연구개발 용역 수행
- 분과 워크샵 지원

출판사업
- 국제학술지 IJFMS(www.ijfms.org)
- 한국유체기계학회 논문집
- 유체기계(소식지)
- 유체기계 용어사전

일반사업
- 특별회원사 간담회
- 유체기계 관련 기술자문(기술자문단)
- 표준화 사업

교육사업 & 산학협동
- 교재 발간 기획
- 기술강습회 및 견학회 개최
- 기술표준원, 중소기업청 등 유관단체 연구사업 홍보 및 지원

분과사업
- 펌프 및 수차
- 송풍기 및 환기시스템
- 압축기
- 가스/스팀터빈
- 환경기계
- 회전체동역학
- 막여과플랜트
- 원자력기기 및 열유체

사무국

- 전　화 : 02)563-1867
- 팩스 : 02)563-1868
- 이메일 : ksfm@ksfm.org
- 홈페이지 : www.ksfm.org
- 주　소 : 서울시 강남구 테헤란로 7길 22 한국과학기술회관 신관 1012호